学习Python

（第6版）

[美] 托尼·加迪斯（Tony Gaddis）/ 著

周 靖 / 译

U0338844

清華大學出版社
北京

内 容 简 介

本书深入浅出地讨论了大部分 Python 编程主题。利用从本书中学到的 Python 知识，读者可以掌握高质量软件研发背后的逻辑。书中采用一种易懂的、循序渐进的方法来介绍基本的编程概念，先从控制结构、函数和列表等概念开始，再深入讨论类。这有助于确保读者理解基本的编程概念，并知道如何解决现实中的问题。书中每一章都包括清晰美观的代码清单、真实世界的例子和大量练习。

本书第 6 版针对 Python 3.11 进行了全面更新，新增或改进了大量主题，尤其适合想要高效掌握 Python 新特性的读者。

北京市版权局著作权合同登记号　图字：01-2023-4730

图书在版编目（CIP）数据

学习Python：第6版/（美）托尼·加迪斯（Tony Gaddis）著；周靖译. —北京：清华大学出版社，2024.3
　ISBN 978-7-302-65741-5

　Ⅰ.①学… Ⅱ.①托… ②周… Ⅲ.①软件工具—程序设计 Ⅳ.①TP311.561

中国国家版本馆CIP数据核字（2024）第052040号

责任编辑：文开琪
封面设计：李　坤
责任校对：方　倩
责任印制：刘　菲
出版发行：清华大学出版社
　　　　网　　　址：https://www.tup.com.cn，https://www.wqxuetang.com
　　　　地　　　址：北京清华大学学研大厦A座　　　　　　　　邮　　编：100084
　　　　社 总 机：010-83470000　　　　　　　　　　　　　　邮　　购：010-62786544
　　　　投稿与读者服务：010-62776969，c-service@tup.tsinghua.edu.cn
　　　　质量反馈：010-62772015，zhiliang@tup.tsinghua.edu.cn
印 装 者：三河市天利华印刷装订有限公司
经　　销：全国新华书店
开　　本：178mm×230mm　　　　　　印　张：50　　　字　　数：1097千字
版　　次：2024年5月第1版　　　　　　　　　　　　　印　　次：2024年5月第1次印刷
定　　价：198.00元

产品编号：102833-01

译者序

Python 起源于 1989 年年末。当时，荷兰国家数学和计算机科学研究所的研究人员吉多·范罗苏姆（Guido van Rossum）需要一种高级脚本编程语言为自己研究小组的 Amoeba 分布式操作系统执行管理任务。为了创建这种新的语言，他从高级教学语言 ABC（All Basic Code）中汲取了大量语法，并从系统编程语言 Modula-3 借鉴了错误处理机制。然而，ABC 扩展性不足，语言不是开放式的，不利于改进或扩展。因此，吉多·范罗苏姆决定在新的语言中合成来自现有语言的许多元素，但必须能通过类和编程接口进行扩展。他将这种新的语言命名为 Python（大蟒蛇）——得名于当时流行的 BBC 喜剧片集《巨蟒剧团》（*Monty Python*）。

1991 年初，Python 公开发行后，开发人员和用户社区开始逐渐壮大，Python 也逐渐演变成一种成熟的并获得了良好支持的编程语言。人们用 Python 开发了大量应用程序，从创建网页端电子邮件程序到控制水下自走车辆，从配置操作系统到创建动画片再到最近火爆的 AI 应用等。

Python 是一种模块化的可扩展语言，它能随时集成新的"模块"———一种可重用的软件组件，任何 Python 开发人员都能编写自己的新模块来对 Python 的功能进行扩充。Python 源代码和模块的一个重要集散地是官方的 PyPI（pypi.org）。

Python 经过精心的设计，因此无论新手还是有经验的程序员，都能快速学习和理解并能轻松上手。和其他语言不同，Python 具有良好的可移植和可扩展能力。Python 的语法和设计促进了良好的编程实践，而且可以在不牺牲程序可扩展性与可维护性的同时，显著缩短开发时间。

译者自 2003 年翻译并出版了著名的 *Python How to Program* 一书后，一直在工作中使用这种方便、快捷的语言，亲身经历了它从 2.x 到 3.x 版本的迭代。时至今日，Python 已经取得长足的进展，应用越来越广泛，用户社区也越来越壮大。2023 年 7 月，在 TIOBE 的排行榜上，Python 位列编程语言排行榜榜首，流行度达到 13.42%。这背后虽然有人工智能（AI）的推动，但我们不要忘记，Python 之所以流行，仍然与其本身的特点高度相关。

作为一种通用语言，Python 可以用于各种场景，简单易用的特点也使其成为自动化任务、构建网站或软件和分析数据的首选。此外，容易理解、开源、跨平台、可扩展性、具有一个强大的标准库等特性，也使其特别受开发人员和工程师的青睐。

此时此刻，我很高兴为大家介绍这本书。全球知名教育作家托尼·加迪斯（Tony Gaddis）的这本教科书是学习 Python 编程的绝佳入门之选。本书覆盖了从基础概念到实际应用的整个 Python 知识体系。无论是编程初学者，还是想从其他编程语言过渡到 Python 的开发人员，本书都能帮助大家轻松上手。书中以清晰而易懂的语言，系统介绍了 Python

的核心概念、语法、数据类型、控制结构、面向对象编程、GUI 编程和数据库编程，建立了一套完整的知识体系。

托尼·加迪斯尤其注重理论与实践的结合。通过丰富的示例、练习和项目，大家将有机会将所学的知识应用于实际问题的解决中。无论是编写小型脚本还是构建复杂的应用程序，都可以通过实际动手实践来深入理解 Python 编程的精髓。

此外，本书还强调了编程思维和解决问题的能力。每一章都配有精心设计的练习，旨在锻炼你的逻辑思维和创新能力。通过解决各种不同难度级别的编程挑战，你可以逐步培养编程思维，并轻松地解决实际问题。

另外，本书的源代码大多进行了本地化，包括注释、程序中显示的文本等。除此之外，还对书中的一些 bug（有些是"遗产"）进行了修正。请访问译者主页 https://bookzhou.com，下载中文版资源。

我相信，《学习 Python 中文版》将成为你掌握 Python 编程的"良师益友"。无论你背景和经验如何，都能在这本书中找到合适的内容，逐步掌握 Python 编程的精髓。希望大家在学习的过程中获得乐趣，掌握实用的技能，为未来的学习和职业发展打下坚实的基础。

祝大家在 Python 学习旅程中取得丰硕的成果！

前　言

欢迎阅读《学习 Python 中文版》（第 6 版）。本书使用 Python 语言来讲解编程概念和传授解决问题的技能，不要求你之前有任何编程经验。通过容易理解的例子、伪代码、流程图和其他工具，你将学会如何设计程序的逻辑，然后用 Python 实现这些程序。本书是编程入门课程或以 Python 为语言的编程逻辑和设计课程的理想选择。

和 Starting Out With 系列的其他所有书籍一样，本书的特点是内容清晰、友好、易懂。另外，书中提供丰富的示例程序，它们都简洁而实用。一些例子比较短，强调了当前的特定编程主题，另一些例子侧重于问题的解决，涉及的东西会多一些。每章都提供一个或多个称为"聚光灯"的案例学习，对一个具体问题进行逐步分析，并展示如何解决这个问题。

首先讲控制结构，然后讲类

虽然 Python 是一种完全面向对象的编程语言，但你不必理解面向对象的概念就可以开始用 Python 进行编程。本书首先介绍数据存储、输入和输出、控制结构、函数、序列 / 列表、文件 I/O 以及创建标准库的类的对象等基础知识。然后，介绍如何编写类，探索继承和多态性的主题以及如何编如何编写递归函数。最后，介绍如何开发简单的、事件驱动的 GUI 应用程序。

第 6 版的变化

本书沿用第 5 版的写作风格，同时也做了不少补充和改进，总结如下：

- 针对 Python 3.11 进行全面更新　本书使用最高到 Python 3.11 版的语言特性
- with 语句　第 6 章现在引入 with 语句来作为打开文件的一种方式，全书增加了许多 with 语句与文件结合使用的例子
- 多重赋值　这一版在第 2 章引入了多重赋值的概念
- 单行 if 语句　第 3 章专门用一节来解释单行 if 语句
- 条件表达式　第 3 章介绍了条件表达式和三元操作符
- 海象操作符和赋值表达式　第 3 章新增一节来讲述海象操作符和赋值表达式，这一章提供在 if 语句中使用赋值表达式的例子，第 4 章提供在 while 循环中使用赋值表达式的例子
- while 循环作为计数控制循环　第 4 章新增一节来讲述计数器变量和如何使用 while 语句编写计数控制循环
- 单行 while 循环　第 4 章新增一节来讲述单行 while 循环

- 为循环结构使用 break 语句、continue 语句和 else 语句　第 4 章新增一节来讲述如何为循环使用 break 和 continue，以及如何为循环使用 else 子句，后者为 Python 独有
- 仅关键字参数　第 5 章讨论仅关键字参数以及如何在函数中实现它们
- 仅位置参数　第 5 章讨论仅位置参数以及如何在函数中实现它们
- 默认实参　第 5 章新增一节来讲述函数的默认实参
- 为列表使用 count 和 sum　第 7 章讨论如何为列表使用 count 方法和 sum 函数
- 在元组中存储可变对象　第 7 章新增一节来讲述元组的"不可变"性，以及如何在元组中存储"可变"对象
- 字典合并和更新操作符　第 9 章新增一节来讨论字典的合并和更新操作符。

各章内容概览

第 1 章"计算机和编程概述"

本章首先以具体和容易理解的方式来诠释计算机如何工作、数据如何存储和处理，以及我们为什么要用高级语言来写程序。然后介绍 Python 语言、交互模式、脚本模式以及 Python 自带的 IDLE 开发环境。

第 2 章"输入、处理和输出"

本章介绍程序开发周期、变量、数据类型以及用顺序结构来写的简单程序，学生将学习如何编写简单的程序，从键盘读取输入，进行数学运算，并生成格式化的屏幕输出。然后还要介绍作为程序设计工具的伪代码和流程图。本章最后介绍海龟图形库（选读）。

第 3 章"判断结构和布尔逻辑"

在本章中，学生将学习关系操作符和布尔表达式，并了解如何用判断结构控制程序的执行流程。本章要讨论 if 语句、if-else 语句和 if-elif-else 语句，还要讨论嵌套判断结构和逻辑操作符。本章包括一个选读的海龟图形小节，讨论了如何使用判断结构来测试海龟的状态。

第 4 章"重复结构"

本章介绍如何使用 while 和 for 这两个循环结构，讨论计数器、累加器和哨兵，讨论如何利用循环结构来校验输入。本章最后的选读小节讨论如何在循环中利用海龟图形库来绘制图形。

第 5 章"函数"

本章首先介绍如何编写和调用不返回值的函数（void[1]），解释使用函数对程序进行模块化的好处并讨论自上而下设计方法。然后讨论如何向函数传递实参，讨论常用的库函数——例如用于生成随机数的函数。在讨论完如何调用库函数和使用其返回值之后，将讨论如何编写和调用自定义函数。最后讨论如何使用模块来组织函数。选读小节讨论如何使

---

[1]　译注：和其他语言不同，Python 并没有专门提供 void 关键字。

用函数对海龟图形代码进行模块化。

第 6 章"文件和异常"

本章介绍顺序文件输入和输出，学生将学习如何读写大型数据集，并将数据作为字段和记录来存储。最后讨论异常，并展示如何编写异常处理代码。

第 7 章"列表和元组"

本章介绍 Python 的"序列"概念，并探讨两种常见的 Python 序列：列表和元组，学生将学习如何使用列表进行类似于数组的操作——例如在列表中存储对象、遍历列表、查找列表中的数据项以及对列表项进行求和 / 求平均值。本章讨论列表推导式、切片以及许多列表方法。我们兼顾一维列表和二维列表。本章还讨论如何用 matplotlib 包提供的功能将列表数据绘制成图表。

第 8 章"深入字符串"

本章更深入地讨论字符串处理，讨论了字符串切片和遍历字符串中的单独字符的算法，并介绍如何用几个内置函数和字符串方法来进行字符和文本处理。本章还有字符串标记化（tokenizing）和解析 CSV 文件的例子。

第 9 章"字典和集合"

本章介绍字典和集合数据结构，讨论如何在字典中以"键值对"的形式存储数据、查找值、更改现有值、添加新的键值对、删除键值对以及如何写字典推导式，还要学习如何在集合中将值作为具有唯一性的元素来存储，并执行常见的集合操作——例如并集（union）、交集（intersection）、差集（difference）和对称差集（symmetric difference），还要介绍了集合推导式，最后讨论对象序列化（Python 称为"腌制"），并介绍 Python 的 pickle 模块。

第 10 章"类和面向对象编程"

本章比较过程式和面向对象编程实践，讨论类和对象的基本概念，讨论属性、方法、封装和数据隐藏、__init__ 方法（类似于构造函数）、取值方法（accessor）和赋值方法（mutator）。学生将学习如何用 UML 对类进行建模，以及如何从特定的问题中找出合适的类。

第 11 章"继承"

本章继续研究类，讨论继承和多态性，所涉及的主题包括超类（基类）、子类（派生类）、__init__ 方法在继承中的作用、方法重写和多态性。

第 12 章"递归"

本章讨论递归以及如何用它优雅地解决一些令人挠头的问题，展示了递归调用的一个可视化跟踪并讨论递归应用程序，介绍如何用递归算法来完成许多任务——包括计算阶乘，寻找最大公约数（GCD），对列表中的一系列数值进行求和。另外，还要介绍了经典的汉诺塔例子，这个问题特别适合用递归来求解。

第 13 章"GUI 编程"

本章讨论如何使用 Python 的 tkinter 模块来设计 GUI 应用程序，讨论许多基本组件，例如标签、按钮、文本输入框、单选钮、复选框、列表框和对话框等，介绍事件在 GUI 应用程序中如何工作，以及如何编写回调函数来处理事件，最后还讨论了 Canvas（画布）组件以及如何使用它来绘制直线、矩形、椭圆、弧线、多边形和文本。

第 14 章 "数据库编程"

本章介绍数据库编程。首先讲述数据库的基本概念——例如表、行和主键，然后讨论如何在 Python 中使用 SQLite 连接数据库，讨论 SQL，学生将学习如何执行查询以及如何执行语句来查找行、添加新行、更新现有行和删除行。本章演示执行 CRUD（创建、读取、更新和删除）操作的应用程序，最后讨论关系数据库。

附录 A "安装 Python"

本附录解释如何下载和安装最新的 Python 发行版。

附录 B "IDLE 简介"

本附录概述随同 Python 安装的 IDLE 集成开发环境。

附录 C "ASCII 字符集"

本附录列出完整 ASCII 字符集供参考。

附录 D "预定义颜色名称"

本附录列出可用于海龟图形库、matplotlib 和 tkinter 的预定义颜色名称。

附录 E "import 语句"

本附录讨论使用 `import` 语句的各种方法。例如，可以使用 `import` 语句来导入模块、类、函数或者为模块指定别名。

附录 F "用 format() 函数格式化输出"

本附录讨论 `format()` 函数的用法，介绍了如何使用它的格式说明符（format specifier）来控制数值的显示方式。

附录 G "用 pip 工具安装模块"

本附录讨论如何使用 pip 工具安装来自 Python Package Index（PyPI）的第三方模块。

附录 H "知识检查点答案"

本附录针对散布于全书的 "知识检查点" 给出答案。

本书的组织方式

本书以循序渐进的方式讲授编程。每一章都涵盖一组主要的主题，并随着讲解的进行逐步建立起知识体系。尽管各章很容易按照现有的顺序讲授 / 自学，但在讲授 / 自学顺序上有一些灵活性。下图展示了各章的依赖性。每个方框都代表一章或多章。箭头从一章指向在它之前必须掌握的前一章内容。

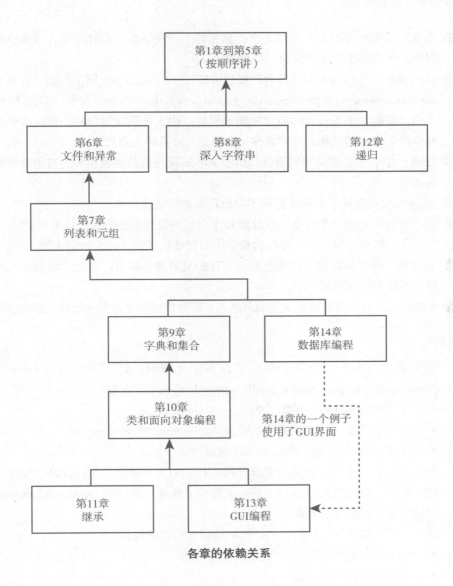

各章的依赖关系

本书特色

本书具有以下特色内容：

概念陈述　本书的每个主题小节都从陈述一个概念开始，概括当前小节的主要内容

示例程序　每一章都提供大量或完整或不完整的示例程序，每个旨在强调当前的主题而设计的

● 聚光灯　每一章都有一个或多个"聚光灯"案例研究，会详细地、逐步骤地分析问题，并告诉学生如何解决这些问题

▶ 视频讲解　专门为本书开发的"视频讲解"（VideoNote）网上视频，可在 https://media.pearsoncmg.com/ph/esm/ecs_gaddis_sowpython_6e/cw/ 观看。该图标分布于全书，提醒学生观看针对特定主题的视频。由于是英文版视频，所以本书的"视频讲解"保留了视频的英文名称，方便在上述页面上查找

◆ 注意　全书多处提供类似段落，用于简要解释与当前主题相关的有趣或常被误解的要点

📢 提示　旨在告诉学生用于处理不同编程问题的最佳技术

! 警告　旨在提醒学生注意可能导致程序出错或数据丢失的编程技术或做法

● 检查点　散布于每一章，旨在检查学生是否已经掌握了一个新的主题

🧠 复习题　每章都提供了一套全面而多样的复习题和练习，包括选择题、判断题、算法工作台和简答题

🎒 编程练习　每一章都提供大量编程练习，旨在巩固学生对当前所学主题的掌握程度

补充材料

- 学生资源　出版商为本书提供了许多学生资源。以下资源可从 https://media.pearsoncmg.com/ph/esm/ecs_gaddis_sowpython_6e/cw/ 获取：
  - ◆　书中所有示例程序的源代码
  - ◆　英文版勘误（中文版资讯和勘误请访问 https://bookzhou.com）
  - ◆　本书配套的英文版 VideoNote（视频讲解）
- 中文版资源　本书的源代码大部分都进行了中文本地化，包括注释、程序中显示的文本等。除此之外，还对一些 bug 进行了修正。请访问 https://bookzhou.com 并根据需要下载中文版资源。
- 教师资源　以下补充材料仅向提出申请的在校教师提供：
  - ◆　所有复习题的答案
  - ◆　所有编程练习的答案
  - ◆　各章的 PowerPoint 幻灯片
  - ◆　题库

请访问培生教育教师资源中心（www.pearsonhighered.com/irc）或联系当地培生教育代表（或发送电子邮件 coo@netease.com），了解如何获取这些资料。

致 谢

感谢以下老师担任本书英文版的评审，感谢他们的洞察力、专业知识和深思熟虑的建议：

Desmond K. H. Chun（沙博学院）　　　　　Raymond Pettit（阿比林基督大学）

Sonya Dennis（莫尔豪斯学院）　　　　　　Janet Renwick（阿肯色大学史密斯堡分校）

Barbara Goldner（北西雅图学院）　　　　　Haris Ribic（纽约州立大学宾汉姆顿校区）

Paul Gruhn（曼切斯特学院）　　　　　　　Ken Robol（波福特学院）

Bob Husson（克雷文学院）　　　　　　　　Eric Shaffer（伊利诺伊大学厄巴纳–香槟分校）

Diane Innes（沙丘社区学院）　　　　　　　Tom Stokke（北达科他大学）

Daniel Jinguji（北西雅图学院）　　　　　　Anita Sutton（日尔曼纳社区学院）

John Kinuthia（拿撒勒学院）　　　　　　　Ann Ford Tyson（佛罗里达州立大学）

Frank Liu（山姆休斯顿州立大学）　　　　　Karen Ughetta（西弗吉尼亚社区学院）

Gary Marrer（格伦代尔社区学院）　　　　　Christopher Urban（纽约州立大学理工学院）

Keith Mehl（沙博学院）　　　　　　　　　Nanette Veilleux（西蒙斯大学）

Shyamal Mitra（得州大学奥斯汀分校）　　　Brent Wilson（乔治·福克斯大学）

Vince Offenback（北西雅图学院）　　　　　Linda F. Wilson（得克萨斯州路德大学）

Smiljana Petrovic（爱纳学院）

感谢海伍德学院的教职员工和管理部门，让我有机会教我所喜爱的学科。还要感谢我的亲友们，感谢他们对我所有的项目提供无私的支持。

本书能由培生出版是一个莫大的荣誉，我非常幸运与 Tracy Johnson 合作，作为我的编辑和内容经理，她和她的同事（Holly Stark、Erin Sullivan、Krista Clark、Scott Disanno、Sandra Rodriguez、Bob Engelhardt、Abhijeet Gope、Adarsh Sushanth、Pallavi Pandit 和 Anu Sivakolundu）一起，为本书的出版和推广做出了不懈的努力。感谢大家！

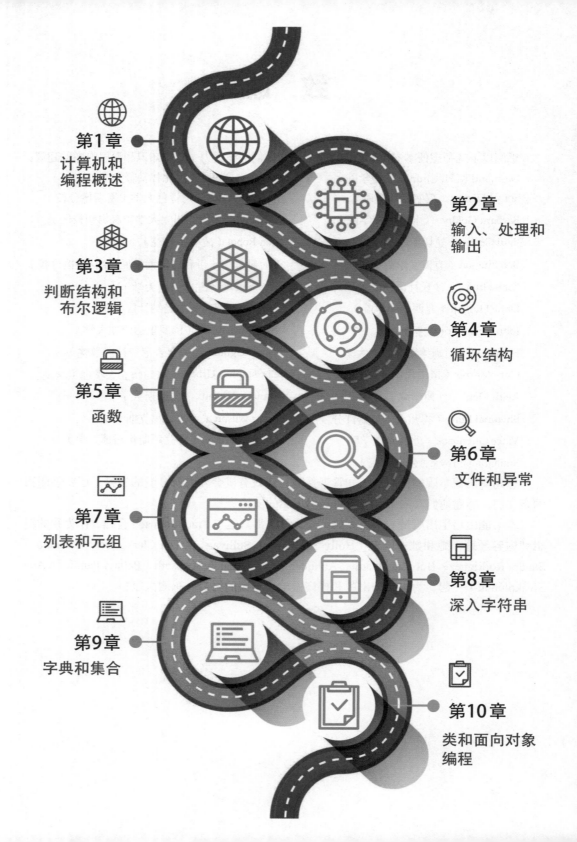

第1章
计算机和
编程概述

第2章
输入、处理和
输出

第3章
判断结构和
布尔逻辑

第4章
循环结构

第5章
函数

第6章
文件和异常

第7章
列表和元组

第8章
深入字符串

第9章
字典和集合

第10章
类和面向对象
编程

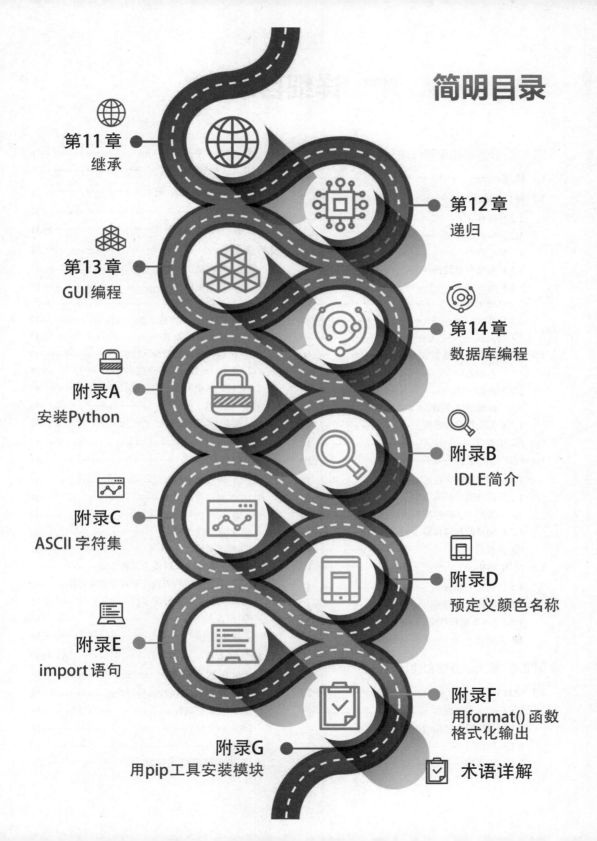

简明目录

第11章 继承

第12章 递归

第13章 GUI 编程

第14章 数据库编程

附录A 安装Python

附录B IDLE简介

附录C ASCII 字符集

附录D 预定义颜色名称

附录E import 语句

附录F 用format() 函数 格式化输出

附录G 用pip工具安装模块

术语详解

详细目录

第1章 计算机和编程概述 ·············· 1

1.1 概述 ···································· 1

1.2 硬件和软件 ······················· 2

    1.2.1 硬件 ···························· 2

    1.2.2 中央处理器 ················· 3

    1.2.3 主存 ···························· 3

    1.2.4 辅助存储设备 ·············· 4

    1.2.5 输入设备 ··················· 5

    1.2.6 输出设备 ··················· 5

    1.2.7 软件 ···························· 5

    ✅ 检查点 ··························· 6

1.3 计算机如何存储数据 ·········· 6

    1.3.1 存储数字 ··················· 7

    1.3.2 存储字符 ··················· 8

    1.3.3 高级数字存储 ·············· 9

    1.3.4 其他类型的数据 ·········· 9

    ✅ 检查点 ·························· 10

1.4 程序如何工作 ·················· 10

    1.4.1 从机器语言到汇编语言 ··· 12

    1.4.2 高级语言 ················· 13

    1.4.3 关键字、操作符和语法：概述 ··· 14

    1.4.4 编译器和解释器 ········· 15

    ✅ 检查点 ·························· 17

1.5 使用 Python ·················· 17

    1.5.1 安装 Python ············· 17

    1.5.2 Python 解释器 ·········· 17

    1.5.3 IDLE 编程环境 ·········· 20

    🌐 复习题 ·························· 21

第2章 输入、处理和输出 ·········· 25

2.1 设计程序 ························ 25

    2.1.1 程序开发周期 ············ 25

    2.1.2 关于设计过程的更多说明 ··· 26

    2.1.3 伪代码 ····················· 27

    2.1.4 流程图 ····················· 28

    ✅ 检查点 ·························· 28

2.2 输入、处理和输出 ·········· 28

2.3 用 print 函数显示输出 ······ 29

    ✅ 检查点 ·························· 31

2.4 注释 ······························ 31

2.5 变量 ······························ 32

    2.5.1 用赋值语句创建变量 ····· 33

    2.5.2 多重赋值 ················· 35

    2.5.3 变量命名规则 ············ 35

    2.5.4 用 print 函数显示多项内容 ··· 37

    2.5.5 变量重新赋值 ············ 37

    2.5.6 数值数据类型和字面值 ··· 38

    2.5.7 用 str 数据类型存储字符串 ··· 39

    2.5.8 让变量引用不同数据类型 ··· 40

    ✅ 检查点 ·························· 40

2.6 从键盘读取输入 ·············· 41

    ✅ 检查点 ·························· 44

2.7 执行计算 ························ 45

    2.7.1 浮点和整数除法 ········· 47

    2.7.2 操作符优先级 ············ 48

    2.7.3 用圆括号分组 ············ 49

    2.7.4 求幂操作符 ··············· 50

    2.7.5 求余操作符 ··············· 51

    2.7.6 将数学公式转换为编程语句 ··· 52

    2.7.7 混合类型的表达式和数据类型转换 ··· 54

    2.7.8 将长语句拆分为多行 ····· 55

    ✅ 检查点 ·························· 56

2.8 字符串连接 ····················· 56

    ✅ 检查点 ·························· 57

2.9 print 函数进阶知识 ·········· 58

    2.9.1 阻止 print 函数的换行功能 ··· 58

    2.9.2 指定分隔符 ··············· 58

    2.9.3 转义序列 ················· 59

    ✅ 检查点 ·························· 60

2.10 用 f 字符串格式化输出 ······ 60

2.10.1 占位符表达式 ················· 61
2.10.2 格式化值 ····················· 61
2.10.3 浮点数四舍五入 ············· 62
2.10.4 插入逗号分隔符 ············· 63
2.10.5 将浮点数格式化为百分比 ··· 64
2.10.6 用科学计数法格式化 ········ 64
2.10.7 格式化整数 ·················· 64
2.10.8 指定最小域宽 ··············· 65
2.10.9 值的对齐 ···················· 66
2.10.10 指示符的顺序 ·············· 68
2.10.11 连接 f 字符串 ·············· 68
✅ 检查点 ··························· 69
2.11 具名常量 ························· 70
✅ 检查点 ··························· 71
2.12 海龟图形概述 ··················· 71
2.12.1 使用海龟图形来画线 ········ 71
2.12.2 海龟转向 ···················· 72
2.12.3 使海龟朝向指定角度 ········ 74
2.12.4 获取海龟的当前朝向 ········ 75
2.12.5 画笔抬起和放下 ············· 75
2.12.6 画圆和画点 ·················· 76
2.12.7 更改画笔大小 ··············· 76
2.12.8 更改画笔颜色 ··············· 77
2.12.9 更改背景颜色 ··············· 77
2.12.10 重置屏幕 ··················· 77
2.12.11 指定图形窗口的大小 ······· 77
2.12.12 获取海龟的当前位置 ······· 78
2.12.13 控制海龟动画的速度 ······· 78
2.12.14 隐藏海龟 ··················· 79
2.12.15 将海龟移到指定位置 ······· 79
2.12.16 在图形窗口中显示文本 ····· 80
2.12.17 填充形状 ··················· 81
2.12.18 从对话框获取输入 ········· 83
2.12.19 使用 turtle.textinput 命令获取字符串
输入 ···························· 85
2.12.20 使用 turtle.done() 使图形窗口保持
打开状态 ······················ 86
✅ 检查点 ··························· 93
🧠 复习题 ··························· 94
🔧 编程练习 ························· 97

第 3 章 判断结构和布尔逻辑 ··············· 101
3.1 if 语句 ··························· 101
3.1.1 布尔表达式和关系操作符 ···· 102
3.1.2 操作符 >= 和 <= ············· 104
3.1.3 操作符 == ··················· 104
3.1.4 操作符 != ··················· 105
3.1.5 综合运用 ···················· 105
3.1.6 单行 if 语句 ················· 107
✅ 检查点 ··························· 108
3.2 if-else 语句 ····················· 108
✅ 检查点 ··························· 111
3.3 比较字符串 ······················· 111
✅ 检查点 ··························· 114
3.4 嵌套判断结构和 if-elif-else 语句 ········ 115
3.4.1 测试一系列条件 ············· 118
3.4.2 if-elif-else 语句 ············· 120
✅ 检查点 ··························· 121
3.5 逻辑操作符 ······················· 122
3.5.1 操作符 and ·················· 122
3.5.2 操作符 or ··················· 123
3.5.3 短路求值 ···················· 123
3.5.4 操作符 not ·················· 123
3.5.5 修订贷款资格判断程序 ······ 124
3.5.6 另一个贷款资格判断程序 ···· 125
3.5.7 用逻辑操作符检查数字范围 ·· 126
✅ 检查点 ··························· 127
3.6 布尔变量 ························· 128
✅ 检查点 ··························· 128
3.7 条件表达式 ······················· 128
3.8 赋值表达式和海象操作符 ············ 130
3.9 海龟图形：判断海龟的状态 ········· 131
3.9.1 判断海龟位置 ··············· 132
3.9.2 判断海龟朝向 ··············· 132
3.9.3 判断笔是否放下 ············· 132
3.9.4 判断海龟是否可见 ··········· 133
3.9.5 判断当前颜色 ··············· 133
3.9.6 判断画笔大小 ··············· 134
3.9.7 判断海龟的动画速度 ········· 134

检查点·······138
复习题·······139
编程练习·······141

第 4 章 循环结构·······147

4.1 循环结构简介·······147
检查点·······148
4.2 while 循环：条件控制循环·······148
4.2.1 while 循环是预测试循环·······152
4.2.2 无限循环·······153
4.2.3 while 循环用作计数控制循环·······154
4.2.4 单行 while 循环·······157
检查点·······158
4.3 for 循环：计数控制循环·······158
4.3.1 为 for 循环使用 range 函数·······160
4.3.2 在循环内使用目标变量·······162
4.3.3 让用户控制循环迭代·······165
4.3.4 生成降序可迭代序列·······167
检查点·······167
4.4 计算累加和·······168
检查点·······171
4.5 哨兵值·······171
检查点·······173
4.6 输入校验循环·······173
检查点·······177
4.7 嵌套循环·······178
4.8 循环语句 break，continue 和 else·······184
4.8.1 break 语句·······184
4.8.2 continue 语句·······186
4.8.3 在循环中使用 else 子句·······187
4.9 海龟图形：用循环来画图·······188
复习题·······192
编程练习·······193

第 5 章 函数·······197

5.1 函数简介·······197
5.1.1 用函数将程序模块化的好处·······198
5.1.2 void 函数和返回值的函数·······199
检查点·······199

5.2 定义和调用 void 函数·······199
5.2.1 函数名·······199
5.2 2 定义和调用函数·······200
5.2.3 调用函数·······200
5.2.4 Python 的缩进·······203
检查点·······203
5.3 使用函数来设计程序·······204
5.3.1 使用了函数的程序的流程图·······204
5.3.2 自上而下设计·······204
5.3.3 层次结构图·······205
5.3.4 暂停执行直到用户按 Enter 键·······208
5.3.5 使用 pass 关键字·······208
5.4 局部变量·······209
检查点·······211
5.5 向函数传递实参·······211
5.5.1 形参变量的作用域·······213
5.5.2 传递多个实参·······214
5.5.3 修改形参·······216
5.5.4 关键字参数·······217
5.5.5 混合使用关键字实参和位置实参·······219
5.5.6 仅关键字参数·······219
5.5.7 仅位置参数·······220
5.5.8 默认实参·······220
检查点·······223
5.6 全局变量和全局常量·······224
检查点·······227
5.7 返回值的函数：生成随机数·······227
5.7.1 标准库函数和 import 语句·······227
5.7.2 生成随机数·······228
5.7.3 从 f 字符串中调用函数·······231
5.7.4 在交互模式下尝试使用随机数·······231
5.7.5 函数 randrange、random 和 uniform·······234
5.7.6 随机数种子·······235
检查点·······236
5.8 自定义返回值的函数·······236
5.8.1 更高效地利用 return 语句·······238
5.8.2 使用返回值的函数·······239
5.8.3 使用 IPO 图·······240
5.8.4 返回字符串·······245
5.8.5 返回布尔值·······245

5.8.6 在校验代码中使用布尔函数·········246
5.8.7 返回多个值·························247
5.8.8 从函数返回 None ···················247
✅ 检查点·································249
5.9 math 模块·································249
✅ 检查点·································251
5.10 将函数存储到模块中··················252
5.11 海龟图形：使用函数将代码模块化·····257
🔍 复习题·································264
🖥 编程练习·································267

第 6 章 文件和异常·······················273

6.1 文件输入和输出简介··················273
6.1.1 文件类型·························275
6.1.2 文件访问方法·····················275
6.1.3 文件名和文件对象·················275
6.1.4 打开文件·························276
6.1.5 指定文件位置·····················277
6.1.6 向文件写入数据···················277
6.1.7 从文件读取数据···················279
6.1.8 将换行符连接到字符串·············282
6.1.9 读取字符串并去掉换行符···········283
6.1.10 向现有文件追加数据··············284
6.1.11 写入和读取数值数据··············285
✅ 检查点·································288
6.2 使用循环来处理文件··················288
6.2.1 使用循环读取文件并检测文件尾·····289
6.2.2 使用 for 循环读取行···············291
✅ 检查点·································295
6.3 使用 with 语句打开文件···············295
6.3.1 资源·····························295
6.3.2 with 语句·························295
6.3.3 用 with 语句打开多个文件··········297
6.3 处理记录·····························298
✅ 检查点·································309
6.4 异常·································309
6.4.1 处理多个异常·····················315
6.4.2 用一个 except 子句捕获所有异常·····316
6.4.3 显示异常的默认错误消息···········317
6.4.4 else 子句·························318

6.4.5 finally 子句·······················320
6.4.6 如果异常未被处理怎么办···········320
✅ 检查点·································320
🔍 复习题·································321
🖥 编程练习·································323

第 7 章 列表和元组·······················325

7.1 序列·································325
7.2 列表简介·····························325
7.2.1 重复操作符·······················326
7.2.2 使用 for 循环遍历列表·············327
7.2.3 索引·····························328
7.2.4 len 函数·························329
7.2.5 使用 for 循环按索引来遍历列表·····329
7.2.6 列表是可变的·····················330
7.2.7 连接列表·························332
✅ 检查点·································333
7.3 列表切片·····························334
✅ 检查点·································336
7.4 使用操作符 in 查找列表项···········336
✅ 检查点·································337
7.5 列表方法和有用的内置函数··········338
7.5.1 append 方法·····················338
7.5.2 count 方法·······················340
7.5.3 index 方法·······················340
7.5.4 insert 方法·······················341
7.5.5 sort 方法·························342
7.5.6 remove 方法·····················343
7.5.7 reverse 方法·····················344
7.5.8 del 语句·························344
7.5.9 sum 函数·························344
7.5.10 函数 min 和 max·················345
✅ 检查点·································345
7.6 复制列表·····························345
7.7 处理列表·····························347
7.7.1 累加列表中的数值·················348
7.7.2 计算列表中数值的平均值···········349
7.7.3 将列表作为实参传给函数···········350
7.7.4 从函数中返回列表·················351
7.7.5 随机选择列表元素·················355

7.7.6 处理列表和文件 ································ 356

7.8 列表推导式 ·· 358

　　✍ 检查点 ·· 361

7.9 二维列表 ·· 361

　　✍ 检查点 ·· 364

7.10 元组 ··· 365

　　7.10.1 将不同的元组赋给变量 ············ 366

　　7.10.2 在元组中存储可变对象 ············ 367

　　7.10.3 有什么意义 ······························ 368

　　7.10.4 在列表和元组之间转换 ············ 368

　　✍ 检查点 ·· 369

7.11 使用 matplotlib 包绘制列表数据 ··· 369

　　7.11.1 导入 pyplot 模块 ···················· 369

　　7.11.2 绘制折线图 ······························ 370

　　7.11.3 添加标题、轴标签和网格 ········ 371

　　7.11.4 自定义 X 轴和 Y 轴 ················ 372

　　7.11.5 在数据点上显示标记 ··············· 376

　　7.11.6 绘制柱状图 ······························ 378

　　7.11.7 自定义条柱宽度 ······················ 379

　　7.11.8 更改条柱颜色 ·························· 380

　　7.11.9 添加标题、坐标轴标签和自定义
　　　　　 刻度线标签 ·························· 381

　　7.11.10 绘制饼图 ······························ 382

　　7.11.11 显示切片标签和标题 ·············· 383

　　7.11.12 改变切片颜色 ························ 384

　　✍ 检查点 ·· 384

　　🧠 复习题 ·· 385

　　🐞 编程练习 ·· 388

第 8 章 深入字符串 ···························· 393

8.1 基本字符串操作 ································ 393

　　8.1.1 访问字符串中的单个字符 ········· 393

　　8.1.2 使用 for 循环遍历字符串 ·········· 393

　　8.1.3 索引 ·· 396

　　8.1.4 IndexError 异常 ······················· 396

　　8.1.5 len 函数 ···································· 397

　　8.1.6 字符串连接 ······························ 397

　　8.1.7 字符串是不可变的 ··················· 398

　　✍ 检查点 ·· 399

8.2 字符串切片 ······································ 400

　　✍ 检查点 ·· 403

8.3 测试、查找和操作字符串 ··············· 403

　　8.3.1 使用操作符 in 和 not in 测试字符串 ····· 403

　　8.3.2 字符串方法 ······························ 404

　　8.3.3 字符串测试方法 ······················· 404

　　8.3.4 修改方法 ································· 406

　　8.3.5 查找和替换 ······························ 408

　　8.3.6 重复操作符 ······························ 412

　　✍ 检查点 ·· 418

　　🧠 复习题 ·· 420

　　🐞 编程练习 ·· 422

第 9 章 字典和集合 ························· 427

9.1 字典 ·· 427

　　9.1.1 创建字典 ································· 427

　　9.1.2 从字典中检索值 ······················· 428

　　9.1.3 使用操作符 in 和 not in 来判断键是否
　　　　　 存在 ·· 429

　　9.1.4 向现有字典添加元素 ··············· 429

　　9.1.5 删除元素 ································· 430

　　9.1.6 获取字典中的元素个数 ············ 431

　　9.1.7 在字典中混合不同的数据类型 ··· 431

　　9.1.8 创建空字典 ······························ 432

　　9.1.9 使用 for 循环遍历字典 ·············· 433

　　9.1.10 一些字典方法 ························ 434

　　9.1.11 字典合并和更新操作符 ············ 448

　　9.1.12 字典推导式 ····························· 449

　　9.1.13 在字典推导式中使用 if 子句 ······ 451

　　✍ 检查点 ·· 452

9.2 集合 ·· 453

　　9.2.1 创建集合 ································· 453

　　9.2.2 获取集合中的元素数量 ············ 454

　　9.2.3 添加和删除元素 ······················· 454

　　9.2.4 使用 for 循环来遍历集合 ·········· 456

　　9.2.5 使用操作符 in 和 not in 测试集合中的值 457

　　9.2.6 并集 ·· 457

　　9.2.7 交集 ·· 458

　　9.2.8 差集 ·· 458

　　9.2.9 对称差集 ································· 459

　　9.2.10 子集和超集 ····························· 460

　　9.2.11 集合推导式 ····························· 463

　　✍ 检查点 ·· 463

9.3 对象序列化·································465
　　📀 检查点·····························470
　　🧠 复习题·····························471
　　💾 编程练习·························475

第 10 章 类和面向对象编程··········479

10.1 过程式编程和面向对象编程······479
　　10.1.1 对象的可重用性··········480
　　10.1.2 日常生活中的对象········480
　　📀 检查点·····························481
10.2 类···482
　　10.2.1 类定义·······················483
　　10.2.2 隐藏属性···················488
　　10.2.3 将类存储到模块中········491
　　10.2.4 BankAccount 类···········493
　　10.2.5 __str__ 方法···············495
　　📀 检查点·····························498
10.3 操作类的实例·······················498
　　10.3.1 取值和赋值方法··········503
　　10.3.2 将对象作为参数传递·····506
　　📀 检查点·····························519
10.4 类的设计技术·······················519
　　10.4.1 统一建模语言 (UML)·····519
　　10.4.2 确定解决问题所需的类···520
　　10.4.3 这只是开始················529
　　📀 检查点·····························529
　　🧠 复习题·····························530
　　💾 编程练习·························532

第 11 章 继承·····························537

11.1 继承简介·······························537
　　11.1.1 泛化和特化················537
　　11.1.2 继承和"属于"关系·····537
　　11.1.3 在 UML 图中表示继承···545
　　📀 检查点·····························550
11.2 多态性·································550
　　📀 检查点·····························556
　　🧠 复习题·····························557
　　💾 编程练习·························558

第 12 章 递归·····························559

12.1 递归简介·······························559
12.2 用递归解决问题···················561
　　12.2.1 使用递归来计算阶乘·····562
　　📀 检查点·····························565
12.3 递归算法示例·······················565
　　12.3.1 用递归对列表元素的一个范围进行
　　　　　 求和·······················565
　　12.3.2 斐波那契数列···········566
　　12.3.3 寻找最大公约数··········567
　　12.3.4 汉诺塔·······················568
　　12.3.5 递归与循环················571
　　🧠 复习题·····························572
　　💾 编程练习·························574

第 13 章 GUI 编程·····················575

13.1 图形用户界面·······················575
　　📀 检查点·····························576
13.2 使用 tkinter 模块··················577
　　📀 检查点·····························580
13.3 使用 Label 控件显示文本········580
　　13.3.1 为标签添加边框··········582
　　13.3.2 填充·························583
　　📀 检查点·····························587
13.4 使用 Frame 来组织控件··········588
13.5 Button 控件和消息框···········590
13.6 用 Entry 控件获取输入··········593
13.7 将标签用作输出字段··············596
　　📀 检查点·····························602
13.8 单选钮和复选框····················602
　　13.8.1 单选钮·····················602
　　13.8.2 为 Radiobutton 指定回调函数····605
　　📀 检查点·····························608
13.9 Listbox 控件·························608
　　13.9.1 指定列表框大小··········609
　　13.9.2 使用循环来填充列表框···609
　　13.9.3 在列表框中选择项········610
　　13.9.4 获取选中的一项或多项···611

13.9.5 从列表框中删除项 ·················· 613
13.9.6 当用户单击列表项时执行回调函数 ··· 613
13.9.7 为列表框添加滚动条 ·············· 617
检查点 ······································ 625

13.10 使用 Canvas 控件绘制图形 ········· 625
13.10.1 Canvas 控件的屏幕坐标系 ········ 626
13.10.2 画线：create_line 方法 ·········· 627
13.10.3 画矩形：create_rectangle 方法 ··· 629
13.10.4 画椭圆：create_oval 方法 ········ 631
13.10.5 画弧线：create_arc 弧形方法 ····· 633
13.10.6 画多边形：create_polygon 方法 ·· 637
13.10.7 绘制文本：create_text 方法 ······ 638
检查点 ······································ 643
复习题 ······································ 644
编程练习 ···································· 646

第 14 章 数据库编程 ····················· 649

14.1 数据库管理系统 ······················ 649
14.1.1 SQL ································· 650
14.1.2 SQLite ······························ 650
检查点 ······································ 650

14.2 表、行和列 ·························· 650
14.2.1 列数据类型 ······················· 651
14.2.2 主键 ······························· 652
14.2.3 标识列 ····························· 653
14.2.4 允许空值 ·························· 653
检查点 ······································ 654

14.3 使用 SQLite 打开和关闭数据库连接 ··· 654
14.3.1 指定数据库在磁盘上的位置 ········ 656
14.3.2 向 DBMS 传递 SQL 语句 ·········· 656
检查点 ······································ 656

14.4 创建和删除表 ······················ 657
14.4.1 创建表 ····························· 657
14.4.2 创建多个表 ······················· 659
14.4.3 仅在表不存在时创建表 ············ 660
14.4.4 删除表 ····························· 660
检查点 ······································ 661

14.5 向表中添加数据 ······················ 661
14.5.1 用一个 INSERT 语句插入多行 ····· 663
14.5.2 插入 NULL 数据 ··················· 664

14.5.3 插入变量值 ······················· 664
14.5.4 警惕 SQL 注入攻击 ··············· 666
检查点 ······································ 667

14.6 使用 SQL SELECT 语句查询数据 ······· 667
14.6.1 示例数据库 ······················· 667
14.6.2 SELECT 语句 ······················ 668
14.6.3 选择表中的所有列 ················ 672
14.6.4 使用 WHERE 子句指定搜索条件 ··· 673
14.6.5 SQL 逻辑操作符：AND，OR 和 NOT 676
14.6.6 SELECT 语句中的字符串比较 ······ 676
14.6.7 使用 LIKE 操作符 ················· 677
14.6.8 对 SELECT 查询的结果排序 ········ 678
14.6.9 聚合函数 ·························· 679
检查点 ······································ 682

14.7 更新和删除现有行 ··················· 682
14.7.1 更新行 ····························· 682
14.7.2 更新多列 ·························· 685
14.7.3 确定更新的行数 ·················· 685
14.7.4 使用 DELETE 语句删除行 ·········· 686
14.7.5 确定删除的行数 ·················· 688
检查点 ······································ 688

14.8 深入主键 ·························· 688
14.8.1 SQLite 中的 RowID 列 ············ 689
14.8.2 SQLite 中的整数主键 ············· 689
14.8.3 非整数主键 ······················· 690
14.8.4 复合键 ····························· 690
检查点 ······································ 691

14.9 处理数据库异常 ······················ 692
检查点 ······································ 694

14.10 CRUD 操作 ························· 694
14.11 关系数据库 ························· 702
14.11.1 外键 ······························ 704
14.11.2 实体关系图 (ERD) ················ 704
14.11.3 用 SQL 创建外键 ················· 705
14.11.4 在 SQLite 中强制外键约束 ········ 706
14.11.5 更新关系数据 ···················· 709
14.11.6 删除关系数据 ···················· 709
14.11.7 在 SELECT 语句中从多个表检索列 ··· 710
检查点 ······································ 716
复习题 ······································ 717
编程练习 ···································· 720

附录 A　安装 Python ·················723

附录 B　IDLE 简介 ·················725

附录 C　ASCII 字符集·················729

附录 D　预定义颜色名称·················731

附录 E　import 语句 ·················737

附录 F　用 format() 函数格式化输出········741

附录 G　用 pip 工具安装模块·················747

附录 H　知识检查点答案·················749

术语详解 ·················767

1.1 概述

想象一下人们使用计算机的不同方式。在学校里，学生们使用计算机完成一些任务，例如写论文、搜索文章、发送电子邮件和上网课。在工作中，人们用计算机分析数据、做演示、进行商业交易、与客户和同事沟通、控制工厂的机器以及做其他许多事情。在家里，人们使用计算机完成各种任务，例如支付账单、网上购物、与朋友和家人聊天以及玩游戏。别忘了，手机、平板电脑、智能手机、汽车导航系统和许多其他设备本质上也是计算机。在我们的日常生活中，计算机几乎无所不在。

计算机可以执行如此广泛的任务，原因是它们可以被编程。这意味着计算机不是被设计成只做一种工作，而是做程序告诉它们要做的任何工作。**程序**（program）是一组指令，计算机遵循这些指令来执行任务。例如，图 1.1 展示了 Microsoft Word 和 PowerPoint 这两种常用程序的界面。

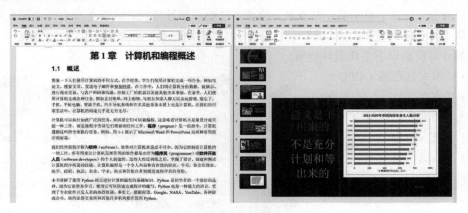

图 1.1 示例字处理程序和演示程序

我们经常将程序称为**软件**（software）。软件对计算机来说必不可少，因为它控制着计算机的一切工作。所有用来让计算机发挥作用的软件都是由作为**程序员**（programmer）或**软件开发人员**（software developer）的人创建的。这些人经过训练之后，掌握了设计、创建和测试计算机程序所需的技能。计算机编程是一个令人兴奋和有价值的职业。今天，你会在商业、医学、政府、执法、农业、学术、娱乐和其他许多领域发现程序员的身影。

本书讲解了使用 Python 语言进行计算机编程的基础知识。Python 是初学者的一个很好的选择，因为它很容易学习，使用它可以快速完成程序的编写。Python 也是一种强大的语言，受到了专业软件开发人员的热烈欢迎。事实上，根据报道，谷歌（Google）、美国国家航空航天局（NASA）、YouTube、各大游戏公司、纽约证券交易所和其他许多机构都在用 Python。

在开始探索编程的概念之前，需要先对计算机及其工作方式有一个基本的了解。本章旨在为大家以后的学习奠定坚实的基础，在将来学习计算机科学的过程中，将持续依赖这些知识。首先，我们将讨论计算机通常包含哪些物理组件。接着，将讨论计算机如何存储数据和执行程序。最后，本章要简单介绍用于写 Python 程序的软件。

1.2 硬件和软件

概念：构成计算机的物理设备称为计算机的"硬件"。在计算机上运行的程序称为"软件"。

1.2.1 硬件

硬件（hardware）是指构成一台计算机的所有物理设备，或者称为组件（component）。计算机不是一个独立的设备，而是由多个设备构成的一个系统，这些设备要协同工作。如同交响乐团的各种不同的乐器，计算机中的每个设备都在发挥它自己的作用。

如果你买过电脑，那么可能会看到电脑配置单，上面列有计算机的各种组件，包括处理器、内存、硬盘、显示器、显卡等。除非自己很熟悉计算机，或者至少有一个朋友熟悉，否则从头开始理解这些组件（且不会被奸商坑）还是颇具挑战性的。如图 1.2 所示，一台典型的计算机由以下主要组件构成：

- 中央处理器（CPU）
- 主存
- 辅助存储设备
- 输入设备
- 输出设备

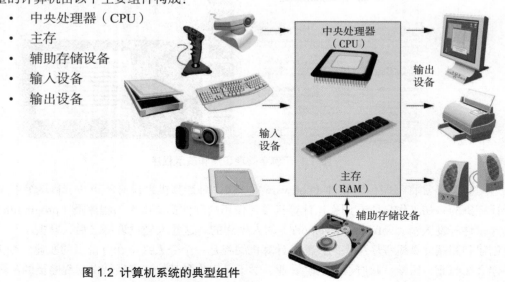

图 1.2 计算机系统的典型组件

下面让我们详细研究一下每个组件。

1.2.2　中央处理器

当计算机执行程序所要求的任务时，就说计算机正在**运行**或**执行**程序。**中央处理器**（central processing unit，CPU）是负责实际运行程序的计算机组件。CPU 是最重要的一个组件，计算机没有它就不能运行程序。如果说软件是计算机的灵魂，那么 CPU 就是计算机的大脑。

在最早的计算机中，CPU 是由大量电子和机械零件（例如电子管和开关）组成的巨型设备。图 1.3 展示了这样的一个设备。照片中两名女性操纵的是历史上赫赫有名的 ENIAC 计算机。这是历史上公认的第一台可编程电子计算机，它于 1945 年完成，用于为美国陆军的新型大炮研究执行弹道计算。这台机器基本上就是一个巨大的 CPU，它高约 240 cm，长约 3000 cm，重达 30 T。

如今，CPU 已经变成非常小的芯片，我们称之为**微处理器**（microprocessor）。图 1.4 展示了一名实验室工作人员手持一枚新型微处理器的照片。虽然比老式的电机式 CPU 小得多，但微处理器的性能更强劲。

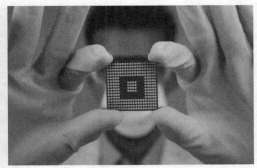

图 1.3 ENIAC 计算机（美国陆军照片）　　图 1.4　一名实验室工作人员手持一片微处理器

1.2.3　主存

可以将**主存**（main memory）想象成计算机的工作区域。计算机将正在运行的程序和程序要处理的数据存储到这里。例如，假定用字处理程序为当前正在上的一门课写短文。在这个过程中，无论字处理程序还是那篇文章都存储在主存中。

主存一般简称为内存或 RAM。RAM 是 random-access memory（**随机存储器**）的简称。之所以叫这个名字，是因为 CPU 能快速存储在 RAM 中任意随机位置的数据。RAM 一般是**易失性**（volatile）的存储器，仅供程序运行时进行临时存储。计算机关机时，RAM 中的内容会消失。在计算机内部，RAM 是以**内存条**的形式提供的，如图 1.5 所示。

图 1.5 内存条

1.2.4 辅助存储设备

辅助存储（secondary storage）设备[①]可以持久保存数据，即使在计算机关机之后也不会丢失。程序一般都保存到这种设备中，并在需要的时候加载到主存。重要数据——例如字处理文档、工资表数据以及库存记录，也用这种设备来保存。

最常见的辅助存储设备是硬盘驱动器。传统的**硬盘驱动器**（hard disk drive，HDD）对数据进行磁性编码，并将编码后的数据记录到圆形碟片上，从而实现数据存储。目前，更受欢迎的是固态硬盘。**固态硬盘**（solid-state drive，SSD）没有机械部件，存取速度比传统硬盘驱动器快得多。大多数计算机都配备了某种形式的辅助存储设备，要么是传统的硬盘驱动器，要么是固态硬盘。另外，还可以配备外置存储设备（例如 NAS），它们连接到计算机的某个通信端口。可以利用外置存储设备备份重要数据，或者将数据转移到另一台计算机。

除了外置存储设备，还有其他许多类型的设备可供备份和转移数据。例如，可以将 U 盘插入计算机的 USB 端口，系统会将其识别为一个磁盘驱动器。但是，这种驱动器实际并不包含一张"磁盘"。数据实际存储到一种特殊的、称为**闪存**（flash drive）的存储器中。U 盘的特点是便宜、可靠和小巧，携带方便，可以很容易地放到口袋中或者串到钥匙环上。

---

① 译注：或者称为"二级存储设备"。

1.2.5 输入设备

输入（input）是指计算机从人和其他设备那里收集的任何数据。收集数据并将其发送给计算机的设备称为**输入设备**。常见的输入设备包括键盘、鼠标、游戏摇杆、扫描仪、麦克风和数码相机等。磁盘驱动器和 U 盘也被认为是输入设备，因为我们从中获取程序和数据，并加载到计算机的内存中。

1.2.6 输出设备

输出（output）是指由计算机生成，供人或其他设备使用的任何数据。它可能是一份销售报表、一个姓名清单或者一幅图像。数据发送到一个**输出设备**，后者对数据进行格式化，并把它们显示出来。常见的输出设备包括显示器和打印机等。硬盘驱动器和 U 盘也被认为是输出设备，因为系统要将数据发送到它们那里供长期存储。

1.2.7 软件

计算机要想发挥作用，软件是不可缺少的。从打开电源开关直到关机，计算机所做的一切都在软件的控制之下。软件一般分为两类：系统软件和应用软件。大多数计算机程序都能明显地划归于其中一类。下面让我们仔细看看每一类。

1.2.7.1 系统软件

控制和管理计算机基本操作的程序一般称为**系统软件**（system software）。系统软件通常包括以下类型的程序。

* 操作系统　操作系统（operating system）是计算机最基本的一组程序的集合。操作系统控制计算机硬件的内部操作，管理连接到计算机的所有设备，允许将数据保存到存储设备和从存储设备取回，并允许其他程序在计算机上运行。笔记本和台式机的主流操作系统包括 Windows、macOS 和 Linux。移动设备的主流操作系统则包括安卓和 iOS。
* 实用程序　实用程序（utility program）执行一项专门的任务，用于增强计算机的操作或者保护数据。实用程序的例子有防病毒程序、文件压缩程序和数据备份程序。
* 软件开发工具　软件开发工具（software development tool）是程序员用来创建、修改和测试软件的程序。汇编器、编译器和解释器都属于这一类。

1.2.7.2 应用软件

用计算机处理日常任务的程序称为**应用软件**（application software）。我们平时大多数时间运行的都是这种程序。本章前面的图 1.1 展示了两个常用的应用软件的界面：字处理程序 Microsoft Word 和演示程序 PowerPoint。其他一些应用软件的例子包括电子表格程序、电子邮件程序、网页浏览器和游戏等。

⊘ 检查点

1.1 什么是程序？

1.2 什么是硬件？

1.3 列出计算机系统的 5 个主要组件。

1.4 实际运行程序的是计算机的什么组件？

1.5 在程序运行期间，计算机的什么组件被用作一个工作区域来存储程序及其数据？

1.6 计算机的什么组件负责长时间（即使在关机之后）存储数据？

1.7 计算机的什么组件负责从人或其他设备那里收集数据？

1.8 计算机的什么组件负责为人或其他设备格式化和显示数据？

1.9 哪一组基本程序在控制着计算机硬件的内部运作？

1.10 如何称呼执行一项专门任务的程序，例如防病毒程序、文件压缩程序或数据备份程序？

1.11 字处理程序、电子表格程序、电子邮件程序、网页浏览器和游戏属于哪一类软件？

1.3 计算机如何存储数据

概念：计算机中存储的所有数据都转换成 0 和 1 的序列。

计算机的内存由许多小的存储单元构成，这些单元称为**字节**（byte）。一个字节足以容纳字母表中的一个字母或者一个小的数字。计算机要想做任何有意义的事情，就必须能存储大量字节。大多数计算机内存都能存储数几十亿乃至数百亿字节。

每个字节都包含 8 个更小的存储单元，这些单元称为**位**或**比特**（bit）。在英语中，bit 一词来源于 binary digit，即**二进制位**。计算机科学家通常将位看成是一些小开关，它们可能处于开或关的状态。然而，位并不是真正的"开关"，至少不是传统意义上的那种。在大多数计算机系统中，可以将"位"理解成一种极其微小的电子零件，它既能容纳一个正电荷，也能容纳一个负电荷。计算机科学家认为正电荷是处于"开"位置的开关，认为负电荷是处于"关"位置的开关。图 1.6 展示了在计算机科学家眼中，一个字节的内存是什么样子的：它包含多个小开关，每个都可以扳至开或关位置。

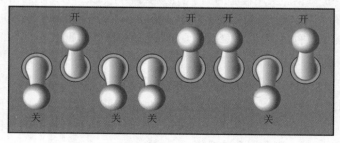

图 1.6 想象一个字节由 8 个开关组成

数据用一个字节来存储时，计算机将 8 个位设为开或关状态，以一种特定的模式来表示该数据。例如，图 1.7 左图的模式显示了如何将数字 77 存储到一个字节中，右图的模式则显示了如何将字母 A 存储到一个字节中。我们不久就会介绍具体如何确定这些模式。

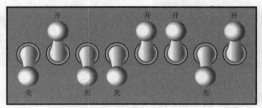用一个字节来存储数字 77

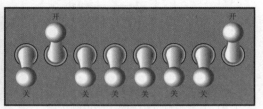用一个字节来存储字母 A

图 1.7 数字 77 和字母 A 的位模式

1.3.1 存储数字

二进制位只能以一种非常有限的方式表示数字。取决于是开还是关，它能表示两个不同的值之一。在计算机系统中，处于关闭位置的位表示数字 0，而处于打开位置的表示 1。这完美地对应于**二进制数字系统**（binary numbering system）。在二进制数字系统（简称二进制）中，所有数值都写成 0 和 1 的序列。以下是用二进制表示的一个数字：

```
10011101
```

二进制数字的每个位置都分配了一个值，这称为**位置值**。如图 1.8 所示，从右向左对应的位置值分别是 2^0，2^1，2^2，2^3……图 1.9 展示了同一幅图位置值计算好（十进制）之后的样子，从右向左，位置值分别是 1，2，4，8，……

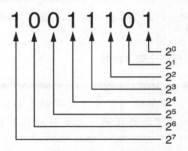

图 1.8 和二进制位对应的位置值是 2 的次方

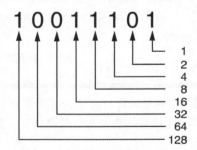

图 1.9 计算好的十进制位置值

为了确定一个二进制数字的值，只需将所有 1 的位置值加起来。例如，在二进制数字 10011101 中，所有 1 的位置值是 1，4，8，16 和 128，如图 1.10 所示。所有这些位置值之和是 157，因此二进制数字 10011101 的（十进制）值是 157。

图 1.11 展示了 157 在内存中的一个字节是如何存储的。每个 1 都用处于"开"位置的一个位来表示，而每个 0 都用处于"关"位置的一个位来表示。

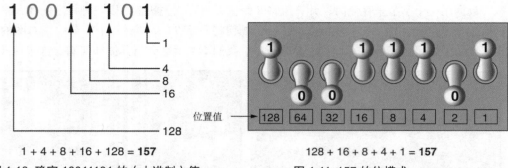

1 + 4 + 8 + 16 + 128 = **157**

图 1.10 确定 10011101 的（十进制）值

128 + 16 + 8 + 4 + 1 = **157**

图 1.11 157 的位模式

如果一个字节的所有二进制位都设为 0（关），该字节的值即为 0。如果一个字节中的所有二进制位都设为 1（开），则该字节容纳的是它能表示的最大值。能用一个字节存储的最大值是 1 + 2 + 4 + 8 + 16 + 32 + 64 + 128 = 255。之所以存在这个限制，是因为一个字节总共只有 8 位。

如果需要存储比 255 大的数字该怎么办？答案很简单：使用多个字节。例如，将两个字节合到一起就有 16 位。这 16 位的位置值是 2^0，2^1，2^2，2^3，……，2^{15}。如图 1.12 所示，用两个字节能存储的最大值就是 65 535。如果需要存储比这还要大的数，使用更多的字节即可。

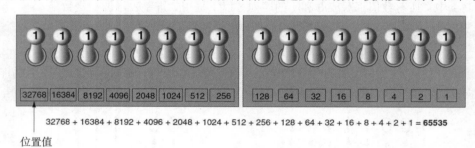

32768 + 16384 + 8192 + 4096 + 2048 + 1024 + 512 + 256 + 128 + 64 + 32 + 16 + 8 + 4 + 2 + 1 = **65535**

位置值

图 1.12 用两个字节存储一个较大的数

提示：如果觉得所有这些过于繁琐，请放松！编程时不需要亲自将数字转换成二进制。但是，知道计算机内部发生的事情，有助于你加深理解并成为一名更好的程序员。

1.3.2 存储字符

在计算机内存中，任何数据都必须以二进制形式存储，其中包括字符，例如字母和标点符号。将字符存储到内存时，它首先要转换成一个数值编码。然后，数值编码以二进制形式来存储。

多年来，人们开发了多种编码方案来表示计算机内存中的字符，其中最重要的是 ASCII，它是"美国信息交换标准码"的简称，即 American Standard Code for Information

Interchange。ASCII 包含 128 个数值编码，可以表示英语字母、各种标点符号以及其他字符。例如，大写字母 A 的 ASCII 编码是 65。用计算机键盘输入大写字母 A 时，实际会将数字 65 存储到内存中（当然是以二进制形式）。图 1.13 对此进行了演示。

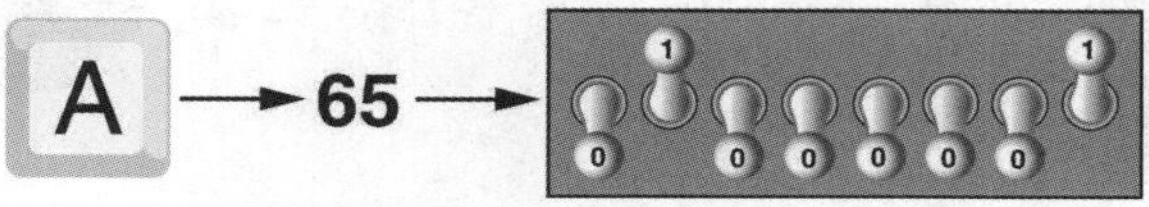

图 1.13 字母 A 作为数字 65 存储到内存中

📢 提示：ASCII 的发音同 "askee"。

与此类似，大写字母 B 的 ASCII 编码是 66，C 是 67……以此类推。附录 C 列出了所有 ASCII 编码及其所代表的字符。

ASCII 字符集是上个世纪 60 年代初开发的，得到了所有计算机制造商的采纳。但是，ASCII 也是极其有限的，因为它只定义了 128 个字符码。作为补救，人们又在 90 年代初开发了 Unicode 字符集。Unicode 是一套全面的编码方案，不仅兼容 ASCII，还能表示世界上大多数语言的全套文字。如今，Unicode 正在快速成为计算机工业使用的标准字符集。

1.3.3 高级数字存储

之前讨论了数字以及如何在内存中存储它们。或许有人以为，二进制数字系统只能用来表示从 0 开始的正整数。确实，负数和实数（例如 3.14159265）不能用我们讨论的简单二进制编码技术来表示。

事实上，计算机确实能在内存中存储负数和实数，但为了做到这一点，要在使用二进制数字系统的同时采用某种编码方案。负数采用的编码方案称为 "2 的补码"，实数采用的则是 "浮点表示法"。不需要知道这些编码方案具体是如何工作的，只需知道它们被用来将负数和实数转换成二进制形式。

1.3.4 其他类型的数据

计算机一般称为数字设备。可用**数字**（digital）一词来描述使用二进制值的任何东西。**数字数据**（digital data）是指以二进制存储的数据，而**数字设备**（digital device）是指处理二进制数据的任何设备。我们之前讨论了如何以二进制形式存储数字和字符，但计算机还能处理其他许多类型的数字数据。

以数码相机拍摄的照片为例。这种图像由名为**像素**（pixel）的彩色小点构成（像素是"图像元素"的简称）。如图 1.14 所示，图像中的每个像素都转换成代表颜色的一个数值编码。数值编码以二进制形式存储。

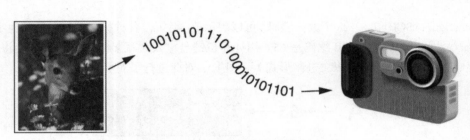

图 1.14 以二进制形式存储的数码照片

从网上或者音乐播放器播放的音乐也是数字的。一首数字歌曲分解成许多小的片段，这些片段称为**样本**（sample）。一首歌被分解成的样本数量越多（这个过程称为"采样"），播放时的保真度就越高。例如 CD 音质的歌曲，其采样率为 44.1 kHz（表示每秒种采集和处理 44 100 个样本）每秒要分解成 44 000 个样本！

📀 **检查点**

1.12 多大内存足以存储一个字母或者一个小的数字？

1.13 你将能设为"开"或"关"的小"开关"称为什么？

1.14 在什么数字系统中，所有数值都写成 0 和 1 的序列？

1.15 ASCII 的作用是什么？

1.16 什么编码方案是一套全面的编码方案，能表示世界上大多数语言的全套文字？

1.17 "数字数据"和"数字设备"是什么意思？

1.4 程序如何工作

概念：计算机 CPU 只理解以机器语言写成的指令。人们发现，整个程序都用机器语言编写的话，会非常困难，所以就发明了更高级的编程语言。

之前说过，CPU 是计算机最重要的组件，因为它是计算机中负责运行程序的那一部分。人们有时说 CPU 是计算机的"大脑"，有时还会说它很"聪明"。虽然经常都能看到这样或那样的比喻，但你应当理解的是，CPU 不是大脑，也并不聪明。CPU 是设计用来做特定事情的一种电子设备。具体地说，CPU 是设计用来执行以下操作的：

- 从主存读取数据
- 两数相加
- 两相相减
- 两数相乘
- 两数相除
- 将数据从一个内存位置移到另一个位置
- 判断一个值是否等于另一个值
- ……

　　从这个列表可以看出，CPU执行的是对数据的简单操作。但CPU自己做不了任何事情。必须告诉它要做什么，而那正是程序的作用。程序其实就是告诉CPU要做什么的指令清单。

　　程序中的每个指令都告诉CPU执行一项具体的操作。下面是可能在程序中出现的一个指令的例子：

```
10110000
```

对我们来说，这只是一系列的0和1。但对CPU来说，它是执行一项操作的指令[②]。之所以写成0和1的序列，是因为CPU只能理解用**机器语言**写的指令，而机器语言指令总是以二进制来写的。

　　CPU能执行的每项操作都有一条对应的机器语言指令。例如，两数相加有一条指令，两数相减有另一条指令。CPU能执行的全套指令称为CPU的**指令集**（instruction set）。

　　注意：当前有多家微处理器厂商都在制造CPU，其中较著名的有英特尔、AMD、高通和苹果等。检查计算机的配置，就知道它使用的是哪个厂商的CPU。

　　各个品牌的微处理器通常有自己的一套特殊的指令集，其中的指令只有同品牌的微处理器才能理解。例如，英特尔微处理器就不能直接理解苹果微处理器的指令。

　　前面只展示了一个机器语言指令。然而，计算机要想做任何有意义的事情，执行的指令远不止一个。CPU执行的每个操作在本质上是非常基本的（或者说，是最简单的）。所以，CPU只有执行大量指令，才能真正完成有意义的任务。例如，为了计算存款账户今年的利息是多少，CPU必须按照正确顺序执行大量指令。一个程序包含数千乃至数百万条机器语言指令是再正常不过的事情。

　　程序通常存储在像磁盘驱动器这样的辅助存储设备中。在计算机上安装程序时，程序通常从网上下载，或者从某个应用商店安装。

　　虽然程序能存储在像硬盘驱动器这样的辅助存储设备中，但CPU每次执行它时，都必须把它复制到主存（RAM）。例如，假定硬盘上有一个字处理程序。执行它需要用鼠标双击它的图标。这会导致程序从硬盘复制到RAM。然后，CPU执行RAM中的这个程序的副本。图1.15演示了这个过程。

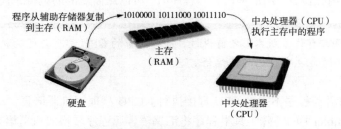

图1.15　程序拷贝到RAM并执行

---

② 本例是英特尔微处理器的一条真实的指令，其作用是将一个值移到CPU中。

CPU 执行程序中的指令时，会经历一个"取回－解码－执行"（fetch–decode–execute）周期。程序中的每条指令都会重复一遍这个周期。这个周期由几个步骤构成。

- 取回 / 取指　每个程序都包含大量机器语言指令。周期的第一步是取回（或称读取）内存中的下一条指令，并把它送入 CPU。这个"取回指令"的步骤也称为"取指"。
- 解码　机器语言指令是二进制值，它指示 CPU 执行一个具体的操作。在这一步中，CPU 对刚才取回的指令进行解码，判断应该执行什么操作。
- 执行　一个周期的最后一步是执行指定的操作。

图 1.16 演示了这些步骤。

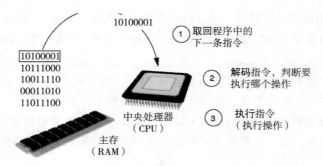

图 1.16　"取回－解码－执行"周期

1.4.1　从机器语言到汇编语言

计算机只能执行用机器语言写的程序。如前所述，一个程序可能有几千、几百万甚至更多的二进制指令，写这样的一个程序非常繁琐，而且会花非常多的时间。用机器语言编程还非常困难，因为一个 0 或 1 的位置有误，就会造成错误。

虽然计算机的 CPU 只能理解机器语言，但要求人们用机器语言写程序是不实际的。有鉴于此，在计算的早期岁月，人们创建了**汇编语言**（assembly language）来代替机器语言[3]。汇编语言不是用二进制数字来写指令，而是使用称为**助记符**（mnemonic）的一些短字。例如，在汇编语言中，助记符 add 执行加法运算，mul 执行乘法运算，mov 则是把某个值移到另一个内存位置。用汇编语言写程序时，可以用简短的助记符来代替二进制数字。

📎 **注意**：汇编语言有许多版本。之前说过，每种品牌的 CPU 都有自己的机器语言指令集。每种品牌的 CPU 通常也有自己的汇编语言。

然而，汇编语言程序不能由 CPU 直接执行。CPU 只理解机器语言，所以要用一种称为**汇编器**（assembler）的特殊工具类程序将汇编语言源程序转换成机器语言程序。图 1.17 展示了这个过程。随后，汇编器创建的机器语言程序就可以由 CPU 执行了。

③　第一个汇编语言可能是 20 世纪 40 年代剑桥大学为著名的 EDSAC 计算机开发的。

图 1.17 汇编器将汇编语言程序转换成机器语言程序

1.4.2 高级语言

虽然汇编语言使人们不再需要写二进制机器语言指令，但并不是说就不麻烦了。汇编语言基本上是机器语言的一种直接替代，而且和机器语言相似，也要求掌握很多关于 CPU 的知识。即便是最简单的程序，汇编语言也要求写大量指令。由于汇编语言在本质上与机器语言如此相似，所以人们认为它还是一种**低级语言**。

20 世纪 50 年代，新一代的**高级语言**出现了。高级语言允许创建强大和复杂的程序，同时不需要知道 CPU 是如何工作的，也不需要写大量低级指令。此外，大多数高级语言都使用易于理解的单词。例如在 COBOL 语言（20 世纪 50 年代创建的早期高级语言的一种）中，可以使用以下指令在屏幕上显示消息"Hello world"：

```
DISPLAY "Hello world"
```

作为一种现代的高级编程语言，Python 为了显示同样的消息只需要执行以下指令：

```
print('Hello world')
```

但是，如果用汇编语言做同样的事情，则需要好几条指令，而且要深入掌握 CPU 如何与计算机的输出设备交互。从这个例子可以看出，高级语言允许程序员将精力集中在他们要用程序执行的任务上，而不必纠缠于 CPU 执行程序的细节。

20 世纪 50 年代以来，人们创建了数以千计的高级语言，表 1.1 列出其中一些比较有名的。

表 1.1 编程语言

语言	说明
Ada	Ada 是 20 世纪 70 年代创建的，主要用于编写美国国防部使用的应用程序。Ada 这个名称是为了纪念阿达·奥古斯塔（Ada Lovelace）伯爵夫人，她是计算领域的一位著名的历史人物
BASIC	BASIC 是 "Beginners All–purpose Symbolic Instruction Code"（初学者通用符号指令代码）的简称，是 20 世纪 60 年代初问世的一种常规用途的语言，初学者很容易上手。今天，BASIC 有许多不同的版本
FORTRAN	FORTRAN 是 "FORmula TRANslator"（公式翻译器）的简称，是第一代高级编程语言。它设计于 20 世纪 50 年代，用于执行复杂的数学计算

（续表）

语言	说明
COBOL	COBOL 是"面向商业的通用语言"（Common Business–Oriented Language）的简称，创建于 20 世纪 50 年代，主要为商业应用程序而设计
Pascal	Pascal 创建于 1970 年，最早是作为一种教学语言而设计的。语言的名称是为了纪念数学家、物理学家以及哲学家布莱士·帕斯卡（Blaise Pascal）
C 和 C++	C 和 C++（发音是"c plus plus"）是贝尔实验室开发的两种功能强大的、常规用途的语言。C 语言创建于 1972 年。以 C 为基础的 C++ 创建于 1983 年
C#	发音是"c sharp"。该语言由微软于 2000 年左右创建，用于开发基于其 .NET 平台的应用程序
Java	Java 由 Sun 公司在 20 世纪 90 年代初创建。用它开发的程序可以在单独一台计算机上运行，也可以通过互联网从一台网络服务器上运行
JavaScript	JavaScript 创建于 20 世纪 90 年代，可以在网页中使用。虽然名字里面有个 Java，但和 Java 没有关系
Python	Python 是 20 世纪 90 年代初创建的一种常规用途的语言。在商业、学术和人工智能应用程序中比较流行
Ruby	Ruby 是 20 世纪 90 年代创建的一种常规用途的语言。越来越多的人用它编写在网络服务器上运行的程序
Rust	Rust 编程语言为高性能、内存安全和并发执行而设计。它于 2010 年由 Mozilla Research 发布
Visual Basic	Visual Basic（简称 VB）是微软开发的一种编程语言和软件开发环境，允许程序员快速创建基于 Windows 的应用程序。VB 创建于 20 世纪 90 年代初

1.4.3 关键字、操作符和语法：概述

每种高级语言都有自己的一套预定义单词，程序员必须用这些单词来写程序。这些预定义的单词称为**关键字**（keyword）或**保留字**（reserved word）。每个关键字都具有特定含义，不能用作其他用途。表 1.2 展示了本书使用的 Python 编程语言的所有关键字。

表 1.2　Python 关键字

and	continue	finally	is	raise
as	def	For	lambda	return
assert	del	from	None	true
async	elif	global	nonlocal	try
await	else	if	not	while
break	except	import	or	with
class	False	In	pass	yield

　　除了关键字，编程语言还通过一系列**操作符**（operator）[④]对数据执行各种运算（操作）。例如，所有编程语言都提供了执行算术运算的各种数学操作符。C++ 和其他大多数语言一样，加号（+）执行两数相加。以下代码将 12 和 75 相加：

```
12 + 75
```

　　Python 语言还支持其他大量的操作符，随着学习的深入，你会逐渐接触到它们。

　　除了关键字和操作符，每种语言还有自己的语法。**语法**（syntax）是一套必须严格遵守的编程规则，规定了如何在程序中使用关键字、操作符和各种标点符号。学习一种编程语言必须先掌握其语法。

　　用高级语言写程序时，你使用的单独的指令称为语句。**语句**（statement）可由关键字、操作符、标点符号以及其他允许的编程元素构成，它们按正确顺序排列以执行一个操作。

1.4.4　编译器和解释器

　　由于 CPU 只理解机器语言指令，所以用高级语言写的程序必须转换（翻译）成机器语言。取决于具体使用的是什么语言，程序员可以使用编译器或解释器来执行转换。

　　编译器（compiler）是一种特殊程序，能将使用高级语言写成的程序转换成一个单独的机器语言程序。然后，任何时候都可以直接执行机器语言程序。图 1.18 对此进行了演示。从图中可以看出，编译和执行是两个不同的过程。

　　Python 使用的则是**解释器**（interpreter），它既能转换也能执行高级语言程序中的指令。解释器每读取程序中的一条指令，就会把它转换成机器语言指令，并马上执行。这个过程一直重复，直到处理完程序中的每一条指令。图 1.19 演示了这个过程。由于解释器是一边转换一边执行的，所以通常不会再创建单独的机器语言程序。

---

④　译注：operator 在本书统一为"操作符"而不是"运算符"。operand 则统一为"操作数"。

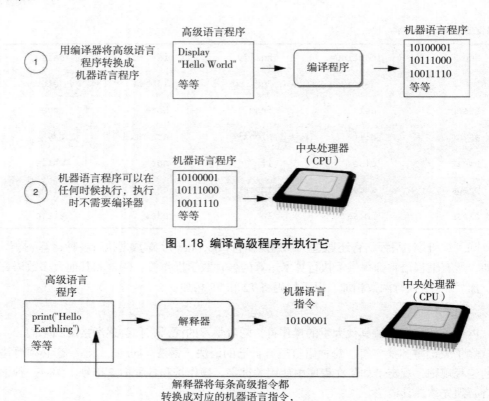

图 1.18 编译高级程序并执行它

图 1.19 用解释器执行高级程序

在程序中，用高级语言写的一系列语句称为**源代码**（source code）或者简称为**代码**（code）。通常，程序员在文本编辑器中键入代码，并将代码存储到计算机磁盘上的文件中。接着，程序员用编译器将代码转换成机器语言程序，或者用解释器一边转换一边执行代码。但是，如果代码包含语法错误，转换就会失败。**语法错误**（syntax error）是指写程序时犯的错误，比如关键字拼写错误、遗漏标点符号或者不正确地使用了操作符等。在这个时候，编译器或解释器会显示错误消息，指出程序中含有语法错误。程序员要纠正错误，并重新转换程序。

📝 **注意**：人类语言也有语法规则。你还记得自己上第一堂英语课的情形吗？你要学习逗号、撇号、大写等等的使用规则。那时学习的就是这种语言的语法。虽然在平时说和写的时候，即使稍微违反这些语法规则，别人一般也听得懂，但编译器和解释器无此本事。程序中即使只有一处微不足道的语法错误，也不能被成功编译或执行。

检查点

1.18 CPU 只理解用哪种语言写的指令？

1.19 CPU 每次执行程序时，必须把它拷贝到什么类型的内存中？

1.20 CPU 执行程序中的指令时，会经历一个什么周期？

1.21 什么是汇编语言？

1.22 什么类型的编程语言允许创建强大和复杂的应用程序，同时不必知道 CPU 工作原理？

1.23 每种语言都有一套在写程序时必须严格遵守的规则。这套规则叫什么？

1.24 一种程序能将高级语言程序转换成独立的机器语言程序，这种程序叫什么？

1.25 一种程序能一边转换一边执行高级语言程序中的指令，这种程序叫什么？

1.26 关键字拼写错误、遗漏标点符号或错误使用操作符，这些称为什么错误？

1.5 使用 Python

概念：Python 解释器可以运行作为文件保存的 Python 程序，也可以交互式执行通过键盘输入的 Python 语句。Python 自带一个名为 IDLE 的程序，后者简化了程序的编写、执行和测试。

1.5.1 安装 Python

在尝试本书的任何程序或者自己编写任何程序之前，需要确保 Python 已经安装在计算机上并进行了正确的配置。如果是在学校的计算机实验室操作，这一步可能已经完成了。如果是使用自己的计算机，可以按照附录 A 的说明下载并安装 Python。

1.5.2 Python 解释器

之前说过，Python 是一种解释型语言。在计算机上安装 Python 语言时，安装的其中一项就是 Python 解释器。**Python 解释器**是一个可以读取 Python 语句并执行它们的程序。有的时候，我们会把 Python 解释器简称为"解释器"。

可以在两种模式下使用解释器：交互模式和脚本模式。在**交互模式**下，解释器等待你在键盘上输入 Python 语句。一旦输入一个语句，解释器就会执行它，然后等待你输入另一个语句。在**脚本模式**下，解释器读取包含 Python 语句的一个文件的内容。这样的文件称为 Python 程序或 Python 脚本。解释器在读取 Python 程序时执行其中的每个语句。

1.5.2.1 交互模式

在系统上安装并配置好 Python 后，可以进入操作系统的命令行界面，并输入以下命令：

```
python
```

在 Windows 平台上，还可以打开 Windows 搜索框并输入 python。在搜索结果中，会看到下图中"Python 3.11"这样的一个应用程序名称——"3.11"代表当前安装的 Python 版本。在搜索结果中单击这一项，从而以交互模式启动 Python 解释器。

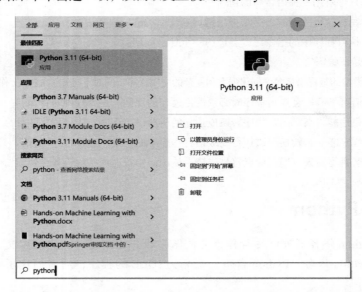

📎 **注意**：Python 以交互模式运行时，通常称为 Python shell。

Python 解释器以交互模式启动后，会在控制台窗口显示如下所示的消息：

```
Python 3.11.4 (tags/v3.11.4:d2340ef, Jun  7 2023, 05:45:37)
[MSC v.1934 64 bit (AMD64)] on win32
Type "help", "copyright", "credits" or "license" for more information.
>>>
```

>>> 提示符表明解释器正在等待输入一个 Python 语句。现在来尝试一下。用 Python 能做的最简单的事情之一就是在屏幕上打印消息。例如，以下语句打印消息"Python 编程真有趣！"：

```
print('Python 编程真有趣！')
```

可以把它看成是发送给 Python 解释器的一个指令。如果严格照此输入该语句，屏幕上就会打印"Python 编程真有趣！"这样的信息。下面是在解释器提示符下输入该语句的例子：

```
>>> print('Python 编程真有趣！') Enter
```

输入语句后按 Enter 键，Python 解释器就会执行语句，如下所示：

```
>>> print('Python 编程真有趣！') Enter
Python 编程真有趣！
>>>
```

消息显示完毕后，会再次出现 >>> 提示符，表明解释器正在等待继续输入下一个语句。下面来看另一个例子。在以下示例会话中，我们输入了两个语句：

```
>>> print(' 生存还是毁灭 ') Enter
生存还是毁灭
>>> print(' 这是一个值得考虑的问题 ') Enter
这是一个值得考虑的问题
>>>
```

如果在交互模式下输入的语句有误，解释器会显示一条错误消息。所以，在学习 Python 期间，交互模式是非常有用的。学习 Python 语言的新特性时，可以在交互模式下进行多次尝试，并即时从解释器获得反馈。

要在交互模式下退出 Python 解释器，在 Windows 计算机上，按快捷键 Ctrl+Z，然后按 Enter。在 Mac、Linux 或 UNIX 计算机上，则按快捷键 Ctrl+D。

📎 **注意：** 第 2 章将详细讨论语句。如果现在就想在交互模式中尝试，请务必严格照着例子输入。

1.5.2.2　编写 Python 程序并在脚本模式下运行

虽然交互模式在测试代码时很有用，但在交互模式中输入的语句不会作为一个程序保存下来，就是简单地执行并显示结果而已。如果希望将一组 Python 语句变成完整的程序，那么需要用一个文件来保存这些语句。以后想执行该程序时，需要以脚本（script）模式使用 Python 解释器。

例如，假定要写一个 Python 程序来显示以下三行文本：

```
Nudge nudge
Wink wink
Know what I mean?
```

用一个简单的文本编辑器就可以写程序，例如所有 Windows 计算机自带的"记事本"程序。创建一个包含以下语句的文件：

```
print('Nudge nudge')
print('Wink wink')
print('Know what I mean?')
```

📎 **注意：** 可以使用一个字处理软件来创建 Python 程序，但务必将该程序另存为纯文本文件。否则，Python 解释器将无法读取它的内容。

保存 Python 程序文件时，最好使用 .py 作为扩展名，代表这是一个 Python 程序。例如，可将上述语句保存到一个名为 test.py 的文件中。为了运行程序，在操作系统的命令行中切换到保存该文件的目录，然后执行以下命令：

```
python test.py
```

这样就会以脚本模式启动 Python 解释器并执行 test.py 中的语句。程序运行完毕后，Python 解释器会自动退出。

1.5.3　IDLE 编程环境

▶ 视频讲解：Using Interactive Mode in IDLE

前几节描述了如何在操作系统的命令行上以交互模式或脚本模式启动 Python 解释器。作为另一种选择，还可以使用某个集成开发环境，它整合了编写、执行和测试程序所需的全部工具。

Python 最近的版本都自带一个名为 IDLE 的程序，会在安装 Python 时自动安装。IDLE 的全称是 Integrated DeveLopment Environment，即"集成开发环境"。运行 IDLE 时[5]，会出现如图 1.20 所示的窗口。注意 IDLE 窗口中出现的 >>> 提示符，它表明解释器当前在交互模式下运行。可以在这个提示符下输入 Python 语句，并在 IDLE 窗口中观察执行结果。

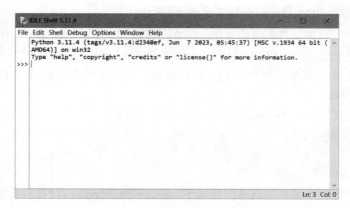

图 1.20　IDLE

IDLE 还内置了一个文本编辑器，是专门为了方便写 Python 程序而设计的。例如，IDLE 编辑器能对代码进行"彩色语法标注"，使关键字和程序的其他部分以不同的颜色显示，这显著增强了程序的可读性。可以在 IDLE 中编写程序代码，保存到磁盘，并执行最终的 Python 程序。附录 B 简单介绍了 IDLE，指导你完成创建、保存和执行 Python 程序的过程。

🏷 **注意:** 虽然可以使用 Python 自带的 IDLE，但还有其他几个流行的 Python IDE 可供选择，其中包括 PyCharm 和 VS Code 等。在课堂上，你的老师可能会指定一种。

---

⑤　译注：在 Windows 中打开搜索框，输入 IDLE 即可看到该程序。

🧠 复习题

选择题

1. ＿＿＿＿ 是一套特殊的指令，计算机遵照这些指令来执行任务。
   a. 编译器　　　　　b. 程序　　　　　c. 解释器　　　　　d. 编程语言

2. 构成计算机的物理设备称为 ＿＿＿＿。
   a. 硬件　　　　　　b. 软件　　　　　c. 操作系统　　　　d. 工具

3. 计算机负责运行程序的组件称为 ＿＿＿＿。
   a. RAM　　　　　　b. 辅助存储　　　c. 主存　　　　　　d. CPU

4. 今天，CPU 是称为 ＿＿＿＿ 的小型芯片。
   a. ENIAC　　　　　b. 微处理器　　　c. 内存条　　　　　d. 操作系统

5. 计算机在 ＿＿＿＿ 中存储正在运行的程序以及程序处理的数据。
   a. 辅助存储　　　　b. CPU　　　　　c. 主存　　　　　　d. 微处理器

6. 有一种易失性的存储器，它只能在程序运行时进行临时存储。这种存储器称为 ＿＿＿＿。
   a. RAM　　　　　　b. 辅助存储　　　c. 磁盘驱动器　　　d. U 盘

7. 有一种类型的存储设备能长时间保存数据——即使在计算机关机之后。这种存储设备称为 ＿＿＿＿。
   a. RAM　　　　　　b. 主存　　　　　c. 辅助存储　　　　d. CPU 存储

8. 从人或其他设备收集数据并将其发送给计算机的组件称为 ＿＿＿＿。
   a. 输出设备　　　　b. 输入设备　　　c. 辅助存储设备　　d. 主存

9. 显示器是一种 ＿＿＿＿ 设备。
   a. 输出　　　　　　b. 输入　　　　　c. 辅助存储　　　　d. 主存

10. 一个 ＿＿＿＿ 的空间足以存储一个字母或者一个小的数字。
    a. 字节　　　　　　b. 二进制位　　　c. 开关　　　　　　d. 晶体管

11. 一个字节由 8 个 ＿＿＿＿ 构成。
    a. CPU　　　　　　b. 指令　　　　　c. 变量　　　　　　d. 二进制位

12. 在 ＿＿＿＿ 数字系统中，所有数值都写成 0 和 1 的序列。
    a. 十六进制　　　　b. 二进制　　　　c. 八进制　　　　　d. 十进制

13. 处于"关"状态的一个二进制位表示以下值：＿＿＿＿
    a. 1　　　　　　　b. –1　　　　　　c. 0　　　　　　　　d. "no"

14. 能表示英语字母、标点符号和其他字符的一套 128 个数值代码称为 ＿＿＿＿。
    a. 二进制数字系统　　　　　　　　　b. ASCII
    c. Unicode　　　　　　　　　　　　d. ENIAC

15. 可表示世界上大多数语言中的全套文字的编码方案是 ＿＿＿＿。
    a. 二进制数字系统　　　　　　　　　b. ASCII
    c. Unicode　　　　　　　　　　　　d. ENIAC

16. 负数用 _____ 技术来编码。

　　a. 2 的补码　　　　b. 浮点　　　　　c. ASCII　　　　d. Unicode

17. 实数用 _____ 技术来编码。

　　a. 2 的补数　　　　b. 浮点　　　　　c. ASCII　　　　d. Unicode

18. 构成数字图像的彩色小点称为 _____。

　　a. 二进制位　　　　b. 字节　　　　　c. 颜色包　　　　d. 像素

19. 查看机器语言程序，看到的是 _____。

　　a. Python 代码　　　　　　　　　b. 二进制数字流

　　c. 英语单词　　　　　　　　　　d. 电路

20. CPU 在"读取 – 解码 – 执行"过程的哪个阶段决定自己要执行的操作？

　　a. 取回　　　　　　b. 解码　　　　　c. 执行　　　　　d. 解构

21. 计算机只能执行用 _____ 写的程序。

　　a. Java　　　　　　b. 汇编语言　　　c. 机器语言　　　d. Python

22. _____ 将汇编语言程序转换成机器语言程序。

　　a. 汇编器　　　　　b. 编译器　　　　c. 翻译器　　　　d. 解释器

23. 构成高级编程语言的单词称为 _____。

　　a. 二进制指令　　　b. 助记符　　　　c. 命令　　　　　d. 关键字

24. 写程序必须遵守的规则称为 _____。

　　a. 语法　　　　　　b. 标点　　　　　c. 关键字　　　　d. 操作符

25. _____ 程序将高级语言程序转换成独立的机器语言程序。

　　a. 汇编器　　　　　b. 编译器　　　　c. 翻译器　　　　d. 实用程序

判断题

1. 今天的 CPU 是由电子和机械组件（比如电子管和开关）组成的巨型设备。

2. 主存也称为 RAM。

3. 计算机内存中存储的任何数据都必须以二进制数形式存储。

4. 图像（比如用数码相机拍摄的照片）不能以二进制数形式存储。

5. 机器语言是 CPU 唯一能理解的语言。

6. 汇编语言被认为是高级语言。

7. 解释器是一种特殊的程序，能一边转换一边执行用高级语言写的程序中的指令。

8. 语法错误无碍程序的成功编译和执行。

9. Windows，Linux，Android，iOS 和 macOS 都是应用软件的例子。

10. 字处理程序、电子表格程序、电子邮件程序、Web 浏览器和游戏都是实用程序的例子。

简答题

1. 为什么 CPU 是计算机最重要的组件？

2. 处于"开"状态的二进制位代表什么数字？处于"关"状态的代表什么数字？

3. 处理二进制数据的设备叫什么设备?

4. 构成高级编程语言的单词叫什么?

5. 汇编语言中使用的短字叫做什么?

6. 编译器和解释器的区别是什么?

7. 什么类型的软件负责控制计算机硬件的内部运作?

练习题

1. 为了确定能与 Python 解释器进行交互,请在自己的计算机上尝试执行以下步骤。

- 以交互模式启动 Python 解释器。

- 在 >>> 提示符下,输入以下语句,然后按 Enter 键:

```
print('这是对 Python 解释器的测试。') Enter
```

- 按 Enter 键后,解释器将执行该语句。如果输入的内容正确,会话应该是下面这样的:

```
>>> print('这是对 Python 解释器的测试。') Enter
这是对 Python 解释器的测试。
>>>
```

- 如果显示一条错误消息,请重新输入语句,并确保严格照着例子输入。

- 退出 Python 解释器(在 Windows 中,先按快捷键 Ctrl+Z 再按 Enter。在其他系统中,直接按快捷键 Ctrl+D)。

2. 为了确保能与 IDLE 交互,在自己的计算机上尝试执行以下步骤。

▶ 视频讲解:Performing Exercise 2

- 启动 IDLE。在 Windows 搜索框中输入 IDLE。单击搜索结果中出现的 IDLE 桌面应用。

- IDLE 启动后,应出现如图 1.20 所示的窗口。在 >>> 提示符下输入以下语句,然后按 Enter 键。

```
print('这是对 IDLE 的测试。') Enter
```

- 按 Enter 键后,Python 解释器将执行该语句。如果输入的内容正确,会话应该是这样的:

```
>>> print('这是对 IDLE 的测试。') Enter
这是对 IDLE 的测试。
>>>
```

- 如果显示一条错误消息,请重新输入语句,并确保完全照着例子输入。

- 退出 Python 解释器(在 Windows 中,先按快捷键 Ctrl+Z 再按 Enter。在其他系统中,直接按快捷键 Ctrl+D)。

- 单击菜单栏上的"文件",再单击"退出"(或者按快捷键 Ctrl+Q)退出 IDLE。

3. 利用在本章学到的关于二进制的知识,将下列十进制数字转换成二进制。

```
11
65
100
255
```

4. 利用在本章学到的二进制数字系统的知识，将以下二进制数转换成十进制：

```
1101
1000
10101
```

5. 查询附录 C 的 ASCII 字符集，确定自己的英文名字中每个字母的代码。

6. 在网上研究一下 Python 编程语言的历史，并回答以下问题。

- 谁是 Python 的创始人？
- Python 是什么时候发明的？
- 在 Python 编程社区，人们亲切地将 Python 的创始人称为"BDFL"。这是什么意思？

第 2 章
输入、处理和输出

2.1 设计程序

　　概念：程序在编写之前必须经过仔细的设计。在设计过程中，程序员使用伪代码和流程图等工具对程序进行建模。

2.1.1 程序开发周期

　　在第 1 章中，你了解到程序员通常使用 Python 等高级语言来创建程序。然而，创建程序并不单单是编写代码。为了创建一个能正确工作的程序，整个过程通常需要经历如图 2.1 所示的 5 个阶段。这整个过程称为**程序开发周期**（program development cycle）。

图 2.1　程序开发周期

让我们仔细看看这个周期中的每个阶段。

1. 设计程序。所有专业程序员都会告诉你，在上手写代码之前，应该先仔细设计好一个程序。程序员开始一个新项目时，不要直接开始编码。相反，应该先从创建程序的设计开始。有几种设计程序的方法，本节稍后会讨论一些可以用来设计 Python 程序的技术。

2. 编写代码。设计好程序后，程序员开始用 Python 这样的高级语言编写代码。第 1 章讲过，每种语言都有自己的一套称为"语法"的规则，在编码时必须遵守。一种语言的语法规则规定了诸如关键字、操作符和标点符号的用法。如果程序员违反了这些规则中的任何一条，就会造成语法错误。

3. 纠正语法错误。如果程序包含语法错误，即使只是一个简单的错误，例如拼写有误的关键字，编译程序或解释程序也会显示一条错误消息，告诉你出了什么错。几乎所有代码在第一次编写时都会出现这样或那样的语法错误，所以程序员通常会花一些时间来纠正这些错误。一旦所有语法错误和简单的打字错误都得到纠正，程序就可以编译并转换成机器语言程序（或由解释程序执行，取决于具体使用的语言）。

4. 测试程序。一旦代码处于可执行状态，就可以对其进行测试，以确定是否存在任何逻辑错误。**逻辑错误**是指不妨碍程序运行，但会导致它产生不正确结果的错误（数学错误是逻辑错误的一种常见来源）。

5. 纠正逻辑错误。如果程序产生不正确的结果，程序员需要对代码进行**调试**（debug）。这意味着程序员发现并纠正程序中的逻辑错误。在这个过程中，程序员有时会发现必须修改程序的原始设计。在这种情况下，程序开发周期会重新开始，一直持续到程序没有错误为止。

2.1.2 关于设计过程的更多说明

程序的设计过程可以说是这个周期中最重要的部分。可以将一个程序的设计看成是它的基础。如果把房子建在一个糟糕的地基上，那么最终要做大量的工作来修复这个房子。一个程序的设计也应如此看待。程序设计得不好，最终要做大量的工作来修复这个程序！

设计一个程序的过程可以归纳为以下两个步骤。

1. 理解程序要执行的任务。
2. 确定执行该任务必须采取的步骤。

下面来仔细看看以上步骤。

2.1.2.1 理解程序要执行的任务

在确定程序要执行的步骤之前，必须先理解程序要做什么。通常，专业程序员通过直接与客户合作获得这种理解。我们用**客户**（customer）一词来描述要求你编写程序的个人、团体或组织。这可能是传统意义上的客户，即付钱给你写程序的人。它也可能是你的老板，或者是你公司内部某个部门的经理。不管是谁，客户将依靠你的程序来完成一项重要的任务。

为了理解一个程序要做的事情，程序员通常会和客户会面。在会面过程中，客户将描述程序应该执行的任务，而程序员将提出问题，以发现尽可能多的任务细节。后续会面通常是必不可少的，因为客户很少能在初次见面时就能说清楚他们想要的一切，而程序员经常会想到其他一些具体的问题。

程序员研究从客户那里收集到的信息，并创建一个包含各种软件需求的清单。所谓**软件需求**（software requirement），其实就是程序必须执行的任务。一旦客户同意这个需求清单是完整的，程序员就可以进入下一个阶段。[①]

📢 **提示**：如果你选择成为一名专业的软件开发人员，"客户"是任何要求你写程序的人。然而，如果你是一名学生，"客户"就变成了你的老师！无论上的是什么编程课，都几乎可以肯定老师会布置一些编程问题让你完成。为了学业的成功，请确保自己理解了老师的要求，再据此来编写代码。

---

① 译注：参见清华大学出版社 2023 年精译版的《高质量软件需求》（第 3 版）和《高质量需求》，进一步了解软件需求这一主题。注意，软件需求作为一个工程，主要应该由业务分析师（BA）来完成。但是，如果程序员具有 BA 的技能，而且项目的规模不大，那么确实可以像这里说的那样由自己来完成软件需求的工作。

2.1.2.2 确定执行任务必须采取的步骤

一旦理解了程序要执行的任务，就可以着手把任务分解成一系列步骤。你平时教其他人完成一项任务时，也会采用类似的做法：将其分解成一系列容易照着做的步骤。例如，假定有人问你如何烧开水，你可以将这项任务分解成以下步骤。

1. 将适当数量的水倒入水壶中。
2. 将水壶放到灶上。
3. 开大火。
4. 观察水，如果看到冒大的泡泡，就表明水开了。
5. 关火。

这是算法的一个例子。**算法**（algorithm）是一组明确定义的逻辑步骤，必须采取这些步骤来执行一项任务。注意算法中的步骤是按顺序排列的。第 1 步应先于第 2 步执行，以此类推。如果一个人完全遵照这些步骤，并以正确顺序操作，就应该能成功地烧出一壶开水。

程序员以类似的方式分解一个程序必须执行的任务。在创建好的算法中，应列出所有必须采取的逻辑步骤。例如，假设有人要求写程序来计算和显示一名时薪制员工的工资总额，以下是要采取的步骤。

1. 获取工作时数。
2. 获取每小时工资。
3. 将工作时数乘以每小时工资。
4. 显示步骤 3 的计算结果。

当然，这个算法还没有准备好在计算机上执行。上述清单中的步骤必须转换为代码。程序员通常使用两种工具来帮助自己完成这项工作：伪代码和流程图。让我们更详细地了解一下这两种工具。

2.1.3 伪代码

由于像单词拼写错误和遗漏标点符号等小疏忽会导致语法错误，所以程序员在写代码时必须注意这样的小细节。为了减少这样的错误，可以在写实际的代码之前先写好伪代码。

伪代码的英语是 pseudocode（发音为"sue doe code"）。其中，"pseudo"一词的意思是"伪"（fake），所以 pseudocode 就是伪代码。它是一种非正式的语言，没有语法规则，目的也不是被编译或执行。相反，程序员使用伪代码来创建程序的模型（mock-up）。由于程序员在写伪代码时不必担心语法错误，所以可以将全部注意力集中在程序的设计上。一旦用伪代码创建了一个令人满意的设计，就能把伪代码直接转化为实际的代码。下例展示了如何为之前讨论的工资计算程序编写伪代码。

```
输入工作时长
输入每小时工资
工作时长乘以每小时工资来计算工资总额
显示工资总额
```

伪代码中的每个语句都代表一个可以在 Python 中执行的操作。例如，Python 可以读取键盘输入，执行数学计算，并在屏幕上显示消息。

2.1.4 流程图

流程图是程序员用来设计程序的另一种工具。**流程图**（flow chart）描述了程序中所发生的步骤。图 2.2 展示了如何为工资计算程序创建一个流程图。

注意，流程图中有三种类型的符号：椭圆、平行四边形和矩形。这些符号中的每一个都代表程序中的一个步骤，如下所示。

- 流程图顶部和底部的椭圆称为**终端符号**。终端符号"开始"标志着程序的起始点，终端符号"结束"标志着程序的结束点。
- 平行四边形是**输入符号**和**输出符号**，代表程序读取输入或显示输出的步骤。
- 矩形是**处理符号**，代表程序对数据进行某种处理的步骤，例如数学计算。

这些符号由箭头连接，代表程序的**流程**（flow）。为了按正确的顺序经历这些符号，需要从"开始"并沿着箭头走到"结束"。

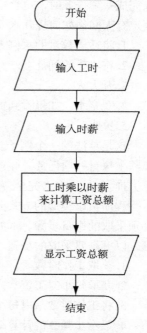

图 2.2 工资计算程序的流程图

🕐 检查点

2.1 谁是程序员的"客户"？

2.2 什么是软件需求？

2.3 什么是算法？

2.4 什么是伪代码？

2.5 什么是流程图？

2.6 以下符号在流程图中有何含义？

- 椭圆
- 平行四边形
- 矩形

2.2 输入、处理和输出

概念：输入是程序接收到的数据。当程序接收到数据时，通常会对其进行某种操作。操作的结果作为输出从程序中送出。

计算机程序通常执行以下三个步骤的操作。

1. 接收输入。

2. 对输入进行某种处理。

3. 生成输出。

输入是程序在运行时收到的任何数据。一种常见的输入形式是从键盘输入数据。接收到输入后，通常要对其进行一些处理，如数学计算。然后，该过程的结果被作为输出从程序中送出。

图 2.3 展示了之前讨论的工资计算程序中的这三个步骤。工作时数和每小时工资作为输入提供。程序处理这些数据时，将工时乘以时薪。然后，计算结果作为输出显示在屏幕上。

图 2.3 工资计算程序的输入、处理和输出

2.3 用 print 函数显示输出

概念：使用 print 函数在 Python 程序中显示输出。

▶视频讲解：Using the print function

函数（function）是一段预先写好的代码，用于执行一个操作。Python 有许多内置函数，可以执行各种操作。其中，最基本的内置函数或许就是 print 函数，它在屏幕上显示输出。下面是一个执行 print 函数的语句：

```
print('Hello world')
```

在交互模式下输入这个语句并按下 Enter 键，就会显示消息"Hello world"，如下所示：

```
>>> print('Hello world') Enter
Hello world
>>>
```

当程序员执行一个函数时，会说自己是在**调用**（call）该函数。为了调用 print 函数，需要输入 print 并后跟一对圆括号。在圆括号中，需要输入一个**实参**（argument），也就是想在屏幕上显示的数据。在上例中，我们传递的实参是 'Hello world'。注意，执行该语句时，引号并不会显示。引号在这里只是标记你希望显示的文本的开始与结束。

假设老师要求你写一个程序，在计算机屏幕上显示你的名字和地址。程序 2.1 展示了这种程序的一个例子，并列出了它运行时将产生的输出。本书程序清单中的行号不是真实程序的一部分，仅供在讨论时引用。

程序 2.1 output.py

```
1   print('Kate Austen')
2   print('123 Full Circle Drive')
3   print('Asheville, NC 28899')
```

程序输出

```
Kate Austen
123 Full Circle Drive
Asheville, NC 28899
```

这里要注意一个重点：该程序中的语句是按其出现的顺序执行的，从程序的顶部到底部。运行这个程序时，第一个语句将被执行，接着是第二个语句，然后是第三个语句，以此类推。

字符串和字符串字面值

几乎所有程序都要处理某种类型的数据。例如，程序 2.1 使用了以下三个数据：

```
'Kate Austen'
'123 Full Circle Drive'
'Asheville, NC 28899'
```

这些数据都是字符序列。在编程术语中，作为数据使用的字符序列称为**字符串**（string）。当字符串出现在实际的程序代码中时，它被称为一个**字符串字面值**（string literal）。在 Python 代码中，字符串字面值必须用引号括起来。如前所述，引号的作用只是标记字符串数据的开始与结束。

在 Python 中，可以用一对单引号('')或一对双引号("")来包围字符串字面值。程序 2.1 的字符串字面值是用单引号括起来的，但程序也可以写成如程序 2.2 所示的样子。

程序 2.2 double_quotes.py

```
1  print("Kate Austen")
2  print("123 Full Circle Drive")
3  print("Asheville, NC 28899")
```

程序输出

```
Kate Austen
123 Full Circle Drive
Asheville, NC 28899
```

如果希望在字符串中包含单引号（或称"撇号"）字面值，可以换用双引号来包围字符串。例如，程序 2.3 用于打印两个含有撇号的字符串。

程序 2.3 apostrophe.py

```
1  print("Don't fear!")
2  print("I'm here!")
```

程序输出

```
Don't fear!
I'm here!
```

类似，用单引号包围字符串，即可在字符串中包含作为字面值的双引号，如程序 2.4 所示。

程序 2.4 display_quote.py

```
1  print('Your assignment is to read "Hamlet" by tomorrow.')
```

程序输出

```
Your assignment is to read "Hamlet" by tomorrow.
```

Python 还允许使用三引号（"""" 或 '''）来包围字符串字面值。在这种字符串中，单引号和双引号都可以作为字面值使用，如下例所示：

```
print("""I'm reading "Hamlet" tonight.""")
```

该语句会打印如下结果：

```
I'm reading "Hamlet" tonight.
```

还可以用三引号包围多行字符串，而这是单引号和双引号不支持的，如下例所示：

```
print("""One
Two
Three""")
```

该语句会打印如下结果：

```
One
Two
Three
```

🕐 **检查点**

2.7 写一个语句来显示你的名字。

2.8 写一个语句来显示以下文本：

```
Python's the best!
```

2.9 写一个语句来显示以下文本：

```
The cat said "meow."
```

2.4 注释

概念：注释对代码行或小节进行解释。注释是程序的一部分，但 Python 解释程序会忽略它们。它们是为那些需要阅读源代码的人准备的。

注释（comment）是放置在程序不同部分的简短说明，用于解释程序的这些部分如何工作。虽然注释是程序的关键部分，但它们会被 Python 解释程序忽略。只有需要阅读源代码的人才需要查看注释，计算机用不着。

在 Python 中，我们用 # 字符来开始注释。当 Python 解释程序看到 # 字符时，它会忽略从该字符到行末的所有内容。例如，在程序 2.5 中，第 1 行和第 2 行是注释，简要地解释了该程序的作用。

程序 2.5 comment1.py

```
1  # 这个程序显示一个人的
2  # 名字和地址
3  print('Kate Austen')
4  print('123 Full Circle Drive')
5  print('Asheville, NC 28899')
```

程序输出

```
Kate Austen
123 Full Circle Drive
Asheville, NC 28899
```

程序员还经常在代码行末尾写注释，专门对当前代码行进行解释，这种注释称为**行末注释**（end-line comment）。程序 2.6 展示了一个例子。注意，每行末尾都用一条注释来解释该行的作用。

程序 2.6 comment2.py

```
1  print('Kate Austen')              # 显示名字
2  print('123 Full Circle Drive')    # 显示地址
3  print('Asheville, NC 28899')      # 显示市、州和邮编
```

程序输出

```
Kate Austen
123 Full Circle Drive
Asheville, NC 28899
```

新手不喜欢写注释，觉得写代码更有意思。但养成写注释的好习惯非常重要。[①] 未来修改或调试程序时，它们能节省大量时间。进行了良好注释的大型和复杂的程序更容易阅读和理解，修改或调试也更省事。

2.5 变量

概念：变量是内存中的具名存储位置。

程序经常要在计算机内存中存储并处理数据。以典型的网上购物为例：用户浏览网站，将想买的商品添加到购物车。商品添加到购物车时，与商品有关的数据会存储到内存中。然后，一旦单击"去购物车结算"，Web 服务器上运行的程序就会计算购物车中所有商品的价格、销售税、运费以及所有这些费用的总和。当程序执行这些计算时，会将结果存储到内存中。

程序是用变量将数据存储到内存中的。**变量**（variable）是内存中的具名存储位置。例如，

---

① 译注：扫码查看《代码大全 2》（纪念版）中关于注释的一场戏。

计算销售税的程序可以使用名为 tax 的变量在内存中容纳那个值。而计算两个城市之间的距离的程序可以使用名为 distance 的变量。如果一个变量代表内存中的一个值，就可以说该变量引用（reference）那个值。

2.5.1　用赋值语句创建变量

我们用**赋值语句**创建变量并让它引用某个数据，下面是赋值语句的一个例子。

```
age = 25
```

执行该语句后，会创建名为 age 的一个变量，而且它会引用值 25。图 2.4 展示了这个概念。在图中，可想象值 25 存储在计算机内存的某个地方。从 age 指向值 25 的箭头表明变量 age 引用值 25。

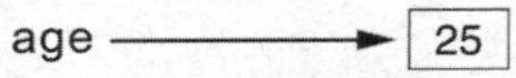

age ────────▶ │ 25 │

图 2.4　age 变量引用值 25

赋值语句的常规形式如下所示：

```
变量 = 表达式
```

其中，等号（=）称为**赋值操作符**（assignment operator）。在这种基本形式中，变量指一个变量的名称，而表达式要么是一个值，要么是能获得一个求值结果的代码。赋值语句执行完之后，位于等号左侧的变量将引用位于等号右侧的值。

下面来做个实验：请在交互模式下输入以下赋值语句：

```
>>> width = 10 Enter
>>> length = 5 Enter
>>>
```

第一个语句创建名为 width 的变量，并将值 10 赋给它。第二个语句创建名为 length 的变量，并将值 5 赋给它。接着，可以使用 print 函数显示这些变量引用的值，如下所示：

```
>>> print(width) Enter
10
>>> print(length) Enter
5
>>>
```

将变量作为实参传递给 print 函数时，千万不要用引号将变量名括起来。为了说明原因，请看以下交互会话的结果：

```
>>> print('width') Enter
width
>>> print(width) Enter
10
>>>
```

第一个语句将 'width' 作为实参传递给 print 函数，函数将打印字符串字面值 width；在第二个语句中，width（不带引号）作为实参传递给 print 函数，函数将打印变量 width 所引用的值 10。

在赋值语句中，被赋值的变量一定要出现在 = 操作符的左侧。在以下交互会话中，出现在 = 操作符左侧的不是变量，所以有错。

```
>>> 25 = age Enter
SyntaxError: can't assign to literal
>>>
```

程序 2.7 演示了变量的用法。第 2 行创建名为 room 的变量，并将值 503 赋给它。第 3 行和第 4 行的语句显示一条消息。注意，第 4 行显示了由 room 变量引用的值。

程序 2.7 variable_demo.py

```
1  # 这个程序演示了变量的用法
2  room = 503
3  print(' 我的房号是 ')
4  print(room)
```

程序输出

```
我的房号是
503
```

程序 2.8 是使用了两个变量的例子。第 2 行创建名为 top_speed 的变量，并赋值 160。第 3 行创建名为 distance 的变量，并赋值 300。图 2.5 对此进行了演示。

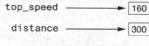

图 2.5 创建两个变量

程序 2.8 variable_demo2.py

```
1  # 创建两个变量: top_speed 和 distance.
2  top_speed = 160
3  distance = 300
5  # 显示变量引用的值
6  print('The top speed is')
7  print(top_speed)
8  print('The distance traveled is')
9  print(distance)
```

程序输出

```
The top speed is
160
The distance traveled is
300
```

⚠ **警告**：变量必须先赋值再使用。对未赋值的变量进行某种操作（例如打印）会引发错误。

一个简单的录入失误有时也会引发这种错误。下例的变量名称拼写有误：

```
temperature = 74.5 # 创建变量
print(tempereture) # 错误! 变量名拼错了
```

在上述代码中，赋值语句创建的变量是 temperature，但在 print 函数中拼错了变量名，所以引起了错误。另外，变量名的字母大小写不一致也会引起错误。例如：

```
temperature= 74.5          # 创建变量
print(Temperature)         # 错误! 大小写不一致
```

在上述代码中，赋值语句创建的变量是 temperature（全小写）。而在 print 语句中，变量名首字母却被写成了大写 T。由于 Python 语言对字母的大小写是敏感的（即区分大小写），所以会引发错误。

🏷 **注意**：在内部，Python 变量的工作方式与其他大多数编程语言中的变量有所不同。在大多数编程语言中，变量是容纳值的内存位置。在这些语言中将值赋给变量时，该值被存储在变量的内存位置中。

在 Python 中，变量是一个内存位置，它容纳了另一个内存位置的"地址"。将值赋给 Python 变量时，该值被存储到一个与变量分开的位置（即变量"指向"的位置）。变量保存的始终是实际存储了值的那个内存位置的地址。这就是为什么在 Python 中，我们不说变量"容纳"一个值，而是说变量"引用"一个值（或对象）。

2.5.2 多重赋值

Python 允许在一个语句中向多个变量赋值。这种语句称为**多重赋值语句**，如下例所示：

```
x, y, z = 0, 1, 2
```

在这个语句中，= 操作符左侧显示了三个变量名称，分别以逗号分隔。= 操作符右侧则有三个值，也以逗号分隔。该语句执行时，= 操作符右侧的值会分别赋给左侧的变量。在本例中，0 赋给 x，1 赋给 y，而 2 赋给 z。

下面是另一个例子：

```
name, id = 'Trinidad', 847
```

这个语句执行后，name 变量被赋值 'Trinidad'，id 变量则被赋值 847。

2.5.3 变量命名规则

程序员在命名变量时要遵守以下规则。

- 不能使用 Python 关键字作为变量名（关键字列表请参见第 1 章的表 1.2)。
- 变量名不能包含空格。
- 第一个字符只能是 a~z 或 A~Z 的字母或下画线（ _ ）。
- 在第一个字符之后，可以使用 a~z 或 A~Z 的任何字母、0~9 的任何数字或下画线的组合。
- 字母严格区分大小写。这意味着 ItemsOrdered 和 itemsordered 是两个不同的变量名。

除了上述规则，还应该选择能清晰表达变量用途的变量名。例如，存储温度的变量可以命名为 temperature，存储汽车速度的变量可以命名为 speed。当然也可以随意给变量起名为 x 或 b2，但这样的名称无助于理解变量的用途。

由于变量名最好要反映变量的用途，所以程序员经常采用由多个单词组成的变量名，例如：

```
grosspay
payrate
hotdogssoldtoday
```

遗憾的是，这些名称不好读，因为不同的单词没有分开。由于不允许在变量名中使用空格，所以需要找到其他办法来分隔多个单词，使其更容易阅读。

一个办法是使用下画线字符来代替空格。例如，以下变量名比之前显示的更易读：

```
gross_pay
pay_rate
hot_dogs_sold_today
```

这种变量命名风格在 Python 程序员中很流行，也是本书准备采用的风格。然而，还有其他流行的风格，例如 camelCase 命名法。camelCase 命名法的规则如下。

- 变量名以小写字母开始。
- 第二个单词和后续所有单词的首字母大写，如下所示：

```
grossPay
payRate
hotDogsSoldToday
```

注意：由于出现在变量名中的大写字母很容易让人联想起骆驼的驼峰，所以这种命名法称为 camelCase。

表 2.1 举例说明了 Python 语言的哪些变量名合法以及哪些非法。

表 2.1 示例变量名

变量名	合法还是非法？
units_per_day	合法
dayOfWeek	合法
3dGraph	非法，变量名不能以数字开头
June1997	合法
Mixture#3	非法，变量名只能使用字母、数字或下画线

2.5.4 用 print 函数显示多项内容

在之前的程序 2.7 中，我们在第 3 行和第 4 行使用了以下两个语句：

```
print('我的房号是')
print(room)
```

为了显示两个数据，我们调用了两次 print 函数。第 3 行显示字符串 '我的房号是'，第 4 行显示变量 room 引用的值。

其实，这个程序可以简化，因为 Python 允许在一次 print 函数调用中显示多项内容。如程序 2.9 所示，用逗号来分隔多项内容即可。

程序 2.9 variable_demo3.py

```
1   # 这个程序演示了变量的用法
2   room = 503
3   print('我的房号是', room)
```

程序输出

```
我的房号是 503
```

第 3 行向 print 函数传递了两个实参。第一个实参是字符串 '我的房号是'，第二个实参是 room 变量。当 print 函数执行时，它按照我们传递给函数的顺序显示两个实参的值。注意，print 函数会自动打印一个空格来分隔这两项。如果将多个实参传递给 print 函数，它们在屏幕上显示时会自动用一个空格隔开。

2.5.5 变量重新赋值

变量之所以称为 "变量"，就是因为它能 "变" ——可以在程序运行期间引用不同的值。为一个变量赋值后，该变量将引用该值，直到为它赋一个不同的值。以程序 2.10 为例。第 3 行的语句创建一个名为 dollars 的变量，并为其赋值 2.75。这显示在图 2.6 的上半部分。然后，第 8 行的语句为变量 dollars 赋了一个不同的值，即 99.95。图 2.6 的下半部分显示了 dollars 变量的变化情况。旧值 2.75 仍然在计算机的内存中，只是无法再用，因为现在没有变量引用它。当内存中的一个值不再被任何变量引用时，Python 解释程序会通过一个称为**垃圾收集**（garbage collection）的过程自动将其从内存中删除。

程序 2.10 variable_demo4.py

```
1   # 这个程序演示了变量重新赋值。
2   # 为 dollars 变量赋一个值
3   dollars = 2.75
4   print('I have', dollars, 'in my account.')
5
6   # 重新为 dollars 赋值,
7   # 使它引用不同的值。
8   dollars = 99.95
9   print('But now I have', dollars, 'in my account!')
```

程序输出

```
I have 2.75 in my account.
But now I have 99.95 in my account!
```

执行第3行后的dollars变量

dollars ─────────────────➤ 2.75

执行第8行后的dollars变量

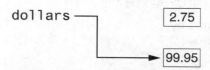

dollars ─────────── 2.75

└──────────────➤ 99.95

图 2.6 对程序 2.10 的变量重新赋值的说明

2.5.6 数值数据类型和字面值

第 1 章讨论了在计算机内存中存储数据的方式（1.3 节）。我们讲到，计算机使用不同的技术来存储实数（有小数部分的数字）和整数。这些类型的数字不仅存储方式不同，具体的操作方式也有所区别。

由于不同类型的数字以不同的方式存储和操作，所以 Python 使用**数据类型**对内存中的值进行归类。当一个整数被存储在内存中时，它被归类为 int 类型；当一个实数被存储在内存中时，它被归类为 float 类型。

现在来看看 Python 如何确定一个数字的数据类型。在之前展示的几个程序中，代码中都写入了一些数值数据。例如，在程序 2.9 的以下语句中，我们写入了数字 503：

```
room = 503
```

该语句导致值 503 存储到内存中，并让变量 room 引用它。程序 2.10 的以下语句写入了数字 2.75：

```
dollars = 2.75
```

该语句导致值 2.75 存储到内存中，并让变量 dollars 引用它。直接在程序代码中写入的数字称为**数值字面值**（numeric literal）。当 Python 解释程序读取代码中的一个数值字面值时，会根据以下规则来确定其数据类型：

- 数值字面值如果写成没有小数点的整数，那么它是 int 类型，例如 7、124 和 -9；
- 数值字面值如果带有小数点，那么它是 float 类型，例如 1.5、3.14159 和 5.0。

因此，以下语句会将数字 503 作为一个 int 存储到内存中：

```
room = 503
```

以下语句会将数字 2.75 作为一个 float 类型存储到内存中：

```
dollars = 2.75
```

在内存中存储一个数据项时，必须明白它是什么数据类型。稍后就会讲到，一些操作的行为会因数据类型而异，而且一些操作只能针对特定数据类型的值进行。

下面在交互模式下实验使用内置的 type 函数来判断一个值的数据类型：

```
>>> type(1) Enter
<class 'int'>
>>>
```

在这个例子中，值 1 作为实参传给 type 函数。下一行显示消息 <class 'int'>，表明该值是 int 类型。下面是另一个例子：

```
>>> type(1.0) Enter
<class 'float'>
>>>
```

在这个例子中，值 1.0 作为实参传给 type 函数。下一行显示消息 <class 'float'>，表明该值是 float 类型。

! **警告**：数值字面值中不能包含货币符号、空格或逗号。例如，以下语句会出错：

```
value = $4,567.99 # 错误！
```

相反，上述语句必须写成下面这样：

```
value = 4567.99 # 正确
```

2.5.7 用 str 数据类型存储字符串

除了 int 和 float 这两种数据类型，Python 还支持在内存中存储字符串的 str 数据类型。程序 2.11 展示了如何将字符串赋给变量。

程序 2.11 string_variable.py

```
1  # 创建变量来引用两个字符串
2  first_name = 'Kathryn'
3  last_name = 'Marino'
4
5  # 显示各个变量引用的值
6  print(first_name, last_name)
```

程序输出

```
Kathryn Marino
```

2.5.8 让变量引用不同数据类型

记住，Python 的所有变量都是指向内存中的一个数据块的指针。这个机制使程序员很容易存储和检索数据。在内部，Python 解释程序会跟踪你所创建的变量名和它们指向的数据块。任何时候想要检索某个数据块，使用指向它的变量名即可。

Python 中的变量可以引用任何类型的数据项。将一种类型的数据项赋给一个变量后，可以重新将另一种类型的数据项赋给它。以下交互会话对此进行了演示。为方便引用，这里也添加了行号。

```
1  >>> x = 99 Enter
2  >>> print(x) Enter
3  99
4  >>> x = 'Take me to your leader' Enter
5  >>> print(x) Enter
6  Take me to your leader
7  >>>
```

第 1 行的语句创建一个名为 x 的变量，并将 int 值 99 赋给它。图 2.7 展示了变量 x 是如何引用内存中的值 99 的。第 2 行的语句调用 print 函数，将 x 作为实参传递给它。print 函数的输出在第 3 行显示。然后，第 4 行的语句将一个字符串赋给 x 变量。这个语句执行后，x 变量就不再引用一个 int 值，而是引用 'Take me to your leader' 字符串。这在图 2.8 中进行了展示。第 5 行再次调用 print 函数，传递 x 作为实参。第 6 行显示了 print 函数的输出。

图 2.7 变量 x 目前引用一个整数　　　　图 2.8 变量 x 现在引用一个字符串

检查点

2.10 变量是什么？

2.11 以下哪些变量名在 Python 中是非法的？为什么？

```
x
99bottles
july2009
theSalesFigureForFiscalYear
r&d
grade_report
```

2.12 变量名 Sales 和 sales 代表同一个变量吗？为什么？

2.13 以下赋值语句有效还是无效？如果无效，为什么？

```
72 = amount
```

2.14 以下代码的显示结果是什么？

```
val = 99
print('The value is', 'val')
```

2.15 请看以下赋值语句：

```
value1 = 99
value2 = 45.9
value3 = 7.0
value4 = 7
value5 = 'abc'
```

执行了这些语句后，每个变量所引用的值的数据类型是什么？

2.16 以下代码的显示结果是什么？

```
my_value = 99
my_value = 0
print(my_value)
```

2.6 从键盘读取输入

概念：程序经常需要读取用户的键盘输入。我们使用 Python 函数来实现这个功能。

▶ 视频讲解：Reading Input from the Keyboard

你将来编写的大多数程序都需要读取输入并对其执行一些操作。本节将讨论一个基本的输入方式：读取从键盘输入的数据。当程序从键盘读取输入的数据时，通常会将这些数据存储在一个变量中，以便稍后在程序中使用。

本书使用 Python 内置的 input 函数从键盘读取输入。input 函数读取从键盘输入的数据，并将其以字符串的形式返回给程序。通常会在赋值语句中使用 input 函数，其常规形式如下所示：

变量 = input(提示)

采用这种形式，提示是在屏幕上显示的一个字符串，作用是提示用户输入一个值；变量则用于引用从键盘输入的数据。下例使用 input 函数从键盘读取数据：

name = input(' 你的名字是什么 ?')

执行该语句时会发生下面这些事情：

- 在屏幕上显示字符串 ' 你的名字是什么 ?'。
- 程序暂停并等待用户输入并按 Enter 键。
- 按下 Enter 键后，输入的数据作为字符串返回，并赋给 name 变量。

以下交互会话对此进行了演示：

```
>>> name = input('你的名字是什么？') Enter
你的名字是什么？Holly Enter
>>> print(name) Enter
Holly
>>>
```

输入第一个语句后，解释器显示提示消息 '你的名字是什么？'（注意问号后有个空格），并等待用户输入一些数据。用户输入 Holly 并按 Enter 键。结果是字符串 'Holly' 被赋给 name 变量。输入第二个语句后，解释器显示 name 变量所引用的值。

程序 2.12 使用 input 函数从键盘读取两个字符串作为输入。

程序 2.12 string_input.py

```
1   # 获取用户的名字
2   first_name = input('输入你的名字：')
3
4   # 获取用户的姓氏。
5   last_name = input('输入你的姓氏：')
6
7   # 向用户打印一条欢迎消息。
8   print('你好,', last_name, first_name)
```

程序输出（用户输入的内容加粗）

```
输入你的名字：三丰 Enter
输入你的姓氏：张 Enter
你好，张 三丰
```

注意第 2 行作为提示使用的字符串：

```
'输入你的名字：'
```

冒号后有一个空格，第 5 行的提示也是：

```
'输入你的姓氏：'
```

之所以在每个字符串后面添加一个空格，是因为 input 函数不会在提示后自动加空格。当用户开始输入字符时，它们感觉像是直接跟在提示消息后面。在提示字符串后面手动添加一个空格，有助于在视觉上将提示消息与用户的输入分开。[1]

2.6.1 用 input 函数读取数字

即便用户输入的是数值，input 函数也总是将输入作为字符串返回。例如，如果调用 input 函数时输入 72，并按下 Enter 键，那么 input 函数返回的是字符串 '72'。在数学运算中直接使用这个值会出问题，因为数学运算的操作数只能是数值，不能是字符串。

幸好，Python 语言的内置函数可以将字符串转换为数值。表 2.2 总结了其中的两个。

---

[1] 译注：本书以后使用中文全角冒号时，不会再添加这个空格来进行视觉上的分隔。

表 2.2　数据转换函数

函数	说明
int(*item*)	将一个实参传给 int() 函数，它返回该实参转换成 int 类型后的值
float(*item*)	将一个实参传给 float() 函数，它返回该实参转换成 float 类型后的值

　　假定要写一个工资计算程序来获得用户的工作时数。我们来看看以下代码：

```
string_value = input(' 你工作了多少小时？ ')
hours = int(string_value)
```

第一个语句从用户处获得工作时数，并将该值作为字符串赋给 string_value 变量。第二个语句调用 int() 函数并传递 string_value 作为实参。随后，string_value 引用的值会被转换成 int，并赋给 hours 变量。

　　这个例子说明了 int() 函数是如何工作的，但它的效率很低，因为它创建了两个变量：一个用来保存从 input 函数返回的字符串，另一个用来保存从 int() 函数返回的整数。以下代码展示了一个更好的方法。它用一个语句完成了之前两个语句的所有工作，而且只创建了一个变量：

```
hours = int(input(' 你工作了多少小时？'))
```

该语句进行了嵌套函数调用。从 input 函数返回的值作为实参传递给 int() 函数。工作方式如下：

- 调用 input 函数获取键盘输入的一个值；
- input 函数返回的值（一个字符串）作为实参传给 int() 函数；
- int() 函数返回的 int 值赋给 hours 变量。

执行这个语句后，从键盘输入的值在转换成 int 后赋给 hours 变量。

　　下面来看另一个例子。假定要获取用户的每小时工资。以下语句提示用户输入值，将值转换成一个 float 类型的值，再把它赋给 pay_rate 变量：

```
pay_rate = float(input(' 你的每小时工资是多少？'))
```

工作方式如下：

- 调用 input 函数获取键盘输入的一个值；
- 将 input 函数返回的值（一个字符串）作为实参传给 float() 函数；
- 将 float() 函数返回的 float 值赋给 pay_rate 变量。

执行该语句后，从键盘输入的值在转换成 float 类型的值后赋给 pay_rate 变量。

　　程序 2.13 使用 input 函数从键盘读取一个字符串、一个整数和一个浮点数。

程序 2.13　input.py

```
1  # 获取用户的名字、年龄和收入
2  name = input(' 你的名字是什么？ ')
```

```
3   age = int(input(' 你的年龄多大？ '))
4   income = float(input(' 你的收入有多少？ '))
5
6   # 显示数据
7   print(' 这是你输入的数据 :')
8   print(' 名字 :', name)
9   print(' 年龄 :', age)
10  print(' 收入 :', income)
```

程序输出（用户输入的内容加粗）

```
你的名字是什么？ Chris [Enter]
你的年龄多大？ 25 [Enter]
你的收入有多少？ 75000.0 [Enter]
这是你输入的数据 :
名字 : Chris
年龄 : 25
收入 : 75000.0
```

下面是代码所做的事情：

- 第 2 行提示用户输入名字。输入的值作为一个字符串赋给 name 变量；
- 第 3 行提示用户输入年龄。输入的值被转换为 int 并赋给 age 变量；
- 第 4 行提示用户输入收入。输入的值被转换为 float 并赋给 income 变量；
- 第 7 行～第 10 行显示用户输入的值。

int() 函数和 float() 函数只有在被转换的数据项中包含有效数值时才起作用。如果传递的实参不能被转换为指定的数据类型，就会发生一种称为**异常**（exception）的错误。异常是指程序运行时发生的意外错误，如果错误没有得到正确处理，会导致程序停止运行。以下交互模式会话对此进行了演示：

```
>>> age = int(input(' 你的年龄多大？ ')) [Enter]
你的年龄多大？ xyz [Enter]
Traceback (most recent call last):
  File "<pyshell#4>", line 1, in <module>
    age = int(input(' 你的年龄多大？ '))
ValueError: invalid literal for int() with base 10: 'xyz'
>>>
```

注意: 本节多次提到"用户"（user）。用户是假想的、任何使用程序并为其提供输入的人。有时也称其为"终端用户"或"最终用户"（end user）。

检查点

2.17 某个程序要求输入客户的姓氏（last name）。请写一个语句，提示用户输入该数据，并将输入的数据赋给一个变量。

2.18 某个程序要求输入本周销售额（amount of sales）。请编写一个语句，提示用户输入该数据，并将输入的数据赋给一个变量。

2.7 执行计算

概念：Python 提供了若干个用于执行数学计算的操作符。

大多数现实世界的算法都要求执行某种计算。程序员利用**数学操作符**或**数学运算符**（math operator）执行这些计算。表 2.3 总结了 Python 语言支持的数学操作符。

表 2.3 Python 数学操作（运算）符

符号	操作（运算）	说明
+	加	两数相加
-	减	一个数减去另一个数
*	乘	一个数乘以另一个数
/	除	一个数除以另一个数，结果作为浮点数返回
//	整数除法	一个数除以另一个数，结果作为整数返回
%	求余	一个数除以另一个数，返回余数
**	求幂	计算乘方

程序员可以利用表 2.3 的操作符创建数学表达式。**数学表达式**（math expression）执行计算并返回一个值。下面展示了一个简单的数学表达式：

```
12 + 2
```

操作符 + 左右两侧的值称为**操作数**（operand）。它们是操作符 + 要加到一起的值。如果在交互模式中输入该表达式，会显示结果 14：

```
>>> 12 + 2 Enter
14
>>>
```

变量也可以在数学表达式中使用。例如，假设有两个名为 hours 和 pay_rate 的变量。以下数学表达式使用 * 操作符将 hours 变量引用的值乘以 pay_rate 变量引用的值。

```
hours * pay_rate
```

使用数学表达式来计算值时，通常希望把这个值保存在内存中，这样就可以在程序中再次使用。我们用一个赋值语句来做这件事。程序 2.14 展示了例子。

程序 2.14 simple_math.py

```
1   # 将一个值赋给 salary 变量
2   salary = 2500.0
3
4   # 将一个值赋给 bonus 变量
5   bonus = 1200.0
6
7   # 将 salary 和 bonus 相加来计算工资总额,
8   # 并将结果赋给 pay。
9   pay = salary + bonus
10
11  # 显示 pay
12  print(' 你的工资是 ', pay)
```

程序输出

```
你的工资是 3700.0
```

第 2 行将 **2500.0** 赋给 **salary** 变量，第 5 行将 **1200.0** 赋给 **bonus** 变量。第 9 行将表达式 **salary + bonus** 的求值结果赋给 **pay** 变量。如程序输出所示，**pay** 变量现在容纳的值是 **3700.0**。

聚光灯：计算百分数

如果要写的程序使用了百分数，那么必须确保百分数的小数点在正确的位置，然后才能对其执行任何数学运算。由用户输入一个百分数时，这一点尤其重要。许多用户输入数字 50 表示 50%，输入 20 表示 20%，以此类推。在对这样的百分数进行任何计算之前，必须先将其除以 100，使其小数点左移两位。

下面来看看编写一个计算百分数的程序需要哪些步骤。假设一家零售企业计划进行一次全店大促销，所有商品打八折。要求我们写一个程序来计算打折后的商品售价。下面是算法。

1. 获取商品的原价。
2. 计算原价的 20%。这就是折扣金额。
3. 从原价中减去折扣金额，这就是折后价。
4. 显示售价。

步骤 1 获取商品的原价。我们提示用户从键盘输入该数据，如以下语句所示。注意，用户输入的数值将被储存在一个名为 **original_price** 的变量中：

```
original_price = float(input(" 输入商品原价 : " ))
```

步骤 2 计算折扣金额。为此，我们用原价乘以 20%。以下语句执行这一计算，并将结果赋给 **discount** 变量：

```
discount = original_price * 0.2
```

步骤 3 从原价中减去折扣金额。以下语句进行这一计算，并将结果赋给 **sale_price** 变量：

```
sale_price = original_price - discount
```

最后，步骤 4 使用以下语句来显示折后售价：

```
print('折后价是 ', sale_price)
```

程序 2.15 展示了完整的程序和一个示例输出。

程序 2.15 sale_price.py

```
 1  # 这个程序获取商品的原始价格，
 2  # 并计算它打八折后的价格。
 3
 4  # 获取商品的原始价格
 5  original_price = float(input("输入商品原价："))
 6
 7  # 计算折扣金额
 8  discount = original_price * 0.2
 9
10  # 计算折后价
11  sale_price = original_price - discount
12
13  # 显示折后价
14  print('折后价是 ', sale_price)
```

程序输出（用户输入的内容加粗）

```
输入商品原价：100.00 Enter
折后价是 80.0
```

2.7.1 浮点和整数除法

注意，表 2.3 列出了 Python 的两种除法操作符。其中，操作符 / 执行浮点除法，而操作符 // 执行整数除法。这两个操作符都是用一个数字除以另一个数字。区别在于，操作符 / 返回的是浮点数结果，而操作符 // 返回的是整数。以下交互模式对此进行了演示：

```
>>> 5 / 2 Enter
2.5
>>>
```

在以上会话中，我们使用操作符 / 将 5 除以 2。和预期的一样，结果是 2.5。下面再使用操作符 // 执行整数除法：

```
>>> 5 // 2 Enter
2
>>>
```

可见，返回的结果是 2。操作符 // 的工作方式是向下取整：

- 如果结果为正数，就直接截去小数部分；
- 如果结果为负数，就取远离 0 的第一个整数。

以下交互会话演示了在结果为负时操作符 // 是如何工作的：

```
>>> -5 // 2 Enter
-3
>>>
```

2.7.2 操作符优先级

可以在语句中使用包含多个操作符的复杂数学表达式。以下语句将 17、变量 x、21 以及变量 y 之和赋给变量 answer：

```
answer = 17 + x + 21 + y
```

但是，有的表达式并没有这么直观。我们来看看下面这个语句：

```
outcome = 12.0 + 6.0 / 3.0
```

最终赋给变量 outcome 的值是什么？ 6.0 既可能是加法操作符的操作数，也可能是除法操作符的操作数。根据除法是先运算还是后运算，变量 outcome 既可能被赋值为 14.0，也可能被赋值为 6.0。幸好，这个结果是可以预测的，因为 Python 遵循的运算顺序与我们在数学课中学到的运算顺序完全一致。

首先，圆括号内的运算最先进行。然后，当两个操作符共享一个操作数时，优先级高的操作符先求值。数学操作符的优先级由高到低如下所示：

1. 求幂操作符：**
2. 乘、除和求余：* / // %
3. 加和减：+ -

注意，乘法操作符 *、浮点除法操作符 /、整数除法操作符 // 以及求余操作符 % 的优先级相同，加法操作符 + 和减法操作符 - 的优先级相同。当优先级相同的两个操作符共享同一个操作数时，求值顺序是从左向右：

再来看看刚才的数学表达式：

```
outcome = 12.0 + 6.0 / 3.0
```

由于除法操作符的优先级高于加法操作符的优先级，所以最终赋给 outcome 的值是 14.0。换言之，除法运算先于加法运算执行。该表达式的运算顺序如图 2.9 所示。

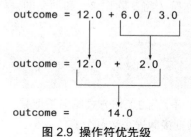

图 2.9 操作符优先级

表 2.4 展示了其他一些示例表达式及其求值结果。

表 2.4　示例表达式

表达式	值	表达式	值
5 + 2 * 4	13	8 + 12 * 2 - 4	28
10 / 2 - 3	2.0	6 - 3 * 2 + 7 - 1	6

> **注意**：从左向右规则有一个例外。当两个 ** 操作符共享一个操作数时，两个操作符按从右向左的顺序求值。例如，表达式 2**3**4 实际是这样求值的：2**(3**4)。不管从左向右，还是从右到左，这些都称为操作符的"结合性"。

2.7.3　用圆括号分组

数学表达式的各个部分可以用圆括号分组，以强制优先执行某些运算。以下语句先求 a 与 b 的和，再将结果除以 4：

```
result = (a + b) / 4
```

如果不使用圆括号，b 会先除以 4，结果再和 a 相加。表 2.5 展示了用圆括号强制优先级的一些例子。

表 2.5　用圆括号强制优先级

表达式	值	表达式	值
(5 + 2) * 4	28	8 + 12 * (6 - 2)	56
10 / (5 - 3)	5.0	(6 - 3) * (2 + 7) / 3	9.0

聚光灯：计算平均值

求一组数字的平均值是一个简单的计算：先求所有数字之和，再用数字的个数去除这组数字之和。虽然计算简单，但在写一个求平均值的程序时，还是很容易出错的。例如，假设变量 a，b 和 c 分别存储了一个值，现在要计算它们的平均值。如果不细心的话，很容易写出下面这样的语句：

```
average = a + b + c / 3.0
```

能看出该语句中的错误吗？当它执行时，最先执行的是除法运算！c 的值先除以 3，结果再与 a + b 的结果相加。这并不是计算平均值的正确顺序。为了修复这个问题，需要像下面这样将 a + b + c 用圆括号括起来：

```
average = (a + b + c) / 3.0
```

让我们一步一步地体验计算平均值的程序应该如何编写。假设你是计算机科学专业某个班级的学生，参加了班级的三次考试，现在想写一个程序来显示三次考试的平均成绩。下面是算法。

1. 获得第一个成绩。
2. 获得第二个成绩。
3. 获得第三个成绩。
4. 将三个成绩相加并除以 3，计算平均值。
5. 显示平均成绩。

在步骤 1 到步骤 3 中，程序提示输入三个考试成绩。我们把这些成绩存储在变量 test1，test2 和 test3 中。步骤 4 计算三个成绩的平均值。我们使用以下语句来进行这个计算，并将结果存储到 average 变量中：

```
average = (test1 + test2 + test3) / 3.0
```

最后，步骤 5 显示平均成绩。程序 2.16 展示了完整程序。

程序 2.16 test_score_average.py

```
1   # 获取三个考试成绩，并分别赋给
2   # test1，test2 和 test3 变量
3   test1 = float(input(' 输入第一个成绩: '))
4   test2 = float(input(' 输入第二个成绩: '))
5   test3 = float(input(' 输入第三个成绩: '))
6
7   # 计算三个成绩的平均值,
8   # 并将结果赋给 average 变量。
9   average = (test1 + test2 + test3) / 3.0
10
11  # 显示 average
12  print(' 平均成绩是 ', average)
```

程序输出（用户输入的内容加粗）

```
输入第一个成绩: 90 [Enter]
输入第二个成绩: 80 [Enter]
输入第三个成绩: 100 [Enter]
平均成绩是 90.0
```

2.7.4 求幂操作符

连写的两个星号（**）是求幂操作符，用于求一个数的乘方。例如，以下语句求 length 的 2 次方，结果（幂）赋给 area 变量：

```
area = length**2
```

以下交互会话展示了表达式 4**2，5**3 和 2**10 的求值结果：

```
>>> 4**2 [Enter]
16
>>> 5**3 [Enter]
125
>>> 2**10 [Enter]
1024
>>>
```

2.7.5 求余操作符

在 Python 中，符号 % 是求余操作符（也称为"取模操作符"）。求余操作符执行除法运算，但返回余数而不是商。以下语句将余数 2 赋给 leftover 变量：

```
leftover = 17 % 3
```

由于 17 除以 3 的结果是商 5 余 2，所以上述语句将 2 赋给 leftover。求余操作符在某些情况下非常好用，包括转换时间 / 距离以及判断奇偶等。程序 2.17 要求用户输入一个秒数，然后将其转换成时、分和秒。例如，11 730 秒会被转换成 3 小时 15 分 30 秒。

程序 2.17 time_converter.py

```
 1  # 获取秒数
 2  total_seconds = float(input(' 输入秒数：'))
 3
 4  # 计算小时数
 5  hours = total_seconds // 3600
 6
 7  # 计算余下的分钟数
 8  minutes = (total_seconds // 60) % 60
 9
10  # 计算余下的秒数
11  seconds = total_seconds % 60
12
13  # 显示结果
14  print(' 时、分和秒分别是：')
15  print(' 时：', hours)
16  print(' 分：', minutes)
17  print(' 秒：', seconds)
```

程序输出（用户输入的内容加粗）

```
输入秒数：11730 [Enter]
时、分和秒分别是：
时：3.0
分：15.0
秒：30.0
```

下面仔细研究一下代码。

- 第 2 行获取从键盘输入的秒数，将该值转换为 float 并赋给 total_seconds 变量。
- 第 5 行计算指定的秒数换算成的小时数。一小时有 3600 秒，所以这个语句将 total_seconds 除以 3600。注意，这里使用的是整数除法操作符（//），因为想要的是没有小数部分的小时数。
- 第 8 行计算剩余的分钟数。这个语句首先使用 // 操作符将 total_seconds 除以 60。这样就得到了总的分钟数。然后，它使用 % 操作符将总分钟数除以 60 并返回余数。结果就是剩余的分钟数。
- 第 11 行计算剩余的秒数。一分钟有 60 秒，所以这个语句使用 % 操作符，用 total_seconds 除以 60 并返回余数。结果就是剩余的秒数。
- 第 14 行～第 17 行显示时、分和秒。

2.7.6 将数学公式转换为编程语句

数学课会讲到，表达式 $2xy$ 被理解为 2 乘以 x 乘以 y。在数学中，你并不总是使用操作符来表示乘法运算。但是，和其他编程语言一样，Python 的任何数学运算都要求一个操作符。表 2-6 展示了一些乘法代数表达式及其对应的编程表达式。

表 2.6 代数表达式

代数表达式	执行的运算	编程表达式
$6B$	6 乘 B	6 * B
$(3)(12)$	3 乘 12	3 * 12
$4xy$	4 乘 x 乘 y	4 * x * y

将某些代数表达式转换成编程表达式时，可能需要插入代数表达式中没有的圆括号。例如以下公式：

$$x = \frac{a + b}{c}$$

为了把它转换成编程语句，a + b 必须放到一对圆括号中：

```
x = (a + b)/c
```

表 2.7 展示了其他一些代数表达式及其对应的 Python 表达式。

表 2.7　代数和编程表达式

代数表达式	Python 语句
$y = 3\dfrac{x}{2}$	y = 3 * x / 2
$z = 3bc + 4$	z = 3 * b * c + 4
$a = \dfrac{x + 2}{b - 1}$	a = (x + 2) / (b − 1)

聚光灯：将数学公式转换为编程语句

假设你想把一定金额的钱存入储蓄账户，并在未来 10 年内不动以生息。10 年后，你希望账户里有 10 000 美元。你今天需要存入多少钱才能实现这一目标？计算公式如下：

$$P = \frac{F}{(1 + r)^n}$$

其中，

- P 是现值，即你今天需要存入的金额
- F 是你希望的账户终值（在本例中，F 是 10 000 美元）
- r 是年利率
- n 是你打算让钱放在账户里的年数

这个计算最好用一个计算机程序来实现，因为可以用不同的变量值进行实验。下面是算法。

1. 获取终值。
2. 获取年利率。
3. 获取存款年限。
4. 计算需要存入的金额。
5. 显示步骤 4 的计算结果。

步骤 1 到步骤 3 提示用户输入特定的值。我们把希望的终值赋给 **future_value** 变量，把年利率赋给 **rate** 变量，把存款年限赋给 **year** 变量。

步骤 4 计算现值，也就是当前需要存入的金额。我们将之前展示的公式转换为以下语句，它将计算结果存储到 **present_value** 变量中。

```
present_value = future_value / (1.0 + rate)**years
```

步骤 5 显示 **present_value** 变量的值。程序 2.18 展示了完整的程序。

程序 2.18 future_value.py

```
1   # 获取希望的终值 (future value)
2   future_value = float(input(' 输入你希望的终值：'))
3
4   # 获取年利率
```

```
5    rate = float(input('输入年利率: '))
6
7    # 获取存款年限
8    years = int(input('输入存款年限: '))
9
10   # 计算当前需要的存款金额
11   present_value = future_value / (1.0 + rate)**years
12
13   # 显示需要的存款金额
14   print('你需要存入的金额是:', present_value)
```

程序输出（用户输入的内容加粗显示）

```
输入你希望的终值: 10000.0 [Enter]
输入年利率: 0.05 [Enter]
输入存款年限: 10 [Enter]
你需要存入的金额是: 6139.132535407592
```

注意：这个程序的输出并不专业，货币金额通常应四舍五入为两位小数。本章稍后会解释如何格式化数字来四舍五入为指定小数位数。

2.7.7　混合类型的表达式和数据类型转换

对两个操作数进行数学运算时，结果的数据类型取决于操作数的数据类型。Python 在对数学表达式求值时遵循以下规则。

- 对两个 int 值进行运算时，结果是一个 int 值。
- 对两个 float 值进行运算时，结果将是一个 float 值。
- 对一个 int 值和一个 float 值进行运算时，int 值被临时转换为 float 值，返回的结果是一个 float 值。如果表达式使用了不同数据类型的操作数，那么这种表达式称为**混合类型的表达式**。

前两种情况很容易理解：对 int 值的运算生成 int 值，对 float 值的运算生成 float 值。下面是第三种情况的一个例子，它使用了混合类型的表达式：

```
my_number = 5 * 2.0
```

该语句执行时，值 5 被转换成一个 float（5.0），然后乘以 2.0。结果值 10.0 被赋给 my_number。

在上述语句中，从 int 值到 float 值的转换是隐式发生的。如果想要显式地转换，可以使用 int() 函数或 float() 函数。例如，可以使用 int() 函数将一个浮点值转换为整数，如以下代码所示：

```
fvalue = 2.6
ivalue = int(fvalue)
```

第一个语句将值 2.6 赋给 fvalue 变量。第二个语句将 fvalue 作为实参传给 int() 函数。int() 函数返回整数值 2 并赋给 ivalue 变量。执行这个语句后，fvalue 变量的值仍然是 2.6，但 ivalue 变量的值变成 2。

如上例所示，int() 函数通过截去一个浮点实参的小数部分来返回整数。下例对一个负数执行同样的操作：

```
fvalue = -2.9
ivalue = int(fvalue)
```

第二个语句从 int() 函数返回的值是 -2。执行这个语句后，fvalue 变量引用的值还是 -2.9，而 ivalue 变量引用值 -2。

还可以使用 float() 函数将一个 int 显式转换为 float，如下例所示：

```
ivalue = 2
fvalue = float(ivalue)
```

上述代码执行完之后，ivalue 变量仍然引用整数值 2，而 fvalue 变量引用浮点值 2.0。

2.7.8　将长语句拆分为多行

在大多数编程语言中，语句都是一行一行地编写出来的。但如果一个语句太长，就得用水平滚动条一睹全貌。另外，如果在纸上打印程序，同时其中某个语句太长，就会发生自动换行，造成代码难以阅读。

Python 允许程序员使用称为**续行符**（line continuation character）的反斜杠字符 \ 字符将一个语句拆分成若干行。只需在打算拆分语句的地方输入一个反斜杠字符，然后按 Enter 键即可。例如，以下执行数学运算的语句被拆分成两行：

```
result = var1 * 2 + var2 * 3 + \
         var3 * 4 + var4 * 5
```

第一行末尾的续行符告诉解释器该语句在下一行延续。

Python 还允许程序员无须使用续行符就可以将圆括号内的语句片段拆分成若干行，如下例所示：

```
print("周一的销售额是 ", monday,
      "周二的销售额是 ", tuesday,
      "周三的销售额是 ", wednesday)
```

下面是另一个例子：

```
total = (value1 + value2 +
         value3 + value4 +
         value5 + value6)
```

检查点

2.19 请在下面"数值"这一栏填写相应表达式的值。

表达式	数值	表达式	数值
6 + 3 * 5	_____	(6 + 2) * 3	_____
12 / 2 - 4	_____	14 / (11 - 4)	_____
9 + 14 * 2 - 6	_____	9 + 12 * (8 - 3)	_____

2.20 执行以下语句后，result 的值是什么？

```
result = 9 // 2
```

2.21 执行以下语句后，result 的值是什么？

```
result = 9 % 2
```

2.8 字符串连接

概念：字符串连接是指将一个字符串附加到另一个字符串的末尾。

对字符串进行的一个常见操作是**连接**或**拼接**（concatenation），也就是将一个字符串附加到另一个字符串的末尾。Python 使用操作符 + 来连接字符串。操作符 + 会生成一个新字符串，它合并了作为其操作数的两个字符串。以下交互会话展示了一个例子：

```
>>> message = 'Hello ' + 'world' Enter
>>> print(message) Enter
Hello world
>>>
```

第一个语句合并 'Hello ' 和 'world' 以生成字符串 'Hello world'。然后，字符串 'Hello world' 被赋给 message 变量。第二个语句显示合并后的字符串。

程序 2.19 进一步演示了字符串连接。

程序 2.19 concatenation.py

```
1  # 这个程序演示了字符串连接（拼接）
2  first_name = input(' 输入你的名字：')
3  last_name = input(' 输入你的姓氏：')
4
5  # Combine the names with a space between them.
6  full_name = last_name + first_name
7
8  # 显示用户的全名
9  print(' 你的全名是 ' + full_name)
```

程序输出（用户输入的内容加粗）

```
输入你的名字：三丰 Enter
输入你的姓氏：张 Enter
你的全名是张三丰
```

下面来仔细研究一下这个程序。第 2 行和第 3 行提示用户输入名字和姓氏。前者赋给 `first_name` 变量，后者赋给 `last_name` 变量。

第 6 行将字符串连接的结果赋给 `full_name` 变量。连接字符串的顺序是先姓氏后名字。在示例输出中，用户为名字输入"三丰"，为姓氏输入"张"。结果是字符串 `'张三丰'` 被赋给 `full_name` 变量。第 9 行的语句显示 `full_name` 变量的值。

如果一个字符串字面值很长，那么可以利用字符串连接技术对其进行拆分，使一个冗长的 `print` 函数调用能跨越多行。如下例所示：

```
print('输入每一天的'
+ '销售额，然后按'
+ 'Enter 键。')
```

该语句的输出结果如下所示：

```
输入每一天的销售额，然后按 Enter 键。
```

隐式连接字符串字面值

当两个或更多的字符串字面值写在一起，只用空格、制表符或换行符分隔时，Python 将隐式地把它们连接成一个字符串。例如，我们来看看下面这个交互会话：

```
>>> my_str = '一' '二' '三' Enter
>>> print(my_str) Enter
一二三
```

在第一行，字符串字面值 `'一'`、`'二'` 和 `'三'` 仅用一个空格分隔。结果是 Python 把它们连接成单个字符串 `'一二三'` 并赋给 `my_str` 变量。

经常利用字符串字面值的隐式连接将一个长字符串拆分为多行，如下例所示：

```
print('输入每一天的'
      '销售额，然后按'
      'Enter 键。')
```

该语句的输出结果如下所示：

```
输入每一天的销售额，然后按 Enter 键。
```

检查点

2.22 什么是字符串连接

2.23 执行以下语句后，`result` 的值是什么？

```
result = '1' + '2'
```

2.24 执行以下语句后，result 的值是什么？

```
result = 'h' 'e' 'l' 'l' 'o'
```

2.9　print 函数进阶知识

到目前为止，我们只讨论了数据的基本显示方式。不过，你终究还是需要对屏幕上显示的数据进行更多的控制。本节将进一步讨论 Python 的 print 函数，并说明如何以特定的方式格式化输出。

2.9.1　阻止 print 函数的换行功能

print 函数默认输出独立的一行。例如，以下三个语句将产生三行输出：

```
print('一')
print('二')
print('三')
```

每个语句都是先显示字符串，然后打印一个**换行符**（newline character）。换行符是看不见的，但打印它会将输出位置前进到下一行的起始位置。也可以把换行符理解成一个让计算机从下一行开始输出的特殊命令。

如果不希望 print 函数在打印完当前行的内容后换到新行，可以向函数传递特殊实参 end = '' 来取代默认的换行符。如下所示：

```
print('一', end='')
print('二', end='')
print('三')
```

注意，在本例使用的实参 end='' 中，两个引号之间没有空格。它告诉 print 函数在当前打印的字符串的末尾什么都不打印。将上述三个语句放到一个程序文件中，程序输出如下：

```
一二三
```

也可以在引号之间添加任意你想在当前字符串末尾打印的内容，例如一个空格。

2.9.2　指定分隔符

向 print 函数传递多个字符串实参时，这些字符串在显示时默认会以一个空格来分隔。以下交互会话展示了一个例子：

```
>>> print('一', '二', '三') Enter
一 二 三
>>>
```

如果不想要这个默认添加的空格，可以向 print 函数传递一个 sep='' 实参，如下所示：

```
>>> print('一', '二', '三', sep='') Enter
一二三
```

```
>>>
```

利用这个特殊的实参，还可以指定其他分隔符来代替空格，如下例所示：

```
>>> print('一', '二', '三', sep='*')  Enter
一*二*三
>>>
```

本例向 print 函数传递的是 sep='*'，它指定在打印的各项之间用星号（*）分隔。下面是另一个例子：

```
>>> print('一', '二', '三', sep='~~~')  Enter
一~~~二~~~三
>>>
```

2.9.3 转义序列

转义序列（escape sequence）是字符串字面值中以反斜杠（\）开始的特殊字符。打印包含转义序列的字符串字面值时，转义序列被视为在字符串中嵌入的一个特殊控制命令。

例如，\n 就是一个换行符转义序列。\n 在输出时不会显示，它的作用是将输出位置前进到下一行的起始位置。例如以下语句：

```
print('一\n二\n三')
```

执行该语句将输出以下结果：

```
一
二
三
```

表 2.8 列出了 Python 支持的部分转义序列。

表 2.8 Python 的部分转义序列

转义序列	效果
\n	使输出位置前进到下一行的起始位置
\t	使输出位置前进到下一个水平制表位（tab）
\'	输出一个单引号
\"	输出一个双引号
\ \	输出一个反斜杠

转义序列 \t 使输出位置前进到下一个水平制表位（通常，每 8 个字符位置就是一个制表位），例如下面这些语句：

```
print('周一\t周二\t周三')
```

```
print(' 周四 \t 周五 \t 周六 ')
```

第一个语句先输出"周一"，然后前进到下一个水平制表位并输出"周二"，然后再次前
进到下一个水平制表位并输出"周三"……

输出结果如下所示：

```
周一      周二      周三
周四      周五      周六
```

转义序列 \' 和 \" 分别用于显示单引号和双引号，以下语句进行了更直观的演示：

```
print("Your assignment is to read \"Hamlet\" by tomorrow.")
print('I\'m ready to begin.')
```

上述语句的输出如下：

```
Your assignment is to read "Hamlet" by tomorrow.
I'm ready to begin.
```

转义序列 \\ 用于显示一个反斜杠，如下所示：

```
print(' 文件路径是 C:\\temp\\data。')
```

上述语句的输出如下：

```
文件路径是 C:\temp\data。
```

📝 检查点

2.25 如何阻止 print 函数在末尾自动换行？

2.26 如何更改 print 函数在输出的多项内容之间自动插入的分隔符？

2.27 转义序列 '\n' 的输出是什么？

2.10 用 f 字符串格式化输出

概念：f 字符串是一种特殊类型的字符串字面值，允许以多种方式格式化输出。

f 字符串也称为**格式化字符串字面值**（formatted string literal），它允许以一种简便的
方式格式化 print 函数的输出。f 字符串允许创建包含变量值的消息，还允许以多种方式
格式化数字。

f 字符串是附加了字母 f 前缀并包含在引号中的一个字符串字面值，下面这个例子非
常简单：

```
f'Hello world'
```

它看起来就像一个普通的字符串字面值，只是附加了字母 f 前缀。为了显示一个 f 字符串，
我们像对待普通字符串那样把它传给 print 函数：

```
>>> print(f'Hello world') Enter
```

```
    Hello world
```

但是，f 字符串比普通字符串字面值强大得多。例如，f 字符串可以包含变量和其他表达式的占位符。以下交互会话展示了一个例子：

```
>>> name = '张三丰' Enter
>>> print(f'你好，{name}') Enter
你好，张三丰
```

第一个语句将 '张三丰' 赋给 name 变量，第二个语句将一个 f 字符串传递给 print 函数。在 f 字符串中，{name} 是 name 变量的占位符（placeholder）。执行该语句时，占位符会被替换为 name 变量的值。最终，该语句会打印"你好，张三丰"。

下面是另一个例子：

```
>>> temperature = 25 Enter
>>> print(f'当前温度是 {temperature} 度') Enter
当前温度是 25 度
```

第一个语句将值 45 赋给 name 变量，第二个语句将一个 f 字符串传递给 print 函数。在 f 字符串中，{temperature} 是 temperature 变量的占位符。执行该语句时，占位符会被替换为 temperature 变量的值。最终，该语句会打印"当前温度是 25 度"。

2.10.1 占位符表达式

在之前的 f 字符串例子中，我们使用占位符显示变量值。除了变量名，占位符中还可以包含任何有效的表达式。下面展示了一个例子：

```
>>> print(f'值是 {10 + 2}。') Enter
值是 12。
```

在这个例子中，{10 + 2} 是占位符。执行该语句时，占位符会被替换为表达式 10 + 2 的求值结果。下面是另一个例子：

```
>>> val = 10 Enter
>>> print(f'值是 {val + 2}。') Enter
值是 12。
```

第一个语句将值 10 赋给 val 变量。第二个语句将包含占位符 {val + 2} 的一个 f 字符串传递给 print 函数。执行该语句时，占位符会被替换为表达式 val + 2 的求值结果。

上面这个示例的重点在于，val 变量的值没有发生任何变化。表达式 val + 2 直接返回值 12，它不会以任何方式修改 val 变量的值。

2.10.2 格式化值

可以为 f 字符串的占位符使用一个**格式说明符**（format specifier），从而格式化占位符的值的输出。例如，可以通过格式说明符将数值四舍五入为指定的小数位数，可以使用逗号分隔符显示数字，还可以使值左、右或居中对齐。事实上，可以通过格式说明符来控制值的许多显示方式。

下面是在占位符中使用格式说明符的常规形式：

> { 占位符 : 格式说明符 }

注意，采用这种常规形式，*占位符*和*格式说明符*之间要用一个冒号来分隔。后续几个小节描述了使用*格式说明符*的几种方式。

2.10.3 浮点数四舍五入

浮点数的默认显示方式并非总是令人感到满意。浮点数用 print 函数显示时，它最多可以有 17 位有效数字，如程序 2.20 的输出所示。

程序 2.20 f_string_no_formatting.py

```
1  # 这个程序演示了在不格式化的情况下,
2  # 一个浮点数是如何显示的。
3  amount_due = 5000.0
4  monthly_payment = amount_due / 12.0
5  print(f' 月工资为 {monthly_payment}。')
```

程序输出

> 月工资为 416.6666666666667。

由于这个程序显示的是货币金额，所以最好四舍五入为两位小数。使用以下格式说明符来实现：

> .2f

在格式说明符中，.2 是精度指示符，它指出数字应四舍五入为两位小数。字母 f 是类型指示符，代表浮点类型。在第 5 行，如果我们为 f 字符串添加这个格式说明符，如下所示：

> {monthly_payment:.2f}

就会造成 monthly_payment（月工资）变量的值在程序输出中显示为 416.67。程序 2.21 对此进行了演示。

程序 2.21 f_string_rounding.py

```
1  # 这个程序演示了如何
2  # 对浮点数进行四舍五入
3  amount_due = 5000.0
4  monthly_payment = amount_due / 12.0
5  print(f' 月工资为 {monthly_payment:.2f}。')
```

程序输出

> 月工资为 416.67。

以下交互会话演示了如何四舍五入为 3 位小数：

```
>> pi = 3.1415926535 [Enter]
>> print(f'{pi:.3f}') [Enter]
3.142
>>>
```

以下交互会话演示了如何将一个占位符表达式的求值结果四舍五入为 1 位小数：

```
>> a = 2 [Enter]
>> b = 3 [Enter]
>> print(f'{a / b:.1f}') [Enter]
0.7
>>>
```

> 注意：浮点类型指示符既可以写成小写的 f，也可以写成大写的 F。

2.10.4 插入逗号分隔符

一个较大的数字最好加上逗号（千位）分隔符以便阅读。可以使用格式说明符为数字自动添加这种分隔符，如以下交互会话所示：

```
>>> number = 1234567890.12345 [Enter]
>>> print(f'{number:,}') [Enter]
1,234,567,890.12345
>>>
```

下例在对数字四舍五入的同时加上逗号分隔符：

```
>>> number = 1234567890.12345 [Enter]
>>> print(f'{number:,.2f}') [Enter]
1,234,567,890.12
>>>
```

在格式说明符中，逗号必须放在精度指示符之前（左侧）。否则，代码执行时会报错。

程序 2.22 演示了如何利用逗号分隔符和两位精度将一个数字格式化为货币金额。

程序 2.22 f_string_dollar_display.py

```
1  # 这个程序演示了如何将浮点数
2  # 显示为货币金额
3  monthly_pay = 5000.0
4  annual_pay = monthly_pay * 12
5  print(f' 你的年工资为 ${annual_pay:,.2f}')
```

程序输出

你的年工资为 $60,000.00

2.10.5　将浮点数格式化为百分比

可以不使用 f 作为类型指示符，而是使用百分号 % 将浮点数格式化为百分比。百分号 %
会使数字乘以 100，并在后面显示一个百分号 %，如下例所示：

```
>>> discount = 0.5 Enter
>>> print(f'{discount:%}') Enter
50.000000%
>>>
```

下例使输出的值不保留任何小数：

```
>>> discount = 0.5
>>> print(f'{discount:.0%}') Enter
50%
>>>
```

2.10.6　用科学计数法格式化

如果希望用科学记数法显示浮点数，可以用字母 e 或 E 代替 f，下面是一些例子：

```
>>> number = 12345.6789 Enter
>>> print(f'{number:e}') Enter
1.234568e+04
>>> print(f'{number:.2e}') Enter
1.23e+04
>>>
```

第一个语句用科学记数法简单格式化数字。字母 e 之后的数字表示以 10 为底的指数。如
果在格式说明符中使用大写 E，结果也会用大写 E 来表示指数。第二个语句额外指定了在
小数点后保留两位精度。

2.10.7　格式化整数

之前所有的例子演示的都是如何对浮点数进行格式化。还可以使用 f 字符串格式化整
数。和浮点数相比，整数的格式说明符有两个不同的地方需要注意。

- 使用 d 或 D 作为类型指示符，指定值要作为十进制整数来显示。
- 不能使用精度指示符。

下面展示交互式解释器中的一些例子。以下会话打印 123456，不做任何特殊的格式化：

```
>>> number = 123456 Enter
>>> print(f'{number:d}') Enter
123456
>>>
```

以下会话同样打印 123456，但添加了千位逗号分隔符：

```
>>> number = 123456 Enter
```

```
>>> print(f'{number:,d}') Enter
123,456
>>>
```

2.10.8 指定最小域宽

格式说明符还可以包含一个**最小域宽**（minimum field width）[①]，即显示一个值时应占用的最小空格数。下例在 10 个字符宽的域（字段）中显示一个整数：

```
>>> number = 99 Enter
>>> print(f'The number is {number:10}') Enter
The number is         99
>>>
```

格式说明符中的 **10** 表示应在一个至少 10 个字符宽的域中显示当前要打印的值。在本例中，要显示的值比它所在的域更短。数字 **99** 在屏幕上只占了 2 个字符的空间，但它显示在一个 10 个字符宽的域中。在这种情况下，该数字在域中右对齐，如图 2.10 所示。

📎 **注意**：如果一个值过大，超过所在域的宽度，域会自动扩大以适应它。

请注意，在前面的例子中，域宽说明符要放在逗号分隔符之前（放到逗号左侧）。下例指定了域宽和精度，但没有使用逗号（千位）分隔符：

下例在 12 个字符宽的域中显示一个浮点数，把它四舍五入为两位小数，并添加逗号分隔符：

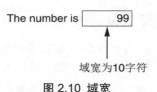

图 2.10 域宽

```
>>> number = 12345.6789 Enter
>>> print(f'The number is {number:12,.2f}') Enter
The number is    12,345.68
>>>
```

请注意，域宽指示符要放在逗号分隔符之前（在其左侧），否则在代码执行时会报错。下例指定了域宽和精度，但没有使用逗号分隔符：

```
>>> number = 12345.6789 Enter
>>> print(f'The number is {number:12.2f}') Enter
The number is     12345.68
>>>
```

通过指定域宽，我们可以打印在一列中对齐的数字。例如，程序 2.23 在宽度为 10 个字符的两列中显示变量值。

---

① 译注：也称为"最小字段宽度"。

程序 2.23 columns.py

```
1  # 这个程序显示了
2  # 两列数字。
3  num1 = 127.899
4  num2 = 3465.148
5  num3 = 3.776
6  num4 = 264.821
7  num5 = 88.081
8  num6 = 799.999
9
10 # 每个数字都在 10 字符宽的域中
11 # 显示，并四舍五入为两位小数。
12 print(f'{num1:10.2f}{num2:10.2f}')
13 print(f'{num3:10.2f}{num4:10.2f}')
14 print(f'{num5:10.2f}{num6:10.2f}')
```

程序输出

```
127.90    3465.15
3.78      264.82
88.08     800.00
```

2.10.9 值的对齐

一个值在比它宽的域中显示时，它必须在域中右对齐、左对齐或居中对齐。如以下交互会话所示，数字默认右对齐：

```
>>> number = 22 Enter
>>> print(f'The number is {number:10}') Enter
The number is         22
>>>
```

在这个例子中，数字 22 在 10 个字符宽的域中右对齐。相反，字符串默认左对齐，如下所示：

```
>>> name = 'Jay' Enter
>>> print(f'Hello {name:10}. Nice to meet you.') Enter
Hello Jay       . Nice to meet you.
>>>
```

在这个例子中，字符串 'Jay' 在 10 个空格宽的域中左对齐。如果想更改值的默认对齐方式，可以在格式说明符中使用表 2.9 总结的几个对齐指示符之一。

表 2.9 对齐指示符

对齐指示符	含义
<	左对齐
>	右对齐
^	居中对齐

假定 number 变量引用一个整数。以下 f 字符串使变量的值在 10 字符宽的域中左对齐：

```
f'{number:<10d}'
```

假定 total 变量引用一个浮点值。以下 f 字符串使变量的值在 20 字符宽的域中右对齐，并将值四舍五入为两位小数：

```
f'{total:>20.2f}'
```

程序 2.24 展示了字符串居中对齐的一个例子。程序显示 6 个字符串，全部在 20 字符宽的域中居中对齐。

程序 2.24 center_align.py

```
1  # 这个程序演示了如何使字符串居中对齐
2  name1 = 'Gordon'
3  name2 = 'Smith'
4  name3 = 'Washington'
5  name4 = 'Alvarado'
6  name5 = 'Livingston'
7  name6 = 'Jones'
8
9  # 显示名字
10 print(f'***{name1:^20}***')
11 print(f'***{name2:^20}***')
12 print(f'***{name3:^20}***')
13 print(f'***{name4:^20}***')
14 print(f'***{name5:^20}***')
15 print(f'***{name6:^20}***')
```

程序输出

```
***     Gordon     ***
***      Smith     ***
***   Washington   ***
***    Alvarado    ***
***   Livingston   ***
***      Jones     ***
```

2.10.10 指示符的顺序

在格式说明符中使用多个指示符时，它们的顺序至关重要，如下所示：

> [*对齐*][*宽度*][*,*][*. 精度*][*类型*]

如果将这些指示符弄错了顺序，就会发生错误。例如，假设 number 变量引用了一个浮点值。以下语句在 10 个字符宽的一个域中正确居中显示该变量的值，插入逗号（千位）分隔符，并将该值四舍五入为两位小数：

```
print(f'{number:^10,.2f}')
```

但是，由于指示符顺序不当，以下语句会引发一个错误：

```
print(f'{number:10^,.2f}')  # 错误
```

2.10.11 连接 f 字符串

连接（拼接）两个或更多 f 字符串时，结果也是一个 f 字符串。以下交互会话展示了一个例子：

```
1   >>> name = 'Abbie Lloyd' Enter
2   >>> department = ' 销售 ' Enter
3   >>> position = ' 主管 ' Enter
4   >>> print(f' 员工姓名：{name}, ' + Enter
5           f' 部门：{department}, ' + Enter
6           f' 职位：{position}') Enter
7   员工姓名：Abbie Lloyd, 部门：销售 , 职位：主管
8   >>>
```

第 4、5、6 行将三个 f 字符串连接起来，并将结果作为实参传递给 print 函数。注意，连接的每个字符串都有 f 前缀。如果连接的任何一个字符串字面值遗漏了 f 前缀，它会被视为普通字符串，而不是 f 字符串。例如，下例延续了上一个交互会话：

```
9   >>> print(f' 员工姓名：{name}, ' + Enter
10          ' 部门：{department}, ' + Enter
11          ' 职位：{position}') Enter
12  员工姓名：Abbie Lloyd, 部门：{department}, 职位：{position}
13  >>>
```

在这个例子中，第 10 行和第 11 行的字符串字面值没有 f 前缀，所以它们被视为普通字符串处理。换言之，其中的占位符不具有占位符的功能。相反，它们只是作为普通文本打印到屏幕上。

可以省略加号，使用 f 字符串的隐式连接法，如下所示：

```
print(f' 姓名：{name}, ' Enter
      f' 部门：{department}, ' Enter
      f' 职位：{position}') Enter
```

检查点

2.28 以下代码会显示什么结果?

```
name = 'Karlie'
print('Hello {name}')
```

2.29 以下代码会显示什么结果?

```
name = 'Karlie'
print(f'Hello {name}')
```

2.30 以下代码会显示什么结果?

```
value = 99
print(f'The value is {value + 1}')
```

2.31 以下代码会显示什么结果?

```
value = 65.4321
print(f'The value is {value:.2f}')
```

2.32 以下代码会显示什么结果?

```
value = 987654.129
print(f'The value is {value:,.2f}')
```

2.33 以下代码会显示什么结果?

```
value = 9876543210
print(f'The value is {value:,d}')
```

2.34 在以下语句中, 格式说明符中的数字 **10** 有什么作用?

```
print(f'{name:10}')
```

2.35 在以下语句中, 格式说明符中的数字 **15** 有什么作用?

```
print(f'{number:15,d}')
```

2.36 在以下语句中, 格式说明符中的数字 **8** 有什么作用?

```
print(f'{number:8,.2f}')
```

2.37 在以下语句中, 格式说明符中的字符 **<** 有什么作用?

```
print(f'{number:<12d}')
```

2.38 在以下语句中, 格式说明符中的字符 **>** 有什么作用?

```
print(f'{number:>12d}')
```

2.39 在以下语句中, 格式说明符中的字符 **^** 有什么作用?

```
print(f'{number:^12d}')
```

2.11 具名常量

概念：具名常量是代表特殊值（例如魔法数字）的一个名称。

假设你是一名程序员，在银行工作。在更改某个现有的贷款计算程序时，你看到了下面这行代码：

```
amount= balance * 0.069
```

由于该程序是别人编写的，所以你不清楚数值 0.069 是什么意思。它看上去像是利率，但也可能是计算某种费用的参数。总之，仅凭这一行代码，你无法确定 0.069 的含义。这就是所谓的魔法数字。**魔法数字**或**幻数**（magic number）指的是程序代码中含义不明的数字。

魔法数字会带来多种多样的问题。首先，如上例所示，以后看代码的人很难确定它的意义。其次，如果一个魔法数字在程序中多处使用，那么修改时全部都要修改，这会为程序员带来巨大的工作量。第三，在编写程序时，每次输入幻数都可能发生打字错误。例如，本来要输入的是 0.069，但可能不慎输入为 .0069。这个失误将导致很难被人发现的计算错误。

为了解决这些问题，我们可以使用具名常量来表示魔法数字。**具名常量**（named constant）是代表特殊值的一个名称，这种值在程序执行期间不会发生更改。下例展示了如何在代码中声明具名常量：

```
INTEREST_RATE = 0.069
```

上述代码创建名为 INTEREST_RATE 的一个具名常量，并赋值 0.069。注意，具名常量中的字母全部大写。这是大多数语言的一个标准实践，它使具名常量很容易与普通变量区分。

具名常量的一个好处是使程序更容易理解。以下语句：

```
amount = balance * 0.069
```

可以更改如下：

```
amount = balance * INTEREST_RATE
```

新手程序员看到第二个语句时，马上就能明白它的含义：金额等于账户余额乘以利率。

采用具名常量的另一个好处是易于对程序进行大面积的修改。假设程序中有几十处用到了利率。当利率变化时，只需在声明具名常量的语句中修改一次初始值。例如，如果将利率提高到 7.2%，那么只需将声明语句更改如下：

```
INTEREST_RATE = 0.072
```

然后，用到常量 INTEREST_RATE 的每个语句都将使用新值 0.072。

采用具名常量还有一个好处，即防范使用魔法数字时经常出现的打字错误。例如，在编码一个数学表达式时，如果无意中将 0.069 输入为 .0069，那么程序将用错误的数据进行计算。但是，如果在输入 INTEREST_RATE 时发生了打字错误，Python 解释器会显示一条错误消息，提示该变量名尚未定义。

检查点

2.40 请列举使用具名常量的三个好处。

2.41 写 Python 语句为 10% 的折扣率定义一个具名常量。

2.12　海龟图形概述

概念：海龟图形是学习基本程序设计概念的一种有趣且轻松的途径。Python 海龟图形系统模拟"海龟"，后者可以遵照命令来绘制一些简单的图形。

20 世纪 60 年代后期，麻省理工学院（MIT）的西摩·佩珀特（Seymour Papert）教授[①]用一只机器"海龟"来教学生编程。这个机器海龟听命于计算机，学生可以在这台计算机上输入各种命令来指挥机器海龟移动。这个机器海龟还带有一支可以抬起或放下的笔，这样就可以通过编程来指挥控制它，让它在纸上作图。Python 的**海龟图形**（turtle graphic）系统模拟了这个机器海龟。它在屏幕上显示一个小的光标（表示机器海龟）。可以使用 Python 语句来控制海龟在屏幕上移动并绘制线段和图形。

▶ 视频讲解：Introduction to Turtle Graphics

使用 Python 海龟图形系统的第一步是写以下语句：

```
import turtle
```

由于 Python 解释器没有内置海龟图形，所以上述语句不可或缺。由于海龟图形系统存储在一个名为 turtle 的模块文件中，所以需要用 import turtle 语句将该文件加载到内存，以便 Python 解释器能够使用它。

如果要编写使用了海龟图形的 Python 程序，则务必将上述 import 语句放在程序的最开头。如果只是想在交互模式下体验海龟图形的乐趣，像下面这样在 Python 外壳程序中执行以下语句即可：

```
>>> import turtle Enter
>>>
```

2.12.1　使用海龟图形来画线

Python 海龟的起始位置位于被当作画布的一个图形窗口的中心。可输入命令 turtle.showturtle() 在窗口中显示这只海龟。以下交互会话导入 turtle 模块并显示海龟：

```
>>> import turtle Enter
>>> turtle.showturtle() Enter
```

上述语句执行后，将出现如图 2.11 所示的一个图形窗口。这里解释一下，海龟的外形与现实世界的海龟外形没有任何相似之处，它就是一个箭头形状的光标（➤）。采用箭头形

① 译注：Seymour Papert(1928—2016)，近代人工智能先驱、数学家、计算机科学家（Logo 语言之父）、心理学家（师从皮业杰）、教育家及 MIT 终身教授。

状很重要，因为箭头代表了海龟面对的方向。如果命令海龟前进，那么它会朝箭头所指的方向移动。现在来尝试一下。你可以使用 turtle.forward(*n*) 命令让海龟向前移动 *n* 个像素（用你需要的像素数代替 *n*）。例如，turtle.forward(200) 命令海龟前进 200 像素。下面是在 Python 外壳程序下的一个完整会话：

```
>>> import turtle [Enter]
>>> turtle.forward(200) [Enter]
>>>
```

图 2.12 展示了上述会话后的结果。注意，海龟在前进时画了一条线。

图 2.11 海龟图形窗口

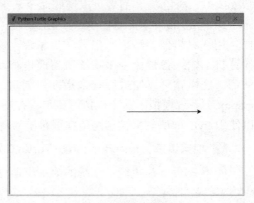

图 2.12 海龟前进 200 像素

2.12.2 海龟转向

当海龟第一次出现时，它的默认方向是 0 度（东），如图 2.13 所示。

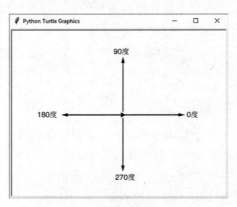

图 2.13 海龟的朝向

可以使用 turtle.right(*angle*) 或者 turtle.left(*angle*) 命令分别使海龟右转或左转，角度由 *angle* 指定。以下示例会话使用了 turtle.right(*angle*) 命令：

```
>>> import turtle Enter
>>> turtle.forward(200) Enter
>>> turtle.right(90) Enter
>>> turtle.forward(200) Enter
>>>
```

在上述会话中，我们首先使海龟前进200像素，右转90度（海龟将朝下走），再前进200像素。输出结果如图2.14所示。

以下示例会话使用了 `turtle.left (angle)` 命令：

```
>>> import turtle Enter
>>> turtle.forward(100) Enter
>>> turtle.left(120) Enter
>>> turtle.forward(150) Enter
>>>
```

在上述会话中，我们首先使海龟前进100像素，左转120度（海龟将朝西北走），再前进150像素。输出结果如图2.15所示。

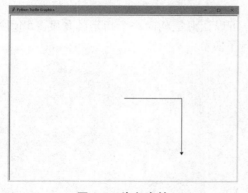

图 2.14　海龟右转

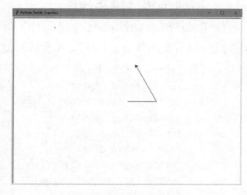

图 2.15　海龟左转

记住，`turtle.right` 命令和 `turtle.left` 命令可以使海龟转过一个指定的角度。例如，假定海龟当前朝向 90 度（正北）。如果输入 `turtle.left(20)` 命令，那么海龟将左转 20 度。这意味着海龟将朝向 110 度。以下交互会话展示了另一个例子：

```
1 >>> import turtle Enter
2 >>> turtle.forward(50) Enter
3 >>> turtle.left(45) Enter
4 >>> turtle.forward(50) Enter
5 >>> turtle.left(45) Enter
6 >>> turtle.forward(50) Enter
7 >>> turtle.left(45) Enter
8 >>> turtle.forward(50) Enter
9 >>>
```

图 2.16 展示了上述会话的输出结果。会话开始时，海龟朝向 0 度。在第 3 行，海龟

左转 45 度。在第 5 行，海龟又左转 45 度。在第 7 行，海龟再次左转 45 度。三次左转 45 度后，海龟最终朝向 135 度。

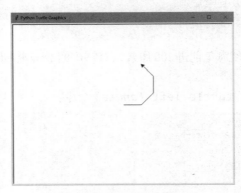

图 2.16 海龟连续左转 45 度

2.12.3 使海龟朝向指定角度

使用 `turtle.setheading(`*`angle`*`)` 命令，可以让海龟朝向一个指定的角度。`angle` 实参代表你希望的角度。以下交互会话对此进行了演示：

```
1  >>> import turtle Enter
2  >>> turtle.forward(50) Enter
3  >>> turtle.setheading(90) Enter
4  >>> turtle.forward(100) Enter
5  >>> turtle.setheading(180) Enter
6  >>> turtle.forward(50) Enter
7  >>> turtle.setheading(270) Enter
8  >>> turtle.forward(100) Enter
9  >>>
```

和之前一样，海龟最初的朝向是 0 度。第 3 行将它的朝向设为 90 度，第 5 行设为 180 度，第 7 行则设为 270 度。上述会话的输出结果如图 2.17 所示。

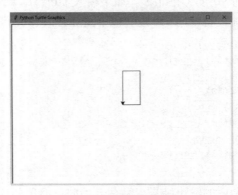

图 2.17 设置海龟的朝向

2.12.4　获取海龟的当前朝向

在交互会话中，可以使用 turtle.heading() 命令显示海龟的当前朝向，如下所示：

```
>>> import turtle Enter
>>> turtle.heading() Enter
0.0
>>> turtle.setheading(180) Enter
>>> turtle.heading() Enter
180.0
>>>
```

2.12.5　画笔抬起和放下

原始的机器龟是被放置在一张很大的纸上，并带有一支可以抬起和放下的画笔。当画笔被放下时，画笔与纸接触，随着机器龟的移动将绘制一条线段。当画笔被抬起时，画笔不再与纸接触，机器龟移动时不会绘制任何线段。

在 Python 中，我们将机器龟称为"海龟"。可以使用命令 turtle.penup() 来抬起画笔，使用命令 turtle.pendown() 来放下画笔。画笔抬起后，你可以随便移动海龟而不用担心它会绘制任何线段。画笔放下后，随着海龟的移动，它的身后会留下一条代表其移动轨迹的线段（画笔默认是放下的）。以下会话展示了一个例子，输出结果如图 2.18 所示。

```
>>> import turtle Enter
>>> turtle.forward(50) Enter
>>> turtle.penup() Enter
>>> turtle.forward(25) Enter
>>> turtle.pendown() Enter
>>> turtle.forward(50) Enter
>>> turtle.penup() Enter
>>> turtle.forward(25) Enter
>>> turtle.pendown() Enter
>>> turtle.forward(50) Enter
>>>
```

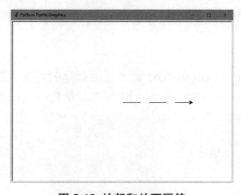

图 2.18　抬起和放下画笔

2.12.6 画圆和画点

可以使用 turtle.circle(*radius*) 命令使海龟画一个半径为 *radius* 像素的圆。例如，turtle.circle(100) 命令使海龟画一个半径为 100 像素的圆。以下交互会话展示了一个例子，输出结果如图 2.19 所示。

```
>>> import turtle Enter
>>> turtle.circle(100) Enter
>>>
```

可以使用 turtle.dot() 命令画一个简单的点。以下交互会话展示了一个例子，输出结果如图 2.20 所示。

```
>>> import turtle Enter
>>> turtle.dot() Enter
>>> turtle.forward(50) Enter
>>> turtle.dot() Enter
>>> turtle.forward(50) Enter
>>> turtle.dot() Enter
>>> turtle.forward(50) Enter
>>>
```

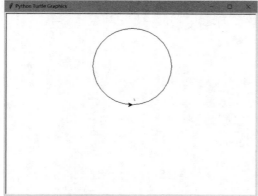

图 2.19 画圆

图 2.20 画点

2.12.7 更改画笔大小

可以使用 turtle.pensize(*width*) 命令更改画笔的宽度（以像素为单位）。*width* 实参是指定了画笔宽度的一个整数。例如，以下交互会话将笔宽设为 5 像素，然后画一个圆。

```
>>> import turtle Enter
>>> turtle.pensize(5) Enter
>>> turtle.circle(100) Enter
>>>
```

2.12.8　更改画笔颜色

可以使用 turtle.pencolor(*color*) 命令来更改画笔颜色。*color* 实参是作为字符串的一个颜色名称。例如，以下交互会话将画笔颜色设为红色（red），然后画一个圆：

```
>>> import turtle Enter
>>> turtle.pencolor('red') Enter
>>> turtle.circle(100) Enter
>>>
```

turtle.pencolor 命令支持大量预定义颜色名称，完整清单请参见附录 D。一些常用的颜色包括 'red'，'green'，'blue'，'yellow' 和 'cyan' 等。

2.12.9　更改背景颜色

可以使用 turtle.bgcolor(*color*) 命令来更改海龟图形窗口的背景颜色。*color* 实参是字符串形式的颜色名称。例如，以下交互会话将背景颜色更改为灰色（gray），将画笔颜色更改为红色（red），然后画一个圆：

```
>>> import turtle Enter
>>> turtle.bgcolor('gray') Enter
>>> turtle.pencolor('red') Enter
>>> turtle.circle(100) Enter
>>>
```

如前所述，有大量预定义颜色名称可用，附录 D 提供了详细的清单。

2.12.10　重置屏幕

有三个命令可以用来重置海龟图形窗口：turtle.reset()，turtle.clear() 和 turtle.clearscreen()。下面总结这些命令。

- turtle.reset() 命令擦除图形窗口中当前的所有绘画，将画笔颜色重置为黑色，并将海龟重置到图形窗口中心的原始位置。该命令不会重置图形窗口的背景颜色。
- turtle.clear() 命令仅擦除图形窗口中当前的所有绘画。它不会更改海龟的位置、画笔颜色和图形窗口的背景颜色。
- turtle.clearscreen() 命令擦除图形窗口中当前的所有绘画，将画笔颜色重置为黑色，将图形窗口的背景颜色重置为白色，并将海龟重置到图形窗口中心的原始位置。

2.12.11　指定图形窗口的大小

可以使用 turtle.setup(*width, height*) 命令来指定图形窗口的大小。*width* 和 *height* 实参分别是宽度和高度（以像素为单位）。例如，以下交互会话将要创建一个 640 像素宽、480 像素高的图形窗口：

```
>>> import turtle Enter
>>> turtle.setup(640, 480) Enter
>>>
```

2.12.12 获取海龟的当前位置

可以在交互会话中使用 turtle.pos() 命令来显示海龟的当前位置，如下例所示：

```
>>> import turtle Enter
>>> turtle.goto(100, 150) Enter
>>> turtle.pos() (100.00, 150.00) Enter
>>>
```

我们还可以使用 turtle.xcor() 命令来显示海龟的 X 坐标，用 turtle.ycor() 显示 Y 坐标，如下例所示：

```
>>> import turtle Enter
>>> turtle.goto(100, 150) Enter
>>> turtle.xcor() Enter
100
>>> turtle.ycor() Enter
150
>>>
```

2.12.13 控制海龟动画的速度

可以使用 turtle.speed(speed) 命令来更改海龟的移动速度。speed 实参是 0~10 的一个数字。如果设为 0，那么海龟将立即做出所有动作（动画被禁用）。例如，以下交互会话禁用海龟动画，然后画一个圆。结果是，这个圆会被立即画出：

```
>>> import turtle Enter
>>> turtle.speed(0) Enter
>>> turtle.circle(100) Enter
>>>
```

相反，如果指定了 1~10 的一个速度值，那么速度 1 最慢，10 最快。以下交互会话将动画速度设为 1（最慢），然后画一个圆：

```
>>> import turtle Enter
>>> turtle.speed(1) Enter
>>> turtle.circle(100) Enter
>>>
```

可以使用 turtle.speed() 命令获取当前动画速度（不提供 speed 实参），如下例所示：

```
>>> import turtle Enter
>>> turtle.speed() Enter
```

3
>>>

2.12.14 隐藏海龟

如果不想显示海龟，那么可以使用 `turtle.hideturtle()` 命令来隐藏它。这个命令不会改变绘图方式，它只是隐藏了海龟（箭头）图标。想再次显示海龟时，使用 `turtle.showturtle()` 命令即可。

2.12.15 将海龟移到指定位置

如图 2.21 所示，我们用**笛卡尔坐标系**（Cartesian coordinate system）来确定海龟图形窗口中每个像素的位置。每个像素都有一个 X 坐标和一个 Y 坐标。X 坐标确定像素的水平位置，Y 坐标确定垂直位置。下面是需要注意的重点。

- 图形窗口中心像素位于 $(0, 0)$，这意味着它的 X 坐标为 0，Y 坐标为 0。
- 向窗口右侧移动，X 坐标值增大；向窗口左侧移动，X 坐标值减小。
- 向窗口顶部移动，Y 坐标值增大；向窗口底部移动，Y 坐标值减小。
- 位于中心点左侧的像素具有正的 X 坐标值，位于中心点左侧的像素具有负的 X 坐标值。
- 位于中心点上方的像素具有正的 Y 坐标值，位于中心点下方的像素具有负的 Y 坐标值。

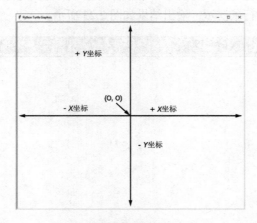

图 2.21 笛卡尔坐标系

可以使用 `turtle.goto(x, y)` 命令将海龟从当前位置移动到图形窗口中的一个特定位置。实参 *x* 和 *y* 是目标位置的坐标。如果画笔是放下的，海龟移动时会画一条线段。例如，以下交互会话的绘图结果如图 2.22 所示。

>>> import turtle `Enter`

```
>>> turtle.goto(0, 100) Enter
>>> turtle.goto(-100, 0) Enter
>>> turtle.goto(0, 0) Enter
>>>
```

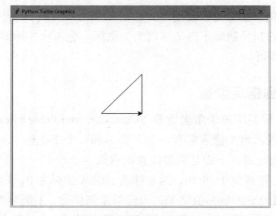

图 2.22 移动海龟

2.12.16 在图形窗口中显示文本

可以使用 turtle.write(*text*) 命令在图形窗口中显示文本。其中，*text* 是你想要显示的字符串。显示字符串时，它的第一个字符的左下角将被定位在海龟的 X 坐标和 Y 坐标上。以下交互会话进行了演示，输出结果如图 2.23 所示。

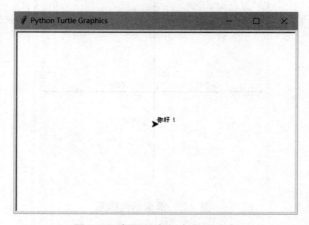

图 2.23 在图形窗口中显示文本

```
>>> import turtle Enter
>>> turtle.write(' 你好！ ') Enter
>>>
```

以下交互会话将海龟移至指定位置再显示文本，输出结果如图 2.24 所示。

```
>>> import turtle Enter
>>> turtle.setup(300, 300) Enter
>>> turtle.penup() Enter
>>> turtle.hideturtle() Enter
>>> turtle.goto(-120, 120) Enter
>>> turtle.write(" 左上方 ") Enter
>>> turtle.goto(70, -120) Enter
>>> turtle.write(" 右下方 ") Enter
>>>
```

图 2.24　在图形窗口的指定位置显示文本

2.12.17　填充形状

要为一个形状填充颜色，可以在绘制形状之前使用 turtle.begin_fill() 命令，并在形状绘制完成后使用 turtle.end_fill() 命令。执行 turtle.end_fill() 命令时，形状会被填充当前的填充颜色。以下交互会话对此进行了演示，输出结果如图 2.25 所示。

```
>>> import turtle Enter
>>> turtle.hideturtle() Enter
>>> turtle.begin_fill() Enter
>>> turtle.circle(100) Enter
>>> turtle.end_fill() Enter
>>>
```

图 2.25　一个填充圆

　　图 2.25 的圆用黑色填充，这是默认填充颜色。可以使用 turtle.fillcolor(*color*) 命令来更改填充颜色。其中，*color* 实参是字符串形式的一个颜色名称。例如，以下交互会话将填充颜色更改为红色，然后画一个圆：

```
>>> import turtle Enter
>>> turtle.hideturtle() Enter
>>> turtle.fillcolor('red') Enter
>>> turtle.begin_fill() Enter
>>> turtle.circle(100) Enter
>>> turtle.end_fill() Enter
>>>
```

　　turtle.fillcolor 命令支持大量预定义颜色名称，完整清单请参见附录 D。其中一些常用的颜色有 'red'、'green'、'blue'、'yellow' 和 'cyan' 等。

　　以下交互会话演示了如何画一个正方形，然后用蓝色填充，输出结果如图 2.26 所示。

```
>>> import turtle Enter
>>> turtle.hideturtle() Enter
>>> turtle.fillcolor('blue') Enter
>>> turtle.begin_fill() Enter
>>> turtle.forward(100) Enter
>>> turtle.left(90) Enter
>>> turtle.forward(100) Enter
>>> turtle.left(90) Enter
>>> turtle.forward(100) Enter
```

```
>>> turtle.left(90) [Enter]
>>> turtle.forward(100) [Enter]
>>> turtle.end_fill() [Enter]
>>>
```

如果绘制的形状没有封闭，那么在填充时就好像起点和终点之间已经连了一条线。例如，以下交互会话只画了两条线。第一条从 (0, 0) 到 (120 , 120)，第二条从 (120 , 120) 到 (200 , –100)。执行 **turtle.end_fill()** 命令时，所填充的形状就好像存在一条从 (0，0) 到 (200 , –120) 的线。图 2.27 展示了该会话的输出。

```
>>> import turtle [Enter]
>>> turtle.hideturtle() [Enter]
>>> turtle.begin_fill() [Enter]
>>> turtle.goto(120, 120) [Enter]
>>> turtle.goto(200, -100) [Enter]
>>> turtle.end_fill() [Enter]
>>>
```

图 2.26　一个填充正方形

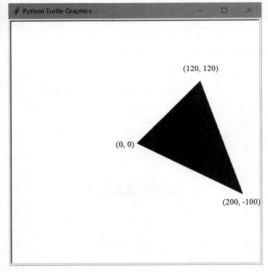

图 2.27　通过连接起点和终点来补完形状并填充

2.12.18　从对话框获取输入

可以使用 **turtle.numinput** 命令获取用户输入的一个数值，并将其赋给一个变量。**turtle.numinput** 命令来显示一个称为**对话框**（dialog box）的小图形窗口。对话框包含一个供用户输入的区域以及一个 OK（确定）按钮和一个 Cancel（取消）按钮。图 2.28 展示了一个例子。

图 2.28　对话框

下面是使用 **turtle.numinput** 命令的语句的常规形式：

```
variable = turtle.numinput(title, prompt)
```

其中，*variable* 是一个变量的名称，用户输入的数值会赋给它。*title* 实参是在对话框标题栏（窗口顶部的栏）显示的一个字符串，*prompt* 实参是在对话框内部显示的一个字符串，用于指示用户输入一些数据。当用户单击 OK 按钮时，该命令会返回用户在对话框中输入的数值（以浮点数形式）并赋给 *variable*。

以下交互会话对此进行了演示，会话的输出如图 2.29 所示。

```
>>> import turtle (Enter)
>>> radius = turtle.numinput(' 请输入 ', ' 输入圆的半径 ') (Enter)
>>> turtle.circle(radius) (Enter)
>>>
```

交互会话的第二个语句会显示图 2.29 左半边的对话框。在示例会话中，用户在对话框中输入 **100**，并单击 OK 按钮。结果是 **turtle.numinput** 命令返回值 **100.0** 并赋给 **radius** 变量。会话的下一个语句执行 **turtle.circle** 命令，将 **radius** 变量作为实参传递，结果是绘制一个半径为 **100** 的圆（图 2.29 的右侧）。

如果用户单击 Cancel 按钮而不是 OK 按钮，**turtle.numinput** 命令会返回特殊值 **None**，表示用户没有输入。

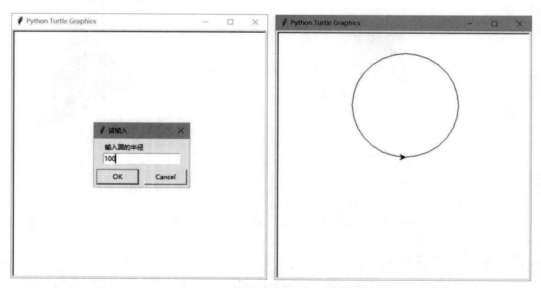

图 2.29 提示用户输入圆的半径

除了 *title* 和 *prompt* 参数，**turtle.numinput** 命令还能接收三个可选参数，下面是常规形式：

```
variable = turtle.numinput(title, prompt, default=x, minval=y, maxval=z)
```

- default=x 指定在输入框中显示的默认值 *x*，方便用户直接单击 OK 按钮并接受默认值。
- minval=y 指定允许用户输入的最小值。如果用户输入的数字小于 *y*，将显示一条错误消息，对话框仍将开启。
- maxval=z 指定允许用户输入的最大值，如果用户输入的数字大于 *z*，将显示一条错误消息，对话框仍将开启。

下面是一个使用了所有可选参数的语句的例子：

```
num = turtle.numinput(' 请输入 ', ' 输入范围在 1~10 之间的值 ',
            default=5, minval=1, maxval=10)
```

该语句指定默认值 5，最小值 1，最大值 10。图 2.30 展示了该语句所显示的对话框。如果用户输入一个小于 1 的值并单击 OK 按钮，系统将显示图 2.31 左侧的消息框。如果输入大于 10 的值并单击 OK，则将显示图 2.31 右侧的消息框。

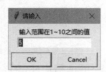

图 2.30 对话框显示了默认值

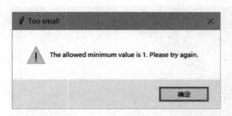
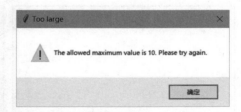

图 2.31 输入超出范围的值时显示的错误消息

2.12.19 使用 turtle.textinput 命令获取字符串输入

还可以使用 turtle.textinput 命令来获取用户输入的字符串。下面是使用该命令的语句的常规形式：

```
variable = turtle.textinput(title, prompt)
```

turtle.textinput 的工作方式和 turtle.numinput 相似，只是它将用户的输入作为字符串返回。以下交互会话对此进行了演示，第二个语句显示的对话框如图 2.32 所示：

```
>>> import turtle Enter
>>> name = turtle.textinput (' 请输入 ', ' 输入你的姓名 ') Enter
>>> print(name) Enter
张三丰
>>>
```

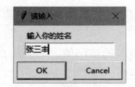

图 2.32 对话框提示输入一个姓名

2.12.20 使用 turtle.done() 使图形窗口保持打开状态

如果在 IDLE 以外的环境中运行一个 Python 海龟图形程序（例如，在命令行），那么可能会注意到程序一结束，图形窗口就会立即消失。为了防止窗口在程序结束后关闭，需要在海龟图形程序的最后加入一个 turtle.done() 语句。这会使图形窗口保持打开状态，以便在程序执行完毕后观看其内容。要关闭该窗口，单击窗口的标准关闭按钮即可。

如果从 IDLE 运行程序，就没有必要在程序中添加 turtle.done() 语句。

聚光灯：猎户座程序

猎户座是夜空中最有名的星座之一。图 2.33 展示了该星座中几颗星星的大致位置。最上面的星星是猎户座的肩膀，中间一排三颗星是猎户座的腰带，最下面的两颗星是猎户座的膝盖。图 2.34 展示了这些星星的名称，图 2.35 展示了通常用来连接这些星星的线段。

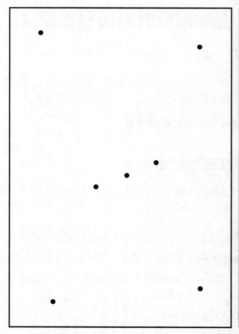

图 2.33 猎户座的星星

图 2.34　星星的名称

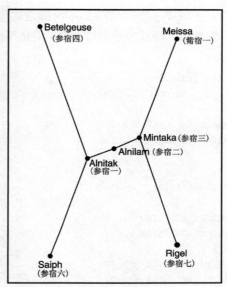

图 2.35　星座连线

　　我们将开发一个程序来显示如图 2.35 所示的星星、星星名称和星座连线。该程序将在一个宽 500 像素、高 600 像素的图形窗口中显示星座，用圆点代表不同的星星。我们先用一张坐标纸（如图 2.36 所示）画出这些点的位置并确定其坐标。

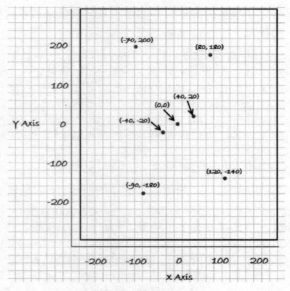

图 2.36　猎户座手绘

程序中需要多次用到图 2.36 所确定的坐标。显然，每次都手动输入每颗星星的正确坐标非常繁琐，而且容易出错。为了简化编码，我们将创建以下具名常量来表示每颗星星的坐标：

```
LEFT_SHOULDER_X = -70
LEFT_SHOULDER_Y = 200

RIGHT_SHOULDER_X = 80
RIGHT_SHOULDER_Y = 180

LEFT_BELTSTAR_X = -40
LEFT_BELTSTAR_Y = -20

MIDDLE_BELTSTAR_X = 0
MIDDLE_BELTSTAR_Y = 0

RIGHT_BELTSTAR_X = 40
RIGHT_BELTSTAR_Y = 20

LEFT_KNEE_X = -90
LEFT_KNEE_Y = -180

RIGHT_KNEE_X = 120
RIGHT_KNEE_Y = -140
```

现在，我们已经确定了星星的坐标，并创建了具名常量来表示这些坐标，接着开始为程序的第一部分编写伪代码，即显示星星：

```
将图形窗口大小设为宽 500、高 600 像素。
在 (LEFT_SHOULDER_X, LEFT_SHOULDER_Y) 画一个点           # 左肩
在 (RIGHT_SHOULDER_X, RIGHT_SHOULDER_Y) 画一个点  # 右肩
在 (LEFT_BELTSTAR_X, LEFT_BELTSTAR_Y) 画一个点  # 腰带最左边的星星
在 (MIDDLE_BELTSTAR_X, MIDDLE_BELTSTAR_Y) 画一个点  # 腰带中间的星星
在 (RIGHT_BELTSTAR_X, RIGHT_BELTSTAR_Y) 画一个点  # 腰带最右边的星星
在 (LEFT_KNEE_X, LEFT_KNEE_Y) 画一个点  # 左膝
在 (RIGHT_KNEE_X, RIGHT_KNEE_Y) 画一个点  # 右膝
```

然后，我们显示每颗星星的名称，如图 2.37 的草图所示。下面是显示这些名称的伪代码。

```
在 (LEFT_SHOULDER_X, LEFT_SHOULDER_Y) 显示文本 "Betelgeuse( 参宿四 )" # 左肩
在 (RIGHT_SHOULDER_X, RIGHT_SHOULDER_Y) 显示文本 "Meissa( 觜宿一 )" # 右肩
在 (LEFT_BELTSTAR_X, LEFT_ BELTSTAR_Y) 显示文本 "Alnitak( 参宿一 )" # 腰带最左边的星星
在 (MIDDLE_BELTSTAR_X, MIDDLE_BELTSTAR_Y) 显示文本 "Alnilam( 参宿二 )" # 腰带中间的星星
在 (RIGHT_BELTSTAR_X, RIGHT_BELTSTAR_Y) 显示文本 "Mintaka( 参宿三 )" # 腰带最右边的星星
在 (LEFT_KNEE_X, LEFT_ KNEE_Y) 显示文本 "Saiph( 参宿六 )" # 左膝
在 (RIGHT_KNEE_X, RIGHT_ KNEE_Y) 显示文本 "Rigel( 参宿七 )" # 右膝
```

接下来，我们将显示连接星星的线，如图 2.38 所示。下面是显示这些连线的伪代码：

```
# 左肩到腰带左边的星星
从 (LEFT_SHOULDER_X, LEFT_SHOULDER_Y) 到 (LEFT_BELTSTAR_X, LEFT_BELTSTAR_Y) 画一条线

# 右肩到腰带右边的星星
从 (RIGHT_SHOULDER_X, RIGHT_SHOULDER_Y) 到 (RIGHT_BELTSTAR_X, RIGHT_BELTSTAR_Y) 画一条线

# 腰带左边的星星到腰带中间的星星
从 (LEFT_BELTSTAR_X, LEFT_BELTSTAR_Y) 到 (MIDDLE_BELTSTAR_X, MIDDLE_BELTSTAR_Y) 画一条线

# 腰带中间的星星到腰带右边的星星
从 (MIDDLE_BELTSTAR_X, MIDDLE_BELTSTAR_Y) 到 (RIGHT_BELTSTAR_X, RIGHT_BELTSTAR_Y) 画一条线

# 腰带左边的星星到左膝
从 (LEFT_BELTSTAR_X, LEFT_BELTSTAR_Y) 到 (LEFT_KNEE_X, LEFT_KNEE_Y) 画一条线

# 腰带右边的星星到右膝
从 (RIGHT_BELTSTAR_X, RIGHT_BELTSTAR_Y) 到 (RIGHT_KNEE_X, RIGHT_KNEE_Y) 画一条线
```

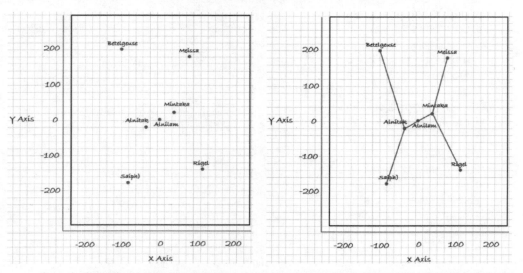

图 2.37 有星星名称的猎户座草图   图 2.38 有星星名称和星座连线的猎户座草图

有了这些伪代码，我们就掌握了程序必须执行的逻辑步骤，接着可以开始写代码了。程序 2.25 展示了完整的程序。当程序运行时，它首先显示星星，然后显示星星的名称，最后显示星座连线。图 2.39 是该程序的输出。

程序 2.25 orion.py

```
1   # 这个程序绘制了猎户座的星星、
2   # 星星的名称以及星座连线。
3   import turtle
4
5   # 设置窗口大小
6   turtle.setup(500, 600)
7
8   # 设置海龟
9   turtle.penup() # 笔抬起
10  turtle.hideturtle() # 隐藏海龟
11
12  # 为星星的坐标创建具名常量
13  LEFT_SHOULDER_X = -70
14  LEFT_SHOULDER_Y = 200
15
16  RIGHT_SHOULDER_X = 80
17  RIGHT_SHOULDER_Y = 180
18
19  LEFT_BELTSTAR_X = -40
20  LEFT_BELTSTAR_Y = -20
21
22  MIDDLE_BELTSTAR_X = 0
23  MIDDLE_BELTSTAR_Y = 0
24
25  RIGHT_BELTSTAR_X = 40
26  RIGHT_BELTSTAR_Y = 20
27
28  LEFT_KNEE_X = -90
29  LEFT_KNEE_Y = -180
30
31  RIGHT_KNEE_X = 120
32  RIGHT_KNEE_Y = -140
33
34  # 绘制星星
35  turtle.goto(LEFT_SHOULDER_X, LEFT_SHOULDER_Y)      # 左肩
36  turtle.dot()
37  turtle.goto(RIGHT_SHOULDER_X, RIGHT_SHOULDER_Y)    # 右肩
38  turtle.dot()
39  turtle.goto(LEFT_BELTSTAR_X, LEFT_BELTSTAR_Y)      # 腰带最左边的星星
40  turtle.dot()
41  turtle.goto(MIDDLE_BELTSTAR_X, MIDDLE_BELTSTAR_Y)# 腰带中间的星星
42  turtle.dot()
43  turtle.goto(RIGHT_BELTSTAR_X, RIGHT_BELTSTAR_Y)    # 腰带最右边的星星
44  turtle.dot()
45  turtle.goto(LEFT_KNEE_X, LEFT_KNEE_Y)          # 左膝
```

```
46 turtle.dot()
47 turtle.goto(RIGHT_KNEE_X, RIGHT_KNEE_Y)  # 右膝
48 turtle.dot()
49
50 # 显示星星名称
51 turtle.goto(LEFT_SHOULDER_X, LEFT_SHOULDER_Y)     # 左肩
52 turtle.write('Betegeuse( 参宿四 )')
53 turtle.goto(RIGHT_SHOULDER_X, RIGHT_SHOULDER_Y)   # 右肩
54 turtle.write('Meissa( 觜宿一 )')
55 turtle.goto(LEFT_BELTSTAR_X, LEFT_BELTSTAR_Y)     # 腰带最左边的星星
56 turtle.write('Alnitak( 参宿一 )')
57 turtle.goto(MIDDLE_BELTSTAR_X, MIDDLE_BELTSTAR_Y)# 腰带中间的星星
58 turtle.write('Alnilam( 参宿二 )')
59 turtle.goto(RIGHT_BELTSTAR_X, RIGHT_BELTSTAR_Y)   # 腰带最右边的星星
60 turtle.write('Mintaka( 参宿三 )')
61 turtle.goto(LEFT_KNEE_X, LEFT_KNEE_Y)             # 左膝
62 turtle.write('Saiph( 参宿六 )')
63 turtle.goto(RIGHT_KNEE_X, RIGHT_KNEE_Y)  # 右膝
64 turtle.write('Rigel( 参宿七 )')
65
66 # 从左肩到腰带左边的星星画一条线
67 turtle.goto(LEFT_SHOULDER_X, LEFT_SHOULDER_Y)
68 turtle.pendown()
69 turtle.goto(LEFT_BELTSTAR_X, LEFT_BELTSTAR_Y)
70 turtle.penup()
71
72 # 从右肩到腰带右边的星星画一条线
73 turtle.goto(RIGHT_SHOULDER_X, RIGHT_SHOULDER_Y)
74 turtle.pendown()
75 turtle.goto(RIGHT_BELTSTAR_X, RIGHT_BELTSTAR_Y)
76 turtle.penup()
77
78 # 从腰带左边的星星到腰带中间的星星画一条线
79 turtle.goto(LEFT_BELTSTAR_X, LEFT_BELTSTAR_Y)
80 turtle.pendown()
81 turtle.goto(MIDDLE_BELTSTAR_X, MIDDLE_BELTSTAR_Y)
82 turtle.penup()
83
84 # 从腰带中间的星星到腰带右边的星星画一条线
85 turtle.goto(MIDDLE_BELTSTAR_X, MIDDLE_BELTSTAR_Y)
86 turtle.pendown()
87 turtle.goto(RIGHT_BELTSTAR_X, RIGHT_BELTSTAR_Y)
88 turtle.penup()
89
90 # 从腰带左边的星星到左膝画一条线
91 turtle.goto(LEFT_BELTSTAR_X, LEFT_BELTSTAR_Y)
```

```
92 turtle.pendown()
93 turtle.goto(LEFT_KNEE_X, LEFT_KNEE_Y)
94 turtle.penup()
95
96 # 从腰带右边的星星到右膝画一条线
97 turtle.goto(RIGHT_BELTSTAR_X, RIGHT_BELTSTAR_Y)
98 turtle.pendown()
99 turtle.goto(RIGHT_KNEE_X, RIGHT_KNEE_Y)
100
101 # 保持窗口的打开状态（若使用 IDLE 则不必要）
102 turtle.done()
```

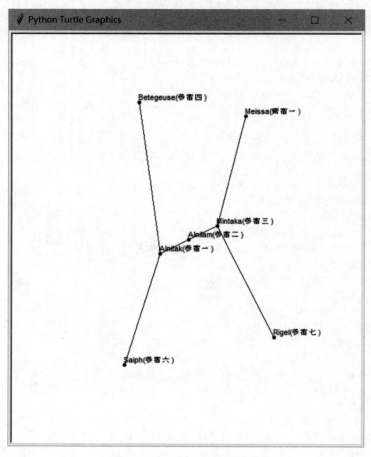

图 2.39 orion.py 程序的输出

检查点

2.42　海龟刚开始出现时，默认是朝哪个方向的？

2.43　如何使海龟前进？

2.44　如何使海龟右转 45 度？

2.45　如何在不画线的情况下将海龟移动到一个新的位置？

2.46　用什么命令来显示海龟的当前朝向？

2.47　用什么命令来画一个半径为 100 像素的圆？

2.48　用什么命令来将海龟画笔的大小（宽度）更改为 8 像素？

2.49　用什么命令将海龟的画笔颜色更改为蓝色？

2.50　用什么命令将海龟图形窗口的背景颜色设为黑色？

2.51　用什么命令将海龟图形窗口的大小设置为宽 500 像素、高 200 像素？

2.52　用什么命令将海龟移动到位置 (100, 50)？

2.53　用什么命令来显示海龟当前位置的坐标？

2.54　以下哪个命令可得到更快的动画速度：turtle.speed(1) 还是 turtle.speed(10)？

2.55　用什么命令来禁用海龟动画？

2.56　请描述如何绘制一个形状并填色。

2.57　如何在海龟图形窗口中显示文本？

2.58　写一个海龟图形语句来显示对话框，要求用户输入一个数字。在对话框的标题栏中显示"输入一个数值"，在对话框内部显示提示消息："圆的半径是多大？"将用户在对话框中输入的数值赋给一个名为 radius 的变量。

🧠 复习题

选择题

1. _____ 错误虽然不会阻止程序运行，但会造成不正确的结果。

   a. 语法　　　　　　b. 硬件　　　　　　c. 逻辑　　　　　　d. 致命

2. _____ 是为了满足客户的要求，程序必须执行的一项任务。

   a. 任务　　　　　　b. 软件需求　　　　c. 前提条件　　　　d. 谓词 / 断言

3. _____ 是为了执行任务而必须采取的一组明确定义的逻辑步骤。

   a. 规范　　　　　　b. 行动计划　　　　c. 逻辑计划　　　　d. 算法

4. _____ 是一种非正式的语言，它没有语法规则，目的也不是被编译或执行。

   a. 假码　　　　　　b. 伪码　　　　　　c. Python　　　　　d. 流程图

5. _____ 图示了程序中采取的步骤。

   a. 流程图　　　　　b. 步骤图　　　　　c. 代码图　　　　　d. 程序图

6. _____ 是字符的序列。

   a. 字符系列　　　　b. 字符集　　　　　c. 字符串　　　　　d. 文本块

7. _____ 是引用了计算机内存中的一个值的名称。

   a. 变量　　　　　　b. 寄存器　　　　　c. RAM　　　　　　d. 字节

8. _____ 是一名假想的、任何使用程序并为其提供输入的人。

   a. 设计者　　　　　b. 用户　　　　　　c. 小白鼠　　　　　d. 测试主体

9. Python 中的字符串必须用 _____ 括起来。

   a. 括号　　　　　　b. 单引号　　　　　c. 双引号　　　　　d. 单引号或双引号

10. _____ 是放置在程序不同部分的简短说明，用于解释程序的这些部分如何工作。

   a. 注释　　　　　　b. 参考资料　　　　c. 教程　　　　　　d. 外部文档

11. _____ 使变量引用计算机内存中的一个值。

   a. 变量声明　　　　b. 赋值语句　　　　c. 数学表达式　　　d. 字符串字面值

12. _____ 符号标记一条 Python 注释的开始。

   a. &　　　　　　　b. *　　　　　　　　c. **　　　　　　　d. #

13. 以下哪个语句会造成程序出错？_____

   a. x = 17　　　　　b. 17 = x　　　　　c. x = 99999　　　　d. x = '17'

14. 在表达式 12 + 7 中，加号左右两侧的值称为 _____。

   a. 操作数　　　　　b. 操作符　　　　　c. 实参　　　　　　d. 数学表达式

15. _____ 操作符执行整数除法。

   a. //　　　　　　　b. %　　　　　　　　c. **　　　　　　　d. /

16. _____ 操作符执行乘方运算。

   a. %　　　　　　　b. *　　　　　　　　c. **　　　　　　　d. /

17. _____ 操作符执行除法运算，但不返回商而是返回余。

    a. %　　　　　　　b. *　　　　　　　c. **　　　　　　　d. /

18. 执行了语句 price = 99.0 后，price 变量将引用什么数据类型的一个值？ _____

    a. int　　　　　　b. float　　　　　c. currency　　　d. str

19. 我们用内置函数 _____ 读取键盘输入。

    a. input()　　　　　　　　　　b. get_input()

    c. read_input()　　　　　　　　d. keyboard()

20. 我们用内置函数 _____ 将 int 值转换成 float 值。

    a. int_to_float()　　b. float()　　　c. convert()　　　d. int()

21. 魔法数字或幻数是指 _____。

    a. 在数学上未定义的数字。　b. 程序代码中含义不明的数字。

    c. 不能被 1 除的数字。　　　　d. 会导致计算机崩溃的数字。

22. _____ 是代表特殊值的名称，这种值在程序执行期间不会发生更改。

    a. 具名字面值　　b. 具名常量　　c. 变量签名　　d. 关键字

判断题

1. 程序员在编写伪代码时必须注意不要犯语法错误。

2. 在数学表达式中，乘法和除法发生在加法和减法之前。

3. 变量名称中可以有空格。

4. 在 Python 中，变量名的第一个字符不能是数字。

5. 如果打印一个未被赋值的变量，将显示数字 0。

简答题

1. 一个专业的程序员通常首先做什么来获得对问题的理解？

2. 什么是伪代码？

3. 计算机程序通常执行哪三个步骤的操作？

4. 如果数学表达式将一个 float 值加到一个 int 值上，那么结果数据类型是什么？

5. 浮点除法和整数除法的区别是什么？

6. 什么是魔法数字？这种数字会有什么问题？

7. 假设一个程序使用常量 PI 来表示值 3.14159，并在多个语句中使用该常量。在每个语句中使用具名常量而不是字面值 3.14159 有什么好处？

算法工作台

1. 写 Python 代码来提示用户输入他或她的身高，并将用户的输入赋给一个名为 height 的变量。

2. 写 Python 代码，提示用户输入他或她最喜欢的颜色，并将用户的输入赋给一个名为 color 的变量。

3. 写赋值语句来对变量 a，b 和 c 执行以下操作:

    a. 将 2 加到 a 上，结果赋给 b

    b. b 乘以 4，结果赋给 a

    c. a 除以 3.14，结果赋给 b

    d. b 减去 8，结果赋给 a

4. 假设变量 result，w，x，y 和 z 的值都是整数，并且 w=5，x=4，y=8，z=2。执行以下每个语句后，result 的值是什么?

    a. result = x + y

    b. result = z * 2

    c. result = y / x

    d. result = y – z

    e. result = w // z

5. 写 Python 语句将 10 和 14 之和赋给变量 total。

6. 写 Python 语句从变量 total 中减去 down_payment，将结果赋给变量 due。

7. 写 Python 语句使变量 subtotal 乘以 0.15，将结果赋给变量 total。

8. 以下语句的显示结果是什么?

```
a = 5
b = 2
c = 3
result = a + b * c
print(result)
```

9. 以下语句的显示结果是什么?

```
num = 99
num = 5
print(num)
```

10. 假定变量 sales 引用一个 float 值。写一个语句来显示四舍五入为两位小数的结果。

11. 假定已执行了以下语句:

```
number = 1234567.456
```

写一个 Python 语句来显示 number 变量引用的值，并格式化为 1,234,567.5。

12. 以下语句的显示结果是什么?

```
print('George', 'John', 'Paul', 'Ringo', sep='@')
```

13. 写一个海龟图形语句来画半径为 75 像素的圆。

14. 写海龟图形语句来画边长为 100 像素的一个正方形，并用蓝色填充。

15. 写海龟图形语句来画边长为 100 像素的一个正方形，再以正方形的中心为圆心画半径为 80 像素的一个圆。用红色填充圆，正方形不填充颜色。

🖶 编程练习

1. 个人资料

写一个程序来显示以下个人资料：

- 姓名
- 地址，包含省 / 州、市和 ZIP
- 电话号码
- 本科专业

2. 销售预测

▶ 视频讲解：The Sales Prediction Problem

某公司的年利润通常为年销售额的 23%。编写一个程序，要求用户输入预计的年销售额，然后显示利润金额。

提示：用数值 0.23 代表 23%。

3. 土地计算

一英亩的土地相当于 43 560 平方英尺。编写一个程序，要求用户输入一块土地的总平方英尺数，计算这块土地的英亩数。

提示：用输入的值除以 43 560 即可得到英亩数。

4. 购买总量

一个顾客在商店里购买了 5 件商品。编写一个程序，要求用户输入每件商品的价格，然后显示价格小计、销售税以及总额。假定销售税为 7%。

5. 行驶距离

假设没有事故或延误，汽车的行驶距离可以用以下公式计算：

$$距离 = 速率 \times 时间$$

一辆汽车以每小时 70 英里的速度行驶。写一个程序来显示以下数据：

- 汽车 6 小时将行驶多少英里
- 汽车 10 小时将行驶多少英里
- 汽车 15 小时将行驶多少英里

6. 销售税

写一个程序，要求用户输入购物金额。然后，程序应计算出州和郡县销售税。假设州销售税是 5%，郡县销售税是 2.5%。程序应显示购物金额、州销售税、郡县销售税、总销售税以及总额（总额是购物金额与各种销售税之和）。

提示：用数值 0.025 代表 2.5%，用 0.05 代表 5%。

7. 每加仑英里数

一辆汽车的每加仑英里数（MPG）可以用以下公式计算：

$$MPG = 行驶里程 \div 所耗汽油的加仑数$$

写一个程序，要求用户提供行驶里程数和所耗汽油加仑数。它应计算出汽车的MPG并显示结果。

8. 小费、税金和总额

编写一个程序，计算在饭店吃一顿饭的应付总额。程序应要求用户输入餐费，然后计算18%小费和7%销售税的金额。显示所有这些金额之和。

9. 摄氏度到华氏度转换器

写一个程序，将摄氏温度（C）转换为华氏温度（F）。公式如下：

$$F = \frac{9}{5}C + 32$$

该程序应要求用户输入摄氏温度，然后显示转换后的华氏温度。

10. 配方调节器

有一个饼干食谱的配方：

- 1.5 杯糖
- 1 杯黄油
- 2.75 杯面粉

根据该食谱，上述数量的原料可以做出48块饼干。编写一个程序，询问用户想做多少块饼干，然后显示制作指定数量的饼干需要用到多少杯这样的各种原材料。

11. 狮虎比例

写一个程序，向用户询问当地动物园的大型猫科动物展区的狮子和老虎数量。程序应显示狮子和老虎的百分比。

提示：假设展区有8头狮子和12头老虎，共计20头大型猫科动物。其中，狮子的百分比可以计算为 $8 \div 20 = 0.4$，或40%。老虎的百分比可以计算为 $12 \div 20 = 0.6$，或60%。

12. 股票交易计划

上个月，乔购入了一些 Acme 软件公司的股票。以下是明细：

- 乔购入的股票数量是 2000 股
- 当乔购入股票时，他每股支付了 40.00 美元
- 乔向他的股票经纪人支付的佣金相当于他购买股票金额的 3%

两周后，乔卖出了这支股票。以下是卖出明细：

- 乔卖出的股票数量是 2000 股
- 他以每股 42.75 美元的价格卖出
- 他又向股票经纪人支付了一笔佣金，金额为他卖出股票金额的 3%

编写一个程序来显示以下信息：

- 乔购入股票所支付的金额
- 乔购入股票时支付给经纪人的佣金金额
- 乔卖出股票的金额
- 乔卖出股票时支付给经纪人的佣金金额
- 显示乔在卖出股票和支付给经纪人（两次）后剩下的钱的金额。这个金额是正数，说明乔赚了。数额是负数，则说明乔就亏。

13. 种葡萄

一个葡萄园主想要种几排新的葡萄藤，她需要知道每一排能种多少葡萄藤。她已经确定，在测量好未来一排的长度后，就可以用以下公式来计算出这一排适合栽种的葡萄藤数量。注意，这一排的两端还要分别为葡萄架建造一个支柱。

$$V = \frac{R - 2E}{S}$$

下面是对该公式的解释：

- V 是这一排适合栽种的葡萄藤数量
- R 是这一排的长度，单位是英尺
- E 是支柱占用的空间量，单位是英尺
- S 是葡萄藤之间的空间量，单位是英尺

编写一个程序，为葡萄园主完成计算。程序要求用户输入以下内容：

- 可栽种的一排的长度，单位是英尺。
- 一端的支柱占用的空间量，单位是英尺。
- 葡萄藤之间的空间量，单位是英尺。

输入数据后，程序应计算并显示适合在这一排栽种的葡萄藤的数量。

14. 复利

当银行账户支付复利时，它不仅为存入账户的本金支付利息，还为长期积累下来的利息支付利息。假定要把一些钱存入储蓄账户，并让该账户在一定年限内赚取复利。计算指定年限后的账户余额的公式如下：

$$A = P\left(1 + \frac{r}{n}\right)^{nt}$$

下面是对这个公式的解释：

- A 是指定年限后账户中的资金数额
- P 是最初存入该账户的本金数额
- r 是年利率
- n 是每年计算复利的次数
- t 是指定的年限

编写一个程序来帮助自己完成计算。程序要求用户输入以下内容：

- 最初存入该账户的本金数额
- 该账户的年利率
- 每年计算复利的次数（例如，如果复利按月计算，则输入 12。如果按季度计算，则输入 4）
- 为该账户留多少年来赚取利息

输入数据后，程序应计算并显示指定年限后账户中的资金数额。

注意：用户应将利率以百分点的形式输入。例如，2% 应作为 2 来输入，而不是 0.02。程序要将输入除以 100，从而将小数点移动到正确位置。

15. 海龟图形的绘制

使用海龟图形库来写程序，复现图 2.40 的每个图形。

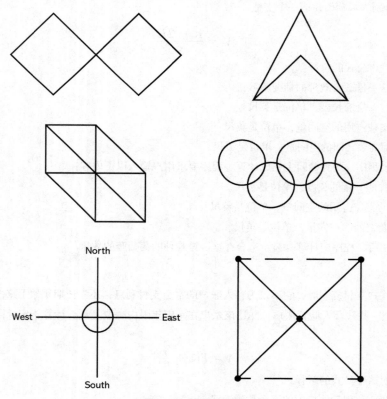

图 2.40 不同的图形

第 3 章
判断结构和布尔逻辑

3.1 if 语句

概念：if 语句创建了一个判断结构，使程序可以有多个执行路径。if 语句导致一个或多个语句仅在一个布尔表达式求值为真时才执行。

▶ 视频讲解：The if Statement

控制结构是对语句的执行顺序进行控制的逻辑设计。到目前为止，本书只使用了最简单的控制结构类型：**顺序结构**。顺序结构按其出现顺序来执行一系列语句。例如，以下代码就是一个顺序结构，语句从头到尾顺序执行：

```
name = input(' 你的名字是什么？')
age = int(input(' 你的年龄多大？'))
print(' 这是你输入的数据:')
print(' 名字:', name)
print(' 年龄:', age)
```

虽然顺序结构在编程中被大量使用，但它不能解决每一种类型的任务。这是因为有的问题根本无法通过顺序执行一系列步骤来解决。例如，考虑判断是否要为员工计算加班费的程序。如果员工的工时超过 40 小时，那么超过 40 小时的所有时间都要计算加班费，否则就跳过加班计算。像这样的程序需要一种不同类型的控制结构：只在特定情况下执行一组语句的结构。这可以通过一个**判断结构**来实现（判断结构也称为**选择结构**）。

在判断结构最简单的形式中，只有当某个条件成立时才执行一个特定的行动。该条件不成立，则不执行。图 3.1 的流程图展示了如何将一个日常生活中的判断逻辑绘制成判断结构。菱形符号代表一个真 / 假条件。条件为真，就选择一个分支路径，这导致一个行动被执行。条件为假，就选择正常路径，跳过该行动。

在流程图中，菱形符号表示某个必须测试的条件。在本例中，我们要判断条件"外面冷吗？"是真还是假。条件为真，就执行"穿上大衣"的行动；为假则跳过该行动。我们说这个行动"条件执行"，因为它只有在某个条件为真时才执行。

程序员将图 3.1 的判断结构类型称为**单分支判断结构**。这是因为它只提供一个分支执行路径。如果菱形符号中的条件为真，我们就选择该分支路径；否则退出整个结构。图 3.2 展示了一个更复杂的例子，在外面冷的时候会执行三个行动。但是，它仍然是单分支判断结构，因为还是只有一个分支执行路径。

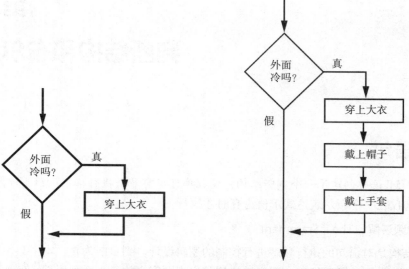

图 3.1 一个简单的判断结构   图 3-2 该判断结构在外面冷的时候执行三个行动

在 Python 中，我们使用 if 语句来写单分支判断结构。下面是 if 语句的常规格式：

```
if 条件：
    语句
    语句
    ...
```

为了简单起见，我们将第一行称为 if 子句。if 子句以单词 if 开始，后跟一个条件，这是一个求值为真（True）或假（False）的表达式。条件后面是一个冒号。从下一行起是一个语句块。所谓**语句块**（block），其实就是多个相关语句的一个分组。注意，在常规格式中，块中的所有语句都要缩进，因为 Python 解释器用它来区分块的开始和结束。

执行 if 语句时会测试*条件*。条件为真，就执行 if 子句后面的块中的语句。条件为假，则跳过该块中的语句。

3.1.1 布尔表达式和关系操作符

如前所述，if 语句测试一个表达式以判断它的真假。被 if 语句测试的表达式称为**布尔表达式**（Boolean expression），这是为了纪念英国数学家乔治·布尔（George Boole）而命名的。布尔在在 19 世纪发明了将真和假的抽象概念应用于计算的一个数学分析系统。

if 语句测试的布尔表达式一般通过一个关系操作符来构建。关系操作符判断两个值是否存在特定关系。例如，大于操作符（>）判断一个值是否大于另一个值。相等性操作符（==）判断两个值是否相等。表 3-1 列出了 Python 支持的关系操作符。

表 3.1　关系操作符

操作符	含义	操作符	含义
>	大于	<=	小于等于
<	小于	==	等于
>=	大于等于	!=	不等于

下面是一个表达式，它使用大于（>）操作符来比较两个变量，即 length 和 width：

```
length > width
```

这个表达式判断 length 引用的值是否大于 width 引用的值。如果是 length 大于 width，那么表达式的值为真；否则，表达式的值为假。以下表达式使用小于操作符来判断 length 是否小于 width：

```
length < width
```

表 3.2 列出了几个对变量 x 和 y 进行比较的布尔表达式。

表 3.2　使用关系操作符的布尔表达式

表达式	含义	表达式	含义
x > y	x 大于 y 吗？	x <= y	x 小于等于 y 吗？
x < y	x 小于 y 吗？	x == y	x 等于 y 吗？
x >= y	x 大于等于 y 吗？	x != y	x 不等于 y 吗？

可以在交互模式下使用 Python 解释器来实验这些操作符。在 >>> 提示符下输入一个布尔表达式,解释器会对该表达式进行求值,并将求值结果显示为 True（真）或 False（假）。以下交互会话对此进行了演示（为方便引用，添加了行号）：

```
1  >>> x = 1 Enter
2  >>> y = 0 Enter
3  >>> x > y Enter
4  True
5  >>> y > x Enter
6  False
7  >>>
```

第 1 行为变量 x 赋值 1，第 2 行为变量 y 赋值 0。第 3 行输入布尔表达式 x > y，第 4 行显示了该表达式的值（True）。然后，第 5 行输入布尔表达式 y > x，第 6 行显示了该表达式的值（False）。

以下交互会话演示了 < 操作符：

```
1  >>> x = 1 Enter
2  >>> y = 0 Enter
3  >>> y < x Enter
4  True
5  >>> x < y Enter
6  False
7  >>>
```

第 1 行为变量 x 赋值 1，第 2 行为变量 y 赋值 0。第 3 行输入布尔表达式 y < x，第 4 行显示了该表达式的值（True）。然后，第 5 行输入布尔表达式 x < y，第 6 行显示了该表达式的值（False）。

3.1.2 操作符 >= 和 <=

操作符 >= 和 <= 测试一个以上的关系，其中，>= 判断左侧的操作数是否大于或等于右侧的操作数，<= 则判断左侧的操作数是否小于或等于右侧的操作数。

以下交互会话对此进行了演示：

```
1  >>> x = 1 Enter
2  >>> y = 0 Enter
3  >>> z = 1 Enter
4  >>> x >= y Enter
5  True
6  >>> x >= z Enter
7  True
8  >>> x <= z Enter
9  True
10 >>> x <= y Enter
11 False
12 >>>
```

第 1 行到第 3 行为变量 x，y 和 z 赋值。第 4 行输入布尔表达式 x >= y，求值结果为真。第 6 行输入布尔表达式 x >= z，同样为真。第 8 行输入布尔表达式 x <= z，同样为真。第 10 行输入布尔表达式 x <= y，求值结果为假。

3.1.3 操作符 ==

相等性操作符 == 判断左侧的操作数是否等于右侧的操作数。如果两个操作数所引用的值相同，那么表达式为真。假设 a 为 4，那么表达式 a == 4 为真，表达式 a == 2 则为假。

以下交互会话演示了操作符 == 的用法：

```
1  >>> x = 1 Enter
2  >>> y = 0 Enter
```

```
3  >>> z = 1 [Enter]
4  >>> x == y [Enter]
5  False
6  >>> x == z [Enter]
7  True
8  >>>
```

◆ **注意**：相等性操作符是两个等号 = 连写。不要将其与赋值操作符 = 混淆，后者只有一个等号 =。

3.1.4 操作符 !=

操作符 != 称为不等于操作符。它判断左侧的操作数是否不等于右侧的操作数，这正好与 == 操作符相反。假设 a 为 4，b 为 6，c 为 4，那么 a != b 和 b != c 都为真，因为 a 不等于 b，b 也不等于 c。但是 a != c 为假，因为 a 等于 c。

以下交互会话演示了操作符 != 的用法：

```
1  >>> x = 1 [Enter]
2  >>> y = 0 [Enter]
3  >>> z = 1 [Enter]
4  >>> x != y [Enter]
5  True
6  >>> x != z [Enter]
7  False
8  >>>
```

3.1.5 综合运用

下面来看看下面这个 if 语句：

```
if sales > 50000:
    bonus = 500.0
```

该语句使用操作符 > 来判断 sales（销售额）是否大于 50000。如果表达式 sales > 50000 为真，那么变量 bonus（奖金）会被赋值为 500.0。然而，如果表达式为假，那么赋值语句会被跳过。图 3.3 展示了它的流程图。

下例中，条件执行包含三个语句的一个块。图 3.4 展示了流程图：

```
if sales > 50000:
    bonus = 500.0
    commission_rate = 0.12
    print('你已完成销售配额！')
```

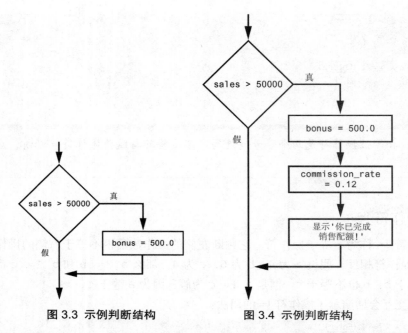

图 3.3 示例判断结构   图 3.4 示例判断结构

以下代码使用操作符 == 来判断两个值是否相等。如果 balance 变量不等于 0，那么表达式 balance==0 为真，否则为假：

```
if balance == 0:
    # 这里的语句只有
    # 在 balance 为 0 时
    # 才会执行
```

以下代码使用操作符 != 来判断两个值是否不相等。如果 choice 变量不等于 5，那么表达式 choice != 5 为真，否则为假：

```
if choice != 5:
    # 这里的语句只有
    # 在 choice 不等于 5 时
    # 才会执行
```

聚光灯：使用 if 语句

凯瑟琳是科学课老师，她的学生需要参加三次考试。她想编写一个程序来让学生计算他们的平均成绩。如果平均成绩超过 95 分，她希望该程序能热烈地祝贺学生取得优异的成绩。以下是伪代码算法：

```
获取第一次考试的成绩
获取第二次考试的成绩
获取第三次考试的成绩
计算平均成绩
```

> *显示平均成绩*
> *如果平均成绩大于 95：*
> 　　*祝贺用户*

程序 3.1 展示了该程序的代码。

程序 3.1 test_average.py

```
1  # 这个程序获取三个考试成绩，并显示
2  # 平均成绩。如果平均成绩是一个高分，
3  # 那么向学生表示祝贺
4
5  # HIGH_SCORE 变量存储了一个被认为
6  # 是高分的值。
7  HIGH_SCORE = 95
8
9  # 获取三次考试的成绩
10 test1 = int(input(' 输入考试 1 的成绩： '))
11 test2 = int(input(' 输入考试 2 的成绩： '))
12 test3 = int(input(' 输入考试 3 的成绩： '))
13
14 # 计算平均成绩
15 average = (test1 + test2 + test3) / 3
16
17 # 打印平均成绩
18 print(f' 平均成绩为 {average}。')
19
20 # 如果平均成绩为高分，
21 # 那么向学生表示祝贺。
22 if average >= HIGH_SCORE:
23     print(' 恭喜你， ')
24     print(' 成绩非常好! ')
```

程序输出（用户输入的内容加粗显示）

```
输入考试 1 的成绩： 93 [Enter]
输入考试 2 的成绩： 99 [Enter]
输入考试 3 的成绩： 96 [Enter]
平均成绩为 96.0。
恭喜你!
成绩非常好!
```

3.1.6 单行 if 语句

如果在条件成立的情况只执行一个语句，那么 Python 允许将整个 if 语句写在一行上。下面是常规格式：

```
if 条件： 语句
```

以下交互会话对此进行了演示：

```
>> score = 90 Enter
>> if score > 59: print(' 你通过了测验。') Enter
... Enter
你通过了测验。
>>>
```

📢 提示：在 Python shell 中测试代码时，虽然整个 if 语句都写在同一行很方便，但在 Python 程序中，这样做并没有什么好处。在程序中，条件执行的语句应该写在自己的缩进块中，这使 if 语句更容易理解和调试。

✅ 检查点

3.1 什么是控制结构？

3.2 什么是判断结构？

3.3 什么是单分支判断结构？

3.4 什么是布尔表达式？

3.5 可以用关系操作符来测试值和值之间的哪些关系类型？

3.6 写一个 if 语句，如果 y 等于 20，就把 0 赋给 x。

3.7 写一个 if 语句，如果 sales（销售额）大于等于 10 000，就将 0.2 赋给 commissionRate（佣金率或提成率）。

3.2 if-else 语句

概念：if-else 语句在条件为真时，执行一个语句块，；条件为假时，则执行另一个。

▶ 视频讲解：if-else 语句

上一节介绍了单分支判断结构（if 语句），它只有一个分支执行路径。现在来看看**双分支判断结构**，它有两个可能的执行路径，一个在条件为真时执行，另一个是在条件为假时执行。图 3.5 展示了双分支判断结构的流程图。

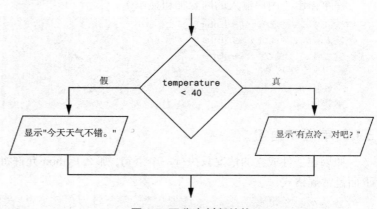

图 3.5 双分支判断结构

流程图中的判断结构测试条件 `temperature < 40`。如果条件为真，就显示"有点冷，对吧？"如果条件为假，则显示"天气不错。"

在代码中，用 `if-else` 语句来写双分支判断结构。下面是 `if-else` 语句的常规格式：

```
if 条件 :
    语句
    语句
    ...
else:
    语句
    语句
    ...
```

执行这个语句时，首先对*条件*进行测试。*条件*为真，就执行 `if` 子句后的缩进语句块，然后，程序的控制将跳转到 `if-else` 语句之后的语句。条件为假，则执行 `else` 子句后的缩进语句块，程序的控制随后同样跳转到 `if-else` 语句之后的语句。图 3.6 展示了这个过程。

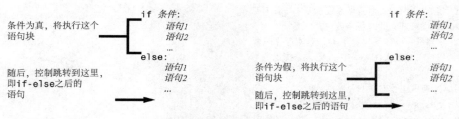

图 3.6 `if-else` 语句的条件执行

以下代码展示了 `if-else` 语句的一个例子，它对应的是图 3.5 的流程图：

```
if temperature < 40:
    print(" 有点冷，对吧？")
else:
    print(" 今天天气不错。")
```

if-else 语句的缩进

写 `if-else` 语句时要遵循以下缩进原则：

* 确保 `if` 子句和 `else` 子句对齐
* `if` 子句和 `else` 子句后面都有一个语句块。确保块中语句的缩进是一致的

图 3.7 对此进行了演示。

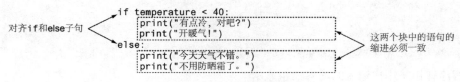

图 3.7 `if-else` 语句的缩进

聚光灯：使用 if-else 语句

克里斯拥有一家汽车维修店，有几名员工。如果任何员工在一周内工作超过 40 个小时，超过的部分要支付 1.5 倍基本时薪。克里斯要求你设计一个简单的工资程序来计算员工的工资总额，包括任何加班工资。你设计了以下算法。

获取工作时数。

> *获取每小时工资。*
> *如果工作时数超过 40 小时：*
>   *计算并显示含加班费的工资总额。*
> *否则：*
>   *照常计算并显示工资总额。*

程序 3.2 展示了这个程序的代码。注意，第 3 行为具名常量 BASE_HOURS 赋值 40，这是员工一周内的基本工作时数，这段时间没有加班费。第 4 行为具名常量 OT_MULTIPLIER 赋值 1.5，这是加班费的时薪乘数，意味着员工的加班时薪要乘以 1.5。

程序 3.2 auto_repair_payroll.py

```
1  # 声明两个具名常量来表示基本工作时数和
2  # 加班期间的时薪乘数
3  BASE_HOURS = 40 # 每周基本工作时数
4  OT_MULTIPLIER = 1.5 # 加班时薪乘数
5
6  # 获取工作时数和基本时薪
7  hours = float(input('输入工作时数：'))
8  pay_rate = float(input('输入基本时薪：') )
9
10 # 计算并显示工资总额
11 if hours > BASE_HOURS:
12     # 计算包含加班费的工资总额
13     # 首先，获得加班时数
14     overtime_hours = hours - BASE_HOURS
15
16     # 然后计算包含加班期间的工资
17     overtime_pay = overtime_hours * pay_rate * OT_MULTIPLIER
18
19     # 最后计算工资总额
20     gross_pay = BASE_HOURS * pay_rate + overtime_pay
21 else:
22     # 计算不含加班费的工资总额
23     gross_pay = hours * pay_rate
24
25 # 显示工资总额
26 print(f'工资总额为 ${gross_pay:,.2f}。')
```

程序输出（用户输入的内容加粗显示）

输入工作时数：**40** `Enter`

输入基本时薪：**20** `Enter`
工资总额为 $800.00。

程序输出（用户输入的内容加粗显示）

输入工作时数：**50** `Enter`
输入基本时薪：**20** `Enter`
工资总额为 $1,100.00。

✅ 检查点

3.8 双分支判断结构是如何工作的？

3.9 在 Python 中用什么语句来写双分支判断结构？

3.10 写 if-else 语句时，在什么情况下会执行 else 子句之后的语句块？

3.3 比较字符串

概念：Python 允许比较字符串，这样就可以创建测试字符串值的判断结构。

之前的例子演示了如何在一个判断结构中比较数字。此外，还可以比较字符串，如以下代码所示：

```
name1 = 'Mary'
name2 = 'Mark'
if name1 == name2:
    print('名字一样')
else:
    print('名字不一样')
```

操作符 == 对 name1 和 name2 进行比较，判断它们是否相等。由于字符串 'Mary' 和 'Mark' 不相等，所以 else 子句将显示 '名字不一样'。

再来看另一个例子。假设 month 变量引用了一个字符串，以下代码使用 != 操作符来判断 month 所引用的值是否不等于 '十月'：

```
if month != '十月':
    print('还没有到国庆节！')
```

程序 3.3 用一个完整的程序来演示了如何比较两个字符串。程序提示用户输入一个密码，然后判断输入的字符串是否等于 'prospero'。

程序 3.3 (password.py)

```
1  # 这个程序比较两个字符串
2  # 从用户处获取一个密码
3  password = input('请输入密码：')
4
5  # 判断密码是否
```

```
6    # 被正确输入
7    if password == 'prospero':
8        print(' 密码正确。')
9    else:
10       print(' 对不起，密码错误。')
```

程序输出（用户输入的内容加粗）

请输入密码：**ferdinand** Enter
对不起，密码错误。

程序输出（用户输入的内容加粗）

请输入密码：**prospero** Enter
密码正确。

程序输出（用户输入的内容加粗）

请输入密码：**Prospero** Enter
对不起，密码错误。

字符串比较要区分大小写。例如，字符串 'saturday' 和 'Saturday' 不相等，因为第一个字符串中的 s 小写，但在第二个字符串中大写。在程序 3.3 的最后一个示例会话中，展示了当用户输入 Prospero 作为密码（大写的 P）时发生的情况。

提示：第 8 章会讲解如何对字符串进行不区分大小写的比较。

其他字符串的比较

除了判断字符串是否相等，还可以判断一个字符串是否大于或小于另一个字符串。这是一个很有用的功能，因为程序员经常需要设计程序，按某种顺序对字符串进行排序。

第 1 章讲过，计算机在内存中存储的并不是真正的字符，例如 A，B，C，等等。相反，它们存储的是代表这些字符的数值编码。第 1 章提到，ASCII（美国信息交换标准代码）是一个常用的字符编码系统。可以在附录 C 中查看完整的 ASCII 代码集，但这里有一些关于它的事实。

- 大写字母 A~Z 对应的数字编码是 65~90。
- 小写字母 a~z 对应的数字编码是 97~122。
- 当数字 0~9 作为字符存储到内存时，它们由数字编码 48~57 表示。例如，字符串 'abc123' 在内存中存储时的编码是 97，98，99，49，50 和 51。
- 空格的编码是 32。

除了建立了一套数字编码来表示内存中的字符，ASCII 还为字符建立了一个顺序。字符 'A' 在字符 'B' 之前，'B' 在字符 'C' 之前，以此类推。

程序对字符进行比较时，它实际是在比较字符的编码。我们来看看下面的 if 语句：

```
if 'a' < 'b':
```

```
print('字母 a 小于字母 b')
```

这段代码判断字符 `'a'` 的 ASCII 编码是否小于字符 `'b'` 的 ASCII 编码。表达式 `'a'` `<` `'b'` 的求值结果为真,因为 `'a'` 的编码小于 `'b'` 的编码。所以,如果这是一个实际程序的一部分,它将显示 `'字母 a 小于字母 b'`。

再来看看包含一个以上字符的字符串通常是如何比较的。假设一个程序使用了字符串 `'Mary'` 和 `'Mark'`,如下所示:

```
name1 = 'Mary'
name2 = 'Mark'
```

图 3.8 展示了字符串 `'Mary'` 和 `'Mark'` 中的各个字符在内存中是如何用 ASCII 码来存储的。

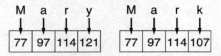

图 3.8 字符串 `'Mary'` 和 `'Mark'` 中的各个字符的编码

使用关系操作符来比较字符串时,会逐个比较字符串中的字符。如以下代码所示:

```
name1 = 'Mary'
name2 = 'Mark'
if name1 > name2:
    print('Mary 大于 Mark')
else:
    print('Mary 不大于 Mark')
```

`>` 操作符比较字符串 `'Mary'` 和 `'Mark'` 中的每个字符,从第一个(最左侧)字符开始。图 3.9 对此进行了展示。

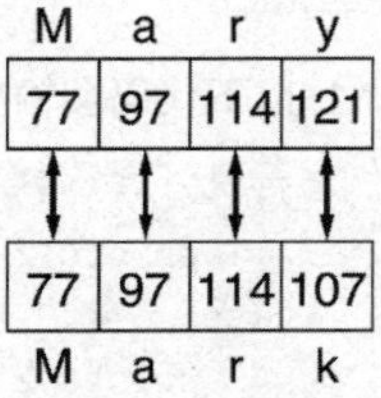

下面是比较过程。

1. `'Mary'` 中的 `'M'` 与 `'Mark'` 中的 `'M'` 比较。由于两个字符相同,所以比较下一个字符。

2. `'Mary'` 中的 `'a'` 与 `'Mark'` 中的 `'a'` 比较。由于两个字符相同,所以比较下一个字符。

3. `'Mary'` 中的 `'r'` 与 `'Mark'` 中的 `'r'` 比较。由于两个字符相同,所以比较下一个字符。

4. `'Mary'` 中的 `'k'` 与 `'Mark'` 中的 `'k'` 比较。由于两个字符不一样,所以这两个字符串不相等。由于字符 `'y'` 的 ASCII 码(121)大于 `'k'`(107),所以字符串 `'Mary'` 大于字符串 `'Mark'`。

图 3.9 比较字符串中的每个字符

如果一个字符串比另一个短,那么只比较对应的字符。如果所有对应的字符都相同,那么较短的字符串被认为小于较长的字符串。例如,假设比较字符串 `'High'` 和 `'Hi'`,那么 `'Hi'` 被认为比 `'High'` 小,因为它更短。

程序 3.4 简单演示了如何用 < 操作符比较两个字符串。程序提示用户输入两个姓名，然后按从小到大的顺序显示这两个姓名。

程序 3.4 (sort_names.py)

```
1   # 这个程序用 < 操作符来比较字符串
2   # 从用户处获取两个姓名
3   name1 = input('输入一个姓名（姓在前）: ')
4   name2 = input('输入另一个姓名（姓在前）: ')
5
6   # 按从小到大的顺序显示两个姓名
7   print('姓名按从小到大的顺序排列: ')
8   if name1 < name2:
9       print(name1)
10      print(name2)
11  else:
12      print(name2)
13      print(name1)
```

程序输出（用户输入的内容加粗）

```
输入一个姓名（姓在前）: Jones, Richard Enter
输入另一个姓名（姓在前）: Costa, Joan Enter
姓名按从小到大的顺序排列:
Costa, Joan
Jones, Richard
```

检查点

3.11 以下代码会输出什么?

```
if 'z' < 'a':
    print('z 小于 a')
else:
    print('z 不小于 a')
```

3.12 以下代码会输出什么?

```
s1 = 'New York'
s2 = 'Boston'
if s1 > s2:
    print(s2)
    print(s1)
else:
    print(s1)
    print(s2)
```

3.4 嵌套判断结构和 if-elif-else 语句

概念：为了测试一个以上的条件，可以在一个判断结构中嵌套另一个判断结构。

3.1 节讲到，控制结构决定了一组语句的执行顺序。程序通常被设计成不同控制结构的组合。例如，图 3.10 的流程图展示了一个判断结构如何与两个顺序结构结合。

该流程图以一个顺序结构开始。假设窗户那里有一个室外温度计，第一步是走到窗边，下一步是看温度计的读数。接着是一个判断结构，要测试的条件是室外冷不冷。如果条件为真，那么会执行穿件大衣的行动。接着是另一个顺序结构，开门并出门。

结构经常需要嵌套使用。以图 3.11 的部分流程图为例，它展示了在判断结构中嵌套一个顺序结构的情况。判断结构测试条件外面冷不冷的条件。如果条件为真，就执行顺序结构中的步骤。

还可以将判断结构嵌套在其他判断结构中。事实上，程序在测试一个以上的条件时经常需要这样做。例如，假定某个程序需要判断银行客户有没有贷款资格。批贷的话，必须满足两个条件：（1）客户年收入至少为 30 000 美元；（2）客户当前工作至少满两年。图 3.12 展示了算法流程图。假定已将客户的年薪赋给了 salary 变量，将客户当前工作年限赋给了 years_on_job 变量。

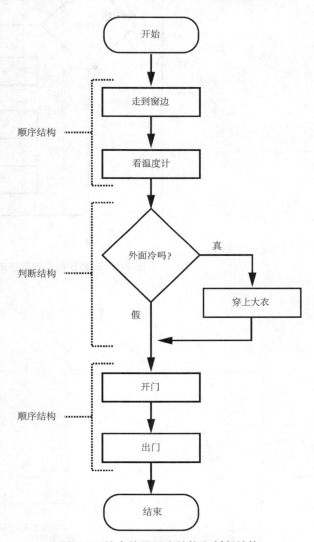

图 3.10 结合使用顺序结构和判断结构

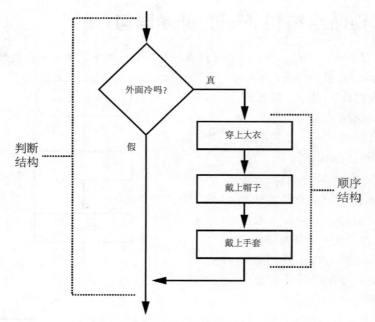

图 3.11 嵌套在判断结构中的顺序结构

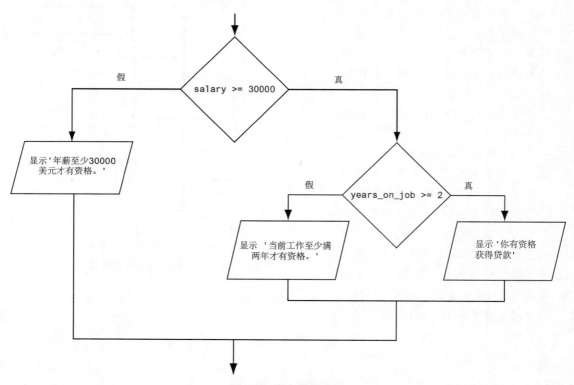

图 3.12 嵌套判断结构

过一遍执行流程，就会看到首先测试条件 salary >= 30000。如果该条件为假，就没有必要进行下一步测试，因为我们已经知道客户没有资格贷款。然而，如果该条件为真，那么需要测试第二个条件。这是通过一个嵌套判断结构来完成的，它测试的条件是 years_on_job。如果该条件为假，那么客户不符合批贷条件。程序 3.5 展示了完整的程序。

程序 3.5 loan_qualifier.py

```
1   # 这个程序判断银行客户是否
2   # 有资格获得贷款。
3
4   MIN_SALARY = 30000.0 # 最低年薪
5   MIN_YEARS = 2 # 最低工作年限
6
7   # 获取客户的年薪
8   salary = float(input('请输入年薪: '))
9
10  # 获取当前工作年限
11  years_on_job = int(input(    '请输入当前 ' +
12                                      '工作年限: '))
13
14  # 判断客户是否符合贷款资格
15  if salary >= MIN_SALARY:
16      if years_on_job >= MIN_YEARS:
17          print('有资格贷款。')
18      else:
19          print(f' 当前工作 '
20                  f' 至少满 {MIN_YEARS} 年，'
21                  f' 才有资格贷款。')
22  else:
23      print(f' 年薪至少为 '
24              f'{MIN_SALARY:,.2f} 美元，'
25              f' 才有资格贷款。')
```

程序输出（用户输入的内容加粗显示）

```
请输入年薪: 35000 Enter
请输入当前工作年限: 1 Enter
当前工作至少满 2 年，才有资格贷款。
```

程序输出（用户输入的内容加粗显示）

```
请输入年薪: 25000 Enter
请输入当前工作年限: 5 Enter
年薪至少为 30,000.00 美元，才有资格贷款。
```

程序输出（用户输入的内容加粗显示）

```
请输入年薪: 35000 Enter
请输入当前工作年限: 5 Enter
有资格贷款。
```

注意从第 15 行开始的 **if-else** 语句。它首先测试条件 salary >= MIN_SALARY。只有该条件为真，才会继续执行从第 16 行开始的嵌套 **if-else** 语句。否则，程序将跳转到第 22 行，执行父 **if-else** 语句的 **else** 子句，并执行第 23 行到第 25 行的语句块。

嵌套判断结构中的缩进一定要正确。正确的缩进不仅仅是 Python 解释器所要求的，它还能使代码的读者（你和其他人）更容易看清楚结构的每一部分所执行的行动。写嵌套 **if** 语句时请遵循以下规则。

- 每个 **else** 子句都要和它匹配的 **if** 子句对齐。图 3.13 对此进行了演示。
- 确保每个块中的语句都一致地缩进。图 3.14 加了底纹的部分展示了判断结构中的嵌套块。注意每个块中的每个语句都有相同的缩进量。

图 3.13 一对 if 和 else 子句要对齐   图 3.14 嵌套块

3.4.1 测试一系列条件

前面的例子展示了如何使用嵌套判断结构来测试一个以上的条件。我们经常需要测试一系列条件，并根据哪个条件为真来采取一个行动。为此，一个办法是在判断结构中嵌套多个其他判断结构。以下"聚光灯"小节展示了一个例子。

 聚光灯：多个嵌套判断结构

苏亚雷斯博士是文学课老师，他所有的考试都采用以下成绩来评定标准。

考试分数	成绩
90 或以上	A
80~89	B
70~79	C
60~69	D
低于 60	F

他请你编写一个程序，让学生输入分数，然后显示和该分数对应的字母成绩。下面是程序所用的算法。

1. 要求用户输入一个分数（Score）。

2. 采用以下方式判断成绩（Grade）：

如果分数大于等于 90 分，那么成绩为 A。

否则，如果分数大于等于 80 分，那么成绩为 B。

否则，如果分数大于或等于 70 分，那么成绩为 C。

否则，如果分数大于或等于 60 分，那么成绩为 D。

否则，成绩为 F。

为了判断成绩，需要用到多个嵌套判断结构，如图 3.15 所示。程序 3.16 展示了这个程序。嵌套判断结构在第 14 行到第 26 行。

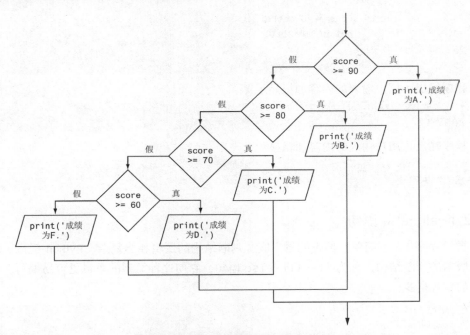

图 3.15 用嵌套判断结构来判断成绩

程序 3.6 grader.py

```
1  # 这个程序从用户处获取考试分数（Score），
2  # 并显示相应的字母成绩（Grade）。
3
4  # 代表成绩阈值的具名常量
5  A_score = 90
6  B_score = 80
7  C_score = 70
8  D_score = 60
9
10 # 从用户处获取一个考试分数
11 score = int(input(' 输入考试分数：'))
12
```

```
13 # 判断成绩
14 if score >= A_score:
15     print(' 成绩为 A。')
16 else:
17     if score >= B_score:
18         print(' 成绩为 B。')
19     else:
20         if score >= C_score:
21             print(' 成绩为 C。')
22         else:
23             if score >= D_score:
24                 print(' 成绩为 D。')
25             else:
26                 print(' 成绩为 F。')
```

程序输出（用户输入的内容加粗显示）

输入考试分数：**78** [Enter]
成绩为 C。

程序输出（用户输入的内容加粗显示）

输入考试分数：**84** [Enter]
成绩为 B。

3.4.2 if-elif-else 语句

虽然程序 3.6 很简单，但也能看出嵌套判断结构的逻辑相当复杂。Python 提供了一个特殊版本的判断结构，称为 if-elif-else 语句，它使这种类型的逻辑更容易编写。下面是它的常规格式：

```
if 条件 1:
    语句
    语句
    ...
elif 条件 2:
    语句
    语句
    ...

根据需要插入更多的 elif 子句 ...

else:
    语句
    语句
    ...
```

执行 if-elif-else 语句时，会首先测试"条件 1"。如果"条件 1"为真，会执行紧随其后的语句块，直到遇到 elif 子句为止。随后，整个结构其余的部分都会被忽略。然而，如果"条件 1"为假，那么程序会跳到下一个 elif 子句并测试"条件 2"。如果"条件 2"为真，会执行紧随其后的语句块，直到遇到 elif 子句为止。随后，整个结构其余的部分都会被忽略。这个过程会一直持续，直到发现一个条件为真，或者不再有更多的 elif 子句。如果所有条件都不为真，那么会执行 else 子句之后的语句块。

下面是 if-elif-else 语句的一个例子。它改写了程序 3.6 中第 14 行到第 26 行的嵌套判断结构，但可读性更强：

```
if score >= A_SCORE:
    print(' 成绩为 A。')
elif score >= B_SCORE:
    print(' 成绩为 B。')
elif score >= C_SCORE:
    print(' 成绩为 C。')
elif score >= D_SCORE:
    print(' 成绩为 D。')
else:
    print(' 成绩为 F。')
```

注意 if-elif-else 语句采用的对齐和缩进方式：if、elif 和 else 子句都对齐，条件执行的块则缩进。

if-elif-else 语句并非必须，因为它的逻辑完全可以用嵌套 if-else 语句来实现。但是，一长串嵌套 if-else 语句在调试代码时有两个特别不好的地方：

- 代码可能变得非常复杂，以至于难以理解。
- 缩进之后，一长串嵌套 if-else 语句会显得过于臃肿，在屏幕上显示时需要水平滚动。另外，过长的语句打印到纸上时往往会自动换行，使代码更加难以阅读。

if-elif-else 语句的逻辑通常比一长串嵌套 if-else 语句更容易理解。另外，由于 if-elif-else 语句中所有子句都对齐，所以行的长度是可控的。

🌀 检查点

3.13 将以下代码转换为 if-elif-else 语句。

```
if number == 1:
    print('One')
else:
    if number == 2:
        print('Two')
    else:
        if number == 3:
            print('Three')
        else:
            print('Unknown')
```

3.5 逻辑操作符

概念：逻辑 and 操作符和逻辑 or 操作符允许连接多个布尔表达式以创建一个复合表达式。逻辑 not 操作符可以反转布尔表达式的值。

Python 提供了一组**逻辑操作符**，可以用它们来创建复杂的布尔表达式。表 3-3 总结了这些操作符。

表 3.3 逻辑操作符

操作符	含义
and	操作符 and 将两个布尔表达式连接成一个复合表达式。只有两个子表达式都为真，复合表达式才为真
or	操作符 or 将两个布尔表达式连接成一个复合表达式。任何子表达式为真，复合表达式就为真
not	操作符 not 是一元操作符，意味着它只作用于一个操作数。操作数必须是布尔表达式 操作符 not 的作用是对操作数的值进行取反。换言之，应用于一个为真的表达式，该操作符返回假；应用于一个为假的表达式，操作符则返回真

表 3-4 展示了使用逻辑操作符的几个示例复合布尔表达式。

表 3.4 使用逻辑操作符的复合布尔表达式

表达式	含义
x > y and a < b	x 大于 y 而且 a 小于 b 吗？
x == y or x == z	x 等于 y 或者等于 z 吗？
not (x > y)	表达式 x > y 不为真吗？

3.5.1 操作符 and

and 操作符取两个布尔表达式作为操作数，从而创建一个复合布尔表达式，该表达式只有在两个子表达式都为真时才为真。下面是使用了 and 操作符的一个示例 if 语句：

```
if temperature < 20 and minutes > 12:
    print('温度处于危险区域。')
```

在这个语句中，两个布尔表达式 temperature < 20 和 minutes > 12 被组合成一个复合表达式。只有当 temperature 小于 20 而且 minutes 大于 12 时，才会调用 print 函数。任何一个布尔子表达式为假，复合表达式就为假，不会打印那条消息。

表 3.5 展示了 and 操作符的**真值表**（truth table）。真值表列出的"表达式"涵盖了与 and 操作符连接的所有可能的真假值组合。该表同时显示了每个表达式的求值结果。

表 3.5 操作符 and 的真值表

表达式	求值结果	表达式	求值结果
true and false	false	false and false	false
false and true	false	true and true	true

如表 3.5 所示，只有在 and 操作符两边都为真时，操作符才会返回真。

3.5.2 操作符 or

操作符 or 取两个布尔表达式作为操作数，从而创建一个复合布尔表达式，该表达式在两个子表达式任何一个为真时就为真。下面是使用了 or 操作符的一个示例 if 语句：

```
if temperature < 20 or temperature > 100:
    print('处于极端温度。')
```

只要 temperature 小于 20 或者大于 100，就会调用 print 函数。任何一个布尔子表达式为真，复合表达式就为真。表 3.6 是操作符 or 的真值表。

表 3.6 or 操作符的真值表

表达式	求值结果	表达式	求值结果
true or false	true	false or false	false
false or true	true	true or true	true

可以看出，or 表达式要想为真，or 操作符的任何一侧为真即可，另一侧为真还是为假并不重要。

3.5.3 短路求值

操作符 and 和 or 都会执行**短路求值**（short-circuit evaluation）。其原理是，如果 and 操作符左侧的表达式为假，那么右侧的表达式根本不需要检查。因为只要有一个子表达式为假，复合表达式必然为假，检查剩下的表达式只会浪费 CPU 时间。所以，当 and 操作符发现它左边的表达式是假的，它就会"短路"，不再求值右侧的表达式。

操作符 or 的短路求值与相似：如果 or 操作符左侧的表达式为真，那么右侧的表达式根本不需要检查。因为只要有一个子表达式为真，复合表达式必然为真，检查剩下的表达式只会浪费 CPU 时间。

3.5.4 操作符 not

操作符 not 是一元操作符，它只取一个布尔表达式作为操作数，并取反其逻辑值。换言之，如果表达式为真，那么操作符 not 返回假；表达式为假则返回真。下面是一个使

用了操作符 not 的 if 语句:

```
if not(temperature > 100):
    print(' 低于最大温度。')
```

首先测试表达式 temperature > 100, 结果是一个真或假的值。然后, 向结果值应用操作符 not。如果表达式 temperature > 100 为真, 那么操作符 not 返回假。如果表达式 temperature > 100 为假, 则操作符 not 返回真。上述代码相当于问 "温度是否不大于 100 ? "

◆ **注意**: 本例将表达式 temperature > 100 括起来了。这是为了清楚地表明, 是在对表达式 temperature > 100 的求值结果应用 not 操作符, 而不是对 temperature 变量。

表 3.7 是操作符 not 的真值表。

表 3.7 操作符 not 的真值表

表达式	求值结果	表达式	求值结果
not true	false	not false	true

3.5.5 修订贷款资格判断程序

某些时候, 操作符 and 可以用来简化嵌套判断结构。例如, 程序 3.5 的贷款资格判断程序使用了以下嵌套 if-else 语句。

```
if salary >= MIN_SALARY:
    if years_on_job >= MIN_YEARS:
        print(' 有资格贷款。')
    else:
        print(f' 当前工作 '
              f' 至少满 {MIN_YEARS} 年, '
              f' 才有资格贷款。')
else:
    print(f' 年薪至少为 '
          f'{MIN_SALARY:,.2f} 美元, '
          f' 才有资格贷款。')
```

该判断结构的目的是判断一个人是否年薪至少为 30000 美元, 而且当前工作至少满了两年。程序 3.7 对它进行了简化。

程序 3.7 loan_qualifier2.py

```
1   # 这个程序判断银行客户是否
2   # 有资格获得贷款。
3
```

```
4   MIN_SALARY = 30000.0 # 最低年薪
5   MIN_YEARS = 2 # 最低工作年限
6
7   # 获取客户的年薪
8   salary = float(input('请输入年薪: '))
9
10  # 获取当前工作年限
11  years_on_job = int(input(            '请输入当前' +
12                                       '工作年限: '))
13
14  # 判断客户是否符合贷款资格
15  if salary >= MIN_SALARY and years_on_job >= MIN_YEARS:
16      print('有资格贷款。')
17  else:
18      print('没有资格贷款。')
```

程序输出（用户输入的内容加粗）

请输入年薪: **35000** [Enter]
请输入当前工作年限: **1** [Enter]
没有资格贷款。

程序输出（用户输入的内容加粗）

请输入年薪: **25000** [Enter]
请输入当前工作年限: **5** [Enter]
没有资格贷款。

程序输出（用户输入的内容加粗）

请输入年薪: **35000** [Enter]
请输入当前工作年限: **5** [Enter]
有资格贷款。

第 15 行～第 18 行的 if-else 语句测试复合表达式 salary >= MIN_SALARY and years_on_job >= MIN_YEARS。两个子表达式都为真，复合表达式才为真，并显示有资格贷款的消息。任何一个子表达式为假，复合表达式就为假，并显示没有资格贷款的消息。

注意：细心的读者会发现，程序 3.7 虽然与程序 3.5 相似，但并不完全一致。如果用户不符合贷款资格，程序 3.7 只显示消息"没有资格贷款"，而程序 3.5 会解释用户不符合资格的两个原因之一。

3.5.6 另一个贷款资格判断程序

假设银行的客户被一家对贷款对象要求不严格的竞争银行抢走。作为回应，银行决定改变其贷款要求。现在，客户只需满足之前的任何一个条件，而不是两个条件。程序 3.8 展示了新的贷款资格判断程序的代码。第 15 行由 if-else 语句测试的复合表达式现在使用了操作符 or。

程序 3.8 loan_qualifier3.py

```
1  # 这个程序判断银行客户是否
2  # 有资格获得贷款。
3
4  MIN_SALARY = 30000.0 # 最低年薪
5  MIN_YEARS = 2 # 最低工作年限
6
7  # 获取客户的年薪
8  salary = float(input('请输入年薪: '))
9
10 # 获取当前工作年限
11 years_on_job = int(input(    '请输入当前 ' +
12                                      '工作年限: '))
13
14 # 判断客户是否符合贷款资格
15 if salary >= MIN_SALARY or years_on_job >= MIN_YEARS:
16     print('有资格贷款。')
17 else:
18     print('没有资格贷款。')
```

程序输出（用户输入的内容加粗）

```
请输入年薪: 35000 [Enter]
请输入当前工作年限: 5 [Enter]
有资格贷款。
```

程序输出（用户输入的内容加粗）

```
请输入年薪: 25000 [Enter]
请输入当前工作年限: 5 [Enter]
有资格贷款。
```

程序输出（用户输入的内容加粗）

```
请输入年薪: 12000 [Enter]
请输入当前工作年限: 1 [Enter]
没有资格贷款。
```

3.5.7 用逻辑操作符检查数字范围

有时需要设计算法来判断一个数值是否在特定范围内，此时最好使用 and 操作符。例如，以下 if 语句检查 x 的值，判断它是否在 20~40（含）的范围内：

```
if x >= 20 and x <= 40:
    print('该值在可接受的范围内。')
```

该语句测试的复合布尔表达式只有在 x 大于或等于 20 而且小于或等于 40 时才为真。只有 x 值在 20~40 的范围内，这个复合表达式才为真。

判断一个数值是否在范围之外时，则最好使用 or 操作符。以下语句判断 x 是否在 20~40（含）的范围之外：

```
if x < 20 or x > 40:
    print(' 该值超出可接受的范围。')
```

在测试数值范围时，很重要的一点是不要混淆逻辑操作符的逻辑。例如，以下代码中的复合布尔表达式永远不会为真：

```
# 这是个错误！
if x < 20 and x > 40:
    print(' 该值超出可接受的范围。')
```

显然，x 不可能既小于 20，又大于 40。

🕐 检查点

3.14　什么是复合布尔表达式?

3.15　以下真值表展示了由逻辑操作符连接的真值和假值的各种组合。请圈出 T 或 F 来表示当前组合的结果是真还是假。

逻辑表达式	求值结果（圈出 T 或 F）	逻辑表达式	求值结果（圈出 T 或 F）
True and False	T　F	True or True	T　F
True and True	T　F	False or True	T　F
False and True	T　F	False or False	T　F
False and False	T　F	not True	T　F
True or False	T　F	not False	T　F

3.16　假设变量 a=2，b=4，c=6。为以下每个条件圈出 T 或 F 并说明表达式的值是真还是假。

a == 4 or b > 2	T　F
6 <= c and a > 3	T　F
1 != b and c != 3	T　F
a >= -1 or a <= b	T　F
not (a > 2)	T　F

3.17　解释操作符 and 和 or 的短路求值工作方式。

3.18　编写一个 if 语句：若 speed 引用的值在 0~200（含）范围内，则显示消息"数字有效"。

3.19　编写一个 if 语句：若 speed 引用的值不在 0~200（含）范围内，则显示消息"数字无效"。

3.6 布尔变量

概念：布尔变量可以引用两个值之一：True 或 False。布尔变量通常作为标志使用，表示是否存在特定条件。

本书到目前为止已经使用了 int、float 和 str（字符串）类型的变量。除了这些数据类型，Python 还支持 bool 数据类型。这种类型的变量只能引用两个可能的值之一：True 或 False，即真或假。下例展示了如何为 bool 变量赋值：

```
hungry = True
sleepy = False
```

布尔变量经常作为标志使用。**标志**（flag）是一种特殊的变量，用于表明程序中是否存在某个条件。标志变量设为 False，表示该条件不存在；设为 True，则表示条件存在。

例如，假定一个销售人员的配额是 50000 美元。假设 sales 是销售人员已完成的销售额，以下代码可以判断是否完成配额：

```
if sales >= 50000.0:
    sales_quota_met = True
else:
    sales_quota_met = False
```

在这段代码中，sales_quota_met 变量可以作为一个标志来表明是否已完成销售配额。在程序的后期，可以用以下方式测试该标志：

```
if sales_quota_met:
    print('你已完成销售配额！')
```

如果 bool 变量 sales_quota_met 为 True，那么上述代码将显示 '你已完成销售配额！'。注意，这里不必使用 == 操作符来显式比较 sales_quota_met 变量和 True。上述代码的等价代码如下：

```
if sales_quota_met == True:
    print('你已完成销售配额！')
```

检查点

3.20 可以为 bool 变量赋什么值？

3.21 什么是标志（flag）变量？

3.7 条件表达式

概念：可以使用三元操作符来写对一个 if-else 语句进行简化的条件表达式。

我们经常需要写一个 if-else 语句，将两个可能的值之一赋给变量，如下例所示：

```
if score > 59:
```

```
        grade = "Pass"
    else:
        grade = "Fail"
```

上述代码将两个可能的值中的一个赋给 grade 变量。如果 score 大于 59，那么将字符串 "Pass" 赋给 grade，否则就将 "Fail" 赋给 grade。

Python 允许使用**条件表达式**来简化这种形式的代码，简单的 if-else 语句可以用这个技术进行简化。条件表达式测试一个布尔表达式，结果为真就赋一个值，为假则赋另一个值。下面是条件表达式的常规格式：

```
值1 if 条件 else 值2
```

其中，"条件"是要测试的布尔表达式。如果条件为真，那么条件表达式返回"值 1"，否则返回"值 2"。下例展示如何将之前的 **if-else** 语句改写为条件表达式：

```
grade = "Pass" if score > 59 else "Fail"
```

这行代码中发生了不少事情，下面来仔细看看。首先，重要的是要理解这行代码是一个赋值语句。我们之所以知道它是一个赋值语句，因为它是下面这样开始的：

```
grade =
```

这表明要向 grade 变量赋值。如图 3.16 所示，= 操作符右侧是一个条件表达式。所以，这里是要将条件表达式的值赋给 grade 变量。

grade = "Pass" if score > 59 else "Fail"

将该条件表达式的值赋给grade变量

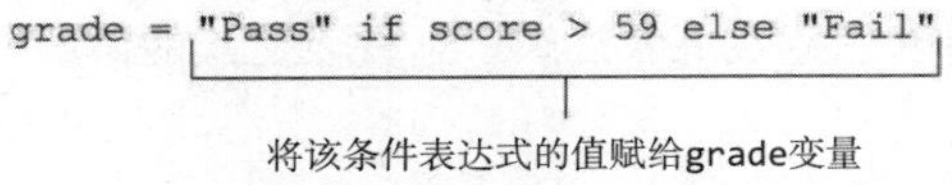

图 3.16　使用条件表达式

图 3.17 展示了条件表达式是如何工作的。首先测试布尔表达式 score > 59。结果为真，整个条件表达式将返回值 'Pass'；否则返回 'Fail'。

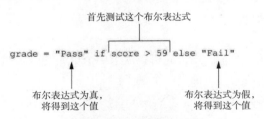

首先测试这个布尔表达式

grade = "Pass" if score > 59 else "Fail"

布尔表达式为真，　　　　　　　　布尔表达式为假，
将得到这个值　　　　　　　　　　将得到这个值

图 3.17　条件表达式的组成部分

程序 3.9 展示了使用条件表达式的一个例子。用户被提示输入两个数字。第 4 行的语句使用一个条件表达式来判断哪个数字最大，并将该数字赋给 max 变量。

程序 3.9　conditional_expression.py

```
1   # 这个程序演示了条件表达式的用法
2   num1 = int(input('输入第一个数：'))
```

```
3  num2 = int(input(' 输入第二个数：'))
4  max = num1 if num1 > num2 else num2
5  print(f' 较大的数是 {max}。')
```

程序输出（用户输入的内容加粗）

```
输入第一个数：5 Enter
输入第二个数：10 Enter
较大的数是 10。
```

3.8 赋值表达式和海象操作符

概念：可以用海象操作符 := 来写赋值表达式，表达式将返回所赋的值。

前面介绍了赋值操作符 = 以及如何用它创建赋值语句，如下所示：

```
result = 27
```

赋值语句只做一件事：为变量赋值。上述赋值语句将值 27 赋给 result 变量。

除了操作符 =，Python 还支持一个特殊的赋值操作符，称为**海象操作符**。海象操作符写成一个冒号并后跟一个等号，中间无空格，如下所示：

```
:=
```

之所以称为"海象操作符"，是因为如果我们偏头看的话，它就像是一张海象的脸。

可以使用海象操作符来创建**赋值表达式**，这种表达式能做两件事情：

- 向变量赋值
- 返回赋给该变量的值

下面是使用了海象操作符的一个赋值表达式的例子：

```
result := 27
```

这个赋值表达式做了下面两件事情：

- 向 result 变量赋值 27
- 返回值 27

由于该赋值表达式会返回一个值，所以它可以成为一个更大的语句的一部分。赋值表达式返回的值可由更大的语句所用。下面是一个例子：

```
print(result := 27)
```

上述语句将一个赋值表达式作为实参传给 print 函数。下面是该语句的工作方式：

- 向 result 变量赋值 27
- 赋值表达式返回值 27
- print 函数显示赋值表达式返回的值，即 27

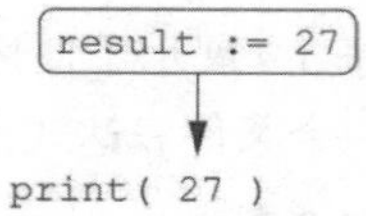

图 3.18 对此进行了展示。

图 3.18 打印赋值表达式的值

赋值表达式可以用在很多地方，包括 if 语句所测试的布尔条件。下面是一个例子：

```
if (pay := hours * pay_rate) > 40:
    print('你加班了。')
```

这个 if 语句的工作方式如下:

- 将 hours * pay_rate 的值赋给 pay。
- 如果 pay 大于 40,就显示消息“你加班了”。

上述代码的等价代码如下:

```
pay = hours * pay_rate
if pay > 40:
    print('你加班了。')
```

◆ **注意**:赋值表达式并非完整语句,它必须作为一个更大语句的一部分来写。这正是为什么在单独一行中写这种表达式会报告语法错误的原因。

海象操作符的优先级

海象操作符在 Python 的所有操作符中具有最低的优先级。这意味着在一个较大的表达式中使用海象操作符时,如果同时存在其他操作符,那么海象操作符会最后求值。大多数时候,需要在赋值表达式两边加上括号,以确保海象操作符将正确的值赋给它的变量。

我们再来看看之前显示的 if 语句:

```
if (pay := hours * pay_rate) > 500:
    print('你加班了。')
```

注意,布尔条件同时使用了海象操作符、乘法操作符和大于操作符:

```
(pay := hours * pay_rate) > 500
```

还要注意,这里将赋值表达式括起来了,目的是确保将 hours * pay_rate 的值(工作时数和时薪的乘积)赋给 pay 变量。相反,如果不把赋值表达式括起来,即:

```
pay := hours * pay_rate > 500
```

则将表达式 (hours * pay_rate > 500) 的值赋给 pay 变量,这个值可能是 True 或 False。如果希望将实际的工资金额赋给 pay 变量,那么必须在赋值表达式两边加上括号。

📢 **提示**:任何时候使用海象操作符创建赋值表达式时,最好都在赋值表达式两边加上括号。

3.9 海龟图形:判断海龟的状态

概念:海龟图形库提供了许多函数供判断海龟的状态并有条件地执行操作。

可以使用海龟图形库中的一些函数来了解有关海龟当前状态的大量信息。本节将讨论用于判断海龟位置、前进方向、笔是抬起还是放下、当前绘画颜色等的函数。

3.9.1 判断海龟位置

第 2 章讲过，可以使用 turtle.xcor() 和 turtle.ycor() 函数来获取海龟当前的 X 坐标和 Y 坐标。以下代码使用 if 语句来判断海龟的 X 坐标是否大于 249，或者 Y 坐标是否大于 349。如果是，就将海龟重新定位到 (0, 0)：

```
if turtle.xcor() > 249 or turtle.ycor() > 349:
    turtle.goto(0, 0)
```

3.9.2 判断海龟朝向

turtle.heading() 函数返回海龟的朝向。默认情况下，返回的朝向以度数为单位。以下交互会话对此进行了演示：

```
>>> import turtle  Enter
>>> turtle.heading()  Enter
0.0
>>>
```

以下代码片段使用 if 语句来判断海龟的朝向是否在 90 度 ~270 度之间。如果是，那么将海龟的朝向设为 180 度：

```
if turtle.heading() >= 90 and turtle.heading() <= 270:
    turtle.setheading(180)
```

3.9.3 判断笔是否放下

如果海龟画笔放下，那么 turtle.isdown() 函数返回 True，否则返回 False。以下交互会话对此进行了演示：

```
>>> turtle.isdown()  Enter
True
>>>
```

以下代码使用 if 语句来判断海龟画笔是否放下。如果笔处于放下状态，那么代码会将其抬起：

```
if turtle.isdown():
    turtle.penup()
```

要判断笔是否抬起，可以连同 turtle.isdown() 函数使用操作符 not，如以下代码所示：

```
if not(turtle.isdown()):
    turtle.pendown()
```

3.9.4　判断海龟是否可见

如果海龟可见，那么 turtle.isvisible() 函数返回 True，否则返回 False，如以下交互会话所示：

```
>>> turtle.isvisible() Enter
True
>>>
```

以下代码使用 if 语句来判断海龟是否可见。如果海龟可见，那么代码将其隐藏：

```
if turtle.isvisible():
    turtle.hideturtle()
```

3.9.5　判断当前颜色

如果执行 turtle.pencolor() 函数而不传递任何参数，那么函数会将画笔的当前绘画颜色作为一个字符串返回，如以下交互会话所示：

```
>>> turtle.pencolor() Enter
'black'
>>>
```

以下代码使用 if 语句来判断画笔当前的绘画颜色是否为红色。如果是，代码就将其更改为蓝色：

```
if turtle.pencolor() == 'red':
    turtle.pencolor('blue')
```

如果执行 turtle.fillcolor() 函数而不传递任何参数，那么函数会将画笔的当前填充颜色作为一个字符串返回，如以下交互会话所示：

```
>>> turtle.fillcolor() Enter
'black'
>>>
```

以下代码使用 if 语句来判断画笔当前的填充颜色是否为蓝色。如果是，那么代码将其更改为白色：

```
if turtle.fillcolor() == 'blue':
    turtle.fillcolor('white')
```

如果执行 turtle.bgcolor() 函数而不传递任何参数，那么函数会将海龟图形窗口的当前背景颜色作为一个字符串返回，如以下交互会话所示：

```
>>> turtle.bgcolor() Enter
'white'
>>>
```

以下代码使用 if 语句来判断当前背景颜色是否为白色。如果是，则代码将其改为灰色：

```
if turtle.bgcolor() == 'white':
    turtle.bgcolor('gray')
```

3.9.6 判断画笔大小

如果执行 `turtle.pensize()` 函数而不传递任何参数，那么函数将返回画笔的当前大小。如以下交互会话所示：

```
>>> turtle.pensize() Enter
1
>>>
```

以下代码使用 `if` 语句来判断画笔当前大小是否小于 3。如果是，则代码将其改为 3：

```
if turtle.pensize() < 3:
    turtle.pensize(3)
```

3.9.7 判断海龟的动画速度

如果执行 `turtle.speed()` 函数而不传递任何参数，那么函数将返回海龟当前的动画速度。如以下交互会话所示：

```
>>> turtle.speed() Enter
3
>>>
```

第 2 章讲过，海龟的动画速度是 0~10 的一个值。如果速度为 0，则动画会被禁用，海龟会立即做出所有动作。如果速度在 1~10 之间，那么 1 最慢，10 最快。

以下代码使用 `if` 语句来判断海龟的速率是否大于 0。如果是，则代码将其设为 0：

```
if turtle.speed() > 0:
    turtle.speed(0)
```

以下代码展示了另一个例子。它使用 `if-elif-else` 语句来判断海龟的速度，并相应地设置画笔颜色。如果速度为 0，那么将画笔颜色设为红色。否则，如果速度大于 5，那么将画笔颜色设为蓝色。如果以上两个条件都不满足，那么将画笔颜色设为绿色：

```
if turtle.speed() == 0:
    turtle.pencolor('red')
elif turtle.speed() > 5:
    turtle.pencolor('blue')
else:
    turtle.pencolor('green')
```

聚光灯：射击游戏

本节将研究一个使用海龟图形来玩一个简单的 Python 游戏。程序运行时会出现如图 3.19 所示的屏幕。右上方的小方块是目标。游戏目标是将海龟发射出去，使其击中目标。

可以通过在 Python shell 窗口中输入角度和力道值来完成此操作。是的，游戏确实有点简陋。但是，所有好的东西刚开始都是朴实无华的。程序会将海龟的朝向设为指定的角度，并在一个简单的公式中使用指定的力道值来计算海龟行进的距离。力道越大，海龟行进的距离就越远。如果海龟正好停在方块内，那么就显示已击中目标。

例如，图 3-20 展示了程序的一次会话，我们输入 45 作为角度，8 作为力道。如你所见，海龟没有命中目标。在图 3-21 中，我们再次运行程序，这次输入 67 作为角度，9.8 作为力道。这一次命中了目标。程序 3.10 展示了该程序的完整代码。

图 3.19 射击游戏

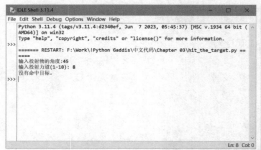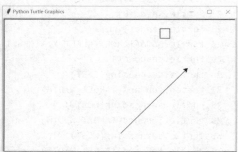

图 3.20 未命中目标

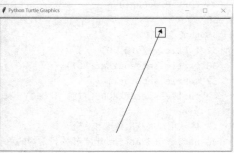

图 3.21 命中目标

程序 3.10 hit_the_target.py

```
1  # 射击游戏
2  import turtle
```

```
 3
 4  # 具名常量
 5  SCREEN_WIDTH = 600 # 屏幕宽度
 6  SCREEN_HEIGHT = 600 # 屏幕高度
 7  TARGET_LLEFT_X = 100 # 目标左下 X
 8  TARGET_LLEFT_Y = 250 # 目标左下 Y
 9  TARGET_WIDTH = 25 # 目标的宽度
10  FORCE_FACTOR = 30 # 力道系数
11  PROJECTILE_SPEED = 1 # 投射物（海龟）的动画速度
12  NORTH = 90 # 北向角度
13  SOUTH = 270 # 南向角度
14  EAST = 0 # 东向角度
15  WEST = 180 # 西向角度
16
17  # 设置窗口
18  turtle.setup(SCREEN_WIDTH, SCREEN_HEIGHT)
19
20  # 绘制目标
21  turtle.hideturtle()
22  turtle.speed(0)
23  turtle.penup()
24  turtle.goto(TARGET_LLEFT_X, TARGET_LLEFT_Y)
25  turtle.pendown()
26  turtle.setheading(EAST)
27  turtle.forward(TARGET_WIDTH)
28  turtle.setheading(NORTH)
29  turtle.forward(TARGET_WIDTH)
30  turtle.setheading(WEST)
31  turtle.forward(TARGET_WIDTH)
32  turtle.setheading(SOUTH)
33  turtle.forward(TARGET_WIDTH)
34  turtle.penup()
35
36  # 海龟居中
37  turtle.goto(0, 0)
38  turtle.setheading(EAST)
39  turtle.showturtle()
40  turtle.speed(PROJECTILE_SPEED)
41
42  # 从用户处获取角度和力道
43  angle = float(input(" 输入投射物的角度 :"))
44  force = float(input(" 输入投射力道 (1-10): "))
45
46  # 计算距离
47  distance = force * FORCE_FACTOR
48
49  # 设置海龟朝向
```

```
50 turtle.setheading(angle)
51
52 # 绘制发射过程
53 turtle.pendown()
54 turtle.forward(distance)
55
56 # 命中目标了吗?
57 if (turtle.xcor() >= TARGET_LLEFT_X and
58     turtle.xcor() <= (TARGET_LLEFT_X + TARGET_WIDTH) and
59     turtle.ycor() >= TARGET_LLEFT_Y and
60     turtle.ycor() <= (TARGET_LLEFT_Y + TARGET_WIDTH)):
61         print(' 命中目标! ')
62 else:
63         print(' 没有命中目标.')
```

下面来仔细看看代码。第 5 行～第 15 行定义了一系列具名常量。

- 第 5 行和第 6 行定义了 SCREEN_WIDTH 和 SCREEN_HEIGHT 这两个常量。将在第 14 行使用它们将图形窗口的大小设为 600 像素宽 ×600 像素高。
- 第 7 行和第 8 行定义了 TARGET_LLEFT_X 和 TARGET_LLEFT_Y 常量。用于设定目标框左下角的 (X,Y) 坐标。
- 第 9 行定义了 TARGET_WIDTH 常量，代表目标框的宽度（和高度）。
- 第 10 行定义了 FORCE_FACTOR 常量，代表是一个力道系数，我们在公式中使用它来计算投射物发射后行进的距离。
- 第 11 行定义了 PROJECTILE_SPEED 常量，代表海龟（投射物）的动画速度。
- 第 12 行～第 15 行定义了 NORTH, SOUTH, EAST 和 WEST 常量，在绘制目标框时，将使用它们作为北、南、东、西方向的角度。

第 21 行～第 34 行绘制目标框。

- 第 21 行隐藏海龟，因为在绘制好目标框之前不需要看到它。
- 第 22 行将海龟的动画速度设为 0，这会禁用海龟动画。这样做是为了让目标框立即出现。
- 第 23 行抬起了海龟的画笔，这样将其从默认位置（窗口中心）移动到开始绘制目标框的位置时，它不会画一条线。
- 第 24 行将海龟移动到目标框左下角的位置。
- 第 25 行放下画笔，这样海龟会在移动它时画画。
- 第 26 行将海龟的朝向设为 0 度，使其面朝东方。
- 第 27 行将海龟向前移动 25 像素，绘制目标框的底部边线。
- 第 28 行将海龟的朝向设为 90 度，使其面朝北方。
- 第 29 行将海龟向前移动 25 像素，绘制目标框的右侧边线。
- 第 30 行将海龟的朝向设为 180 度，使其面朝西方。
- 第 31 行将海龟向前移动 25 像素，绘制目标框的顶部边线。

- 第 32 行将海龟的朝向设为 270 度，使其面朝南方。
- 第 33 行将海龟向前移动 25 像素，绘制目标框的左侧边线。
- 第 34 行抬起海龟的画笔，避免将其移回窗口中心时画一条线。

第 37 行 ~ 第 40 行将海龟移回窗口中心。

- 第 37 行将海龟移动到 (0 , 0)。
- 第 38 行将海龟的朝向设为 0 度，使其朝东。
- 第 39 行显示海龟。
- 第 40 行将海龟的动画速度设为 1，该速度足够慢，足以在射击时看到投射物的移动。

第 43 行和第 44 行从用户处获取射击角度和力道。

- 第 43 行提示用户输入投射物的角度。输入的值将转换为浮点数并赋给 `angle` 变量。
- 第 44 行提示用户输入力道，范围为 1~10。输入的值将转换为浮点数并赋给 `force` 变量。我们将在第 47 行中使用力道值来计算投射物的行进距离。力道越大，行进得越远。

第 47 行计算海龟的行进距离，并将该值赋给 `distance` 变量。距离的计算方法是将用户的力道乘以 `FORCE_FACTOR` 常量。之所以将 `FORCE_FACTOR` 常量设为 30，是因为从海龟到窗口边缘的距离是 300 像素（或者稍微多一点，具体取决于海龟的朝向）。如果用户输入 10 作为力道值，海龟将移动到屏幕边缘。

第 50 行将海龟的朝向设为用户在第 43 行输入的角度。第 53 行和第 54 行开始海龟绘图：

- 第 53 行放下画笔，以便在移动时画线。
- 第 54 行使海龟向前移动第 47 行计算好的距离。

最后要做的是判断海龟是否命中目标。如果海龟此时位于目标框内部，那么以下所有条件都为真：

- 海龟的 X 坐标将大于或等于 TARGET_LLEFT_X
- 海龟的 X 坐标将小于或等于 TARGET_LLEFT_X + TARGET_WIDTH
- 海龟的 Y 坐标将大于或等于 TARGET_LLEFT_Y
- 海龟的 Y 坐标将小于或等于 TARGET_LLEFT_Y + TARGET_WIDTH

第 57 行 ~ 第 63 行的 `if-else` 语句判断是否所有这些条件都为真。如果是，那么第 61 行显示消息 "命中目标！"；否则第 63 行显示消息 "没有命中目标。"

检查点

3.22 如何获取海龟的 X 坐标和 Y 坐标？

3.23 如何判断画笔是否抬起？

3.24 如何获得海龟当前朝向？

3.25 如何判断海龟是否可见？

3.26 如何判断画笔颜色？如何判断当前填充颜色？如何判断海龟图形窗口的当前背景颜色？

3.27 如何判断画笔当前大小？

3.28 如何判断海龟当前动画速度？

复习题

选择题

1. ＿＿＿＿ 结构仅在特定条件下才执行一组语句。

　　a. 顺序　　　　　　　b. 条件　　　　　　c. 判断　　　　　　d. 布尔

2. ＿＿＿＿ 结构提供了单分支执行路径。

　　a. 顺序　　　　　　　b. 单分支判断　　　c. 单分支路径　　　d. 单执行判断

3. ＿＿＿＿ 表达式的值为 True 或 False。

　　a. 二元　　　　　　　b. 判断　　　　　　c. 无条件　　　　　d. 布尔

4. >, < 和 == 是 ＿＿＿＿ 操作符。

　　a. 关系　　　　　　　b. 逻辑　　　　　　c. 条件　　　　　　d. 三元

5. ＿＿＿＿ 结构测试一个条件，条件为真选择一个路径，为假则选择另一个路径。

　　a. if 语句　　　　　　b. 单分支判断　　　c. 双分支判断　　　d. 顺序

6. 使用 ＿＿＿＿ 语句来写单分支判断结构。

　　a. test-jump　　　　b. if　　　　　　　c. if-else　　　　　d. if-call

7. 使用 ＿＿＿＿ 语句来写双分支判断结构。

　　a. test-jump　　　　b. if　　　　　　　c. if-else　　　　　d. if-call

8. and, or 和 not 是 ＿＿＿＿ 操作符。

　　a. 关系　　　　　　　b. 逻辑　　　　　　c. 条件　　　　　　d. 三元

9. 只有两个子表达式都为真，使用 ＿＿＿＿ 操作符创建的复合布尔表达式才为真。

　　a. and　　　　　　　b. or　　　　　　　c. not　　　　　　d. both

10. 两个子表达式任何一个为真，使用 ＿＿＿＿ 操作符创建的复合布尔表达式就为真。

　　a. and　　　　　　　b. or　　　　　　　c. not　　　　　　d. either

11. ＿＿＿＿ 操作符获取一个布尔表达式作为操作数，并取反其逻辑值。

　　a. and　　　　　　　b. or　　　　　　　c. not　　　　　　d. either

12. ＿＿＿＿ 是一种布尔变量，用于表明程序中是否存在某个条件。

　　a. 标志　　　　　　　b. 信号　　　　　　c. 哨兵　　　　　　d. 警报

判断题

1. 仅使用顺序结构就能编写任何程序。

2. 程序只能选用一种类型的控制结构。无法组合结构。

3. 单分支判断结构将测试一个条件，如果条件为真选择一个路径，条件为假则选择另一个。

4. 一个判断结构可以嵌套在另一个判断结构中。

5. 仅当两个子表达式都为真时，使用 and 操作符创建的复合布尔表达式才为真。

简答题

1. 解释"条件执行"的含义。

2. 需要测试一个条件，在条件为真时执行一组语句，条件为假则执行另一组语句。 为此应该使用什么结构？

3. 简要描述操作符 and 的工作方式。

4. 简要描述操作符 or 的工作方式。

5. 要想判断一个数是否在某个范围内，最好使用哪种逻辑操作符？

6. 什么是"标志"（flag）？它是如何工作的？

算法工作台

1. 写一个 if 语句，在变量 x 大于 100 的情况下将 20 赋给变量 y，并将 40 赋给变量 z。

2. 写一个 if 语句，在变量 a 小于 10 的情况下将 0 赋给变量 b，并将 1 赋给变量 c。

3. 写一个 if-else 语句，在变量 a 小于 10 的情况下将 0 赋给变量 b；否则将 99 赋给变量 b。

4. 以下代码包含几个嵌套 if-else 语句。遗憾的是，它们的对齐和缩进不正确。请重写代码来正确对齐和缩进。

```
if score >= A_score:
print(' 你的成绩为 A.')
else:
if score >= B_score:
print(' 你的成绩为 B.')
else:
if score >= C_score:
print(' 你的成绩为 C.')
else:
if score >= D_score:
print(' 你的成绩为 D.')
else:
print(' 你的成绩为 F.')
```

5. 写嵌套判断结构来执行以下操作：如果 amount1 大于 10 并且 amount2 小于 100，那么显示 amount1 和 amount2 中较大的那个。

6. 写一个 if-else 语句，如果 speed 变量的值在 24~56（含）之间，那么显示"速度正常"；超出范围则显示"速度异常"。

7. 写一个 if-else 语句来判断 points 变量是否在 9~51（含）的范围内。如果超出范围，那么显示"积分无效"；否则显示"积分有效"。

8. 写一个 if 语句，使用海龟图形库来判断海龟的朝向是否为 0 度 ~45 度（含）。如果是，就抬起画笔。

9. 写一个 if 语句，使用海龟图形库来判断画笔颜色是否为红色或蓝色。如果是，就将画笔大小设为 5 像素。

10. 写一个 if 语句，使用海龟图形库来判断海龟是否在一个矩形的内部。矩形左上角位于 (100,100)，右下角位于 (200, 200)。 如果海龟在矩形内，就隐藏海龟。

🖨 编程练习

1. 星期几

编写一个程序，要求用户输入 1~7（含）的数字。程序应显示该数字对应星期几。其中，1 = 星期一，2 = 星期二，3 = 星期三，4 = 星期四，5 = 星期五，6 = 星期六，7 = 星期日。如果用户输入的数字超出 1~7，就应该显示错误消息。

2. 矩形面积

▶ 视频讲解：The Areas of Rectangles Problem

矩形的面积是矩形长度乘以宽度。写一个程序，要求输入两个矩形的长度和宽度。程序应指出哪个矩形的面积更大，或者面积是否相同。

3. 年龄分类

编写一个程序，要求输入一个人的年龄。程序应显示一条消息，指出这个人是婴儿、儿童、青少年还是成人。规则如下：

- 1 岁或以下是婴儿
- 大于 1 岁但小于 13 岁是儿童
- 年满 13 岁但小于 20 岁是青少年
- 年满 20 岁就是成年人了

4. 罗马数字

编写一个程序，提示用户输入 1~10（含）的数字。程序应显示和这个数字对应的罗马数字。如果数字超出 1~10，那么程序应显示错误消息。下表列出了对应于 1~10 的罗马数字。

阿拉伯数字	罗马数字	阿拉伯数字	罗马数字
1	I	6	VI
2	II	7	VII
3	III	8	VIII
4	IV	9	IX
5	V	10	X

5. 质量和重量

科学家以千克为单位测量物体的质量，以牛顿为单位测量物体的重量。给定物体的质量（单位：千克），可以使用以下公式来计算其重量（单位：牛顿）。

$$重量 = 质量 \times 9.8$$

编写一个程序，要求输入物体的质量，然后计算其重量。重量超过 500 牛顿，显示一条消息来指出该物体太重。重量小于 100 牛顿，则显示消息来指出物体太轻。

6. 神奇日期

1960 年 6 月 10 日是一个特别的日子，因为如果用以下格式书写，那么月份乘以天数等于年份。

```
6/10/60
```

编写一个程序，要求输入月份（以数字形式）、天数和两位数的年份。然后，程序应判断月份乘以天数是否等于年份。如果是，那么应该显示一条消息，说明这是一个"神奇日期"。否则，它应该显示一条消息，说明这个日期一点都不神奇。

7. 混色器

红色、黄色和蓝色称为"原色"（primary color），因为它们不能通过混合其他颜色而获得。混合两种原色时，会得到一种"合成色"（secondary color），如下所示：

- 红色和蓝色混合得到紫色
- 红色和黄色混合得到橙色
- 蓝色和黄色混合得到绿色

设计一个程序，提示输入要混合的两种原色的名称。如果用户输入"红色""蓝色"或"黄色"以外的任何内容，那么程序应显示一条错误消息。否则，程序应显示混合而成的合成色名称。

8. 热狗野餐计算器

假设热狗每包有 10 个，热狗面包则每包有 8 个。写一个程序，计算一次野餐需要多少包热狗和多少包热狗面包，同时需要满足浪费最少这一条件。程序应询问野餐人数以及每人需要的热狗数量。程序应显示以下详细信息：

- 至少需要多少包热狗
- 至少需要多少包热狗面包
- 用剩的热狗数
- 用剩的热狗面包数

9. 轮盘颜色

玩（欧式）轮盘赌时，轮盘上的口袋采用从 0 到 36 的编号。口袋颜色如下所示：

- 0 号袋为绿色
- 1~10 号袋，奇数袋红色，偶数袋黑色
- 11~18 号袋，奇数袋为色，偶数袋红色
- 19~28 号袋，奇数袋红色，偶数袋黑色
- 29~36 号袋，奇数袋黑色，偶数袋红色

编写一个程序，要求用户输入口袋号码并显示口袋是绿色、红色还是黑色。如果用户输入的数字超出 0~36（含）的范围，那么程序应显示错误消息。

10. 数硬币游戏

创建一个数硬币游戏，让用户输入用各种硬币如何凑出 1 美元。美国的硬币包括：Penny（1 分）、Nickel（5 分）、Dime（1 角）、Quarter（25 分）。程序应提示用户分别输入 Penny，Nickel，Dime 和 Quarter 硬币的数量。如果输入的硬币总价值等于 1 美元，就恭喜用户取得了胜利。否则，程序应显示一条消息，指示输入的金额是多于还是少于一美元。

11. 读书俱乐部积分

欧拉读书俱乐部会根据客户每月购买的书籍数量向他奖励积分。积分奖励规则如下所示：

- 购买 0 本书，获得 0 积分
- 购买 2 本书，获得 5 积分
- 购买 4 本书，获得 15 积分
- 购买 6 本书，获得 30 积分
- 购买 8 本书或以上，获得 60 积分

编写一个程序，要求用户输入本月购买的书籍数量，然后显示奖励的积分数。

12. 软件销售

某软件公司以零售价 99 美元销售软件。批量购买的折扣规则如下表所示。

数量	折扣	数量	折扣
10~19	10%	50~99	30%
20~49	20%	100 或更多	40%

编写一个程序，要求用户输入购买的软件数量。然后，程序应显示折扣金额（如果有）以及折后总金额。

13. 运费

Fast Freight 快递公司按以下费率收取运费：

包裹重量	每磅运费（单位：美元）	包裹重量	每磅运费（单位：美元）
2 磅或不足 2 磅	1.50	6 磅或以上，但不超过 10 磅	4.00
2 磅或以上，但不超过 6 磅	3.00	10 磅或以上	4.75

编写一个程序，要求用户输入包裹重量，然后显示运费。

14. 计算 BMI

编写一个计算并显示身体质量指数（body mass index，BMI）的程序。经常用 BMI 判断一个人是否超重或体重过轻。一个人的 BMI 可以通过以下公式计算：

$$BMI = 体重（kg）/ 身高（m）^2$$

程序应该要求用户输入体重和身高，然后显示用户的 BMI。程序还应显示一条消息，指出体重是在理想范围内、过轻还是超重。如果 BMI 在 18.5~25 之间，那么这个人的体重被认为是理想的。BMI 小于 18.5，被认为体重过轻。BMI 大于 25，则被认为超重。

15. 时间计算器

编写一个程序，要求输入秒数，并视情况执行以下操作。

- 一分钟有 60 秒。如果输入的秒数大于或等于 60，则程序应将秒数转换为分钟和秒。
- 一小时有 3600 秒。如果用户输入的秒数大于或等于 3600，那么程序应将秒数转换为小时、分钟和秒。
- 一天有 86400 秒。如果用户输入的秒数大于或等于 86400，那么程序应将秒数转换为天、小时、分钟和秒。

16. 2 月有多少天

2 月通常有 28 天，但闰年的 2 月有 29 天。写一个程序，要求输入年份。然后显示当年 2 月有多少天。根据以下标准来判断闰年：

- 判断该年份是否能被 100 整除。如果能，那么当且仅当它同时能被 400 整除时，它才是闰年。例如，2000 年是闰年，但 2100 年不是。
- 如果年份不能被 100 整除，那么当且仅当它能被 4 整除时，它才是闰年。例如，2008 年是闰年，但 2009 年不是。

下面是程序的一次示例运行：

```
输入年份：2008 Enter
2008 年 2 月有 29 天。
```

17. Wi-Fi 诊断树

图 3.22 展示了对 Wi-Fi 连接问题进行故障诊断的一个简化流程图。基于该流程图来创建一个程序，引导用户完成解决 Wi-Fi 连接问题的步骤。以下是程序的一次示例运行：

```
重启电脑并尝试重连。
问题解决了吗？  否 Enter
重启路由器并尝试重连。
问题解决了吗？  是 Enter
```

注意，一旦问题得到解决，程序就结束。下面是程序的另一次示例运行：

```
重启电脑并尝试重连。
问题解决了吗？  否 Enter
重启路由器并尝试重连。
问题解决了吗？  是 Enter
确定路由器和光猫之间的网线正常连接。
问题解决了吗？  否 Enter
将路由器换到其他地方。
```

问题解决了吗? 否 [Enter]
更换路由器。

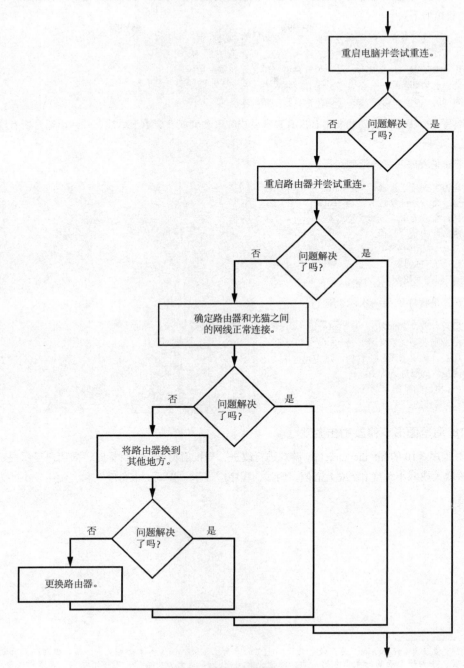

图 3.22 Wi-Fi 连接故障处理

17. 选择餐馆

一群朋友来参加高中同学聚会，你想带他们去当地餐馆吃饭，但不确定他们是否有忌口。可供选择的餐馆如下：[①]

> 乔的美食汉堡店——素食者：否，纯素食者：否，无麸质：否
> 大街比萨公司——素食者：是，纯素食者：否，无麸质：是
> 角落咖啡馆——素食者：是，纯素食者：是，无麸质：是
> 老妈意大利餐厅——素食者：是，纯素食者：否，无麸质：否
> 厨师的厨房——素食者：是，纯素食者：是，无麸质：是

编写一个程序，询问朋友中有没有素食者或纯素食者或者要求无麸质，并列出适合所有朋友的餐馆。

下面是程序的一次示例运行：

> 是否有人是素食者？ 否 [Enter]
> 是否有人是纯素食者？ 否 [Enter]
> 是否有人要求无麸质食物？ 是 [Enter]
> 这是你的餐厅选择：
>   大街比萨公司
>   角落咖啡馆
>   厨师的厨房

下面是程序的另一次示例运行：

> 是否有人是素食者？ 是 [Enter]
> 是否有人是纯素食者？ 是 [Enter]
> 是否有人要求无麸质食物？ 是 [Enter]
> 这是你的餐厅选择：
>   角落咖啡馆
>   厨师的厨房

18. 海龟图形：修改射击游戏

对程序 3.10 的 hit_the_target.py 游戏进行改进，当投射物未命中目标时，向用户显示提示，指出应该增大或减小角度和 / 或力道值。例如，程序应显示"尝试更大角度"和"使用较小的力道"等消息。

---

① 译注：素食者（vegetarian）是一般意义上不吃肉的素食主义者。但这类素食主义者一般情况下还是会吃鸡蛋、蜂蜜、牛奶等由动物衍生出来的产品。纯素食者（vegan）就更加严格了，不但不吃肉，甚至都不会碰这些动物衍生品。

第 4 章
循环结构

4.1 循环结构简介

概念：循环结构导致一个或一组语句重复执行。

程序员经常需要写重复执行同一个任务的代码。例如，假设要写一个程序来计算多个销售人员的 10% 销售佣金（提成）。笨办法是先写代码来计算一个销售人员的佣金，然后为每个销售人员都复制粘贴该代码。下面展示一个例子。

```
# 获取销售人员的销售额和佣金率
sales = float(input(' 输入销售额 '))
comm_rate = float(input(' 输入佣金率: '))
# 计算佣金
commission = sales * comm_rate
# 显示佣金
print(f' 佣金为 ${commission:,.2f}')

# 获取另一个销售人员的销售额和佣金率
sales = float(input(' 输入销售额 '))
comm_rate = float(input(' 输入佣金率: '))
# 计算佣金
commission = sales * comm_rate
# 显示佣金
print(f' 佣金为 ${commission:,.2f}')

# 获取另一个销售人员的销售额和佣金率
sales = float(input(' 输入销售额 '))
comm_rate = float(input(' 输入佣金率: '))
# 计算佣金
commission = sales * comm_rate
# 显示佣金
print(f' 佣金为 ${commission:,.2f}')

上述代码会一直持续 ...
```

可以看到，这段代码是一个包含大量重复代码的长的顺序结构。这是一个"笨"办法，它有下面几点不足。

- 重复的代码使程序变得臃肿。
- 写这么多语句可能非常耗时，即使是复制粘贴。
- 如果重复的代码有需要更正或修改的地方，那么需要在多处进行更正或修改。

为了重复执行一个操作，更好方法是只写一次代码，然后将其放入一种结构中，使计算机根据需要多次重复，而不是多次复制代码。这可以通过**循环结构**（通常称为"**循环**"）来完成。

条件控制和计数控制循环

本章将讨论两种主要的循环结构：条件控制循环和计数控制循环。条件控制循环使用真 / 假条件来控制重复次数。计数控制循环则重复特定次数。在 Python 中，可以使用 while 语句和 for 语句来写这些类型的循环。本章将对这两者进行演示。

💿 检查点

4.1 什么是循环结构？

4.2 什么是条件控制循环？

4.3 什么是计数控制循环？

4.2 while 循环：条件控制循环

概念：*只要条件为真，条件控制循环就会导致一个或一组语句重复执行。在 Python 中，可以使用 while 语句来写条件控制循环。*

▶ 视频讲解：The while Loop

while 循环因其工作方式而得名：当（while）条件为真时，就执行某些任务。这种循环由两部分构成：（1）求值结果为真或假的条件；（2）在条件为真时重复执行的一个或一组语句。图 4.1 展示了 while 循环的逻辑。

菱形代表要测试的条件。注意条件为真时发生的事情：执行一个或多个语句，完毕后回到菱形符号上方的位置。再次测试条件，如果为真，就重复该过程。如果条件为假，那么程序退出循环。在流程图中，只要看到一条流程线返回流程图之前的一部分，就表明存在一个循环。

Python 的 while 循环的常规格式如下所示：

```
while 条件：
    语句
    语句
    ...
```

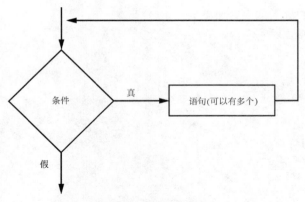

图 4.1 while 循环的逻辑

为简单起见，我们将第一行称为 **while 子句**。while 子句以关键字 while 开头，后跟求值为真或假的布尔条件。条件后是一个冒号。从下一行开始是语句块。第 3 章讲过，块（block）中的所有语句都必须一致地缩进。这种缩进是必须的，因为 Python 解释器根据它来判断块的开始和结束位置。

while 循环在执行时会先测试条件。条件为真，就执行 while 子句后面的块中的语句。执行完毕后开始下一次循环。条件为假，则直接退出循环，跳过整个块。程序 4.1 展示了如何使用 while 循环来重写本章开头描述的佣金计算程序。

程序 4.1 commission.py

```
 1  # 该程序计算销售人员的佣金
 2
 3  # 创建一个变量来控制循环
 4  keep_going = 'y'
 5
 6  # 计算一组佣金
 7  while keep_going == 'y':
 8      # 获取销售人员的销售额和佣金率
 9      sales = float(input('输入销售额：'))
10      comm_rate = float(input('输入佣金率：'))
11
12      # 计算佣金
13      commission = sales * comm_rate
14
15      # 显示佣金
16      print(f'佣金为 ${commission:,.2f}')
17
18      # 判断用户是否想计算下一笔佣金
19      keep_going = input('要计算下一笔' +
20                          '佣金吗（是的话输入 y）：')
```

程序输出（用户输入的内容加粗）

```
输入销售额: 10000.00 [Enter]
输入佣金率: 0.10 [Enter]
佣金为 $1,000.00
要计算下一笔佣金吗（是的话输入 y）: y [Enter]
输入销售额: 20000.00 [Enter]
输入佣金率: 0.15 [Enter]
佣金为 $3,000.00
要计算下一笔佣金吗（是的话输入 y）: y [Enter]
输入销售额: 12000.0 [Enter]
输入佣金率: 0.10 [Enter]
佣金为 $1,200.00
要计算下一笔佣金吗（是的话输入 y）: n [Enter]
```

第 4 行使用赋值语句创建一个名为 keep_going 的变量，并把它初始化为 'y'。这个初始化值很重要，稍后你就会明白为什么。

第 7 行开始 while 循环结构，它的第一行如下所示：

```
while keep_going == 'y':
```

注意，测试的条件是 keep_going=='y'。如果结果为真，那么执行第 8 行~第 20 行的语句。执行完毕后，从第 7 行开始下一次循环。继续测试表达式 keep_going=='y'，如果为真，那么再次执行第 8 行~第 20 行的语句。如此重复，直到第 7 行在测试表达式 keep_going=='y' 时发现结果为假。这时程序会退出循环。图 4.2 对此进行了演示。

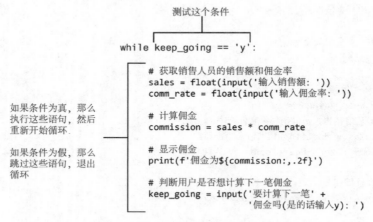

图 4.2 while 循环

要使循环停止，循环内部必须发生某事来使表达式 keep_going =='y' 变成假。第 19 行和第 20 行解决的就是这个问题。该语句提示"要计算下一笔佣金吗(是的话输入 y)"。从键盘读取的值将赋给 keep_going 变量。如果用户输入 y（而且必须是小写的 y），那么当循环重新开始时，表达式 keep_going == 'y' 将为真。这导致循环体中的语句再次执行。但是，如果用户输入除小写 y 之外的其他任何内容，那么当循环重新开始时，表达式的求值结果将变成假，这导致程序退出循环。

　　理解了代码之后，再来看看示例程序输出。首先，用户输入 10000.00 作为销售额，输入 0.10 作为佣金率。然后，程序显示相应的佣金，即 1000 美元。接着，系统提示用户"要计算下一笔佣金吗 (是的话输入 y)"。用户输入 y，开始下一次循环。在示例输出中，用户经历了该过程 3 次。循环体每次执行都称为一次**迭代**。在本例中，循环总共迭代了 3 次。

　　图 4.3 展示了程序 4.1 的流程图。流程图中有一个用 while 循环写的循环结构。它测试条件 keep_going=='y'。条件为真，会执行一组语句，完毕后将返回条件测试上方的位置。

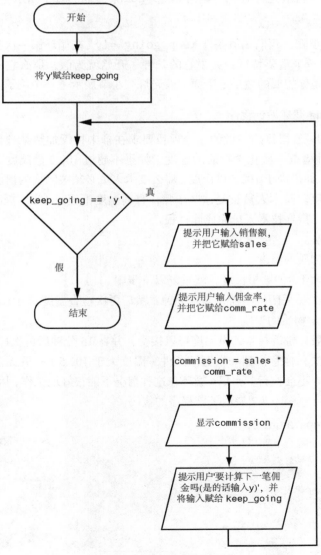

图 4.3　程序 4.1 的流程图

4.2.1　while 循环是预测试循环

while 循环是**预测试循环**，这意味着它在执行一次迭代之前会先测试其条件。由于测试在循环开始前完成，所以通常必须在循环之前执行一些步骤，以确保循环至少执行一次。例如，程序 4.1 的循环是这样开始的：

```
while keep_going == 'y':
```

仅当表达式 keep_going=='y' 为真时，循环才会执行迭代。这意味着两点：（1）keep_going 变量必须存在；（2）它必须引用值 'y'。为了确保循环第一次执行时表达式为 true，我们在第 4 行事先将值 'y' 赋给 keep_going 变量，如下所示：

```
keep_going=' y'
```

通过执行此步骤，我们知道条件 keep_going=='y' 在循环第一次执行时将为真。这是 while 循环的一个重要特征：如果它的条件一开始就为假，那么它一次都不会执行。有的时候，这正是你想要的效果。下面"聚光灯"小节展示了一个例子。

聚光灯：用 while 循环设计程序

Chemical Labs 公司目前在做的一个项目要求在桶中持续加热某种化学物质。技术人员必须每 15 分钟检查一次化学物质的温度。如果不超过 102.5 摄氏度，那么技术人员什么也不做。然而，如果高于 102.5 摄氏度，那么技术人员必须关闭桶的恒温器，等待 5 分钟，然后再次检查温度。技术人员重复这些步骤，直到温度不超过 102.5 摄氏度。工程总监要求你写一个程序来指导技术人员完成此过程。

下面列出算法。

1. 获取化学物质的温度。

2. 只要温度大于 102.5 摄氏度，就重复以下步骤。

　　a. 让技术人员关闭恒温器，等 5 分钟，然后再次检查温度。

　　b. 获取化学物质的温度。

3. 循环结束后，告诉技术人员温度可以接受，并在 15 分钟后再次检查。

检查这个算法，你意识到如果测试条件（温度大于 102.5）一开始就不成立，那么步骤 2(a) 和 2(b) 根本不会执行。while 循环在这种情况下能很好地工作，因为如果条件为假，它一次都不会执行。程序 4.2 展示了该程序的代码。

程序 4.2 temperature.py

```
1   # 该程序在检查化学物质温度
2   # 的过程中协助技术人员。
3
4   # 该具名常量代表
5   # 最大温度。
6   MAX_TEMP = 102.5
7
```

```
 8   # 获取化学物质的温度
 9   temperature = float(input(" 请输入化学物质的摄氏温度："))
10
11   # 如有必要，就指导用户
12   # 调节恒温器
13   while temperature > MAX_TEMP:
14       print(' 温度太高。')
15       print(' 调低恒温器并等待 ')
16       print('5 分钟。重新测量，')
17       print(' 并再次输入。')
18       temperature = float(input(' 请输入新的摄氏温度：'))
19
20   # 提醒用户在 15 分钟
21   # 后再次检查温度。
22   print(' 温度可以接受。')
23   print('15 分钟后再检查一次。')
```

程序输出（用户输入的内容加粗）

请输入化学物质的摄氏温度：**104.7** `Enter`
温度太高。
调低恒温器并等待
5 分钟。重新测量，
并再次输入。
请输入新的摄氏温度：**103.2** `Enter`
温度太高。
调低恒温器并等待
5 分钟。重新测量，
并再次输入。
请输入新的摄氏温度：**102.1** `Enter`
温度可以接受。
15 分钟后再检查一次。

程序输出（用户输入的内容加粗）

请输入化学物质的摄氏温度：**101.2** `Enter`
温度可以接受。
15 分钟后再检查一次。

4.2.2 无限循环

　　除了极少数情况之外，所有循环内部都必须包含一种终止循环的方法。这意味着循环内部必须有使测试条件最终变成假的机制。例如，当表达式 keep_going=='y' 为假时，程序 4.1 的循环就会停止。无法停止的循环称为**无限循环**。无限循环会一直重复，除非程序被强行中断。当程序员忘记在循环内部编写导致测试条件为假的代码时，就很容易发生无限循环。大多数时候都应避免写无限循环。

　　程序 4.3 演示了一个无限循环，它修改了程序 4.1 的佣金计算程序，删除了循环体内修改 keep_going 变量的代码。每次在第 6 行测试表达式 keep_going=='y' 时，keep_going 引用的都是字符串 'y'。因此，会一直循环迭代下去。退出该程序唯一的方法是按快捷键 Ctrl+C 来强行中断。

程序 4.3 infinite.py

```
1   # 该程序演示了一个无限循环。
2   # 创建一个变量来控制循环
3   keep_going = 'y'
4
5   # 计算一组佣金
6   while keep_going == 'y':
7       # 获取销售人员的销售额和佣金率
8       sales = float(input(' 输入销售额： '))
9       comm_rate = float(input(' 输入佣金率： '))
10
11      # 计算佣金
12      commission = sales * comm_rate
13
14      # 显示佣金
15      print(f' 佣金为 ${commission:,.2f}' )
```

4.2.3 while 循环用作计数控制循环

本章开头说过，计数控制循环会迭代特定的次数。虽然 while 循环本质上是一个条件控制循环，但与一个计数器变量配合，也完全可以作为一个计数控制循环来使用。**计数器变量**是每次循环迭代期都被赋予唯一值的变量。之所以称为计数器变量，是因为通常用它们对循环迭代进行计数。

计数控制的 while 循环必须执行以下三个操作。

- 初始化：在循环开始之前，计数器变量必须初始化为合适的起始值。
- 比较：循环必须将计数器变量与一个合适的结束值进行比较，以决定循环是否应该继续下一次迭代。
- 更新：每次迭代期间，循环必须使用新值更新计数器变量。

可以这样总结计数控制 while 循环的逻辑：计数器变量有一个起始值和一个结束值。每次循环迭代时，都会使用新值更新计数器变量。当计数器变量到达其结束值时，循环停止。程序 4.4 是计数控制 while 循环的一个例子。

程序 4.4 counter.py

```
1   # 该程序演示计数控制的 while 循环
2
3   n = 0
4   while n < 5:
5       print(f' 循环内 n 的值为 {n}。 ')
```

```
6      n += 1
```

程序输出
```
循环内 n 的值为 0。
循环内 n 的值为 1。
循环内 n 的值为 2。
循环内 n 的值为 3。
循环内 n 的值为 4。
```

在这个程序中，变量 n 作为计数器使用。注意循环内部执行了以下操作。

- 计数器**初始化**发生在第 3 行。变量 n 初始化为值 0。
- 计数器**比较**发生在第 4 行。只要 n 小于 5，while 循环就会继续迭代。
- 计数器**更新**发生在第 6 行。每次循环迭代，n 都会递增 1。

换言之，n 从值 0 开始。每次循环迭代，n 都会递增 1。当 n 达到值 5 时，循环终止。

程序 4.5 是另一个例子，它有一个会迭代 10 次的计数控制 while 循环。

程序 4.5　doubles.py
```
1    # 该程序演示计数控制的 while 循环
2
3    number = 1;
4    while number <= 10:
5        print(f'{number} 加 {number} 等于 {number + number}')
6        number += 1
```

程序输出
```
1 加 1 等于 2
2 加 2 等于 4
3 加 3 等于 6
4 加 4 等于 8
5 加 5 等于 10
6 加 6 等于 12
7 加 7 等于 14
8 加 8 等于 16
9 加 9 等于 18
10 加 10 等于 20
```

在这个程序中，number 是计数器变量。注意，循环内部执行了以下操作。

- 计数器的初始化发生在第 3 行。变量 number 被初始化为 1。
- 计数器的比较发生在第 4 行。只要 number 小于或等于 10，while 循环就会继续迭代。
- 计数器的更新发生在第 6 行。每次循环迭代，number 都会递增 1。

可以这样总结这个循环的逻辑：number 从值 0 开始。每次循环迭代，number 都会递增 1。当 n 达到值 11 时，循环终止。

程序 4.6 是另一个销售佣金计算程序，它使用一个计数控制的 while 循环为特定数量的销售人员计算佣金。

程序 4.6 count_commission.py

```
1   # 该程序计算销售人员的佣金
2
3   # 计数器变量
4   count = 1
5
6   # 获取销售人员数量
7   salespeople = int(input('输入销售人员数量：'))
8
9   # 计算每个销售人员的佣金
10  while count <= salespeople:
11      # 获取销售人员的销售额和佣金率
12      sales = float(input(f'输入销售人员 {count} 的销售额：'))
13      comm_rate = float(input('输入佣金率：'))
14
15      # 计算佣金
16      commission = sales * comm_rate
17
18      # 显示佣金
19      print(f'佣金为 ${commission:,.2f}')
20
21      # 更新计数器变量
22      count += 1
```

程序输出（用户输入的内容加粗显示）

```
输入销售人员数量：3 [Enter]
输入销售人员 1 的销售额：1000.00 [Enter]
输入佣金率：0.1 [Enter]
佣金为 $100.00
输入销售人员 2 的销售额：2000.00 [Enter]
输入佣金率：0.15 [Enter]
佣金为 $300.00
输入销售人员 3 的销售额：3000.00 [Enter]
输入佣金率：0.2 [Enter]
佣金为 $600.00
```

虽然计数器变量通常是递增的，但完全可以递减。以程序 4.7 为例，计数器变量 count 初始化为 10。每次循环迭代，count 都递减 1。当 count 到达值 0 时，循环终止。

程序 4.7 count_down.py

```
1   # 这个程序显示了倒数过程
2
3   print('开始倒数。')
4
5   count = 10
6   while count > 0:
```

```
 7       print(count)
 8       count -= 1
 9
10 print('发射! ')
```

程序输出

```
10
9
8
7
6
5
4
3
2
1
发射!
```

4.2.4 单行 while 循环

如果 while 循环体只有一个语句,那么 Python 允许将整个循环写在同一行上。常规格式如下所示:

```
while 条件: 语句
```

程序 4.8 展示了一个例子。在这个程序中,整个 while 循环都在第 3 行。

程序 4.8 single_line_while.py

```
1  # 这个程序演示了单行 while 语句
2  n = 0
3  while n < 10: n += 1
4  print(f' 循环终止后, n 为 {n}。')
```

程序输出

```
循环终止后, n 为 10.
```

第 3 行的 while 循环的等价语句如下:

```
while n < 10:
    n += 1
```

写单行 while 循环时,务必注意:不要创建一个无限循环。循环体中的语句必须执行一个最终会造成条件变成假的行动。例如,假定 n 为 0,那么以下语句会创建一个无限循环:

```
while n < 10: print(n)
```

由于循环体内的语句不会改变 n 的值,所以循环永不休止。

📢 **提示**：虽然在 Python shell 中将 while 循环写在一行上可以方便测试代码，但在 Python 程序中使用这种方式并没有太多好处。在程序中，将循环体写在它自己的缩进块中，循环将更容易阅读和调试。

🔘 **检查点**

　　4.4 什么是循环迭代？

　　4.5 while 循环是在完成一次迭代之前还是之后测试它的条件？

　　4.6 以下程序会打印多少次 'Hello World'？

```
count = 10
while count < 1:
    print('Hello World')
```

　　4.7 什么是无限循环？

4.3 for 循环：计数控制循环

　　概念：计数控制循环将迭代特定的次数。在 Python 中，可用 for 语句来写计数控制的循环。

　　▶ **视频讲解**：The for Loop

　　本章开头说过，计数控制循环会迭代特定的次数。程序经常需要用到计数控制的循环。例如，假定某企业每周营业六天，你需要写程序来计算一周的总销售额。为此，需要一个恰好迭代 6 次的循环。每次循环迭代，都提示用户输入一天的销售额。

　　可以使用 for 语句来写计数控制循环。Python 的 for 语句设计用于处理一系列数据项。执行该语句时，它对序列中的每一项都会迭代一次。其常规格式如下所示：

```
for 变量 in [值1, 值2, ...]:
    语句
    语句
    ...
```

　　我们将第一行称为 for 子句。在 for 子句中，"变量"是变量的名称。方括号中包含一系列值，每个值以逗号分隔。在 Python 中，方括号中的以逗号分隔的数据项序列称为"列表"。第 7 章将更多地学习列表的知识。从下一行开始，是每次循环迭代要执行的语句块。

　　for 语句按以下方式执行：将列表中的第一个值赋给"变量"，然后执行块中的语句。完毕后，将列表中的下一个值赋给"变量"。如此重复，将列表中的最后一个值赋给"变量"。程序 4.9 展示了一个简单的例子，它使用 for 循环来显示数字 1~5。

　　程序 4.9 simple_loop1.py

```
1  # 这个程序演示使用了数字列表的
2  # 一个简单的 for 循环。
```

```
3
4    print(' 下面显示了数字 1~5。')
5    for num in [1, 2, 3, 4, 5]:
6        print(num)
```

程序输出

```
下面显示了数字 1~5。
1
2
3
4
5
```

for 循环第一次迭代时，num 变量被赋值 1，然后执行第 6 行的语句（显示值 1）。下一次循环迭代时，num 被赋值 2，并且执行第 6 行的语句（显示值 2）。如图 4.4 所示，此过程将重复进行，直到将列表中的最后一个值赋给 num。由于列表包含 5 个值，因此循环将迭代 5 次。

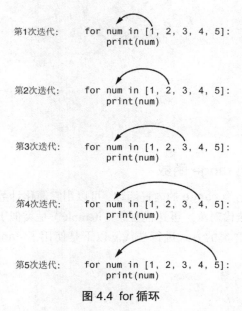

图 4.4 for 循环

Python 程序员通常将 for 子句中使用的变量称为**目标变量**，因为它是每次循环迭代开始时赋值的目标。

列表中的值不一定是连续数字的系列。例如，程序 4.10 使用 for 循环来显示奇数列表。列表中有 5 个数字，因此循环迭代 5 次。

程序 4.10 simple_loop2.py

```
1    # 这个程序演示了使用数字列表
2    # 的一个简单的 for 循环。
```

```
3
4    print('下面显示了 1 到 9 的奇数: ')
5    for num in [1, 3, 5, 7, 9]:
6        print(num)
```

程序输出

```
下面显示了 1 到 9 的奇数:
1
3
5
7
9
```

程序 4.11 是另一个例子。在这个程序中, for 循环遍历一个字符串列表。注意, 列表(第 4 行)包含三个字符串: 'Winken', 'Blinken' 和 'Nod'。结果, 循环迭代了三次。

程序 4.11 simple_loop3.py

```
1    # 这个程序演示了使用字符串列表
2    # 的一个简单的 for 循环。
3
4    for name in [' 张三丰 ', ' 张翠山 ', ' 张无忌 ']:
5        print(name)
```

程序输出

```
张三丰
张翠山
张无忌
```

4.3.1 为 for 循环使用 range 函数

Python 提供了一个名为 range 的内置函数, 可以用它简化计数控制 for 循环的编写。range 函数创建一个**可迭代对象**。可迭代对象(iterable)是类似于列表的对象。它包含一系列值, 可以使用循环之类的方式进行迭代。以下是使用了 range 函数的一个示例 for 循环:

```
for num in range(5):
    print(num)
```

注意, 这里没有使用值列表, 而是直接调用 range 函数, 传递 5 作为实参。在这具语句中, range 函数将生成一个可迭代的整数序列, 范围为 0~(但不包括)5。此代码的工作方式相当于:

```
for num in [0, 1, 2, 3, 4]:
    print(num)
```

列表包含 5 个数字, 因此循环将迭代 4 次。程序 4.12 使用 range 函数和 for 循环来显示 'Hello world' 5 次。

程序 4.12 simple_loop4.py

```
1   # 这个程序演示了如何将 range 函数
2   # 用于 for 循环
3
4   # 打印一条消息五次
5   for x in range(5):
6       print('Hello world!')
```

程序输出

```
Hello world!
Hello world!
Hello world!
Hello world!
Hello world!
```

将一个实参传给 range 函数（如程序 4.12 所示），该实参将用作数字序列的结束限制。将两个实参传给 range 函数，那么第一个将用作序列的起始值，第二个则将用作结束限制。下面是一个例子：

```
for num in range(1, 5):
    print(num)
```

上述代码的结果如下所示：

```
1
2
3
4
```

在 range 函数生成的数字序列中，每个连续的数字默认递增 1。但是，将第三个实参传给 range 函数，它就会作为步长值使用。序列中的每个连续的数字都将递增指定的步长值，而不是递增 1。下面是一个例子：

```
for num in range(1, 10, 2):
    print(num)
```

这个 for 循环向 range 函数传递了三个实参：

- 第一个实参 1 是序列的起始值
- 第二个实参 10 是列表的结束限制，这意味着序列中的最后一个数字小于等于 9
- 第三个实参 2 是步长值，这意味着序列中的每个连续的数字都会递增 2

上述代码的结果如下所示：

```
1
3
5
7
9
```

4.3.2 在循环内使用目标变量

在 for 循环中，目标变量的作用是在循环迭代时引用数据项序列中的每一项。许多时候都需要在循环体内的计算或其他任务中使用目标变量。例如，假设需要编写一个程序，以如下所示的表格形式显示数字 1~10 以及每个数字的平方。

数字	平方	数字	平方
1	1	6	36
2	4	7	49
3	9	8	64
4	16	9	81
5	25	10	100

这可以通过编写一个遍历 1~10 的 for 循环来实现。第一次迭代时，目标变量被赋值 1，第二次迭代赋值 2，以此类推。由于目标变量在循环执行期间将引用值 1~10，所以可以在循环内的计算中使用它。程序 4.13 展示了完整的程序。

程序 4.13 squares.py

```
1  # 这个程序使用循环,
2  # 以表格形式显示数字
3  # 1 到 10 及其平方。
4
5  # 打印表格的列标题
6  print(' 数字 \t 平方 ')
7  print('---------------')
8
9  # 打印数字 1 到 10
10 # 及其平方。
11 for number in range(1, 11):
12     square = number**2
13     print(f' {number}\t{square}' )
```

程序输出

```
数字   平方
---------------
1     1
2     4
3     9
4     16
5     25
6     36
```

7	49
8	64
9	81
10	100

第 6 行显示了表格的列标题：

```
print(' 数字 \t 平方 ')
```

注意，在字符串字面值中，"数字"和"平方"之间使用了一个 \t 转义序列。第 2 章讲过，\t 转义序列代表制表符。它相当于按 Tab 键，使输出光标移动到下一个制表位。如示例输出所示，这会导致"数字"和"平方"之间出现空白间距。

从第 11 行开始的 for 循环使用 range 函数来生成包含数字 1~10 的序列。第一次迭代，number 将引用 1，第二次迭代，number 将引用 2，以此类推，直到最后引用 10。在循环内部，第 12 行的语句计算 number 的平方（第 2 章讲过，** 是求幂操作符）并将结果赋给 square 变量。第 13 行的语句打印 number 引用的值，后跟一个制表符，然后打印 square 引用的值。由于使用了 \t 转义序列添加了制表位，会导致每一行输出的数字在两列中对齐。

图 4.5 展示了这个程序的流程图。

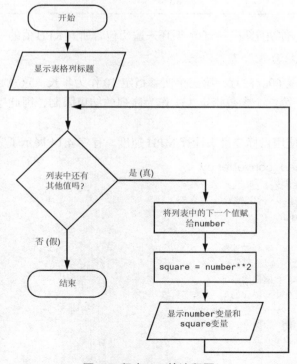

图 4.5 程序 4.8 的流程图

聚光灯：用 for 循环来设计一个计数控制循环

你的朋友阿曼达刚刚从她叔叔那里继承了一辆欧洲产的跑车。阿曼达居住在美国，她担心自己会收到超速罚单，因为车速表显示的是公里每小时（KPH）。她要求你写一个程序，显示 KPH 速度和 MPH（英里每小时）速度的对应关系。KPH 到 MPH 的换算公式如下：

$$MPH = KPH * 0.6214$$

在这个公式中，MPH 是英里 / 小时速度，KPH 是公里 / 小时速度。

程序应输出一个表格，显示 60 KPH~130 KPH 的速度（以 10 为增量）以及换算为 MPH 后的结果，如下所示。

KPH	MPH
60	37.3
70	43.5
80	49.7
...	
130	80.8

基于这个表格，你决定写一个 for 循环来遍历包含所有 KPH 值的一个序列，如下所示：

```
range(60, 131, 10)
```

序列中的第一个值是 60。注意，第三个实参指定 10 作为步长。这意味着序列中的数字将为 60，70，80 等。第二个参数指定 131 作为序列的结束限制，因此序列中的最后一个数字是 130。

在循环内，将使用目标变量来计算 MPH 速度。程序 4.14 展示了完整的程序。

程序 4.14 speed_converter.py

```
# 这个程序将从 60 kph 到
# 130 kph（以 10 kph 的增量）
# 的速度换算为 mph。

START_SPEED = 60   # 开始速度
END_SPEED = 131    # 结束速度
INCREMENT = 10     # 速度增量
CONVERSION_FACTOR = 0.6214   # 速度系数

# 打印表格的列标题
print('KPH\tMPH')
print('---------------')

# 打印速度
```

```
for kph in range(START_SPEED, END_SPEED, INCREMENT):
    mph = kph * CONVERSION_FACTOR
    print(f'{kph}\t{mph:.1f}')
```

程序输出

```
KPH     MPH
--------------
60      37.3
70      43.5
80      49.7
90      55.9
100     62.1
110     68.4
120     74.6
130     80.8
```

4.3.3 让用户控制循环迭代

许多时候，程序员事先知道循环会迭代多少次。以程序 4.13 为例，它显示一个表格，其中列出数字 1~10 及其平方。因此，程序员在写代码时就知道循环必须从值 1 遍历到值 10。

有的时候，程序员需要让用户控制循环迭代的次数。例如，如果希望程序 4.13 变得更通用，允许用户指定循环计算的最大值，那么该怎么办？程序 4.15 展示了具体做法。

程序 4.15 user_squares1.py

```
1   # 这个程序使用循环来显示
2   # 数字及其平方的一个表格。
3
4   # 用户输入要打印平方结果的最大数字
5   print(' 该程序以表格形式显示（从 1 开始）')
6   print(' 的一个数字列表及其平方。')
7   end = int(input(' 最大打印哪个数字的平方？ '))
8
9   #打印表格的列标题
10  print()
11  print(' 数字 \t 平方 ')
12  print('--------------')
13
14  # 打印数字及其平方
15  for number in range(1, end + 1):
16      square = number**2
17      print(f'{number}\t{square}')
```

程序输出（用户输入的内容加粗）

```
程序以表格形式显示（从 1 开始）
的一个数字列表及其平方。
最大打印哪个数字的平方？ 5 [Enter]
```

```
数字      平方
--------------
1        1
2        4
3        9
4        16
5        25
```

该程序要求用户输入要打印平方结果的最大数字。第 7 行将该值赋给 end 变量。然后，第 15 行将表达式 end + 1 用作 range 函数的第二个参数。注意，加 1 之后才是序列的"结束限制"（end limit），对序列的遍历会在这个限制之前结束，不会包括这个限制值。

程序 4.16 是一个允许用户同时指定序列起始值和结束限制的例子。

程序 4.16 user_squares2.py

```
1   # 这个程序使用循环来显示
2   # 数字及其平方的一个表格。
3
4   # 用户输入要打印平方结果的最小数字
5   print(' 该程序以表格形式显示 ')
6   print(' 一个数字列表及其平方。')
7   start = int(input(' 最小打印哪个数字的平方？ '))
8
9   # 用户输入要打印平方结果的最大数字
10  end = int(input(' 最大打印哪个数字的平方？ '))
11
12 # 打印表格的列标题
13 print()
14 print(' 数字 \t 平方 ')
15 print('---------------')
16
17 # 打印数字及其平方
18 for number in range(start, end + 1):
19     square = number**2
20     print(f' {number}\t{square}' )
```

程序输出（用户输入的内容加粗）

```
该程序以表格形式显示
一个数字列表及其平方。
最小打印哪个数字的平方？ 5 [Enter]
最大打印哪个数字的平方？ 10 [Enter]

数字      平方
--------------
5        25
6        36
```

7	49
8	64
9	81
10	100

4.3.4　生成降序可迭代序列

之前的例子是用 range 函数生成从小到大的数字序列。但是，完全可以用它来生成从大到小的数字序列。例如：

```
range(10, 0, -1)
```

在这个函数调用中，起始值为 10，序列的结束限制为 0，步长值为 -1。该表达式将生成以下降序序列：

```
10, 9, 8, 7, 6, 5, 4, 3, 2, 1
```

以下 for 循环降序打印数字 5 到 1：

```
for num in range(5, 0, -1):
    print(num)
```

🗸 检查点

4.8 重写以下代码，调用 range 函数而不是使用列表：

```
[0, 1, 2, 3, 4, 5]:
for x in [0, 1, 2, 3, 4, 5]:
    print('我爱编程！')
```

4.9 以下代码会显示什么？

```
for number in range(6):
    print(number)
```

4.10 以下代码会显示什么？

```
for number in range(2, 6):
    print(number)
```

4.11 以下代码会显示什么？

```
for number in range(0, 501, 100):
print(number)
```

4.12 以下代码会显示什么？

```
for number in range(10, 5, -1):
    print(number)
```

4.4 计算累加和

概念：累加和（running total）是通过多次循环迭代来累积的一系列数字之和。用于保存累加和的变量称为"累加器"（accumulator）。

许多编程任务要求计算一系列数字之和。假设要写程序来计算企业一周的总销售额。程序将读取每天的销售额作为输入，并计算这些数字的总和。

计算一系列数字总和的程序通常要使用两个元素：

- 读取序列中每个数字的循环
- 用于保存累加和的一个变量

用于累加数字之和的变量称为**累加器**。我们经常说循环会保留一个**累加和**，因为它会随着序列中每个数字的读取来累加其总和。图 4.6 展示了计算累加和的循环的常规逻辑。

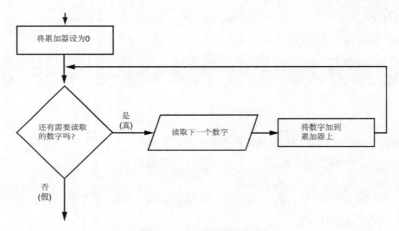

图 4.6 计算累加和的逻辑

当循环结束时，累加器将包含循环读取的所有数字之和。注意，流程图中的第一步是将累加器变量设为 0。这是很关键的一步。循环每次读取一个数字时，都会将其加到累加器变量上。如果累加器以 0 以外的其他任何值开始，那么循环结束时它包含的就不是正确的总和。

现在来看一个计算累加和的程序。程序 4.17 允许用户输入 5 个数字，并显示输入的所有数字之和。

程序 4.17 sum_numbers.py

```
1  # 这个程序计算用户输入的
2  # 一系列数字之和。
3
4  MAX = 5 # 最多能输入多少个数
5
6  # 初始化累加器变量
```

```
 7   total = 0.0
 8
 9   # 程序说明
10   print(' 本程序计算你输入的 ', end='')
11   print(f'{MAX} 个数字的总和。')
12
13   # 获取每个数字，并累加它们
14   for counter in range(MAX):
15       number = int(input(' 输入一个数字：'))
16       total = total + number
17
18   # 显示所有数字之和
19   print(f' 总和为 {total}。')
```

程序输出（用户输入的内容加粗显示）

```
本程序计算你输入的 5 个数字的总和。
输入一个数字：1 [Enter]
输入一个数字：2 [Enter]
输入一个数字：3 [Enter]
输入一个数字：4 [Enter]
输入一个数字：5 [Enter]
总和为 15.0。
```

第 7 行的赋值语句创建的 total 变量就是累加器，注意，它被初始化为 0.0。第 14 行 ~
第 16 行的 for 循环从用户处获取数字并计算它们的总和。第 15 行提示用户输入数字，并
将输入赋给 number 变量。然后，第 16 行的语句将 number 加到 total 上：

```
total = total + number
```

该语句将 number 的值加到 total 上。理解这个语句的工作方式非常重要。首先，解释器
对操作符 = 右侧的表达式（total + number）进行求值。然后，返回的求值结果由操作
符 = 赋给 total 变量。整个语句的作用就是计算 number 变量的值与 total 变量现有值
之和，并将新值重新赋给 total 变量。整个循环结束后，total 变量存储的就是历次累
加的总和。这个结果在第 19 行显示。

复合赋值操作符

我们经常需要写操作符 = 左侧的变量同时出现在右侧的赋值语句，例如：

```
x = x + 1
```

赋值操作符右侧计算 x 加 1，并将求值结果赋给 x，替换 x 之前引用的值。该语句的实现
了 x 递增 1 的效果。程序 4.18 展示了这种语句的另一个例子：

```
total = total + number
```

该语句将 total + number 的求值结果赋给 total。如前所述，该语句的作用是将
number 加到 total 上。下面是另外一个例子：

```
balance = balance - withdrawal
```

该语句将表达式 balance - withdrawal 赋给 balance，作用是从 balance 中减去
withdrawal。表 4.1 展示了以这种方式写的其他示例语句。

表 4.2　各种赋值语句（假设每个语句的 x 初始值都是 6）

语句	含义	执行完毕后的 x 值
x = x + 4	在 x 上加 4	10
x = x − 3	从 x 减 3	3
x = x * 10	x 乘以 10	60
x = x / 2	x 除以 2	3
x = x % 4	将 x / 4 的余数赋给 x	2

这些类型的操作在编程中很常见。为了简化编程，Python 提供了一组专门执行这些操
作的特殊操作符，称为**复合赋值操作符**[①]，如表 4.2 所示。

表 4.2　复合赋值操作符

操作符	示例用法	等价于
+=	x += 5	x = x + 5
-=	y -= 2	y = y − 2
*=	z *= 10	z = z * 10
/=	a /= b	a = a / b
%=	c %= 3	c = c % 3
//=	x //= 3	x = x // 3
**=	y **= 2	y = y**2

如你所见，复合赋值操作符不需要程序员输入变量名两次。例如，以下语句：

```
total = total + number
```

可以重写为：

```
total += number
```

类似地，以下语句：

```
balance = balance - withdrawal
```

---

① 译注：Python 用 augmented assignment operator（增强赋值操作符）一词来称呼这种操作符。但一般都说成
复合赋值操作符。

可以如下重写为：

```
balance -= withdrawal
```

✅ 检查点

4.13 什么是累加器？

4.14 累加器是否需要初始化为任何特定值？为什么需要或者为什么不需要？

4.15 以下代码会显示什么？

```
total = 0
for count in range(1, 6):
    total = total + count
print(total)
```

4.16 以下代码会显示什么？

```
number1 = 10
number2 = 5
number1 = number1 + number2
print(number1)
print(number2)
```

4.17 使用复合赋值操作符来重写以下代码：

```
a) quantity = quantity + 1
b) days_left = days_left - 5
c) price = price * 10
d) price = price / 2
```

4.5 哨兵值

概念：哨兵是标志值序列结尾一个特殊值。

假定要设计一个程序，用循环来处理一长串值。设计程序时，并不知道序列中的值的数量。事实上，每次执行程序时序列中的值的数量都可能不同。为了设计这样的一个循环，最佳的方法是什么？以下是本章已经讲过的一些技术及及在处理一长串值时的不足。

- 每次循环迭代结束，都询问用户是否还有另一个值需要处理。但是，如果值序列很长，那么在每次循环迭代结束时都问这个问题，可能造成用户的厌烦。

- 在程序开始时询问用户总共要处理多少个值。但是，这也可能给用户带来不便。如果要处理的值很多，而且用户不知道具体有多少个，那么还要麻烦用户先统计好。

使用循环来处理一长串值时，更好的技术是使用**哨兵值**。哨兵值是标记了值序列结尾的一个特殊值。一旦程序读取到哨兵值，就知道已经到达序列的末尾，因此循环终止。

例如，假设医生想要用一个程序来计算所有患者的平均体重。程序可这样工作：在循环中提示输入体重，如果没有更多的体重，就输入 0。当程序读入的体重为 0 时，就将其视为没有更多体重需要输入的信号。整个循环结束，程序显示平均体重。

哨兵值必须足够特殊，以免被误认为是序列中的常规值。在前面的例子中，医生输入 0 来表示结束体重序列。没有一个患者的体重会是 0，所以这便是一个很好的哨兵值。

 聚光灯：使用哨兵

某税务局使用以下公式来计算每年应收取的房产税：

$$房产税 = 房产估值 \times 0.0065$$

税务局职员每天都会收到一份房产清单，而且必须计算清单上每处房产的税款。现在，你需要设计一个程序，使职员可以使用该程序来完成这些计算。

通过与职员面谈，你了解到每处房产都分配有一个土地编号（lot number），而且所有土地编号均为 1 或更大。你决定写使用数字 0 作为哨兵值的一个循环。每次循环迭代，程序都要求职员输入土地编号，或者输入 0 来结束。完整代码如程序 4.18 所示。

程序 4.18 property_tax.py

```
1   # 这个程序显示应收房产税
2
3   TAX_FACTOR = 0.0065   # 税率
4
5   # 获取第一个土地编号（lot number）
6   print('输入土地编号，或输入 0 结束。')
7   lot = int(input('土地编号：'))
8
9   # 只要用户不输入 0，
10  # 就一直处理。1
11  while lot != 0:
12      # 获取房产估值
13      value = float(input('输入房产估值：'))
14
15      # 计算房产税
16      tax = value * TAX_FACTOR
17
18      # 显示税款
19      print(f'房产税：${tax:,.2f}')
20
21      # 获取下一个土地编号
22      print('输入下一个土地编号，或输入 0 结束。')
23      lot = int(input('土地编号：'))
```

程序输出（用户输入的内容加粗显示）

```
输入土地编号，或输入 0 结束。
土地编号：100 Enter
输入房产估值：100000.0 Enter
房产税：$650.00
```

输入下一个土地编号，或输入 0 结束。

土地编号: **200** [Enter]

输入房产估值: **5000.0** [Enter]

房产税: $32.50

输入下一个土地编号，或输入 0 结束。

土地编号: **0** [Enter]

检查点

4.18 什么是哨兵值?

4.19 为什么要选择一个足够特殊的值作为哨兵值?

4.6 输入校验循环

概念: 输入校验对输入程序的数据进行检查，以确保将合法的值用于实际的计算。可以用一个循环来进行输入校验，只要输入变量引用了非法数据，就一直迭代。

在程序员中流传甚广的一个谚语是"垃圾进，垃圾出"（Garbage In, Garbage Out）。这句话有时缩写为 GIGO，指的是计算机本身无法区分好数据和坏数据。如果用户提供错误的数据作为输入，那么程序会老老实实地处理错误的输入，并因此产生错误的输出。以程序 4.19 的工资单程序为例，注意当用户提供错误的数据作为输入时示例程序的输出。

程序 4.19 gross_pay.py

```
 1  # 这个程序显示工资总额
 2  # 获取工作时数
 3  hours = int(input('输入本周工作时数: '))
 4
 5  # 获取时薪
 6  pay_rate = float(input('输入时薪: '))
 7
 8  # 计算工资总额
 9  gross_pay = hours * pay_rate
10
11  # 显示工资总额。
12  print(f'工资总额: ${gross_pay:,.2f}')
```

程序输出（用户输入的内容加粗显示）

输入本周工作时数: **400** [Enter]

输入时薪: **20** [Enter]

工资总额: $8,000.00

看出问题了吗? 收到薪水的人会喜出望外，因为在示例运行中，负责薪资的职员输入 **400** 作为工作时数。职员可能想输入的是 **40**，一周根本没有 400 小时。然而，计算机并没有意识到这一事实，程序会像处理好数据一样处理坏数据。你能想到其他会导致错误输出的输入吗？一个例子是为工作时数输入负数；另一个输入无效时薪。

有的时候，新闻报道中会出现一些有关计算机错误的故事，这些错误导致人们因小额购物而被收取数千美元的费用，或者获得他们无权获得的大额退税。然而，这些"计算机错误"很少是由计算机引起的；更常见的是因为输入了错误的数据。

除非有正确的输入，否则程序输出的正确性无法保证。因此，在设计程序的时候，应确保不要接受错误的输入。向程序提供的输入应在使用前进行检查。如果输入无效，程序应丢弃它并提示用户输入正确的数据。这个过程称为**输入校验**。

图 4-7 展示了对输入数据进行校验的一个常用技术。它会读取输入并执行一个循环。如果输入数据有误，那么会执行循环体，显示一条错误消息，使用户知道输入无效，然后读取新的输入。只要输入错误，循环就会一直迭代。

注意，图 4.7 的流程图在两个位置读取输入：进入循环之前以及循环内部。第一个输入操作（在循环之前）称为**预读**（priming read），其目的是获取将由校验循环测试的第一个输入值。如果该值无效，那么将由循环接手来执行后续输入操作。除非提供有效的输入，否则循环不会终止。

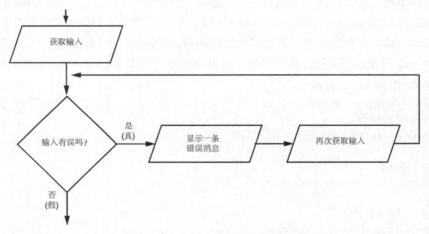

图 4-7 包含输入校验循环的逻辑

例如，假设要设计一个读取考试分数的程序，并且希望确保用户不会输入小于 0 的值。以下代码展示了如何使用输入校验循环来拒绝任何小于 0 的输入值：

```python
# 获取考试分数
score = int(input('输入考试分数：'))

# 确保它不小于 0
while score < 0:
    print('错误：分数不能为负。')
    score = int(input('输入正确分数：'))
```

代码首先提示用户输入考试分数（预读），然后执行 while 循环。以前说过，while 循环是一种预测试循环，这意味着它在执行一次迭代之前会先测试条件表达式 score < 0。如果用户输入了有效的考试分数，那么该表达式将为假，不会执行迭代，并且循环结束。但是，如果考试分数无效，那么表达式将为真，将执行作为循环体的语句块，显示错误消息并提示用户输入正确的考试分数。该循环将一直迭代，直到用户输入有效的考试分数。

> **注意**：输入校验循环有时也称为"错误陷阱"或"错误处理程序"（error handler）。

上述代码只是拒绝负的考试分数。如果还想拒绝任何大于 100 的考试分数怎么办？可以修改输入校验循环来使用一具复合布尔表达式，如下所示：

```python
# 获取考试分数
score = int(input('输入考试分数: '))

# 确保它不小于 0 或大于 100
while score < 0 or score >100:
    print('错误: 分数不能为负。')
    score = int(input('输入正确分数: '))
```

上述代码中的循环判断 score 是否小于 0 或大于 100。任何条件为真，就显示错误消息并提示用户输入正确的分数。

聚光灯：编写输入校验循环

萨曼莎拥有一家进口企业，她用以下公式计算产品的零售价：

$$零售价 = 批发价 \times 2.5$$

她目前使用程序 4.15 来计算零售价。

程序 4.15 retail_no_validation.py

```python
1   # 这个程序计算零售价
2   MARK_UP = 2.5 # 加价倍数
3   another = 'y' # 循环控制变量
4
5   # 处理一件或多件商品
6   while another == 'y' or another == 'Y':
7       # 获取商品批发价
8       wholesale = float(input("输入商品的批发价: "))
9
10      # 计算零售价
11      retail = wholesale * MARK_UP
12
13      # 显示零售价
14      print(f'零售价是: ${retail:,.2f}')
15
```

```
16      # 继续吗?
17      another = input(' 是否需要处理其他商品 ' +
18                          '( 如果是，请输入 y): ')
```

程序输出（用户输入的内容加粗显示）

输入商品的批发价: **10** [Enter]
零售价是：$25.00
是否需要处理其他商品（如果是，请输入 y): **y** [Enter]
输入商品的批发价: **15.00** [Enter]
零售价是：$37.50
是否需要处理其他商品（如果是，请输入 y): **y** [Enter]
输入商品的批发价: **12.50** [Enter]
零售价是：$31.25
是否需要处理其他商品（如果是，请输入 y): **n** [Enter]

然而，萨曼莎在使用该程序时遇到了问题。她销售的某些商品的批发价为 50 美分，作为 0.50 输入。由于 0 键位于减号键旁边，所以有时会不小心输入负数。她要求你修改程序，不允许为批发价输入负数。

你决定添加一个输入校验循环，该循环拒绝输入到 wholesale 变量中的任何负数。程序 4.21 展示了修改后的程序，第 11 行～第 13 行是新的输入校验代码。

程序 4.21 retail_with_validation.py

```
1   # 这个程序计算零售价
2   MARK_UP = 2.5 # 加价倍数
3   another = 'y' # 循环控制变量
4
5   # 处理一件或多件商品
6   while another == 'y' or another == 'Y':
7       # 获取商品批发价
8       wholesale = float(input(" 输入商品的批发价: "))
9
10      # 校验批发价
11      while wholesale < 0:
12          print(' 错误: 价格不能为负。')
13          wholesale = float(input(' 输入正确的 ' +
14                                  ' 批发价: '))
15
16      # 计算零售价
17      retail = wholesale * MARK_UP
18
19      # 显示零售价
20      print(f' 零售价是: ${retail:,.2f}')
21
22      # 继续吗?
```

```
23        another = input('是否需要处理其他商品 ' +
24                         '( 如果是，请输入 y): ')
```

程序输出（用户输入的内容加粗显示）

输入商品的批发价: **-.50** [Enter]
错误：价格不能为负。
输入正确的批发价: **0.50** [Enter]
零售价是: $1.25
是否需要处理其他商品 (如果是，请输入 y): **n** [Enter]

在输入校验循环中使用海象操作符

第 3 章介绍了如何用海象操作符 := 来写赋值表达式。当时提到，赋值表达式将值赋给变量并返回该值。可以在一个更大的语句中使用由赋值表达式返回的值。

在输入校验循环中，可以使用赋值表达式将预读与输入校验循环结合起来。例如，假设有以下代码：

```
score = int(input(' 输入分数: '))
while score < 0:
    print(' 分数不能为负。')
    score = int(input(' 输入分数: '))
```

上述代码首先执行一次预读，提示用户输入分数。然后，只要 score 小于 0，就执行 while 循环。在校验循环内，系统通过第二个 input 语句提示用户输入分数。

使用海象操作符，可以将预读与 while 循环的布尔条件结合起来，从而使代码变得更简洁：

```
while (score := int(input(' 输入分数: '))) < 0:
    print(' 分数不能为负。')
```

while 循环的第一行使用以下赋值表达式从用户处获取分数：

```
(score:=int(input(' 输入分数: ')))
```

该海象表达式将返回赋给 score 变量的值。如果这个值小于 0，那么循环将迭代。注意，循环体内的第二个 input 语句也可以删除，因为循环每次测试其布尔条件时，都会提示用户输入分数。

🌀 **检查点**

4.20 "垃圾进，垃圾出"这句话是什么意思？

4.21 给出输入校验过程的一般性描述。

4.22 描述使用输入校验循环对数据进行校验时通常采取的步骤。

4.23 什么是"预读"（priming read）？它的目的是什么？

4.24 如果预读的输入有效，那么输入校验循环将迭代多少次？

4.7　嵌套循环

> 概念：一个循环位于另一个循环的内部，就称为嵌套循环。

一个循环位于另一个循环的内部，就称为"**嵌套循环**"。现在流行的石英钟就是嵌套循环的一个很好的例子。秒针、分针和时针都绕着钟面旋转。然而，分针每走完一圈 60 格（60分钟），时针才跳 1 格（1 小时）。秒针每走完一圈 60 格（60 秒），分针才跳 1 格（1 分钟）。这意味着时针每跳 1 格，秒针都要跳 3 600 格。下面是一个部分模拟了 24 小时格式的数字时钟的循环，它遍历并显示 0~59 秒的每一秒：

```
for seconds in range(60):
    print(seconds)
```

可以添加一个 minutes 变量来代表分钟，并将上述循环嵌套在另一个循环中，后者遍历 60 分钟的每一分钟：

```
for minutes in range(60):
    for seconds in range(60):
        print(minutes, ':', seconds)
```

为使模拟的数字时钟变得完整，可以再添加一个变量和循环来遍历 24 小时的每一个小时：

```
for hours in range(24):
    for minutes in range(60):
        for seconds in range(60):
            print(hours, ':', minutes, ':', seconds)
```

上述代码的输出如下：

```
0 : 0 : 0
0 : 0 : 1
0 : 0 : 2
,...（程序将遍历并显示 24 小时中的每一秒）
23:59:59
```

在上述三个循环构成的嵌套循环中，中间循环的每一次迭代，最内层循环都会迭代 60 次。最外层循环的每一次迭代，中间循环都会迭代 60 次。当最外层循环迭代了 24 次时，中间循环将迭代 1 440 次，而最内层循环将迭代 86 400 次！图 4.8 展示了完整时钟模拟程序的流程图。

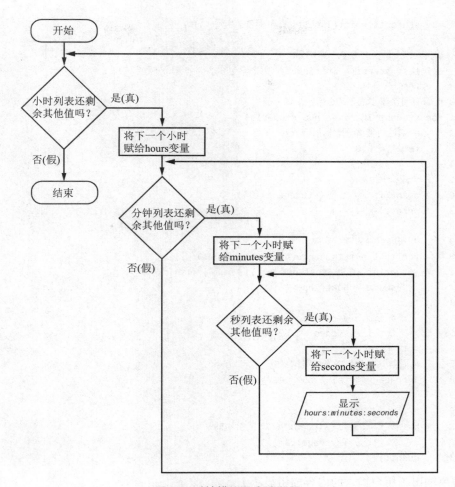

图 4.8 时钟模拟程序流程图

模拟时钟例子说明了关于嵌套循环的几个重点：

- 外部循环每一次迭代，内部循环都会经历其所有迭代
- 内部循环比外部循环更快完成迭代
- 要获得嵌套循环的迭代总数，将所有循环的迭代次数相乘即可

程序 4.22 展示了另一个例子，可用来计算每个学生的平均考试分数。第 5 行的语句询问学生的数量，第 8 行的语句询问每个学生有多少个分数。从第 11 行开始的 for 循环为每个学生迭代一次。第 20 行～第 25 行嵌套的内部循环则为每个考试分数迭代一次。

程序 4.22 test_score_averages.py

```
1  # 这个程序计算平均考试分数。它要求用户指定
2  # 学生人数以及每个学生有多少个考试分数。
3
4  # 获取学生人数
```

```
5    num_students = int(input(' 有多少名学生？ '))
6
7    # 获取每个学生有多少个考试分数
8    num_test_scores = int(input(' 每个学生有多少个考试分数？ '))
9
10   # 计算每个学生的平均分数
11   for student in range(num_students):
12       # 初始化考试分数累加器
13       total = 0.0
14
15       # 显示学生编号
16       print(f' 学生编号 {student + 1}')
17       print('------------------')
18
19       # 获取学生的考试分数
20       for test_num in range(num_test_scores):
21           print(f' 第 {test_num + 1} 门考试 ', end='')
22           score = float(input(': '))
23
24           # 累加分数
25           total += score
26
27       # 计算这名学生的平均考试分数
28       average = total / num_test_scores
29
30       # 显示平均分数
31       print(f' 编号为 {student + 1} 的学生的平均分 '
32             f' 为: {average:.1f}')
33       print()
```

程序输出（用户输入的内容加粗显示）

```
有多少名学生？ 3 Enter
每个学生有多少个考试分数？ 3 Enter
学生编号 1
------------------
第 1 门考试 : 100 Enter
第 2 门考试 : 95 Enter
第 3 门考试 : 90 Enter
编号为 1 的学生的平均分为: 95.0


学生编号 2
------------------
第 1 门考试 : 80 Enter
第 2 门考试 : 81 Enter
第 3 门考试 : 82 Enter
编号为 2 的学生的平均分为: 81.0
```

```
学生编号 3
------------------
第 1 门考试：75 [Enter]
第 2 门考试：85 [Enter]
第 3 门考试：80 [Enter]
编号为 3 的学生的平均分为：80.0
```

🔊 **聚光灯：使用嵌套循环打印图案**

　　为了理解嵌套循环，一个有趣的方式是实验用它们在屏幕上打印图案。来看一个简单的例子。假设要在屏幕上打印一个由星号构成的矩形：

```
******
******
******
******
******
******
******
******
```

将这个图案想象成由行和列构成，就可以看出它总共有 8 行和 6 列。以下代码显示一行共 6 个星号：

```
for col in range(6):
    print('*', end='')
```

在程序中或以交互模式运行上述代码，它将产生以下输出：

```
******
```

为了完成整个图案，我们需要执行这个循环 8 次。可以将循环放到另一个迭代 8 次的循环中，如下所示：

```
1  for row in range(8):
2      for col in range(6):
3          print('*', end='')
4      print()
```

外部循环将迭代 8 次。每一次迭代，内部循环都会迭代 6 次。注意，第 4 行在打印完每一行后都调用了一次 print() 函数。必须这样做才能使屏幕光标换行。没有该语句，所有星号都会在屏幕上连成一长行。

　　可以轻松地写一个程序来提示用户输入行数和列数，并打印指定大小的矩形图案，如程序 4.23 所示。

程序 4.23 rectangluar_pattern.py

```
1  # 这个程序显示由星号
```

```
2    # 构成的矩形图案。
3    rows = int(input(' 多少行? '))
4    cols = int(input(' 多少列? '))
5
6    for r in range(rows):
7        for c in range(cols):
8            print('*', end='')
9        print()
```

程序输出（用户输入的内容加粗显示）

```
多少行? 5 Enter
多少列? 10 Enter
**********
**********
**********
**********
**********
```

下面再来看另一个例子。假设要在屏幕上打印由星号构成的一个三角形：

```
*
**
***
****
*****
******
*******
********
```

同样将这个图案想象成由行和列构成。总共 8 行，第 1 行有 1 列，第 2 行有 2 列，第 3 行有 3 列……第 7 行有 7 列。程序 4.24 展示了如何生成该图案。

程序 4.24 triangle_pattern.py

```
1    # 这个程序显示三角形图案
2    BASE_SIZE = 8
3
4    for r in range(BASE_SIZE):
5        for c in range(r + 1):
6            print('*', end='')
7        print()
```

程序输出

```
*
**
***
****
*****
******
*******
```

```
********
```

先来看看外层循环。第 4 行的表达式 range(BASE_SIZE) 生成一个包含以下整数序列的可迭代对象：

```
0, 1, 2, 3, 4, 5, 6, 7
```

所以，当外层循环迭代时，变量 r 会被分别赋值为 0~7。第 5 行开始的内部循环的范围表达式为 range(r + 1)。下面描述内层循环是如何执行的。

- 外层循环第一次迭代时，变量 r 被赋值 0。表达式 range(r + 1) 导致内层循环迭代一次，打印一个星号。
- 外层循环第二次迭代时，变量 r 被赋值 1。表达式 range(r + 1) 导致内层循环迭代两次，打印两个星号。
- 外层循环第三次迭代时，变量 r 被赋值 2。表达式 range(r + 1) 导致内层循环迭代三次，打印三个星号。以此类推。

下面再来看另一个例子。假设要显示以下阶梯图案：

```
#
 #
  #
   #
    #
     #
```

图案总共有 6 行，可以这样描述每一行的内容：一定数量的空格加一个 # 字符。下面描述了每一行。

　　第 1 行：0 个空格加一个 # 字符

　　第 2 行：1 个空格加一个 # 字符

　　第 3 行：2 个空格加一个 # 字符

　　第 4 行：3 个空格加一个 # 字符

　　第 5 行：4 个空格加一个 # 字符

　　第 6 行：5 个空格加一个 # 字符

可以用内外两层的一个嵌套循环来显示这个图案，下面是它的工作方式。

- 外层循环迭代 6 次。每次迭代都执行以下操作：
  - 内层循环显示正确数量的空格
  - 然后显示一个 # 字符

程序 4.25 展示了它的 Python 代码。

程序 4.25 stair_step_pattern.py

```
1   # 这个程序显示了阶梯图案
2   NUM_STEPS = 6
3
```

```
4  for r in range(NUM_STEPS):
5      for c in range(r):
6          print(' ', end='')
7      print('#')
```

程序输出

```
#
 #
  #
   #
    #
     #
```

第 4 行的表达式 range(NUM_STEPS) 生成包含以下整数序列的一个可迭代对象：

```
0, 1, 2, 3, 4, 5
```

所以，外层循环迭代 6 次，并分别为变量 r 赋值 0~5。下面描述了内层循环是如何执行的。

- 外层循环第 1 次迭代时，变量 r 被赋值 0。内层循环 for c in range(0): 迭代零次。换言之，内层循环这一次不执行。
- 外层循环第 2 次迭代时，变量 r 被赋值 1。内层循环 for c in range(1): 迭代一次，打印一个空格。
- 外层循环第 3 次迭代时，变量 r 被赋值 2。内层循环 for c in range(2): 迭代两次，打印两个空格。依此类推。

4.8 循环语句 break，continue 和 else

概念：break 语句造成循环提前终止。continue 语句造成循环停止当前迭代并开始下一次迭代。为 Python 循环使用的 else 子句仅在循环正常结束，而没有遇到 break 语句的前提下执行。

⚠ 警告：在使用 break 语句和 continue 语句时，要非常小心。由于它们绕过了对循环迭代进行控制的正常条件判断，所以可能会导致代码难以理解和调试。

4.8.1 break 语句

当循环中遇到 break 语句，会造成循环立即终止，如程序 4.26 所示。

程序 4.26 while_loop_with_break.py

```
1  # 这个程序演示在 while 循环中使用 break 语句
2  n = 0
3  while n < 100:
```

```
4       print(n)
5       if n == 5:
6           break
7       n += 1
8
9   print(f' 循环终止，此时的 n 值为 {n}。')
```

程序输出

```
0
1
2
3
4
5
循环终止，此时的 n 值为 5。
```

不注意看的话，你可能会以为循环将一直迭代，直到 n 达到值 100。但是，在 n 等于 5 时，就会执行第 6 行的 break 语句，导致循环提前终止。程序 4.27 展示了在 for 循环中使用 break 语句的一个例子。

程序 4.27 for_loop_with_break.py

```
1   # 这个程序演示了在 for 循环中使用 break 语句
2   for n in range(100):
3       print(n)
4       if n == 5:
5           break
6
7   print(f' 循环终止，此时的 n 值为 {n}。')
```

程序输出

```
0
1
2
3
4
5
循环终止，此时的 n 值为 5。
```

你可能以为这个程序中的 for 循环会迭代 100 次，因为在第 2 行中，range 函数生成了 0~99 的数字序列。但是，在 n 等于 5 时，就会执行第 5 行的 break 语句，导致循环提前终止。

⬦ **注意**：在嵌套循环中，break 语句仅终止它当前所在的循环。例如，如果 break 语句在内层循环中使用，那么它只会终止内层循环。外层循环（不管有多少个）将继续迭代。

4.8.2 continue 语句

continue 语句造成循环的当前迭代立即结束，并重新开始下一次迭代。遇到 continue 语句后，循环体中在它之后的所有语句都会被跳过，循环开始下一次迭代（如果有下一次的话）。

程序 4.28 是在 while 循环中使用 continue 语句的一个例子。该程序打印 1~10 的整数，并跳过每个能被 3 整除的数字。

程序 4.28 while_loop_with_continue.py

```
1  # 这个程序演示了在 while 循环中使用 continue 语句
2  n = 0
3  while n < 10:
4      n += 1
5      if n % 3 == 0:
6          continue
7      print(n)
```

程序输出

```
1
2
4
5
7
8
10
```

程序 4.29 展示了如何用 for 循环来写相同的程序。

程序 4.29 for_loop_with_continue.py

```
1  # 这个程序演示了在 for 循环中使用 continue 语句
2  for n in range(1, 11):
3      if n % 3 == 0:
4          continue
5      print(n)
```

程序输出

```
1
2
4
5
7
8
10
```

程序 4.29 的 for 循环使用 n 作为目标变量来遍历 1~10 的数字序列。第 3 行判断 n 是否能被 3 整除。如果是，那么第 4 行的 continue 语句将结束循环的当前迭代，导致循环跳过第 5 行的语句, 并开始下一次迭代。

> **注意**: 在嵌套循环中, continue 语句仅影响它当前所在的循环。例如, 如果 continue 语句在内层循环使用, 那么它只会导致内层循环结束当前迭代。

4.8.3 在循环中使用 else 子句

在 Python 中, while 循环和 for 循环有一个可选的 else 子句。以下是带有 else 子句的 while 循环的常规格式:

```
while 条件:
    语句
    语句
    ...
else:
    语句
    语句
    ...
```

else 子句后跟一个缩进的语句块。以下是带有 else 子句的 for 循环的常规格式:

```
for 变量 in [值 1, 值 2, ...]:
    语句
    语句
    ...
else:
    语句
    语句
    ...
```

仅在循环包含 break 语句时, 循环的 else 子句才有用。这是因为 else 子句仅在循环正常结束, 而没有遇到 break 语句的前提下执行。如果循环因为 break 语句而终止, 那么 else 子句不会执行其语句块。程序 4.30 展示了一个例子。

程序 4.30 for_else_break.py

```
1  # 这个程序演示了一个带有 else 子句的循环
2  # 这个例子会执行 break 语句
3  for n in range(10):
4      if n == 5:
5          print(' 提前终止整个循环。')
6          break
7      print(n)
8  else:
9      print(f' 循环完毕后. n 值为 {n}。')
```

程序输出

```
0
1
2
3
4
提前终止整个循环。
```

第 3 行将目标变量 n 的值设为 0~9，要求 for 循环迭代 10 次。但是，n 等于 5 时会执行第 6 行的 break 语句，循环提前终止。从程序输出可以看出，提前终止的循环不会执行它的 else 子句。

在程序 4.31 中，循环正常结束，所以会执行它的 else 子句。

程序 4.31 for_else_no_break.py

```
1   # 这个程序演示了一个带有 else 子句的循环
2   # 这个例子永远遇不到 break 语句
3   for n in range(3):
4       if n == 5:
5           print(' 提前终止整个循环。')
6           break
7       print(n)
8   else:
9       print(f' 循环完毕后，n 值为 {n}。')
```

程序输出

```
0
1
2
循环完毕后，n 值为 2。
```

它与程序 4.30 大致一致，只不过修改了第 3 行开始的 for 循环。在这个程序中，for 循环仅迭代 3 次，目标变量 n 被依次赋值 0、1 和 2。由于 n 从未被赋值 5，所以第 6 行的 break 语句永远不会被执行。循环将正常完成所有迭代，并执行 else 子句。

4.9 海龟图形：用循环来画图

概念：可以使用循环来绘制从简单到复杂的各种图。

配合海龟图形库来使用循环，可以绘制从简单到复杂的各种图形。例如，以下 for 循环迭代 4 次来绘制 100 像素边长的正方形：

```
for x in range(4):
    turtle.forward(100)
    turtle.right(90)
```

以下代码展示了另一个例子，**for** 循环迭代 8 次来绘制如图 4.9 所示的八边形：

```
for x in range(8):
    turtle.forward(100)
    turtle.right(45)
```

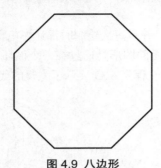

图 4.9　八边形

程序 4.32 展示了如何使用循环来绘制同心圆。程序输出如图 4.10 所示。

程序 4.32　concentric_circles.py

```
1   # 同心圆
2   import turtle
3
4   # 具名常量
5   NUM_CIRCLES = 20
6   STARTING_RADIUS = 20
7   OFFSET = 10
8   ANIMATION_SPEED = 0
9
10  # 设置海龟
11  turtle.speed(ANIMATION_SPEED)
12  turtle.hideturtle()
13
14  # 设置第一个圆的半径
15  radius = STARTING_RADIUS
16
17  # 绘制所有圆
18  for count in range(NUM_CIRCLES):
19      # 画圆
20      turtle.circle(radius)
21
22      # 获取下一个圆的坐标
23      x = turtle.xcor()
24      y = turtle.ycor() - OFFSET
25
26      # 计算下一个圆的半径
```

```
27      radius = radius + OFFSET
28
29      # 为下一个圆定位海龟
30      turtle.penup()
31      turtle.goto(x, y)
32      turtle.pendown()
```

重复绘制一个简单的形状，并且每次绘制时都让海龟稍微偏转不同的角度，可以创建许多有趣的图形。例如，图 4.11 的图形是通过在一个循环中绘制 36 个圆来创建的。每画一个圆，海龟就向左偏转 10 度。程序 4.33 展示了完整的代码。

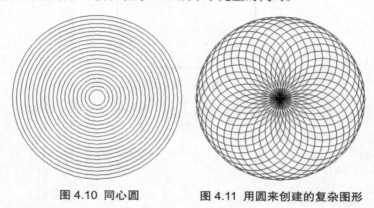

图 4.10 同心圆　　　　　图 4.11 用圆来创建的复杂图形

程序 4.33 spiral_circles.py

```
1   # 这个程序使用重复的圆来画图
2   import turtle
3
4   # 具名常量
5   NUM_CIRCLES = 36      # 要绘制的圆的数量
6   RADIUS = 100          # 每个圆的半径
7   ANGLE = 10            # 偏转角度
8   ANIMATION_SPEED = 0 # 动画速度
9
10  # 设置动画速度
11  turtle.speed(ANIMATION_SPEED)
12
13  # 画 36 个圆，每画一个，
14  # 海龟就偏转 10 度。
15  for x in range(NUM_CIRCLES):
16      turtle.circle(RADIUS)
17      turtle.left(ANGLE)
```

程序 4.23 展示了另一个例子。它用一个循环来绘制 36 条直线，生成结果如图 4.12 所示。

程序 4.23 spiral_lines.py

```
1   # 这个程序使用重复的线段来画图
2   import turtle
3
4   # 具名常量
5   START_X = -200        # 起始 X 坐标
6   START_Y = 0           # 起始 Y 坐标
7   NUM_LINES = 36        # 经绘制的线段数
8   LINE_LENGTH = 400     # 每条线的长度
9   ANGLE = 170           # 偏转角度
10  ANIMATION_SPEED = 0 # 动画速度
11
12  # 将海龟移至起始位置
13  turtle.hideturtle()
14  turtle.penup()
15  turtle.goto(START_X, START_Y)
16  turtle.pendown()
17
18  # 设置动画速度
19  turtle.speed(ANIMATION_SPEED)
20
21  # 画 36 条线，每画一条，
22  # 海龟就偏转 170 度。
23  for x in range(NUM_LINES):
24      turtle.forward(LINE_LENGTH)
25      turtle.left(ANGLE)
```

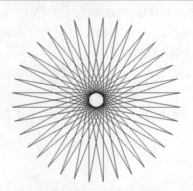

图 4.12 程序 4.34 创建的图形

🧠 复习题

选择题

1. _____ 控制的循环使用真 / 假条件来控制重复次数。

　　a. 布尔　　　　　　b. 条件　　　　　　c. 决策　　　　　　d. 计数

2. _____ 控制的循环会重复特定的次数。

　　a. 布尔　　　　　　b. 条件　　　　　　c. 决策　　　　　　d. 计数

3. 循环的每一次重复都称为一次 _____。

　　a. 周期　　　　　　b. 旋转　　　　　　c. 绕圈　　　　　　d. 迭代

4. while 循环是一种 _____ 循环。

　　a. 预测试　　　　　b. 不测试　　　　　c. 预审　　　　　　d. 后迭代

5. _____ 循环无法停止，只能一直重复，直到程序被强行中断。

　　a. 确定性　　　　　b. 长　　　　　　　c. 无限　　　　　　d. 永恒

6. 操作符 -= 是一种 _____ 操作符。

　　a. 关系型　　　　　b. 复合赋值　　　　c. 复杂赋值　　　　d. 反向赋值

7. _____ 变量用于容纳累加和。

　　a. 哨兵　　　　　　b. 求和　　　　　　c. 总和　　　　　　d. 累加器

8. _____ 是一个特殊值，它指明值列表没有更多的值可供处理。该值不能和序列中的常规值混淆。

　　a. 哨兵　　　　　　b. 标志　　　　　　c. 信号　　　　　　d. 累加器

9. GIGO 是 _____ 的简称。

　　a. 好的输入，好的输出。　　　　　　b. 垃圾进，垃圾出

　　c. GIGahertz Output　　　　　　　d. GIGabyte Operation

10. 除非有正确的 _____，否则程序输出的正确性无法保证。

　　a. 编译器　　　　　b. 编程语言　　　　c. 输入　　　　　　d. 调试器

11. 进入校验循环之前的那个输入操作称为 _____。

　　a. 预校验读取　　　b. 原始读取　　　　c. 初始化读取　　　d. 预读

12. 校验循环也称为 _____。

　　a. 错误陷阱　　　　b. 末日循环　　　　c. 防错循环　　　　d. 防卫循环

判断题

1. 条件控制循环总是重复特定次数。

2. while 循环是一个预测试循环。

3. 以下语句从 x 中减去 1：x = x – 1

4. 累加器变量不需要初始化。

5. 在嵌套循环中，外层循环每迭一次，内层循环都要完成它的所有迭代。

6. 为了计算嵌套循环的总迭代次数，将所有循环的迭代次数相加即可。

7. 输入校验的过程是这样的：当用户输入无效数据时，程序应询问用户"你确定要输入该数据吗？"如果用户回答"是"，那么程序应该接受数据。

简答题

1. 什么是条件控制循环？

2. 什么是计数控制循环？

3. 什么是无限循环？写一段无限循环的代码。

4. 为什么正确初始化累加器变量至关重要？

5. 使用哨兵有什么好处？

6. 为什么必须谨慎选择用作哨兵的值？

7. "垃圾进，垃圾出"这句话是什么意思？

8. 给出输入校验过程的一般性的描述。

算法工作台

1. 写 while 循环，让用户输入一个数字。将这个数乘以 10，结果赋给名为 product 的变量。只要乘积小于 100，循环就继续迭代。

2. 写 while 循环，要求用户输入两个数字。两个数相加并显示总和。循环应询问用户是否希望再次执行该操作。如果是，循环就继续迭代，否则就终止。

3. 写 for 循环来显示以下一系列数字：

```
0, 10, 20, 30, 40, 50 . . . 1000
```

4. 写循环要求用户输入数字。循环应迭代 10 次，用一个变量来存储输入的数字的累加和。

5. 写循环来计算以下一系列数字的总和：

$$\frac{1}{30} + \frac{2}{29} + \frac{3}{28} + \ldots \frac{30}{1}$$

6. 使用复合赋值操作符重写以下语句：

```
a. x = x + 1
b. x = x * 2
c. x = x / 10
d. x = x - 100
```

7. 写嵌套循环来显示 10 行字符 #。每行显示 15 个 #。

8. 写代码提示用户输入一个非零的正数，并对输入进行校验。

9. 写代码提示用户输入 1~100 的数字，并对输入进行校验。

🖨 编程练习

1. bug 收集者

bug 收集软件连续 5 天每天都会收集 bug。写一个程序，记录 5 天内收集到的 bug 总数。循环应询问每天收集到的 bug 数量。循环完成后，程序应显示收集到的 bug 总数。

▶ 视频讲解：Bug Collector Problem

2. 燃烧的卡路里

在跑步机上跑步，每分钟会燃烧 4.2 卡路里。写一个程序，使用循环来显示 10，15，20，25 和 30 分钟后会燃烧多少卡路里。

3. 预算分析

写一个程序，要求用户输入一个月的预算金额。然后，循环应提示用户输入该月的每项支出并保留累加和。循环完成后，程序应显示用户超出或低于预算多少金额。

4. 行驶距离

车辆的行驶距离可以用以下公式来计算：

$$距离 = 速度 \times 时间$$

例如，假定车辆以每小时 40 英里的速度行驶 3 小时，那么行驶距离为 120 英里。写程序来询问用户车速（单位：英里 / 小时）和行驶小时数。然后，使用循环来显示车辆在这段时间内，每过一小时所行驶的总距离。以下是示例输出：

```
车速是多少 (MPH) ?  40 Enter
行驶了多少小时?  3 Enter
小时        行驶距离
----------------
1          40
2          80
3          120
```

5. 平均降雨量

编写一个程序，使用嵌套循环来收集数据并计算几年内的月平均降雨量。程序首先询问年数。外层循环每年迭代一次。内层循环迭代 12 次，每月一次。内层循环的每次迭代都会询问用户该月的降雨量。所有迭代结束后，程序应显示在此期间的月数、总降雨量以及月平均降雨量。

6. 摄氏和华氏温度换算

编写一个程序来显示一个表格，列出 0~20 的每一摄氏度及其对应的华氏温度。摄氏温度和华氏温度的换算公式如下所示。

$$F = \frac{9}{5}C + 32$$

其中，F 是华氏温度，C 是摄氏温度。程序必须使用循环来显示这个表格。

7. 工资计算

编写一个程序来计算一个人在一段时间内的工资。假定第一天的工资是一分钱，第二天两分钱，并如此每天翻倍。程序应询问用户天数，并输出一个表格，列出每天的工资，最后显示这些天的工资总额（以元为单位，而不要以分为单位）。

8. 数字求和

用循环来编写一个程序，要求用户输入一系列正数。用户应输入一个负数来表示输入结束。程序应显示所有正数之和。

9. 海平面

假设目前海平面每年上升约 1.6 毫米，创建一个应用程序来显示海平面未来 25 年内每一年上升的毫米数。

10. 学费上涨

某大学全日制学生的学费为每学期 8000 美元。已宣布未来 5 年学费每年上涨 3%。用循环来写程序，显示未来 5 年内每一年预计的学期学费。

11. 计算阶乘

数学中用符号 $n!$ 来表示非负整数 n 的阶乘。n 的阶乘是 $1 \sim n$ 的所有非负整数的乘积。例如：

$$7! = 1 \times 2 \times 3 \times 4 \times 5 \times 6 \times 7 = 5040$$

$$4! = 1 \times 2 \times 3 \times 4 = 24$$

编写一个程序来提示输入一个非负整数，使用循环计算它的阶乘，最后显示结果。

12. 种群规模

编写一个程序来预测生物体种群的大致规模。程序应提示输入生物体的起始数量、每日平均种群增长（百分比）以及生物体继续繁殖的天数。例如，假设用户输入以下值：

起始生物体数量：2
每日平均增长：30%
繁殖天数：10

程序应显示以下数据表：

天	近似种群规模（生物体数量）	天	近似种群规模（生物体数量）
1	2	6	7.42586
2	2.6	7	9.653619
3	3.38	8	12.5497
4	4.394	9	16.31462
5	5.7122	10	21.209

13. 使用嵌套循环来编写一个程序，使其可以绘制以下图案：

```
*******
******
*****
****
```

```
***
**
*
```

14. 使用嵌套循环来编写一个程序，使其可以绘制以下图案：

```
##
#  #
#    #
#      #
#        #
#          #
```

15. 海龟图形：重复正方形

本章展示了如何用循环来绘制正方形。编写一个海龟图形程序，使用嵌套循环来绘制 100 个正方形，以创建如图 4.13 所示的图形。

16. 海龟图形：星星图案

使用海龟图形库和循环来绘制如图 4.14 所示的图形。

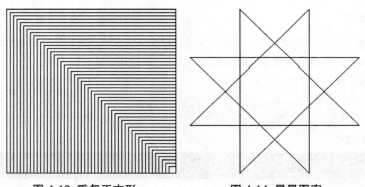

图 4.13 重复正方形　　　　　　　图 4.14 星星图案

17. 海龟图形：催眠图案

使用海龟图形库和循环来绘制如图 4.15 所示的图形。

18. 海龟图形：STOP 标志

本章展示了如何用循环来绘制八边形。编写一个海龟图形程序，使用循环来绘制一个八边形，并在其中心显示单词"STOP"。STOP 标志应位于图形窗口的中央。

图 4.15 催眠图案

第 5 章
函数

5.1 函数简介

概念：函数是程序中用于执行特定任务的一组语句。

第 2 章描述了计算员工工资的一个简单算法，即工作时数乘以时薪。然而，现实的工资算法所做的事情远不止于此。真正的工资计算任务将由多个子任务组成，例如：

- 获取员工时薪
- 获取工作时数
- 计算员工的税前工资（gross pay，毛收入）
- 计算加班工资
- 计算税和社保代扣
- 计算税后工资（net pay，净收入）
- 打印工资单

大多数程序执行的任务都足够大，可以分解为多个子任务。因此，程序员经常将程序分解为容易处理的小块，称为**函数**。函数是程序中用于执行特定任务的一组语句。不要将大型程序写成一长串语句。相反，把它编写为几个小函数，每个都执行任务的特定部分。然后，按照恰当的顺序来执行这些小函数，从而完成整个任务的执行。

这种编程方法有时称为**分而治之**，因为它将一个大型任务分解为几个容易执行的小任务。图 5.1 通过比较两个程序来说明了这一思路：一个程序使用长且复杂的语句序列来执行任务，另一个将任务分解为较小的任务，每个小任务都由单独的函数执行。

在程序中使用函数时，通常将程序中的每个任务都隔离在其自己的函数中。例如，真正的工资计算程序可能包含以下函数：

- 一个函数获取员工时薪
- 一个函数获取工作时数
- 一个函数计算税前工资
- 一个函数计算加班工资
- 一个函数计算税和社保代扣
- 一个函数计算税后工资
- 一个函数打印工资单

每个任务都用它自己的函数来写的程序称为**模块化程序**。

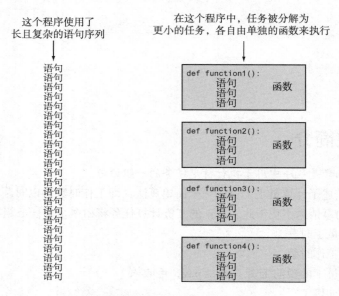

图 5.1 使用函数对大型任务进行分治

5.1.1 用函数将程序模块化的好处

将程序分解为函数有以下几方面的好处。

- 代码更简单。将程序分解成多个函数后，程序代码会变得更简单，更容易理解。多个小函数比一长串语句更容易阅读。
- 代码重用。函数还有利于减少程序中代码的重复。如果一个特定的操作要在程序中的多个地方执行，那么可以写一个函数来执行该操作，并在需要时调用该函数。函数的这一好处称为**代码重用**，因为只需写一次执行任务的代码，就可以在每次需要时重复使用。
- 更好的测试。将程序中的每个任务都包含到它们自己的函数中，测试和调试变得更简单了。程序员可以单独测试程序的每个函数，确定它是否正确执行了操作。这使我们更容易隔离和修复错误。
- 更快的开发。假设一个程序员或者一个程序员团队要开发多个程序，并发现每个程序都要执行几个通用的任务，例如询问用户名和密码、显示当前时间等。重复写这些任务的代码是没有意义的。相反，可以将通用任务写成函数，并将这些函数集成到每个需要的程序中。
- 更容易促进团队协作。函数还促进了团队协作。如果一个程序被开发为一组函数，每个函数都执行一个单独的任务，那么不同的程序员可分头编写不同的函数。

5.1.2　void 函数和返回值的函数

本章要学习编写两种类型的函数：void 函数 [①] 和返回值的函数。调用 void 函数时，它只是执行其中包含的语句，然后终止。而调用返回值的函数时，它会执行所包含的语句，然后返回一个值给调用它的语句。input 函数就是一个典型的返回值的函数。调用 input 函数后，它获取用户在键盘上键入的数据，并以字符串形式返回该数据。int 函数和 float 函数也是返回值的函数。向 int 函数传递一个实参，它返回将实参转换为整数后的值。类似地，向 float 函数传递一个实参，它返回实参转换为浮点数后的值。

void 函数是我们学习编写的第一种函数类型。

🕐 检查点

5.1　什么是函数？

5.2　什么是"分而治之"？

5.3　函数如何为代码的重用提供帮助？

5.4　函数如何使多个程序的开发更快？

5.5　函数如何使程序员团队更容易开发程序？

5.2　定义和调用 void 函数

概念：函数的代码称为函数定义。要执行函数，写调用该函数的语句即可。

5.2.1　函数名

在讨论创建和使用函数的过程之前，首先要了解一下函数名。正如要为程序中使用的变量命名一样，也要为函数命名。函数名应该有足够的描述性，使任何人在读你的代码时都能合理地猜到这个函数是做什么的。

Python 的函数命名规则和变量一样，如下所示：

- 不能使用 Python 关键字作为函数名（关键字列表请参见表 1–2）
- 函数名不能包含空格
- 第一个字符只能是 a~z 或 A~Z 的字母或下画线（_）
- 在第一个字符之后，可以使用 a~z 或 A~Z 的任何字母、0~9 的任何数字或下画线的组合
- 字母严格区分大小写

由于函数执行的具体的行动，所以大多数程序员都喜欢在函数中使用动词。例如，计算税前工资的函数可以命名为 calculate_gross_pay。这个名称可以让任何阅读代码的人清楚地知道函数是在计算什么。计算（calculate）什么呢？计算的是工资总额

[①] 译注：void 函数就是不返回值的函数。和其他语言不同，Python 并没有专门提供 void 关键字。

（gross_pay）。其他一些好的函数名包括：get_hours，get_pay_rate，calculate_overtime，print_check，等等。每个函数名都描述了函数所做的事情。

5.2 2 定义和调用函数

▶ 视频讲解：Defining and Calling a Function

为了创建函数，我们需要写它的**定义**。下面是 Python 函数定义的常规格式：

```
def function_name():
    语句
    语句
    ...
```

第一行称为**函数头**。它标志着函数定义的开始。函数头以关键字 def 开头，后跟函数名，再后面是一对圆括号，最后是冒号。

下一行开始，是一个**语句块**，其中包含一组语句。每次执行函数，都会执行块中的这些语句。注意，块中的语句要一致地缩进。这种缩进是必须的，因为 Python 解释器使用它来区分块的开始和结束。

下面是一个示例函数。注意，它不是一个完整的程序。完整的程序将在稍后展示：

```
def message():
    print(' 我是亚瑟，')
    print(' 不列颠的国王。')
```

上述代码定义了一个名为 message 的函数。函数中的块包含两个语句。执行该函数将导致这两个语句的执行。

5.2.3 调用函数

函数定义规定了函数要做什么，但它只是定义，并不会导致函数的实际执行。要执行函数，必须**调用**它。我们像下面这样调用 message 函数：

```
message()
```

调用函数时，解释器会跳转到该函数并执行其语句块中的语句。当语句块结束时，解释器会跳回调用函数的位置，程序从这个地方恢复执行。当这种情况发生时，我们说函数**返回**。为了充分说明函数调用具体如何工作，下面来看看程序 5.1。

程序 5.1 function_demo.py

```
1   # 这个程序演示了函数
2   # 首先定义一个名为 message 的函数
3   def message():
4       print(' 我是亚瑟，')
5       print(' 不列颠的国王。')
6
7   # 调用 message 函数
```

```
8  message()
```

下面来看看这个程序在运行时发生了什么。首先，解释器忽略第 1 行和第 2 行的注释。然后，它读取第 3 行的 def 语句。这会在内存中创建一个名为 message 的函数，其中包含由第 4 行和第 5 行组成的语句块（记住，函数定义只是创建一个函数，不会导致函数的实际执行）。接着，解释器忽略第 7 行的注释，然后执行第 8 行的语句，这是一个**函数调用**。这导致 message 函数的实际执行，并打印两行输出。图 5.2 说明了该程序的各个部分。

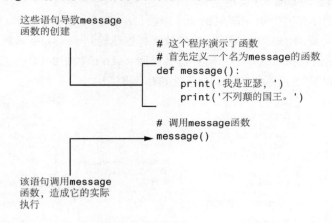

图 5.2 函数定义和函数调用

程序 5.1 只有一个函数，但完全可以在程序中定义多个函数。事实上，程序通常都有一个 main 函数，并在程序启动时调用它。main 函数根据需要调用程序中的其他函数。我们一般说 main 函数包含了程序的**主线逻辑**，即程序的整体逻辑。程序 5.2 定义并调用了两个函数：main 和 message。

程序 5.2 two_functions.py

```
1  # 这个程序有两个函数
2  # 首先定义 main 函数
3  def main():
4      print(' 我有话给你说。')
5      message()
6      print(' 再见！')
7
8  # 接着定义 message 函数
9  def message():
10     print(' 我是亚瑟，')
11     print(' 不列颠的国王。')
12
13 # 调用 main 函数
14 main()
```

程序输出

我有话给你说。
我是亚瑟,
不列颠的国王。
再见!

第 3 行~第 6 行是 main 函数的定义,第 9 行~第 11 行是 message 函数的定义。第 14 行调用 main 函数,如图 5.3 所示。

在 main 函数中,第一个语句调用 print 函数(第 4 行),显示字符串'我有话给你说。' 然后,第 5 行的语句调用 message 函数。这导致解释器跳转到 message 函数,如图 5.4 所示。message 函数中的语句执行完毕后,解释器会返回 main 函数中的调用位置,继续执行紧随其后的语句。如图 5.5 所示,该语句显示字符串'再见! '。

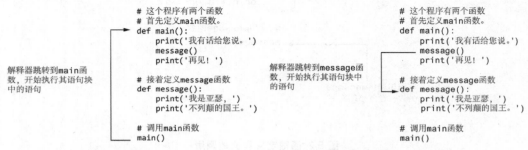

图 5.3 调用 main 函数   图 5.4 调用 message 函数

就这样到了 main 函数的结束位置,所以该函数返回,如图 5.6 所示。没有更多的语句需要执行,因此整个程序结束。

图 5.5 message 函数返回    图 5.6 main 函数返回

注意:当程序调用一个函数时,程序员通常说程序的控制转移到了该函数,意思其实就是现在由函数来接管程序的执行。

5.2.4 Python 的缩进

在 Python 中，语句块的每一行都必须缩进。如图 5.7 所示，在函数头之后缩进的最后一行就是整个块的最后一行。

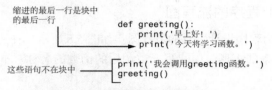

图 5.7 块中的所有语句都缩进了

对语句块中代码进行缩进时，一定要确保每行开头的空格数相同，否则会出错。例如，以下函数定义会导致错误，因为各行缩进的空格数不同：

```
def my_function():
    print(' 现在来看看 ')
print(' 某些完全不同的 ')
    print(' 东西。')
```

使用代码编辑器时有两种缩进方法：（1）在行首按 Tab 键插入制表符；（2）在行首按空格键插入空格。对块中的行进行缩进时，制表符和空格都可以使用，但不要同时都用，否则可能混淆 Python 解释器并导致错误。

提示：Python 程序员习惯使用 4 个空格来缩进块中的行。任何数量的空格都可以，只要一个代码块中的所有行的缩进量一致。

注意：代码块中的空行会被解释器忽略。

和其他大多数 Python 编辑器一样，IDLE 会自动缩进块中的行。在函数头末尾键入冒号时，之后键入的所有行都会自动缩进。键入块中的最后一行后，按退格（Backspace）键即可取消自动缩进。

检查点

5.6 函数定义包括哪两个部分？

5.7 "调用函数"是什么意思？

5.8 当函数执行时，到达块的末尾后会发生什么？

5.9 为什么必须缩进块中的语句？

5.3 使用函数来设计程序

概念：程序员通常使用自上而下设计技术，将一个算法分解为多个函数。

5.3.1 使用了函数的程序的流程图

第 2 章讨论了作为程序设计工具的流程图。如图 5.8 所示，在流程图中，**函数调用**表示成一个两边都有竖条的矩形，中间写上被调用的函数的名称。本例展示了对 message 函数的调用。

程序员经常要为程序中的每个函数绘制单独的流程图。例如，图 5.9 展示了程序 5.2 的 main 函数和 message 函数的流程图。为函数绘制流程图时，注意在起始符号上通常标识函数名，在结束符号上则通常标识 Return（返回）。

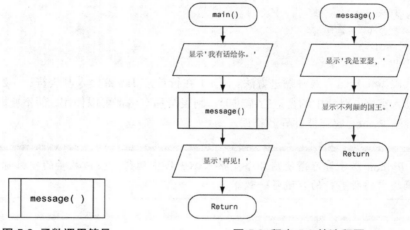

图 5.8 函数调用符号   图 5.9 程序 5.2 的流程图

5.3.2 自上而下设计

之前讨论并演示了函数的工作方式。你看到了当函数被调用时，程序的控制如何转移到函数，以及当函数结束时，控制又如何返回函数的调用位置。理解函数的这些机制很重要。

与理解函数工作方式同等重要的是理解如何设计程序来使用函数。程序员通常使用一种称为自上而下设计的技术将算法分解成多个函数。下面是**自上而下设计**的过程：

- 程序要执行的总体任务被分解为一系列子任务
- 针对每个子任务，判断是否能进一步分解为更多的子任务，重复这一步骤，直到无法分解为更多的子任务
- 一旦确定了所有子任务，就把它们写成代码

这个过程之所以被称为自上而下设计，是因为程序员从必须执行的最顶层任务开始，然后将其分解为较低层次的子任务。

5.3.3 层次结构图

流程图是以图形方式描述函数内部逻辑流程的一种很好的工具，但它不能直观地表示函数之间的关系。程序员通常使用**层次结构图**来完成这个任务。层次结构图也称为**结构图**，它列出了一系列方框来代表程序中的每个函数。这些方框的连接方式说明了每个函数要调用其他哪些函数。图 5.10 展示了一个虚构的工资计算程序的层次结构图。

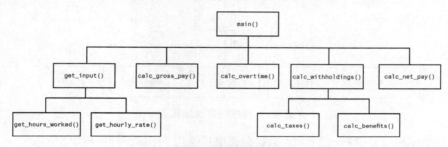

图 5.10 层次结构图

在这个层次结构图中，main 函数是最顶层的函数。main 函数调用了其他 5 个函数：get_input，calc_gross_pay，calc_overtime，calc_withholdings 和 calc_net_pay。get_input 函数调用其他两个函数：get_hours_worked 和 get_hourly_rate。calc_withholdings 函数也调用了其他两个函数：calc_taxes 和 calc_benefits。

注意，层次结构图不显示函数内部执行的步骤。正是由于层次结构图不显示函数工作的任何细节，所以不能取代流程图或伪代码。

聚光灯：定义和调用函数

Professional Appliance Service 公司提供家用电器维修服务。公司负责人要为公司的所有技术服务人员配备一台小型手持电脑，在上面显示各种维修项目的步骤。为了演示这个过程，负责人要求你开发一个程序，为 Acme 干衣机的拆卸显示以下步骤说明。

步骤 1：拔下干衣机的电源插头，将机器移动到远离墙壁的位置。

步骤 2：拧下干衣机背面的六颗螺丝。

步骤 3：取下干衣机的背板。

步骤 4：将干衣机的顶部向上拉。

与负责人交谈后，确定程序应一次显示一个步骤，并在显示每个步骤后要求用户按 Enter 键查看下一步。下面是该算法的伪代码：

> *显示初始消息，解释程序的作用。*
> *要求用户按 Enter 键查看步骤 1。*
> *显示步骤 1 的说明。*
> *要求用户按 Enter 键查看下一步。*
> *显示步骤 2 的说明。*
> *要求用户按 Enter 键查看下一步。*

> *显示步骤 3 的说明。*
> *要求用户按 Enter 键查看下一步。*
> *显示步骤 4 的说明。*

该算法列出了程序需要执行的最高层级的任务，这成为程序的 main 函数的基础。图 5.11 展示了程序的层次结构图。

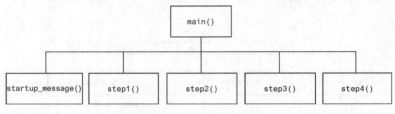

图 5.11 程序的层次结构图

从层次结构图可以看出，main 函数会调用其他几个函数，如下所示。

- startup_message：显示初始消息，告诉技术人员程序的功能
- step1：显示步骤 1 的说明
- step2：显示步骤 2 的说明
- step3：显示步骤 3 的说明
- step4：显示步骤 4 的说明

在调用这些函数的间隙，main 函数会指示用户按 Enter 键查看下一步指令。程序 5.3 展示了完整的代码。

程序 5.3 acme_dryer.py

```
1   # 这个程序将逐步显示
2   # Acme 干衣机的拆卸说明。
3   # main 函数执行程序的主要逻辑
4   def main():
5       # 显示启动消息
6       startup_message()
7       input(' 按 Enter 键查看步骤 1。')
8       # 显示步骤 1
9       step1()
10      input(' 按 Enter 键查看步骤 2。')
11      # 显示步骤 2
12      step2()
13      input(' 按 Enter 键查看步骤 3。')
14      # 显示步骤 3
15      step3()
16      input(' 按 Enter 键查看步骤 4。')
17      # 显示步骤 4
18      step4()
19
```

```
20 # startup_message 函数在屏幕上
21 # 显示程序的初始消息。
22 def startup_message():
23     print('这个程序指导你 ')
24     print('拆卸 ACME 干衣机。')
25     print('总共有 4 个步骤。')
26     print()
27
28 # step1 函数显示了
29 # 步骤 1 的说明。
30 def step1():
31     print('步骤 1：拔下干衣机的电源插头，')
32     print('将机器移动到远离墙壁的位置。')
33     print()
34
35 # step2 函数显示了
36 # 步骤 2 的说明。
37 def step2():
38     print('步骤 2：拧下干衣机背面 ')
39     print('的六颗螺丝。')
40     print()
41
42 # step3 函数显示了
43 # 步骤 3 的说明。
44 def step3():
45     print('步骤 3：取下干衣机的 ')
46     print('背板。')
47     print()
48
49 # step4 函数显示了
50 # 步骤 4 的说明。
51 def step4():
52     print('步骤 4：将干衣机的顶部 ')
53     print('向上拉。')
54
55 # 调用 main 函数来启动程序
56 main()
```

程序输出

```
这个程序指示你
拆卸 ACME 干衣机。
总共有 4 个步骤。

按 Enter 键查看步骤 1。 Enter
步骤 1：拔下干衣机的电源插头，
```

将机器移动到远离墙壁的位置。

按 Enter 键查看步骤 2。 Enter
步骤 2：拧下干衣机背面
的六颗螺丝。

按 Enter 键查看步骤 3。 Enter
步骤 3：取下干衣机的
背板。

按 Enter 键查看步骤 4。 Enter
步骤 4：将干衣机的顶部
向上拉。

5.3.4 暂停执行直到用户按 Enter 键

有的时候，你希望程序暂停执行，方便用户阅读屏幕上显示的消息。当用户准备好继续执行程序时，可以按 Enter 键恢复程序的执行。在 Python 中，可以使用 input 函数使程序暂停，直到用户按下 Enter 键。程序 5.3 的第 7 行就是一个例子：

```
input(' 按 Enter 键查看步骤 1。')
```

该语句显示消息"按 Enter 键查看步骤 1。"并暂停直到用户按 Enter 键。程序的第 10 行、第 13 行和第 16 行也使用了这个技术。

5.3.5 使用 pass 关键字

刚开始写程序代码的时候，你可能知道自己想要使用的函数名，但不确定这些函数中的代码的所有细节。在这种情况下，可以使用 pass 关键字来创建空函数。以后在知道了代码的细节后，可以回到空函数，用有意义的代码替换 pass 关键字。

例如，刚开始写程序 5.3 的代码时，可以为函数 step1，step2，step3 和 step4 写空的函数定义，如下所示：

```
def step1():
    pass
def step2():
    pass
def step3():
    pass
def step4():
    pass
```

Python 解释器会忽略 pass 关键字，所以上述代码实际创建的是 4 个什么都不做的函数。

提示：pass 关键字可以在 Python 代码的任何地方作为占位符使用。例如，可以在 if 语句中使用它，如下所示：

```
if x > y:
    pass
else:
    pass
```

下面是一个使用了 pass 关键字的 while 循环：

```
while x < 100:
    pass
```

5.4 局部变量

概念：局部变量在函数内部创建，不能由函数外部的语句访问。不同函数可以有相同名称的局部变量，因为函数之间互相看不到对方的局部变量。

在函数内部为变量赋值，就创建了一个**局部变量**。局部变量属于创建它的函数，只有该函数内部的语句才能访问该变量。"局部"的意思是变量只能在创建它的函数中"局部"地使用。

如果一个函数中的语句试图访问属于另一个函数的局部变量，就会发生错误，程序 5.4 展示了一个例子。

程序 5.4 bad_local.py

```
1  # main 函数定义
2  def main():
3      get_name()
4      print(f' 你好, {name}。')        # 这会导致错误!
5
6  # get_name 函数的定义
7  def get_name():
8      name = input(' 输入你的姓名：')
9
10 # 调用 main 函数
11 main()
```

该程序有两个函数：main 和 get_name。第 8 行将用户输入的值赋给 name 变量。由于该语句位于 get_name 函数内部，所以 name 变量是该函数的局部变量。这意味着 name 变量不能由 get_name 函数外部的语句访问。

main 函数在第 3 行调用 get_name 函数。然后，第 4 行的语句试图访问 name 变量。这会导致错误，因为 name 变量是 get_name 函数的局部变量，main 函数中的语句不能访问它。

作用域和局部变量

变量的**作用域**是程序中可以访问变量的那一部分。只有在变量作用域内的语句才能"看到"变量。局部变量的作用域是创建变量的那个函数。如程序 5.4 所示,函数外部的语句不能访问它。

此外,在局部变量被创建之前,函数内部的代码也不能访问它。在下例中,print 函数试图访问 val 变量,但该语句出现在 val 变量被创建之前,因而导致了错误。将赋值语句移到 print 语句之前的一行,即可解决这个错误:

```
def bad_function():
    print(f' 值为 {val}。')        #这会导致错误!
    val = 99
```

由于函数的局部变量对其他函数是隐藏的,所以其他函数可以有自己的同名局部变量。例如,在程序 5.5 中,除了 main 函数外,这个程序还有另外两个函数: texas 和 california。这两个函数各有一个名为 birds 的局部变量。

程序 5.5 birds.py

```
1  # 这个程序演示了两个函数
2  # 可以拥有同名的局部变量
3
4  def main():
5      # 调用 texas 函数
6      texas()
7      # 调用 california 函数
8      california()
9
10 # texas 函数的定义。它创建一个
11 # 名为 birds 的局部变量。
12 def texas():
13     birds = 5000
14     print(f' 得克萨斯有 {birds} 只鸟。')
15
16 # california 函数的定义。它也创建一个
17 # 名为 birds 的局部变量。
18 def california():
19     birds = 8000
20     print(f' 加利福尼亚有 {birds} 只鸟。')
21
22 # 调用 main 函数
23 main()
```

程序输出

```
得克萨斯有 5000 只鸟。
加利福尼亚有 8000 只鸟。
```

尽管程序有两个名为 `birds` 的变量，但由于分别在不同的函数中，所以每次只会看到其中一个，如图 5.12 所示。执行 `texas` 函数时，看到的是第 13 行创建的 `birds` 变量，而在执行 `california` 函数时，看到的是在第 19 行创建的 `birds` 变量。

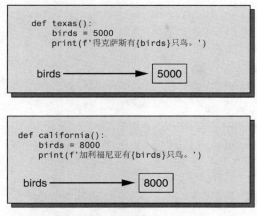

图 5.12 每个函数都有自己的 `birds` 变量

✅ **检查点**

5.10 什么是局部变量？如何限制对局部变量的访问？

5.11 什么是变量的作用域？

5.12 是否允许一个函数中的局部变量与另一个函数中的局部变量具有相同的名称？

5.5 向函数传递实参

概念：实参是在调用函数时向其传递的数据。形参是一个变量，它接收传入函数的实参。

▶ 视频讲解：Passing Arguments to a Function

调用函数时，可能需要向其传递一个或多个数据。传给函数的数据称为**实参**。函数可以在计算或其他操作中使用传入的实参。

如果希望函数在被调用时接收实参，那么必须为函数定义一个或多个形参变量。**形参变量**通常简称为**形参**。[2] 作为一种特殊的变量，它会在函数被调用时接收传入的实参。以下函数定义了一个形参变量：

```
def show_double(number):
    result = number * 2
    print(result)
```

show_double 函数的作用是接收一个数字作为实参，并显示它乘以 2 的结果。注意

---

② 译注：一般只是为了区分才说形参或实参。大多数时候，直接说"参数"即可。

函数头的圆括号中的 number，这就是形参变量的名称。调用函数时会向该变量赋值。程序 5.6 用一个完整的程序演示了这个函数。

程序 5.6 pass_arg.py

```
1  # 这个程序演示了向函数
2  # 传递实参的过程。
3
4  def main():
5      value = 5
6      show_double(value)
7
8  # show_double 函数接受一个实参,
9  # 并显示它乘以 2 的结果。
10 def show_double(number):
11     result = number * 2
12     print(result)
13
14 # 调用 main 函数
15 main()
```

程序输出

```
10
```

当这个程序运行时，main 函数在第 15 行被调用。在 main 函数内部，第 5 行创建一个名为 value 的局部变量，并为其赋值 5。然后，第 6 行调用 show_double 函数：

```
show_double(value)
```

注意，圆括号中的 value。这意味着 value 将作为实参传入 show_double 函数，如图 5.13 所示。执行该语句会调用 show_double 函数。在函数内部，number 形参和 value 变量将引用同一个值，如图 5.14 所示。

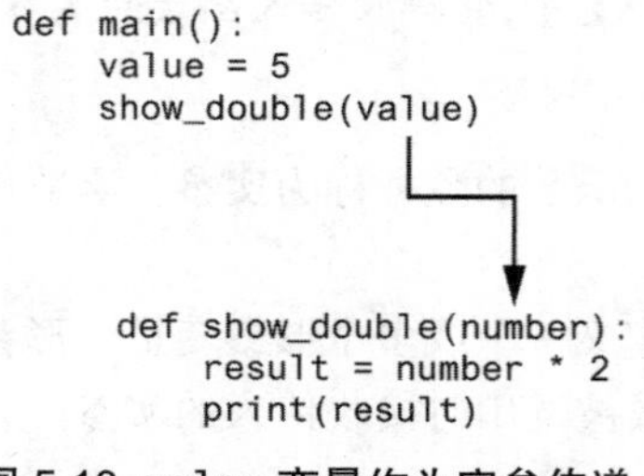

图 5.13 value 变量作为实参传递 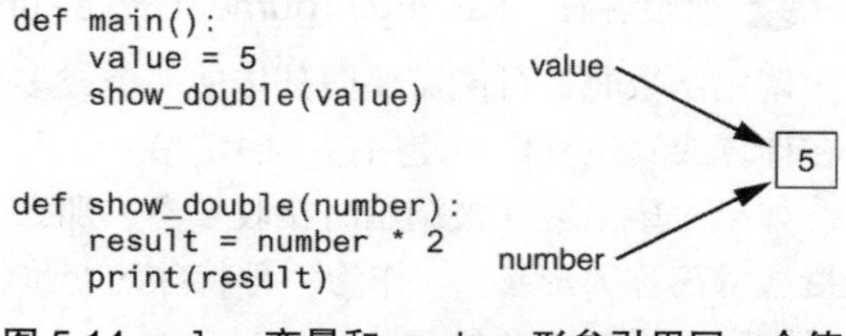   图 5.14 value 变量和 number 形参引用同一个值

下面来看一下 show_double 函数是如何工作的。首先要记住，会将作为实参传入的 value 的值赋给 number 形参变量。在这个程序中，value 的值为 5。

第 11 行将表达式 number * 2 的值赋给一个名为 result 的局部变量。由于 number 现在引用的值是 5，所以该语句会向 result 赋值 10。第 12 行显示 result 变量的值。

以下语句展示了如何调用 show_double 函数，并将一个字面值作为实参传递：

```
show_double(50)
```

该语句调用 show_double 函数，并将 50 赋给形参 number。因此，函数将打印 100。

5.5.1 形参变量的作用域

本章之前说过，变量的作用域是程序中可以访问该变量的那一部分。只有在变量作用域内的语句才能"看到"该变量。**形参变量的作用域**就是定义了该变量的那个函数的主体。函数内部的所有语句都能访问形参变量，但函数外部的语句不能访问。

🔊 **聚光灯：向函数传递实参**

你的朋友迈克尔经营着一家餐饮公司。他的菜谱中需要一些液体配料，后者以杯为单位。但是，在去杂货店购买这些配料时，发现它们以（液体）盎司为单位出售。他要求你写一个简单的程序，将杯换算为盎司。设计的算法如下所示。

1. 显示介绍性消息来解释程序的功能。

2. 获取杯数。

3. 将杯数换算为盎司数，并显示结果。

该算法列出了程序需要执行的最高层级的任务，它们构成了程序的 main 函数的基础。图 5.15 展示了程序的层次结构图。

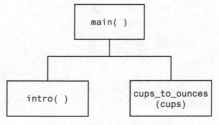

图 5.15 程序的层次结构图

如图 5.15 所示，main 函数要调用另外两个函数，如下所示。

- intro：该函数在屏幕上显示一条消息来解释程序的作用。

- cups_to_ounces：该函数接受（液体）杯数作为实参，计算并显示等量的（液体）盎司数。

除了调用这些函数外，main 函数还要求用户输入杯数。该值将传给 cups_to_ounces 函数。程序代码如程序 5.7 所示。

程序 5.7 cups_to_ounces.py

```
1  # 这个程序将（液体）杯数换算为（液体）盎司数
2
3  def main():
4      # 显示介绍性消息
5      intro()
6      # 获取杯数
7      cups_needed = int(input(' 输入杯数： '))
8      # 将杯数换算为盎司数
9      cups_to_ounces(cups_needed)
10
11 # intro 函数显示介绍性消息
```

```
12 def intro():
13     print(' 这程序将以杯为度量单位 ')
14     print(' 的液体容量换算为盎司。')
15     print(' 所用的公式是：')
16     print('     1 杯 = 8 盎司 ')
17     print()
18
19 # cups_to_ounces 函数接受杯数，
20 # 并显示相应的盎司数。
21 def cups_to_ounces(cups):
22     ounces = cups * 8
23     print(f' 这相当于 {ounces} 盎司。')
24
25 # 调用 main 函数
26 main()
```

程序输出（用户输入的内容加粗显示）

```
这个程序将以杯为度量单位
的液体容量换算为盎司数。
所用的公式是：
    1 杯 = 8 盎司

输入杯数：4 Enter
这相当于 32 盎司。
```

5.5.2 传递多个实参

我们经常需要写可以接受多个实参的函数。程序 5.8 展示了一个名为 show_sum 的函数，它接受两个实参。函数将两个实参相加并显示结果。

程序 5.8 multiple_args.py

```
1 # 这个程序定义了一个接受
2 # 两个实参的函数。
3
4 def main():
5     print('12 与 45 之和是 ')
6     show_sum(12, 45)
7
8 # show_sum 函数接受两个实参，
9 # 并显示两者之和。
10 def show_sum(num1, num2):
11     result = num1 + num2
12     print(result)
13
14 # 调用 main 函数
15 main()
```

程序输出

12 与 45 之和是
57

注意，show_sum 函数头的圆括号中出现了两个
形参变量，即 num1 和 num2。我们通常把它称为**形参
列表**或**参数列表**。另外还要注意，变量名之间以逗号
分隔。

第 6 行的语句调用 show_sum 函数并传递两个实
参：12 和 45。这些实参根据位置传递给函数中相应
的形参变量。换言之，第一个实参传给第一个形参，
第二个实参传给第二个形参。因此，该语句将 12 赋给
num1，将 45 赋给 num2，如图 5.16 所示。

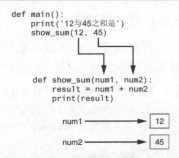

```
def main():
    print('12与45之和是')
    show_sum(12, 45)


def show_sum(num1, num2):
    result = num1 + num2
    print(result)
```
num1 → 12
num2 → 45

图 5.16 将两个实参传递给两个形参

假定调换一下函数调用中的实参顺序，如下所示：

```
show_sum(45, 12)
```

这会导致将 45 传给形参变量 num1，将 12 传给形参变量 num2。以下代码展示了另一个例
子。这次将变量作为实参传递：

```
value1 = 2
value2 = 3
show_sum(value1, value2)
```

show_sum 函数执行时，形参 num1 的值为 2，num2 的值为 3。

程序 5.9 是另一个例子，它将两个字符串作为实参传递给一个函数。

程序 5.9 string_args.py

```
# 这个程序演示了将两个字符串
# 实参传递给函数。

def main():
    first_name = input('输入姓氏: ')
    last_name = input('输入名字: ')
    print('你的姓名反转后是: ')
    reverse_name(first_name, last_name)


def reverse_name(first, last):
    print(last, first)


# 调用main函数
main()
```

程序输出（用户输入的内容加粗显示）

输入姓氏: **张** Enter

输入名字：三丰 [Enter]
你的姓名反转后是：
三丰　张

5.5.3 修改形参

将实参传入 Python 函数后，函数的形参变量将引用实参的值。但是，如果向形参变量重新赋值，那么不会对实参产生任何影响。程序 5.10 对此进行了演示。

程序 5.10 change_me.py

```
 1  # 这个程序演示更改了
 2  # 形参变量的值后会怎样。
 3
 4  def main():
 5      value = 99
 6      print(f' 现在 value 是 {value}。')
 7      change_me(value)
 8      print(f' 返回 main 后, value 是 {value}。')
 9
10  def change_me(arg):
11      print(' 现在更改形参变量。')
12      arg = 0
13      print(f' 现在形参变量的值是 {arg}。')
14
15  # 调用 main 函数
16  main()
```

程序输出

现在 value 是 99。
现在更改形参变量。
现在形参变量的值是 0。
返回 main 后, value 是 99。

main 函数在第 5 行创建一个名为 value 的局部变量并赋值 99。第 6 行的语句显示 ' 现在 value 是 99'，然后，第 7 行将 value 变量作为实参传递给 change_me 函数。这意味着在 change_me 函数中，形参 arg 也将引用值 99。如图 5.17 所示。

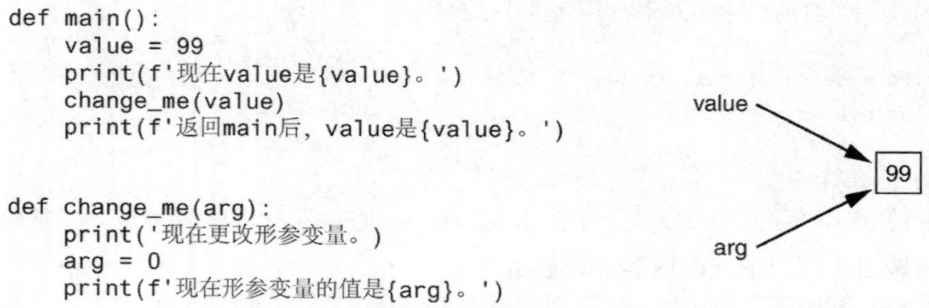

图 5.17 将 value 变量传递给 change_me 函数

在 change_me 函数内部，第 12 行将 0 赋给形参 arg。这个重新赋值更改了 arg 的值，但并不影响 main 函数中的 value 变量。如图 5.18 所示，这两个变量现在引用内存中不同的值。第 13 行的语句显示 ' 现在形参变量的值是 0'，函数结束。

```
def main():
    value = 99
    print(f'现在value是{value}。')
    change_me(value)
    print(f'返回main后, value是{value}。')


def change_me(arg):
    print('现在更改形参变量。')
    arg = 0
    print(f'现在形参变量的值是{arg}。')
```

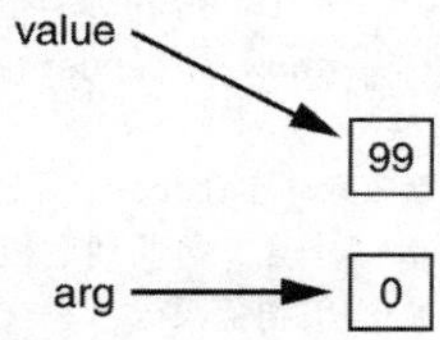

value → 99

arg → 0

图 5.18　将 value 变量传递给 change_me 函数

程序控制随后返回 main 函数，并执行第 8 行的语句。该语句显示 ' 返回 main 后，value 是 99'。这证明虽然形参变量 arg 在 change_me 函数中被更改，但不会影响实参变量（main 函数中的 value 变量）。

在 Python 中，函数不能改变传递给它的实参的值。这通常称为**传值**[3]，是函数与其他函数通信的一种方式。然而，这种通信只在一个方向上进行。换言之，调用函数可与被调用函数通信，但被调用函数不能使用实参与调用函数通信。本章稍后会解释如何写一个函数，通过返回值与调用它的那一部分的程序进行通信。

5.5.4　关键字参数

程序 5.8 和图 5–9 演示了实参如何根据位置传给函数对应的形参变量。大多数编程语言都以这种方式匹配函数的实参和形参。但是，除了这种传统的传参方式，Python 语言还允许采用以下格式来写实参，指定每个实参应传递给哪个形参变量：

形参名 = 值

其中，"形参名"是形参变量的名称，"值"是传给该形参变量的值。采用这种语法写的实参称为**关键字实参**或**关键字参数**。

程序 5.11 演示了关键字实参。该程序使用一个名为 show_interest 的函数来显示一个银行账户在若干期间内获得的单利。函数的形参包括：principal（账户本金）、rate（每期利率）和 period（期数）。第 7 行在调用这个函数时，数据是作为关键字实参来传递的。

---

[3]　译注：作者在这里的说法不完全准确。大多数编程语言的"传值"都是指在内存中创建所传递的实参的一个"拷贝"。函数中的一切操作针对的都是这个拷贝，所以不会影响实参变量。但是，和这些语言不同，Python 的函数只支持"传对象引用"，不能选择传引用还是传值。这里所谓的"传对象引用"，其实是传值和传引用的一种结合。如果函数收到的是一个可变对象（例如字典或列表）的引用，那么可以修改对象的原始值，这相当于通过"传引用"来传递对象。如果函数收到的是一个不可变对象（例如数字、字符或元组）的引用，那么不能直接修改原始对象，这相当于通过"传值"来传递对象，本例只是展示了后面这种情况。

程序 5.11 keyword_args.py

```
1   # 这个程序演示了关键字参数
2
3   def main():
4       # 显示单利金额，使用 0.01 作为
5       # 每期利率，10 作为期数，
6       # 10000 作为本金 .
7       show_interest(rate=0.01, periods=10, principal=10000.0)
8
9   # show_interest 函数显示在给定
10  # 了本金、每期利率和期数的前提
11  # 的单利金额。
12
13  def show_interest(principal, rate, periods):
14      interest = principal * rate * periods
15      print(f' 单利金额为 ${interest:,.2f}。')
16
17  # 调用 main 函数
18  main()
```

程序输出

单利金额为 $1,000.00。

　　注意，第 7 行的关键字实参的顺序与第 13 行函数头中形参的顺序不一致。由于关键字实参具体指定了向哪个形参赋值，所以实参的顺序在函数调用中的位置并不重要。

　　程序 5.12 展示了另一个例子。它是程序 5.9 的一个变体，使用关键字实参来调用 reverse_name 函数。

程序 5.12 keyword_string_args.py

```
1   # 这个程序演示了将两个字符串
2   # 作为关键字实参传递给函数。
3
4   def main():
5       first_name = input(' 输入姓氏: ')
6       last_name = input(' 输入名字: ')
7       print(' 你的姓名反转后是: ')
8       reverse_name(last=last_name, first=first_name)
9
10  def reverse_name(first, last):
11      print(last, first)
12
13  # 调用 main 函数
14  main()
```

程序输出（用户输入的内容加粗显示）

输入姓氏: 张 [Enter]
输入名字: 三丰 [Enter]

你的姓名反转后是:
三丰　张

5.5.5　混合使用关键字实参和位置实参

在函数调用中, 位置实参和关键字实参可以混用。但是, 必须先写位置实参, 然后才能写关键字实参, 否则会报错。下例展示了如何同时使用位置实参和关键字实参来调用程序 5.10 中的 show_interest 函数:

```
show_interest(10000.0, rate=0.01, periods=10)
```

在这个语句中, 第一个实参 10000.0 根据所在位置传给形参 principal。第二个和第三个实参则作为关键字实参传递。然而, 以下函数调用会导致错误, 因为在关键字实参后面出现了一个非关键字实参:

```
# 这会导致一个错误!
show_interest(1000.0, rate=0.01, 10)
```

5.5.6　仅关键字参数

如果要写一个函数定义并要求所有实参都必须作为关键字实参传递, 则可以使用 Python 的一种特殊的记号法——在函数参数列表的开头写一个星号, 后跟一个逗号, 如下所示:

```
def show_sum(*, a, b, c, d):
    print(a + b + c + d)
```

注意, 这个参数列表中的第一项是星号。这个星号不是参数, 而是声明在它之后出现的所有参数都是**仅关键字参数**[4]。仅关键字参数只接受关键字实参。在本例中, 调用 show_sum 函数时必须为 a, b, c 和 d 形参传递关键字实参。下面是一个示例函数调用:

```
show_sum(a=10, b=20, c=30, d=40)
```

在本例中, 任何实参作为位置实参来传递都会报错。例如, 以下语句会报错, 因为 a 不是作为关键字实参来传递的:

```
show_sum(10, b=20, c=30, d=40)    # 错误
```

星号不一定要放在参数列表的最开头。相反, 它可以出现在参数列表的任何位置。但是, 只有在星号之后的形参才是仅关键字参数。下面是一个例子:

```
def show_sum(a, b, *, c, d):
    print(a + b + c + d)
```

在这个例子中, 只有 c 和 d 才是仅关键字参数。

---

④　译注: 这里之所以不用"仅关键字形参", 是为了符合中文社区一般的说法。

5.5.7 仅位置参数

上一节展示了如何在函数中声明仅关键字参数。除此之外，Python 还允许声明**仅位置参数**。调用函数时，仅位置参数将只接受位置实参。为了声明仅位置参数，需要在参数列表中插入一个正斜杠，它在之前的所有形参都是仅位置参数，如下例所示：

```
def show_sum(a, b, c, d, /):
    print(a + b + c + d)
```

注意，参数列表的最后一项是正斜杠。出现在正斜杠之前的所有参数都是仅位置参数。在本例中，a，b，c 和 d 都是仅位置参数。下面是一个示例函数调用：

```
show_sum(10, 20, 30, 40)
```

根据位置，该函数调用将向形参 a 传递 10，向形参 b 传递 20，向形参 c 传递 30，向形参 d 传递 40。

将关键字实参传给仅位置参数会报错。例如，以下函数调用将导致错误，因为试图将一个关键字实参传递给形参 d：

```
show_sum(10, 20, 30, d=40)    # 错误！
```

正斜杠可以出现在参数列表的任何位置，但只有在它之前的参数才会成为仅位置参数，如下例所示：

```
def show_sum(a, b, /, c, d):
    print(a + b + c + d)
```

在这个例子中，只有 a 和 b 是仅位置参数。c 和 d 既可以接收位置参数，也可以接收关键字参数。但要记住，在 Python 中调用函数时，不能在关键字参数之后传递位置参数。所以，本例如果向 c 传递了关键字参数，那么也必须向 d 传递关键字参数。

◈**注意**：仅位置参数是 Python 3.8 首次引入的。

5.5.8 默认实参

Python 允许为函数的形参提供默认实参。如果形参有默认实参，那么在调用函数时可以不必显式地为其传递实参。下面是带有默认实参的一个示例函数定义：

```
def show_tax(price, tax_rate=0.07):
    tax = price * tax_rate
    print(f'税金为 {tax}。')
```

这个函数定义为形参 **tax_rate** 提供了一个默认实参。注意，参数名后面有一个等号和一个值。等号后面的值就是默认实参。在本例中，形参 **tax_rate** 的默认值为 **0.07**。

调用 **show_tax** 函数时，必须为形参 **price** 传递一个实参。但由于形参 **tax_rate** 已经有了一个默认实参，所以可以忽略向它赋的值，如下所示：

```
    show_tax(100)
```

该语句调用 show_tax 函数，传递值 100 作为形参 price 的实参。由于没有为形参 tax_rate 显式传递一个实参，所以它的值默认为 0.07。如果希望形参 tax_rate 有一个不同的值，那么可以在调用函数时为其显式指定一个实参，如下所示：

```
    show_tax(100, 0.08);
```

该语句调用 show_tax 函数，为形参 price 传递 100，为形参 tax_rate 传递 0.08（而不是使用默认的 0.07）。

在函数的参数列表中，必须先写不带默认实参的形参，然后才能写带默认实参的形参。例如，以下 show_tax 函数定义会报错：

```
    # 这是一个无效的函数
    def show_tax(price=10, tax_rate):
        tax = price * tax_rate
        print(f' 税金为 {tax}。')
```

在这个例子中，我们为形参 price 提供了默认实参，但是没有为形参 tax_rate 提供默认实参。由于 tax_rate 在 price 之后，所以也必须为它提供一个默认实参。

可以为函数的所有形参都提供默认实参，如下所示：

```
    def show_tax(price=10, tax_rate=0.07):
        tax = price * tax_rate
        print(f' 税金为 {tax}。')
```

在这个函数定义中，形参 price 的默认实参是 10，形参 tax_rate 的默认实参是 0.07。由于函数的所有形参都有默认实参，因此可以直接调用该函数，而无需传递任何实参，如下例所示：

```
    show_tax()
```

执行该语句时，会向形参 price 传递 10，向 tax_rate 传递 0.07。

程序 5.13 使用一个函数在屏幕上显示星号。向函数传递的实参指定了星号的行列数。如果不传递实参，就使用函数的默认实参，即显示 1 行 10 列星号。

程序 5.13 display_stars.py

```
1   # 这个程序演示了默认实参
2   def main():
3       # 行列数使用默认实参（1 行 10 列）
4       display_stars()
5       print()
6
7       # 列数显式指定为 5，行数则使用默认实参（1 行）
8       display_stars(5)
9       print()
10
11      # 显式指定 7 列和 3 行
```

```
12      display_stars(7, 3)
13
14 # 该函数显示特定行列数的星号
15 def display_stars(cols=10, rows=1):
16      # 外层循环打印行,
17      # 内层循环打印列。
18      for row in range(rows):
19          for col in range(cols):
20              print('*', end='')
21          print()
22
23 # 调用 main 函数
24 main()
```

程序输出

```
**********

*****

*******
*******
*******
```

下面总结程序 5.13 的各个 `display_stars` 函数调用。

- 第 4 行的调用不传递任何实参,因此 cols 和 rows 形参都使用默认实参。
- 第 8 行的调用传递了实参 5,该实参将传给 cols 形参,rows 形参则使用默认实参(1)。
- 第 12 行的调用传递了实参 7 和 3。其中,实参 7 将传给 cols 形参,参数 3 则传给 rows 形参。

程序 5.13 在调用 `display_stars` 函数时使用的是位置实参。程序 5.14 演示了如何使用关键字实参来调用同一个函数。

程序 5.14 display_stars_keyword_args.py

```
1  # 这个程序演示了默认实参
2  # 和关键字实参。
3  def main():
4      # 显示 5 行 10 列星号
5      display_stars(rows=5, cols=10)
6      print()
7
8      # 列数显式指定为 7,行数则使用默认实参(1 行)
9      display_stars(cols=7)
10     print()
11
12     # 行数显式指定为 3,列数则使用默认实参(10 列)
13     display_stars(rows=3)
14
```

```
15  # 该函数显示特定行列数的星号
16  def display_stars(cols=10, rows=1):
17      # 外层循环打印行,
18      # 内层循环打印列。
19      for row in range(rows):
20          for col in range(cols):
21              print('*', end='')
22          print()
23
24  # 调用 main 函数
25  main()
```

程序输出

```
**********
**********
**********
**********
**********

*******

**********
**********
**********
```

下面总结了程序 5.14 的各个 display_stars 函数调用。

- 第 5 行的调用传递了关键字实参 rows=5 和 cols=10。这些值分别赋给 cols 和 rows 形参, 不会使用它们的默认实参。
- 第 9 行的调用传递了关键字实参 cols=7。这个值代替了 cols 形参的默认实参, 但 rows 形参使用了默认实参 1。
- 第 13 行的调用传递了关键字实参 rows=3。这个值代替了 rows 形参的默认实参, 但 cols 形参使用了默认实参 10。

✅ 检查点

5.13　向被调用的函数传递的数据叫什么?

5.14　在被调用的函数中接收数据的变量叫什么?

5.15　什么是形参变量的作用域?

5.16　修改一个形参变量时, 是否会影响传入函数的实参?

5.17　以下语句调用一个名为 show_data 的函数。哪个调用按位置传递实参, 哪个调用传递关键字实参?

```
a. show_data(name='Kathryn', age=25)
b. show_data('Kathryn', 25)
```

5.6 全局变量和全局常量

概念：全局变量可由程序文件中的所有函数访问。

之前讲过，由一个函数中的赋值语句创建的变量是该函数的局部变量。换言之，只有这个函数内部的语句才能访问它。如果一个变量是由位于程序文件中的所有函数外部的赋值语句创建的，那么这个变量就称为全局变量。**全局变量**可由程序文件中的任何语句访问，包括任一函数中的语句。程序 5.15 展示了一个例子。

程序 5.15 global1.py

```
1   # 创建一个全局变量
2   my_value = 10
3
4   # show_value 函数打印
5   # 全局变量的值。
6   def show_value():
7       print(my_value)
8
9   # 调用 show_value 函数
10  show_value()
```

程序输出

```
10
```

第 2 行的赋值语句创建一个名为 **my_value** 的变量。因其在任何函数的外部，所以是全局变量。执行 **show_value** 函数时，第 7 行的语句打印 **my_value** 所引用的值。

要在函数内部为全局变量赋值，需要采取一个额外的步骤，即用 **global** 关键字来声明一下全局变量，如程序 5.16 所示。

程序 5.16 global2.py

```
1   # 创建一个全局变量
2   number = 0
3
4   def main():
5       global number
6       number = int(input(' 输入一个数字：'))
7       show_number()
8
9   def show_number():
10      print(f' 你输入的数字是 {number}。')
11
12  # 调用 main 函数
13  main()
```

程序输出（用户输入的内容加粗）

```
输入一个数字：55 Enter
```

> 你输入的数字是 55。

第 2 行的赋值语句创建名为 number 的全局变量。注意，在 main 函数中，第 5 行使用 global 关键字来声明 number 变量。该语句告诉 Python 解释器，main 函数打算向全局变量 number 赋值。这正是第 6 行发生的事情，用户输入的值被赋给 number。

大多数程序员都认为，应该限制全局变量的使用，或者根本不要使用全局变量，理由如下所示。

- 全局变量使调试变得困难。程序文件中的任何语句都可以更改全局变量的值。如果发现全局变量中存储了错误的值，那么必须追踪每一个访问全局变量的语句，以确定错误值的来源。在有数千行代码的一个程序中，这会令人抓狂。
- 使用全局变量的函数通常会依赖于这些变量。如果想在不同的程序中使用这种函数，那么很可能必须重新设计，使其不依赖于全局变量。
- 全局变量使程序难以理解。程序中的任何语句都可以修改全局变量。为了理解程序中使用了全局变量的任何部分，都必须理解程序中访问了该全局变量的其他所有部分。

大多数时候都应该创建局部变量，并将它们作为实参传递给需要访问它们的函数。

全局常量

虽然应该尽量避免使用全局变量，但完全可以在程序中使用全局常量。**全局常量**是一个全局名称，它引用了一个不可变的值。由于全局常量的值在程序执行过程中不能改变，所以不必担心使用全局变量时的许多潜在风险。

虽然 Python 语言不支持创建真正意义上的全局常量，但可以用全局变量来模拟。一个变量只要在函数中没有用 global 关键字声明成全局变量，就不能在这个函数中更改它的值。以下"聚光灯"小节演示了如何在 Python 中使用全局变量来模拟全局常量。

聚光灯：使用全局常量

玛丽莲在 Integrated Systems 公司工作，这家软件公司以福利好而名声在外。福利之一是所有员工都有季度奖。另一个福利是为每位员工提供退休计划。公司代扣每位员工的税前工资和奖金的 5% 用于退休计划。玛丽莲希望写一个程序，计算公司全年为员工退休账户代扣的金额。她希望程序能分别显示从税前工资和奖金代扣的金额。以下是这个程序的算法：

> *获取员工的年度税前工资。*
> *获取支付给员工的奖金金额。*
> *计算并显示从税前工资代扣的退休金。*
> *计算并显示从奖金代扣的退休金。*

程序 5.17 展示了完整的代码。

程序 5.17　retirement.py

```
1  # 这是一个代表代扣率的
```

```
2   # 全局变量。
3   CONTRIBUTION_RATE = 0.05
4
5   def main():
6       gross_pay = float(input(' 输入税前工资金额：'))
7       bonus = float(input(' 输入奖金金额：'))
8       show_pay_contrib(gross_pay)
9       show_bonus_contrib(bonus)
10
11  # show_pay_contrib 函数接受年度
12  # 税前工资作为实参，并显示要从中
13  # 代扣多少退休金。
14  def show_pay_contrib(gross):
15      contrib = gross * CONTRIBUTION_RATE
16      print(f' 从税前工资中代扣的退休金 :${contrib:,.2f}。')
17
18  # show_bonus_contrib 函数接受
19  # 年度奖金作为实参，并显示要
20  # 从中代扣多少退休金。
21  def show_bonus_contrib(bonus):
22      contrib = bonus * CONTRIBUTION_RATE
23      print(f' 从奖金中代扣的退休金 : ${contrib:,.2f}。')
24
25  # 调用 main 函数
26  main()
```

程序输出（用户输入的内容加粗）

```
输入税前工资金额：80000.00 Enter
输入奖金金额：20000.00 Enter
从税前工资中代扣的退休金 :$4,000.00。
从奖金中代扣的退休金 : $1,000.00。
```

首先，请注意第 3 行的声明：

```
CONTRIBUTION_RATE = 0.05
```

CONTRIBUTION_RATE 在本例中作为一个全局常量使用，代表要将多大比例的员工收入存入退休账户。一般将常量名称全部大写，旨在提醒自己常量在程序中不能更改。

CONTRIBUTION_RATE 常量在第 15 行（show_pay_contrib 函数）和第 22 行（show_bonus_contrib 函数）的计算中使用。玛丽莲之所以决定用这个全局常量来表示 5% 的代扣率，是出于以下两方面的考虑。

- 它使程序更易读。查看第 15 行和第 24 行的计算时，所发现的事情会非常明显。
- 代扣率偶尔会发生变化。当这种情况发生时，通过改变第 3 行的赋值语句，可以轻松更新程序。

检查点

5.18　全局变量的作用域是什么？

5.19　给出最好不要在程序中使用全局变量的理由。

5.20　什么是全局常量？适合在程序中使用全局常量吗？

5.7　返回值的函数：生成随机数

概念：返回值的函数会将一个值返回给程序中调用它的那一部分。和其他大多数编程语言一样，Python 也提供了一个预先写好的函数库，用于执行各种常见任务。在这些库中，通常都包含一个生成随机数的函数。

本章第一前面讨论了 void 函数，即不返回值的函数。这种函数包含的语句用于执行一项特定的任务。需要函数执行特定的任务时，就调用函数。这会导致函数内部的语句执行。函数执行完毕后，程序的控制将返回到紧随函数调用之后的语句。

返回值的函数是一种特殊类型的函数。它和 void 函数相似，如下所示：

- 包含一组执行特定任务的语句
- 通过调用来执行函数

然而，当返回值的函数结束时，它会返回一个值给调用它的程序部分。从函数返回的值可以像其他值一样使用：可以赋给变量、在屏幕上显示、用于数学表达式（如果是数字）等。

5.7.1　标准库函数和 import 语句

和其他大多数编程语言一样，Python 带有一个已经写好的函数**标准库**。这些函数称为**库函数**，它们能执行许多常见任务，从而简化了程序员的工作。事实上，之前已经使用了几个 Python 库函数，包括 print，input 和 range 等。Python 还提供了其他许多库函数。尽管本书不会覆盖全部库函数，但会重点讨论执行一些基本操作的库函数。

Python 的一些库函数内置于 Python 解释器中。要在程序中使用某个内置函数，直接调用它即可。之前用过的 print，input，range 和其他一些函数就属于这种情况。然而，标准库中的许多函数都存储在称为**模块**的文件中。这些模块在安装 Python 时被复制到计算机上。模块的作用是对标准库函数进行组织。例如，执行数学运算的所有函数都存储在一个模块中，负责文件处理的所有函数存储在另一个模块中，等等。

为了调用存储在模块中的函数，必须在程序顶部写一个 import 语句。import 语句告诉解释器要导入什么模块。例如，math 是 Python 标准模块之一，其中包含各种处理浮点数的数学函数。如果程序要使用 math 模块中的任何函数，那么应该在程序顶部写以下 import 语句：

```
import math
```

该语句指示解释器将 math 模块的内容加载到内存，并使当前程序可以使用 math 模块中的所有函数。

由于看不到库函数内部是如何工作的，所以许多程序员都说它们是**黑盒**。我们平常使用黑盒一词来描述描述接收输入、使用输入来执行某些操作（不清楚细节）并生成输出的机制。图 5.19 说明了这一概念。

图 5.19 作为黑盒的库函数

为了理解返回值的函数是如何工作的，我们首先来看看生成随机数的标准库函数，以及用这种函数来写的一些有趣的程序。然后，你将学习如何写自己的返回值的函数，以及如何创建自己的模块。本章最后一节将回到库函数的主题，并介绍 Python 标准库的其他几个有用的函数。

5.7.2 生成随机数

许多编程任务都要用到随机数，下面列举一些例子。
- 在游戏中会大量用到随机数。例如，掷骰子游戏用随机数来表示骰子的点数。从洗好的一副扑克牌中抽牌的程序用随机数来表示牌的点数。
- 随机数在模拟程序中非常有用。在某些模拟程序中，计算机必须随机决定一个人、动物、昆虫或其他生物的行为。可以用随机数构造公式，以决定程序中发生的各种行为和事件。
- 随机数在必须随机选择数据进行分析的统计程序中非常有用。
- 在计算机安全领域，经常要使用随机数加密敏感数据。

Python 提供了几个用于处理随机数的库函数，它们存储在标准库的 `random` 模块中。要使用其中任何一个函数，首先都必须在程序顶部添加一个 `import` 语句：

```
import random
```

该语句指示解释器将 `random` 模块的内容加载到内存。随后，程序中的任何地方都能使用 `random` 模块中的函数。[5]

我们讨论的第一个随机数生成函数是 `randint`。由于 `randint` 函数在 `random` 模块中，所以需要在程序中使用**点记号法**来引用它。采用点记号法，函数的全称是 `random.randint`。点号左边是模块名，右边是函数名。

以下语句展示了如何调用 `randint` 函数：

```
number = random.randint (1, 100)
```

---

[5] 在 Python 中写 `import` 语句有几种方式，每种方式略有区别。但许多 Python 程序员都认为，导入模块的首选方式像本书所展示的方式这样。

在这个语句中，等号右侧的 random.randint(1, 100) 是对 randint 函数的一次调用。注意圆括号内有两个实参：1 和 100。它们告诉函数生成 1~100 的一个随机整数。图 5.20 对语句的这一部分进行了说明。

注意，randint 函数调用出现在 = 操作符右侧。调用这个函数时，它生成 1~100 范围内的一个随机数，然后返回该随机数。返回的数字会被赋给 = 操作符左侧的 number 变量，如图 5.21 所示。

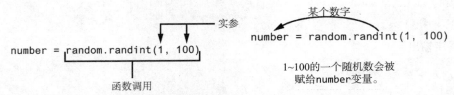

图 5.20 调用 random 模块中的一个函数   图 5.21 random 函数返回一个值

程序 5.18 展示了一个使用 randint 函数的完整程序。第 7 行的语句生成 1~10 的随机数，并将其赋给 number 变量。虽然示例输出生成的是数字 7，但这数字是任意的。事实上，每次运行这个程序，都可能生成 1~10 的任何数字。

程序 5.18 random_numbers.py

```
1   # 这个程序显示一个范围在 1 到 10
2   # 之间的随机数。
3   import random
4
5   def main():
6       # 获取随机数
7       number = random.randint(1, 10)
8
9       # 显示随机数
10      print(f' 随机数为 {number}。')
11
12  # 调用 main 函数
13  main()
```

程序输出

随机数为 7。

程序 5.19 展示了另一个例子，它使用了一个迭代 5 次的 for 循环。在循环内部，第 8 行的语句调用 randint 函数来生成 1~100 的随机数。

程序 5.19 random_numbers2.py

```
1   # 这个程序显示 5 个范围在 1 到 100
2   # 之间的随机数。
3   import random
4
```

```
5  def main():
6      for count in range(5):
7          # 获取随机数
8          number = random.randint(1, 100)
9
10         # 显示显示随机数
11         print(number)
12
13 # 调用 main 函数
14 main()
```

程序输出

```
89
7
16
41
12
```

程序 5.18 和程序 5.19 都调用了 randint 函数，并将它的返回值赋给 number 变量。如果只是想显示一个随机数，那么不需要将随机数赋给变量。可以直接将 random 函数的返回值发送给 print 函数，如下所示：

```
print(random.randint(1, 10))
```

执行这个语句会调用 randint 函数。该函数生成 1~10 的随机数，并将其返回给 print 函数。随后，print 函数将显示这个值。图 5.22 对此进行了说明。

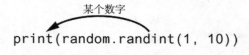

显示 1~10 的某个数。

图 5.22　显示随机数

程序 5.20 展示了如何简化程序 5.19。它同样显示 5 个随机数，但是没有使用变量来保存这些随机数。在第 7 行，randint 函数的返回值被直接发送给 print 函数。

程序 5.20　random_numbers3.py

```
1  # 这个程序显示 5 个范围在 1 到 100
2  # 之间的随机数。
3  import random
4
5  def main():
6      for count in range(5):
7          print(random.randint(1, 100))
8
```

```
 9  # 调用 main 函数
10  main()
```

程序输出

```
89
7
16
41
12
```

5.7.3 从 f 字符串中调用函数

函数调用可以作为 f 字符串的占位符，如下所示：

```
print(f'number 为 {random.randint(1, 100)}。')
```

该语句将显示如下所示的消息（其中的 58 为随机值）：

```
number 为 58。
```

对函数调用的结果进行格式化时，f 字符串特别有用。例如，以下语句在一个 10 字符宽的域内打印一个居中对齐的随机数：

```
print(f'{random.randint(0, 1000):^10d}')
```

5.7.4 在交互模式下尝试使用随机数

为了理解向 randint 函数传递不同实参时的结果，可以考虑在交互模式下进行实验。以下交互会话对此进行了演示（为方便引用，这里添加了行号）：

```
1  >>> import random Enter
2  >>> random.randint(1, 10) Enter
3  5
4  >>> random.randint(1, 100) Enter
5  98
6  >>> random.randint(100, 200) Enter
7  181
8  >>>
```

下面来仔细看看交互会话中的每一行。

- 第 1 行的语句导入 random 模块（交互模式下也必须写恰当的 import 语句）。

- 第 2 行的语句调用 randint 函数，将 1 和 10 作为实参。结果，函数返回 1~10 的随机数。第 3 行显示了这个数字。

- 第 4 行的语句调用 randint 函数，将 1 和 100 作为实参。结果，函数返回 1~100 的随机数。第 5 行显示了这个数字。

- 第 6 行的语句调用 randint 函数，将 100 和 200 作为实参。结果，函数返回 100~200 的随机数。第 7 行显示了这个数字。

聚光灯：使用随机数

木村博士教的是统计学入门课程，他要求你写一个程序，让他在课堂上模拟掷两粒骰子。程序应随机生成两个 1~6 的数字并显示出来。通过与木村博士面谈，你了解到他想用这个程序来模拟多次掷骰子的结果，每掷一次就询问是否继续。下面是程序的伪代码。

> 当（*while*）用户想要掷骰子时：
>   显示 *1~6* 的随机数
>   显示另一个 *1~6* 的随机数
>   询问用户是否要再掷一次

为此，可以写一个 while 循环来模拟掷两粒骰子的过程，然后询问用户是否要再掷一次。只要用户回答 "y" 代表 "是"，循环就会重复。程序 5.21 展示了完整的代码。

程序 5.21 dice.py

```
1   # 这个程序模拟掷两粒骰子
2   import random
3
4   # 代表最小和最大随机数的常量
5   MIN = 1
6   MAX = 6
7
8   def main():
9       # 创建循环控制变量
10      again = 'y'
11
12      # 模拟掷骰子
13      while again == 'y' or again == 'Y':
14          print(' 正在掷骰 ...')
15          print(' 它们的点数为: ')
16          print(random.randint(MIN, MAX))
17          print(random.randint(MIN, MAX))
18
19          # 再掷一次吗?
20          again = input(' 再掷一次吗? (y = 是 ): ')
21
22  # 调用 main 函数
23  main()
```

程序输出（用户输入的内容加粗显示）

```
正在掷骰 ...
它们的点数为:
3
1
再掷一次吗? (y = 是 ): y [Enter]
正在掷骰 ...
它们的点数为:
```

```
1
1
再掷一次吗？（y = 是）: y Enter
正在掷骰 ...
它们的点数为：
5
6
再掷一次吗？（y = 是）: n Enter
```

因为 randint 函数返回一个整数值，所以在能接收一个整数值的任何地方都能调用该函数。在之前的例子中，我们展示了如何将函数的返回值赋给变量，以及如何将函数的返回值发送给 print 函数。为了加深这方面的理解，以下语句在数学表达式中使用了 randint 函数：

```
x = random.randint (1, 10) * 2
```

该语句生成 1~10 的随机数，将其乘以 2，结果是一个 2~20 的随机偶数。这个值会赋给 x 变量。还可以使用 if 语句测试来函数的返回值，后面的"聚光灯"小节对此进行了演示。

聚光灯：使用随机数来表示其他值

木村博士对你为他写的掷骰子模拟器非常满意，他要求再写一个程序来模拟抛十次硬币。每抛一次，程序都应随机显示"正面"或"背面"。

你决定通过随机生成一个 1~2 的整数来模拟抛硬币。你需要一个 if 语句，随机数为 1 就显示"正面"，否则显示"背面"。下面是伪代码：

```
重复 10 次：
    如果（if）在 1 到 2 范围内的随机数等于 1，那么：
        显示 "正面"
    否则（else）:
        显示 "背面"
```

由于事先知道程序需要模拟抛 10 次硬币，所以你决定使用一个 for 循环，如程序 5.22 所示。

程序 5.22　coin_toss.py

```
1  # 这个程序模拟抛 10 次硬币
2  import random
3
4  # 常量
5  HEADS = 1
6  TAILS = 2
7  TOSSES = 10
8
9  def main():
10     for toss in range(TOSSES):
11         # 模拟抛硬币
12         if random.randint(HEADS, TAILS) == HEADS:
```

```
13              print(' 正面 ')
14          else:
15              print(' 背面 ')
16
17  # 调用 main 函数
18  main()
```

程序输出

```
背面
背面
正面
背面
背面
背面
正面
正面
正面
背面
```

5.7.5 函数 randrange、random 和 uniform

标准库的 random 模块包含许多处理随机数的函数。除了 randint 函数之外，randrange、random 和 uniform 这三个函数也很有用要使用这些函数中的任何一个，都需要在程序的顶部写 import random。

如果还记得如何使用 range 函数（第 4 章），那么很容易理解 randrange 函数。randrange 函数的参数与 range 函数相同。不同之处在于，randrange 函数返回的不是一个数值列表。相反，它从一系列值中返回一个随机值。例如，以下语句向变量 number 随机赋值 0~9：

```
number = random.randrange(10)
```

本例传递的实参是 10，它代表数值序列的结束限制（end limit），即序列中的值必须在这个限制以下。函数将返回从 0~（但不包括）结束极限的一个随机数。以下语句同时指定了数值序列的起始值和结束限制：

```
number = random.randrange(5,10)
```

执行这个语句会将 5~9 的随机数赋给 number。以下语句同时指定起始值、结束极限和步长：

```
number = random.randrange(0, 101, 10)
```

执行这个语句，randrange 函数会从以下值序列中随机返回一个值：

```
[0, 10, 20, 30, 40, 50, 60, 70, 80, 90, 100]
```

函数 randint 和 randrange 返回的都是整数，random 函数返回的则是随机浮点数。random 函数不接受任何实参，调用时会返回一个 0.0~1.0（但不包括 1.0）的随机浮点数，如下例所示：

```
number = random.random()
```

uniform 函数也返回一个随机浮点数，但允许指定数值范围，如下例所示：

```
number=random.uniform(1.0, 10.0)
```

执行这个语句，uniform 函数将返回 **1.0~10.0** 的一个随机浮点数，并将其赋给 number 变量。

5.7.6　随机数种子

random 模块中的函数生成的并不是真正意义上的随机数。虽然经常说它们是随机数，但它们实际是通过公式计算出来的**伪随机数**。生成随机数的公式必须用一个称为**种子**的值来初始化。这个种子值用于计算要从序列中返回的下一个随机数。默认情况下，random 模块在导入时会从计算机的内部时钟获取系统时间，并将其用作种子值。系统时间其实是代表当前日期和时间的一个整数，精确到百分之一秒。

如果始终使用同一个种子值，随机数函数将始终生成相同的伪随机数序列。由于系统时间每百分之一秒都会发生变化，所以每次导入 random 模块时，都会生成不同的随机数序列。所以，基本上能模拟出"随机"效果。

在某些应用中，你可能希望始终生成相同的随机数序列。在这种情况下，可以调用 random.seed 函数来指定一个种子值，如下例所示：

```
random.seed(10)
```

在这个例子中，**10** 被指定为种子值。如果程序每次运行时都调用 random.seed 函数，并将同一个值作为实参，那么它将始终生成相同的伪随机数序列。为了演示这一点，请看下面的交互会话。为了便于参考，我们添加了行号：

```
1  >>> import random [Enter]
2  >>> random.seed(10) [Enter]
3  >>> random.randint(1, 100) [Enter]
4  58
5  >>> random.randint(1, 100) [Enter]
6  43
7  >>> random.randint(1, 100) [Enter]
8  58
9  >>> random.randint(1, 100) [Enter]
10 21
11 >>>
```

第 1 行导入 random 模块。第 2 行调用 random.seed 函数，传递 **10** 作为种子值。第 3 行、第 5 行、第 7 行和第 9 行分别调用 random.randint 函数，获得 **1~100** 之间的伪随机数。本例生成的随机数是 **58**，**43**，**58** 和 **21**。下面，如果开始一个新的交互会话，并重复这些语句，那么会得到同一序列的伪随机数，如下所示。注意，不需要关闭 IDLE Shell 窗口，直接重新输入即可。

```
1  >>> import random Enter
2  >>> random.seed(10) Enter
3  >>> random.randint(1, 100) Enter
4  58
5  >>> random.randint(1, 100) Enter
6  43
7  >>> random.randint(1, 100) Enter
8  58
9  >>> random.randint(1, 100) Enter
10 21
11 >>>
```

✅ 检查点

5.21 返回值的函数与 void 函数有什么不同？

5.22 什么是库函数？

5.23 为什么说库函数是"黑盒"？

5.24 以下语句会做什么？

```
x = random.randint(1, 100)
```

5.25 以下语句会做什么？

```
print(random.randint(1, 20))
```

5.26 以下语句会做什么？

```
print(random.randrange(10, 20))
```

5.27 以下语句会做什么？

```
print(random.random())
```

5.28 以下语句会做什么？

```
print(random.uniform(0.1, 0.5))
```

5.29 导入 random 模块时，它会使用什么作为随机数生成的种子值？

5.30 总是使用同一个种子值来生成随机数会发生什么？

5.8 自定义返回值的函数

概念：返回值的函数有一个 return 语句，将一个值返回给调用它的程序部分。

▶ 视频讲解：Writing a Value-Returning Function

在写返回值的函数时，采用的方式与 void 函数相同，唯一的区别是必须有一个 return 语句。Python 中返回值的函数采用以下常规格式：

```
def function_name():
    语句
    语句
    ...
    return 表达式
```

函数主体中必须有一个 `return` 语句，它采用以下形式：

```
return 表达式
```

关键字 `return` 后面的表达式的值会返回程序中调用该函数的那一部分。它可以是任何值、变量或者任何有一个值的表达式（例如数学表达式）。

下面是一个简单的返回值的函数：

```
def sum(num1, num2):
    result = num 1 + num 2
    return result
```

图 5.23 展示了该函数的各个组成部分。

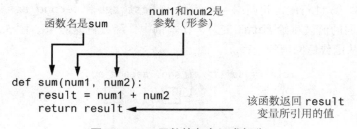

图 5.23 sum 函数的各个组成部分

这个函数的作用是接收两个整数值作为实参并返回两者之和。下面来仔细看看它是如何工作的。函数块（主体）中的第一个语句将 `num1` + `num2` 的值赋给 `result` 变量，然后执行 `return` 语句来结束函数的执行，并将 `result` 变量引用的值返回给程序中调用函数的那一部分。程序 5.23 演示了这个函数的实际使用。

程序 5.23 total_ages.py

```
 1  # 这个程序使用了函数的返回值
 2
 3  def main():
 4      # 获取用户的年龄
 5      first_age = int(input(' 你多少岁？ '))
 6
 7      # 获取用户最好朋友的年龄
 8      second_age = int(input(" 你的最好的朋友多少岁？ "))
 9
10      # 显示两个年龄相加的结果
11      total = sum(first_age, second_age)
12
```

```
13        # 显示求和结果
14        print(f' 你们两个加起来有 {total} 岁。')
15
16  # sum 函数接收两个数值实参,
17  # 并返回两个实参之和。
18  def sum(num1, num2):
19        result = num1 + num2
20        return result
21
22  # 调用 main 函数
23  main()
```

程序输出（用户输入的内容加粗显示）

你多少岁？ **22** [Enter]
你的最好的朋友多少岁？ **24** [Enter]
你们两个加起来有 46 岁。

在 main 函数中，程序从用户处获取两个值并将它们分别存储到变量 first_age 和 second_age 中。第 11 行的语句调用 sum 函数，将 first_age 和 second_age 作为实参传递。从 sum 函数返回的值被赋给 total 变量。在本例中，函数将返回 46。图 5.24 展示了向函数传递实参并从函数返回值的过程。

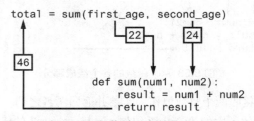

图 5.24 向 sum 函数传递实参并从中返回一个值

5.8.1 更高效地利用 return 语句

再来看一下程序 5.23 中的 sum 函数：

```
def sum(num1, num2):
    result = num1 + num2
    return result
```

这个函数做了两件事情：（1）将表达式 num1 + num2 的值赋给 result 变量；（2）返回 result 变量的值。虽然函数完成了它的既定任务，但还可以简化。由于 return 语句能直接返回表达式的求值结果，所以完全可以去掉 result 变量，将两个步骤合并成一个，像下面这样重写函数：

```
def sum(num1, num2):
    return num1 + num2
```

函数的这个版本没有用一个变量来存储 num1 + num2 的求值结果。相反，它利用了 return 语句能返回表达式求值结果这一事实。函数的这个版本和上一个版本做了相同的事情，但只用了一步。

5.8.2 使用返回值的函数

返回值的函数具有许多与 void 函数相同的好处。它们都简化了代码，减少了重复，提高了测试代码的能力，提高了开发速度，并方便团队协作。

由于返回值的函数会返回一个值，所以在特定情况下非常有用。例如，可以使用返回值的函数来提示用户输入，并返回用户输入的值。假定现在要设计一个程序来计算商品售价。为此，程序需要从用户处获得商品的正常价格。下面是为此目的定义的一个函数：

```
def get_regular_price():
    price = float(input("输入商品的正常价格："))
    return price
```

然后可以在程序的其他地方调用该函数，如下所示：

```
# 获取商品的正常价格
reg_price = get_regular_price()
```

执行这个语句时，会调用 get_regular_price 函数，后者从用户处获取一个值并返回该值。返回值会被赋给 reg_price 变量。

还可以利用函数来简化复杂的数学表达式。例如，计算商品售价似乎是一项简单的任务：计算折扣并从正常价格中减去折扣。但是，在程序中执行这种计算的语句并没有那么简单，如下例所示（假设 DISCOUNT_PERCENTAGE 是程序定义的一个全局常量，代表折扣比例）：

```
sale_price = reg_price - (reg_price * DISCOUNT_PERCENTAGE)
```

这个语句不能让人一看就懂，因为它执行了多个步骤：计算折扣金额，从 reg_price 中减去这个金额，然后将结果赋给 sale_price。为了简化它，可以将数学表达式的一部分分离出来，并将其置于一个函数中。下面是一个名为 discount 的函数，它接收商品的正常价格作为实参，并返回折扣金额：

```
def discount(price):
    return price * DISCOUNT_PERCENTAGE
```

然后，可以在计算中调用该函数：

```
sale_price = reg_price - discount(reg_price)
```

这个语句比之前显示的语句更容易理解，它更清楚地表明售价等于正常价格减折扣。程序 5.24 是使用上述函数来计算售价的一个完整的程序。

程序 5.24 sale_price.py

```
1  # 这个程序计算一件
2  # 零售商品的售价。
```

```
3
4   # DISCOUNT_PERCENTAGE 是代表
5   # 折扣比例的一个全局常量。
6   DISCOUNT_PERCENTAGE = 0.20
7
8   # main 函数
9   def main():
10      # 获取商品的正常价格
11      reg_price = get_regular_price()
12
13      # 计算售价（折后价）
14      sale_price = reg_price - discount(reg_price)
15
16      # 显示售价
17      print(f' 售价是 ${sale_price:,.2f}。')
18
19  # get_regular_price 函数提示
20  # 用户输入商品的正常价格,
21  # 并返回该值。
22  def get_regular_price():
23      price = float(input(" 输入商品的正常价格: "))
24      return price
25
26  # discount 函数接收商品的正常价格作为
27  # 实参，并返回折扣金额。折扣比例由
28  # DISCOUNT_PERCENTAGE 指定。
29  def discount(price):
30      return price * DISCOUNT_PERCENTAGE
31
32  # 调用 main 函数
33  main()
```

程序输出（用户输入的内容加粗）

输入商品的正常价格: **100.00** Enter
售价是 $80.00。

5.8.3 使用 IPO 图

IPO 图是一种简单而有效的工具，程序员有时会用它来设计和记录函数。IPO 是输入（Input）、处理（Processing）和输出（Output）的缩写，IPO 图描述了函数的输入、处理和输出。这些项通常以列的形式呈现。其中，输入列描述了作为实参传递给函数的数据，处理列描述了函数执行的处理，输出列则描述了函数返回的数据。例如，图 5.25 展示了程序 5.24 中的 `get_regular_price` 函数和 `discount` 函数的 IPO 图。

get_regular_price函数		
输入	处理	输出
无	提示用户输入一种商品的正常价格	商品的正常价格

discount函数		
输入	处理	输出
一种商品的正常价格	正常价格乘以代表折扣比例的全局变量DISCOUNT_PERCENTAGE，得到商品的折扣金额	商品的折扣金额

图 5.25 get_regular_price 函数和 discount 函数的 IPO 图

　　注意，IPO 图只提供了关于函数输入、处理和输出的简要说明，而没有显示函数的具体步骤。但在许多情况下，IPO 图提供的信息足以用它来代替流程图。至于是使用 IPO 图、流程图还是两者兼而有之，通常取决于程序员的个人偏好。

聚光灯：使用函数来模块化程序

　　哈尔拥有一家名为 Make Your Own Music 的公司。公司主要销售吉他、鼓、班卓琴、合成器和其他许多种类的乐器。销售人员严格按照佣金制工作。月底，每个销售人员的佣金（提成）率根据表 5.1 来计算。

表 5.1 销售佣金率

月销售额（美元）	佣金率
10 000 以下	10%
10 000~14 999	12%
15 000~17 999	14%
18 000~21 999	16%
22 000 以上	18%

例如，月销售额为 16 000 美元的销售人员将获得 14% 的佣金（2 240 美元）。月销售额为 18 000 美元的销售人员将获得 16% 的佣金（2 880 美元）。月销售额为 30 000 美元的销售人员将获得 18% 的佣金（5 400 美元）。

由于员工每月领取一次工资，公司允许每位员工每月最多预支 2 000 美元。计算销售佣金时，从佣金中减去每位员工的预支工资。如果任何销售人员的佣金少于预支金额，他们必须向公司偿还差额。为了计算销售人员每个月的工资，哈尔使用了以下公式：

$$工资 = 销售额 × 佣金率 - 预支工资$$

哈尔要求你编写一个程序来完成工资计算。程序采用以下常规算法。

1. 获取销售人员的月销售额。

2. 获取预付工资额。

3. 根据月销售额来确定佣金率。

4. 使用前面的公式计算销售人员的工资。若金额为负，表明销售人员必须还齐差额。

程序 5.25 展示了用几个函数来编写的代码。注意，这里没有一次性列出全部程序，而是先列出 main 函数，然后分别讨论它调用的每个函数。

程序 5.25　commission_rate.py 的 main 函数

```
1   # 这个程序计算 Make Your Own Music
2   # 公司销售人员的月薪
3   def main():
4       # 获取销售额
5       sales = get_sales()
6
7       # 获取预支工资额
8       advanced_pay = get_advanced_pay()
9
10      # 确定佣金率
11      comm_rate = determine_comm_rate(sales)
12
13      # 计算工资
14      pay = sales * comm_rate - advanced_pay
15
16      # 显示工资额
17      print(f' 工资为 ${pay:,.2f}。')
18
19      # 判断工资是否为负
20      if pay < 0:
21          print(' 销售人员必须偿还 ')
22          print(' 公司。')
23
```

第 5 行调用 get_sales 函数，该函数从用户处获取销售额并返回该值。函数返回的值被赋给 sales 变量。第 8 行调用 get_advanced_pay 函数，该函数从用户处获取预支金额并返回该值。函数返回的值被赋给 advanced_pay 变量。

第 11 行调用 determine_comm_rate 函数，将销售额变量 sales 作为实参传递。该函数返回与这一档销售额对应的佣金率，结果被赋给 comm_rate 变量。第 14 行计算工资额，第 17 行显示该工资额。第 20 行～第 22 行的 if 语句判断工资是否为负，如果为负，那么会显示一条消息，说明销售人员必须向公司偿还这个差额。接下来是函数 get_sales 的定义。

程序 5.25 commission_rate.py 的 get_sales 函数

```
24 # get_sales 函数从用户处获取销售人员的
25 # 月销售额，并返回该金额。
26 def get_sales():
27     # 获取月销售额
28     monthly_sales = float(input(' 输入月销售额：'))
29
30     # 返回输入的金额
31     return monthly_sales
32
```

get_sales 函数的作用是提示用户输入销售人员的销售额，并返回该销售额。第 28 行提示用户输入销售额，并将用户的输入存储在变量 monthly_sales 中。第 31 行返回 monthly_sales 变量中的金额。接下来是函数 get_advanced_pay 的定义。

程序 5.25 commission_rate.py 的 get_advanced_pay 函数

```
33 # get_advanced_pay 函数获取
34 # 销售人员预支的工资金额，
35 # 并返回该金额。
36 def get_advanced_pay():
37     # 获取预支工资金额
38     print(' 输入预支工资金额，如果 ')
39     print(' 没有预支工资则输入 0。')
40     advanced = float(input(' 预支工资：'))
41
42     # 返回输入的金额
43     return advanced
44
```

get_advanced_pay 函数的作用是提示用户输入销售人员的预支工资金额并返回该金额。第 38 行和第 39 行告诉用户输入预支工资的金额（没有预支则输入 0）。第 40 行获取用户输入的值并将其存储到 advanced 变量中。第 43 行返回变量中的金额。接下来是 determine_comm_rate 函数的定义。

程序 5.25 commission_rate.py 的 determine_comm_rate 函数

```
45 # determine_comm_rate 函数接收
46 # 销售额作为实参，并返回相应的
47 # 佣金率。
```

```
48 def determine_comm_rate(sales):
49     # 确定佣金率
50     if sales < 10000.00:
51         rate = 0.10
52     elif sales >= 10000 and sales <= 14999.99:
53         rate = 0.12
54     elif sales >= 15000 and sales <= 17999.99:
55         rate = 0.14
56     elif sales >= 18000 and sales <= 21999.99:
57         rate = 0.16
58     else:
59         rate = 0.18
60
61     # 返回佣金率
62     return rate
63
64 # 调用 main 函数
65 main()
```

函数 determine_comm_rate 函数接收销售额变量 sales 作为实参，并返回与这一档销售额对应的佣金率。第 50 行 ~ 第 59 行的 if-elif-else 语句测试 sales，并相应地为局部变量 rate 赋值。第 62 行返回 rate 变量中的值。

程序输出（用户输入的内容加粗显示）

输入月销售额：**14650.00** (Enter)
输入预支工资金额，如果
没有预支工资则输入 0。
预支工资：**1000.00** (Enter)
工资为 $758.00。

程序输出（用户输入的内容加粗显示）

输入月销售额：**9000.00** (Enter)
输入预支工资金额，如果
没有预支工资则输入 0。
预支工资：**0** (Enter)
工资为 $900.00。

程序输出（用户输入的内容加粗显示）

输入月销售额：**12000.00** (Enter)
输入预支工资金额，如果
没有预支工资则输入 0。
预支工资：**2000.00** (Enter)
工资为 $-560.00。
销售人员必须偿还
公司。

5.8.4　返回字符串

之前展示的都是返回数字的函数。除此之外，函数也可以返回字符串。例如，以下函数提示用户输入姓名，然后返回用户输入的字符串：

```python
def get_name():
    # 获取用户姓名
    name = input('输入你的姓名：')
    # 返回姓名
    return name
```

函数也可以返回一个 f 字符串。在这种情况下，Python 解释器会先对 f 字符串中的占位符和格式说明符进行求值，并返回格式化好的结果。下面展示了一个例子：

```python
def dollar_format(value):
    return f'${value:,.2f}'
```

dollar_format 函数的作用是接受一个数值作为实参，并返回将这个数值格式化为美元金额的一个字符串。例如，将浮点值 89.578 传给函数，函数将返回字符串 '$89.58'。

5.8.5　返回布尔值

Python 允许写返回 True 或 False 的**布尔函数**。可以使用布尔函数来测试一个条件，然后返回 True 或 False 来表示该条件是否成立。在决策和循环结构中测试的复杂条件可以用布尔函数来简化。

例如，假定程序要求用户输入一个数字，然后判断它是偶数还是奇数。以下代码展示了如何进行这个判断：

```python
number = int(input('输入一个数：'))
if (number % 2) == 0:
    print('这个数是偶数。')
else:
    print('这个数是奇数。')
```

下面来仔细看看该 if-else 语句所测试的布尔表达式。

$$(number \% 2) == 0$$

该表达式使用了第 2 章介绍的求余操作符 %。它将两个数相除并返回余数。因此，这段代码的意思是："如果 number 除以 2 的余数等于 0，那么显示一条消息，指出这个数是偶数，否则显示消息指出这个数是奇数。"

由于偶数除以 2 总是余 0，所以这个逻辑可行。然而，如果能以某种方式将代码改写为："如果 number 是偶数，那么显示一条消息指出这个数是偶数，否则显示一条消息指出这个数是奇数"，那么代码会更容易理解。事实上，这完全能通过布尔函数来实现。为此，我们可以写一个名为 is_even 的布尔函数，它接收一个数字作为实参，数字为偶数就返回 True，否则返回 False。函数代码如下所示：

```
def is_even(number):
    # 判断 number 是否为偶数。如果是，
    # 就将 status 设为 True，否则将
    # status 设为 False。
    if (number % 2) == 0:
        status = True
    else:
        status = False
    # 返回 status 变量的值
    return status
```

然后，可以重写 if-else 语句，使其调用 is_even 函数来判断 number 是否为偶数：

```
number = int(input(' 输入一个数: '))
if is_even(number):
    print(' 这个数是偶数。')
else:
    print(' 这个数是奇数。')
```

这个逻辑不仅更容易理解，而且在程序任何需要测试数字奇偶性的地方，都可以调用该函数。

5.8.6　在校验代码中使用布尔函数

还可以使用布尔函数来简化复杂的输入校验代码。例如，假设程序提示用户输入一个产品型号，并且只能接受 100，200 和 300 这三个值。可以设计如下所示的输入算法：

```
# 获取型号
model = int(input(' 请输入型号: '))
# 校验型号
while model != 100 and model != 200 and model != 300:
    print(' 有效型号是 100, 200 和 300。')
    model = int(input(' 请输入一个有效型号: '))
```

校验循环使用了一个长的复合布尔表达式，只要 model 不等于 100，不等于 200，也不等于 300，该循环就会进行迭代。尽管这种逻辑可以工作，但完全可以写一个布尔函数来测试 model 变量，并在循环条件中调用该函数来简化校验循环。例如，可以将 model 变量传给一个 is_invalid 函数。如果型号无效，那么函数返回 True，否则返回 False。然后，可以像下面这样重写校验循环：

```
# 获取型号
model = int(input(' 请输入型号: '))
# 校验型号
while is_invalid(model):
    print(' 有效型号是 100, 200 和 300。')
    model = int(input(' 请输入一个有效型号: '))
```

这使循环更易读。现在一眼就能看出，只要 model 无效，循环就会一直迭代。以下代码展示了如何编写 is_invalid 函数。它接受一个型号作为实参，如果实参不是 100，200

或 300，函数就返回 True 表示型号无效；否则，函数返回 False：

```
def is_invalid(mod_num):
    if mod_num != 100 and mod_num != 200 and mod_num != 300:
        status = True
    else:
        status = False
    return status
```

5.8.7　返回多个值

到目前为止，我们看到的所有返回值的函数都只返回一个值。但在 Python 中，并不局限于只能返回一个值。可以在 return 语句后指定多个以逗号分隔的表达式，如以下常规格式所示：

```
return 表达式 1, 表达式 2, ...
```

下面给出了 get_name 函数的定义。该函数提示用户分别输入名字和姓氏。这两个值存储在两个局部变量中：first 和 last。return 语句一次性返回这两个变量：

```
def get_name():
    # 获取名字和姓氏
    first = input('输入名字：')
    last = input('输入姓氏：')
    # 返回名字和姓氏
    return first, last
```

在赋值语句中调用该函数时，需要在 = 操作符左侧使用两个变量，如下例所示：

```
first_name, last_name = get_name()
```

return 语句中列出的值按其出现顺序被赋给 = 操作符左侧的变量。上述语句执行后，第一个变量的值将被赋给 first_name，第二个变量的值则被赋给 last_name。注意，= 操作符左侧的变量个数必须与函数返回值的个数相匹配。否则会发生错误。

5.8.8　从函数返回 None

Python 有一个特殊的内置值 None，用来表示"没有值"。有的时候，我们需要从函数返回 None 来表示发生了某种错误。以下函数展示了一个例子。

divide 函数接收两个实参 num1 和 num2，并返回 num1 除以 num2 的结果。然而，如果 num2 等于 0，那么会发生错误，因为除以 0 是不允许的。为了防止程序崩溃，我们可以修改函数，在执行除法运算之前判断 num2 是否等于 0。如果 num2 等于 0，那么直接返回 None。下面是修改后的代码：

```
def divide(num1, num2):
    if num2 == 0:
    result = None
```

```
    else:
        result = num1 / num2
        return result
```

程序 5.26 演示了如何调用 divide 函数，并根据它的返回值来判断是否发生了错误。

程序 5.26 none_demo.py

```
1   # 这个程序演示了 None 关键字
2
3   def main():
4       # 从用户处获取两个数字
5       num1 = int(input(' 输入一个数：'))
6       num2 = int(input(' 输入另一个数：'))
7
8       # 调用 divide 函数
9       quotient = divide(num1, num2)
10
11      # 显示结果
12      if quotient is None:
13          print(' 不允许除以零。')
14      else:
15          print(f'{num1} 除以 {num2} 的结果是 {quotient}。')
16
17  # divide 函数计算 num1 除以 num2 的结果，
18  # 并返回这个结果。如果 num2 为 0，
19  # 那么函数会返回 None。
20  def divide(num1, num2):
21      if num2 == 0:
22          result = None
23      else:
24          result = num1 / num2
25      return result
26
27  # 调用 main 函数
28  main()
```

程序输出（用户输入的内容加粗显示）

```
输入一个数：10 [Enter]
输入另一个数：0 [Enter]
不允许除以零。
```

下面来仔细看看 main 函数。第 5 行～第 6 行从用户处获取两个数字。第 9 行调用 divide 函数，将两个数字作为实参传递。函数返回的值被赋值给 quotient（商）变量。第 12 行的 if 语句判断 quotient 是否等于 None。如果 quotient 等于 None，那么第 13 行显示消息 "不允许除以零"，否则显示除法运算的结果。

注意，第 12 行的 if 语句使用的不是操作符 ==，而是操作符 is，如下所示：

```
if quotient is None:
```

判断一个变量是否被设为 None 时，最好是使用 is 操作符而不是 == 操作符。在某些高级情况下（本书不涉及），== None 和 is None 这两种比较的结果是不一样的。因此，在比较一个变量是否为 None 时，原则上总是使用 is 操作符。

要判断变量是否不等于 None，则应该使用 is not 操作符，如下例所示：

```
if value is not None:
```

该语句判断 value 是否不等于 None。

🌀 检查点

5.31 函数中的 return 语句有什么作用？

5.32 对于以下函数定义：

```
def do_something(number):
    return number * 2
```

a. 函数的名称是什么？

b. 作用是什么？

c. 函数定义，以下语句将显示什么？

```
print(do_something(10))
```

5.33 什么是布尔函数？

5.9　math 模块

概念：Python 标准库的 math 模块包含许多用于数学计算的函数。

Python 标准库中的 math 模块包含许多用于执行数学运算的函数。表 5.2 列出了 math 模块中的一些函数。这些函数通常接受一个或多个值作为实参，使用它们执行数学运算，并返回结果。表 5.2 列出的几乎所有函数都返回 float 值，只有 ceil 和 floor 返回 int。例如，sqrt 函数接受一个实参并返回它的平方根。下例展示了它的用法：

```
result = math.sqrt(16)
```

该语句调用 sqrt 函数，将 16 作为实参。函数返回 16 的平方根，结果赋给 result 变量。程序 5.27 演示了 sqrt 函数。注意第 2 行中的 import math 语句。在任何使用 math 模块的程序中，都要添加该语句。

程序 5.27 square_root.py

```
1    # 这个程序演示了 sqrt 函数
2    import math
```

```
3
4  def main():
5      # 获取一个数字
6      number = float(input(' 输入一个数: '))
7
8      # 获取这个数字的平方根
9      square_root = math.sqrt(number)
10
11     # 显示平方根
12     print(f'{number} 的平方根为 {square_root}。')
13
14 # 调用 main 函数
15 main()
```

程序输出（用户输入的内容加粗显示）

```
输入一个数: 25.0 Enter
25.0 的平方根为 5.0。
```

程序 5.28 展示了另一个使用 math 模块的例子。该程序使用 hypot 函数计算直角三角形的斜边长度。

程序 5.28 hypotenuse.py

```
1  # 这个程序计算直角三角形
2  # 斜边的长度。
3  import math
4
5  def main():
6      # 获取直角三角形两个直角边的长度
7      a = float(input(' 输入第一个直角边的长度: '))
8      b = float(input(' 输入第二个直角边的长度: '))
9
10     # 计算斜边的长度
11     c = math.hypot(a, b)
12
13     # 显示斜边的长度
14     print(f' 斜边长度为 {c}。')
15
16 # 调用 main 函数
17 main()
```

程序输出（用户输入的内容加粗显示）

```
输入第一个直角边的长度: 5.0 Enter
输入第二个直角边的长度: 12.0 Enter
斜边长度为 13.0。
```

表 5.2 math 模块中的部分函数

函数	描述
acos(x)	返回 x 的反余弦值（弧度）
asin(x)	返回 x 的反正弦值（弧度）
atan(x)	返回 x 的反正切值（弧度）
ceil(x)	返回大于或等于 x 的最小整数
cos(x)	返回 x 的余弦值（弧度）
degrees(x)	假设 x 是以弧度表示的角度，该函数将其转换为度数
exp(x)	返回 e^x，e 是自然对数的底数
floor(x)	返回小于或等于 x 的最大整数
hypot(x, y)	返回从原点 (0, 0) 到点 (x, y) 的斜边长度
log(x)	返回 x 的自然对数
log10(x)	返回 x 的以 10 为底的对数
radians(x)	假设 x 是以度数表示的角度，该函数将其转换为弧度
sin(x)	返回 x 的正弦值（弧度）
sqrt(x)	返回 x 的平方根
tan(x)	返回 x 的正切值（弧度）

math.pi 和 math.e

math 模块还定义了两个数学常量：pi 和 e，它们分别是 π 和 e 的数学值。例如，以下计算圆面积的语句使用了 pi。注意，我们用点记号法来引用 pi：

```
area = math.pi * radius**2    # 面积 = πr²
```

🌀 检查点

5.34 如果程序要使用 math 模块中的函数，需要怎么写 import 语句？

5.35 写一个语句，使用 math 模块中的函数来求 100 的平方根并将结果赋给一个变量。

5.36 写一个语句，使用 math 模块中的函数将 45 度转换为弧度，并将结果赋给一个变量。

5.10 将函数存储到模块中

概念：模块是包含 Python 代码的一种文件。大型程序在分解为模块后，会更容易调试和维护。

随着程序变得越来越大和复杂，就越来越需要对代码进行高效的组织。通过之前的学习，你知道一个复杂的大型程序应该被分解为多个函数，每个函数都负责执行一个特定的任务。随着在程序中编写的函数越来越多，应该考虑将它们存储到模块中，对这些函数进行组织。

模块是包含 Python 代码的一种文件。将程序分解为模块时，每个模块都应包含执行相关任务的函数。例如，为了写一个会计系统，可以考虑将所有应收账款函数存储到它们自己的模块中，将所有应付账款函数存储到它们自己的模块中，将所有工资单函数存储到它们自己的模块中。这种编程方法称为**模块化**，它使程序更容易理解、测试和维护。

模块化还方便了代码在多个程序中的重用。如果写了一组在多个程序中都需要用到的函数，那么可以将这些函数集中到一个模块中。然后，任何程序如果需要调用其中一个函数，那么导入该模块即可。

下面来看一个简单的例子。假设需要写一个程序来计算以下数据：

* 圆的面积
* 圆的周长
* 矩形的面积
* 矩形的周长

这个程序显然需要执行两类计算：与圆相关的计算和与矩形相关的计算。可以在一个模块中写所有与圆相关的函数，在另一个模块中写所有与矩形相关的函数。程序 5.29 展示了 circle 模块，其中包含两个函数定义：area（返回圆的面积）和 circumference（返回圆的周长）。

程序 5.29 circle.py

```
 1  # circle 模块中的函数执行
 2  # 与圆相关的计算。
 3  import math
 4
 5  # area 函数接收圆的半径作为实参,
 6  # 返回圆的面积。
 7  def area(radius):
 8          return math.pi * radius**2
 9
10  # circumference 函数接收圆的半径
11  #作为实参, 返回圆的周长。
12  def circumference(radius):
13          return 2 * math.pi * radius
```

程序 5.30 展示了 rectangle 模块，其中包含两个函数定义：area（返回矩形的面积）和 perimeter（返回矩形的周长）。

程序 5.30 rectangle.py

```
 1  # rectangle 模块中的函数
 2  # 执行与矩形相关的计算。
 3
 4  # area 积函数接受一个矩形的宽度和长度
 5  # 作为实参，并返回矩形的面积。
 6  def area(width, length):
 7      return width * length
 8
 9  # perimeter 函数接受一个矩形
10  # 的宽度和长度作为实参，
11  # 并返回矩形的周长。
12  def perimeter(width, length):
13      return 2 * (width + length)
```

注意，这两个文件只包含函数定义，不包含用函数的调用代码。调用是由导入这些模块的程序来进行的。

在继续之前，请注意以下关于模块名称的问题：

- 模块的文件名应以 .py 结尾。不以 .py 结尾的模块文件名无法导入其他程序
- 模块名称不能与 Python 关键字相同。例如，将模块命名为 for 会发生错误

要在程序中使用这些模块，可以用 import 语句导入。下例导入 circle 模块：

```
import circle
```

当 Python 解释器读取这条语句时，它会先在与当前程序相同的文件夹中查找 circle.py 文件。如果在当前文件夹中没有找到指定的模块，Python 解释器会在系统中其他各种预定义位置查找。找到这个文件后，会把它加载到内存。如果没有找到，那么会报告一个错误。

一旦模块被导入，就可以调用它的函数。假设 radius 是代表圆的半径的一个变量，下例演示了如何调用 circle 模块中的 area 函数和 circumference 函数：

```
my_area = circle.area(radius)    # 计算圆的面积
my_circum = circle.circumference(radius)  # 计算圆的周长
```

程序 5.31 是使用了上述两个模块的一个完整的程序。

程序 5.31 geometry.py

```
 1  # 这个程序允许用户从菜单中选择执行
 2  # 各种几何计算。程序导入了 circle 和
 3  # rectangle 模块。
 4  import circle
 5  import rectangle
 6
 7  # 用于菜单选项的常量
```

```
 8  AREA_CIRCLE_CHOICE = 1
 9  CIRCUMFERENCE_CHOICE = 2
10  AREA_RECTANGLE_CHOICE = 3
11  PERIMETER_RECTANGLE_CHOICE = 4
12  QUIT_CHOICE = 5
13
14  # main 函数
15  def main():
16      # choice 变量控制循环并
17      # 容纳用户的菜单选择。
18      choice = 0
19
20      while choice != QUIT_CHOICE:
21          # 显示菜单
22          display_menu()
23
24          # 获取用户的选择
25          choice = int(input('输入你的选择：'))
26
27          # 执行选择的行动
28          if choice == AREA_CIRCLE_CHOICE:
29              radius = float(input("输入圆的半径："))
30              print('圆的面积为 ', circle.area(radius))
31          elif choice == CIRCUMFERENCE_CHOICE:
32              radius = float(input("输入圆的半径："))
33              print('圆的周长为 ',
34                    circle.circumference(radius))
35          elif choice == AREA_RECTANGLE_CHOICE:
36              width = float(input("输入矩形的宽度："))
37              length = float(input("输入矩形的长度："))
38              print('矩形的面积为 ', rectangle.area(width, length))
39          elif choice == PERIMETER_RECTANGLE_CHOICE:
40              width = float(input("输入矩形的宽度："))
41              length = float(input("输入矩形的长度："))
42              print('矩形的周长为 ',
43                    rectangle.perimeter(width, length))
44          elif choice == QUIT_CHOICE:
45              print('退出程序 ...')
46          else:
47              print('错误：无效的选择。')
48
49  # display_menu 函数显示一个菜单
50  def display_menu():
51      print('          菜单 ')
52      print('1) 圆的面积 ')
53      print('2) 圆的周长 ')
```

```
54        print('3) 矩形的面积 ')
55        print('4) 矩形的周长 ')
56        print('5) 退出 ')
57
58   # 调用 main 函数
59   main()
```

程序输出（用户输入的内容加粗显示）

```
          菜单
1) 圆的面积
2) 圆的周长
3) 矩形的面积
4) 矩形的周长
5) 退出
输入你的选择：1 Enter
输入圆的半径：10 Enter
圆的面积为 314.1592653589793
          菜单
1) 圆的面积
2) 圆的周长
3) 矩形的面积
4) 矩形的周长
5) 退出
输入你的选择：2 Enter
输入圆的半径：10 Enter
圆的周长为 62.83185307179586
          菜单
1) 圆的面积
2) 圆的周长
3) 矩形的面积
4) 矩形的周长
5) 退出
输入你的选择：3 Enter
输入矩形的宽度：5 Enter
输入矩形的长度：10
矩形的面积为 50.0
          菜单
1) 圆的面积
2) 圆的周长
3) 矩形的面积
4) 矩形的周长
5) 退出
输入你的选择：4 Enter
输入矩形的宽度：5 Enter
输入矩形的长度：10 Enter
矩形的周长为 30.0
```

```
              菜单
       1) 圆的面积
       2) 圆的周长
       3) 矩形的面积
       4) 矩形的周长
       5) 退出
       输入你的选择: 5 [Enter]
       退出程序 ...
```

条件执行模块中的 main 函数

导入一个模块时，Python 解释器会执行模块中的语句，就像模块是一个独立的程序一样。例如，在导入程序 5.29 的 circle.py 模块时，会发生下面这些事情：

- 导入 math 模块
- 定义一个名为 area 的函数
- 定义一个名为 circumference 的函数

在导入程序 5.30 的 rectangle.py 模块时，会发生下面这些事情：

- 定义一个名为 area 的函数
- 定义一个名为 perimeter 的函数

当程序员在创建模块时，一般并不打算将这些模块作为独立的程序运行。模块的目的就是在其他程序中导入。因此，大多数模块只定义诸如函数之类的东西。

但是，完全可以创建一个 Python 模块，它既可以作为独立的程序运行，也可以导入到其他程序中。例如，假设程序 A 定义了几个有用的函数，而你想在程序 B 中使用这些函数。为此，可以将程序 A 导入到程序 B 中。但是，你并不希望在导入程序 A 时时执行它的 main 函数。换言之，你希望它只是定义函数，而不希望它执行任何函数。为了达到这个目的，需要在程序 A 中写代码来判断当前文件是如何使用的。是作为一个独立的程序运行？还是被导入到另一个程序中？答案将决定是否应该执行程序 A 中的 main 函数。

幸好，Python 提供了进行这个判断的机制。当 Python 解释器处理源代码文件时，它会创建一个名为 __name__ 的特殊变量（变量名以两个下画线字符开始，以两个下画线字符结束）。如果文件作为模块导入，那么变量 __name__ 会被设为模块名称。否则，如果文件作为一个独立的程序执行，那么 __name__ 变量会被设为字符串 '__main__'。可以根据变量的值来决定是否应该执行 main 函数。如果 __name__ 变量的值等于 '__main__'，那么应该执行 main 函数，因为文件是作为独立程序来执行的。否则不应执行 main 函数，因为文件是作为模块导入的。

程序 5.32 展示了一个例子。

程序 5.32 rectangle2.py

```
1   # area 函数接受一个矩形的宽度和长度
2   # 作为实参，并返回矩形的面积。
```

```
3    def area(width, length):
4        return width * length
5
6    # perimeter 函数接受一个
7    # 矩形的宽度和长度作为
8    # 实参，并返回矩形的周长。
9    def perimeter(width, length):
10       return 2 * (width + length)
11
12   # main 函数用于测试本程序文件定义的其他函数
13   def main():
14       width = float(input("输入矩形的宽度: "))
15       length = float(input("输入矩形的长度: "))
16       print('矩形的面积为 ', area(width, length))
17       print('矩形的周长为 ', perimeter(width, length))
18
19   # 只有当文件作为独立程序运行时,
20   # 才会调用 main 函数
21   if __name__ == '__main__':
22       main()
```

rectangle2.py 程序定义了三个函数 area, perimeter 和 main。然后，第 21 行的 if 语句测试 __name__ 变量的值。如果变量值等于 '__main__'，那么第 22 行的语句会调用 main 函数。否则，如果 __name__ 变量被设为其他任何值，main 函数都不会执行。

任何 Python 源代码文件只要包含了一个 main 函数，程序 5.32 展示的技术都是一个很好的实践。它确保在导入该文件时，它会作为一个模块使用，而在直接执行该文件时，它会作为一个独立的程序。从现在起，本书在展示一个使用 main 函数的例子时，都会采用这个技术。

5.11 海龟图形：使用函数将代码模块化

概念：可以将常用的海龟图形操作写成函数，并在需要时调用。

使用海龟来绘图通常需要执行多个步骤。例如，假设要绘制一个 100 像素宽的正方形，填充颜色为蓝色，那么需要执行以下步骤：

```
turtle.fillcolor('blue')
turtle.begin_fill()
for count in range(4):
    turtle.forward(100)
    turtle.left(90)
turtle.end_fill()
```

写这 6 行代码表面上并不费事，但如果要在屏幕的不同位置绘制大量蓝色方格呢？突然之间，你会发现需要重复大量类似的代码。在这种情况下，可以写一个函数在指定位置绘制正方形，并在需要的时候调用该函数来简化程序（并节省大量时间）。

　　程序 5.33 演示了这样的一个函数。第 14 行~第 23 行定义了 square 函数，其参数如下。

- x 和 y：这是正方形左下角的 (X, Y) 坐标
- width：正方形的边长，单位为像素
- color：代表填充颜色的一个字符串

我们在 main 函数中调用了三次 square 函数。

- 第 5 行绘制第一个正方形，将其左下角定位在 (100, 0)。正方形边长为 50 像素，填充颜色为红色。
- 第 6 行绘制第二个正方形，将其左下角定位在 (-150, -100)。正方形边长为 200 像素，填充颜色为蓝色
- 第 7 行绘制第三个正方形，将其左下角定位在 (-200, 150)。正方形边长为 75 像素，填充颜色为绿色

程序绘制了如图 5.26 所示的三个正方形。

程序 5.33 draw_squares.py

```python
1  import turtle
2
3  def main():
4      turtle.hideturtle()
5      square(100, 0, 50, 'red')
6      square(-150, -100, 200, 'blue')
7      square(-200, 150, 75, 'green')
8
9  # square 函数绘制正方形。
10 # x 和 y 参数是左下角坐标，
11 # width 参数是边长。
12 # color 参数是代表填充颜色的字符串。
13
14 def square(x, y, width, color):
15     turtle.penup()              # 抬起笔
16     turtle.goto(x, y)           # 移至指定位置
17     turtle.fillcolor(color)     # 设置填充颜色
18     turtle.pendown()            # 放下笔
19     turtle.begin_fill()         # 开始填充
20     for count in range(4):      # 画正方形
21         turtle.forward(width)
22         turtle.left(90)
23     turtle.end_fill()           # 结束填充
24
25 # 调用 main 函数
26 if __name__ == '__main__':
27     main()
```

图 5.26　程序 5.33 的输出结果

程序 5.34 展示了另一个例子，它使用函数将画圆的代码模块化。第 14 行~第 21 行定义了 circle 函数，它的参数如下所示。

- x 和 y：这是圆心的 (X, Y) 坐标
- radius：圆的半径，单位为像素
- color：代表填充颜色的一个字符串

我们在 main 函数中调用了三次 circle 函数。

- 第 5 行绘制第一个圆，圆心在 (0, 0)，圆的半径为 100 像素，填充颜色为红色
- 第 6 行绘制第二个圆，圆心在 (-150, -75)，圆的半径为 50 像素，填充颜色为蓝色
- 第 7 行绘制第三个圆，圆心在 (-200, 150)，圆的半径为 75 像素，填充颜色为绿色

程序绘制了如图 5.27 所示的三个圆。

程序 5.34　draw_circles.py

```
1  import turtle
2
3  def main():
4      turtle.hideturtle()
5      circle(0, 0, 100, 'red')
6      circle(-150, -75, 50, 'blue')
7      circle(-200, 150, 75, 'green')
8
9  # circle 函数画圆。
10 # x 和 y 参数是圆心,
11 # radius 参数是半径。
12 # color 参数是代表填充颜色的字符串。
13
14 def circle(x, y, radius, color):
```

```
15      turtle.penup()                    # 抬起笔
16      turtle.goto(x, y - radius)  # 移至指定位置
17      turtle.fillcolor(color)      # 设置填充颜色
18      turtle.pendown()              # 放下笔
19      turtle.begin_fill()           # 开始填充
20      turtle.circle(radius)         # 画圆
21      turtle.end_fill()             # 结束填充
22
23  # 调用 main 函数
24  if __name__ == '__main__':
25      main()
```

图 5.27 程序 5.34 的输出结果

程序 5.35 展示了另一个例子，它使用函数将用于画线的代码模块化。第 20 行～第 25 行定义了 line 函数，它的参数如下所示：

- startX 和 startY：线段起点的 (X, Y) 坐标
- endX 和 endY：线段终点的 (X, Y) 坐标
- color：代表线段颜色的一个字符串

我们在 main 函数中调用了三次 line 函数来画一个三角形：

- 第 13 行从三角形上顶点 (0, 100) 到左顶点 (-100, -100) 画一条红色的线
- 第 14 行从三角形上顶点 (0, 100) 到右顶点 (100, 100) 画一条蓝色的线
- 第 15 行从三角形左顶点 (-100, -100) 到右顶点 (100, 100) 画一条绿色的线

程序绘制的三角形如图 5.28 所示。

程序 5.35 draw_lines.py

```
1  import turtle
2
3  # 代表三角形顶点的具名常量
4  TOP_X = 0
```

```
 5   TOP_Y = 100
 6   BASE_LEFT_X = -100
 7   BASE_LEFT_Y = -100
 8   BASE_RIGHT_X = 100
 9   BASE_RIGHT_Y = -100
10
11   def main():
12       turtle.hideturtle()
13       line(TOP_X, TOP_Y, BASE_LEFT_X, BASE_LEFT_Y, 'red')
14       line(TOP_X, TOP_Y, BASE_RIGHT_X, BASE_RIGHT_Y, 'blue')
15       line(BASE_LEFT_X, BASE_LEFT_Y, BASE_RIGHT_X, BASE_RIGHT_Y, 'green')
16
17   # line 函数绘制一条从 (startX, startY) 到 (endX, endY) 的线，
18   # color 参数是线的颜色。
19
20   def line(startX, startY, endX, endY, color):
21       turtle.penup()                  # 抬起笔
22       turtle.goto(startX, startY)     # 移至起点
23       turtle.pendown()                # 放下笔
24       turtle.pencolor(color)          # 设置笔的颜色
25       turtle.goto(endX, endY)         # 画一条线
26
27   # 调用 main 函数
28   if __name__ == '__main__':
29       main()
```

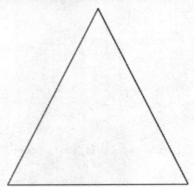

图 5.28　程序 5.35 的输出

将图形函数存储到模块中

　　随着写的海龟图形函数越来越多，应该考虑将它们存储到一个模块中，以便在任何需要使用它们的程序中导入。例如，程序 5.36 展示了一个名为 my_graphics.py 的模块，它包含前面介绍的 square，circle 和 line 这三个函数。程序 5.37 则展示了如何导入该模块并调用其中的函数。图 5.29 是程序的输出。

程序 5.36 my_graphics.py

```
1   # 海龟图形函数
2   import turtle
3
4   # square 函数绘制正方形。
5   # x 和 y 参数是左下角坐标,
6   # width 参数是边长。
7   # color 参数是代表填充颜色的字符串。
8
9   def square(x, y, width, color):
10      turtle.penup()                  # 抬起笔
11      turtle.goto(x, y)               # 移至指定位置
12      turtle.fillcolor(color)         # 设置填充颜色
13      turtle.pendown()                # 放下笔
14      turtle.begin_fill()             # 开始填充
15      for count in range(4):          # 画正方形
16          turtle.forward(width)
17          turtle.left(90)
18      turtle.end_fill()               # 结束填充
19
20  # circle 函数画圆。
21  # x 和 y 参数是圆心,
22  # radius 参数是半径。
23  # color 参数是代表填充颜色的字符串。
24
25  def circle(x, y, radius, color):
26      turtle.penup()                  # 抬起笔
27      turtle.goto(x, y - radius)      # 移至指定位置
28      turtle.fillcolor(color)         # 设置填充颜色
29      turtle.pendown()                # 放下笔
30      turtle.begin_fill()             # 开始填充
31      turtle.circle(radius)           # 画圆
32      turtle.end_fill()               # 结束填充
33
34  # line 函数绘制一条从 (startX, startY) 到 (endX, endY) 的线,
35  # color 参数是线的颜色。
36
37  def line(startX, startY, endX, endY, color):
38      turtle.penup()                  # 抬起笔
39      turtle.goto(startX, startY)     # 移至起点
40      turtle.pendown()                # 放下笔
41      turtle.pencolor(color)          # 设置笔的颜色
42      turtle.goto(endX, endY)         # 画一条线
```

程序 5.37 graphics_mod_demo.py

```
1  import turtle
2  import my_graphics
3
4  # 具名常量
5  X1 = 0
6  Y1 = 100
7  X2 = -100
8  Y2 = -100
9  X3 = 100
10 Y3 = -100
11 RADIUS = 50
12
13 def main():
14     turtle.hideturtle()
15
16     # 画一个正方形
17     my_graphics.square(X2, Y2, (X3 - X2), 'gray')
18
19     # 画一些圆
20     my_graphics.circle(X1, Y1, RADIUS, 'blue')
21     my_graphics.circle(X2, Y2, RADIUS, 'red')
22     my_graphics.circle(X3, Y3, RADIUS, 'green')
23
24     # 画一些线
25     my_graphics.line(X1, Y1, X2, Y2, 'black')
26     my_graphics.line(X1, Y1, X3, Y3, 'black')
27     my_graphics.line(X2, Y2, X3, Y3, 'black')
28
29 # 调用 main 函数
30 if __name__ == '__main__':
31     main()
```

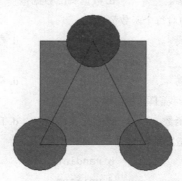

图 5.29 程序 5.37 的输出结果

🧠 复习题

选择题

1. 我们在程序中使用 ＿＿＿＿ 来组织用于执行一项特定任务的一组语句。

    a. 块   b. 参数   c. 函数   d. 表达式

2. 有助于在程序中减少代码重复的一种设计技术称为 ＿＿＿＿，函数能为此提供帮助。

    a. 代码重用   b. 分而治之   c. 调试   d. 团队合作

3. 函数定义的第一行称为 ＿＿＿＿。

    a. 函数主体   b. 函数指引   c. 初始化器   d. 函数头

4. 我们通过 ＿＿＿＿ 一个函数来执行它。

    a. 定义   b. 调用   c. 导入   d. 导出

5. 程序员将算法分解为多个函数的设计技术称为 ＿＿＿＿。

    a. 自上而下设计   b. 代码简化   c. 代码重构   d. 子任务分级

6. ＿＿＿＿ 是一种直观表示程序中函数之间关系的图。

    a. 流程图   b. 函数关系图   c. 符号图   d. 层次结构图

7. ＿＿＿＿ 关键字会被 Python 解释器忽略，可以把它用作以后才编写的代码的占位符。

    a. `placeholder`   b. `pass`   c. `pause`   d. `skip`

8. ＿＿＿＿ 是在函数内部创建的变量。

    a. 全局变量   b. 局部变量   c. 隐藏变量

    d. 以上都不对，不能在函数内部创建变量。

9. ＿＿＿＿ 是指程序中可以访问一个变量的部分。

    a. 声明空间   b. 可见区域   c. 范围   d. 模式

10. ＿＿＿＿ 是发送到函数中的实际数据。

    a. 实参   b. 形参   c. 数据头   d. 数据包

11. ＿＿＿＿ 是一个特殊变量，负责在函数被调用时接收数据。

    a. 实参   b. 形参   c. 数据头 d. 数据包

12. ＿＿＿＿ 变量在程序文件中对每个函数都可见。

    a. 局部   b. 全局   c. 引用   d. 参数

13. 程序中应尽量避免使用 ＿＿＿＿ 变量。

    a. 局部   b. 全局   c. 引用   d. 参数

14. ＿＿＿＿ 是编程语言预先帮我们写好的函数。

    a. 标准函数   b. 库函数   c. 自定义函数   d. 自助函数

15. 标准库函数 ＿＿＿＿ 返回指定范围内的一个随机整数。

    a. `random`   b. `randint`

    c. `random_integer`   d. `uniform`

16. 标准库函数 _____ 返回 0.0~1.0（但不包括 1.0）范围内的一个随机浮点数。

　　a. random　　　　　　　　b. randint

　　c. random_integer　　　　d. uniform

17. 标准库函数 _____ 返回指定范围内的一个随机浮点数。

　　a. random　　　　　　　　b. randint

　　c. random_integer　　　　d. uniform

18. _____ 语句结束函数执行，并向程序调用函数的那个部分返回一个值。

　　a. end　　　　b. send　　　　c. exit　　　　d. return

19. _____ 是一种设计工具，用于描述函数的输入、处理和输出。

　　a. 层次结构图　　　　　　b. IPO 图

　　c. 数据报图　　　　　　　d. 数据处理图

20. _____ 函数只返回 True 或 False。

　　a. 二元　　　　b. 真假　　　　c. 布尔　　　　d. 逻辑

21. _____ 是 math 模块中的一个函数。

　　a. derivative　　　b. factor　　　c. sqrt　　　d. differentiate

判断题

1. "分而治之"的意思是一个团队中的所有程序员应该分工合作。

2. 函数方便了团队中的程序员的协作。

3. 函数名应尽可能简短。

4. 调用函数和定义函数的意思是一样的。

5. 流程图显示程序中函数之间的层次关系。

6. 层次结构图不显示函数内部执行的具体步骤。

7. 一个函数中的语句可以访问另一个函数中的局部变量。

8. 在 Python 中，不能写接受多个实参的函数。

9. 在 Python 中，可以在调用函数时指定将哪个实参传给哪个形参。

10. 一个函数调用不能同时存在关键字参数和非关键字实参。

11. Python 解释器已经内置了一些库函数，不需要显式导入。

12. 在程序中不需要使用 import 语句就能使用 random 模块中的函数。

13. 为了简化复杂的数学表达式，可以分解表达式的一部分，并将其放到函数中。

14. Python 中的函数可以返回多个值。

15. IPO 图只提供对函数输入、处理和输出的简要说明，不会显示函数中执行的具体步骤。

简答题

1. 函数如何为程序中的代码重用提供帮助？

2. 说出并描述函数定义的两个组成部分。

3. 在函数执行过程中，函数块（函数主体）结束时会怎样？

4. 什么是局部变量？什么语句能访问局部变量？

5. 什么是局部变量的作用域？

6. 为什么全局变量使程序难以调试？

7. 假设要从以下序列中随机选择一个数：0、5、10、15、20、25、30，你会使用什么库函数？

8. 返回值的函数中必须有什么语句？

9. IPO 图上列出了哪三样东西？

10. 什么是布尔函数？

11. 将大型程序分解为多个模块有什么好处？

算法工作台

1. 写一个名为 times_ten 的函数。该函数应接受一个实参并显示它乘以 10 的结果。

2. 给定以下函数头，写一个调用该函数的语句，将 12 作为实参传递。

```
def show_value(quantity):
```

3. 给定以下函数头：

```
def my_function(a, b, c):
```

再给定以下 my_function 调用：

```
my_function(3, 2, 1)
```

执行这个调用时，会为 a 赋什么值？为 b 赋什么值？为 c 赋什么值？

4. 以下程序将显示什么？

```
def main():
    x = 1
    y = 3.4
    print(x, y)
    change_us(x, y)
    print(x, y)
def change_us(a, b):
    a = 0
    b = 0
    print(a, b)
main()
```

5. 给定以下函数定义：

```
def my_function(a, b, c):
    d = (a + c) / b
    print(d)
```

a. 写一个语句来调用该函数，并使用关键字参数（关键字实参）将 2 传给 a，将 4 传给 b，将 6 传给 c。

b. 像上面这样调用函数后，会显示什么值？

6. 写语句来生成 1~100 的一个随机数，并将其赋给名为 rand 的变量。

7. 以下语句调用一个名为 half 的函数，该函数返回实参值的一半（假设 number 变量引用一个 float 值）。请为函数编写代码：

```
result = half(number)
```

8. 某个程序包含以下函数定义：

```
def cube(num):
    return num * num * num
```

写一个语句，将值 4 传给该函数，并将返回值赋给 result 变量。

9. 写一个名为 times_ten 的函数，它接受一个数字作为实参。函数被调用时，会返回实参乘以 10 的结果。

10. 写一个名为 get_first_name 的函数，要求用户输入姓名并返回该姓名。

编程练习

1. 公里换算

▶ 视频讲解：The Kilometer Converter Problem

编写一个程序，要求用户输入以公里为单位的距离，然后用一个函数将其换算为英里。换算公式如下：

$$英里 = 公里 \times 0.6214$$

2. 重构销售税程序

第 2 章的编程练习 6 要求写一个销售税程序，计算并显示购买商品时郡县和州的销售税。如果已经写好了该程序，请重新设计它，将不同的子任务放在单独的函数中。如果还没有写过该程序，请现在使用函数来写。

3. 多大保额合适

许多财务专家建议，业主应该为自己的房子或建筑物投保，保额至少为结构重建成本的 80%。请写一个程序，要求用户输入房子或建筑物的重建成本，然后显示应该投保的最低金额。

4. 用车成本

写一个程序，要求用户输入每月的用车成本。这些成本包括：车贷、保险、油费、机油、轮胎和保养。然后，程序应显示这些项目的月总成本和年总成本。

5. 房产税

美国一个郡（县）的房产税根据房产评估价值来征收房产税，评估价值为房产实际价值的 60%。例如，如果一英亩土地的实际价值为 10 000 美元，那么它的评估价值为 6 000 美元。在这种情况下，房产税为评估价值每 100 美元 72 美分。评估价值为 6 000 美元的一英亩土地的税额为 43.20 美元。请写一个程序，询问房产的实际价值，并显示评估价值和房产税。

6. 体育场座位

体育场有三种座位。A 类座位 20 美元，B 类座位 15 美元，C 类座位 10 美元。请写一个程序，询问每类座位售出了多少张票，然后显示总销售金额。

7. 油漆工作估算器

一家油漆公司确定每 112 平方英尺的墙面需要 1 加仑的油漆和 8 小时的工时。该公司的工时费为每小时 35.00 美元。请写一个程序，要求用户输入需要油漆的墙面面积（单位：平方英尺）和每加仑油漆的价格。程序应显示以下数据：

- 需要多少加仑油漆
- 所需工时
- 油漆费用
- 工时费
- 油漆工作的总费用

8. 月销售税

某零售企业必须提交月度销售税报告，列出当月销售总额以及州和郡县收取的销售税额。其中，州销售税率为 5%，郡县销售税率为 2.5%。请写一个程序，要求用户输入月销售总额。程序基于该数据计算并显示以下内容：

- 郡县销售税额
- 州销售税额
- 销售税总额（郡县和州相加）

9. 英尺换算为英寸

▶ 视频讲解：The Feet To Inches Problem

1 英尺等于 12 英寸。写一个名为 `feet_to_inches` 的函数，接收一个英尺数作为实参，并返回相应的英寸数。在一个程序中调用该函数，提示用户输入英尺数，然后显示相应的英寸数。

10. 数学测验

写一个进行简单数学测验的程序。程序应显示要做加法的两个随机数，例如：

```
247
+129
```

程序应允许学生输入答案。如果答案正确，那么显示祝贺消息。如果不正确，那么显示正确答案是多少。

11. 判断较大的值

写一个名为 `max` 的函数来接收两个整数值作为实参，并返回两者中较大的那个。例如，如果向函数传递 7 和 12，那么函数应返回 12。在一个程序中提示用户输入两个整数值，并调用该函数。程序应显示两个值中较大的那个。

12. 下落距离

物体在重力作用下下落时，可以使用以下公式计算物体在特定时间内下落的距离。

$$d = ½ \, gt^2$$

其中，d 为距离（米），g 为重力加速度（9.8），t 为物体下落时间（秒）。

编写一个名为 falling_distance 的函数，接收物体下落时间（秒）作为实参。函数应返回物体在该时间内下落的距离（米）。写一个程序，在循环中调用该函数，将 **1~10** 的每个值作为实参传递，并显示返回值。

13. 计算动能

在物理学中，我们说运动中的物体具有动能。可以使用以下公式计算运动物体的动能。

$$KE = ½ \, mv^2$$

其中，KE 为动能，m 为物体的质量（千克），v 为物体的速度（米 / 秒）。

编写一个名为 kinetic_energy 的函数，接收物体的质量（千克）和速度（米 / 秒）作为实参。函数应返回物体的动能。写一个程序，要求用户输入质量和速度值，然后调用 kinetic_energy 函数来计算并显示物体的动能。

14. 考试平均分和字母成绩

编写一个程序，要求用户输入 5 个考试分数。程序应显示和每个分数对应的字母成绩和平均考试分数。在程序中写以下函数。

- calc_average：该函数接受 5 个考试分数作为实参，并返回这些分数的平均值。
- determine_grade：该函数接受一个考试分数作为实参，并根据以下字母成绩表返回对应的字母成绩。

分数	字母成绩
90~100	A
80~89	B
70~79	C
60~69	D
60 以下	F

15. 奇 / 偶计数器

本章展示了判断数字是偶数还是奇数的一个算法。编写一个程序来生成 100 个随机数，并统计其中有多少个偶数，有多少个奇数。

16. 质数

质数是指只能被自身和 1 整除的数。例如，数字 5 是质数，因为它只能被 1 和 5 整除。然而，数字 6 不是质数，因为它可以被 1，2，3 和 6 整除。

编写一个名为 is_prime 的布尔函数，它接受一个整数作为实参，并在实参是质数时返回 True，否则返回 False。在一个程序中使用该函数，提示用户输入一个数字，然后显示一条消息来指出这个数是不是质数。

提示：以前说过，% 操作符返回两个数相除的余数。在表达式 num1 % num2 中，如果 num1 能被 num2 整除，那么 % 操作符返回 0。

17. 质数列表

本练习假定你已经在编程练习 16 中实现了 is_prime 函数。再编写一个程序，显示 1~100 的所有质数。程序应该有一个调用 is_prime 函数的循环。

18. 未来值

假设在一个按月计算复利的储蓄账户中存入一定金额的钱，并且想计算在特定月数之后会有多少金额。计算公式如下所示：

$$F = P \times (1 + i)^t$$

其中：

- F 是指定月数后的账户未来值
- P 是账户现值
- i 是月利率
- t 是月数

编写一个程序，提示用户输入账户的现值、月利率以及存款期限（月数）。程序应将这些值传给一个函数，函数返回账户在指定月数后的未来值。程序应显示账户的未来值。

19. 猜随机数游戏

编写一个程序来生成 1~100 的一个随机数，并要求用户猜测这个数。如果用户猜的数比随机数大，程序应显示"太大了，请再试一次。"如果猜的数比随机数小，程序应显示"太小了，请再试一次。"如果用户猜中了这个数字，那么祝贺用户并生成一个新的随机数，重新开始游戏。

可选改进：对游戏进行改进，以统计用户猜测的次数。用户正确猜到随机数后，程序应显示总共猜了多少次。

20. 剪刀石头布

编写一个程序，让用户与计算机玩"剪刀石头布"游戏。下面是程序运行的过程。

1. 当程序开始时，生成 1~3 的一个随机数。如果数字为 1，则计算机选择石头。如果数字为 2，则计算机选择布。如果数字是 3，则计算机选择剪刀。先不要显示计算机的选择。

2. 用户在键盘上输入"石头""布"或"剪刀"。

3. 显示计算机的选择。

4. 根据以下规则选出获胜者。

- 如果一个玩家选择石头，另一个玩家选择剪刀，那么石头获胜（石头砸坏剪刀）。

- 如果一个玩家选择剪刀，另一个玩家选择布，那么剪刀获胜（剪刀剪烂布）。
- 如果一个玩家选择布，另一个玩家选择石头，那么布获胜（布包住石头）。
- 如果两个玩家选择相同，那么必须再次进行游戏以决胜负。

21. 海龟图形：三角形函数

编写一个函数，命名为 triangle，使用海龟图形库来绘制三角形。函数的参数应包括三角形顶点的 X 坐标和 Y 坐标，以及三角形的填充颜色。在一个程序中演示该函数。

22. 海龟图形：模块化的雪人

编写一个程序，使用海龟图形来显示雪人，如图 5.30 所示。除了 main 函数外，程序还应包含以下函数：

- drawBase：绘制雪人的底座，即底部的大雪球
- drawMidSection：绘制中间较小的雪球
- drawArms：绘制雪人的手臂
- drawHead：绘制雪人的头，包括眼睛、嘴巴和其他你想要的面部特征
- drawHat：绘制雪人的帽子

图 5.30 雪人

23. 海龟图形：矩形图案

在程序中编写一个函数，命名为 drawPattern 函数，使用海龟图形库绘制如图 5.31 所示的矩形图案。drawPattern 函数应接受两个实参：一个指定图案的宽度，另一个指定高度。图 5.31 中的例子展示了当宽度和高度相同时图案的外观。程序运行时，应询问用户图案的宽度和高度，然后，将这些值作为实参传递给 drawPattern 函数。

24. 海龟图形：棋盘

编写一个海龟图形程序，使用本章编写的 square 函数和一个（或多个）循环来绘制如图 5.32 所示的棋盘图案。

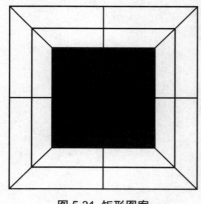

图 5.31 矩形图案

图 5.32 棋盘图案

25. 海龟图形：城市天际线

编写一个海龟图形程序来绘制如图 5.33 所示的城市天际线。程序的总体任务是绘制夜空中的一些城市建筑的轮廓。写执行以下任务的函数，对程序进行模块化：

- 绘制建筑物轮廓
- 在建筑物上绘制一些窗户
- 使用随机出现的点作为星星（确保星星出现在天空，而不是在建筑物上）

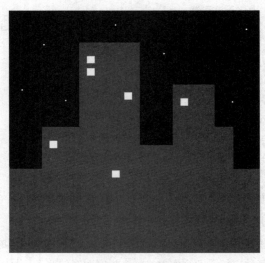

图 5.33 城市天际线

第 6 章

文件和异常

6.1 文件输入和输出简介

概念：当程序需要保存数据供以后使用时，它将数据写入文件。将来可以从文件中读取数据。

之前写的所有程序都要求在每次运行程序时重新输入数据，因为一旦程序停止运行，存储在 RAM 中的数据（由变量引用）就会消失。如果程序要保留数据供下一次使用，就必须使用一种对数据进行**持久化**的方法。为此，我们将数据保存到文件中，后者通常存储在计算机磁盘上。一旦数据保存到文件，程序停止运行后，数据仍将保留在文件中。存储在文件中的数据可以在将来任何时候检索和使用。

我们日常使用的大多数商业软件都允许将数据存储到文件中。下面列举了几个例子。

- 字处理软件。字处理软件用于撰写信件、备忘录、报告和其他文档。文档保存到文件中，以便将来编辑和打印。

- 图像编辑软件。图像编辑软件用于绘制和编辑图像，例如用数码相机拍摄的照片。用图像编辑软件创建或编辑的图像保存在文件中。

- 电子表格。电子表格程序用于处理数字数据。可以在电子表格的单元格中插入数字和数学公式。电子表格保存到文件中，供将来使用。

- 游戏。许多游戏将数据保存在文件中。例如，有的游戏将玩家名字及其分数保存在一个文件中。这些游戏通常按照得分从高到低的顺序排列玩家名字。有的游戏还允许将当前游戏状态保存在文件中，这样就可以随时退出游戏，将来从退出的位置继续游玩，而不必每次都重新开始。

- 网页浏览器。访问网页时，浏览器有时会在你的计算机上存储一个称为 cookie 的小文件。cookie 通常包含有关浏览会话的信息，例如购物车的内容。

日常工作中使用的程序广泛依赖于文件。例如，工资单程序将员工数据保存在文件中，库存程序将公司产品数据保存在文件中，会计系统将公司财务数据保存在文件中，等等。

程序员一般将在文件中保存数据的过程称为向文件"写入数据"。当数据被写入文件时，它从 RAM 中的变量复制到文件中，如图 6.1 所示。我们常用**输出文件**一词来描述向其写入数据的文件。之所以称为输出文件，是因为要将程序的输出存储到其中。

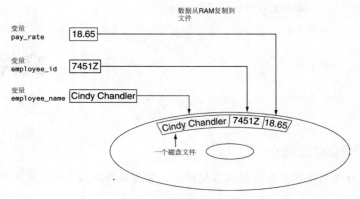

图 6.1 将数据写入文件

从文件获取数据的过程则称为从文件中"读取数据"。从文件中读取数据时，数据从文件复制到 RAM，并被变量引用，如图 6.2 所示。**输入文件**一词用于描述从中读取数据的文件。之所以称为输入文件，是因为程序从文件获取输入。

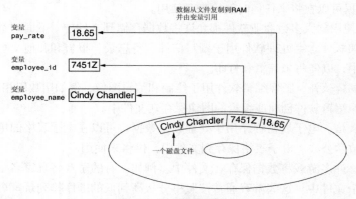

图 6.2 从文件读取数据

本章将讨论如何向文件写入数据和从文件读取数据。程序要想使用一个文件，必须采取下面几个步骤。

- 打开文件。在文件与程序之间建立连接。打开输出文件通常会在磁盘上创建文件，并允许程序向其写入数据。打开输入文件则允许程序从现有文件中读取数据。
- 处理文件。在这一步中，数据被写入文件（如果是输出文件）或者从文件中读取（如果是输入文件）。
- 关闭文件。当程序使用完文件后，必须关闭文件。关闭文件可以断开文件与程序的连接。

6.1.1　文件类型

一般来说有两种类型的文件：文本文件和二进制文件。**文本文件**包含使用 ASCII 或 Unicode 等方案编码为文本的数据。即使文件中包含数字，这些数字也是作为一系列字符存储在文件中的。因此，这种文件可在记事本等文本编辑器中打开并查看。**二进制文件**包含未转换为文本的数据。存储在二进制文件中的数据仅供程序读取。因此，不能用文本编辑器来查看二进制文件的内容。即使能查看，看到的也只是一堆"乱码"。

虽然 Python 同时支持文本文件和二进制文件，但本书只会涉及文本文件。因此，可以使用任意编辑器来检查程序所创建的文件。

6.1.2　文件访问方法

大多数编程语言提供两种不同的方法来访问存储在文件中的数据：顺序访问和直接访问。使用**顺序访问文件**，必须从文件头一直访问到文件尾。如果想读取存储在文件末尾的数据，那么必须先读取它前面的所有数据，而不能直接跳转到目标数据。这类似于老式磁带播放机。如果想听盒带上的最后一首歌，那么必须快进播放它之前的所有歌，或者慢慢地听。没办法直接跳到一首特定的歌。

使用**直接访问文件**（也称为**随机访问文件**），则可以直接跳转到文件中的任何数据，而无需读取之前的数据。这类似于 CD 或 MP3 播放器的工作方式。可以直接跳转到想听的任何歌曲。

本书将使用顺序访问文件。顺序访问文件很容易使用，可以用它来了解基本的文件操作。

6.1.3　文件名和文件对象

大多数计算机用户习惯于用文件名来标识文件。例如，使用字处理软件创建文档并保存为文件时，必须指定文件名。使用 Windows 文件资源管理器等工具查看磁盘内容时，会看到文件名列表。图 6.3 展示了三个文件（猫 .jpg、笔记 .txt 和简历 .docx）在 Windows 中的显示。

笔记.txt　　　简历.docx　　　猫.jpg

图 6.3　Windows 中的三个文件

每个操作系统都有自己的文件命名规则。许多系统支持使用文件扩展名，即出现在文件名末尾，最后一个句点后的短字符序列。例如，图 6.3 的文件扩展名为 .jpg，.txt 和 .docx。扩展名通常表示文件中存储的数据类型。例如，.jpg 扩展名通常表示文件包含根据 JPEG

图像标准压缩的图像，.txt 扩展名通常表示文件包含纯文本，而 .docx 扩展名（以及 doc）通常表示该文件包含 Microsoft Word 文档。

为了处理计算机磁盘上的文件，程序必须先在内存中创建一个文件对象。**文件对象**是与一个特定文件关联的对象，它为程序提供了处理该文件的方法。在程序中，我们用一个变量来引用文件对象，并通过该变量来执行对文件的任何操作。图 6.4 说明了这个概念。

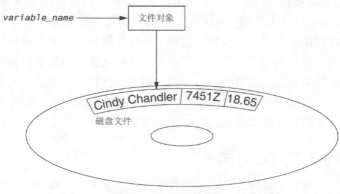

图 6.4 变量名引用与文件关联的文件对象

6.1.4 打开文件

在 Python 中，我们使用 open 函数打开文件。open 函数创建一个文件对象，并将它与磁盘上的文件关联。下面是 open 函数使用的常规格式：

```
file_variable = open(filename, mode)
```

在这个常规格式中：

- *file_variable* 是引用文件对象的变量的名称
- *filename* 是指定了文件名的字符串
- *mode* 是代表文件打开模式（读、写等）的一个字符串

表 6.1 列出了可以用来指定模式的三个字符串（还有其他更复杂的模式）。表 6.1 中的是本书将使用的模式。

表 6.1 部分 Python 文件模式

模式	说明
'r'	以只读模式打开文件。文件不能修改或写入
'w'	以写入模式打开文件。如果文件已存在，将擦除其内容。如果文件不存在，就新建一个
'a'	以追加模式打开文件。所有写入文件的数据都将追加到文件末尾。文件不存在就新建一个

例如，假设 customers.txt 文件包含客户数据，我们希望打开该文件进行读取，下面展示了如何调用 open 函数：

```
customer_file = open('customers.txt', 'r')
```

执行该语句后，名为 customers.txt 的文件将被打开，**customer_file** 变量将引用一个文件

对象，之后可以用它从文件中读取数据。

假设要创建一个名为 sales.txt 的文件并向其中写入数据，下面展示如何调用 open 函数：

```
sales_file = open('sales.txt', 'w')
```

执行该语句后，将创建名为 sales.txt 的文件，sales_file 变量将引用一个文件对象，之后可以用它向文件写入数据。

⚠ **警告**：记住，使用 'w' 模式会在磁盘上创建文件。如果指定的文件已经存在，那么文件现有的内容会被删除。

6.1.5 指定文件位置

将不包含路径的一个文件名作为实参传递给 open 函数时，Python 解释器假定文件的位置与程序位置相同。例如，假设一个程序位于 Windows 计算机上的以下文件夹中：

```
C:\Users\Zhou Jing\Documents\Python 中文版代码
```

当程序运行并执行以下语句时，会在同一文件夹下创建文件 test.txt：

```
test_file = open('test.txt', 'w')
```

要打开位于不同位置的文件，可以在传递给 open 函数的实参中指定路径和文件名。以字符串形式指定路径时（特别是在 Windows 计算机上），请确保在字符串前加上字母 r，如下所示：

```
test_file = open(r'C:\Users\Zhou Jing\temp\test.txt', 'w')
```

该语句在文件夹 C:\Users\Zhou Jing\temp 中创建文件 test.txt。r 前缀表示字符串是**原始字符串**。这使 Python 解释器将反斜杠字符视为字面意义的反斜杠。如果没有 r 前缀，解释器就会认为反斜杠字符是转义序列的一部分，从而引起错误。

6.1.6 向文件写入数据

本书之前已经使用了几个 Python 库函数，甚至编写了自己的函数。现在，我们将向你介绍另一种类型的函数，即方法。**方法**是属于一个对象，并使用该对象来执行某些操作的函数。打开文件后，可以使用文件对象提供的方法来对文件执行操作。

例如，文件对象有一个名为 write 的方法，用于向文件写入数据。下面是该方法的常规调用格式：

```
file_variable.write(string)
```

其中，*file_variable* 是引用了文件对象的变量，*string* 是要向文件写入的字符串。文件的打开模式必须支持写入（'w' 或 'a' 模式），否则会出错。

假设 customer_file 引用了一个文件对象，而且该文件是以 'w' 模式打开的。下例

将字符串 'Charles Pace' 写入文件:

```
customer_file.write('Charles Pace')
```

下面的代码展示了另一个例子:

```
name = 'Charles Pace'
customer_file.write(name)
```

第二个语句将 name 变量引用的值写入与 customer_file 关联的文件中。在本例中，将向文件中写入字符串 'Charles Pace'。虽然这些例子展示的是将字符串写入文件，但也可以写入数值。

程序结束对文件的处理后，应该显式地关闭文件。关闭文件可以断开程序与文件的连接。在某些系统中，未关闭的输出文件可能导致数据丢失。之所以会发生这种情况，是因为向文件写入的数据首先会写入一个**缓冲区**，这是内存中的一个小的"保留区"。缓冲区满时，系统将缓冲区的内容正式写入文件。这种技术提高了系统的性能，因为将数据写入内存比写入磁盘更快。关闭输出文件的过程会强制将缓冲区中任何未保存的数据写入文件。

在 Python 中，我们使用文件对象的 close 方法来关闭文件。例如，以下语句关闭与 customer_file 关联的文件:

```
customer_file.close()
```

程序 6.1 展示了一个完整的 Python 程序，它打开一个输出文件，向其中写入数据，然后关闭它。

程序 6.1 file_write.py

```
1   # 这个程序向文件写入
2   # 三行数据。
3   def main():
4       # 打开一个名为 philosophers.txt 的文件
5       outfile = open('philosophers.txt', 'w')
6
7       # 向文件中写入三位哲学家
8       # 的名字。
9       outfile.write('John Locke\n')
10      outfile.write(' David Hume\n')
11      outfile.write('Edmund Burke\n')
12
13      # 关闭文件
14      outfile.close()
15
16  # 调用 main 函数
17  if __name__ == '__main__':
18      main()
```

第 5 行使用 'w' 模式打开 philosophers.txt 文件。这导致创建文件并打开以准备写入。该语句还会在内存中创建一个文件对象，并将该对象赋给 outfile 变量。

第 9 行~第 11 行的语句向文件写入三个字符串。第 9 行写入字符串 `'John Locke\n'`，第 10 行写入字符串 `'David Hume\n'`，第 11 行写入字符串 `'Edmund Burke\n'`。第 14 行关闭文件。程序运行后，如图 6.5 所示的三个数据项会被写入 philosophers.txt 文件。

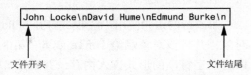

图 6.5 philosophers.txt 文件的内容

注意，每个写入文件的字符串都以 `\n` 结尾，你应该记得这是换行符的转义序列。`\n` 不仅分隔了文件中的条目，而且在文本编辑器中查看时，还会使每个条目都显示在单独的一行中。例如，图 6.6 展示了在"记事本"程序中显示的 philosophers.txt 文件。

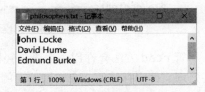

图 6.6 在"记事本"中查看 philosophers.txt

6.1.7 从文件读取数据

如果文件已经打开供读取（使用 `'r'` 模式），那么可以使用文件对象的 `read` 方法将其全部内容读入内存。调用 `read` 方法时，它以字符串形式返回文件内容。例如，程序 6.2 展示了如何使用 `read` 方法读取之前创建的 philosophers.txt 文件的内容。

程序 6.2 file_read.py

```
1  # 这个程序读取并显示 philosophers.txt
2  # 文件的内容。
3  def main():
4      # 打开一个名为 philosophers.txt 的文件
5      infile = open('philosophers.txt', 'r')
6
7      # 读取文件内容
8      file_contents = infile.read()
9
10     # 关闭文件
11     infile.close()
12
13     # 打印读入内存
14     # 的数据。
15     print(file_contents)
16
17 # 调用 main 函数
18 if __name__ == '__main__':
19     main()
```

程序输出

```
John Locke
```

```
David Hume
Edmund Burke
```

第 5 行的语句使用 `'r'` 模式打开 philosophers.txt 文件进行读取。它还创建了一个文件对象，并将该对象赋给 infile 变量。第 8 行调用 infile.read 方法读取文件内容。文件内容以字符串的形式读入内存，并赋给 file_contents 变量，如图 6.7 所示。第 15 行的语句打印该变量引用的字符串。

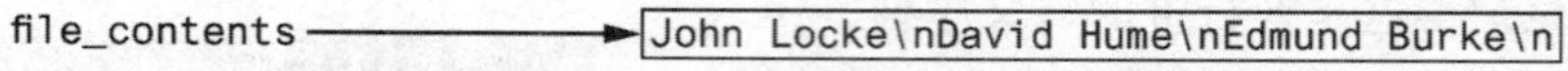

file_contents ⟶ John Locke\nDavid Hume\nEdmund Burke\n

图 6.7 file_contents 变量引用了从文件中读取的字符串

尽管 read 方法允许用一个语句轻松读取文件的全部内容，但许多程序都需要一次读取并处理文件中存储的一个数据项。例如，假设文件中包含一系列销售金额，需要写一个程序来计算它们的总金额，那么可以每次从文件中读取一个销售金额，然后将它加到一个累加器上。

在 Python 中，可以使用 readline 方法从文件中读取一行（一行是指以 \n 结尾的一个字符串）。该方法将整行作为一个字符串返回，基保包括 \n。程序 6.3 展示了如何使用 readline 方法逐行读取 philosophers.txt 文件的内容。

程序 6.3 line_read.py

```
1  # 这个程序逐行读取 philosophers.txt
2  # 文件的内容。
3  def main():
4      # 打开一个名为 philosophers.txt 的文件
5      infile = open('philosophers.txt', 'r')
6
7      # 从文件中读取三行
8      line1 = infile.readline()
9      line2 = infile.readline()
10     line3 = infile.readline()
11
12     # 关闭文件
13     infile.close()
14
15     # 打印读入内存
16     # 的数据。
17     print(line1)
18     print(line2)
19     print(line3)
20
21 # 调用 main 函数
22 if __name__ == '__main__':
23     main()
```

程序输出

```
John Locke

David Hume

Edmund Burke
```

　　在查看代码之前，请注意输出结果中的每一行后面都多了一个空行。这是因为从文件中读取的每个数据项都以换行符（\n）结束。稍后你将学习如何删除换行符。

　　第 5 行的语句使用 'r' 模式打开 philosophers.txt 文件进行读取。它还创建了一个文件对象，并将该对象赋给 infile 变量。打开一个文件进行读取时，会在内部为该文件维护一个特殊的值，称为**读取位置**。文件的读取位置标志着将从文件中读取的下一个数据项的位置。初始读取位置被设为文件的起始位置。执行第 5 行的语句后，philosophers.txt 文件的读取位置如图 6.8 所示，这是初始读取位置。

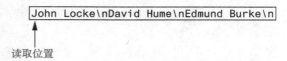

图 6.8 初始读取位置

　　第 8 行语句调用 infile.readline 方法从文件中读取第一行。以字符串形式返回的行被赋给 line1 变量。这个语句执行后，line1 变量将被赋值为字符串 'John Locke/n'。此外，文件的读取位置将前进到文件中的下一行，如图 6.9 所示。

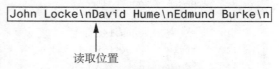

图 6.9 读取位置前进到下一行

　　然后，第 9 行的语句从文件中读取下一行，并将其赋给 line2 变量。在这个语句执行之后，line2 变量将引用字符串 'David Hume/n'。文件的读取位置将前进到文件的下一行，如图 6.10 所示。

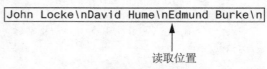

图 6.10 读取位置前进到下一行

　　然后，第 10 行的语句从文件中读取下一行，并将其赋给 line3 变量。这个语句执行之后，line3 变量将引用字符串 'Edmund Burke/n'。文件的读取位置将前进到文件末尾，如图 6.11 所示。图 6.12 展示了在执行了这些语句之后，line1，line2 和 line3 变量以及它们引用的字符串。

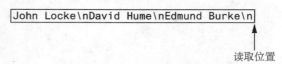

图 6.11 读取位置前进到文件末尾

　　第 13 行关闭文件。第 17 行～第 19 行显示 line1，line2 和 line3 这几个变量的内容。

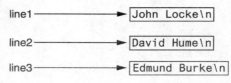

图 6.12 line1，line2 和 line3 变量引用的字符串

> 📝 **注意**：如果文件的最后一行不以 \n 结束，那么 readline 方法将返回不带 \n 的一行。

6.1.8 将换行符连接到字符串

程序 6.1 向文件中写入了三个字符串字面值，每个字符串字面值都以转义序列 \n 结束。但在大多数情况下，向文件中写入的数据项并不是字符串字面值，而是内存中由变量引用的值。例如，如果程序提示用户输入数据，并将数据写入文件，那么就属于这种情况。

当程序将用户输入的数据写入文件时，通常需要在写入之前先连接好一个 \n 转义序列。这样可以确保每个数据项都被写入文件中单独的一行。程序 6.4 演示了具体做法。

程序 6.4 write_names.py

```
1   # 这个程序从用户处获取三个名字,
2   # 并将它们写入文件。
3
4   def main():
5       # 获取三个名字
6       print(' 输入三个朋友的名字。')
7       name1 = input(' 朋友 #1: ')
8       name2 = input(' 朋友 #2: ')
9       name3 = input(' 朋友 #3: ')
10
11      # 打开 friends.txt 文件
12      myfile = open('friends.txt', 'w')
13
14      # 将名字写入文件
15      myfile.write(name1 + '\n')
16      myfile.write(name2 + '\n')
17      myfile.write(name3 + '\n')
18
19      # 关闭文件
20      myfile.close()
21      print(' 名字已经写入 friends.txt 文件。')
22
23  # 调用 main 函数
24  if __name__ == '__main__':
25      main()
```

程序输出（用户输入的内容加粗显示）

```
输入三个朋友的名字。
朋友 #1: Joe [Enter]
朋友 #2: Rose [Enter]
朋友 #3: Geri [Enter]
名字已经写入 friends.txt 文件。
```

第 7 行~第 9 行提示用户输入三个名字，这些名字被赋给变量 name1，name2 和 name3。第 12 行打开一个名为 friends.txt 的文件。然后，第 15 行~第 17 行向文件写入用户输入的名字，每个名字都连接了一个 '\n'。因此，当写入文件时，每个名字都会加上转义序列 \n。如图 6.13 所示，文件中已经存储了用户在示例运行中输入的名字。

> Joe\nRose\nGeri\n
>
> 图 6.13 friends.txt 文件

📣 **提示**：程序 6.4 的第 15 行~第 17 行很容易用 f 字符串来写，如下所示：

```
myfile.write(f'{name1}\n')
myfile.write(f'{name2}\n')
myfile.write(f'{name3}\n')
```

6.1.9 读取字符串并去掉换行符

有的时候，从 readline 方法返回的字符串末尾出现的 \n 会引起一些复杂的问题。例如，你是否注意到在程序 6.3 的示例输出中，输出的每一行后面都打印了一个空行？这是因为第 17 行~第 19 行打印的每个字符串都以 \n 转义序列结束。打印这种字符串时，\n 会导致额外的空行。

在文件中，\n 有一个必要的作用，即分隔文件中存储的数据项。但在许多情况下，当字符串从文件中读出后，我们希望将它的 \n 去掉。Python 中的每个字符串都有一个名为 rstrip 的方法，它可以去掉字符串末尾的特定字符。之所以命名为 rstrip，是因为它从字符串的右侧删除字符。以下示例代码展示了如何使用 rstrip 方法。

```
name = 'Joanne Manchester\n'
name = name.rstrip('\n')
```

第一个语句将字符串 'Joanne Manchester\n' 赋给 name 变量。注意，字符串以 \n 转义序列结束。第二个语句调用了 name.rstrip('\n') 方法。该方法返回一个末尾没有 \n 的 name 字符串的拷贝。该字符串会被重新赋给 name 变量。结果是 name 所引用的字符串现在已经去掉了尾部的 \n。

程序 6.5 是另一个读取并显示 philosophers.txt 文件内容的程序。程序先用 rstrip 方法去除从文件中读取的字符串末尾的 \n，然后才在屏幕上显示。因此，额外的空行不会出现。

程序 6.5 strip_newline.py

```
1   # 这个程序逐行读取 philosophers.txt
2   # 文件的内容。
3   def main():
4       # 打开一个名为 philosophers.txt 的文件
5       infile = open('philosophers.txt', 'r')
6
```

```
 7        # 从文件中读取三行
 8        line1 = infile.readline()
 9        line2 = infile.readline()
10        line3 = infile.readline()
11
12        # 去除每个字符串的 \n 字符
13        line1 = line1.rstrip('\n')
14        line2 = line2.rstrip('\n')
15        line3 = line3.rstrip('\n')
16
17        # 关闭文件
18        infile.close()
19
20        # 打印读入内存的数据
21        print(line1)
22        print(line2)
23        print(line3)
24
25 # 调用 main 函数
26 if __name__ == '__main__':
27        main()
```

程序输出

```
John Locke
David Hume
Edmund Burke
```

6.1.10 向现有文件追加数据

以 'w' 模式打开一个输出文件时，如果磁盘上已经存在同名文件，那么现有文件会被删除，并新建一个同名的空文件。有的时候，我们希望保留现有文件，并将新数据追加到当前内容上。向文件"追加"数据意味着将新数据写到文件中现有数据的末尾。

在 Python 中，可用 'a' 模式以追加（append）模式打开一个输出文件，这意味着两点：

- 如果文件已经存在，那么它的内容不会被删除；如果文件不存在，它将被创建；
- 向文件写入数据时，数据会写入文件当前内容的末尾。

例如，假定文件 friends.txt 包含以下名字，每个名字单独一行：

```
Joe
Rose
Geri
```

以下代码可以打开文件，并为现有内容附加额外的数据：

```
myfile = open('friends.txt', 'a')
myfile.write('Matt\n')
myfile.write('Chris\n')
```

```
myfile.write('Suze\n')
myfile.close()
```

程序运行后，friends.txt 文件将包含以下数据：

```
Joe
Rose
Geri
Matt
Chris
Suze
```

6.1.11 写入和读取数值数据

字符串可以直接用 write 方法写入文件。但是，数字在写入之前必须先转换为字符串。在 Python 中，可以利用一个名为 str 的内置函数将数值转换为字符串。例如，假设变量 num 被赋值为 99，那么表达式 str(num) 将返回字符串 '99'。

程序 6.6 展示了如何使用 str 函数将数字转换为字符串，并将转换后的字符串写入文件。

程序 6.6 write_numbers.py

```
 1   # 这个程序演示了将数字写入
 2   # 文本文件之前，如何先将其
 3   # 转换为字符串。
 4
 5   def main():
 6       # 打开一个文件来写入
 7       outfile = open('numbers.txt', 'w')
 8
 9       # 从用户处获取三个数字
10       num1 = int(input(' 输入第一个数: '))
11       num2 = int(input(' 输入第二个数: '))
12       num3 = int(input(' 输入第三个数: '))
13
14       # 将数字写入文件
15       outfile.write(str(num1) + '\n')
16       outfile.write(str(num2) + '\n')
17       outfile.write(str(num3) + '\n')
18
19       # 关闭文件
20       outfile.close()
21       print(' 数据已写入 numbers.txt 文件。')
22
23   # 调用 main 函数
24   if __name__ == '__main__':
25       main()
```

程序输出（用户输入的内容加粗显示）

输入第一个数：**22** `Enter`
输入第二个数：**14** `Enter`
输入第三个数：**-99** `Enter`
数据已写入 numbers.txt 文件。

第 7 行打开 numbers.txt 文件。然后，第 10 行 ~ 第 12 行提示用户输入三个数字，并将其赋给变量 num1，num2 和 num3。

下面来仔细看看第 15 行的语句，它将 num1 引用的值写入文件：

```
outfile.write(str(num1) + '\n')
```

表达式 `str(num1) + '\n'` 将 num1 引用的值转换为字符串，并将转义序列 \n 连接到字符串上。在程序的示例运行中，用户输入 22 作为第一个数字，因此这个表达式生成了字符串 `'22\n'`。结果，字符串 `'22\n'` 被写入文件。

第 16 行和第 17 行执行类似的操作，将 num2 和 num3 引用的值写入文件。这些语句执行后，文件中将包含如图 6.14 所示的值。图 6.15 展示了在"记事本"中查看的文件。

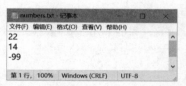

`22\n14\n-99\n`

图 6.14 numbers.txt 文件的内容

图 6.15 在"记事本"中查看的 numbers.txt 文件

从文本文件中读取数字时，总是以字符串的形式读取。例如，假设一个程序使用以下代码从程序 6.6 创建的 numbers.txt 文件中读取第一行：

```
1 infile = open('numbers.txt', 'r')
2 value = infile.readline()
3 infile.close()
```

第 2 行语句使用 readline 方法从文件中读取一行。这个语句执行后，value 变量将引用字符串 `'22/n'`。如果打算用 value 变量执行数学运算，那么可能会出问题，因为不能在字符串上进行数学运算。在这种情况下，必须将字符串转换为数值类型。

第 2 章讲过，Python 提供了内置函数 int 将字符串转换为整数，内置函数 float 将字符串转换为浮点数。例如，可以像下面这样修改前面的代码：

```
1 infile = open('numbers.txt', 'r')
2 string_input = infile.readline()
3 value = int(string_input)
4 infile.close()
```

第 2 行语句从文件中读取一行并将其赋给 string_input 变量。结果，string_input 将引用字符串 `'22/n'`。然后，第 3 行的语句使用 int 函数将 string_input 转换为整数，并将结果赋给 value。这个语句执行后，value 变量将引用整数 22。记住，int 和 float

这两个函数都会忽略作为实参传递的字符串末尾的 \n。

上述代码演示了使用 readline 方法从文件中读取字符串，然后使用 int 函数将字符串转换为整数的步骤。但在许多情况下，代码还可以简化。更好的方法是在一个语句中完成从文件中读取字符串并执行转换的操作，如下所示：

```
1 infile = open('numbers.txt', 'r')
2 value = int(infile.readline())
3 infile.close()
```

注意，第 2 行对 readline 方法的调用被用作 int 函数的实参。代码的工作方式：调用 readline 方法，返回一个字符串。字符串被传给 int 函数，int 函数将其转换为整数。结果被赋给 value 变量。

程序 6.7 是一个更完整的演示。它读取 numbers.txt 文件的内容，将其转换为整数并计算它们的和。

程序 6.7 read_numbers.py

```
 1  # 这个程序演示了从文件读取
 2  # 的数字在用于数学运算之前,
 3  # 如何先从字符串转换为数字。
 4
 5  def main():
 6      # 打开一个文件来读取
 7      infile = open('numbers.txt', 'r')
 8
 9      # 从文件中读取三个数字
10      num1 = int(infile.readline())
11      num2 = int(infile.readline())
12      num3 = int(infile.readline())
13
14      # 关闭文件
15      infile.close()
16
17      # 三个数字相加
18      total = num1 + num2 + num3
19
20      # 显示每个数字和它们的总和
21      print(f' 数字分别为 : {num1}, {num2}, {num3}')
22      print(f' 它们的总和为: {total}')
23
24  # 调用 main 函数
25  if __name__ == '__main__':
26      main()
```

程序输出

```
数字分别为 : 22, 14, -99
它们的总和为: -63
```

✅ **检查点**

6.1　什么是输出文件?

6.2　什么是输入文件?

6.3　程序为了使用文件必须采取哪三个步骤?

6.4　通常有哪两种类型的文件? 这两种文件有什么区别?

6.5　有哪两种文件访问类型? 两种类型有什么区别?

6.6　在写执行文件操作的程序时, 代码中要用到哪两个与文件相关的名称?

6.7　如果一个文件已经存在, 尝试将其作为输出文件打开(使 'w' 模式)时会发生什么?

6.8　打开文件的目的是什么?

6.9　关闭文件的目的是什么?

6.10　什么是文件的读取位置? 打开输入文件时, 初始读取位置在哪里?

6.11　如果要向文件中写入数据, 但又不想删除文件中已有的内容, 那么应该以何种模式打开文件? 向这样的文件写入数据时, 数据在文件的什么位置写入?

6.2　使用循环来处理文件

概念: *文件中通常存储着大量数据, 程序通常使用循环来处理文件中的数据。*

▶ **视频讲解:** Using Loops to Process Files

虽然有的程序只用文件存储少量数据, 但大多数文件都需要存储大量数据。当程序使用文件来写入或读取大量数据时, 通常会使用循环。例如, 程序 6.8 从用户处获取多天的销售额, 并将这些销售额写入一个名为 sales.txt 的文件。用户指定需要输入销售数据的天数。在程序示例运行中, 用户输入了 5 天的销售金额。图 6.16 展示了 sales.txt 文件的内容, 其中包含用户在示例运行中输入的数据。

程序 6.8　write_sales.py

```
1   # 这个程序提示用户输入销售金额,
2   # 并将这些金额写入 sales.txt 文件。
3
4   def main():
5       # 获取要输入数据的天数
6       num_days = int(input(' 你想输入多少天 ' +
7                             ' 的销售额? '))
8
9       # 打开一个名为 sales.txt 的新文件
10      sales_file = open('sales.txt', 'w')
11
12      # 获取每天的销售额,
13      # 并将其写入文件。
14      for count in range(1, num_days + 1):
```

```
15              # 获取一天的销售额
16              sales = float(input(
17                  f' 输入第 {count} 天的销售额: '))
18
19              # 将销售额写入文件
20              sales_file.write(f'{sales}\n')
21
22          # 关闭文件
23          sales_file.close()
24          print(' 数据已写入 sales.txt 文件。')
25
26  # 调用 main 函数
27  if __name__ == '__main__':
28      main()
```

程序输出（用户输入的内容加粗）

你想输入多少天的销售额?　**5** [Enter]
输入第 1 天的销售额: **1000.0** [Enter]
输入第 2 天的销售额: **2000.0** [Enter]
输入第 3 天的销售额: **3000.0** [Enter]
输入第 4 天的销售额: **4000.0** [Enter]
输入第 5 天的销售额: **5000.0** [Enter]
数据已写入 sales.txt 文件。

```
1000.0\n2000.0\n3000.0\n4000.0\n5000.0\n
```

图 6.16 sales.txt 文件的内容

6.2.1 使用循环读取文件并检测文件尾

　　程序经常需要在不知道文件中存储了多少数据项数的情况下读取文件内容。例如，程序 6.8 创建的 sales.txt 文件可以存储任意数量的数据项，因为程序会先询问用户要输入多少天的销售额。如果用户输入 5，那么程序将获取 5 个销售额并写入文件。如果用户输入 100，那么程序将获取 100 个销售额并写入文件。

　　如果要写一个程序来处理文件中的所有数据项，但事先不知道具体有多少个，这就会造成一个问题。例如，假设需要写一个程序，读取 sales.txt 文件中的所有金额并计算其总额。虽然可以使用一个循环来读取文件中的数据项，但是需要一种方法来知道何时到达文件尾。

　　在 Python 中，当 readline 方法试图读取超过文件末尾的内容时，它会返回一个空字符串（''）。因此，我们可以写一个判断何时到达文件尾的 while 循环。下面是用伪代码来写的常规算法。图 6.17 展示了该算法的流程图：

打开文件
使用 readline 读取文件的第一行
当（while）从 readline 返回的值不是空字符串时：
　　处理刚才从文件中读取的数据

使用 readline 从文件中读取下一行。
关闭文件

📎 **注意**：在这个算法中，我们在进入 while 循环之前调用了一次 readline 方法。这个调用的目的是获取文件中的第一行，以便循环对其进行测试。这个初始的读取操作称为"预读"。

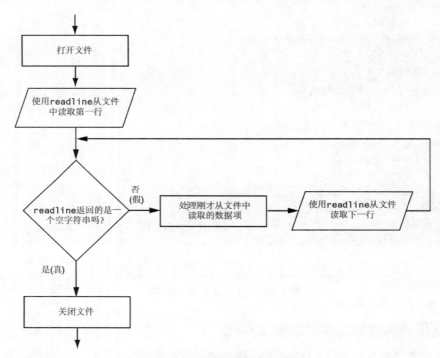

图 6.17 检测文件尾的常规逻辑

程序 6.9 演示如何在代码中实现这个过程。该程序读取并显示 sales.txt 文件中的所有值。

程序 6.9 read_sales.py

```
 1   # 这个程序读取 sales.txt 文件
 2   # 中的所有值。
 3
 4   def main():
 5       # 打开 sales.txt 文件以读取
 6       sales_file = open('sales.txt', 'r')
 7
 8       # 从文件中读取第一行，但先不要
 9       # 转换成数字。我们仍然需要测试
10       # 它是不是空字符串。
11       line = sales_file.readline()
12
```

```
13         # 只要 readline 返回的不是空字符串,
14         # 就继续处理。
15     while line != '':
16         # 将 line 转换为 float
17         amount = float(line)
18
19         # 格式化并显示金额
20         print(f'{amount:.2f}')
21
22         # 读取下一行
23         line = sales_file.readline()
24
25     # 关闭文件
26     sales_file.close()
27
28 # 调用 main 函数
29 if __name__ == '__main__':
30     main()
```

程序输出

```
1000.00
2000.00
3000.00
4000.00
5000.00
```

6.2.2　使用 for 循环读取行

在前面的例子中，你看到了当到达文件尾时，readline 方法会返回空字符串。大多数编程语言提供了类似的检测**文件尾**（End of File，EOF）的技术。如果计划学习 Python 之外的编程语言，那么了解如何构造这种逻辑是很重要的。

Python 语言还允许写一个 **for** 循环来自动读取文件中的行，而不需要测试任何特殊条件来判断是否到达文件尾。这个循环不需要"预读"操作。在到达文件尾时，它会自动停止。如果只想一个接一个地读取文件中的行，那么这种技术比写一个明确测试文件尾的 while 循环更简单、更优雅。下面是这种循环的常规格式：

```
for variable in file_object:
    语句
    语句
    ...
```

其中，*variable* 是变量名，*file_object* 是引用了文件对象的变量。循环将遍历文件中的每一行。在循环的第一次迭代中，*variable* 将引用文件中的第一行（作为字符串），在循环的第二次迭代中，*variable* 将引用第二行，以此类推。

程序 6.10 对此进行了演示，它读取并显示 sales.txt 文件中的所有数据项。

程序 6.10 read_sales2.py

```
1    # 这个程序使用 for 循环来读取
2    # sales.txt 文件中的所有值。
3
4    def main():
5        # 打开 sales.txt 文件以读取
6        sales_file = open('sales.txt', 'r')
7
8        # 从文件中读取所有行
9        for line in sales_file:
10           # 将 line 转换为 float
11           amount = float(line)
12           # 格式化并显示金额
13           print(f'{amount:.2f}')
14
15       # 关闭文件
16       sales_file.close()
17
18   # 调用 main 函数
19   if __name__ == '__main__':
20       main()
```

程序输出

```
1000.00
2000.00
3000.00
4000.00
5000.00
```

聚光灯：文件处理

凯文是一名自由的视频制作人，为当地企业制作电视广告。制作广告时，他通常会拍摄几个短片。之后，他将这些短片组合在一起，制作成最终的广告片。他要求你写以下两个程序：

- 一个程序允许他输入项目中每个短片的运行时间（以秒为单位），这些运行时间被保存到一个文件中；
- 另一个程序读取文件内容，显示每个短片的运行时间，最后显示所有短片的总运行时间。

下面是第一个程序的常规算法（伪代码）：

获取项目中视频的数量。
打开输出文件。
对于（for）项目中的每个视频：
    获取视频的运行时间。
    将运行时间写入文件。
关闭文件。

程序 6.11 展示了第一个程序的代码。

程序 6.11 save_running_times.py

```
1   # 该程序将视频运行时间序列保存到
2   # video_times.txt 文件中。
3
4   def main():
5       # 获取项目中的短片数量
6       num_videos = int(input('项目中有多少个短片？'))
7
8       # 打开用于容纳运行时间的文件
9       video_file = open('video_times.txt', 'w')
10
11      # 获取每个短片的运行时间，
12      # 并写入文件。
13      print('输入每个短片的运行时间。')
14      for count in range(1, num_videos + 1):
15          run_time = float(input(f'视频 #{count}: '))
16          video_file.write(f'{run_time}\n')
17
18      # Close the file.
19      video_file.close()
20      print('时间已写入 video_times.txt 文件。')
21
22  # 调用 main 函数
23  if __name__ == '__main__':
24      main()
```

程序输出（用户输入的内容加粗显示）

```
项目中有多少个短片？ 6 Enter
输入每个短片的运行时间。
视频 #1: 24.5 Enter
视频 #2: 12.2 Enter
视频 #3: 14.6 Enter
视频 #4: 20.4 Enter
视频 #5: 22.5 Enter
视频 #6: 19.3 Enter
时间已写入 video_times.txt 文件。
```

下面是第二个程序的常规算法。

将一个累加器初始化为 0。
将一个计数器变量初始化为 0。
打开输入文件。
对于（for）文件中的每一行：
    将该行转换为浮点数（这是一个短片的运行时间）。
    计数器变量递增 1（以便知道已经处理了多少视频）。
    将运行时间加到累加器上。

关闭文件。
显示累加器中的总运行时间。

程序 6.12 展示了第二个程序的代码。

程序 6.12 read_running_times.py

```
1  # 这个程序读取 video_times.txt 文件中的值,
2  # 并计算它们的总和（总的视频时间）
3
4  def main():
5      # 打开 video_times.txt 文件进行读取
6      video_file = open('video_times.txt', 'r')
7
8      # 将一个累加器初始化为 0.0
9      total = 0.0
10
11     # 初始化一个变量来跟踪视频计数
12     count = 0
13
14     print(' 下面是每个短片的运行时间: ')
15
16     # 从文件中读取值, 计算它们的总和
17     for line in video_file:
18         # 将一行的内容转换为 float
19         run_time = float(line)
20
21         # count 变量递增 1
22         count += 1
23
24         # 显示这一行存储的时间
25         print(f' 视频 #{count}: {run_time}')
26
27         # 将时间加到 total 上
28         total += run_time
29
30     # 关闭文件
31     video_file.close()
32
33     # 显示的视频总的运行时间
34     print(f' 总运行时间为 {total} 秒。')
35
36 # 调用 main 函数
37 if __name__ == '__main__':
38     main()
```

程序输出

下面是每个短片的运行时间:

```
视频 #1: 24.5
视频 #2: 12.2
视频 #3: 14.6
视频 #4: 20.4
视频 #5: 22.5
视频 #6: 19.3
总运行时间为 113.5 秒。
```

检查点

6.12 写一个简短的程序，使用 for 循环将数字 **1~10** 写入一个文件。

6.13 当 readline 方法返回空字符串时意味着什么？

6.14 假设存在 data.txt 文件，并且包含几行文本。使用 while 循环写一个简短的程序，显示文件中的每一行。

6.15 修改为检查点 6.14 写的程序，用 for 循环代替 while 循环。

6.3 使用 with 语句打开文件

概念：程序必须关闭所有已打开的文件。如果使用 with 语句打开文件，那么当程序使用完文件后，文件会自动关闭。

6.3.1 资源

资源是程序使用的外部对象或数据源。本章一直在使用文件，它是资源的一种。除文件外，还有其他许多类型的资源，例如数据库和网络连接等。

当程序使用资源时，通常会经历以下过程。

1. 打开资源。
2. 使用资源。
3. 关闭资源。

当程序不再使用资源时，关闭资源非常重要。例如，程序在打开文件后，必须确保在程序结束前关闭文件。如果程序没有关闭它使用的资源，我们说程序存在**资源泄漏**的情况，这可能导致各种错误。

6.3.2 with 语句

幸好，Python 提供了一个 with 语句，可以用它打开像文件这样的资源，并在程序使用完后自动关闭它们。下面是用于打开文件的 with 语句的常规格式：

```
with open(filename, mode) as file_variable:
    语句
    语句
```

...

其中，

- *filename* 是代表文件名的字符串
- *mode* 是代表文件打开模式的字符串，例如 'r'、'w' 或 'a'
- *file_variable* 是引用了文件对象的变量名

接着是一个语句块，我们将其称为 with suite。这个 suite 是由一条或多个与文件相关的语句构成的语句块。当 with suite 中的语句执行完毕后，文件将自动关闭。因此，不需要显式调用 close 方法来关闭文件。

程序 6.13 展示了一个例子。该程序在第 3 行使用 with 语句打开一个名为 sequence.txt 的文件。在 with 语句中，第 4 行和第 5 行的循环将数字 0~9 写入文件。一旦循环结束，with suite 中就没有其他代码了，所以文件自动关闭。用"记事本"等编辑器打开 sequence.txt 文件，会看到如图 6.18 所示的内容。

程序 6.13 write_with.py

```
1    # 这个程序将 0~9 的数字写入 sequence.txt
2    def main():
3        with open('sequence.txt', 'w') as outfile:
4            for number in range(10):
5                outfile.write(f'{number}\n')
6        print(' 数据已写入 sequence.txt 文件。')
7
8    # 调用 main 函数
9    if __name__ == '__main__':
10       main()
```

程序输出

数据已写入 sequence.txt 文件。

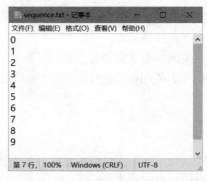

图 6.18 sequence.txt 的内容

代码清单 6.14 展示了如何使用 with 语句打开文件并从中读取数据。这个程序读取由代码清单 6.13 的程序创建的 sequence.txt 文件。

程序 6.14　read_with.py

```
1  # 这个程序读取 sequence.txt 文件的内容
2  def main():
3      with open('sequence.txt', 'r') as infile:
4          line = infile.read()
5          while line != '':
6              print(f'{line}')
7              line = infile.read()
8
9  # 高射 main 函数
10 if __name__ == '__main__':
11     main()
```

程序输出

```
1
2
3
4
5
6
7
8
9
```

6.3.3　用 with 语句打开多个文件

可以用一个 with 语句打开多个文件。为此，只需写多个以逗号分隔的 open 语句。下面是打开两个文件时的常规格式：

```
with open(filename1, mode1) as file_var1, open(filename2, mode2) as file_var2:
    语句
    语句
    ...
```

其中，

- *filename1* 是代表第一个文件名的字符串
- *mode1* 是代表第一个文件的打开模式的字符串，例如 'r'、'w' 或 'a'
- *file_var1* 是引用了第一个文件对象的变量名
- *filename2* 是代表第二个文件名的字符串
- *mode2* 是代表第二个文件的打开模式的字符串，例如 'r'、'w' 或 'a'
- *file_var2* 是引用了第二个文件对象的变量名

　　程序 6.15 展示了一个例子，它的作用是将 sequence.txt 文件中的内容复制到 copy.txt 文件中。首先，第 3 行的 with 语句打开这两个文件。执行该语句后，infile 将引用与 sequence.txt 关联的文件对象，outfile 将引用与 copy.txt 关联的文件对象。在 with 语句中（第 4 行～第 7 行），程序读取输入文件的所有行。每读取一行，就将该行写入输出文件。当这个 with suite 完成后，两个文件会自动关闭。

程序 6.15 multiple_with.py

```
# 该程序创建 sequence.txt 文件的拷贝
def main():
    with open('sequence.txt', 'r') as infile, open('copy.txt', 'w') as outfile:
        line = infile.read()
        while line != '':
            outfile.write(f'{line}')
            line = infile.read()
    print('已完成文件的复制。')


# 调用 main 函数
if __name__ == '__main__':
    main()
```

程序输出

已完成文件的复制。

注意：以后学习写更复杂的代码时，会遇到不能用 with 语句打开文件的情况。对于这种情况，需要确保在完成文件的处理后将其关闭。因此，必须知道如何在使用或不使用 with 语句的情况下打开文件。本章展示了这两种方法的例子。

6.3 处理记录

概念：存储在文件中的数据通常以记录的形式组织。记录是对一个数据项（item）进行描述的完整数据集，字段是记录中的单个数据。

向文件中写入的数据通常以记录和字段的形式组织。其中，**记录**是对一个数据项进行描述的完整数据集，**字段**是记录中的单个数据。例如，假设要在文件中存储员工数据。该文件将为每个员工包含一条记录。每条记录是多个字段的集合，例如姓名、员工 ID 和部门。如图 6.19 所示。

每次向顺序访问文件写入记录时，都会一个接一个地写入构成记录的字段。例如，图 6.20 展示了包含三条员工记录的文件。每条记录都由员工姓名、ID 和部门构成。

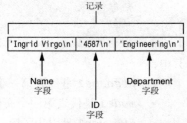

图 6.19 记录中的字段

图 6.20 文件中的记录

程序 6.16 是将员工记录写入文件的一个简单的例子。

程序 6.16　save_emp_records.py

```
1   # 这个程序从用户处获取员工数据，并将其作为记录
2   # 存储到 employee.txt 文件中。
3
4   def main():
5       # 获取要创建的员工记录数
6       num_emps = int(input('你想创建多少条' +
7                            '员工记录？'))
8
9       # 打开文件以便写入
10      with open('employees.txt', 'w') as emp_file:
11          # 获取每个员工的数据并写入文件
12          for count in range(1, num_emps + 1):
13              # 获取一名员工的数据
14              print(f'输入员工 #{count} 的数据。')
15              name = input('姓名：')
16              id_num = input('员工 ID：')
17              dept = input('部门：')
18
19              # 将数据作为一条记录写入文件
20              emp_file.write(f'{name}\n')
21              emp_file.write(f'{id_num}\n')
22              emp_file.write(f'{dept}\n')
23
24              # 显示空行
25              print()
26
27      print('员工记录已写入 employees.txt 文件。')
28
29  # 调用 main 函数
30  if __name__ == '__main__':
31      main()
```

程序输出（用户输入的内容加粗显示）

```
想创建多少条员工记录？ 3 Enter
输入员工 #1 的数据。
姓名：Ingrid Virgo Enter
员工 ID：4587 Enter
部门：Engineering Enter

输入员工 #2 的数据。
姓名：Julia Rich Enter
员工 ID：4588 Enter
部门：Research Enter
```

输入员工 #3 的数据。
姓名: **Greg Young** [Enter]
员工 ID: **4589** [Enter]
部门: **Marketing** [Enter]

员工记录已写入 employees.txt 文件。

　　第 6 行和第 7 行的语句提示用户输入想要创建的员工记录数量。在循环内部，第 15 行～第 17 行获取员工的姓名、ID 和部门。第 20 行～第 22 行将这三项合并作为一条员工记录写入文件。针对每条员工记录都迭代要一次。

　　从顺序访问文件中读取一条记录时，我们一个接一个地读取每个字段的数据，直到读取完整的记录。程序 6.17 演示了如何读取 employee.txt 文件中的员工记录。

程序 6.17 read_emp_records.py

```
1   # 这个程序显示了 employees.txt
2   # 文件中的记录。
3
4   def main():
5       # 打开 employees.txt 文件。
6       with open('employees.txt', 'r') as emp_file:
7           # 读取文件的第一行,
8           # 它是第一条记录的姓名字段。
9           name = emp_file.readline()
10
11          # 只要读取到一个字段，循环就继续
12          while name != '':
13              # 读取员工 ID 字段
14              id_num = emp_file.readline()
15
16              # 读取部门字段
17              dept = emp_file.readline()
18
19              # 从字段中去除换行符
20              name = name.rstrip('\n')
21              id_num = id_num.rstrip('\n')
22              dept = dept.rstrip('\n')
23
24              # 显示记录
25              print(f' 姓名: {name}')
26              print(f'ID: {id_num}')
27              print(f' 部门: {dept}')
28              print()
29
30              # 读取下一条记录的姓名字段
31              name = emp_file.readline()
32
```

```
33    # 调用 main 函数
34    if __name__ == '__main__':
35        main()
```

程序输出

```
姓名: Ingrid Virgo
ID: 4587
部门: Engineering

姓名: Julia Rich
ID: 4588
部门: Research

姓名: Greg Young
ID: 4589
部门: Marketing
```

程序在第 6 行打开文件，然后在第 10 行读取第一条记录的第一个字段。这将是第一个员工的姓名。第 12 行的 while 循环测试该值是不是空字符串。如果不是，那么循环迭代。在循环内部，程序读取记录的第二个和第三个字段（员工 ID 和部门）并显示。然后，第 31 行读取下一条记录的第一个字段（下一个员工的姓名）。循环重新开始，这个过程会一直持续到没有记录可读取为止。

在文件中存储记录的程序通常需要比简单的记录读写更多的功能。以下"聚光灯"小节将研究向文件中添加记录、搜索文件中的特定记录、修改记录和删除记录的算法。

聚光灯：添加和显示记录

Midnight Coffee Roasters 公司从世界各地进口咖啡生豆并烘焙成各种精品咖啡。公司负责人朱莉要求你写一系列用于管理库存的程序。在与她交谈后，你确定需要一个文件来保存库存记录。每条记录用两个字段来保存以下数据：

- 描述：包含咖啡名称的字符串
- 库存量：以浮点数表示的库存量；单位：磅

第一项工作是写一个程序向文件中添加记录。程序 6.18 展示了代码。注意，输出文件是以追加模式打开的。每次执行程序，新的记录都会被添加到文件的现有内容之后。

程序 6.18 add_coffee_record.py

```
1    # 这个程序将咖啡库存记录添加
2    # 到 coffee.txt 文件中。
3
4    def main():
5        # 创建循环控制变量
6        another = 'y'
7
8        # 以追加模式打开 coffee.txt 文件
```

```
9       with open('coffee.txt', 'a') as coffee_file:
10          # 向文件添加记录
11          while another == 'y' or another == 'Y':
12              # 获取咖啡记录数据
13              print(' 输入以下咖啡数据。')
14              descr = input(' 描述: ')
15              qty = int(input(' 库存量（以磅为单位）: '))
16
17              # 将数据追加到文件中
18              coffee_file.write(f'{descr}\n')
19              coffee_file.write(f'{qty}\n')
20
21              # 判断用户是否要向文件
22              # 添加另一条记录
23              print(' 要添加另一条记录吗? ')
24              another = input('Y = 是，其他任何输入 = 否: ')
25
26      print(' 数据已追加到 coffee.txt 文件。')
27
28  # 调用 main 函数
29  if __name__ == '__main__':
30      main()
```

程序输出（用户输入的内容加粗显示）

输入以下咖啡数据。
描述: **Brazilian Dark Roast** Enter
库存量（以磅为单位）: **18** Enter
要添加另一条记录吗?
Y = 是，其他任何输入 = 否: **y** Enter
输入以下咖啡数据。
描述: **Sumatra Medium Roast** Enter
库存量（以磅为单位）: **25** Enter
要添加另一条记录吗?
Y = 是，其他任何输入 = 否: **n** Enter
数据已追加到 coffee.txt 文件。

下一项工作是写一个程序来显示库存文件中的所有记录。程序 6.19 展示了代码。

程序 6.19 show_coffee_records.py

```
1   # 这个程序将显示 coffee.txt 文件中的记录。
2
3   def main():
4       # 打开 coffee.txt 文件
5       with open('coffee.txt', 'r') as coffee_file:
6           # 读取第一条记录的描述字段
7           descr = coffee_file.readline()
8
```

```
9            # 读取文件其余内容
10           while descr != '':
11               # 读取库存量字段
12               qty = float(coffee_file.readline())
13
14               # 从描述中去除 \n 字符
15               descr = descr.rstrip('\n')
16
17               # 显示记录
18               print(f'Description: {descr}')
19               print(f'Quantity: {qty}')
20
21               # 读取下一个描述
22               descr = coffee_file.readline()
23
24 # 调用 main 函数
25 if __name__ == '__main__':
26     main()
```

程序输出

```
描述: Brazilian Dark Roast
库存量: 18.0
描述: Sumatra Medium Roast
库存量: 25.0
```

聚光灯：搜索记录

朱莉一直在使用你之前为她编写的两个程序，并且已经在 coffee.txt 文件中存储了不少记录，她希望你再编写一个程序来搜索记录。她希望能输入一个描述，然后查看所有符合描述的记录。程序 6.20 展示了该程序的代码。

程序 6.20 search_coffee_records.py

```
1  # 这个程序允许用户在 coffee.txt 文件中
2  # 搜索与描述匹配的记录。
3
4  def main():
5      # 创建一个 bool 变量作为标志
6      found = False
7
8      # 获取要搜索的值
9      search = input('输入要查找的咖啡描述: ')
10
11     # 打开 coffee.txt 文件
12     with open('coffee.txt', 'r') as coffee_file:
13         # 读取第一条记录的描述字段
14         descr = coffee_file.readline()
```

```
15
16          # 读取文件其余内容
17          while descr != '':
18              # 读取库存量字段
19              qty = float(coffee_file.readline())
20
21              # 从描述中去除 \n 字符
22              descr = descr.rstrip('\n')
23
24              # 判断该记录是否与
25              # 搜索值匹配
26              if descr == search:
27                  # 显示记录
28                  print(f' 描述：{descr}')
29                  print(f' 库存量：{qty}')
30                  print()
31                  # 将 found 标志设为 True
32                  found = True
33
34              # 读取下一个描述
35              descr = coffee_file.readline()
36
37      # 如果在文件中没有发现搜索值,
38      # 就显示一条消息。
39      if not found:
40          print(' 在文件中没有找到符合描述的商品。')
41
42  # 调用 main 函数
43  if __name__ == '__main__':
44      main()
```

程序输出（用户输入的内容加粗显示）

输入要查找的咖啡描述：**Sumatra Medium Roast** `Enter`
描述：Sumatra Medium Roast
库存量：25.0

程序输出（用户输入的内容加粗显示）

输入要查找的咖啡描述：**Mexican Altura** `Enter`
在文件中没有找到符合描述的商品。

聚光灯：修改记录

　　朱莉对你写的程序非常满意。下个任务是写程序来修改现有记录中的"库存量"字段,
以便在咖啡售出或者为现有类型的咖啡补货时更新库存。

　　要修改顺序文件中的记录,必须创建一个临时文件。将原始文件中的所有记录都复制
到临时文件中,但在找到要修改的记录时,不是将其旧的内容写入临时文件。相反,将新

的修改值写入临时文件。然后，继续将原始文件中的剩余记录复制到临时文件。

最后一步是用临时文件取代原始文件。具体做法是删除原始文件，并将临时文件重命名为原始文件的名称。以下是该程序的常规算法。

> *打开原始文件作为输入，创建临时文件作为输出。*
> *获取要修改的记录的描述字段和库存量的新值。*
> *从原始文件读取第一个描述字段。*
> *当（while）描述字段不为空时：*
> 　　*读取库存量字段。*
> 　　*如果（if）该记录的描述字段与输入的描述相符：*
> 　　　　*将新数据写入临时文件。*
> 　　*否则（else）：*
> 　　　　*将现有记录写入临时文件。*
> 　　*读取下一个描述字段。*
> *关闭原始文件和临时文件。*
> *删除原始文件。*
> *将临时文件重命名为原始文件的名称。*

注意，算法最后要求删除原始文件，并重命名临时文件。Python 标准库的 os 模块提供了一个名为 remove 的函数来删除磁盘上的文件。只需将文件名作为实参传递给函数。下例展示了如何删除 coffee.txt 文件：

```
remove('coffee.txt')
```

os 模块还提供了一个名为 rename 的函数来重命名文件。下例将 temp.txt 文件重命名为 coffee.txt：

```
rename('temp.txt', 'coffee.txt')
```

程序 6.21 展示了完整的代码。

程序 6.21 modify_coffee_records.py

```
 1  # 这个程序允许用户修改 coffee.txt 文件中
 2  # 一条记录的 " 库存量 " 字段。
 3
 4  import os   # remove 和 rename 函数所在的模块
 5
 6  def main():
 7      # 创建一个 bool 变量作为标志
 8      found = False
 9
10      # 获取要搜索的值和新的库存量
11      search = input(' 输入要查找的咖啡描述: ')
12      new_qty = int(input(' 输入新的库存量: '))
13
14      # 打开原始 coffee.txt 文件和一个临时文件
15      with open('coffee.txt', 'r') as coffee_file, open('temp.txt', 'w') as temp_file:
```

```
16              # 读取第一条记录的描述字段
17              descr = coffee_file.readline()
18
19              # 读取文件其余内容
20              while descr != '':
21                  # 读取库存量字段
22                  qty = float(coffee_file.readline())
23
24                  # 从描述中去除 \n 字符
25                  descr = descr.rstrip('\n')
26
27                  # 要么将此记录原样写入临时文件,
28                  # 要么创建新记录（如果此记录是
29                  # 要修改的记录）。
30                  if descr == search:
31                      # 将修改后的记录写入临时文件
32                      temp_file.write(f'{descr}\n')
33                      temp_file.write(f'{new_qty}\n')
34
35                      # 将 found 标志设为 True
36                      found = True
37                  else:
38                      # 将原始记录写入临时文件
39                      temp_file.write(f'{descr}\n')
40                      temp_file.write(f'{qty}\n')
41
42                  # 读取下一个描述
43                  descr = coffee_file.readline()
44
45      # 删除原始 coffee.txt 文件
46      os.remove('coffee.txt')
47
48      # 重命名临时文件
49      os.rename('temp.txt', 'coffee.txt')
50
51      # 如果在文件中没有发现搜索值,
52      # 就显示一条消息。
53      if found:
54          print(' 文件已更新。')
55      else:
56          print(' 在文件中没有找到符合描述的商品。')
57
58  # 调用 main 函数
59  if __name__ == '__main__':
60      main()
```

程序输出（用户输入的内容加粗显示）

输入要查找的咖啡描述：**Brazilian Dark Roast** `Enter`
输入新的库存量：**10** `Enter`
文件已更新。

🏷️ **注意**：在处理顺序访问文件时，每次修改文件中的一个数据项，都需要复制整个文件。可以想象，这种方法的效率是很低的，尤其是当文件较大时。处理大量数据更合适的方法是使用数据库。我们将在第 14 章介绍数据库。

📢 **聚光灯：删除记录**

最后一项任务是写一个程序使朱莉能用它来删除 coffee.txt 文件中的记录。与修改记录的过程一样，从顺序访问文件中删除记录需要创建一个临时文件。将除了要删除的记录之外的其他所有记录都从原始文件复制到临时文件。最后，用临时文件取代原始文件，即删除原始文件并将临时文件重命名为原始文件的名称。以下是该程序的常规算法：

> *打开原始文件作为输入，创建临时文件作为输出。*
> *获取要删除的记录的描述。*
> *从原始文件读取第一条记录的描述字段。*
> *当（while）描述字段不为空时：*
>   *读取库存量字段。*
>   *如果（if）该记录的描述字段与输入的描述不相符：*
>   *将记录写入临时文件。*
>   *读取下一个描述字段。*
> *关闭原始文件和临时文件。*
> *删除原始文件。*
> *将临时文件重命名为原始文件的名称。*

程序 6.22 展示了完整的代码。

程序 6.22 delete_coffee_record.py

```
1    # 这个程序允许用户删除 coffee.txt
2    # 文件中的一条记录。
3
4    import os   # remove 和 rename 函数所在的模块
5
6    def main():
7        # 创建一个 bool 变量作为标志
8        found = False
9
10       # 获取要删除的咖啡商品记录
11       search = input(' 要删除哪种咖啡？ ')
12
13       # 打开原始 coffee.txt 文件和一个临时文件
```

```
14      with open('coffee.txt', 'r') as coffee_file, open('temp.txt', 'w') as temp_file:
15          # 读取第一条记录的描述字段
16          descr = coffee_file.readline()
17
18          # 读取文件其余内容
19          while descr != '':
20              # 读取库存量字段
21              qty = float(coffee_file.readline())
22
23              # 从描述中去除 \n 字符
24              descr = descr.rstrip('\n')
25
26              # 如果这不是要删除的记录,
27              # 那么将其写入临时文件。
28              if descr != search:
29                  # 将记录写入临时文件
30                  temp_file.write(f'{descr}\n')
31                  temp_file.write(f'{qty}\n')
32              else:
33                  # 将 found 标志设为 True
34                  found = True
35
36              # 读取下一个描述
37              descr = coffee_file.readline()
38
39      # 删除原始 coffee.txt 文件
40      os.remove('coffee.txt')
41
42      # 重命名临时文件
43      os.rename('temp.txt', 'coffee.txt')
44
45      # 如果在文件中没有发现搜索值,
46      # 就显示一条消息。
47      if found:
48          print(' 文件已更新。')
49      else:
50          print(' 在文件中没有找到符合描述的商品。')
51
52  # 调用 main 函数
53  if __name__ == '__main__':
54      main()
```

程序输出（用户输入的内容加粗显示）

要删除哪种咖啡？ **Brazilian Dark Roast** Enter
文件已更新。

注意：在处理顺序访问文件时，每次删除文件中的一个数据项，都必须复制整个文件。如前所述，这种方法效率很低，尤其是在文件较大的时候。还有其他更先进的技术。特别是在处理直接访问文件的时候，效率会高得多。本书不涉及这些高级技术，但可能会在以后的课程中学习它们。

💿 检查点

6.16 什么是记录？什么是字段？

6.17 为了修改顺序访问文件中的记录，程序应该如何使用临时文件？

6.18 为了删除顺序访问文件中的记录，程序应该如何使用临时文件？

6.4 异常

概念：异常是程序运行时发生的错误，它导致程序突然停止。可以使用 try/except 语句来得体地处理异常。

异常是程序运行时发生的错误。大多数情况下，异常会导致程序突然停止。程序 6.23 展示了一个例子。该程序从用户那里获取两个数，然后用第一个数除以第二个数。然而，在程序的示例运行中，由于用户输入 0 作为第二个数，所以发生了异常。除以 0 会导致异常，因为这在数学上是不可能的。

程序 6.23 division.py

```
1   # 这个程序用一个数除以另一个数
2
3   def main():
4       # 获取两个数字
5       num1 = int(input('输入第一个数：'))
6       num2 = int(input('输入第二个数：'))
7
8       # 计算 num1 除以 num2 并显示结果
9       result = num1 / num2
10      print(f'{num1} 除以 {num2} 等于 {result}。')
11
12  # 调用 main 函数
13  if __name__ == '__main__':
14      main()
```

程序输出（用户输入的内容加粗显示）

```
输入第一个数：10 Enter
输入第二个数：0 Enter
Traceback (most recent call last):
```

```
    File "C:\Python\ 中文代码 \Chapter 06\division.py", line 14, in <module>
        main()
    File " C:\Python\ 中文代码 \Chapter 06\division.py", line 9, in main
        result = num1 / num2
ZeroDivisionError: division by zero
```

在示例运行中显示的跟踪（Traceback）消息指出了导致异常的行号。错误消息最后一行显示了所引发的异常的名称（ZeroDivisionError），并简要描述了引发异常的错误（除以零）。

编写程序时细心一点，就能防止许多异常的发生。例如，程序 6.24 展示了如何通过一个简单的 if 语句来防止"除以 0"异常。程序不允许发生这种异常，它会测试 num2 的值，如果值为 0，那么会显示错误消息，不会执行除法运算。

程序 6.24 division2.py

```
1   # 这个程序用一个数除以另一个数
2
3   def main():
4       # 获取两个数字
5       num1 = int(input(' 输入第一个数: '))
6       num2 = int(input(' 输入第二个数: '))
7
8       # 如果 num2 不为零，就计算 num1 除以 num2，
9       # 并显示结果。
10      if num2 != 0:
11          result = num1 / num2
12          print(f'{num1} 除以 {num2} 等于 {result}。')
13      else:
14          print(' 不能被零除。')
15
16  # 调用 main 函数
17  if __name__ == '__main__':
18      main()
```

程序输出（用户输入的内容加粗显示）

```
输入第一个数: 10 [Enter]
输入第二个数: 0 [Enter]
不能被零除。
```

但是，无论多么谨慎，有些异常都是无法避免的。例如，程序 6.25 计算工资总额。它提示用户输入工作时数和时薪。将这两个数字相乘，得到用户的总工资，并在屏幕上显示。

程序 6.25 gross_pay1.py

```
1   # 这个程序计算工资总额
2
3   def main():
4       # 获取工时
```

```
5        hours = int(input(' 输入工时：'))
6
7        # 获取时薪
8        pay_rate = float(input(' 输入时薪：'))
9
10       # 计算工资总额
11       gross_pay = hours * pay_rate
12
13       # 显示工资总额
14       print(f' 工资总额：${gross_pay:,.2f}')
15
16  # 调用 main 函数
17  if __name__ == '__main__':
18      main()
```

程序输出（用户输入的内容加粗显示）

```
输入工时： 四十 Enter
Traceback (most recent call last):
  File "C:\Python\ 中文代码 \Chapter 06\gross_pay1.py", line 18, in <module>
    main()
  File "C:\Python\ 中文代码 \Chapter 06\gross_pay1.py", line 5, in main
    hours = int(input(' 输入工时：'))
ValueError: invalid literal for int() with base 10: ' 四十 '
```

　　下面来看看这一次示例程序运行。当提示输入工作时数时，由于用户输入的是字符串'四十'而不是数字 40，所以发生了异常。由于字符串 '四十'不能转换为整数，所以函数 int() 在第 5 行发生了异常，程序停止运行。仔细观察跟踪消息的最后一行，会发现异常名称是 ValueError，对它的描述是：int() 收到无效的十进制字面值：'四十'。

　　和其他大多数现代编程语言一样，Python 允许写代码来响应异常，防止程序突然崩溃。这样的代码称为**异常处理程序（exception handler）**，[①] 用 **try/except** 语句编写。try/except 语句有几种写法，以下常规格式展示了最简单的一种：

```
try:
    语句
    语句
    ...
except 异常名称 :
    语句
    语句
    ...
```

　　首先是关键字 **try**，然后是冒号。接着是一个语句块，我们将其称为 **try suite**。try suite 是一个或多个可能引发异常的语句。

---

① 译注：本书只是按照约定俗成的译法，将 exception handler 翻译成"异常处理程序"，但它并不是一个真正意义上的"程序"。在 Python 中，请把它理解成"异常处理语句块"。

try suite 后是一个 except 子句。except 子句以关键字 except 开头，后跟异常名称，最后以冒号结束。从下一行开始是一个语句块，我们将其称为**处理程序**（handler）。

当 **try/except 语**句执行时，try suite 中的语句会开始执行。下面描述了接下来发生的事情。

- 如果 try suite 中的语句引发了由 except 子句中的异常名称指定的一个异常，那么会执行紧跟在 except 子句后面的处理程序。然后，程序继续执行紧跟在 try/except 语句后面的语句。
- 如果 try suite 中的语句引发了一个异常，但该异常和 except 子句中的异常名称不匹配，那么程序将停止运行并显示一条错误跟踪消息。
- 如果 try suite 中执行的语句没有引发异常，那么语句中的任何 except 子句和处理程序都会被跳过，程序将继续执行紧跟在 try/except 语句后面的语句。

程序 6.26 展示了如何编写 try/except 语句来得体地响应 ValueError 异常。

程序 6.26 gross_pay2.py

```
1   # 这个程序计算工资总额
2
3   def main():
4       try:
5           # 获取工时
6           hours = int(input(' 输入工时: '))
7
8           # 获取时薪
9           pay_rate = float(input(' 输入时薪: '))
10
11          # 计算工资总额
12          gross_pay = hours * pay_rate
13
14          # 显示工资总额
15          print(f' 工资总额: ${gross_pay:,.2f}')
16      except ValueError:
17          print(' 错误: 工时和时薪必须 ')
18          print(' 是有效的数字。')
19
20  # 调用 main 函数
21  if __name__ == '__main__':
22      main()
```

程序输出（用户输入的内容加粗显示）

```
输入工时: 四十 Enter
错误: 工时和时薪必须
是有效的数字。
```

下面来看看在示例运行中发生了什么。第 6 行的语句提示用户输入工时，用户输入字符串'四十'。由于字符串'四十'不能转换为整数，所以 int() 函数引发了 ValueError 异常。在这种情况下，程序会立即跳出 try suite，并跳转到第16行的 except ValueError 子句，开始执行从第17行开始的处理程序。如图 6.21 所示。

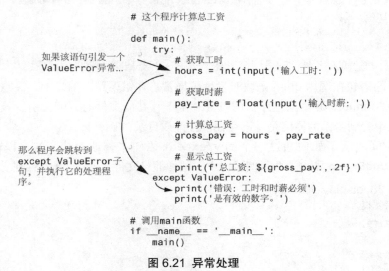

图 6.21 异常处理

程序 6.27 展示了另一个例子。这个程序没有使用异常处理。它从用户处获取文件名，然后显示指定文件中的内容。只要用户输入的是现有文件的名称，程序就能正常工作。但是，如果用户指定的文件不存在，就会发生异常，如示例运行所示。

程序 6.27 display_file.py

```
 1  # 这个程序显示一个
 2  # 文件的内容 .
 3
 4  def main():
 5      # 获取文件名
 6      filename = input(' 输入文件名: ')
 7
 8      # 打开文件
 9      with open(filename, 'r') as infile:
10          # 读取文件内容
11          contents = infile.read()
12
13          # 显示文件内容
14          print(contents)
15
16  # 调用 main 函数
17  if __name__ == '__main__':
18      main()
```

程序输出（用户输入的内容加粗显示）

```
输入文件名: badfile.txt Enter
Traceback (most recent call last):
  File "C:\Python\ 中文代码 \Chapter 06\display_file.py", line 18, in <module>
    main()
  File " C:\Python\ 中文代码 \Chapter 06\display_file.py", line 9, in main
    with open(filename, 'r') as infile:
FileNotFoundError: [Errno 2] No such file or directory: 'badfile.txt'
```

第 9 行的语句在调用 **open** 函数时发生了异常。在错误跟踪消息中，注意异常的名称是 **FileNotFoundError**。当程序试图打开一个不存在的文件时，就会引发该异常。可以在跟踪消息中看到错误的原因是：不存在该文件或目录: 'badfile.txt'。

程序 6.28 展示了如何通过一个 **try/except** 语句来修改程序 6.27，以得体地响应 **FileNotFoundError** 异常。在示例运行中，同样假设文件 badfile.txt 不存在。

程序 6.28 display_file2.py

```
1   # 这个程序显示一个
2   # 文件的内容 .
3
4   def main():
5       # 获取文件名
6       filename = input(' 输入文件名: ')
7
8       try:
9           # 打开文件
10          with open(filename, 'r') as infile:
11              # 读取文件内容
12              contents = infile.read()
13
14              # 显示文件内容
15              print(contents)
16      except FileNotFoundError:
17          print(f' 文件 {filename} 不存在。')
18
19  # 调用 main 函数
20  if __name__ == '__main__':
21      main()
```

程序输出（用户输入的内容加粗显示）

```
输入文件名: badfile.txt Enter
文件 bad_file.txt 不存在。
```

我们来看看在示例运行中发生了什么。执行第 6 行时，用户输入了 badfile.txt，它被赋给 **filename** 变量。在 **try** suite 中，第 10 行尝试打开文件 badfile.txt。由于该文件不存在，所以语句引发了 **FileNotFoundError** 异常。发生这种情况时，程序会退出 **try** suite，跳过第 11 行～第 15 行。由于第 16 行的 except 子句指定了 FileNotFoundError 异常，所以程序跳转到第 17 行，打印文件不存在的消息。

6.4.1 处理多个异常

try suite 中的代码经常会抛出不止一种类型的异常。在这种情况下，可以为每种异常编写一个 except 子句。例如，程序 6.29 读取一个名为 sales_data.txt 文件的内容。文件中的每一行都包含一个月的销售额，文件有多行。下面是文件的内容：

```
24987.62
26978.97
32589.45
31978.47
22781.76
29871.44
```

程序 6.29 从文件中读取所有数字，并将它们加到一个累加器变量上。

程序 6.29 sales_report1.py

```
1   # 这个程序显示 sales_data.txt 文件
2   # 中的所有金额之和。
3
4   def main():
5       # 初始化累加器
6       total = 0.0
7
8       try:
9           # 打开 sales_data.txt 文件
10          with open('sales_data.txt', 'r') as infile:
11              # 从文件中读取数值并累加
12              for line in infile:
13                  amount = float(line)
14                  total += amount
15
16          # 打印总计
17          print(f'{total:,.2f}')
18
19      except FileNotFoundError:
20          print(' 尝试读取文件时发生一个错误。')
21
22      except ValueError:
23          print(' 文件中存在非数值数据。')
24
25      except:
26          print(' 发生一个错误。')
27
```

```
28  # 调用 main 函数
29  if __name__ == '__main__':
30      main()
```

try suite 包含了可能引发不同类型异常的代码。

- 如果不存在 sales_data.txt 文件，第 10 行的语句可能引发 FileNotFoundError 异常。
- 如果 line 变量引用的字符串不能转换为浮点数（例如字母字符串），那么第 13 行中的 float 函数可能引发 ValueError 异常。

注意，try/except 语句中有三个 except 子句。

- 第 19 行 的 except 子 句 指 定 了 FileNotFoundError 异常。 如 果 发 生 FileNotFoundError 异常时，那么会执行第 20 行的处理程序。
- 第 22 行的 except 子句指定了 ValueError 异常。如果发生 ValueError 异常，那么会执行第 23 行的处理程序。
- 第 25 行的 except 子句没有列出特定的异常。如果发生其他 except 子句没有特地处理的异常，那么会执行第 26 行的常规异常处理程序。

在 try suite 中发生异常后，Python 解释器会从上向下检查 try/except 语句中的每个 except 子句。如果发现一个 except 子句所指定的异常类型与发生的异常类型相匹配，它就分支到这个 except 子句。如果没有任何 except 子句指定了与发生的异常类型匹配的类型，那么解释器将分支到第 25 行的 except 子句。

6.4.2 用一个 except 子句捕获所有异常

前面的例子展示了如何在 try/except 语句中单独处理多种类型的异常。有的时候，你可能想写一个 try/except 语句来简单地捕获在 try suite 中发生的所有异常，并且不管异常的类型如何，都以相同的方式响应。在 try/except 语句中，可以写一个不指定异常类型的 except 子句来达到这个目的。程序 6.30 展示了一个例子。

程序 6.30　sales_report2.py

```
1   # 这个程序显示 sales_data.txt 文件
2   # 中的所有金额之和。
3
4   def main():
5       # 初始化累加器
6       total = 0.0
7
8       try:
9           # 打开 sales_data.txt 文件
10          with open('sales_data.txt', 'r') as infile:
11              # 从文件中读取数值并累加
12              for line in infile:
13                  amount = float(line)
14                  total += amount
```

```
15
16          # 打印总计
17          print(f'{total:,.2f}')
18      except:
19          print('发生一个错误。')
20
21  # 调用 main 函数
22  if __name__ == '__main__':
23      main()
```

注意，这个程序中的 **try/except** 语句只有一个 **except** 子句（第 18 行），而且该 **except** 子句没有指定任何具体的异常类型。因此，在 try suite（第 9 行～第 14 行）中发生的任何异常都会导致程序分支到第 18 行，并执行第 19 行的语句。

6.4.3 显示异常的默认错误消息

抛出异常时，内存中会创建一个异常对象。异常对象通常包含该异常的默认错误消息。事实上，当异常未得到处理时，跟踪消息最后显示的就是它。在写 except 子句时，可以选择将异常对象赋给一个变量，如下所示：

```
except ValueError as err:
```

这个 **except** 子句捕获 ValueError 异常。**except** 子句后面的表达式指出要将异常对象赋给 err 变量。err 这个名称本身并没有什么特别之处。这只是我们为本例选择的名称，完全可以使用自己希望的任何名称。然后，在异常处理程序中，可以将 err 变量传递给 **print** 函数，以显示 Python 为这种类型的错误准备的默认错误消息。程序 6.31 展示了一个例子。

程序 6.31 gross_pay3.py

```
1   # 这个程序计算工资总额
2
3   def main():
4       try:
5           # 获取工时
6           hours = int(input('输入工时：'))
7
8           # 获取时薪
9           pay_rate = float(input('输入时薪：'))
10
11          # 计算工资总额
12          gross_pay = hours * pay_rate
13
14          # 显示工资总额
15          print(f'工资总额: ${gross_pay:,.2f}')
16      except ValueError as err:
```

```
17          print(err)
18
19  # 调用 main 函数
20  if __name__ == '__main__':
21      main()
```

程序输出（用户输入的内容加粗显示）

输入工时：**四十** `Enter`
invalid literal for int() with base 10: '四十'

在 try suite（第 5 行～第 15 行）中发生 ValueError 异常时，程序会分支到第 16 行的 except 子句。第 16 行的表达式 ValueError as err 将异常对象赋给一个名为 err 的变量。第 17 行的语句将 err 变量传递给 print 函数，print 函数将显示该异常的默认错误消息。

为了用一个 except 子句来捕获 try suite 中发生的所有异常，可以将 Exception 指定为要捕获的异常类型。程序 6.32 展示了一个例子。

程序 6.32 sales_report3.py

```
1   # 这个程序显示 sales_data.txt 文件
2   # 中的所有金额之和。
3
4   def main():
5       # 初始化累加器
6       total = 0.0
7
8       try:
9           # 打开 sales_data.txt 文件
10          with open('sales_data.txt', 'r') as infile:
11              # 从文件中读取数值并累加
12              for line in infile:
13                  amount = float(line)
14                  total += amount
15
16          # 打印总计
17          print(f'{total:,.2f}')
18      except Exception as err:
19          print(err)
20
21  # 调用 main 函数
22  if __name__ == '__main__':
23      main()
```

6.4.4 else 子句

try/except 语句支持一个可选的 else 子句，它出现在所有 except 子句之后。下面是带有 else 子句的 try/except 语句的常规格式：

```
try:
    语句
    语句
    ...
except 异常名称:
    语句
    语句
    ...
else:
    语句
    语句
    ...
```

else 子句之后的那个语句块称为 else suite。只有在没有发生异常的情况下，else suite 中的语句才会在 try suite 中的语句之后执行。如果发生异常，那么会跳过 else suite。程序 6.33 展示了一个例子。

程序 6.33　sales_report4.py

```
 1   # 这个程序显示 sales_data.txt 文件
 2   # 中的所有金额之和。
 3
 4   def main():
 5       # 初始化累加器
 6       total = 0.0
 7
 8       try:
 9           # 打开 sales_data.txt 文件
10           with open('sales_data.txt', 'r') as infile:
11               # 从文件中读取数值并累加
12               for line in infile:
13                   amount = float(line)
14                   total += amount
15
16       except Exception as err:
17           print(err)
18       else:
19           # 打印总计
20           print(f'{total:,.2f}')
21
22   # 调用 main 函数
23   if __name__ == '__main__':
24       main()
```

在程序 6.33 中，第 20 行的语句只有在 try suite 中的语句（第 9 行~第 14 行）没有引发异常的前提下才会执行。

6.4.5 finally 子句

try/except 语句支持一个可选的 finally 子句，它必须出现在所有 except 子句之后。下面是带有 finally 子句的 try/except 语句的常规格式：

```
try:
    语句
    语句
    ...
except 异常名称 :
    语句
    语句
    ...
finally:
    语句
    语句
    ...
```

finally 子句之后的语句块称为 finally suite。finally suite 中的语句总是在 try suite 和任何 except 处理程序执行完毕后执行。无论是否发生异常，最后都会执行 finally suite 中的语句。finally suite 的目的是执行一些清理操作，例如关闭文件或其他资源。finally suite 中的代码始终都会执行，即使 try suite 引发了异常。

6.4.6 如果异常未被处理怎么办

除非异常得到处理，否则它会导致程序停止。有两种可能会导致异常未被处理。第一种可能是 try/except 语句没有包含指定了正确异常类型的 except 子句。第二种可能是异常在 try suite 的外部引发。无论哪种情况，异常都会导致程序停止。

本节的示例程序演示了 ZeroDivisionError、FileNotFoundError 和 ValueError 等异常。Python 程序中还可能发生其他许多类型的异常。在设计 try/except 语句时，为了了解需要处理的异常，一个办法是查阅 Python 文档。它详细描述了每种可能的异常，以及可能导致它们发生的原因。

另一个了解程序中可能发生的异常的办法是多做测试。可以运行程序，并故意执行一些可能导致错误的操作。观察显示的跟踪消息，可以看到所引发的异常的名称。然后，可以写相应的 except 子句来处理这些异常。

✅ 检查点

6.19 简单说明什么是异常。

6.20 如果发生异常，而程序没有用 try/except 语句来处理它，会怎样？

6.21 当程序试图打开一个不存在的文件时，会引发什么类型的异常？

6.22 当程序使用 float 函数将非数字字符串转换为数字时，会引发哪种类型的异常？

🧠 复习题

选择题

1. 向其写入数据的文件称为 _____。
   - a. 输入文件
   - b. 输出文件
   - c. 顺序访问文件
   - d. 二进制文件

2. 从中读取数据的文件称为 _____。
   - a. 输入文件
   - b. 输出文件
   - c. 顺序访问文件
   - d. 二进制文件

3. 在程序能够使用文件之前，文件必须先 _____。
   - a. 格式化
   - b. 加密
   - c. 关闭
   - d. 打开

4. 程序用完一个文件后，应该 _____。
   - a. 擦除文件
   - b. 打开文件
   - c. 关闭文件
   - d. 加密文件

5. _____ 的内容可以在"记事本"等编辑器中正常查看。
   - a. 文本文件
   - b. 二进制文件
   - c. 英文文件
   - d. 人类可读文件

6. _____ 包含未转换为文本的数据。
   - a. 文本文件
   - b. 二进制文件
   - c. Unicode 文件
   - d. 符号文件

7. 在处理 _____ 文件时，必须从文件头到文件尾来访问其数据。
   - a. 有序访问
   - b. 二进制访问
   - c. 直接存取
   - d. 顺序访问

8. 处理 _____ 文件时，可以直接跳到文件中的任意数据，无需事先读取在它前面的数据。
   - a. 有序访问
   - b. 二进制访问
   - c. 直接存取
   - d. 顺序访问

9. _____ 是内存中的一个小的"保留区"，许多系统在将数据实际写入文件之前都会先写入到这里。
   - a. 缓冲区
   - b. 变量
   - c. 虚拟文件
   - d. 临时文件

10. _____ 标志着将从文件中读取的下一个数据项的位置。
    - a. 输入位置
    - b. 分隔符
    - c. 指针
    - d. 读取位置

11. 以 _____ 模式打开文件时，数据将写入文件现有内容的末尾。
    - a. 输出
    - b. 追加
    - c. 备份
    - d. 只读

12. _____ 是记录中的单个数据。
    - a. 字段
    - b. 变量
    - c. 分隔符
    - d. 子记录

13. 当一个异常发生时，我们说该异常被 _____。
    - a. 生成
    - b. 引发
    - c. 捕捉
    - d. 杀死

14. _____ 是一段用于得体地响应异常的代码。
    - a. 异常生成器
    - b. 异常处理程序
    - c. 异常操作器
    - d. 异常监视器

15. 在 Python 中，我们写 _____ 语句来响应异常。
    - a. run/handle
    - b. try/except
    - c. try/handle
    - d. attempt/except

判断题

1. 在处理顺序访问文件时，可以直接跳转到文件中的任何数据，而无需读取其前面的数据。

2. 使用 'w' 模式打开磁盘上的现有文件时，文件中的内容会被删除。

3. 只有输入文件才需要打开文件。输出文件在写入数据时自动打开。

4. 打开输入文件时，其读取位置初始化为文件中的第一个数据项。

5. 以追加模式打开一个现有的文件时，文件中的内容会被删除。

6. 未处理的异常会被 Python 解释器忽略，并且程序将继续执行。

7. try/except 语句中可以有多个 except 子句。

8. try/except 语句中的 else suite 只有在 try suite 中的语句引发异常时才会执行。

9. try/except 语句中的 finally 子句只有在 try suite 中的语句没有引发异常时才会执行。

简答题

1. 描述程序使用文件时必须采取的三个步骤。

2. 程序使用完文件后为什么要关闭文件？

3. 什么是文件的读取位置？当文件首次打开进行读取时，读取位置在哪里？

4. 以追加模式打开一个现有文件，文件中现有的内容会发生什么变化？

5. 如果一个文件不存在，而程序试图以追加模式打开它，那么会发生什么？

算法工作台

1. 编写程序以打开一个名为 my_name.txt 的输出文件，将你的姓名写入该文件，然后关闭文件。

2. 编写程序以打开由问题 1 的程序创建的 my_name.txt 文件，从文件中读取你的姓名，在屏幕上显示，然后关闭文件。

3. 编写代码以打开一个名为 number_list.txt 的输出文件，利用循环将数字 1~100 写入文件，然后关闭文件。

4. 编写代码以打开由问题 3 的代码创建的 number_list.txt 文件，从文件中读取并显示所有数字，然后关闭文件。

5. 修改问题 4 编写的代码，计算并显示从文件中读取的所有数字之和。

6. 编写代码以打开一个名为 number_list.txt 的输出文件。但如果该文件已经存在，就不要清除文件内容。

7. 磁盘上有一个 students.txt 文件。该文件包含多条记录，每条记录包含两个字段：(1) 学生姓名；(2) 学生期末考试分数。写代码来删除包含学生姓名 "John Perz" 的记录。

8. 磁盘上有一个 students.txt 文件。该文件包含多条记录，每条记录包含两个字段：(1) 学生姓名；(2) 学生期末考试分数。写代码将 Julie Milan 的分数改为 100 分。

9. 以下代码会显示什么？

```
try:
  x = float('abc123')
  print('The conversion is complete.')
except IOError:
  print('This code caused an IOError.')
except ValueError:
  print('This code caused a ValueError.')
print('The end.')
```

10. 以下代码会显示什么？

```
try:
  x = float('abc123')
  print(x)
except IOError:
  print('This code caused an IOError.')
except ZeroDivisionError:
  print('This code caused a ZeroDivisionError.')
except:
  print('An error happened.')
  print('The end.')
```

编程练习

1. 文件显示

▶ 视频讲解：File Display

假设 numbers.txt 文件包含一系列整数。写一个程序来显示文件中的所有数字。

2. 文件头显示

写一个程序向用户询问文件名。程序应仅显示文件内容的前五行。如果少于 5 行，那么显示文件的全部内容。

3. 行号

写一个程序向用户询问文件名。程序应显示文件的内容，每行前面加上行号，后跟一个冒号。行号应从 1 开始。

4. 姓名计数器

假设 names.txt 文件包含一系列字符串形式的姓名。写程序来显示文件中存储的姓名数量。提示：打开文件并读取其中存储的每个字符串。使用变量来记录读取的个数。

5. 数字求和

假设 names.txt 文件包含一系列整数。写程序来读取文件中存储的所有数字并计算它们的总和。

6. 求平均数

假设 names.txt 文件包含一系列整数。写程序来读取文件中存储的所有数字并计算它们的平均数。

7. 随机数文件写入器

写程序将一系列随机数写入文件。每个随机数的范围为 1~500。程序应允许用户指定文件中将包含多少个随机数。

8. 随机数文件读取器

本练习假定你已经完成了编程练习 7。写另一个程序，从文件中读取随机数，显示随机数，然

后显示以下数据:

- 所有数字之和
- 从文件中读取的随机数的个数

9. 异常处理

修改为练习 6 编写的程序, 使其能进行以下异常处理。

- 处理打开文件时可能发生的 `FileNotFoundError` 异常。
- 将从文件中读取的数据项被转换成数字时, 它应该处理任何 `ValueError` 异常。

10. 高尔夫分数

Springfork 业余高尔夫俱乐部每个周末都举办比赛。俱乐部主席要求你写以下两个程序。

1. 一个程序从键盘获取每个玩家的姓名和高尔夫分数, 将它们作为记录保存到 golf.txt 文件中。每条记录都有两个字段, 一个代表玩家姓名, 另一个代表分数。

2. 另一个程序从 golf.txt 文件中读取记录并显示。

11. 个人网页生成器

写程序询问用户的姓名, 然后要求用户输入一个描述自己的句子。下面是程序的一个示例屏幕。

```
输入姓名: 张三丰 Enter
描述一下你自己: 我是武当派的创始祖师, 自创了太极拳和太极剑。 Enter
```

在用户完成输入后, 程序将创建一个简单的 HTML 文件, 其中包含输入的内容。下面是一个例子。

```
<html>
<head>
</head>
<body>
    <center>
        <h1> 张三丰 </h1>
    </center>
    <hr />
    我是武当派的创始祖师, 自创了太极拳和太极剑。
    <hr />
</body>
</html>
```

为了测试这个程序, 请随意输入你虚构的任何信息。

12. 平均步数

个人健身追踪器是一种可穿戴装备, 用于追踪你的锻炼活动、卡路里燃烧量、心率和睡眠模式等。大多数此类设备跟踪的一项常见锻炼活动是每天所走的步数。

在下载的本书配套资源中, Chapter 06 文件夹下有一个名为 steps.txt 的文件, 其中包含一个人一年中每天所走的步数。该文件共有 365 行, 每行包含一天所走的步数。第一行是 1 月 1 日的步数, 第二行是 1 月 2 日的步数, 以此类推。写一个程序来读取该文件, 然后显示每个月的平均步数。注意, 数据来自非闰年, 因此 2 月有 28 天。

第 7 章
列表和元组

7.1 序列

概念：序列容纳了多个数据项，它们一个接一个地存储。我们可以检查和操作序列中存储的项。

序列是包含多个数据项的对象。序列中的项一个接一个地存储。Python 提供了对存储在序列中的项执行操作的各种方法。

Python 支持多种类型的序列对象。本章将学习两种最基本的：列表和元组。列表和元组都能保存各种类型的数据。两者之间的区别很简单：列表是可变的，这意味着程序可以更改其内容；但元组不可变，这意味着一旦创建了元组，就不能更改、替换或添加其元素。我们将探讨可以在这些序列上执行的一些操作，包括访问和操作其内容的方法。

7.2 列表简介

概念：列表是包含多个数据项的一种对象。列表是可变的，这意味着其内容可以在程序执行过程中改变。列表是动态数据结构，这意味着可以在列表中添加或删除项。可以在程序中利用索引、切片和各种方法来操作列表。

列表是包含多个数据项的对象。存储在列表中的每一项都称为一个**元素**。以下语句创建一个整数列表：

```
even_numbers = [2, 4, 6, 8, 10]
```

用方括号括起来并用逗号隔开的项就是列表元素。执行上述语句后，even_numbers 变量将引用该列表，如图 7.1 所示。

even_numbers ⟶ | 2 | 4 | 6 | 8 | 10 |

图 7.1 整数列表

下面是另一个例子：

```
names = ['Molly', 'Steven', 'Will', 'Alicia', 'Adriana'].
```

该语句创建一个包含 5 个字符串的列表。语句执行后，names 变量将引用该列表，如图 7.2 所示。

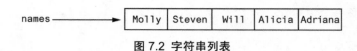

图 7.2 字符串列表

如下例所示，可以在一个列表中包含不同类型的数据：

```
info = ['Alicia', 27, 1550.87]
```

该语句创建的列表包含一个字符串、一个整数和一个浮点数。语句执行后，info 变量将引用该列表，如图 7.3 所示。

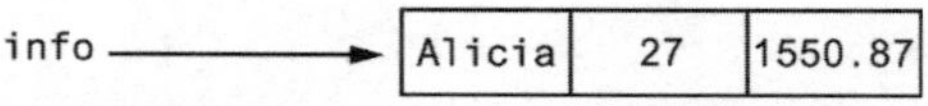

info ⟶ | Alicia | 27 | 1550.87 |

图 7.3 可以在列表中包含不同类型的数据

可以使用 print 函数来显示整个列表，如下所示：

```
numbers = [5, 10, 15, 20]
print(numbers)
```

在本例中，print 函数将打印列表中的所有元素，结果如下所示：

```
[5, 10, 15, 20]
```

Python 还有一个内置的 list() 函数，它可以将某些类型的对象转换成列表。例如，第 4 章讲过，range 函数会返回一个可迭代对象（iterable），其中存储了一系列可以遍历（迭代）的值。可以使用下面这样的语句将 range 函数返回的可迭代对象转换为列表：

```
numbers = list(range(5))
```

执行该语句会发生下面这些事情。
- 调用 range 函数，向其传递实参 5。函数返回一个可迭代对象，其中包含值 0、1、2、3、4。
- 将可迭代对象作为实参传递给 list() 函数。list() 函数返回列表 [0, 1, 2, 3, 4]。
- 将列表 [0, 1, 2, 3, 4] 赋给 numbers 变量。

下面是另一个例子：

```
numbers = list(range(1, 10, 2))
```

第 4 章讲过，如果向 range 函数传递三个实参，那么第一个实参是范围的起始值，第二个实参是范围的结束限制，第三个实参则是步长值。上述语句会将列表 [1, 3, 5, 7, 9] 赋给 numbers 变量。

7.2.1 重复操作符

通过第 2 章的学习，我们知道星号 * 用于执行两个数的乘法运算。然而，当星号 * 左侧的操作数是一个序列（例如一个列表），而右侧的操作数是一个整数时，它就变成了**重复操作符**。重复操作符生成一个列表的多个副本，并将它们连接到一起。下面展示了它的常规格式：

```
list * n
```

其中，*list* 是一个列表，*n* 是要复制的份数。以下交互会话对此进行了演示：

```
1 >>> numbers = [0] * 5 Enter
2 >>> print(numbers) Enter
3 [0, 0, 0, 0, 0]
4 >>>
```

下面来仔细看看每一行的语句。

- 在第 1 行中，表达式 [0] * 5 复制了 5 份列表 [0]，并将它们合并成一个列表。结果列表被赋给 numbers 变量。

- 在第 2 行中，numbers 变量被传递给 print 函数。第 3 行显示了函数的输出。

下面是另一个交互模式下的演示：

```
1 >>> numbers = [1, 2, 3] * 3 Enter
2 >>> print(numbers) Enter
3 [1, 2, 3, 1, 2, 3, 1, 2, 3]
4 >>>
```

✎ **注意**：大多数编程语言允许创建称为**数组**（array）的序列结构，它类似于列表，但在功能上有很大的限制。Python 不支持创建传统意义上的数组，因为列表具有相同的作用，还提供了更多的内置功能。

7.2.2 使用 for 循环遍历列表

为了访问列表中单独的元素，最简单的方法之一是使用 **for** 循环，其常规格式如下：

```
for variable in list:
    语句
    语句
    ...
```

其中，*variable* 是一个变量名，*list* 是一个列表名。每次循环迭代，*variable* 都会引用 *list* 中的一个元素的副本，从第一个元素开始。我们说该循环"遍历"了列表中的所有元素。示例如下：

```
numbers = [1, 2, 3, 4]
for num in numbers:
    print(num)
```

numbers 变量引用包含 4 个元素的一个列表，因此该循环将迭代 4 次。第一次迭代时，num 变量引用值 1，第二次迭代时引用值 2，以此类推，如图 7.4 所示。执行上述代码将显示以下内容：

```
1
2
3
4
```

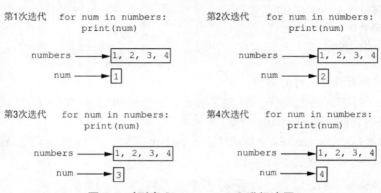

图 7.4 对列表 [1，2，3，4] 进行遍历

图 7.4 表明，在循环迭代过程中，num 变量引用的是 numbers 列表中的元素的*副本*。由于引用的是副本，所以不能使用 num 变量来修改列表元素。在循环中修改 num 引用的值，不会对列表有任何影响。我们来看下面的代码：

```
1 numbers = [1, 2, 3, 4]
2 for num in numbers:
3     num = 99
4 print(numbers)
```

第 3 行的语句只是在每次循环迭代时将 num 变量重新赋值为 99。它对 numbers 引用的列表没有任何影响。执行上述代码，第 4 行的语句将打印以下结果：

```
[1, 2, 3, 4]
```

7.2.3　索引

为了访问列表中单独的元素，另一种方法是使用索引。列表中的每个元素都有一个**索引**，它指定了该元素在列表中的位置。索引从 0 开始，因此第一个元素的索引是 0，第二个元素的索引是 1，以此类推。列表最后一个元素的索引比列表中的元素数量少 1。

例如，以下语句创建一个有 4 个元素的列表：

```
my_list = [10, 20, 30, 40]
```

这个列表中元素的索引是 0，1，2 和 3。可以用以下语句打印列表中的元素：

```
print(my_list[0], my_list[1], my_list[2], my_list[3])
```

还可以用以下循环来打印：

```
index = 0
```

```
    while index < 4:
        print(my_list[index])
        index += 1
```

还可以为列表使用负索引来指定元素相对于列表末尾的位置。Python 解释器会将负索引加到列表的长度上，从而确定元素的实际位置。索引 -1 表示 列表中的最后一个元素，-2 表示倒数第二个元素，以此类推。以下代码展示了一个例子：

```
my_list = [10, 20, 30, 40]
print(my_list[-1], my_list[-2], my_list[-3], my_list[-4])
```

执行上述代码，print 函数将显示以下结果：

```
40 30 20 10
```

为列表使用无效索引将引发 IndexError 异常，如下例所示：

```
# 这段代码将引发 IndexError 异常
my_list = [10, 20, 30, 40]
index = 0
while index < 5:
    print(my_list[index])
    index += 1
```

该循环开始最后一次迭代时，index 变量会被赋值 4，这是一个无效的列表索引。因此，调用 print 函数的语句将引发 IndexError 异常。

7.2.4　len 函数

Python 内置了 len 函数来返回一个序列（例如列表）的长度，如下例所示：

```
my_list = [10, 20, 30, 40]
size = len(my_list)
```

第一个语句将列表 [10,20,30,40] 赋给 my_list 变量。第二个语句调用 len 函数，将 my_list 变量作为实参传递。该函数返回值 4，即列表中的元素的数量。该值被赋给 size 变量。

使用循环来遍历一个列表时，可以利用 len 函数来防止 IndexError 异常，如下例所示：

```
my_list = [10, 20, 30, 40]
index = 0
while index < len(my_list):
    print(my_list[index])
    index += 1
```

7.2.5　使用 for 循环按索引来遍历列表

可以配合使用 len 函数和 range 函数来获取列表的索引。假设有以下字符串列表：

```
names = ['Jenny', 'Kelly', 'Chloe', 'Aubrey']
```

表达式 range(len(names)) 将返回由值 0，1，2 和 3 构成的一个可迭代对象。由于这些值是列表的有效索引，所以可以在 for 循环中使用该表达式，如下所示：

```
1 names = ['Jenny', 'Kelly', 'Chloe', 'Aubrey']
2 for index in range(len(names)):
3     print(names[index])
```

随着 for 循环的每一次迭代，index 变量将被依次赋值 0，1，2 和 3，上述代码的显示如下所示：

```
Jenny
Kelly
Chloe
Aubrey
```

7.2.6 列表是可变的

Python 中的列表是**可变的**（mutable），这意味着可以修改列表元素的内容。因此，可以在赋值操作符左侧写一个 *list*[*index*] 形式的表达式，如下例所示：

```
1 numbers = [1, 2, 3, 4, 5]
2 print(numbers)
3 numbers[0] = 99
4 print(numbers)
```

第 2 行的语句将显示以下结果：

```
[1, 2, 3, 4, 5]
```

第 3 行的语句将 99 赋给 numbers[0]。执行第 4 行的语句将显示以下结果：

```
[99, 2, 3, 4, 5]
```

使用索引表达式为列表元素赋值时，必须为现有元素使用有效的索引，否则将发生 IndexError 异常，如下例所示：

```
numbers = [1, 2, 3, 4, 5]        # 创建包含 5 个元素的一个列表
numbers[5] = 99                  # 这个语句会引发异常!
```

第一个语句创建的 numbers 列表包含 5 个元素，索引为 0~4。第二个语句将引发 IndexError 异常，因为最大索引只到 4，没有 5。

如果想使用索引表达式为列表填充值，那么必须先创建列表，如下所示：

```
1 # 创建包含 5 个元素的一个列表
2 numbers = [0] * 5
3
4 # 为列表填充值 99
5 for index in range(len(numbers)):
6     numbers[index] = 99
```

第 2 行创建包含 5 个元素的一个列表，每个元素都赋值为 0。然后，第 5 行～第 6 行的

for 循环遍历每个列表元素，为每个元素赋值 99。

程序 7.1 展示了如何将用户输入的值赋给列表元素。这个程序从用户处获取销售金额并将其赋给列表中的不同元素。

程序 7.1 sales_list.py

```
 1  # NUM_DAYS 常量代表要收集
 2  # 多少天的销售数据。
 3  NUM_DAYS = 5
 4
 5  def main():
 6      # 创建一个列表来容纳每天的销售数据
 7      sales = [0] * NUM_DAYS
 8
 9      print('输入每天的销售额。')
10
11      # 获取每天的销售额
12      for index in range(len(sales)):
13          sales[index] = float(input(f'第 {index + 1} 天：'))
14
15      # 显示输入的值
16      print('以下是你输入的值：')
17      for value in sales:
18          print(value)
19
20  # 调用 main 函数
21  if __name__ == '__main__':
22      main()
```

程序输出（用户输入的内容加粗）

```
输入每天的销售额。
第 1 天：1000 [Enter]
第 2 天：2000 [Enter]
第 3 天：3000 [Enter]
第 4 天：4000 [Enter]
第 5 天：5000 [Enter]
以下是你输入的值：
1000.0
2000.0
3000.0
4000.0
5000.0
```

第 3 行的语句创建常量 NUM_DAYS，它代表要收集数据的天数。第 7 行的语句创建包含了 5 个元素的一个列表，每个元素都赋值为 0。

第 12 行和第 13 行的循环迭代了 5 次。第一次迭代，index 引用值 0，因此第 13 行的语句将用户的输入赋给 sales[0]。第二次迭代，index 引用值 1，因此第 13 行的语句将用户的输入赋给 sales[1]。这个过程会一直持续，直到将用户输入的值赋给列表中的所有元素。

7.2.7　连接列表

连接（concatenate）的意思是将两样东西连到一起。可以使用 + 操作符来连接两个列表，如下例所示：

```
list1 = [1, 2, 3, 4]
list2 = [5, 6, 7, 8]
list3 = list1 + list2
```

上述代码执行后，list1 和 list2 将保持不变，list3 则引用以下列表：

```
[1, 2, 3, 4, 5, 6, 7, 8]
```

以下交互模式会话演示了如何连接分别包含女孩名字和男孩名字的两个列表：

```
>>> girl_names = ['子衿', '思兰', '雅云'] Enter
>>> boy_names = ['子鸥', '友志', '立中'] Enter
>>> all_names = girl_names + boy_names Enter
>>> print(all_names) Enter
['子衿', '思兰', '雅云', '子鸥', '友志', '立中']
```

还可以使用 += 复合赋值操作符将一个列表连接到另一个列表，如下例所示：

```
list1 = [1, 2, 3, 4]
list2 = [5, 6, 7, 8]
list1 += list2
```

最后一个语句将 list2 追加到 list1 上。代码执行后，list2 将保持不变，但 list1 会引用以下列表：

```
[1, 2, 3, 4, 5, 6, 7, 8]
```

以下交互模式会话演示了如何用 += 操作符连接列表：

```
>>> girl_names = ['子衿', '思兰', '雅云'] Enter
>>> girl_names += ['紫羽', '佳岚'] Enter
>>> print(girl_names) Enter
['子衿', '思兰', '雅云', '紫羽', '佳岚']
>>>
```

注意：记住，列表只能与其他列表连接。试图将列表与一个不是列表的东西连接会引发异常。

⚡ 检查点

7.1 以下代码会显示什么结果？

```
numbers = [1, 2, 3, 4, 5]
numbers[2] = 99
print(numbers)
```

7.2 以下代码会显示什么结果？

```
numbers = list(range(3))
print(numbers)
```

7.3 以下代码会显示什么结果？

```
numbers = [10] * 5
print(numbers)
```

7.4 以下代码会显示什么结果？

```
1 numbers = list(range(1, 10, 2))
2 for n in numbers:
3     print(n)
```

7.5 以下代码会显示什么结果？

```
numbers = [1, 2, 3, 4, 5]
print(numbers[-2])
```

7.6 如何求列表中元素的个数？

7.7 以下代码会显示什么结果？

```
numbers1 = [1, 2, 3]
numbers2 = [10, 20, 30]
numbers3 = numbers1 + numbers2
print(numbers1)
print(numbers2)
print(numbers3)
```

7.8 以下代码会显示什么结果？

```
numbers1 = [1, 2, 3]
numbers2 = [10, 20, 30]
numbers2 += numbers1
print(numbers1)
print(numbers2)
```

7.3 列表切片

概念：切片表达式用于从序列中选取一个范围内的元素。

▶ 视频讲解：List Slicing

上一节讲过，我们可以用索引来选择序列中的一个特定元素。但有的时候，我们想要从序列中选择多个元素。在 Python 中，可以写特定的表达式从序列中选择一个称为切片的子部分。

切片或分片（slice）是从序列中获取的一系列数据项（称为一个 span）。例如，用一个简单的表达式即可返回列表的一个切片，其常规格式如下所示：

```
list_name[start : end]
```

该表达式返回一个新列表，它由 *list_name* 列表中索引从 *start* 到 *end*（但不包括 *end*）的元素的副本构成。例如，假设创建以下列表：

```
days = ['周日', '周一', '周二', '周三', '周四', '周五', '周六']
```

以下语句将使用切片表达式获取从 **days** 列表的索引 2 到（但不包括）索引 5 的元素：

```
mid_days = days[2:5]
```

执行上述语句后，**mid_days** 变量将引用以下列表：

```
[周二, 周三, 周四]
```

为了理解切片的工作方式，可以在交互模式下多做一些实验。以下交互会话进行了演示（为方便引用，我们添加了行号）：

```
1 >>> numbers = [1, 2, 3, 4, 5] [Enter]
2 >>> print(numbers) [Enter]
3 [1, 2, 3, 4, 5]
4 >>> print(numbers[1:3]) [Enter]
5 [2, 3]
6 >>>
```

下面对每一行的语句进行说明。

- 第 1 创建列表 **[1,2,3,4,5]**，并将其赋给 **numbers** 变量。
- 第 2 行将 **numbers** 作为实参传给 **print** 函数。第 3 行是 **print** 函数显示的列表内容。
- 第 4 行将切片表达式 **numbers[1:3]** 作为实参传给 **print** 函数。第 5 行是 **print** 函数显示的切片内容。

如果在切片表达式中省略了起始索引（*start*），那么 Python 默认使用 0 作为起始索引：

```
1 >>> numbers = [1, 2, 3, 4, 5] [Enter]
2 >>> print(numbers) [Enter]
3 [1, 2, 3, 4, 5]
```

```
4 >>> print(numbers[:3]) Enter
5 [1, 2, 3]
6 >>>
```

注意，第4行将切片表达式 numbers[:3] 作为实参传给 print 函数。由于省略了起始索引，所以切片包含原始列表 numbers 中从索引 0 到索引 3（但不包括 3）的元素。

如果在切片表达式中省略了结束索引（*end*），那么 Python 默认使用列表的长度作为结束索引，如以下交互会话所示：

```
1 >>> numbers = [1, 2, 3, 4, 5] Enter
2 >>> print(numbers) Enter
3 [1, 2, 3, 4, 5]
4 >>> print(numbers[2:]) Enter
5 [3, 4, 5]
6 >>>
```

第4行将切片表达式 numbers[2:] 作为实参传给 print 函数。由于省略了结束索引，所以切片包含原始列表 numbers 中从索引 2 到列表末尾的元素。

如果在切片表达式中同时省略了起始索引和结束索引，那么将得到整个列表的副本，如以下交互会话所示：

```
1 >>> numbers = [1, 2, 3, 4, 5] Enter
2 >>> print(numbers) Enter
3 [1, 2, 3, 4, 5]
4 >>> print(numbers[:]) Enter
5 [1, 2, 3, 4, 5]
6 >>>
```

之前的切片例子都是从列表中获取连续的元素。事实上，切片表达式也可以指定一个步长值，这样就能跳着选择列表元素，如以下交互会话所示：

```
1 >>> numbers = [1, 2, 3, 4, 5, 6, 7, 8, 9, 10] Enter
2 >>> print(numbers) Enter
3 [1, 2, 3, 4, 5, 6, 7, 8, 9, 10]
4 >>> print(numbers[1:8:2]) Enter
5 [2, 4, 6, 8]
6 >>>
```

在第 4 行的切片表达式中，方括号内的第三个数字就是步长值。本例将步长设为 2，所以在列表的指定范围内（1:8），切片每选择一个元素就跳过一个元素。

也可以在切片表达式中使用负数作为索引，从而引用相对于列表末尾的位置。Python 将负索引加到列表长度上，从而得到该索引实际引用的位置。以下交互会话展示了一个例子：

```
1 >>> numbers = [1, 2, 3, 4, 5, 6, 7, 8, 9, 10] Enter
2 >>> print(numbers) Enter
3 [1, 2, 3, 4, 5, 6, 7, 8, 9, 10]
4 >>> print(numbers[-5:]) Enter
```

```
5 [6, 7, 8, 9, 10]
6 >>>
```

📝 **注意**：切片表达式中的无效索引不会引发异常。示例如下。
- 如果结束（*end*）索引指定的位置超出列表末尾，则 Python 将使用列表长度来代替。
- 如果起始（*start*）索引指定的位置位于列表开始之前，则 Python 将使用 0 来代替。
- 如果起始索引大于结束索引，那么切片表达式返回一个空列表。

🔘 **检查点**

7.9 以下代码会显示什么结果？

```
numbers = [1, 2, 3, 4, 5]
my_list = numbers[1:3]
print(my_list)
```

7.10 以下代码会显示什么结果？

```
numbers = [1, 2, 3, 4, 5]
my_list = numbers[1:]
print(my_list)
```

7.11 以下代码会显示什么结果？

```
numbers = [1, 2, 3, 4, 5]
my_list = numbers[:1]
print(my_list)
```

7.12 以下代码会显示什么结果？

```
numbers = [1, 2, 3, 4, 5]
my_list = numbers[:]
print(my_list)
```

7.13 以下代码会显示什么结果？

```
numbers = [1, 2, 3, 4, 5]
my_list = numbers[-3:]
print(my_list)
```

7.4 使用操作符 in 查找列表项

概念：可以使用操作符 in 在列表中查找数据项。

Python 允许使用操作符 in 来判断列表中是否包含指定的数据项。以下是使用操作符 in 来编写的表达式的常规格式。

```
item in list
```

其中，*item* 是要查找的项，*list* 是一个列表。如果在列表中找到指定的项，那么表达式返回 True，否则返回 False。程序 7.2 展示了一个例子。

程序 7.2 in_list.py

```
 1   # 这个程序演示了如何为列表
 2   # 使用 in 操作符。
 3
 4   def main():
 5       # 创建一个产品编号列表
 6       prod_nums = ['V475', 'F987', 'Q143', 'R688']
 7
 8       # 获取要查找的产品编号
 9       search = input('输入要查找的产品编号：')
10
11       # 判断产品编号是否在列表中
12       if search in prod_nums:
13           print(f'{search} 在列表中。')
14       else:
15           print(f'{search} 不在列表中。')
16
17   # 调用 main 函数
18   if __name__ == '__main__':
19       main()
```

程序输出（用户输入的内容加粗显示）

```
输入要查找的产品编号：Q143 (Enter)
Q143 在列表中。
```

程序输出（用户输入的内容加粗显示）

```
输入要查找的产品编号：B000 (Enter)
B000 不在列表中。
```

程序在第 9 行从用户处获取一个产品编号，并将其赋给 search 变量。第 12 行的 if 语句判断 search 是否在 prod_nums 列表中。

可以使用操作符 not in 来判断一个项目是否不在列表中，如下例所示：

```
if search not in prod_nums:
    print(f'{search} 不在列表中。')
else:
    print(f'{search} 在列表中。')
```

🕐 **检查点**

7.14 以下代码会显示什么结果？

```
names = ['Jim', 'Jill', 'John', 'Jasmine']
```

```
    if 'Jasmine' not in names:
        print('Cannot find Jasmine.')
    else:
        print("Jasmine's family:")
        print(names)
```

7.5　列表方法和有用的内置函数

　　概念：列表提供了许多方法来操作它们包含的元素。Python 本身也内置了一些对处理列表有用的函数。

　　列表提供了许多方法来实现元素的添加、删除和排序等操作。本节讨论了其中几个方法，如表 7.1 所示。[①]

表 7.1　一些列表方法

方法	描述
append(*item*)	将 *item* 添加到列表末尾
count(*item*)	返回列表中找到的 *item* 的数量
index(*item*)	返回"值等于 *item*"的第一个元素的索引。如果在列表中未找到 *item*，则会引发 ValueError 异常
insert(*index*, *item*)	在指定索引（*index*）处将项（*item*）插入列表。在列表中插入新项之后，列表的大小会自动扩展以容纳新项。具体地说，指定位置处的原始项以及之后的所有项都会后移一个位置。注意，指定无效索引不会引发异常。如果指定的索引超出列表的末尾，项会添加到列表末尾。如果使用指定了无效位置的一个负索引，项会插入列表的开头
sort()	对列表中的项进行排序，使它们按升序（从最小值到最大值）排列
remove(*item*)	从列表中删除找到的第一个 *item*。如果在列表中未找到 *item*，则会引发 ValueError 异常
reverse()	反转列表中的数据项的顺序

7.5.1　append 方法

　　append 方法通常用于向列表中添加项。作为实参传递的项会被追加到列表现有元素的末尾。程序 7.3 展示了一个例子。

　　程序 7.3 list_append.py

```
1    # 这个程序演示了如何使用 append
```

---

① 本书没有覆盖所有列表方法。详尽的列表方法请参见 Python 文档（www.python.org）。

```
 2    # 方法向列表中添加数据项。
 3
 4    def main():
 5        # 首先创建一个空列表
 6        name_list = []
 7
 8        # 创建循环控制变量
 9        again = 'Y'
10
11        # 在列表中添加一些名字
12        while again.upper() == 'Y':
13            # 从用户处获取一个名字
14            name = input('输入一个名字：')
15
16            # 将名字追加到列表
17            name_list.append(name)
18
19            # 再添加一个？
20            print('你想再添加一个名字吗？')
21            again = input('y = 是，其他任何输入 = 否：')
22            print()
23
24        # 显示输入的所有名字
25        print('下面是你输入的名字。')
26
27        for name in name_list:
28            print(name)
29
30    # 调用main函数
31    if __name__ == '__main__':
32        main()
```

程序输出（用户输入的内容加粗显示）

```
入一个名字: Kathryn Enter
你想再添加一个名字吗？
y = 是，其他任何输入 = 否：y Enter

输入一个名字: Chris Enter
你想再添加一个名字吗？
y = 是，其他任何输入 = 否：y Enter

输入一个名字: Kenny Enter
你想再添加一个名字吗？
y = 是，其他任何输入 = 否：y Enter

输入一个名字: Renee Enter
```

你想再添加一个名字吗?
y = 是，其他任何输入 = 否: n `Enter`

下面是你输入的名字。
Kathryn
Chris
Kenny
Renee

注意第 6 行的语句:

```
name_list = []
```

该语句创建一个空列表（没有任何元素的列表），并将其赋给 `name_list` 变量。循环内部调用 append 方法来构建该列表。第一次调用该方法时，传递给它的实参将成为元素 0。第二次调用该方法时，传递给它的实参将成为元素 1。这种情况一直持续到用户退出循环。

7.5.2 count 方法

count 方法很简单: 向它传递一个实参，该方法便会返回该实参在列表中出现的次数，如以下交互会话所示:

```
>>> names = ['Katrina', 'Kara', 'Zoya', 'Kara', 'Nettie', 'Kara'] Enter
>>> print(f'Kara 出现了 {names.count("Kara")} 次。') Enter
Kara 出现了 3 次。
>>>
```

7.5.3 index 方法

之前讲过，可以用 in 操作符来判断一个数据项是否在列表中。有的时候，不仅需要知道一个数据项是否在列表中，还需要知道它的具体位置。index 方法在这种情况下非常有用。向 index 方法传递一个实参，它将返回包含列表中与该数据项匹配的第一个元素的索引。如果在列表中没有找到该项，方法将引发 ValueError 异常。程序 7.4 演示了 index 方法。

程序 7.4 index_list.py

```
1   # 这个程序演示了如何获取
2   # 列表中一个项的索引,
3   # 然后用一个新项替换它。
4
5   def main():
6       # 用一些项来创建列表
7       food = ['Pizza', 'Burgers', 'Chips']
8
9       # 显示列表
10      print('food 列表中包含的项是: ')
```

```
11        print(food)
12
13        # 获取要修改的项
14        item = input('要修改哪一项？')
15
16        try:
17            # 获取列表中目标项的索引
18            item_index = food.index(item)
19
20            # 获取要替换成的新值
21            new_item = input('输入新值：')
22
23            # 用新项替换旧项
24            food[item_index] = new_item
25
26            # 显示列表
27            print('下面是修改后的列表：')
28            print(food)
29        except ValueError:
30            print('未在列表中找到该项。')
31
32  # 调用 main 函数
33  if __name__ == '__main__':
34      main()
```

程序输出（用户输入的内容加粗显示）

```
food 列表中包含的项是：
['Pizza', 'Burgers', 'Chips']
要修改哪一项？Burgers Enter
输入新值：Pickles Enter
下面是修改后的列表：
['Pizza', 'Pickles', 'Chips']
```

第 11 行显示了 food 列表中的元素，第 14 行询问用户想要替换哪一项。第 18 行调用 index 方法获取项的索引。第 21 行从用户处获取新值，第 24 行将新值赋给容纳了旧值的元素。

7.5.4 insert 方法

insert 方法允许在列表的指定位置插入一个新项。要向 insert 方法传递两个实参，即指定了插入位置的索引以及要插入的项。程序 7.5 展示了一个例子。

程序 7.5 insert_list.py

```
1  # 这个程序演示了 insert 方法
2
3  def main():
```

```
4        # 用一些名字创建一个列表
5        names = ['James', 'Kathryn', 'Bill']
6
7        # 显示列表
8        print(' 插入前的列表: ')
9        print(names)
10
11       # 在元素 0 处插入一个新名字
12       names.insert(0, 'Joe')
13
14       # 再次显示列表
15       print(' 插入后的列表: ')
16       print(names)
17
18 # 调用 main 函数
19 if __name__ == '__main__':
20       main()
```

程序输出

```
插入前的列表:
['James', 'Kathryn', 'Bill']
插入后的列表:
['Joe', 'James', 'Kathryn', 'Bill']
```

7.5.5 sort 方法

sort 方法按升序重新排列列表中的元素（从最小值到最大值），如下例所示:

```
my_list = [9, 1, 0, 2, 8, 6, 7, 4, 5, 3]
print(' 排序前: ', my_list)
my_list.sort()
print(' 排序后: ', my_list)
```

运行上述代码将显示以下结果:

```
排序前:  [9, 1, 0, 2, 8, 6, 7, 4, 5, 3]
排序后:  [0, 1, 2, 3, 4, 5, 6, 7, 8, 9]
```

下面是另一个例子:

```
my_list = ['beta', 'alpha', 'delta', 'gamma']
print(' 排序前: ', my_list)
my_list.sort()
print(' 排序后: ', my_list)
```

运行上述代码将显示以下结果:

```
排序前:  ['beta', 'alpha', 'delta', 'gamma']
排序后:  ['alpha', 'beta', 'delta', 'gamma']
```

7.5.6 remove 方法

remove 方法从列表中删除指定的项。将一个数据项作为实参传给方法后，包含该项的第一个元素将被删除。这样列表的大小就减少了一个元素。位于被删除元素后面的所有元素都会朝列表的起始位置移动一个位置。如果未在列表中找到指定的项，将引发 ValueError 异常。程序 7.6 演示了该方法。

程序 7.6 remove_item.py

```
 1  # 这个程序演示了如何使用 remove
 2  # 方法从列表中删除一项
 3
 4  def main():
 5      # 用一些项来创建列表
 6      food = ['Pizza', 'Burgers', 'Chips']
 7
 8      # 显示列表
 9      print('food 列表中包含的项是: ')
10      print(food)
11
12      # 获取要删除的项
13      item = input(' 要删除哪一项? ')
14
15      try:
16          # 删除指定项 .
17          food.remove(item)
18
19          # 显示列表
20          print(' 下面是修改后的列表: ')
21          print(food)
22
23      except ValueError:
24          print(' 未在列表中找到该项。')
25
26  # 调用 main 函数
27  if __name__ == '__main__':
28      main()
```

程序输出（用户输入的内容加粗显示）

```
food 列表中包含的项是:
['Pizza', 'Burgers', 'Chips']
要删除哪一项? Burgers Enter
下面是修改后的列表:
['Pizza', 'Chips']
```

7.5.7 reverse 方法

reverse 方法直接反转所有列表项的顺序，如下例所示：

```
my_list = [1, 2, 3, 4, 5]
print('原始顺序：', my_list)
my_list.reverse()
print('反转之后：', my_list)
```

执行上述代码将显示以下结果：

```
原始顺序：[1, 2, 3, 4, 5]
反转之后：[5, 4, 3, 2, 1]
```

7.5.8 del 语句

前面提到的 remove 方法从列表中删除一个与所传递的值匹配的数据项。但有的时候，我们想直接删除指定索引处的元素，不管该元素的值是什么。这可以通过 del 语句来实现，如下例所示：

```
my_list = [1, 2, 3, 4, 5]
print('删除前：', my_list)
del my_list[2]
print('删除后：', my_list)
```

执行上述代码将显示以下结果：

```
删除前：[1, 2, 3, 4, 5]
删除后：[1, 2, 4, 5]
```

7.5.9 sum 函数

Python 内置的 sum 函数可以用来计算一个数值序列（包括列表）中所有数值的总和。只需将列表作为实参传递，函数就会返回其中所有数值之和，如下例所示：

```
my_list = [1, 2, 3, 4, 5]
print(f'总和为 {sum(my_list)}。')
```

执行上述代码将显示以下结果：

```
总和为 15。
```

可以选择传递一个数字作为 sum 函数的第二个实参，函数会把它加到返回的总和中，如下例所示：

```
my_list = [1, 2, 3, 4, 5]
print(f'总和为 {sum(my_list, 100)}。')
```

执行上述代码将显示以下结果：

```
总和为 115。
```

sum 函数仅对包含数值的序列有效。向函数传递一个非数值序列将发生错误。

7.5.10　函数 min 和 max

Python 有两个名为 min 和 max 的内置函数，用于处理序列。其中，min 函数接收一个序列（例如列表）作为实参，并返回序列中值最小的项，如下例所示：

```
my_list = [5, 4, 3, 2, 50, 40, 30]
print(f' 最小值为 {min(my_list)}。')
```

执行上述代码将显示以下结果：

```
最小值为 2。
```

max 函数接收一个序列（例如列表）作为实参，并返回序列中值最大的项，如下例所示：

```
my_list = [5, 4, 3, 2, 50, 40, 30]
print(f' 最大值为 {max(my_list)}。')
```

执行上述代码将显示以下结果：

```
最大值为 50。
```

🕗 检查点

7.15　调用列表的 remove 方法和使用 del 语句来删除元素有什么区别？

7.16　如何找出列表中的最小值和最大值？

7.17　假设在一个程序中出现了下面的语句：

```
names = []
```

会使用下面哪个语句将字符串 'Wendy' 添加到列表的索引位置 0 处？为什么你会选择这个语句而不是其他语句？

　　　a. names[0] = 'Wendy'　　　　　b. names.append('Wendy')

7.18　解释以下列表方法的作用。

　　　a. index　　　　b. insert　　　　c. sort　　　　d. reverse

7.6　复制列表

概念：为了复制列表，需要复制列表的所有元素。

以前说过，在 Python 中将一个变量赋给另一个变量，只是让这两个变量引用内存中的同一个对象。例如，我们来看看下面的代码：

```
# 创建一个列表
list1 = [1, 2, 3, 4]
# 将列表赋给 list2 变量
list2 = list1
```

上述代码执行后，变量 list1 和 list2 都将引用内存中的同一个列表，如图 7.5 所示。

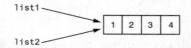

图 7–5 list1 和 list2 引用同一个列表

以下交互会话对此进行了演示：

```
1 >>> list1 = [1, 2, 3, 4] Enter
2 >>> list2 = list1 Enter
3 >>> print(list1) Enter
4 [1, 2, 3, 4]
5 >>> print(list2) Enter
6 [1, 2, 3, 4]
7 >>> list1[0] = 99 Enter
8 >>> print(list1) Enter
9 [99, 2, 3, 4]
10 >>> print(list2) Enter
11 [99, 2, 3, 4]
12 >>>
```

下面来仔细看看每个语句。

- 第 1 行创建一个整数列表，并将该列表赋给 list1 变量。
- 第 2 行将 list1 赋给 list2。之后，list1 和 list2 都引用内存中的同一个列表。
- 第 3 行打印 list1 引用的列表。print 函数的输出在第 4 行显示。
- 第 5 行打印 list2 引用的列表。print 函数的输出在第 6 行显示。注意它与第 4 行的输出相同。
- 第 7 行将 list1[0] 的值更改为 99。
- 第 8 行打印 list1 引用的列表。print 函数的输出在第 9 行显示，注意第一个元素现在是 99。
- 第 10 行打印 list2 引用的列表。print 函数的输出在第 11 行显示，注意第一个元素现在也是 99。

这证明在上述交互会话中，list1 和 list2 变量引用了内存中的同一个列表。[2]

如果希望复制一个列表，使 list1 和 list2 引用两个内容相同，但内存位置不同的列表，那么一个方法是使用循环来复制列表中的每个元素。下面是一个例子：

```
# 用一些值创建列表
list1 = [1, 2, 3, 4]
# 创建一个空列表
list2 = []
# 将 list1 的元素复制到 list2
```

---

[2] 译注：要想知道两个变量是否引用同一个内存地址，更简单的办法是使用 id 函数。向它传递变量名作为实参，即可返回该变量引用的内存地址。

```
for item in list1:
    list2.append(item)
```

上述代码执行后，`list1` 和 `list2` 将分别引用两个内容相同的列表。要完成同样的任务，一个更简单、更优雅的方法是使用连接操作符，如下所示：

```
# 用一些值创建列表
list1 = [1, 2, 3, 4].
# 创建 list1 的副本
list2 = [] + list1
```

上述代码的最后一个语句将一个空列表与 `list1` 连接，并将得到的列表赋给 `list2`。这样，`list1` 和 `list2` 将引用各自独立但内容完全相同的列表。

7.7 处理列表

到目前为止，你已经学会了用于执行列表操作的各种函数、方法和语句。接着来了解一下程序对列表中的数据进行处理的多种方法。例如，以下"聚光灯"小节展示了如何在计算中使用列表元素。

聚光灯：在数学表达式中使用列表元素

梅根开了一家小咖啡店，其中 6 名员工都是咖啡师。所有员工的时薪相同。梅根要求你设计一个程序，让她能输入每位员工的工时数，然后显示每位员工的工资总额。确定程序应该执行以下步骤。

1. 获取每位员工的工时数，并将其存储在列表元素中。

2. 对于每个列表元素，使用存储在元素中的值来计算并显示员工的工资总额。

程序 7.7 展示了完整的代码。

程序 7.7　barista_pay.py

```
 1  # 这个程序计算梅根的每一位
 2  # 咖啡师的工资总额。
 3
 4  # NUM_EMPLOYEES 是代表
 5  # 列表大小的常量。
 6  NUM_EMPLOYEES = 6
 7
 8  def main():
 9      # 创建列表来容纳员工工时数
10      hours = [0] * NUM_EMPLOYEES
11
12      # 获取每名员工的工时
13      for index in range(NUM_EMPLOYEES):
14          hours[index] = float(
15                  input(f' 输入员工 {index + 1} 的工时: '))
```

```
16
17       # 获取时薪
18       pay_rate = float(input(' 输入时薪: '))
19
20       # 显示每名员工的工资总额
21       for index in range(NUM_EMPLOYEES):
22           gross_pay = hours[index] * pay_rate
23           print(f' 员工 {index + 1} 的工资总额为 : ${gross_pay:,.2f}')
24
25   # 调用 main 函数
26   if __name__ == '__main__':
27       main()
```

程序输出（用户输入的内容加粗显示）

```
输入员工 1 的工时: 10 [Enter]
输入员工 2 的工时: 20 [Enter]
输入员工 3 的工时: 15 [Enter]
输入员工 4 的工时: 40 [Enter]
输入员工 5 的工时: 20 [Enter]
输入员工 6 的工时: 18 [Enter]
输入时薪: 12.75 [Enter]
员工 1 的工资总额为 : $127.50
员工 2 的工资总额为 : $255.00
员工 3 的工资总额为 : $191.25
员工 4 的工资总额为 : $510.00
员工 5 的工资总额为 : $255.00
员工 6 的工资总额为 : $229.50
```

梅根的生意很好，她又招聘了两名咖啡师。这时就需要修改程序，使其处理 8 名员工，而不是 6 名。由于使用了一个常量来表示列表的大小，所以这个修改很简单，只需将第 6 行的语句做如下更改：

```
NUM_EMPLOYEES = 8
```

由于第 10 行使用常量 NUM_EMPLOYEES 来创建列表，所以 hours 列表的大小将自动变为 8。另外，由于第 13 行和第 21 行使用 NUM_EMPLOYEES 常量来控制循环迭代，所以循环将自动迭代 8 次，每名员工一次。

试想一下，如果不用常量来控制列表的大小，那么这个修改会有多困难。在这种情况下，必须修改程序中引用了列表大小的每一个语句。这不仅需要更多的工作，而且极有可能出错。如果遗漏了任何一个引用列表大小的语句，那么整个程序都会出问题。

7.7.1 累加列表中的数值

假设列表中包含数值，为计算这些数值的总和但又不想使用 sum 函数，那么可以使用一个带有累加器变量的循环。该循环遍历列表，将每个元素的值加到累加器上。程序 7.8 用一个名为 numbers 的列表演示了这个算法。

程序 7.8　total_list.py

```
1   # 这个程序计算列表中
2   # 所有数值的总和。
3
4
5   def main():
6       # 创建列表
7       numbers = [2, 4, 6, 8, 10]
8
9       # 创建作为累加器使用的变量
10      total = 0
11
12      # 计算列表元素之和
13      for value in numbers:
14          total += value
15
16      # 显示列表元素之和
17      print(f' 所有元素的总和为 {total}。')
18
19  # 调用 main 函数
20  if __name__ == '__main__':
21      main()
```

程序输出

所有元素的总和为 30。

7.7.2　计算列表中数值的平均值

为了计算列表中数值的平均值，第一步是获得这些值的总和。上一节已经介绍了如何通过循环来实现。第二步是用这个总和来除以列表中元素的个数。程序 7.9 演示了这个算法。

程序 7.9　average_list.py

```
1   # 这个程序计算列表中
2   # 所有数值的平均值。
3
4   def main():
5       # 创建列表
6       scores = [2.5, 7.3, 6.5, 4.0, 5.2]
7
8       # 创建作为累加器使用的变量
9       total = 0.0
10
11      # 计算列表元素之和
12      for value in scores:
13          total += value
14
```

```
15        # 计算元素的平均值
16        average = total / len(scores)
17
18        # 显示列表元素的平均值
19        print(f' 所有元素的平均值为 {average}。')
20
21 # 调用 main 函数
22 if __name__ == '__main__':
23     main()
```

程序输出

所有元素的平均值为 5.1。

7.7.3 将列表作为实参传给函数

第 5 章讲过，随着程序变得越来越大、越来越复杂，应该把它分解为执行特定任务的函数，这样可以使程序更容易理解和维护。

可以很容易地传递一个列表作为函数的实参。这样一来，就可以将许多列表操作放到自己的函数中。需要调用这些函数时，将列表作为实参传递即可。

程序 7.10 展示了使用这种函数的一个示例程序。该程序中的函数接收一个列表作为实参，并返回列表元素的总和。

程序 7.10 total_function.py

```
1  # 这个程序使用一个函数来计算
2  # 列表中所有数值的总和。
3
4  def main():
5      # 创建列表
6      numbers = [2, 4, 6, 8, 10]
7
8      # 显示列表元素之和
9      print(f' 所有元素的总和为 {get_total(numbers)}。')
10
11 # get_total 函数接收一个
12 # 列表作为实参，返回列表
13 # 中所有数值之和。
14 def get_total(value_list):
15     # 创建作为累加器使用的变量
16     total = 0
17
18     # 计算列表元素之和
19     for num in value_list:
20         total += num
21
22     # 返回总和
```

```
23        return total
24
25  # 调用 main 函数
26  if __name__ == '__main__':
27        main()
```

程序输出

所有元素的总和为 30。

7.7.4 从函数中返回列表

函数可以返回对一个列表的引用。这样一来，就可以写函数来创建一个列表，向其中添加元素，然后返回对该列表的引用，以便程序的其他部分使用它。程序 7.11 展示了一个例子。它定义了一个名为 **get_values** 的函数，该函数从用户处获取一系列值，把它们存储到一个列表中，然后返回对列表的引用。

程序 7.11 return_list.py

```
1   # 这个程序使用一个函数来创建列表,
2   # 函数将返回对列表的引用。
3
4   def main():
5         # 获取其中存储了值的一个列表
6         numbers = get_values()
7
8         # 显示该列表中的值
9         print(' 列表中的值是: ')
10        print(numbers)
11
12  # get_values 函数从用户处获取一系列数字,
13  # 把它们存储到一个列表中。然后,
14  # 函数返回对该列表的一个引用。
15  def get_values():
16        # 创建空列表
17        values = []
18
19        # 创建循环控制变量
20        again = 'Y'
21
22        # 从用户处获取值, 并把它们
23        # 添加到列表中。
24        while again.upper() == 'Y':
25              # 获取一个数字, 并把它添加到列表
26              num = int(input(' 输入一个数字: '))
27              values.append(num)
28
29              # 要继续添加吗?
```

```
30          print(' 要添加另一个数字吗？ ')
31          again = input('y = 是，其他任何输入 = 否: ')
32          print

34      # 返回列表
35      return values

37  # 调用 main 函数
38  if __name__ == '__main__':
39      main()
```

程序输出（用户输入的内容加粗显示）

输入一个数字: **1** `Enter`
要添加另一个数字吗？
y = 是，其他任何输入 = 否: **y** `Enter`
输入一个数字: **2** `Enter`
要添加另一个数字吗？
y = 是，其他任何输入 = 否: **y** `Enter`
输入一个数字: **3** `Enter`
要添加另一个数字吗？
y = 是，其他任何输入 = 否: **y** `Enter`
输入一个数字: **4** `Enter`
要添加另一个数字吗？
y = 是，其他任何输入 = 否: **y** `Enter`
输入一个数字: **5** `Enter`
要添加另一个数字吗？
y = 是，其他任何输入 = 否: **n** `Enter`
列表中的值是：

聚光灯：列表处理

克莱尔博士在她的化学课上进行了一系列考试。学期结束时，她会先去掉每个学生的最低分，然后取平均分。她要求你设计一个程序，读取学生的考试分数作为输入，并计算去掉最低分后的平均分。以下是你开发的算法：

> *获取学生的考试分数。*
> *计算总分。*
> *找出最低分。*
> *从总分中减去最低分，得出调整后的总分。*
> *用调整后的总分除以比考分数量少 1 的值，得到平均分。*
> *显示平均分。*

程序 7.12 展示了程序的完整代码，它分解为三个函数。我们先检查 main 函数，再分别检查每个附加函数。下面是 main 函数。

程序 7.12 drop_lowest_score.py 的 main 函数

```
1   # 这个程序获取一系列
```

```
2   # 考试分数，计算去掉
3   # 最低分之后的平均分。
4
5   def main():
6       # 从用户处获取考分
7       scores = get_scores()
8
9       # 获取总考分
10      total = get_total(scores)
11
12      # 获取最低分
13      lowest = min(scores)
14
15      # 从总分中减去最低分
16      total -= lowest
17
18      # 计算平均分。注意作为
19      # 除数的考分数量要减 1，
20      # 因为已经去掉了最低分。
21      average = total / (len(scores) - 1)
22
23      # 显示平均分
24      print(f' 去掉最低分后的平均分为：{average}。')
25
```

第 7 行调用 get_scores 函数。该函数从用户处获取考分，并返回对包含这些分数的一个列表的引用。该列表被赋给 scores 变量。

第 10 行调用 get_total 函数，将 scores 列表作为实参传递。函数返回列表中所有值的总和。这个值被赋给 total 变量。

第 13 行调用内置的 min 函数，将 scores 列表作为实参。函数返回列表中的最小值。这个值被赋给 lowest 变量。

第 16 行从 total 变量中减去最低考分。然后，第 21 行用 total 除以 len(scores)-1 来计算平均分。之所以除数是 len(scores)-1，是因为已去掉了最低分。第 24 行显示最终的平均分。

接下来是 get_scores 函数。

程序 7.12 drop_lowest_score.py: get_scores 函数

```
26  # get_scores 函数从用户处获取一系列考分，
27  # 将它们保存到一个列表中，
28  # 最后返回对该列表的引用。
29  def get_scores():
30      # 创建空列表
31      test_scores = []
32
33      # 创建循环控制变量
```

```
34        again = 'y'
35
36        # 从用户处获取考分,
37        # 把它们添加到列表中。
38        while again == 'y':
39            # 获取一个考分并将其添加到列表
40            value = float(input(' 输入一个考试分数: '))
41            test_scores.append(value)
42
43            # 要继续添加吗?
44            print(' 想继续添加吗 ?')
45            again = input('y = 是, 其他任何输入 = 否: ')
46            print()
47
48        # 返回列表
49        return test_scores
50
```

get_scores 函数提示用户输入一系列考分。每输入一个分数,它就会被追加到一个列表中。第 50 行会返回该列表。接下来是 get_total 函数。

程序 7.12 drop_lowest_score.py 的 get_total 函数

```
51 # get_total 函数接收一个列表
52 # 作为实参, 并返回列表中所有
53 # 值的总和。
54 def get_total(value_list):
55     # 创建作为累加器使用的变量
56     total = 0.0
57
58     # 计算列表元素之和
59     for num in value_list:
60         total += num
61
62     # 返回总和
63     return total
64
65 # 调用 main 函数
66 if __name__ == '__main__':
67     main()
```

这个函数接受一个列表作为实参。它使用累加器和一个循环来计算列表中的值的总和。第 63 行返回这个总和。

程序输出(用户输入的内容加粗显示)

```
输入一个考试分数: 92 Enter
想继续添加吗 ?
y = 是, 其他任何输入 = 否: y Enter
```

输入一个考试分数：**67** `Enter`
想继续添加吗？
y = 是，其他任何输入 = 否：**y** `Enter`

输入一个考试分数：**75** `Enter`
想继续添加吗？
y = 是，其他任何输入 = 否：**y** `Enter`

输入一个考试分数：**88** `Enter`
想继续添加吗？
y = 是，其他任何输入 = 否：**n** `Enter`

去掉最低分后的平均分为：**85.0**。

7.7.5 随机选择列表元素

random 模块提供了一个名为 choice 的函数，可用它随机选择列表中的元素。将列表作为实参传递给函数，函数将返回一个随机选择的元素。为了使用该函数，请确保事先导入了 random 模块。以下交互会话进行了演示：

```
>>> import random Enter
>>> names = ['Jenny', 'Kelly', 'Chloe', 'Aubrey'] Enter
>>> winner = random.choice(names) Enter
>>> print(winner) Enter
Chloe
>>>
```

random 模块还提供了一个名为 choices 的函数，它返回从列表中随机选择的多个元素。调用该函数时，需要传递一个列表和实参 k=*n*，其中 *n* 是希望函数返回的元素个数。函数将返回包含 *n* 个随机选择元素的列表。以下交互会话进行了演示：

```
>>> import random Enter
>>> numbers = [1, 2, 3, 4, 5, 6, 7, 8, 9, 10] Enter
>>> selected = random.choices(numbers, k=3) Enter
>>> print(selected) Enter
[8, 7, 7]
>>>
```

从 choice 函数返回的列表有时包含重复元素。如果想随机选择唯一的元素，请改为使用 random 模块的 sample 函数。以下交互会话进行了演示：

```
>>> import random Enter
>>> numbers = [1, 2, 3, 4, 5, 6, 7, 8, 9, 10] Enter
>>> selected = random.sample(numbers, k=3) Enter
>>> print(selected) Enter
[4, 10, 2]
>>>
```

7.7.6 处理列表和文件

一些任务可能需要将列表内容保存到文件中,以备将来使用。类似地,有时需要将数据从文件读取到列表中。例如,假设一个文件包含一组以随机顺序出现的值,你希望对这些值进行排序。对文件中的值进行排序的一个办法是将它们读入列表,调用列表的 sort 方法,再将列表中的值写回文件。

将列表内容保存到文件是一个很简单的过程。事实上,Python 文件对象本身就支持一个名为 writelines 的方法,可以用它将整个列表写入文件。然而,writelines 方法的一个缺点是它不会在每个列表项的末尾自动写入换行符('\n')。换言之,所有项都会被写入文件中的一行中。程序 7.13 演示了该方法。

程序 7.13 ritelines.py

```
1  # 这个程序使用 writelines 方法将
2  # 一个字符串列表保存到文件。
3
4  def main():
5      # 创建字符串列表
6      cities = ['北京', '上海', '广州', '深圳']
7
8      # 将列表写入文件
9      with open('cities.txt', 'w') as outfile:
10         outfile.writelines(cities)
11
12 # 高腔 main 函数
13 if __name__ == '__main__':
14     main()
```

执行这个程序后,cities.txt 文件将包含下面一行文本:

北京上海广州深圳

一个替代方案是使用 for 循环来遍历列表,在每个元素最后都连接一个换行符。程序 7.14 展示了一个例子。

程序 7.14 write_list.py

```
1  # 这个程序一个字符串列表保存到文件
2
3  def main():
4      # 创建字符串列表
5      cities = ['北京', '上海', '广州', '深圳']
6
7      # 将列表写入文件
8      with open('cities.txt', 'w') as outfile:
9          for item in cities:
10             outfile.write(item + '\n')
11
```

```
12  # 调用 main 函数
13  if __name__ == '__main__':
14      main()
```

执行这个程序后，cities.txt 文件将包含下面几行文本：

```
北京
上海
广州
深圳
```

Python 文件对象支持一个名为 **readlines** 的方法，它以字符串列表的形式返回文件内容。文件中的每一行都成为列表中的一项。列表项会包括原始行最后的换行符。但在许多时候，你都想要去掉这些换行符。程序 7.15 展示了一个例子（要求先执行程序 7.14）。第 6 行的语句将文件内容读入一个列表，第 9 行和第 10 行的循环遍历这个列表，从每个元素中去掉 '\n' 字符。

程序 7.15 read_list.py

```
1   # 这个程序将文件内容读入一个列表
2
3   def main():
4       # 将文件内容读入一个列表
5       with open('cities.txt', 'r') as infile:
6           cities = infile.readlines()
7
8       # 为每个元素去除 \n 字符
9       for index in range(len(cities)):
10          cities[index] = cities[index].rstrip('\n')
11
12      # 打印列表内容
13      print(cities)
14
15  # 调用 main 函数
16  if __name__ == '__main__':
17      main()
```

程序输出

```
['北京', '上海', '广州', '深圳']
```

程序 7.16 是将列表写入文件的另一个例子。本例写入的是一个数字列表。注意，在第 10 行中，每一项都先用 **str** 函数转换为字符串，再为其连接一个 '\n'。也可以使用 f 字符串来写第 10 行，如下所示：

```
outfile.write(f'{item}\n')
```

程序 7.16 write_number_list.py

```
1   # 这个程序将一个数字列表保存到文件中
```

```
2
3  def main():
4      # 创建一个数字列表
5      numbers = [1, 2, 3, 4, 5, 6, 7]
6
7      # 将列表写入文件
8      with open('numberlist.txt', 'w') as outfile:
9          for item in numbers:
10             outfile.write(str(item) + '\n')
11
12 # 调用 main 函数
13 if __name__ == '__main__':
14     main()
```

相反，将文件中的数字读入列表时，这些数字必须先从字符串转换为数字类型。程序 7.17 展示了一个例子。

程序 7.17 read_number_list.py

```
1  # 这个程序将文件中的数字读入一个列表
2
3  def main():
4      # 将文件内容读入一个列表
5      with open('numberlist.txt', 'r') as infile:
6          numbers = infile.readlines()
7
8      # 将每个元素转换为 int
9      for index in range(len(numbers)):
10         numbers[index] = int(numbers[index])
11
12     # 打印列表内容
13     print(numbers)
14
15 # 调用 main 函数
16 if __name__ == '__main__':
17     main()
```

程序输出

```
[1, 2, 3, 4, 5, 6, 7]
```

7.8 列表推导式

概念：列表推导式是一个简洁的表达式，它通过遍历现有列表中的元素来新建一个列表。

有些操作需要读取一个列表的内容，并使用列表中的值来生成一个新列表。例如，以下代码复制了一个列表：

```
list1 = [1, 2, 3, 4]
list2 = []
for item in list1:
    list2.append(item)
```

在这段代码中，每次循环迭代都会将 list1 中的一个元素追加到 list2 中。代码执行后，list2 将引用 list1 的一个副本。

使用列表推导式可以更简洁、更紧凑的方式编写类似代码。**列表推导式（list comprehension）**是一个特殊的表达式，它读取一个输入列表，使用输入列表的值来生成一个输出列表。例如，之前的代码可以使用列表推导式如下简化：

```
list1 = [1, 2, 3, 4]
list2 = [item for item in list1]
```

第 2 行代码使用了一个列表推导式，它要用方括号括起来。如图 7.6 所示，列表推导式以一个**结果表达式**开始，后跟一个**迭代表达式**。迭代表达式像 for 循环一样工作。每次迭代，都会将一个元素的值赋给目标变量 item。每次迭代结束时，结果表达式的值都会追加到新列表中。

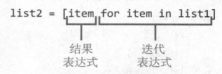

图 7.6 列表推导式的组成部分

简单列表推导式具有以下常规格式：

[*结果表达式　迭代表达式*]

下面再来看看另一个例子。假设已经有一个数字列表，现在想创建第二个列表，其中包含第一个列表中所有数字的平方。以下代码展示了如何使用 for 循环来执行这个操作：

```
list1 = [1, 2, 3, 4]
list2 = []
for item in list1:
    list2.append(item**2)
```

以下代码展示了如何使用列表推导式来执行相同的操作：

```
list1 = [1, 2, 3, 4]
list2 = [item**2 for item in list1]
```

图 7.7 展示了迭代表达式和结果表达式。迭代表达式每次迭代时，都会将一个元素的值赋给目标变量 item。每次迭代结束时，结果表达式 item**2 的值都会追加到 list2 中。执行上述代码后，list2 将包含值 [1,4,9,16]。

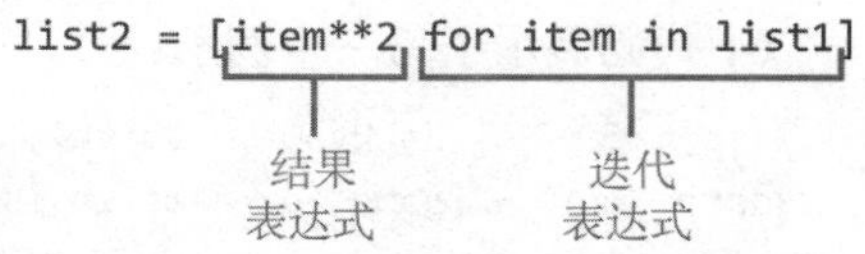

```
list2 = [item**2 for item in list1]
```

结果表达式　迭代表达式

图 7.7 对列表元素进行平方运算的列表推导式

假设已经有一个字符串列表，现在想创建第二个列表，在其中包含第一个列表中的所有字符串的长度。以下代码展示了如何使用 for 循环来执行这个操作：

```
str_list = [' 子衿 ', ' 鲨鲨 ', ' 和她们的故事 ']
len_list = []
for s in str_list:
    len_list.append(len(s))
```

以下代码展示了如何使用列表推导式来执行相同的操作：

```
str_list = [' 子衿 ', ' 鲨鲨 ', ' 和她们的故事 ']
len_list = [len(s) for s in str_list]
```

在列表推导式中，迭代表达式为 for s in str_list，结果表达式为 len(s)。执行上述代码后，len_list 将包含值 [2,2,6]。

在列表推导式中使用 if 子句

有的时候，我们在处理一个列表时只想选择其中一部分元素。例如，假设某个列表包含整数，现在想创建第二个列表，其中只包含第一个列表中小于 10 的整数。以下代码用循环来实现：

```
list1 = [1, 12, 2, 20, 3, 15, 4]
list2 = []
for n in list1:
    if n < 10:
        list2.append(n)
```

在 for 循环中出现的 if 语句使这段代码只将小于 10 的元素追加到 list2 中。代码执行后，list2 将包含 [1,2,3,4]。

这种类型的操作也可以通过在列表推导式中添加 if 子句来完成。下面是它的常规格式：

[*结果表达式 迭代表达式 if 子句*]

if 子句起到过滤器的作用，允许从输入列表中选择特定的项。以下代码展示了如何使用带 if 子句的列表推导式来重写之前的代码：

```
list1 = [1, 12, 2, 20, 3, 15, 4]
list2 = [item for item in list1 if item < 10]
```

在这个列表推导式中，迭代表达式为 for item in list1，if 子句为 if item < 10，结果表达式为 item。执行上述代码后，list2 将包含 [1,2,3,4]。

以下代码展示了另一个例子：

```
last_names = ['Jackson', 'Smith', 'Hildebrandt', 'Jones']
short_names = [name for name in last_names if len(name) < 6]
```

对 last_names 列表进行遍历的列表推导式包含了一个 if 子句，它只选择长度小于 6 个字符的元素。上述代码执行后，short_names 将包含 ['Smith','Jones']。

检查点

7.19 对于以下列表推导式：

```
[x for x in my_list]
```

它的结果表达式是什么？迭代表达式是什么？

7.20 执行以下代码后，`list2` 列表的值是什么？

```
list1 = [1, 12, 2, 20, 3, 15, 4]
list2 = [n*2 for n in list1]
```

7.21 执行以下代码后，`list2` 列表的值是什么？

```
list1 = [1, 12, 2, 20, 3, 15, 4]
list2 = [n for n in list1 if n > 10]
```

7.9 二维列表

概念：二维列表是以其他列表作为元素的列表；换言之，它是列表的列表。

列表元素几乎可以为任何东西，其中包括其他列表。以下交互会话对此进行了演示：

```
1 >>> students = [['Joe', 'Kim'], ['Sam', 'Sue'], ['Kelly', 'Chris']] Enter
2 >>> print(students) Enter
3 [['Joe', 'Kim'], ['Sam', 'Sue'], ['Kelly', 'Chris']]
4 >>> print(students[0]) Enter
5 ['Joe', 'Kim']
6 >>> print(students[1]) Enter
7 ['Sam', 'Sue']
8 >>> print(students[2]) Enter
9 ['Kelly', 'Chris']
10 >>>
```

下面来仔细看看每一行的语句。

- 第 1 行创建一个列表，并将其赋给 students 变量。该列表有三个元素，每个元素本身也是一个列表。其中，位于 students[0] 处的元素如下：

```
['Joe', 'Kim']
```

位于 students[1] 处的元素如下：

```
['Sam', 'Sue']
```

位于 students[2] 处的元素如下：

```
['Kelly', 'Chris']
```

- 第 2 行打印整个 students 列表。第 3 行显示了 print 函数的输出结果。
- 第 4 行打印 students[0] 元素。第 5 行是 print 函数 的输出结果。
- 第 6 行打印 students[1] 元素。第 7 行是 print 函数 的输出结果。

- 第 8 行打印 students[2] 元素。第 9 行是 print 函数 的输出结果。

列表的列表也称为**嵌套列表**或**二维列表**。我们一般认为二维列表具有行和列元素。例如，图 7.8 展示了上一个交互会话所创建的二维列表，它有三行两列。注意行的编号为 0，1 和 2，列的编号为 0 和 1。列表中共有 6 个元素。

二维列表在处理多组数据时非常有用。例如，假设要为老师写一个平均分计算程序。总共有三名学生，每名学生一学期要参加三次考试。一个办法是创建三个单独的列表，每个学生一个。每个列表都有三个元素，每个元素都代表一个考试分数。但是，这种方法比较繁琐，因为必须分别处理每个列表。更好的办法是使用二维列表，其中包含三行（每个学生一行）和三列（每个考试分数一列），如图 7.9 所示。

图 7.8　二维列表　　　　　　　图 7.9　三行三列的二维列表

处理二维列表中的数据时需要两个下标：一个用于行，另一个用于列。例如，假设用以下语句创建了一个二维列表：

```
scores =   [[0, 0, 0],
            [0, 0, 0],
            [0, 0, 0]]
```

像下面这样引用二维列表行 0 的元素：

```
scores[0][0]
scores[0][1]
scores[0][2]
```

像下面这样引用行 1 的元素：

```
scores[1][0]
scores[1][1]
scores[1][2]
```

像下面这样引用行 2 的元素：

```
scores[2][0]
scores[2][1]
scores[2][2]
```

在图 7.10 展示的二维列表中，我们为每个元素加上了下标。

	列0	列1	列2
行0	scores[0][0]	scores[0][1]	scores[0][2]
行1	scores[1][0]	scores[1][1]	scores[1][2]
行2	scores[2][0]	scores[2][1]	scores[2][2]

图 7.10 scores 列表中每个元素的下标

程序一般使用嵌套循环来处理二维列表。例如，程序 7.18 使用一对嵌套 for 循环来显示二维列表的内容。

程序 7.18 two_dimensional_list.py

```
1    # 这个程序演示了一个二维列表
2
3    def main():
4        # 创建一个二维列表
5        values = [[1,   2,   3],
6                  [10,  20,  30],
7                  [100, 200, 300]]
8
9        # 显示列表元素
10       for row in values:
11           for element in row:
12               print(element)
13
14   # 调用 main 函数
15   if __name__ == '__main__':
16       main()
```

程序输出

```
1
2
3
10
20
30
100
200
300
```

记住，for 循环的目标变量（例如本例中的 element 和 row）引用的是一个项的副本，而非实际的项本身。如果想遍历一个二维列表并为其元素赋值，那么需要使用索引来实现。程序 7.19 展示了如何将随机数赋给二维列表元素。

程序 7.19 random_numbers.py

```
1   # 这个程序将随机数
2   # 赋给一个二维列表
3   import random
4
5   # 代表行列数的常量
6   ROWS = 3
7   COLS = 4
8
9   def main():
10      # 创建一个二维列表
11      values = [[0, 0, 0, 0],
12                [0, 0, 0, 0],
13                [0, 0, 0, 0]]
14
15      # 用随机数填充列表
16      for r in range(ROWS):
17          for c in range(COLS):
18              values[r][c] = random.randint(1, 100)
19
20      # 显示随机数
21      print(values)
22
23  # 调用 main 函数
24  if __name__ == '__main__':
25      main()
```

程序输出

```
[[4, 17, 34, 24], [46, 21, 54, 10], [54, 92, 20, 100]]
```

下面仔细研究该程序。

- 第 6 行和第 7 行创建代表行数和列数的全局常量。
- 第 11 行 ~ 第 13 行创建一个二维列表并将其赋给 values 变量。可以认为这个列表有三行四列。每个元素的值都为 0。.
- 第 16 行 ~ 第 18 行是一组嵌套 for 循环。外部循环对每一行迭代一次，并为变量 r 赋值 0~2。内部循环对每一列迭代一次，并为变量 c 赋值 0~3。第 18 行的语句对列表中的每个元素执行一次，将 1~100 的随机整数赋给该元素。
- 第 21 行显示列表的内容。

✅ 检查点

7.22 以下语句创建的二维列表有多少行和多少列?

```
numbers = [[1, 2], [10, 20], [100, 200], [1000, 2000]]
```

7.23 写语句来创建三行四列的一个二维列表。所有元素的值均为 0。

7.24 写一组嵌套循环，显示检查点问题 7.22 中的 numbers 列表的内容。

7.10 元组

概念：元组是一个不可变的序列，这意味着它的元素不能变。

元组（tuple）是和列表非常相似的一种序列。元组和列表的区别在于元组是不可变的。这意味着一旦创建了一个元组，其元素就不能更改。具体地说，不能向元组添加新元素、从元组中删除元素或者替换存储在元组元素中的值。

创建元组时，要将其元素放到一对圆括号中，如以下交互会话所示：

```
>>> my_tuple = (1, 2, 3, 4, 5) Enter
>>> print(my_tuple) Enter
(1, 2, 3, 4, 5)
>>>
```

第 1 个语句创建包含元素 1, 2, 3, 4 和 5 的一个元组，并将其赋给 my_tuple 变量。第 2 个语句将 my_tuple 作为实参传递给 print 函数，print 函数显示它的元素。以下会话演示了如何用 for 循环来遍历元组中的元素：

```
>>> names = ('Holly', 'Warren', 'Ashley') Enter
>>> for n in names: Enter
        print(n) Enter Enter
Holly
Warren
Ashley
>>>
```

和列表一样，元组也支持索引，如以下会话所示：

```
>>> names = ('Holly', 'Warren', 'Ashley') Enter
>>> for i in range(len(names)): Enter
        print(names[i]) Enter Enter
Holly
Warren
Ashley
>>>
```

事实上，除了更改列表内容的操作，元组支持与列表相同的其他所有操作，具体如下所示：

- 下标索引（仅用于检索元素值）
- index 和 count 等方法
- 内置函数，例如 len, min, max 和 sum
- 切片表达式

- 操作符 in
- 操作符 + 和 *

元组不支持 append，remove，insert，reverse 和 sort 等方法。以下交互会话演示了如何为元组使用 count 方法：

```
>>> t = (1, 2, 2, 2, 3, 4) Enter
>>> t.count(2) Enter
3
>>>
```

以下交互会话演示了如何为元组使用 index 方法：

```
>>> t = ('Joe', 'Cassie', 'Luis', 'Ayda') Enter
>>> print(f'Luis 的索引位置是 {t.index("Luis")}。') Enter
Luis 的索引位置是 2。
>>>
```

以下交互会话演示了如何为元组使用 min，max 和 sum 这三个函数：

```
>>> t = (1, 2, 3, 4, 5) Enter
>>> min(t) Enter
1
>>> max(t) Enter
5
>>> sum(t) Enter
15
>>>
```

◆ 注意：如果想创建只有一个元素的元组，那么必须在元素值后面写一个逗号，如下所示：

```
my_tuple = (1,)    # 创建单元素元组
```

如果省略逗号，那么不会创建一个元组。例如，以下语句直接将整数值 1 赋给 value 变量：

```
value = (1)     # 创建整数
```

7.10.1 将不同的元组赋给变量

之前提到过元组是不可变的，这意味着元组中的元素不能被改变。具体地说，不能向元组中添加新元素，从元组中删除元素，或者替换存储在元组元素中的值。然而，可以将一个元组赋给一个变量，再重新为同一个变量赋不同的元组。以下交互会话对此进行了演示：

```
1 >>> t = (1, 2, 3, 4, 5) Enter
2 >>> print(t) Enter
3 (1, 2, 3, 4, 5)
4 >>> t = (5, 4, 3, 2, 1) Enter
5 >>> print(t) Enter
6 (5, 4, 3, 2, 1)
```

```
7 >>>
```

第 1 行将元组 (1,2,3,4,5) 赋给变量 t。第 2 行打印元组的内容，结果如第 3 行所示。然后，第 4 行将一个完全不同的元组 (5,4,3,2,1) 赋给变量 t。第 5 行打印元组的内容，緤如第 6 行所示。

需要注意的是，第 4 行并没有改变 t 指向的现有元组的内容。相反，它只是在内存中创建了一个新元组，并将新元组赋给变量 t。

7.10.2 在元组中存储可变对象

可以在元组中存储可变对象，例如列表。例如，以下交互会话创建一个元组，它的第三个元素就是一个列表：

```
>>> t = (10, 20, [97, 98, 99]) Enter
>>> print(t) Enter
(10, 20, [97, 98, 99])
>>>
```

这个交互会话创建了一个名为 t 的元组，它的元素包括：整数 10、整数 20 和列表 [97,98,99]。为便于理解，图 7.11 对变量 t、元组和元组的元素进行了可视化。

记住，Python 中的变量是对内存中存放数据的位置的一个引用。我们说变量对数据进行了引用，或者说变量指向数据的内存位置。如图 7.11 所示，变量 t 引用了元组。元组中的每个元素也相当于一个变量，它们分别引用内存中存放数据的位置：

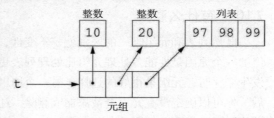

图 7.11 包含三个元素的元组

- 元素 0 引用内存中存放值 10 的位置；
- 元素 1 引用内存中存放数值 20 的位置；
- 元素 2 引用内存中存放列表的位置。

由于元组不可变，所以不能更改存储在其元素中的引用。元素 0 将始终引用值 10，元素 1 将始终引用值 20，元素 2 将始终引用列表。然而，元素 2 引用的列表本身是可变的，我们可以改变其中保存的数据。以下交互会话对此进行了演示：

```
1 >>> t = (10, 20, [97, 98, 99]) Enter
2 >>> print(t) Enter
3 (10, 20, [97, 98, 99])
4 >>> t[2].append(100) Enter
5 >>> print(t) Enter
6 (10, 20, [97, 98, 99, 100])
7 >>>
```

在这个交互会话中，第 1 行按照前面描述的方法创建元组，元素 2 指向一个列表。第

2行打印元组的内容,结果如第3行所示。在第4行中,表达式 t[2] 引用的是元组中的列表,因此语句 t[2].append(100) 会调用列表对象的 append 方法,将包含值 100 的新元素追加到列表。第 5 行再次打印元组的内容,结果如第 6 行所示。注意,值为 100 的新元素已添加到列表中。图 7.12 展示了列表发生更新后的元组。

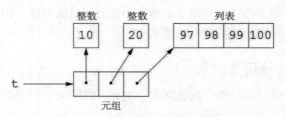

图 7.12 修改了列表元素之后的元组

在使用元组时,记住虽然元组的元素不可变,但完全可以在元组中存储可变对象。存储在元组中的可变对象是可以更改的。

7.10.3 有什么意义

既然列表和元组唯一的区别就是不变性,那么元组的存在有什么意义呢?人们使用元组的一个原因是性能。处理元组比处理列表更快,因此在处理大量数据而且这些数据不会发生变化时,元组是很好的选择。另一个原因是元组提供了一定的安全性。创建一个元组后,你可以确定没有元素会被添加或删除。还可以确定一旦创建了元组,元组中的元素将始终引用(指向)相同的对象。

此外,Python 中的某些操作也需要使用元组。随着你对 Python 学习的深入,会更频繁地遇到元组。

7.10.4 在列表和元组之间转换

可以使用内置的 list() 函数将元组转换为列表,使用内置的 tuple() 函数将列表转换为元组。以下交互会话进行了演示:

```
1 >>> number_tuple = (1, 2, 3) Enter
2 >>> number_list = list(number_tuple) Enter
3 >>> print(number_list) Enter
4 [1, 2, 3]
5 >>> str_list = ['one', 'two', 'three'] Enter
6 >>> str_tuple = tuple(str_list) Enter
7 >>> print(str_tuple) Enter
8 ('one', 'two', 'three')
9 >>>
```

下面来仔细看看每一行的语句。

- 第 1 行创建一个元组并把它赋给 number_tuple 变量。

- 第 2 行将 number_tuple 传给 list() 函数。函数返回与 number_tuple 的值相同的一个列表，并将其赋给 number_list 变量。
- 第 3 行将 number_list 传给 print 函数，第 4 行显示了打印结果。
- 第 5 行创建一个字符串列表，并将其赋给 str_list 变量。
- 第 6 行将 str_list 传给 tuple() 函数。函数返回与 str_list 的值相同的一个元组，并将其赋给 str_tuple 变量。
- 第 7 行将 str_tuple 传给 print 函数。第 8 行显示了打印结果。

✅ 检查点

7.25　列表和元组的主要区别是什么？

7.26　给出元组存在的两个原因。

7.27　假设 my_list 引用一个列表。写一个语句把它转换成元组。

7.28　假设 my_tuple 引用一个元组。写一个语句把它转换为列表。

7.11　使用 matplotlib 包绘制列表数据

matplotlib 包是一个用于创建二维图表的库。它不是标准 Python 库的一部分，所以必须在安装好 Python 之后单独安装它。要想在 Windows 系统中安装 matplotlib，请打开命令提示符窗口并输入以下命令：

```
pip install matplotlib
```

在 Mac 或 Linux 系统中，打开终端窗口并输入以下命令：

```
sudo pip3 install matplotlib
```

📣 提示：有关包和 pip 实用程序的详细信息，请参见附录 G。

输入上述命令后，pip 程序将开始下载并安装软件包。安装完成后，可以启动 IDLE 并输入以下命令来验证软件包是否正确安装：

```
>>> import matplotlib
```

如果没有显示错误消息，则可以认为软件包已成功安装。

7.11.1　导入 pyplot 模块

matplotlib 包中有一个名为 pyplot 的模块，为了创建本章演示的所有图，需要导入该模块。导入模块有几种不同的方法，最直接的是执行以下命令：

```
import matplotlib.pyplot
```

我们会调用 pyplot 模块中的几个函数来构建和显示图形。但是，使用这种形式的

import 语句，就必须在每个函数调用前附加 **matplotlib.pyplot** 前缀。例如，为了调用名为 **plot** 的函数来创建折线图，需要像下面这样调用 **plot** 函数：

```
matplotlib.pyplot.plot( 实参 ...)
```

在每个函数调用名称前都键入 **matplotlib.pyplot** 显得过于繁琐，因此下面将采用稍有不同的一种技术来导入模块。我们将使用以下 import 语句为 **matplotlib.pyplot** 模块创建一个别名：

```
import matplotlib.pyplot as plt
```

该语句导入 **matplotlib.pyplot** 模块，并为该模块创建别名 **plt**，这样就可以使用 **plt** 前缀来调用 **matplotlib.pyplot** 模块中的任何函数。例如，可以这样调用 **plot** 函数：

```
plt.plot( 实参 ...)
```

提示：有关 import 语句的详细信息，请参见附录 E。

7.11.2 绘制折线图

可以使用 **plot** 函数绘制折线图，用线来连接一系列数据点。折线图具有水平 X 轴和垂直 Y 轴。图中的每个数据点都有一个 (X, Y) 坐标。

为了创建折线图，首先需要创建两个列表：一个列表包含每个数据点的 X 坐标，另一个列表包含每个数据点的 Y 坐标。例如，假设有五个数据点，它们的坐标如下：

```
(0, 0)
(1, 3)
(2, 1)
(3, 5)
(4, 2)
```

创建两个列表来保存坐标，如下所示：

```
x_coords = [0, 1, 2, 3, 4]
y_coords = [0, 3, 1, 5, 2]
```

接下来，调用 **plot** 函数来绘制图形，并将两个列表作为实参传递，如下所示：

```
plt.plot(x_coords, y_coords)
```

plot 函数会在内存中构建折线图，但不会显示。为了显示图形，需要调用 **show** 函数，如下所示：

```
plt.show()
```

程序 7.20 展示了一个完整的例子。运行这个程序，会显示如图 7.13 所示的图形窗口。

程序 7.20 line_graph1.py

```
1  # 这个程序显示了一个简单的折线图
2  import matplotlib.pyplot as plt
```

```
3
4   def main():
5       # 创建两个列表, 分别包含每个数据点的 X 和 Y 坐标
6       x_coords = [0, 1, 2, 3, 4]
7       y_coords = [0, 3, 1, 5, 2]
8
9       # 构建折线图
10      plt.plot(x_coords, y_coords)
11
12      # 显示折线图
13      plt.show()
14
15  # 调用 main 函数
16  if __name__ == '__main__':
17      main()
```

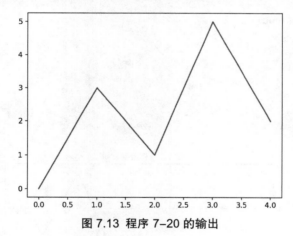

图 7.13 程序 7–20 的输出

7.11.3 添加标题、轴标签和网格

可以使用 title 函数为图形添加标题。向函数传递希望作为标题的字符串, 这个标题就会在图形上方显示。还可以使用 xlabel 和 ylabel 函数为 X 轴和 Y 轴添加描述性标签。调用这些函数时, 传递一个希望在相应坐标轴上显示的字符串即可。还可以调用 grid 函数并传递 True 作为实参, 从而为图形添加网格。程序 7–21 展示了一个例子。[③]

程序 7.21 line_graph2.py

```
1   # 这个程序显示了一个简单的折线图
2   import matplotlib.pyplot as plt
3
```

---

③ 译注: 由于 matplotlib 默认不能正常显示中文, 所以现在开始的所有程序都要进行特殊处理, 具体就是在 import 语句后用两行代码对中文环境进行设置。详情请参见本书配套资源中"中文代码"文件夹中相应的 .py 文件。

```
4   def main():
5       # 创建两个列表，分别包含每个数据点的 X 和 Y 坐标
6       x_coords = [0, 1, 2, 3, 4]
7       y_coords = [0, 3, 1, 5, 2]
8
9       # 构建折线图
10      plt.plot(x_coords, y_coords)
11
12      # 添加标题
13      plt.title(' 示例数据 ')
14
15      # 为轴添加标签
16      plt.xlabel(' 这是 X 轴 ')
17      plt.ylabel(' 这是 Y 轴 ')
18
19      # 添加网格
20      plt.grid(True)
21
22      # 显示折线图
23      plt.show()
24
25  # 调用 main 函数
26  if __name__ == '__main__':
27      main()
```

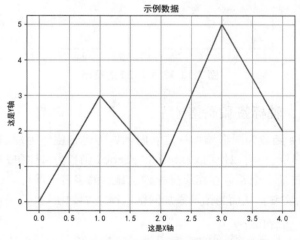

图 7.14 程序 7.21 的输出

7.11.4 自定义 X 轴和 Y 轴

默认情况下，X 轴以数据点集合中最低的 X 坐标开始，以数据点集合中最高的 X 坐标结束 . 例如，在程序 7.21 中，最低的 X 坐标是 0，最高的 X 坐标是 4。对比一下图 7.14 的

输出，注意，X 轴开始于 0，结束于 4。

　　Y 轴的默认配置与此相似。它开始于数据点集合中最低的 Y 坐标，结束于数据点集合中最高的 Y 坐标。还是以程序 7.21 为例，注意最低 Y 坐标为 0，最高 Y 坐标为 5。在程序的输出中，Y 轴开始于 0，结束于 5。

　　可以调用 xlim 函数和 ylim 函数来更改 X 轴和 Y 轴的下限和上限。下例调用 xlim 函数，使用关键字参数（参见 5.5.4 节）来设置 X 轴的下限和上限：

```
plt.xlim(xmin=1, xmax=100)
```

该语句将 X 轴配置为从数值 1 开始，到数值 100 结束。下例调用 ylim 函数，使用关键字参数来设置 Y 轴的下限和上限：

```
plt.ylim(ymin=10, ymax=50)
```

该语句将 Y 轴配置为从数值 10 开始，到数值 50 结束。程序 7.22 展示了一个完整的例子。在这个程序中，第 20 行将 X 轴的起始值配置为 -1，结束值配置为 10。第 21 行将 Y 轴的起始值配置为 -1，结束值配置为 6。程序的输出如图 7-15 所示。

程序 7.22 line_graph3.py

```
1    # 这个程序显示了一个简单的折线图
2    import matplotlib.pyplot as plt
3
4    def main():
5        # 创建两个列表，分别包含每个数据点的 X 坐标和 Y 坐标
6        x_coords = [0, 1, 2, 3, 4]
7        y_coords = [0, 3, 1, 5, 2]
8
9        # 构建折线图
10       plt.plot(x_coords, y_coords)
11
12       # 添加标题
13       plt.title('示例数据')
14
15       # 为轴添加标签
16       plt.xlabel('这是 X 轴')
17       plt.ylabel('这是 Y 轴')
18
19       # 设置轴的上下限
20       plt.xlim(xmin=-1, xmax=10)
21       plt.ylim(ymin=-1, ymax=6)
22
23       # 添加网格
24       plt.grid(True)
25
26       # 显示折线图
27       plt.show()
```

```
28
29  # 调用 main 函数
30  if __name__ == '__main__':
31      main()
```

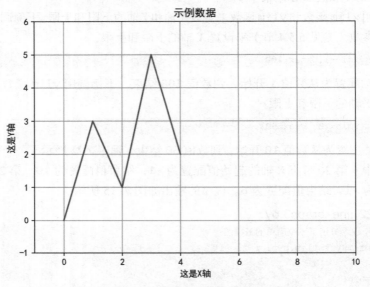

图 7.15 程序 7-22 的输出

可以使用 xticks 和 yticks 函数来自定义每个刻度线的标签。这两个函数分别接受两个列表作为实参。第一个实参是刻度线位置的列表，第二个参数是要在指定位置显示的标签列表。下例调用了 xticks 函数：

```
plt.xticks([0, 1, 2], ['Baseball', 'Basketball', 'Football'])
```

在这个例子中，'Baseball' 在刻度线 0 处显示，'Basketball' 在刻度线 1 处显示，'Football' 则在刻度线 2 处显示。下例调用了 yticks 函数：

```
plt.yticks([0, 1, 2, 3], ['Zero', 'Quarter', 'Half', 'Three Quarters'])
```

在这个例子中，'Zero' 在刻度线 0 处显示，'Quarter' 在刻度线 1 处显示，'Half' 在刻度线 2 处显示，'Three Quarters' 则在刻度线 3 处显示。

程序 7.23 展示了一个完整的例子。在程序输出中，X 轴上的刻度线标签显示年份，Y 轴上的刻度线标签则显示以百万美元为单位的销售额。第 20 行和第 21 行的语句调用了 xticks 函数，它像下面样自定义 X 轴上的刻度线：

- '2016' 在刻度线 0 处显示
- '2017' 在刻度线 1 处显示
- '2018' 在刻度线 2 处显示
- '2019' 在刻度线 3 处显示

- '2020' 在刻度线 4 处显示

然后，第 22 行和第 23 行的语句调用了 **yticks** 函数，它像下面这样自定义 *Y* 轴上的刻度线:

- '$0m' 在刻度线 0 处显示
- '$1m' 在刻度线 1 处显示
- '$2m' 在刻度线 2 处显示
- '$3m' 在刻度线 3 处显示
- '$4m' 在刻度线 4 处显示
- '$5m' 在刻度线 5 处显示

程序输出如图 7.16 所示。

程序 7.23 line_graph4.py

```
1   # 这个程序显示了一个简单的折线图
2   import matplotlib.pyplot as plt
3
4   def main():
5       # 创建两个列表，分别包含每个数据点的 X 坐标和 Y 坐标
6       x_coords = [0, 1, 2, 3, 4]
7       y_coords = [0, 3, 1, 5, 2]
8
9       # 构建折线图
10      plt.plot(x_coords, y_coords)
11
12      # 添加标题
13      plt.title(' 年销售额 ')
14
15      # 为轴添加标签
16      plt.xlabel(' 年份 ')
17      plt.ylabel(' 销售额 ')
18
19      # 自定义刻度线的标签
20      plt.xticks([0, 1, 2, 3, 4],
21                 ['2016', '2017', '2018', '2019', '2020'])
22      plt.yticks([0, 1, 2, 3, 4, 5],
23                 ['$0m', '$1m', '$2m', '$3m', '$4m', '$5m'])
24
25      # 添加网格
26      plt.grid(True)
27
28      # 显示折线图
29      plt.show()
30
31  # 调用 main 函数
32  if __name__ == '__main__':
33      main()
```

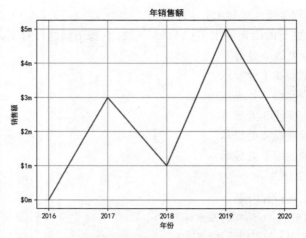

图 7.16 程序 7.23 的输出

7.11.5 在数据点上显示标记

调用 plot 函数时可以传递关键字参数 marker='o'，从而在折线图中的每个数据点上显示一个圆点作为标记。程序 7.24 展示了一个例子。程序输出如图 7.17 所示。

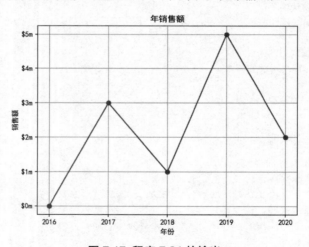

图 7.17 程序 7.24 的输出

程序 7.24 line_graph5.py

```
1   # 这个程序显示了一个简单的折线图
2   import matplotlib.pyplot as plt
3
4   def main():
5       # 创建两个列表，分别包含每个数据点的 X 坐标和 Y 坐标
6       x_coords = [0, 1, 2, 3, 4]
```

```
7        y_coords = [0, 3, 1, 5, 2]
8
9        # 构建折线图
10       plt.plot(x_coords, y_coords, marker='o')
11
12       # 添加标题
13       plt.title(' 年销售额 ')
14
15       # 为轴添加标签
16       plt.xlabel(' 年份 ')
17       plt.ylabel(' 销售额 ')
18
19       # 自定义刻度线的标签
20       plt.xticks([0, 1, 2, 3, 4],
21                  ['2016', '2017', '2018', '2019', '2020'])
22       plt.yticks([0, 1, 2, 3, 4, 5],
23                  ['$0m', '$1m', '$2m', '$3m', '$4m', '$5m'])
24
25       # 添加网格
26       plt.grid(True)
27
28       # 显示折线图
29       plt.show()
30
31 # 调用 main 函数
32 if __name__ == '__main__':
33       main()
```

　　除了圆点以外，还可以显示其他类型的标记符号。表 7.2 列出了一些可接受的 marker= 实参，并描述了它们显示的标记符号类型。

表 7.2　部分标记符号

marker= 实参	结果	marker= 实参	结果
'o'	显示圆点作为标记	'^'	显示向上的三角形作为标记
's'	显示小方块作为标记	'v'	显示向下的三角形作为标记
'*'	显示小星星作为标记	'>'	显示向右的三角形作为标记
'D'	显示小菱形作为标记	'<'	显示向左的三角形作为标记

　　◆ **注意**：如果将标记符号作为位置参数传递（而不是作为关键字参数传递），那么 plot 函数将在数据点上绘制标记，但不会用线来连接数据点，例如：

```
plt.plot(x_coords, y_coords, 'o')
```

7.11.6　绘制柱状图

可以使用 matplotlib.pyplot 模块中的 bar 函数来创建柱状图。柱状图有一个水平 X 轴、一个垂直 Y 轴和一系列通常始于 X 轴的条柱。每个条柱（bar）都代表一个值，条柱的高度与条柱所代表的值成正比。

要创建柱状图，首先要创建两个列表：一个包含每个条柱中心位置的 X 坐标，另一个包含每个条柱沿 Y 轴的高度。程序 7.25 对此进行了演示。程序的输出如图 7.18 所示。

程序 7.25　bar_chart1.py

```
1   # 这个程序显示了一个简单的柱状图
2   import matplotlib.pyplot as plt
3
4   def main():
5       # 创建一个列表来容纳每个条柱中心在 X 轴上的位置
6       left_edges = [0, 10, 20, 30, 40]
7
8       # 创建一个列表来容纳每个条柱的高度
9       heights = [100, 200, 300, 400, 500]
10
11      # 构建柱状图
12      plt.bar(left_edges, heights)
13
14      # 显示柱状图
15      plt.show()
16
17  # 调用 main 函数
18  if __name__ == '__main__':
19      main()
```

在这个程序中，第 6 行创建 left_edges 列表来保存每个条柱中心位置的 X 坐标（这是柱状图与 X 坐标的默认对齐方式）。第 9 行则创建 heights 列表来保存每个条柱的高度。通过观察这两个列表，我们可以确定以下内容：

- 第一个条柱的中心位置在 X 轴上位于 0，Y 轴上的高度为 100
- 第二个条柱的中心位置在 X 轴上位于 10，Y 轴上的高度为 200
- 第三个条柱的中心位置在 X 轴上位于 20，Y 轴上的高度为 300
- 第四个条柱的中心位置在 X 轴上位于 30，Y 轴上的高度为 400
- 第五个条柱的中心位置在 X 轴上位于 40，Y 轴上的高度为 500

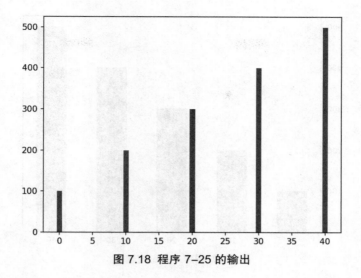

图 7.18　程序 7–25 的输出

7.11.7　自定义条柱宽度

柱状图中每个条柱的默认宽度沿 *X* 轴为 **0.8**。可以向 bar 函数传递第三个实参来更改条柱的宽度。程序 7.26 将条柱宽度设为 **5**，程序的输出如图 7.19 所示。

程序 7.26　bar_chart2.py

```
1    # 这个程序显示了一个简单的柱状图
2    import matplotlib.pyplot as plt
3
4    def main():
5        # 创建一个列表来容纳每个条柱的中心线在 X 轴上的位置
6        left_edges = [0, 10, 20, 30, 40]
7
8        # 创建一个列表来容纳每个条柱的高度
9        heights = [100, 200, 300, 400, 500]
10
11        # 创建代表条柱宽度的一个变量
12        bar_width = 5
13
14        # 构建柱状图
15        plt.bar(left_edges, heights, bar_width)
16
17        # 显示柱状图
18        plt.show()
19
20   # 调用 main 函数
21   if __name__ == '__main__':
22       main()
```

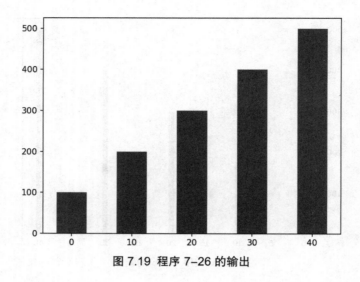

图 7.19　程序 7–26 的输出

7.11.8　更改条柱颜色

　　bar 函数支持一个 color 形参，可以用它更改柱状图中的条柱颜色。传给它的实参是包含一系列颜色代码的元组。表 7.3 列出了一些基本的颜色代码。

表 7.3　颜色代码

颜色代码	对应颜色	颜色代码	对应颜色
'b'	蓝色	'm'	品红
'g'	绿色	'y'	黄色
'r'	红色	'k'	黑色
'c'	青色	'w'	白色

　　以下语句展示了如何将颜色代码元组作为关键字参数传递：

```
plt.bar(left_edges, heights, color=('r', 'g', 'b', 'w', 'k'))
```

　　执行该语句后，柱状图中的条柱颜色会这样设置：

- 第一个条柱为红色
- 第二个条柱为绿色
- 第三个条柱为蓝色
- 第四个条柱为白色
- 第五个条柱为黑色

7.11.9 添加标题、坐标轴标签和自定义刻度线标签

可以使用和折线图一样的函数为柱状图添加标题和坐标轴标签，并且自定义 X 和 Y 轴。程序 7.27 展示了一个例子。它的第 18 行调用 title 函数为柱状图添加标题，第 21 行和第 22 行调用 xlabel 和 ylabel 函数为 X 轴和 Y 轴添加标签。第 25 行和第 26 行调用 xticks 函数沿 X 轴显示自定义刻度线标签，第 27 行和第 28 行调用 yticks 函数沿 Y 轴显示自定义刻度线标签。程序输出如图 7.20 所示。

程序 7.27　bar_chart3.py

```
 1  # 这个程序显示一个简单的柱状图
 2  import matplotlib.pyplot as plt
 3
 4  def main():
 5      # 创建一个列表来容纳每个条柱的中心线在 X 轴上的位置
 6      left_edges = [0, 10, 20, 30, 40]
 7
 8      # 创建一个列表来容纳每个条柱的高度
 9      heights = [100, 200, 300, 400, 500]
10
11      # 创建代表条柱宽度的一个变量
12      bar_width = 10
13
14      # 构建柱状图
15      plt.bar(left_edges, heights, bar_width, color=('r', 'g', 'b', 'w', 'k'))
16
17      # 添加标题
18      plt.title(' 年销售额 ')
19
20      # 添加轴标签
21      plt.xlabel(' 年份 ')
22      plt.ylabel(' 销售额 ')
23
24      # 自定义刻度线
25      plt.xticks([5, 15, 25, 35, 45],
26                  ['2016', '2017', '2018', '2019', '2020'])
27      plt.yticks([0, 100, 200, 300, 400, 500],
28                  ['$0m', '$1m', '$2m', '$3m', '$4m', '$5m'])
29
30      # 显示柱状图
31      plt.show()
32
33  # 调用 main 函数
34  if __name__ == '__main__':
35      main()
```

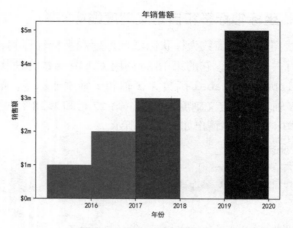

图 7.20 程序 7.27 的输出

7.11.10 绘制饼图

饼图是将一个圆分割成若干片的图形。圆代表整体，切片代表整体的百分比。我们使用 matplotlib.pyplot 模块中的 pie 函数来创建饼图。

调用 pie 函数时，需要将一个值列表作为实参传递。pie 函数将计算列表中数值的总和，然后使用该总和作为整体的值。然后，列表中的每个元素将成为饼图中的一个切片。切片的大小表示该元素的值占整体值的百分比。

程序 7.28 展示了一个例子。第 6 行创建了包含值 20, 60, 80 和 40 的一个列表。然后，第 9 行将列表作为实参传递给 pie 函数。比对所生成的饼图，我们观察到以下事实：

- 列表元素的总和为 200，所以饼图的整体值为 200
- 列表中有 4 个元素，所以饼图将被分为 4 片
- 第一片代表数值 20，因此其大小为整体的 10%
- 第二片代表数值 60，因此其大小为整体的 30%
- 第三片代表数值 80，因此其大小为整体的 40%
- 第四片代表数值 40，因此其大小为整体的 20%

程序 7.28 pie_chart1.py

```
1   # 这个程序显示一个简单的饼图
2   import matplotlib.pyplot as plt
3
4   def main():
5       # 创建值列表
6       values = [20, 60, 80, 40]
7
8       # 根据值来创建饼图
9       plt.pie(values)
10
```

```
11      # 显示饼图
12      plt.show()
13
14  # 调用 main 函数
15  if __name__ == '__main__':
16      main()
```

程序输出如图 7–21 所示。

图 7.21 程序 7.28 的输出

7.11.11 显示切片标签和标题

　　pie 函数有一个 labels 形参，用于为饼图中切片显示标签。向其传递的实参是包含标签字符串的一个列表。程序 7–29 展示了一个例子。第 9 行创建一个名为 slice_labels 的列表。第 12 行将关键字参数 labels = slice_labels 传给函数。结果，字符串 '1 季度 ' 将显示为第一个切片的标签，'2 季度 ' 将显示为第二个切片的标签，以此类推。第 15 行使用 title 函数为饼图添加标题 ' 季度销售额 '。程序输出如图 7–22 所示。

　　程序 7.29　pie_chart2.py

```
1   # 这个程序显示一个简单的饼图
2   import matplotlib.pyplot as plt
3
4   def main():
5       # 创建季度销售额列表
6       sales = [100, 400, 300, 600]
7
8       # 创建切片标签的列表
9       slice_labels = ['1 季度 ', '2 季度 ', '3 季度 ', '4 季度 ']
10
11      # 根据值来构建饼图
12      plt.pie(sales, labels=slice_labels)
13
14      # 添加标题
15      plt.title(' 季度销售额 ')
16
17      # 显示饼图
```

```
18      plt.show()
19
20  # 调用 main 函数
21  if __name__ == '__main__':
22      main()
```

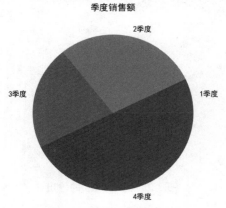

图 7.22 程序 7.29 的输出

7.11.12 改变切片颜色

pie 函数按以下顺序自动改变切片颜色：蓝色、绿色、红色、青色、洋红色、黄色、黑色和白色。然而，可以将颜色代码元组作为实参传递给 pie 函数的 colors 形参，从而指定不同的颜色集。在之前的表 7.3 中，我们已经总结了基本颜色的颜色代码。以下语句显示了如何将颜色代码元组作为关键字参数传递：

```
plt.pie(values, colors=('r', 'g', 'b', 'w', 'k'))
```

执行此语句后，饼图中的切片颜色将是红色、绿色、蓝色、白色和黑色。

检查点

7.29 使用 plot 函数绘图时，哪两个参数是必须要传递的？

7.30 plot 函数生成是什么图？

7.31 使用什么函数在图中为 X 轴和 Y 轴添加标签？

7.32 如何改变图中 X 轴和 Y 轴的下限和上限？

7.33 如何自定义图中 X 轴和 Y 轴的刻度线？

7.34 使用 bar 函数创建柱状图时，必须传递哪两个参数？

7.35 以下语句调用 bar 函数来创建有四个条柱的一个柱状图。每个条柱的颜色是什么？

```
plt.bar(left_edges, heights, color=('r', 'b', 'r', 'b'))
```

7.36 使用 pie 函数创建饼图时，必须要传递什么实参？

🧠 复习题

选择题

1. 术语 _____ 指的是列表中单独的一项。

    a. 元素   b. 仓   c. 隔间   d. 槽

2. _____ 这个数字用于标识列表中的一项。

    a. 元素   b. 索引   c. 书签   d. 标识符

3. _____ 是列表中的第一个索引。

    a. –1   b. 1   c. 0   d. 列表大小减 1

4. _____ 是列表的最后一个索引。

    a. 1   b. 99   c. 0   d. 列表大小减 1

5. 如果为列表使用超出范围的索引, 那么 _____。

    a. 将发生 ValueError 异常

    b. 将发生 IndexError 异常

    c. 列表将被删除, 程序继续运行

    d. 什么都不会发生, 无效索引会被忽略

6. _____ 函数返回列表的长度。

    a. length   b. size   c. len   d. lengthof

7. 当 * 操作符的左操作数是一个列表, 右操作数是一个整数时, 该操作符变成 _____。

    a. 乘法操作符

    b. 重复操作符

    c. 初始化操作符

    d. 出错, 操作符不支持这些类型的操作数

8. _____ 列表方法将一个项添加到现有列表的末尾。

    a. add   b. add_to   c. increase   d. append

9. _____ 删除列表中特定索引处的一项。

    a. remove 方法   b. delete 方法   c. del 语句   d. kill 方法

10. 假设程序中出现以下语句:

```
mylist = []
```

以下哪个语句可以将字符串 'Labrador' 添加到列表的索引 0 处? _____

    a. mylist[0] = 'Labrador'

    b. mylist.insert(0, 'Labrador')

    c. mylist.append('Labrador')

    d. mylist.insert('Labrador', 0)

11. 如果调用 index 方法在列表中查找一项，但没有找到该项，结果会 _____。

　　a. 引发 ValueError 异常。

　　b. 引发 InvalidIndex 异常。

　　c. 方法返回 -1。

　　d. 什么都不会发生，程序继续执行下一个语句。

12. 内置函数 _____ 返回列表中的最大值。

　　a. highest　　　　b. max　　　　c. greatest　　　　d. best_of

13. random 模块中的 _____ 函数从列表中返回一个随机元素。

　　a. choice　　　b. choices　　　c. sample　　　d. random_element

14. random 模块中的 _____ 函数从列表中多个不重复的随机元素。

　　a. choice　　　b. choices　　　c. sample　　　d. random_element

15. 文件对象的 _____ 方法返回包含文件内容的一个列表。

　　a. to_list　　　b. getlist　　　c. readline　　　d. readlines

16. 以下哪个语句创建一个元组？_____

　　a. values = [1, 2, 3, 4]　　　　b. values = {1, 2, 3, 4}

　　c. values = (1)　　　　　　　　d. values = (1,)

判断题

1. Python 中的列表是不可变的。

2. Python 中的元组是不可变的。

3. del 语句从列表中删除指定索引位置的一项。

4. 假设 list1 引用一个列表。执行以下语句后，list1和list2都引用内存中两个内容相同但位置不同的列表。

```
list2 = list1
```

5. 文件对象的 writelines 方法会在将每个列表项写入文件后自动添加换行符（'\n'）。

6. 可以使用操作符 + 来连接两个列表。

7. 一个列表可以是另一个列表中的元素。

8. 可以调用元组的 remove 方法从元组中删除一个元素。

简答题

1. 请看下面的语句：

```
numbers = [10, 20, 30, 40, 50]
```

　　a. 这个列表有多少个元素？

　　b. 列表中第一个元素的索引是多少？

　　c. 列表中最后一个元素的索引是多少？

2. 请看下面的语句：

```
numbers = [1, 2, 3]
```

　a. numbers[2] 中存储的是什么值？

　b. numbers[0] 中存储的是什么值？

　c. number[-1] 中存储的是什么值？

3. 以下代码会显示什么？

```
values = [2, 4, 6, 8, 10]
print(values[1:3])
```

4. 以下代码会显示什么结果？

```
numbers = [1, 2, 3, 4, 5, 6, 7]
print(numbers[5:])
```

5. 以下代码会显示什么结果？

```
numbers = [1, 2, 3, 4, 5, 6, 7, 8]
print(numbers[-4:])
```

6. 以下代码会显示什么结果？

```
values = [2] * 5
print(values)
```

算法工作台

1. 写一个语句来创建包含以下字符串的列表：`'Einstein'`、`'Newton'`、`'Copernicus'` 和 `'Kepler'`。

2. 假设 names 引用一个列表。写 for 循环来显示列表中的每个元素。

3. 假设列表 number1 有 100 个元素，number2 是一个空列表。写代码将 number1 中的值复制到 number2 中。

4. 画一个流程图，显示对列表中的数值进行累加的常规逻辑。

5. 写一个函数，接受一个列表作为实参（假设列表包含整数），并返回列表中数值的总和。

6. 假设 names 变量引用了一个字符串列表。写代码判断 `'Ruby'` 是否在 names 列表中。如果是，那么显示消息 `'Hello Ruby'`；否则显示消息 `'No Ruby'`。

7. 以下代码会打印什么结果？

```
list1 = [40, 50, 60]
list2 = [10, 20, 30]
list3 = list1 + list2
print(list3)
```

8. 假设 list1 是一个整数列表。写一个语句，使用列表推导式来创建第二个列表，其中包含 list1 中元素的平方。

9. 假设 list1 是一个整数列表。写一个语句，使用列表推导式来创建第二个列表，其中包含 list1 中大于 100 的元素。

10. 假设 list1 是一个整数列表。写一个语句，使用列表推导式来创建第二个列表，其中包含 list1 中的偶数元素。

11. 写语句来创建一个 5 行 3 列的二维列表。然后编写嵌套循环，从用户处为每个列表元素获取一个整数值。

🖨 编程练习

1. 总销售额

设计一个程序，要求用户输入商店一周内每天的销售额。这些金额应该存储在一个列表中。使用循环来计算一周的总销售额并显示结果。

2. 彩票号码生成器

设计一个生成 7 位彩票号码的程序。程序应生成 7 个随机数字，每个数字的范围是 0~9，并将每个数字分配给一个列表元素（第 5 章已经讲解了随机数问题）。然后，再写一个循环来显示列表的内容。

▶ 视频讲解：Lottery Number Generator Problem

3. 降雨量统计

设计一个程序，允许用户向列表中输入 12 个月中每个月的降雨量。程序应计算并显示全年降雨量、月均降雨量、降雨量最高和最低的月份。

4. 数字分析程序

设计一个程序，要求用户输入一系列共 20 个数字。程序应将这些数字存储到一个列表中，然后显示以下数据：

- 列表中最小的数字
- 列表中最大的数字
- 列表中数字的总和
- 列表中数字的平均值

5. 收费账号校验

本书配套资源的 Chapter 07 文件夹有一个名为 charge_accounts.txt 的文件，其中包含一个公司的有效收费账号。每个账号都是 7 位数，例如 5658845。

写一个程序，将文件内容读入一个列表。然后要求用户输入一个收费账号。程序应在列表中搜索，确定该账号是否有效。如果账号在列表中，程序应显示一条消息，说明该账号有效。如果不在列表中，程序应显示一条消息，说明该账号无效。

6. 大于 n

在写程序中写一个接受两个参数的函数：一个数字列表和一个数字 n。函数应该显示列表中所有大于 n 的数字。

7. 驾照考试

当地车管所要求你创建一个应用程序来对驾照考试的笔试部分进行打分。考试一共有 20 道选择题。以下是正确答案：

1. A	6. B	11. A	16. C
2. C	7. C	12. D	17. B
3. A	8. A	13. C	18. B
4. A	9. C	14. A	19. D
5. D	10. B	15. D	20. A

你编写的程序应将这些正确答案存储至到一个列表中。程序应从一个文本文件中读取学生对于这 20 道题的答案，并将答案存储到另一个列表中。请自行创建文本文件来测试应用程序。从文件中读取学生的答案后，程序应显示一条消息，说明学生是否通过考试。必须正确回答 20 道题中的 15 道题才能通过考试。然后，程序应显示回答正确了多少道题、回答错了多少道题以及回答错误的题号列表。

8. 名字搜索

本书配套资源的 Chapter 07 文件夹有一个 popular_names.txt 文件。该文件包含 2000 到 2009 年美国出生的儿童最常用的 400 个名字的列表。编写一个程序，将文件内容读入一个列表。用户可以输入一个名字，程序将显示一条消息，说明该名字是不是最常用的名字之一。

9. 人口数据

本书配套资源的 Chapter 07 文件夹有一个名为 USPopulation.txt 的文件。该文件包含美国 1950 年到 1990 年的每年人口数据，单位为千人。文件的第一行是 1950 年的人口，第二行是 1951 年的人口，以此类推。

编写一个程序将文件内容读入一个列表。程序应该显示以下数据：

- 在此期间人口的年均变动
- 在此期间人口增幅最大的年份
- 在此期间人口增幅最小的年份

10. 世界大赛冠军

本书配套资源的 Chapter 07 文件夹有一个名为 WorldSeriesWinners.txt 的文件。该文件按时间顺序列出了 1903 年到 2009 年的世界大赛冠军球队 [④]。文件的第一行是 1903 年获胜的球队名称，最后一行是 2009 年获胜的球队名称。注意，1904 年和 1994 年没有举办任何世界大赛。

写一个程序，让用户输入一支球队的名称，然后显示该球队在 1903 年到 2009 年期间赢得世界大赛冠军的次数。

提示：将 WorldSeriesWinners.txt 文件的内容读入一个列表。当用户输入一支球队的名称时，程序应遍历列表，统计所选球队出现的次数。

11. 幻方

幻方是一个 3 行 3 列的网格，如图 7.23 所示，它具有以下属性：

- 网格中正好包含数字 1~9；
- 每一行、每一列以及每一条对角线的总和都是同一个数。如图 7.24 所示。

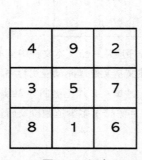

图 7.23 幻方

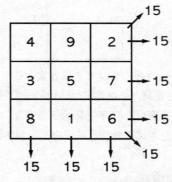

图 7.24 行、列和对角线之和

在一个程序中用二维列表来模拟幻方。写函数来接受一个二维列表作为实参，判断该列表是不是幻方。在程序中测试该函数。

12. 质数生成

如果一个大于 1 的正整数只能被 1 和它本身整除，那么该正整数就是质数。如果一个大于 1 的正整数不是质数，那么它就是合数。请写一个程序，要求用户输入一个大于 1 的整数，然后显示所有小于或等于输入数的质数。程序的工作方式如下所示：

- 在用户输入一个数后，程序在一个列表中填充从 2 到输入值的所有整数
- 然后，程序使用一个循环来遍历该列表。每次迭代都将一个元素传给一个函数，以判断该元素是质数还是合数

13. 神奇 8 号球

写一个模拟神奇 8 号球的程序，神奇 8 号球是一种算命玩具，它可以随机显示对一个"是"或"否"问题的回答。本书配套文件的 Chapter 07 文件夹有一个名为 8_ball_responses.txt 的文本文件，

---

④ 译注：世界大赛是美国职棒大联盟每年 10 月举行的总冠军赛，是美国以及加拿大职业棒球最高等级的赛事。自 1903 年起，世界大赛每年举行，由美国联盟和国家联盟的冠军进行 7 战 4 胜制的总冠军赛，获胜的一方获得世界大赛奖杯。

其中包含 12 个回答，例如"我不觉得""是的，当然""我不确定"等。程序应将文件中的回答读入一个列表。程序要求用户随便提一个问题，然后显示从列表中随机选择的一个回答。程序应重复进行，直到用户要求退出。

8_ball_responses.txt 中文版的内容如下：

```
当然是的！
毫无疑问，是的。
你可以信赖它。
当然！
过会再问我。
我不确定。
现在无法告诉你。
午睡后告诉你。
绝对不行！
我不这么认为。
毫无疑问，不。
答案明显是不。
```

14. 开支饼图

创建一个文本文件，在其中填充你上个月以下类别的开支金额：

- 房租
- 汽油
- 食品
- 服装
- 车贷还款
- 杂项

编写一个 Python 程序，使其可以从文件中读取数据，并使用 matplotlib 绘制一个饼图，显示你是如何花钱的。

15. 1994 年每周油价图

本书配套文件的 Chapter 07 文件夹有一个名为 1994_Weekly_Gas_Averages.txt 的文本文件。该文件包含 1994 年每周的平均油价（共 52 行）。使用 matplotlib 写一个 Python 程序，读取文件内容，然后将数据绘制成折线图或柱状图。确保沿 X 轴和 Y 轴显示有意义的标签和刻度线。

第 8 章

深入字符串

8.1 基本字符串操作

概念：Python 允许以多种方式访问字符串中的单个字符。字符串还提供了一些专门的字符串处理方法。

我们到目前为止写的许多程序都涉及到字符串，但仅仅是在有限的范围内。之前对字符串执行的操作主要只涉及输入和输出。例如，从键盘和文件读取字符串作为输入，并将字符串作为输出发送到屏幕和文件。

有许多类型的程序不仅从输入中读取字符串，并将字符串作为输出来写入，还会对字符串执行一些特殊的操作。例如，字处理软件因为要处理大量文本，所以会严重地依赖字符串操作。电子邮件程序和搜索引擎是对字符串执行操作的其他例子。

Python 提供各种工具和编程技术来检查和操作字符串。事实上，字符串是一种序列类型，因此在第 7 章学到的许多序列概念也适用于字符串。本章将介绍其中重要的一些。

8.1.1 访问字符串中的单个字符

某些编程任务需要访问字符串中的单个字符。例如，你很熟悉的需要设置密码的网站。出于安全考虑，许多网站要求密码中至少包含一个大写字母、至少一个小写字母和至少一个数字。设置密码时，程序会检查每个字符，确保密码符合这些条件。本章稍后有一个示例程序。本节将学习 Python 中访问字符串中单个字符的两种技术：使用 for 循环和索引。

8.1.2 使用 for 循环遍历字符串

为了访问字符串中单独的字符，最简单的方法是使用 for 循环。以下是常规格式：

```
for variable in string:
    语句
    语句
    ...
```

其中，*variable* 是一个变量的名称，*string* 是一个字符串字面值或者引用了字符串的一个变量。每次循环迭代，`variable` 都会引用字符串中的一个字符的副本，从第一个字符开始。我们说该循环对字符串中的所有字符进行了遍历。下面是一个例子：

```
name = 'Juliet'
for ch in name:
    print(ch)
```

`name` 变量引用一个包含 6 个字符的字符串，因此循环将迭代 6 次。第一次迭代，`ch` 变量将引用 `'J'`，第二次迭代，`ch` 变量将引用 `'u'`，以此类推，如图 8.1 所示。代码执行后将显示以下内容：

```
J
u
l
i
e
t
```

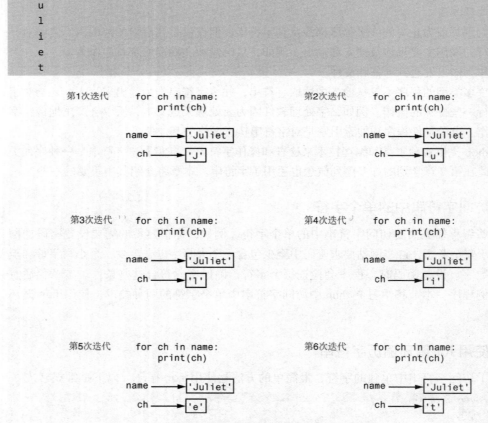

图 8.1 遍历字符串 'Juliet' 中的字符

注意：图 8.1 表明，ch 变量在循环迭代期间引用的是字符串中字符的一个副本。如果在循环中更改 ch 引用的值，那么对 name 引用的字符不会有任何影响。下面对此进行了演示：

```
1 name = 'Juliet'
2 for ch in name:
3     ch = 'X'
4 print(name)
```

第 3 行的语句只是在每次循环迭代时将 ch 变量重新赋值为不同的值。它对 name 引用的字符串 'Juliet' 没有影响，对循环迭代的次数也没有影响。执行上述代码时，第 4 行的语句将打印以下结果：

```
Juliet
```

程序 8.1 展示了另一个例子。该程序要求用户输入一个字符串。然后使用 for 循环遍历字符串，统计字母 T（无论大写还是小写）出现的次数。

程序 8.1 count_Ts.py

```
 1 # 这个程序统计字符串中
 2 # 字母 T（大写或小写）
 3 # 出现的次数。
 4
 5 def main():
 6     # 创建一个变量来容纳计数,
 7     # 变量的初始值必须为 0。
 8     count = 0
 9
10     # 从用户处获取字符串
11     my_string = input('输入一句英文: ')
12
13     # 统计 T 或 t 的数量
14     for ch in my_string:
15         if ch == 'T' or ch  == 't':
16             count += 1
17
18     # 打印结果
19     print(f'字母 T 或 t 在其中出现了 {count} 次。')
20
21 # 调用 main 函数
22 if __name__ == '__main__':
23     main()
```

程序输出（用户输入的内容加粗显示）

```
输入一句英文: Today we sold twenty-two toys. Enter
字母 T 或 t 在其中出现了 5 次。
```

8.1.3 索引

访问字符串中单个字符的另一个方法是使用索引。字符串中的每个字符都有一个索引，用于指定其在字符串中的位置。索引从 0 开始，因此第一个字符的索引为 0，第二个字符的索引为 1，以此类推。字符串中最后一个字符的索引比字符串中的字符数少 1。图 8.2 展示了字符串 'Roses are red' 中每个字符的索引。该字符串有 13 个字符，因此字符索引范围是 0~12。

我们可以利用索引来获取字符串中单个字符的副本，如下所示：

```
my_string = 'Roses are red'
ch = my_string[6]
```

第 2 个语句中的表达式 my_string[6] 返回 my_string 中索引 6 处的那个字符的副本。执行该语句后，ch 将引用一个 'a'，如图 8.3 所示。

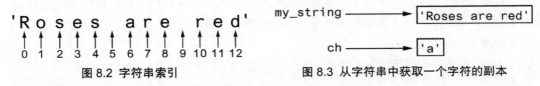

图 8.2 字符串索引   图 8.3 从字符串中获取一个字符的副本

下面是另一个例子：

```
my_string = 'Roses are red'
print(my_string[0], my_string[6], my_string[10])
```

上述代码的输出如下所示：

```
R a r
```

还可以使用负数作为索引来确定字符相对于字符串末尾的位置。Python 解释器会在该负数索引上加字符串长度，从而确定字符的实际索引位置。索引 -1 是字符串最后一个字符所在的位置，-2 是倒数第二个，以此类推。以下代码展示了一个例子：

```
my_string = 'Roses are red'
print(my_string[-1], my_string[-2], my_string[-13])
```

上述代码的输出如下所示：

```
d e R
```

8.1.4 IndexError 异常

如果试图为字符串使用超出范围的索引，那么会发生 IndexError 异常。例如，字符串 'Boston' 有 6 个字符，因此有效索引是 0~5（有效的负索引是 -1~-6）。下例会造成一个 IndexError 异常：

```
city = 'Boston'
print(city[6])
```

在循环中迭代到字符串末尾之后，就发生这种类型的错误，如下所示：

```
city = 'Boston'
index = 0
while index < 7:
    print(city[index])
    index += 1
```

这个循环最后一次迭代时，index 变量会被赋值 6，这对字符串 'Boston' 来说是一个无效索引。因此，print 函数将引发 IndexError 异常。

8.1.5 len 函数

第 7 章学习了返回序列长度的 len 函数。同一个函数也可用来获取字符串的长度。以下代码进行了演示：

```
city = 'Boston'
size = len(city)
```

第 2 个语句调用 len 函数，并将 city 变量作为实参传递。函数返回值 6，即字符串 'Boston' 的长度。这个值被赋给 size 变量。

len 函数在防止循环迭代越过字符串末尾时特别有用，如下所示：

```
city = 'Boston'
index = 0
while index < len(city):
    print(city[index])
    index += 1
```

注意，只要 index 小于字符串的长度，循环就会迭代。这是因为字符串中最后一个字符的索引总是比字符串长度少 1。

8.1.6 字符串连接

字符串连接是一个常见的操作，它将一个字符串追加到另一个字符串的末尾。本书以前已经演示了如何使用 + 操作符来连接字符串。操作符 + 连接作为操作数的两个字符串，并返回结果。以下交互会话对此进行了演示：

```
1 >>> message = 'Hello ' + 'world' Enter
2 >>> print(message) Enter
3 Hello world
4 >>>
```

第 1 行连接字符串 'Hello' 和 'world'，生成字符串 'Hello world' 并将其赋给 message 变量。第 2 行打印 message 变量引用的字符串。第 3 行显示了输出结果。

以下交互会话演示了另一个例子：

```
1 >>> first_name = 'Emily' Enter
```

```
2 >>> last_name = 'Yeager' [Enter]
3 >>> full_name = first_name + ' ' + last_name [Enter]
4 >>> print(full_name) [Enter]
5 Emily Yeager
6 >>>
```

第 1 行将字符串 'Emily' 赋给 first_name 变量。第 2 行将字符串 'Yeager' 赋给 last_name 变量。第 3 行生成由 first_name、一个空格和 last_name 组成的字符串。生成的字符串被赋给 full_name 变量。第 4 行打印 full_name 引用的字符串。第 5 行显示了输出结果。

也可以使用复合赋值操作符 += 来执行字符串连接。以下交互会话对此进行了演示：

```
1 >>> letters = 'abc' [Enter]
2 >>> letters += 'def' [Enter]
3 >>> print(letters) [Enter]
4 abcdef
5 >>>
```

第 2 行的语句执行字符串连接，它相当于以下代码：

```
letters = letters + 'def'
```

执行第 2 行的语句后，letters 变量将引用字符串 'abcdef'。下面展示另一个例子：

```
>>> name = 'Kelly' [Enter]          # name 被赋值为 'Kelly'
>>> name += ' ' [Enter]             # name 变成 'Kelly '
>>> name += 'Yvonne' [Enter]        # name 变成 'Kelly Yvonne'
>>> name += ' ' [Enter]             # name 变成 'Kelly Yvonne '
>>> name += 'Smith' [Enter]         # name 最后变成 'Kelly Yvonne Smith'
>>> print(name) [Enter]
Kelly Yvonne Smith
>>>
```

记住，操作符 += 左侧的操作数必须是一个现有的变量。如果指定了不存在的变量，那么会发生异常。

8.1.7 字符串是不可变的

在 Python 中，字符串是不可变的，这意味着字符串一旦创建就不能更改。某些操作，例如连接，给人的印象是它们修改了字符串。但这只是一种错觉，它们实际上并没有修改字符串。程序 8.2 展示了例子。

程序 8.2 concatenate.py

```
1 # 这个程序连接了字符串
2
3 def main():
4     name = '三丰'
5     print(f'名字是：{name}')
```

```
6        name = '张' + name
7        print(f'现在名字变成：{name}')
8
9    # 调用 main 函数
10   if __name__ == '__main__':
11       main()
```

程序输出

名字是：三丰
现在名字变成：张三丰

第 4 行的语句将字符串'三丰'赋给 name 变量，如图 8.4 所示。第 6 行的语句将字符串'张'与字符串'三丰'连接，结果还是赋给 name 变量，如图 8-5 所示。从图中可以看出，原来的字符串'三丰'并没有被修改。相反，是创建了一个包含'张三丰'的新字符串，并把它赋给 name 变量。注意，由于没有任何变量引用它，所以原来的字符串'三丰'现在不再可用。Python 解释器最终会从内存中删除这个不再可用的字符串。

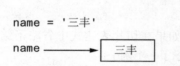

图 8.4　将字符串'三丰'赋给 name 变量

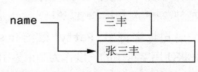

图 8.5　将字符串'张三丰'赋给 name 变量

由于字符串不可变，所以不能在赋值操作符的左侧使用 *string*[*index*] 形式的表达式。例如，以下代码会导致错误：

```
# 将 'Bill' 赋给 friend
friend = 'Bill'
# 可以将第一个字符改为 'J' 吗?
friend[0] = 'J'   # 不行，这会导致错误！
```

上述代码的最后一个语句会引发异常，因为它试图更改字符串 **'Bill'** 中第一个字符的值。

✅ **检查点**

8.1　假设 name 变量引用了一个字符串，写一个 for 循环来打印字符串中的每个字符。

8.2　字符串中第一个字符的索引是什么?

8.3　如果一个字符串有 10 个字符，最后一个字符的索引是多少?

8.4　如果尝试使用无效索引访问字符串中的字符，那么会发生什么情况?

8.5　如何计算字符串的长度?

8.6　以下代码有什么问题?

```
animal = 'Tiger'
animal[0] = 'L'
```

8.2 字符串切片

概念：可以使用切片表达式从字符串中选择一定范围的字符。

通过第 7 章的学习，我们知道切片是指从序列中选取的一系列数据项。对字符串进行切片，可以获取一定范围的字符。我们也将字符串切片称为**子串**（substring）。

要获取字符串切片，可以按照以下常规格式编写表达式：

```
string[start : end]
```

其中，*start* 是切片中第一个字符的索引，*end* 是标记切片结束的索引。表达式将返回一个字符串，其中包含从 *start* 到 *end*（但不包括 *end*）字符的副本。下面展示了一个例子：

```
full_name = 'Patty Lynn Smith'
middle_name = full_name[6:10]
```

第 2 个语句将字符串 'Lynn' 赋给 middle_name 变量。如果在切片表达式中省略了起始索引，Python 将使用 0 作为起始索引。下面展示了一个例子：

```
full_name = 'Patty Lynn Smith'
first_name = full_name[:5]
```

第 2 个语句将字符串 'Patty' 赋给 first_name。如果在切片表达式中省略了结束索引，Python 将使用字符串的长度作为结束索引。下面展示了一个例子：

```
full_name = 'Patty Lynn Smith'
last_name = full_name[11:]
```

第 2 个语句将字符串 'Smith' 赋给 last_name。你认为以下代码会将什么赋给 my_string 变量？

```
full_name = 'Patty Lynn Smith'
my_string = full_name[:]
```

第 2 个语句将整个字符串 'Patty Lynn Smith' 赋给 my_string。该语句的等价形式如下：

```
my_string = full_name[0 : len(full_name)]
```

到目前为止，我们看到的切片示例都是从字符串中获取连续字符的切片。切片表达式也可以有步长值，这样就可以跳着选择字符串中的字符。下例使用了带步长值的切片表达式：

```
letters = 'ABCDEFGHIJKLMNOPQRSTUVWXYZ'
print(letters[0:26:2])
```

方括号内的第 3 个数字就是步长值。本例将步长育设为 2，所以切片每选择一个字符就会跳过一个字符。上述代码的打印结果如下：

```
ACEGIKMOQSUWY
```

还可以在切片表达式中使用负数作为索引，以引用相对于字符串末尾的位置，如下所示：

```
full_name = 'Patty Lynn Smith'
```

```
last_name = full_name[-5:]
```

如前所述，Python 为负索引加上字符串长度，从而获得该索引实际引用的位置。代码中的第二个语句将字符串 `'Smith'` 赋给 `last_name` 变量。

> **注意**：切片表达式中的无效索引不会引发异常。示例如下。
> - 如果结束（*end*）索引指定的位置超出了字符串末尾，那么 Python 将使用字符串长度来代替。
> - 如果起始（*start*）索引指定的位置位于字符串开始之前，那么 Python 将使用 0 来代替。
> - 如果起始索引大于结束索引，那么切片表达式返回一个空字符串。

聚光灯：从字符串中提取字符

一所大学的每个学生都有一个系统登录名，学生用它登录校园网络。作为在大学 IT 部门的实习工作的一部分，你被要求写一个程序为学生生成系统登录名。你将使用以下算法来生成登录名。

1. 获取学生名字（first name）的前三个字符。不足三个字符的话，就使用整个名字。
2. 获取学生姓氏（last name）的前三个字符。不足三个字符的话，就使用整个姓氏。
3. 获取学生 ID 的最后三个字符。不足三个字符就使用整个 ID。
4. 将三组字符连接起来生成登录名。

例如，假定一个学生的姓名是 Amanda Spencer，ID 是 ENG6721，那么她的登录名就是 AmaSpe721。你决定写一个名为 `get_login_name` 的函数，它接收学生的名字、姓氏和 ID 作为实参，并以字符串形式返回学生的登录名。你将在名为 login.py 的模块中保存该函数。该模块可以导入到任何需要生成登录名的 Python 程序中。程序 8.3 显示了 login.py 模块的代码。

程序 8.3 login.py

```
1   # get_login_name 函数接受
2   # 名字、姓氏和 ID 作为实参，
3   # 返回一个系统登录名。
4
5   def get_login_name(first, last, idnumber):
6       # 获取名字的前三个字母。
7       # 如果名字少于三个字符,
8       # 那么返回的切片将包含整个名字。
9       set1 = first[0 : 3]
10
11      # 获取姓氏的前三个字母。
12      # 如果姓氏少于三个字符,
13      # 那么返回的切片将包含整个姓氏。
```

```
14        set2 = last[0 : 3]
15
16        # 获取学生 ID 的最后三个字符。
17        # 如果 ID 少于三个字符,
18        # 那么返回的切片将包含整个 ID。
19        set3 = idnumber[-3 :]
20
21        # 连接所有切片
22        login_name = set1 + set2 + set3
23
24        # 返回登录名
25        return login_name
```

get_login_name 函数接受三个字符串实参：名字、姓氏和 ID。第 9 行的语句使用切片表达式获取 first 所引用的字符串的前三个字符，并将结果字符串赋给 set1 变量。如果 first 引用的字符串长度小于三个字符，那么值 3 就是一个无效的结束索引。在这种情况下，Python 不会引发异常，而是换用字符串的长度来作为结束索引，切片表达式将返回整个字符串。

第 14 行的语句使用切片表达式获取 last 所引用的字符串的前三个字符，并将结果字符串赋给 set2 变量。如果 last 引用的字符串小于三个字符，那么将返回整个字符串。

第 19 行的语句使用切片表达式获取 idnumber 引用的字符串的最后三个字符，并将结果字符串赋给 set3 变量。如果 idnumber 引用的字符串少于三个字符，那么值 -3 将是一个无效的起始索引。在这种情况下，Python 将换用 0 作为起始索引。

第 22 行的语句将 set1、set2 和 set3 的连接结果赋给 login_name 变量，并在第 25 行返回该变量。程序 8.4 在一个完整的程序中演示了该函数。

程序 8.4 generate_login.py

```
1  # 这个程序获取一个学生的
2  # 名字、姓氏和 ID 作为实参,
3  # 生成一个系统登录名。
4
5  import login      # 导入刚才创建的模块
6
7  def main():
8      # 获取用户的名字、姓氏和 ID
9      first = input('输入名字：')
10     last = input('输入姓氏：')
11     idnumber = input('输入学生 ID：')
12
13     # 获取登录名
14     print('系统登录名是：')
15     print(login.get_login_name(first, last, idnumber))
16
17 # 调用 main 函数
```

```
18 if __name__ == '__main__':
19     main()
```

程序输出（用户输入的内容加粗显示）

输入名字: **Holly** (Enter)
输入姓氏: **Gaddis** (Enter)
输入学生 ID: **CSC34899** (Enter)
系统登录名是:
HolGad899

程序输出（用户输入的内容加粗显示）

输入名字: **Jo** (Enter)
输入姓氏: **Cusimano** (Enter)
输入学生 ID: **BIO4497** (Enter)
系统登录名是:
JoCus497

检查点

8.7 以下代码会显示什么结果？

```
mystring = 'abcdefg'
print(mystring[2:5])
```

8.8 以下代码会显示什么结果？

```
mystring = 'abcdefg'
print(mystring[3:])
```

8.9 以下代码会显示什么结果？

```
mystring = 'abcdefg'
print(mystring[:3])
```

8.10 以下代码会显示什么结果？

```
mystring = 'abcdefg'
print(mystring[:])
```

8.3 测试、查找和操作字符串

概念：Python 提供了一些操作符和方法，方便我们测试字符串、查找字符串内容和获取字符串修改过的副本。

8.3.1 使用操作符 in 和 not in 测试字符串

Python 允许使用操作符 in 来判断一个字符串是否包含在另一个字符串中。下面是为两个字符串使用操作符 in 时的常规表达式：

```
string1 in string2
```

其中，**string1** 和 **string2** 可以是字符串字面值，也可以是引用了字符串的变量。如果在 **string2** 中发现了 **string1**，那么表达式将返回 True。如以下代码所示：

```
text ='张三丰为武当派开山祖师'
if '武当' in text:
    print('发现字符串"武当"')
else:
    print('没有发现字符串"武当"')
```

上述代码判断字符串'张三丰为武当派开山祖师'中是否包含字符串'武当'。运行上述代码将显示如下结果：

```
发现字符串"武当"
```

可以使用 **not in** 操作符来判断一个字符串是否不包含在另一个字符串中，如下例所示：

```
names = '比尔 乔安妮 苏珊 克里斯 胡安 凯蒂'
if '皮埃尔' not in names:
    print('没有发现皮埃尔')
else:
    print('发现皮埃尔')
```

运行上述代码将显示如下结果：

```
没有发现皮埃尔
```

8.3.2 字符串方法

第 6 章讲过，方法是从属于一个对象，并对该对象执行某些操作的函数。Python 的字符串提供了许多方法。本节将讨论用于执行以下操作的几个字符串方法：

- 测试字符串的值；
- 执行各种修改；
- 查找子串并替换字符序列。

字符串方法调用的常规格式如下：

```
stringvar.method(arguments)
```

其中，**stringvar** 是引用了一个字符串的变量，**method** 是要调用的方法名，**arguments** 是传递给方法的一个或多个实参。下面来看几个例子。

8.3.3 字符串测试方法

表 8.1 列出的字符串方法会测试字符串是否具有特定的特征。例如，如果字符串只包含数字，那么 **isdigit** 方法返回 True；否则返回 False。如下例所示：

```
string1 = '1200'
if string1.isdigit():
```

```
        print(f'{string1} 只包含数字。')
    else:
        print(f'{string1} 包含非数字字符。')
```

上述代码将显示如下结果：

```
1200 只包含数字。
```

下面是另一个例子：

```
string2 = '123abc'
if string2.isdigit():
    print(f'{string2} 只包含数字。')
else:
    print(f'{string2} 包含非数字字符。')
```

上述代码将显示如下结果：

```
123abc 包含非数字字符。
```

表 8.1　字符串测试方法

方法	描述
isalnum()	如果字符串只包含字母或数字，并且长度至少为一个字符，那么返回 True；否则返回 False
isalpha()	如果字符串只包含字母，并且长度至少为一个字符，那么返回 True；否则返回 False
isdigit()	如果字符串只包含数字，并且长度至少为一个字符，那么返回 True；否则返回 False
islower()	如果字符串中的所有字母都是小写，并且字符串至少包含一个字母，那么返回 True，否则返回 False
isspace()	如果字符串只包含空白字符，并且长度至少为一个字符，那么返回 True；否则返回 False。注意，空白字符包括空格、换行符（\n）和制表符（\t）
isupper()	如果字符串中的所有字母都是大写，并且字符串包含至少一个字母，那么返回 True；否则返回 False

　　程序 8.5 演示了几个字符串测试方法。程序要求用户输入字符串，然后根据方法的返回值显示关于字符串的各种信息。[1]

　　程序 8.5　string_test.py

```
1  # 这个程序演示了几个字符串测试方法
2
3  def main():
4      # 从用户处获取一个字符串
5      user_string = input('输入一个字符串：')
```

---

[1]　译注：这个程序不适合用来尝试分析中文字符串。

```
6
7          print(' 这是我发现的关于该字符串的事实：')
8
9          # Test the string.
10         if user_string.isalnum():
11             print(' 字符串包含字母或数字。')
12         if user_string.isdigit():
13             print(' 字符串只包含数字。')
14         if user_string.isalpha():
15             print(' 字符串只包含字母。')
16         if user_string.isspace():
17             print(' 字符串只包含空白字符。')
18         if user_string.islower():
19             print(' 字符串的所有字母都是小写。')
20         if user_string.isupper():
21             print(' 字符串中的所有字母都是大写。')
22
23 # 调用 main 函数
24 if __name__ == '__main__':
25     main()
```

程序输出（用户输入的内容加粗显示）

输入一个字符串：**abc** (Enter)
这是我发现的关于该字符串的事实：
字符串包含字母或数字。
字符串只包含字母。
字符串的所有字母都是小写。

程序输出（用户输入的内容加粗显示）

输入一个字符串：**123** (Enter)
这是我发现的关于该字符串的事实：
字符串包含字母或数字。
字符串只包含数字。

程序输出（用户输入的内容加粗显示）

输入一个字符串：**123ABC** (Enter)
这是我发现的关于该字符串的事实：
字符串包含字母或数字。
字符串中的所有字母都是大写。

8.3.4 修改方法

虽然字符串不可变，但只是说不能修改创建好的原始字符串。它确实提供了许多方法来返回修改后的副本。表 8.2 列出了其中几个方法。

表 8.2 字符串修改方法

方法	描述
lower()	返回字符串的副本，其中所有字母都被转换为小写。任何已经是小写或者不是字母的字符都保持不变
lstrip()	返回字符串的副本，其中所有前导空白字符都会被删除。前导空白字符包括出现在字符串开头的空格、换行符（\n）和制表符（\t）
lstrip(chars)	*chars* 参数是包含一个或多个字符的字符串。该函数返回字符串的副本，其中所有出现在字符串开头的指定字符都会被删除
rstrip()	返回字符串的副本，其中所有尾随空白字符都会被删除。尾随空白字符包括出现在字符串末尾的空格、换行符（\n）和制表符（\t）
rstrip(chars)	*chars* 参数是包含一个或多个字符的字符串。该函数返回字符串的副本，其中所有出现在字符串末尾的指定字符都会被删除
strip()	返回字符串的副本，其中所有前导和尾随空白字符都会被删除
strip(chars)	返回字符串的副本，其中删除了字符串所有指定的前导字符和尾随字符
upper()	返回字符串的副本，其中所有字母都被转换为小写。任何已经是大写或者不是字母的字符都保持不变

例如，`lower` 方法返回字符串的一个副本，并将其中所有字母转换为小写。如下例所示：

```
letters = 'WXYZ'
print(letters, letters.lower())
```

上述代码将打印如下结果：

```
WXYZ wxyz
```

`upper` 方法则相反，它返回所有字符转换为大写的结果，如下例所示：

```
letters = 'abcd'
print(letters, letters.upper())
```

上述代码将打印如下结果：

```
abcd ABCD
```

`lower` 和 `upper` 方法在执行不区分大小写的字符串比较时很有用。字符串比较要区分大小写，这意味着大写和小写字符是两个不同的字符。例如，在区分大小写的比较中，字符串 `'abc'` 被认为有别于字符串 `'ABC'` 或 `'Abc'`，因为字符的大小写不同。有的时候，我们需要执行不区分大小写的比较。在这种比较中，字符串 `'abc'` 被认为与 `'ABC'` 和 `'Abc'` 相同。

例如，请看下面的代码：

```
again = 'y'
while again.lower() == 'y':
    print(' 你好 ')
    print(' 你想再显示一遍吗? ')
    again = input('y = 是，输入其他任何内容 = 否: ')
```

注意，循环中的最后一个语句要求用户输入 `'y'`，以便再次看到显示的信息。只要表达式 `again.lower() == 'y'` 为真，循环就会迭代。在本例中，即使用户不慎输入了大写的 Y，该表达式也会为真。

使用 upper 方法可以得到类似的结果，如下所示：

```
again = 'y'
while again.upper() == 'Y':
    print(' 你好 ')
    print(' 你想再显示一遍吗? ')
    again = input('y = 是，输入其他任何内容 = 否: ')
```

8.3.5 查找和替换

程序通常需要查找子串，即出现在其他字符串中的一个字符串。例如，假设在字处理软件中打开了一个文档，需要查找其中出现的一个词。要查找的这个词就是一个子串，它出现在一个更大的字符串（文档）中。

表 8.3 列出了一些用于查找子串的 Python 字符串方法，还列出了用另一个字符串来替换子串的方法。

表 8.3 查找和替换方法

方法	描述
endswith(*substring*)	*substring* 参数是一个子串。如果字符串以 *substring* 结尾，那么该方法返回 True
find(*substring*)	*substring* 参数是一个子串。该方法返回字符串中 *substring* 第一次出现的最小索引值。如果没有发现 *substring*，那么该方法返回 -1
replace(*old, new*)	*old* 和 *new* 参数都是子串。该方法返回字符串的副本，其中所有 *old* 的实例都替换为 *new*
startswith(*substring*)	*substring* 参数是一个子串。如果字符串以 *substring* 开头，那么该方法返回 True

endswith 方法判断字符串是否以指定的子串结束，如下例所示：

```
filename = input(' 输入文件名: ')
if filename.endswith('.txt'):
```

```
        print(' 这是一个文本文件。')
    elif filename.endswith('.py'):
        print(' 这是一个 Python 源代码文件。')
    elif filename.endswith('.doc'):
        print(' 这是一个字处理文档。')
    else:
        print(' 未知文件类型。')
```

startswith 方法的工作原理与 endswith 方法相似，但它判断字符串是否以指定的子串开始。

find 方法在字符串中查找指定的子串。如果找到了，该方法会返回子串所在的最小索引。如果没有找到，该方法将返回 -1。如下例所示：

```
string =' 张三丰为武当派开山祖师。'
position = string.find(' 武当 ')
if position != -1:
    print(f' 在索引 {position} 处发现字符串 " 武当 "。')
else:
    print(' 没有发现字符串 " 武当 "。')
```

运行上述代码将显示如下结果：

```
在索引 4 处发现字符串 " 武当 "。
```

replace 方法返回一个字符串的副本，其中出现的每个子串都会替换成另一个字符串，如下例所示：

```
string = ' 张三丰为武当派开山祖师。'
new_string = string.replace(' 为 ', ' 是 ')
print(new_string)
```

运行上述代码将显示如下结果：

```
张三丰是武当派开山祖师。
```

聚光灯：校验密码中的字符

大学计算机系统的密码必须满足以下要求：

- 密码必须至少有 7 个字符
- 至少包含一个大写字母
- 至少包含一个小写字母
- 至少包含一个数字

必须对学生设置的密码进行校验，确保其符合这些要求。你现在需要写执行这个校验的代码。你决定写一个名为 valid_password 的函数，它接收密码作为实参，并返回 True 或 False 来表示密码是否有效。以下是该函数的伪代码算法：

```
valid_password 函数：
```

> 将 *correct_Length* 变量设为 *False*
> 将 *has_uppercase* 变量设为 *False*
> 将 *has_lowercase* 变量设为 *False*
> 将 *has_digit* 变量设为 *False*
> 如果密码长度大于等于 7 个字符:
> 　将 *correct_Length* 变量设为 *True*
> 　对于密码中的每个字符 :
> 　　如果字符是大写字母 :
> 　　　将 *has_uppercase* 变量设为 *True*
> 　　如果字符是小写字母 :
> 　　　将 *has_Lowercase* 变量设为 *True*
> 　　如果字符是数字 :
> 　　　将 *has_digit* 变量设为 *True*
> 如果 *correct_Length*, *has_uppercase*, *has_Lowercase* 和 *has_digit* 均为 *True*:
> 　将 *is_valid* 变量设为 *True*
> 否则 :
> 　将 *is_valid* 变量设为 *False*
> 返回 *is_valid* 变量

　　前面的 "聚光灯" 小节创建了一个名为 get_login_name 的函数, 并将该函数存储在 login 模块中。由于 valid_password 函数的目的与创建学生登录账户的任务有关, 所以你决定将 valid_password 函数也存储在 login 模块中。程序 8.6 展示了已添加 valid_password 函数的 login 模块。该函数的定义从第 34 行开始。

程序 8.6 login.py

```
1   # get_login_name 函数接受
2   # 名字、姓氏和 ID 作为实参,
3   # 返回一个系统登录名。
4
5   def get_login_name(first, last, idnumber):
6       # 获取名字的前三个字母。
7       # 如果名字少于 3 个字符,
8       # 那么返回的切片将包含整个名字。
9       set1 = first[0 : 3]
10
11      # 获取姓氏的前三个字母。
12      # 如果姓氏少于 3 个字符,
13      # 那么返回的切片将包含整个姓氏。
14      set2 = last[0 : 3]
15
16      # 获取学生 ID 的最后三个字符。
17      # 如果 ID 少于 3 个字符,
18      # 那么返回的切片将包含整个 ID。
19      set3 = idnumber[-3 :]
20
21      # 连接所有切片
```

```
22        login_name = set1 + set2 + set3
23
24    # 返回登录名
25    return login_name
26
27 # valid_password 函数接受密码作为
28 # 实参，返回 True 或 False 来表示
29 # 密码是否有效。一个有效的密码
30 # 必须至少有 7 个字符，至少有
31 # 一个大写字母，至少有一个小写字母，
32 # 以及至少一个数字（数位）。
33
34 def valid_password(password):
35    # 将各个布尔变量初始化为 False
36    correct_length = False
37    has_uppercase = False
38    has_lowercase = False
39    has_digit = False
40
41    # 开始校验。首先测试
42    # 密码的长度。
43    if len(password) >= 7:
44        correct_length = True
45
46        # 测试每个字符，发现
47        # 需要的字符时设置
48        # 适当的标志。
49        for ch in password:
50            if ch.isupper():
51                has_uppercase = True
52            if ch.islower():
53                has_lowercase = True
54            if ch.isdigit():
55                has_digit = True
56
57    # 测试是否满足了所有要求。如果是，
58    # 就将 is_valid 设为 True；
59    # 否则将 is_valid 设为 False。
60    if correct_length and has_uppercase and \
61       has_lowercase and has_digit:
62        is_valid = True
63    else:
64        is_valid = False
65
66    # 返回 is_valid 变量
67    return is_valid
```

程序 8.7 导入 login 模块并演示了如何使用 valid_password 函数。

程序 8.7 validate_password.py

```
1   # 这个程序从用户处获取密码
2   # 并进行校验。
3
4   import login
5
6   def main():
7       # 从用户处获取密码
8       password = input('输入密码：')
9
10      # 校验密码
11      while not login.valid_password(password):
12          print('该密码无效。')
13          password = input('输入密码：')
14
15      print('该密码有效。')
16
17  # 调用 main 函数
18  if __name__ == '__main__':
19      main()
```

程序输出（用户输入的内容加粗）

输入密码：**bozo** [Enter]
该密码无效。
输入密码：**kangaroo** [Enter]
该密码无效。
输入密码：**Tiger9** [Enter]
该密码无效。
输入密码：**Leopard6** [Enter]
该密码有效。

8.3.6 重复操作符

我们在第 7 章学习了如何使用重复操作符（*）来复制列表。重复操作符同样适用于字符串。下面是常规格式：

```
string_to_copy * n
```

重复操作符创建的字符串将包含 *string_to_copy* 的 *n* 个重复副本，如下例所示：

```
my_string = 'w' * 5
```

执行该语句后，**my_string** 将引用字符串 **'wwwww'**。下面是另一个例子：

```
print('Hello' * 5)
```

该语句将打印以下输出：

```
HelloHelloHelloHelloHello
```

程序 8.8 演示了重复操作符。

程序 8.8 repetition_operator.py

```
1   # 这个程序演示了重复操作符
2
3   def main():
4       # 打印长度不断递增的九行
5       for count in range(1, 10):
6           print('Z' * count)
7
8       # 打印长度不断递减的九行
9       for count in range(8, 0, -1):
10          print('Z' * count)
11
12  # 调用 main 函数
13  if __name__ == '__main__':
14      main()
```

程序输出

```
Z
ZZ
ZZZ
ZZZZ
ZZZZZ
ZZZZZZ
ZZZZZZZ
ZZZZZZZZ
ZZZZZZZZZ
ZZZZZZZZ
ZZZZZZZ
ZZZZZZ
ZZZZZ
ZZZZ
ZZZ
ZZ
Z
```

拆分字符串

Python 字符串支持一个名为 **split** 的方法，它返回包含字符串中所有单词的一个列表。程序 8.9 展示了一个例子。

程序 8.9 string_split.py

```
1   # 这个程序演示了 split 方法
2
3   def main():
```

```
4        # 创建包含多个单词的一个字符串
5        my_string = 'One two three four'
6
7        # 拆分字符串
8        word_list = my_string.split()
9
10       # 打印单词列表
11       print(word_list)
12
13  # 调用 main 函数
14  if __name__ == '__main__':
15      main()
```

程序输出

```
['One', 'two', 'three', 'four']
```

默认情况下，split 方法使用空格作为分隔符（即返回字符串中以空格分隔的单词的列表）。可以将不同的分隔符作为实参传递给 split 方法。例如，假设一个字符串包含一个日期，如下所示：

```
date_string = '11/26/2023'
```

为了在一个列表中将字符串中的年、月、日作为单独的项拆分出来，可以调用 split 方法，使用 '/' 字符作为分隔符，如下所示：

```
date_list = date_string.split('/')
```

执行该语句后，date_list 变量将引用以下列表：

```
['11', '26', '2023']
```

程序 8.10 对此进行了演示。

程序 8.10 split_date.py

```
1   # 这个程序调用 split 方法,
2   # 使用 '/' 字符作为分隔符。
3
4   def main():
5       # 创建日期字符串
6       date_string = '11/26/2023'
7
8       # 拆分日期
9       date_list = date_string.split('/')
10
11      # 显示日期中的不同部分
12      print(f' 月: {date_list[0]}')
13      print(f' 日: {date_list[1]}')
14      print(f' 年: {date_list[2]}')
15
```

```
16   # 调用 main 函数
17   if __name__ == '__main__':
18       main()
```

程序输出

```
月: 11
日: 26
年: 2023
```

 聚光灯: 字符串标记

有的时候, 字符串会包含一系列单词或其他数据项, 并以空格或其他特殊字符分隔。以下面这个字符串为例:

`'peach raspberry strawberry vanilla'`

该字符串包含以下 4 个数据项: peach、raspberry、strawberry 和 vanilla。在编程术语中, 像这样的项称为**标记** (token)。注意, 项和项之间有一个空格。对标记进行分隔的字符称为**分隔符**或**定界符**。下面是另一个例子:

`'17;92;81;12;46;5'`

该字符串包含以下标记: 17, 92, 81, 12, 46 和 5。注意, 不同项以一个分号分隔。在本例中, 分号被用作分隔符。有的编程问题要求读取包含数据项列表的一个字符串, 然后从字符串中提取所有标记进行处理。以下面这个包含日期的字符串为例:

`'3-22-2021'`

该字符串中的标记为 3, 22 和 2021, 分隔符是连字号。也许程序需要从这样的字符串中提取年、月、日。另一个例子是操作系统的路径名称, 如下所示:

`'/home/rsullivan/data'`

这个字符串中的标记是 home、rsullivan 和 data, 分隔符是 / 字符。也许程序需要从这样的路径名中提取所有目录名。将字符串分解为标记的过程称为字符串的**标记化** (tokenizing)。在 Python 中, 我们使用 split 方法对字符串进行标记化。程序 8.11 演示了这一过程。

程序 8.11 tokens.py

```
1   # 这个程序演示如何对字符串进行标记化。
2
3   def main():
4       # 要标记化的字符串
5       str1 = 'one two three four'
6       str2 = '10:20:30:40:50'
7       str3 = 'a/b/c/d/e/f'
8
9       # 显示每个字符串中的标记
```

```
10      display_tokens(str1, ' ')
11      print()
12      display_tokens(str2, ':')
13      print()
14      display_tokens(str3, '/')
15
16  # display_tokens 函数
17  # 显示字符串中的标记。
18  # data 参数是要标记的字符串,
19  # delimiter 参数是分隔符 #
20  def display_tokens(data, delimiter):
21      tokens = data.split(delimiter)
22      for item in tokens:
23          print(f' 标记 : {item}')
24
25  # 调用 main 函数
26  if __name__ == '__main__':
27      main()
```

程序输出

```
标记 : one
标记 : two
标记 : three
标记 : four

标记 : 10
标记 : 20
标记 : 30
标记 : 40
标记 : 50

标记 : a
标记 : b
标记 : c
标记 : d
标记 : e
标记 : f
```

下面来仔细看看这个程序。首先留意第 20 行 ~ 第 23 行的 display_tokens 函数。该函数的目的是显示字符串中的标记。函数有两个参数:data 和 delimiter,分别代表要标记化的字符串以及用作分隔符的字符。第 21 行调用 data 变量的 split 方法,并将 delimiter 传递给它。split 方法返回由标记构成的一个列表,并将其赋给 tokens 变量。第 22 行和第 23 行的 for 循环显示了这些标记。

在 main 函数中,第 5 行 ~ 第 7 行定义了三个字符串,其中包含以不同分隔符来分隔的数据项。

- **str1** 包含以空格（' '）分隔的数据项
- **str2** 包含以冒号（':'）分隔的数据项。
- **str3** 包含以正斜杠（'/'）分隔的数据项。

第 10 行调用 display_tokens 函数并传递实参 **str1** 和 ' '。该函数将使用 ' ' 字符作为分隔符对字符串进行标记化。第 12 行调用 display_tokens 函数并传递实参 **str2** 和 ':'。该函数将使用 ':' 字符作为分隔符对字符串进行标记化。第 14 行调用 display_tokens 函数并传递实参 **str3** 和 '/'。该函数将使用 '/' 字符作为分隔符对字符串进行标记化。

聚光灯：读取 CSV 文件

大多数电子表格和数据库应用程序都能将数据导出为 CSV 文件格式，CSV 的全称是"以逗号分隔的值"（Comma Separated Values）。CSV 文件中的每一行都包含以逗号分隔的数据项。例如，老师可以将学生的考试分数保存在如图 8.6 所示的电子表格中。电子表格中的每一行都包含一个学生的考试分数，每个学生都有 5 个分数。

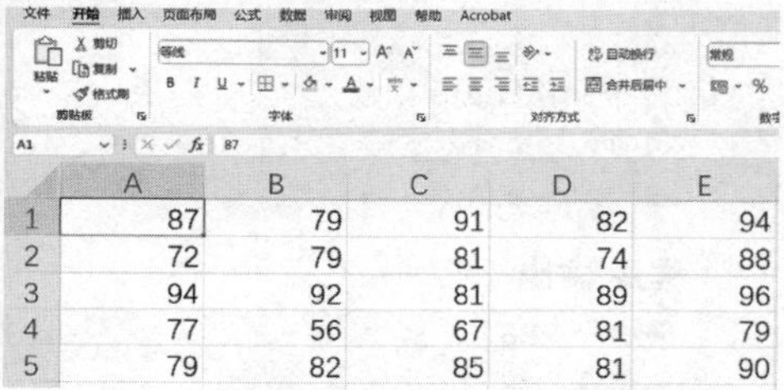

图 8.6 电子表格应用程序中的数据

假设要写一个 Python 程序来读取考试分数并对其执行操作。第一步是将电子表格中的数据导出为 CSV 文件。导出的数据会采用以下列格式写入：

```
87,79,91,82,94
72,79,81,74,88
94,92,81,89,96
77,56,67,81,79
79,82,85,81,90
```

下一步是写 Python 程序来读取文件中的每一行，使用逗号作为分隔符对该行进行标记化。从一行中提取出所有标记后，就可以使用这些标记来执行任何类型的操作。

假设考试分数存储在名为 test_scores.csv 的 CSV 文件中。程序 8.12 演示了如何从该文件读取考试分数并计算每个学生的平均分。

程序 8.12 test_averages.py

```
1   # 这个程序从 CSV 文件中读取考试分数，
2   # 并计算每个学生的平均考试分数。
3
4   def main():
5       # 将 CSV 文件的各行读入一个列表
6       with open('test_scores.csv', 'r') as csv_file:
7           lines = csv_file.readlines()
8
```

```
 9        # 处理这些行
10    for line in lines:
11        # 将考试分数作为标记（token）来获取
12        tokens = line.split(',')
13
14        # 计算考试分数的总和
15        total = 0.0
16        for score in tokens:
17            total += float(score)
18
19        # 计算平均考试分数
20        average = total / len(tokens)
21        print(f' 平均分: {average}')
22
23 # 调用 main 函数
24 if __name__ == '__main__':
25     main()
```

程序输出

```
平均分: 86.6
平均分: 78.8
平均分: 90.4
平均分: 72.0
平均分: 83.4
```

下面来仔细看看这个程序。第 6 行使用 with 语句打开 CSV 文件。第 7 行调用文件对象的 readlines 方法。第 7 章讲过，readlines 方法以列表形式返回文件的全部内容。列表中的每个元素都是文件中的一行。

第 10 行开始的 for 循环遍历 lines 列表的每个元素。在循环内部，第 12 行使用逗号作为分隔符对当前行进行标记化。由标记构成的列表被赋给 tokens 变量。第 15 行将 total 变量初始化为 0.0（我们将使用 total 变量作为累加器）。第 16 行开始的 for 循环遍历 tokens 列表的每个元素。在循环内部，第 17 行将当前标记转换为浮点数，并将其加到 total 变量上。循环结束时，total 变量将包含当前行中所有分数的总和。第 20 行计算平均分，第 21 行显示平均分。

✅ 检查点

8.11 使用操作符 in 来写代码，判断 'd' 是否在 mystring 中。

8.12 假定变量 big 引用了一个字符串。写一个语句，将其引用的字符串转换为小写，并将转换后的字符串赋给变量 little。

8.13 写一个 if 语句，如变量 ch 引用的字符串包含数字，则显示 'Digit'；否则显示 'No digit'。

8.14　以下代码会显示什么结果？

```
ch = 'a'
ch2 = ch.upper()
print(ch, ch2)
```

8.15　写一个循环，反复询问用户"你想要重复程序还是退出？(R/Q)"。循环应一直重复，除非用户输入 R 或 Q（大写或小写都可以）。

8.16　以下代码会显示什么结果？

```
var = '$'
print(var.upper())
```

8.17　写一个循环，统计变量 mystring 引用的字符串中的大写字母个数。

8.18　假定程序中出现以下语句：

```
days = 'Monday Tuesday Wednesday'
```

写一个语句来拆分字符串，创建以下列表：

```
['Monday', 'Tuesday', 'Wednesday']
```

8.19　假定程序中出现以下语句：

```
values = 'one$two$three$four'
```

写一个语句来拆分字符串，创建以下列表：

```
['one', 'two', 'three', 'four']
```

🧠 复习题

选择题

1. 字符串的第一个索引为 _____。

　　a. –1　　　　　　　b. 1　　　　　　　c. 0　　　　　　　d. 字符串长度减 1

2. 字符串的最后一个索引为 _____。

　　a. 1　　　　　　　b. 99　　　　　　　c. 0　　　　　　　d. 字符串长度减 1

3. 为字符串使用超出范围的索引，那么 _____。

　　a. 将发生 ValueError 异常。

　　b. 将发生 IndexError 异常。

　　c. 字符串将被删除，程序继续运行。

　　d. 什么都不会发生，无效索引会被忽略。

4. _____ 函数返回字符串的长度。

　　a. length　　　　　b. size　　　　　　c. len　　　　　　d. lengthof

5. 字符串方法 _____ 返回的字符串副本去掉了所有前导空白字符。

　　a. lstrip　　　　　b. rstrip　　　　　c. remove　　　　d. strip_leading

6. 字符串方法 _____ 返回在字符串中发现的指定子串的最小索引。

　　a. first_index_of　　　　　　b. locate

　　c. find　　　　　　　　　　　d. index_of

7. _____ 操作符判断一个字符串是否包含在另一个字符串中。

　　a. contains　　　　b. is_in　　　　　c. ==　　　　　　d. in

8. 如果字符串只包含字母，而且至少有一个字母，那么字符串方法 _____ 将返回 True。

　　a. isalpha　　　　b. alpha　　　　　c. alphabetic　　d. isletters

9. 如果字符串只包含数字，而且至少有一个数字，那么字符串方法 _____ 将返回 True。

　　a. digit　　　　　b. isdigit　　　　c. numeric　　　　d. isnumber

10. 字符串方法 _____ 返回的字符串副本去掉了所有尾随空白字符。

　　a. clean　　　　　　　　　　b. strip

　　c. remove_whitespace　　　　d. rstrip

判断题

1. 字符串一旦创建就不能更改。

2. 可以使用 for 循环遍历字符串中的单独字符。

3. isupper 方法可将字符串转换为全部大写字符。

4. 重复操作符 * 既可用于字符串，也可用于列表。

5. 调用字符串的 split 方法时，该方法会将字符串拆分为两个子串。

简答题

1. 以下代码会显示什么结果?

```
mystr = 'yes'
mystr += 'no'
mystr += 'yes'
print(mystr)
```

2. 以下代码会显示什么结果?

```
mystr = 'abc' * 3
print(mystr)
```

3. 以下代码会显示什么结果?

```
mystring = 'abcdefg'
print(mystring[2:5])
```

4. 以下代码会显示什么结果?

```
numbers = [1, 2, 3, 4, 5, 6, 7]
print(numbers[4:6])
```

5. 以下代码会显示什么结果?

```
name = 'joe'
print(name.lower())
print(name.upper())
print(name)
```

算法工作台

1. 假设 choice 引用了一个字符串。以下 if 语句判断 choice 是否等于 'Y' 或 'y':

```
if choice == 'Y' or choice == 'y':
```

重新编写这个语句, 使其只进行一次比较, 并且不使用操作符 or。提示: 使用 upper 方法或 lower 方法。

2. 编写一个循环, 统计 mystring 所引用的字符串中的空格字符数。

3. 编写一个循环, 统计 mystring 所引用的字符串中的数字个数。

4. 编写一个循环, 统计 mystring 所引用的字符串中的小写字母数。

5. 编写一个函数, 接收一个字符串作为实参, 如果实参以子串 '.com' 结尾, 就返回 True; 否则, 函数应返回 False。

6. 编写代码来生成一个字符串的副本, 将原来的所有小写字母 't' 转换为大写。

7. 编写一个函数来接收字符串作为实参, 显示该字符串反转后的样子。

8. 假设 mystring 引用了一个字符串。编写一个语句, 使用切片表达式并显示字符串中的前三个字符。

9. 假设 mystring 引用了一个字符串。编写一个语句, 使用切片表达式并显示字符串中的最后三个字符。

10. 假设定义了以下字符串：

```
mystring = 'cookies>milk>fudge>cake>ice cream'
```

编写一个语句来分割该字符串，创建以下列表：

```
['cookies', 'milk', 'fudge', 'cake', 'ice cream']
```

编程练习

1. 首字母

编写一个程序，获取包含一个人的名字、中间名和姓氏的字符串，并显示他们的名字、中间名和姓氏的首字母。例如，如果用户输入 John William Smith，那么程序应显示 J.W.S.。

2. 字符串中的数字之和

编写程序要求用户输入一串没有分隔的数位。程序应显示字符串中所有数位之和。例如，如果用户输入 2514，那么程序应显示 12，即 2、5、1 和 4 之和。

3. 日期打印机

编写程序从用户处读取一个字符串，其中包含 mm/dd/yyy 格式的日期。它应该以 2018 年 3 月 12 日的格式打印日期。

4. 摩尔斯电码转换器

摩尔斯电码（morse code，也称"摩斯密码"）用一系列点和划的组合来表示每个英文字母、数字和各种标点符号。表 8.4 列出了部分代码。编写一个程序，要求用户输入一个字符串，然后将该字符串转换为摩尔斯电码。

表 8.4 摩尔斯电码

字符	代码	字符	代码	字符	代码	字符	代码
空格	空格	6	-....	G	--.	Q	--.-
逗号	--..--	7	--...	H	....	R	.-.
句点	.-.-.-	8	---..	I	..	S	...
问号	..--..	9	----.	J	.---	T	-
0	-----	A	.-	K	-.-	U	..-
1	.----	B	-...	L	.-..	V	...-
2	..---	C	-.-.	M	--	W	.--
3	...--	D	-..	N	-.	X	-..-
4	....-	E	.	O	---	Y	-.--
5	.....	F	..-.	P	.--.	Z	--..

5. 字母电话号码转换器

许多公司使用 555-GET-FOOD 这样的电话号码，以便客户记忆。在标准电话机上，字母按以下方式映射为数字。

A、B 和 C = 2

D、E 和 F = 3

G、H 和 I = 4

J、K 和 L = 5

M、N 和 O = 6

P、Q、R 和 S = 7

T、U 和 V = 8

W、X、Y 和 Z = 9

写程序要求用户输入格式为 XXX-XXX-XXXX 的 10 个字符的电话号码。应用程序应把它转换成全数字格式，原电话号码中出现的任何字母都要转换为相应的数字。例如，如果用户输入 555-GET-FOOD，那么应用程序应显示 555-438-3663。

6. 平均字数

本书配套资源的 Chapter 08 文件夹有一个名为 text.txt 的文件。其中每行文本都是一句话。写程序来读取文件内容并统计平均每句话有多少字（一个单词算一个字）。

7. 字符分析

写程序来读取上一题所说的 text.txt 文件的内容，并报告以下数据：

- 文件中大写字母的数量
- 文件中小写字母的数量
- 文件中数字字符的数量（例如，2000 有 4 个数字字符）
- 文件中空白字符的数量

8. 句子首字母大写

写程序并开发一个函数，该函数接收一个字符串作为参数并返回该字符串的副本，其中每个句子的首字母都改成大写。例如，如果参数是 "hello. my name is Joe. what is your name?"，那么函数应返回 "Hello. My name is Joe. What is your name?" 程序应让用户输入字符串，将其传递给函数，并显示修改后的字符串。

9. 元音和辅音

▶ 视频讲解：The Vowels and Consonants problem

写程序并开发两个函数，一个函数接收字符串作为参数，返回字符串中包含的元音数量。另一个函数则返回字符串中包含的辅音数量。应用程序应让用户输入字符串，并显示其中包含的元音和辅音数量。

10. 最常出现的字符

写程序让用户输入一个字符串，并显示该字符串中出现频率最高的字符。

11. 分隔符

写程序接收一个句子作为输入，其中所有单词都连在一起，但每个单词的首字母都大写。将这个句子转换为一个字符串，用空格分隔每个单词，且只有第一个单词的首字母大写。例如，字符串 'StopAndSmellTheRoses.' 将转换为 'Stop and smell the roses.'。

12. 回文（Pig Latin）

写程序接收一个句子作为输入，并将每个单词转换为"Pig Latin"。要将单词转换成"Pig Latin"，一种方式是去掉首字母，并将该字母放到单词末尾。然后，在单词后面加"ay"后缀。下面是一个例子：

英语：　　　 I SLEPT MOST OF THE NIGHT

Pig Latin：　 IAY LEPTSAY OSTMAY FOAY HETAY IGHTNAY

13. 强力球彩票

美国的强力球彩票要从白球（1~69）中选择 5 个号码，然后从红球（1~26）中选择 1 个号码（强力球号码）。可以自己选号，也可以让彩票机随机选号。然后，在指定日期由机器随机开出一组中奖号码。如果你的前 5 个号码与任何顺序的前 5 个中奖号码吻合，并且强力球号码与强力球中奖号码相吻合，那么就中了头奖，奖金非常可观。如果你的号码只匹配了部分中奖号码，那么你赢得的奖金会少一些，具体取决于匹配了多少个中奖号码。

本书配套资源的 Chapter 08 文件夹有一个名为 pbnumbers.txt 的文件，其中包含 2010 年 2 月 3 日~2016 年 5 月 11 日开出的强力球中奖号码（一共 654 组中奖号码）。图 8.7 展示了文件的前几行。文件中的每一行都包含特定日期开出的一组共 6 个中奖号码。号码之间以空格分隔，每行最后一个号码是当期的强力球号码。例如，文件第一行显示的是 2010 年 2 月 3 日的号码，分别是 17，22，36，37，52 和强力球号码 24。

图 8.7 pbnumbers.txt 文件

写一个或多个程序来处理该文件，实现以下功能：

- 显示 10 个最常见的号码，按频率排序

- 显示 10 个最不常见的号码，按频率排序
- 显示 10 个最逾期的号码（很久没有开出的号码），从最逾期到最不逾期排序
- 显示 1~69 的每个号码的频率，以及 1~26 的每个强力球号码的频率

14. 油价

本书配套资源的 Chapter 08 文件夹有一个名为 GasPrices.txt 的文件。该文件包含美国每加仑汽油的每周平均价格，从 1993 年 4 月 5 日开始，到 2013 年 8 月 26 日结束。图 8.8 展示了文件的前几行。

图 8.8 GasPrices.txt 文件

文件中的每一行都包含特定日期每加仑汽油的平均价格。每一行都采用以下格式：

MM-DD-YYYY: 价格

其中，*MM* 是两位数的月，*DD* 是两位数的日，*YYYY* 是四位数的年。价格是指定日期每加仑汽油的平均价格。

请写一个或多个程序，读取文件内容并执行以下计算。

- 年平均油价：计算每一年的平均油价。文件数据从 1993 年 4 月开始，到 2013 年 8 月结束。1993 年和 2013 年的油价根据现有数据的来推算。
- 月平均油价：计算每个月的平均油价。
- 每年最高和最低油价：针对文件中的每一年，判断发生最低油价和最高油价的日期和金额。
- 从低到高的油价列表：生成一个文本文件，列出从最低价到最高价排序的日期和油价。
- 从高到低的油价列表：生成一个文本文件，列出从最高价到最低价排序的日期和油价。

可以编写一个程序来执行所有这些计算，也可以写多个不同的程序，每个程序执行一个计算。

第 9 章
字典和集合

9.1 字典

概念：字典是存储数据集合的对象。字典中的每个元素都由两部分组成：键和值。可以使用键来查找特定的值。

▶ 视频讲解：Introduction to Dictionaries

听到"字典"这个词，你可能会想到一本厚厚的书，例如《新华字典》，其中包含各个汉字及其释义。如果想知道一个字的意思，可以在字典中查找它的释义。

在 Python 中，**字典**是存储了一个数据集合的对象。字典中的每个元素都由两部分组成：**键**和**值**。事实上，字典元素通常被称为**键值对**。为了从字典中检索一个特定的值，需要使用与该值相关联的键。这个过程类似于在《新华字典》中查询一个汉字释义的，其中，汉字是键，它的释义是值。

例如，假设公司的每个员工都有一个 ID。我们想写一个程序，通过输入员工 ID 来查询该员工的姓名。为此，可以创建一个字典，其中每个元素都包含作为键的员工 ID 和作为值的员工姓名。只要知道某个员工的 ID，就能检索到该员工的姓名。

另一个例子是输入一个人的姓名并检索其电话号码的程序。程序可以创建一个字典，其中每个元素都包含作为键的人名和作为值的电话号码。只要知道一个人的姓名，就能检索到这个人的电话号码。

◆ **注意**：键值对通常称为**映射**，因为每个键都映射到一个值。

9.1.1 创建字典

将元素放到一组大括号（{}）内即可创建字典。每个元素都由一个键、一个冒号和一个值组成，元素之间以逗号分隔。以下语句展示了一个例子：

```
phonebook = {' 张三丰 ':'555-1111', ' 张翠山 ':'555-2222', ' 张无忌 ':'555-3333'}
```

这个语句创建一个字典并把它赋给 phonebook 变量。字典包含以下三个元素：

- 第一个元素是 ' 张三丰 ':'555-1111'，其中键是 ' 张三丰 '，值是 '555-1111'
- 第二个元素是 ' 张翠山 ':'555-2222'，其中键是 ' 张翠山 '，值是 '555-2222'
- 第三个元素是 ' 张无忌 ':'555-3333'，其中键是 ' 张无忌 '，值是 '555-3333'

在这个例子中，键和值都是字符串。字典中的值可以为任意类型的对象，但是键必须为不可变的对象。例如，键可以是字符串、整数、浮点数或元组。但是，键不能是列表或其他任何类型的可变对象。

9.1.2 从字典中检索值

要从字典中检索值，只需按以下常规格式写一个表达式即可：

```
dictionary_name[key]
```

其中，*dictionary_name* 是引用了字典的一个变量，*key* 是键。如果指定的键存在于字典中，表达式将返回与该键相关联的值。如果指定的键不存在，那么会发生 KeyError 异常。以下交互会话对此进行了演示（为方便引用，这里添加了行号）：

```
1 >>> phonebook = {' 张三丰 ':'555-1111', ' 张翠山 ':'555-2222', Enter
    ' 张无忌 ':'555-3333'} Enter
2 >>> phonebook[' 张三丰 '] Enter
3 '555-1111'
4 >>> phonebook[' 张无忌 '] Enter
5 '555-3333'
6 >>> phonebook[' 张翠山 '] Enter
7 '555-2222'
8 >>> phonebook[' 赵敏 '] Enter
Traceback (most recent call last):
  File "<pyshell#107>", line 1, in <module>
    phonebook[' 赵敏 ']
KeyError: ' 赵敏 '
```

下面来仔细看看这个会话。
- 第 1 行创建一个包含姓名（作为键）和电话号码（作为值）的字典。
- 第 2 行的表达式 phonebook[' 张三丰 '] 从 phonebook 字典中返回与键 ' 张三丰 ' 关联的值。该值在第 3 行显示。
- 第 4 行的表达式 phonebook[' 张无忌 '] 从 phonebook 字典中返回与键 ' 张无忌 ' 关联的值。该值在第 5 行显示。
- 第 6 行的表达式 phonebook[' 张翠山 '] 从 phonebook 字典中返回与键 ' 张翠山 ' 关联的值。该值在第 7 行显示。
- 第 8 行输入表达式 phonebook[' 赵敏 ']，但 phonebook 字典中没有 ' 赵敏 ' 这个键，因此引发了 KeyError 异常。

注意：记住，英文字符串的比较要区分大小写。因此，表达式 phonebook['Kathy'] 在字典中找不到键 'kathy'。

9.1.3 使用操作符 in 和 not in 来判断键是否存在

如前所述，尝试使用不存在的键从字典中检索值会引发 KeyError 异常。为了防止出现这种异常，可以在尝试使用键来检索值之前使用 in 操作符来判断键是否存在。以下交互会话对此进行了演示：

```
1 >>> phonebook = {' 张三丰 ':'555-1111', ' 张翠山 ':'555-2222', Enter
    ' 张无忌 ':'555-3333'} Enter
2 >>> if ' 张三丰 ' in phonebook: Enter
3        print(phonebook[' 张三丰 ']) Enter Enter
4
5 555-1111
6 >>>
```

第 2 行的 if 语句判断键 ' 张三丰 ' 是否存在于 phonebook 字典中。如果存在，第 3 行的语句将显示与该键相关联的值。

还可以使用操作符 not in 来判断键是否不存在，以下交互会话对此进行了演示：

```
1 >>> phonebook = {' 张三丰 ':'555-1111', ' 张翠山 ':'555-2222',
    ' 张无忌 ':'555-3333'} Enter
2 >>> if ' 赵敏 ' not in phonebook: Enter
3        print(' 没有找到赵敏。') Enter Enter
4
5 没有找到赵敏。
6 >>>
```

📎 **注意**：记住，使用 in 和 not in 操作符进行的字符串比较要区分大小写。

9.1.4 向现有字典添加元素

字典是可变对象。可以使用以下常规格式的赋值语句向字典添加新的键值对：

```
dictionary_name[key] = value
```

其中，*dictionary_name* 是引用了一个字典的变量，*key* 是键。如果字典中已经存在指定的键，那么和它关联的值会被更改为 *value*。如果指定的键不存在，那么会把它添加到字典中，同时将 *value* 设为和它关联的值。以下交互会话对此进行了演示：

```
1 >>> phonebook = {' 张三丰 ':'555-1111', ' 张翠山 ':'555-2222', Enter
    ' 张无忌 ':'555-3333'} Enter
2 >>> phonebook[' 赵敏 '] = '555-0123' Enter
3 >>> phonebook[' 张三丰 '] = '555-4444' Enter
4 >>> phonebook Enter
5 {' 张三丰 ': '555-4444', ' 张翠山 ': '555-2222', ' 张无忌 ': '555-3333', ' 赵敏 ': '555-0123'}
6 >>>
```

下面来仔细看看这个会话。

- 第 1 行创建一个包含姓名（作为键）和电话号码（作为值）的字典。
- 第 2 行的语句向 phonebook 字典添加了一个新的键值对。由于字典中没有 ' 赵敏 ' 这个键，所以该语句添加了新键 ' 赵敏 ' 以及和它关联的值 '555-0123'。
- 第 3 行的语句更改了与现有键关联的值。由于 phonebook 字典中已经存在键 ' 张三丰 '，因此该语句将其关联的值更改为 '555-4444'。
- 第 4 行输出 phonebook 字典的内容。第 5 行显示输出结果。

注意：字典中不能有重复的键。为现有键赋值时，新值将取代现有值。

9.1.5 删除元素

可以使用 del 语句从字典中删除现有的键值对，以下是常规格式：

```
del dictionary_name[key]
```

其中，*dictionary_name* 是引用了一个字典的变量，*key* 是键。该语句执行后，键及其相关值将从字典中删除。如果键不存在，则会引发 KeyError 异常。以下交互会话对此进行了演示：

```
1 >>> phonebook = {' 张三丰 ':'555-1111', ' 张翠山 ':'555-2222', Enter
    ' 张无忌 ':'555-3333'} Enter
2 >>> phonebook Enter
3 {' 张三丰 ': '555-1111', ' 张翠山 ': '555-2222', ' 张无忌 ': '555-3333'}
4 >>> del phonebook[' 张三丰 '] Enter
5 >>> phonebook Enter
6 {' 张翠山 ': '555-2222', ' 张无忌 ': '555-3333'}
7 >>> del phonebook[' 张三丰 '] Enter
Traceback (most recent call last):
  File "<pyshell#138>", line 1, in <module>
    del phonebook[' 张三丰 ']
KeyError: ' 张三丰 '
```

下面来仔细看看这个会话。

- 第 1 行创建字典，第 2 行显示字典内容。
- 第 4 行删除键为 ' 张三丰 ' 的元素，第 5 行显示字典的内容。从第 6 行的输出可以看到，该元素已不存在于字典中。
- 第 7 行再次尝试删除键为 ' 张三丰 ' 的元素。由于该元素已经不存在，因此引发了 KeyError 异常。

为了防止发生 KeyError 异常，应在删除键及其相关值之前使用 in 操作符判断键是否存在。以下交互会话对此进行了演示：

```
1 >>> phonebook = {' 张三丰 ':'555-1111', ' 张翠山 ':'555-2222', Enter
```

```
          ' 张无忌 ':'555-3333'} Enter
2 >>> if ' 张三丰 ' in phonebook: Enter
3         del phonebook[' 张三丰 '] Enter Enter
4
5 >>> phonebook Enter
6 {' 张翠山 ': '555-2222', ' 张无忌 ': '555-3333'}
7 >>>
```

9.1.6 获取字典中的元素个数

可以使用内置的 len 函数来获取字典中的元素个数。以下交互会话进行了演示：

```
1 >>> phonebook = {' 张三丰 ':'555-1111', ' 张翠山 ':'555-2222'} Enter
2 >>> num_items = len(phonebook) Enter
3 >>> print(num_items) Enter
4 2
5 >>>
```

下面对这个会话中的语句进行简单的总结。

- 第 1 行创建包含两个元素的一个字典，并将其赋给 phonebook 变量。
- 第 2 行调用 len 函数，将 phonebook 变量作为实参传递。函数返回值 2，并将其赋给 num_items 变量。
- 第 3 行将 num_items 传递给 print 函数，函数的输出在第 4 行显示。

9.1.7 在字典中混合不同的数据类型

如前所述，字典中的键必须是不可变对象，但和它关联的值可以是任意类型的对象。例如，值可以是列表，以下交互会话对此进行了演示。在这个会话中，我们创建了一个键为学生姓名、值为考试分数列表的字典：

```
1 >>> test_scores = { 'Kayla' : [88, 92, 100], Enter
2       'Luis' : [95, 74, 81], Enter
3       'Sophie' : [72, 88, 91], Enter
4       'Ethan' : [70, 75, 78] } Enter
5 >>> test_scores Enter
6 {'Kayla': [88, 92, 100], 'Sophie': [72, 88, 91], 'Ethan': [70, 75, 78],
7 'Luis': [95, 74, 81]}
8 >>> test_scores['Sophie'] Enter
9 [72, 88, 91]
10 >>> kayla_scores = test_scores['Kayla'] Enter
11 >>> print(kayla_scores) Enter
12 [88, 92, 100]
13 >>>
```

下面来仔细看看这个会话。第 1 行 ~ 第 4 行的语句创建一个字典，并将其赋给 test_scores 变量。字典包含以下四个元素：

- 第一个是 'Kayla':[88, 92, 100]，它的键是 'Kayla'，值是列表 [88, 92, 100]；
- 第二个是 'Luis':[95, 74, 81]，它的键是 'Luis'，值是列表 [95, 74, 81]；
- 第三个是 'Sophie':[72, 88, 91]，它的键是 'Sophie'，值是列表 [72, 88, 91]；
- 第四个是 'Ethan':[70, 75, 78]，它的键是 'Ethan'，值是列表 [70, 75, 78]。

下面总结了会话中的其他语句。

- 第 5 行显示字典的内容，结果在第 6 行和第 7 行显示。
- 第 8 行检索与键 'Sophie' 关联的值，结果在第 9 行显示。
- 第 10 行检索与键 'Kayla' 关联的值，并将其赋给 kayla_scores 变量。执行该语句后，kayla_scores 变量将引用列表 [88, 92, 100]。
- 第 11 行将 kayla_scores 变量传递给 print 函数，函数的输出在第 12 行显示。

一个字典中存储的值可以为不同类型。例如，一个元素的值可以是字符串，另一个元素的值可以是列表，还有一个元素的值可以是整数。键也可以是不同的类型，只要为"不可变"类型即可。以下交互会话演示了如何在字典中混用不同的类型：

```
1 >>> mixed_up = {'abc':1, 999:'yada yada', (3, 6, 9):[3, 6, 9]} Enter
2 >>> mixed_up Enter
3 {(3, 6, 9): [3, 6, 9], 'abc': 1, 999: 'yada yada'}
4 >>>
```

第 1 行的语句创建一个字典并将其赋给 mixed_up 变量，字典中包含以下元素：

- 第一个元素是 'abc':1，它的键是字符串 'abc'，值是整数 1
- 第二个元素是 999:'yada yada'，它的键是整数 999，值是字符串 'yada yada'
- 第三个元素是 (3, 6, 9):[3, 6, 9]，它的键是元组 (3, 6, 9)，值是列表 [3, 6, 9]

以下交互会话给出了一个更实用的例子。它创建的字典中包含一名员工的多种数据：

```
1 >>> employee = {'name' : 'Kevin Smith', 'id' : 12345, 'payrate' : 25.75 } Enter
2 >>> employee Enter
3 {'payrate': 25.75, 'name': 'Kevin Smith', 'id': 12345}
4 >>>
```

第 1 行的语句创建一个字典并将其赋给 employee 变量，字典中包含以下元素：

- 第一个元素是 'name':'Kevin Smith'，它的键是字符串 'name'，值是字符串 'Kevin Smith'
- 第二个元素是 'id':12345，它的键是字符串 'id'，值是整数 12345
- 第三个元素是 'payrate':25.75，它的键是字符串 'payrate'，值是浮点数 25.75

9.1.8 创建空字典

有时需要创建一个空字典，然后在程序执行时向其中添加元素。可以使用一对空的大括号来创建空字典，如以下交互会话所示：

```
1 >>> phonebook = {} Enter
2 >>> phonebook[' 张三丰 '] = '555-1111' Enter
3 >>> phonebook[' 张翠山 '] = '555-2222' Enter
4 >>> phonebook[' 张无忌 '] = '555-3333' Enter
5 >>> phonebook Enter
6 {' 张三丰 ': '555-1111', ' 张翠山 ': '555-2222', ' 张无忌 ': '555-3333'}
7 >>>
```

第 1 行的语句创建一个空字典，并将其赋给 phonebook 变量。第 2 行 ~ 第 4 行向字典添加键值对，第 5 行的语句显示填充好的字典的内容。

也可以使用内置的 dict() 方法创建一个空字典，如以下语句所示：

```
phonebook = dict()
```

执行该语句后，phonebook 变量将引用一个空字典。

9.1.9 使用 for 循环遍历字典

可以按以下常规格式使用 for 循环来遍历字典中的所有键：

```
for var in dictionary:
    语句
    语句
    ...
```

其中，*var* 是变量名，*dictionary* 是字典名。这个循环对字典中的每个元素迭代一次。每次迭代，都会将一个键赋给 *var*。以下交互会话对此进行了演示。

```
1  >>> phonebook = {' 张三丰 ':'555-1111', Enter
2                   ' 张翠山 ':'555-2222', Enter
3                   ' 张无忌 ':'555-3333'} Enter
4  >>> for key in phonebook: Enter
5              print(key) Enter Enter
6
7
8  张三丰
9  张翠山
10 张无忌
11 >>> for key in phonebook: Enter
12             print(key, phonebook[key]) Enter Enter
13
14
15 张三丰 555-1111
16 张翠山 555-2222
17 张无忌 555-3333
18 >>>
```

下面总结了这个会话中的语句。

- 第 1 行~第 3 行创建包含三个元素的一个字典,并将其赋给 phonebook 变量。
- 第 4 行和第 5 行是一个 for 循环,它对 phonebook 字典中的每个元素迭代一次,每次迭代都将一个键赋给 key 变量。第 5 行打印 key 变量。第 8 行~第 10 行显示了这个循环的输出。
- 第 11 行和第 12 行是另一个 for 循环,它同样对 phonebook 字典的每个元素迭代一次,每次迭代都将一个键赋给 key 变量。第 12 行先打印 key 变量,再打印与该键关联的值。第 15 行~第 17 行显示了这个循环的输出。

9.1.10 一些字典方法

字典对象支持多个方法。本节将介绍其中最常用的,如表 9.1 所示。

表 9.1 一些字典方法

方法	描述
clear	清除字典内容
get	获取与指定键相关联的值。如果未找到键,则该方法不会引发异常。相反,它会返回一个默认值
items	以元组序列的形式返回字典中所有键及其关联值
keys	以元组序列的形式返回字典中的所有键
pop	返回与指定键相关联的值,并从字典中删除该键值对。如果未找到键,则该方法返回一个默认值
popitem	以元组形式返回最后添加到字典中的键值对,并从字典中删除该键值对
values	以元组序列的形式返回字典中的所有值

1. clear 方法

clear 方法删除字典中的所有元素,使字典为空。该方法的常规格式如下:

dictionary.clear()

以下交互会话演示了该方法:

```
1 >>> phonebook = {' 张三丰 ':'555-1111', ' 张翠山 ':'555-2222'} Enter
2 >>> phonebook Enter
3 {' 张三丰 ': '555-1111', ' 张翠山 ': '555-2222'}
4 >>> phonebook.clear() Enter
5 >>> phonebook Enter
6 {}
7 >>>
```

注意执行第 4 行的语句后，phonebook 字典中就没有了任何元素。

2. get 方法

从字典中获取值时，可以使用 get 方法代替 [] 操作符。如果找不到指定的键，get 方法不会引发异常。以下是该方法的常规格式：

```
dictionary.get(key, default)
```

其中，*dictionary* 是字典的名称，*key* 是要在字典中查找的键，*default* 是在找不到键时要返回的默认值。调用该方法将返回与指定键相关联的值。如果在字典中找不到指定的键，该方法将返回默认值。以下交互会话对此进行了演示：

```
1 >>> phonebook = {' 张三丰 ':'555-1111', ' 张翠山 ':'555-2222'} Enter
2 >>> value = phonebook.get(' 张翠山 ', ' 未找到指定项 ') Enter
3 >>> print(value) Enter
4 555-2222
5 >>> value = phonebook.get(' 赵敏 ', ' 未找到指定项 ') Enter
6 >>> print(value) Enter
7 未找到指定项
8 >>>
```

下面来仔细看看这个会话。

- 第 2 行在 phonebook 字典中查找键 ' 张翠山 '，由于找到了指定的键，因此返回和它关联的值并赋给 value 变量；
- 第 3 行将 value 变量传递给 print 函数，第 4 行显示了结果；
- 第 5 行在 phonebook 字典中查找键 ' 赵敏 '，由于未找到键，因此将字符串 ' 未找到指定项 ' 赋给 value 变量；
- 第 6 行将 value 变量传递给 print 函数，第 7 行显示了结果。

3. items 方法

items 方法返回字典的所有键及其关联的值。它们以一种特殊类型的序列返回，称为**字典视图**。字典视图中的每个元素都是一个元组，每个元组都包含一个键及其关联值。例如，假设我们创建了以下字典：

```
phonebook = {' 张三丰 ':'555-1111', ' 张翠山 ':'555-2222', ' 张无忌 ':'555-3333'}
```

如果调用 phonebook.items() 方法，那么会返回以下序列：

```
dict_items([(' 张三丰 ', '555-1111'), (' 张翠山 ', '555-2222'), (' 张无忌 ', '555-3333')])
```

请注意下面几点：

- 序列中的第一个元素是元组 (' 张三丰 ', '555-1111')；
- 序列中的第二个元素是元组 (' 张翠山 ', '555-2222')；
- 序列中的第三个元素是元组 (' 张无忌 ', '555-3333')。

可以使用 for 循环遍历序列中的元组，以下交互会话对此进行了演示：

```
1  >>> phonebook = {' 张三丰 ':'555-1111', [Enter]
2                    ' 张翠山 ':'555-2222', [Enter]
3                    ' 张无忌 ':'555-3333'} [Enter]
4  >>> for key, value in phonebook.items(): [Enter]
5          print(key, value) [Enter] [Enter]
6
7
8  张三丰 555-1111
9  张翠山 555-2222
10 张无忌 555-3333
11 >>>
```

下面总结了会话中的语句。

- 第 1 行 ~ 第 3 行创建包含三个元素的一个字典，并将其赋给 phonebook 变量。
- 第 4 行和第 5 行中的 for 循环调用 phonebook.items() 方法，该方法返回包含字典中键值对的元组的序列。循环对序列中的每个元组迭代一次。每次迭代，都会将元组的值赋给 key 变量和 value 变量。第 5 行先打印 key 变量的值，再打印 value 变量的值。第 8 行 ~ 第 10 行显示循环的输出结果。

4. keys 方法

keys 方法以字典视图的形式返回字典的所有键，字典视图是序列的一种。该字典视图中的每个元素都是字典中的一个键。例如，假设我们创建了以下字典：

```
phonebook = {' 张三丰 ':'555-1111', ' 张翠山 ':'555-2222', ' 张无忌 ':'555-3333'}
```

如果调用 phonebook.keys() 方法，那么会返回以下序列：

```
dict_keys([' 张三丰 ', ' 张翠山 ', ' 张无忌 '])
```

以下交互会话演示了如何使用 for 循环来遍历 keys 方法返回的序列：

```
1  >>> phonebook = {' 张三丰 ':'555-1111', [Enter]
2                    ' 张翠山 ':'555-2222', [Enter]
3                    ' 张无忌 ':'555-3333'} [Enter]
4  >>> for key in phonebook.keys(): [Enter]
5          print(key) [Enter] [Enter]
6
7
8  张三丰
9  张翠山
10 张无忌
11 >>>
```

5. pop 方法

pop 方法返回与指定键关联的值，并从字典中删除该键值对。如果没有找到键，该方法会返回一个默认值。以下是该方法的常规格式：

```
dictionary.pop(key, default)
```

其中，*dictionary* 是字典的名称，*key* 是要在字典中查找的键，*default* 是在找不到键时要返回的默认值。调用该方法将返回与指定键关联的值，并从字典中删除该键值对。如果在字典中找不到指定的键，该方法将返回默认值。以下交互会话对此进行了演示：

```
1   >>> phonebook = {'张三丰':'555-1111', Enter
2                    '张翠山':'555-2222', Enter
3                    '张无忌':'555-3333'} Enter
4   >>> phone_num = phonebook.pop('张三丰', '未找到指定项') Enter
5   >>> phone_num Enter
6   '555-1111'
7   >>> phonebook Enter
8   {'张翠山': '555-2222', '张无忌': '555-3333'}
9   >>> phone_num = phonebook.pop('赵敏', '未找到指定项') Enter
10  >>> phone_num Enter
11  '未找到指定项'
12  >>> phonebook Enter
13  {'张翠山': '555-2222', '张无忌': '555-3333'}
14  >>>
```

下面总结了会话中的语句。

- 第 1 行～第 3 行创建包含三个元素的一个字典，并将其赋给 phonebook 变量。
- 第 4 行调用 phonebook.pop() 方法，将 '张三丰' 作为要查找的键传递。与键 '张三丰' 关联的值会被返回并赋给 phone_num 变量，包含键 '张三丰' 的键值对将从字典中删除。
- 第 5 行显示赋给 phone_num 变量的值，第 6 行是输出结果，注意，这是与键 '张三丰' 关联的值。
- 第 7 行显示 phonebook 字典的内容，第 8 行是输出结果，注意，包含键 '张三丰' 的键值对已从字典中删除。
- 第 9 行调用 phonebook.pop() 方法，将 '赵敏' 作为要查找的键传递。由于未找到该键，因此会将字符串 '未找到指定项' 赋给 phone_num 变量。
- 第 10 行显示赋给 phone_num 变量的值，第 11 行是输出结果。
- 第 12 行显示 phonebook 字典的内容，第 13 行是输出结果。

6. popitem 方法

popitem 方法执行两个操作：（1）删除最后添加到字典中的键值对；（2）以元组形式返回该键值对。以下是该方法的常规格式：

```
dictionary.popitem()
```

可以使用以下常规格式的赋值语句，将返回的键和值赋给单个变量：

```
k, v = dictionary.popitem()
```

这种赋值方式称为**多重赋值**，因为一次向多个变量赋值。在上述常规格式中，*k* 和 *v* 是变量。语句执行后，会将字典中最后添加的键赋给 *k*，将与该键关联的值赋给 *v*。然后，该键值对将从字典中删除。以下交互会话对此进行了演示：

```
1  >>> phonebook = {' 张三丰 ':'555-1111', Enter
2                   ' 张翠山 ':'555-2222', Enter
3                   ' 张无忌 ':'555-3333'} Enter
4  >>> phonebook Enter
5  {' 张三丰 ': '555-1111', ' 张翠山 ': '555-2222', ' 张无忌 ': '555-3333'}
6  >>> key, value = phonebook.popitem() Enter
7  >>> print(key, value) Enter
8  张无忌 555-3333
9  >>> phonebook Enter
10 {' 张三丰 ': '555-1111', ' 张翠山 ': '555-2222'}
11 >>>
```

下面总结了会话中的语句。

- 第 1 行～第 3 行创建包含三个元素的一个字典，并将其赋给 phonebook 变量。
- 第 4 行显示字典的内容，结果如第 5 行所示。
- 第 6 行调用 phonebook.popitem() 方法。从该方法返回的键和值分别赋给变量 key 和 value。键值对将从字典中删除。
- 第 7 行显示赋给 key 和 value 变量的值，结果如第 8 行所示。
- 第 9 行显示字典当前的内容，结果如第 10 行所示。注意，从第 6 行 popitem 方法返回的键值对已被删除。

注意，如果在空字典上调用 popitem 方法，会引发 KeyError 异常。

7. values 方法

values 方法以字典视图的形式返回字典的所有值（不含键），字典视图是一种序列类型。字典视图中的每个元素都是字典中的一个值。例如，假设我们创建了以下字典：

```
phonebook = {' 张三丰 ':'555-1111', ' 张翠山 ':'555-2222', ' 张无忌 ':'555-3333'}
```

如果调用 phonebook.values() 方法，会返回以下序列：

```
dict_values(['555-1111', '555-2222', '555-3333'])
```

以下交互会话演示了如何使用 for 循环来遍历 values 方法返回的序列：

```
1  >>> phonebook = {' 张三丰 ':'555-1111', Enter
2                   ' 张翠山 ':'555-2222', Enter
3                   ' 张无忌 ':'555-3333'} Enter
4  >>> for val in phonebook.values(): Enter
5          print(val) Enter Enter
6
7
```

```
 8   555-1111
 9   555-2222
10  555-3333
11  >>>
```

聚光灯：使用字典来模拟一副扑克牌

　　在一些扑克牌游戏中，每张牌都被分配了点数。例如，在 21 点游戏中，扑克牌被分配了以下点数：

- 数字牌被分配其牌面上的点数，例如，黑桃 2 的点数是 2，方块 5 的点数是 5；
- J、Q 和 K 的点数是 10；
- A 的点数是 1 或 11，具体由玩家选择。

　　本节将研究一个使用字典来模拟一副标准扑克牌的程序。在这个程序中，扑克牌的点数方案与 21 点游戏相似（本例为所有花色的 A 都分配点数 1）。每张牌的名称作为键，牌的点数作为值。例如，红桃 Q 的键值对如下：

```
'红桃 Q':10
```

　　方块 8 的键值对如下：

```
'方块 8': 8
```

　　程序提示用户指定要发多少张牌，然后从一副牌中随机发一手这么多张牌。程序会显示这一手牌中包含哪些牌以及它们的总点数。程序 9.1 展示了完整代码。程序分为三个函数：main, create_deck 和 deal_cards。我们依次讨论每个函数，而不是一次性列出整个程序。首先是 main 函数的代码。

程序 9.1 card_dealer.py：main 函数

```
1   # 这个程序使用字典来模拟一副扑克牌
2   import random
3
4   def main():
5       # 创建一副牌
6       deck = create_deck()
7
8       # 获取要发牌的张数
9       num_cards = int(input('要发多少张牌? '))
10
11      # 发牌
12      deal_cards(deck, num_cards)
13
```

　　第 6 行调用 create_deck 函数。该函数创建代表一副牌的键值对的字典，并返回对该字典的引用。该引用被赋给 deck 变量。

　　第 9 行提示用户输入要发牌的张数。输入会转换为 int 并赋给 num_cards 变量。

第 12 行调用 deal_cards 函数，将 deck 和 num_cards 变量作为实参传递。deal_cards 函数从一副牌中发出指定张数的扑克牌。

接下来是 create_deck 函数的代码。

程序 9.1 card_dealer.py：create_deck 函数

```
14 # create_deck 函数返回
15 # 代表一副牌的字典。
16
17 def create_deck():
18     # 创建一个字典，每张牌的名称
19     # 及其点数都作为键值对存储。
20     deck = {'黑桃 A': 1, '黑桃 2': 2, '黑桃 3': 3,
21             '黑桃 4': 4, '黑桃 5': 5, '黑桃 6': 6,
22             '黑桃 7': 7, '黑桃 8': 8, '黑桃 9': 9,
23             '黑桃 10': 10, '黑桃 J': 10,
24             '黑桃 Q': 10, '黑桃 K': 10,
25
26             '红桃 A': 1, '红桃 2': 2, '红桃 3': 3,
27             '红桃 4': 4, '红桃 5': 5, '红桃 6': 6,
28             '红桃 7': 7, '红桃 8': 8, '红桃 9': 9,
29             '红桃 10': 10, '红桃 J': 10,
30             '红桃 Q': 10, '红桃 K': 10,
31
32             '梅花 A': 1, '梅花 2': 2, '梅花 3': 3,
33             '梅花 4': 4, '梅花 5': 5, '梅花 6': 6,
34             '梅花 7': 7, '梅花 8': 8, '梅花 9': 9,
35             '梅花 10': 10, '梅花 J': 10,
36             '梅花 Q': 10, '梅花 K': 10,
37
38             '方块 A': 1, '方块 2': 2, '方块 3': 3,
39             '方块 4': 4, '方块 5': 5, '方块 6': 6,
40             '方块 7': 7, '方块 8': 8, '方块 9': 9,
41             '方块 10': 10, '方块 J': 10,
42             '方块 Q': 10, '方块 K': 10,}
43
44     # 返回这副牌
45     return deck
46
```

第 20 行 ~ 第 42 行的代码创建一个字典，其中的键值对代表了一副标准扑克牌的每张牌。第 25 行、第 31 行和第 37 行出现的空行是为了增强代码的可读性，使其更容易阅读。

第 45 行返回对该字典的引用。

接下来是 deal_cards 函数的代码。

程序 9.1 card_dealer.py 的 deal_cards 函数

```
47 # deal_cards 函数从一副牌中
48 # 发指定张数的牌。
49
50 def deal_cards(deck, number):
51     # 初始化一个累加器来跟踪一手牌的点数
52     hand_value = 0
53
54     # 确定要发的牌张数不超过
55     # 一副牌的总张数。
56     if number > len(deck):
57         number = len(deck)
58
59     # 发牌并累加它们的点数
60     for count in range(number):
61         card = random.choice(list(deck))
62         print(card)
63         hand_value += deck[card]
64         deck.pop(card)
65
66     # 显示发出的这一手牌的总点数
67     print(f' 这一手牌的点数为：{hand_value}')
68
69 # 调用 main 函数
70 if __name__ == '__main__':
71     main()
```

deal_cards 函数接受两个参数：代表一副牌的字典以及要发出的一手牌的张数。第 52 行将名为 hand_value 的累加器变量初始化为 0。第 56 行的 if 语句判断要发的牌张数是否超出了一副牌的总牌张数。如果是，第 57 行把要发的牌张数设为一副牌的总牌张数。

从第 60 行开始的 for 循环为要发的每张牌迭代一次。在循环内部，第 61 行的以下语句从字典中随机选择一个键：

```
card = random.choice(list(deck))
```

表达式 list(deck) 返回 deck 字典中所有键的一个列表。然后将该列表作为参数传递给 random.choice 函数，该函数将从列表中随机返回一个元素。执行该语句后，card 变量将引用从 deck 字典中随机选择的一个键。第 62 行显示这张牌的名称，第 63 行将这张牌的点数加到 hand_value 累加器上。第 64 行利用字典方法 pop 将已经发出的这张牌从整副牌中删除，避免重复发牌。

循环结束后，第 67 行显示发出的这一手牌的总点数。

程序输出（用户输入的内容加粗显示）

```
要发多少张牌？ 5 Enter
梅花 7
```

```
梅花 K
红桃 3
方块 K
方块 A
这一手牌的点数为: 31
```

 聚光灯: 在字典中存储姓名和生日

利用本节介绍的程序, 可以将朋友的姓名和生日保存在字典中。字典中的每个条目都使用朋友的名字作为键, 朋友的生日作为值。可以自行输入朋友的名字, 使用该程序查询他们的生日。

程序会显示一个菜单, 允许用户从以下选项中做出选择:

1. 查询生日

2. 添加新生日

3. 更改生日

4. 删除生日

5. 退出程序

程序开始时字典是空的, 因此必须从菜单中选择第 2 项来添加新条目。在添加了几个条目后, 就可以选择第 1 项来查询某个人的生日, 选择第 3 项来更改字典中现有的生日, 选择第 4 项从字典中删除生日, 或选择第 5 项退出程序。

程序 9.2 展示了完整的代码。整个程序分解为 6 个函数: main, get_menu_choice, look_up, add, change 和 delete。我们将依次讨论每个函数, 而不是一次性列出整个程序。首先是全局常量和 main 函数。

程序 9.2 birthdays.py 的 main 函数

```
 1   # 这个程序使用字典来保存
 2   # 朋友们的名字和生日。
 3
 4   # 代表菜单选项的全局常量
 5   LOOK_UP = 1
 6   ADD = 2
 7   CHANGE = 3
 8   DELETE = 4
 9   QUIT = 5
10
11  # main 函数
12  def main():
13      # 创建一个空字典
14      birthdays = {}
15
16      # 初始化一个代表用户选择的变量
17      choice = 0
```

```
18
19    while choice != QUIT:
20        # 获取用户的菜单选择
21        choice = get_menu_choice()
22
23        # 处理选择
24        if choice == LOOK_UP:
25            look_up(birthdays)
26        elif choice == ADD:
27            add(birthdays)
28        elif choice == CHANGE:
29            change(birthdays)
30        elif choice == DELETE:
31            delete(birthdays)
32
```

第 5 行~第 9 行声明的全局常量用于测试用户的菜单选择。在 main 函数内部，第 14 行创建一个空字典并赋给 birthdays 变量。第 17 行将 choice 变量初始化为 0，它用于保存用户的菜单选择。

第 19 行开始的 while 循环会一直重复，直到用户选择退出程序。在循环内部，第 21 行调用 get_menu_choice 函数来显示菜单并返回用户的选择。返回的值将赋给 choice 变量。

第 24 行~第 31 行的 if-elif 语句处理用户的菜单选择。如果选择菜单 1，那么第 25 行将调用 look_up 函数。选择菜单 2，第 27 行将调用 add 函数。选择菜单 3，第 29 行将调用 change 函数。选择菜单 4，第 31 行则将调用 delete 函数。

接下来是 get_menu_choice 函数的代码。

程序 9.2 birthdays.py 的 get_menu_choice 函数

```
33 # get_menu_choice 函数显示菜单,
34 # 并从用户处获取一个有效的选择。
35 def get_menu_choice():
36     print()
37     print(' 朋友和他们的生日 ')
38     print('---------------------------')
39     print('1. 查询生日 ')
40     print('2. 添加生日 ')
41     print('3. 更改生日 ')
42     print('4. 删除生日 ')
43     print('5. 退出程序 ')
44     print()
45
46     # 获取用户的选择
47     choice = int(input(' 输入你的选择: '))
48
49     # 校验选择
50     while choice < LOOK_UP or choice > QUIT:
```

```
51          choice = int(input('请输入有效选择：'))
52
53      # 返回用户的选择
54      return choice
55
```

第 36 行～第 44 行在屏幕上显示菜单。第 47 行提示用户输入一个菜单编号。输入的内容被转换为 int 并赋给 choice 变量。第 50 行和第 51 行的 while 循环校验用户的输入，必要时会提示用户重新输入。一旦输入了有效的选择，第 54 行会从函数中返回该选择。

接下来是 look_up 函数的代码。

程序 9.2 birthdays.py 的 look_up 函数

```
56 # look_up 函数在 birthdays 字典
57 # 中查找一个名字。
58 def look_up(birthdays):
59      # 获取要查询的名字
60      name = input('输入名字：')
61
62      # 在字典中查找它
63      print(birthdays.get(name, '未找到。'))
64
```

look_up 函数的作用是让用户查询朋友的生日。它接收字典作为参数。第 60 行提示用户输入要查询的名字，第 63 行将这个名字作为参数传递给字典的 get 方法。如果找到名字，那么返回它并显示与之关联的值（即朋友的生日）。如果没有找到名字，则显示字符串 '未找到。'

接下来是 add 函数的代码。

程序 9.2 birthdays.py：add 函数

```
65 # add 函数在 birthdays 字典中
66 # 添加一个新条目。
67 def add(birthdays):
68      # 获取一个名字和相应的生日
69      name = input('输入名字：')
70      bday = input('输入生日：')
71
72      # 如果名字不存在，就添加它
73      if name not in birthdays:
74          birthdays[name] = bday
75      else:
76          print('已经存在这个名字。')
77
```

add 函数允许用户向字典添加新的生日。它接收字典作为参数。第 69 行和第 70 行提示用户输入名字和生日。第 73 行的 if 语句判断该名字是否已经存在于字典中。如果不存在，第 74 行将新的名字和生日添加到字典中。否则，第 76 行打印一条消息，说明已经存

在这个名字。

接下来是 change 函数的代码。

程序 9.2 birthdays.py：change 函数

```
78 # change 函数修改 birthdays 字典中
79 # 一个现有的条目。
80 def change(birthdays):
81     # 获取要查询的名字
82     name = input('输入名字：')
83
84     if name in birthdays:
85         # 获取新的生日
86         bday = input('输入新的生日：')
87
88         # 更新条目
89         birthdays[name] = bday
90     else:
91         print('未找到该名字。')
92
```

change 函数允许用户更改字典中已有的生日。它接受字典作为参数。第 82 行从用户处获取一个名字。第 84 行的 if 语句判断该名字是否在字典中。如果在，则第 86 行获取新生日，第 89 行将该生日存储到字典中。如果名字不在字典中，第 91 行会打印一条提示消息。

接下来是 delete 函数的代码。

程序 9.2 birthdays.py 的 delete 函数

```
93 # delete 函数从 birthdays 字典
94 # 中删除一个条目。
95 def delete(birthdays):
96     # 获取要查询的名字
97     name = input('输入名字：')
98
99     # 如果找到名字，就删除相应的条目
100    if name in birthdays:
101        del birthdays[name]
102    else:
103        print('未找到该名字。')
104
105# 调用 main 函数
106if __name__ == '__main__':
107    main()
```

delete 函数允许用户从字典中删除一个现有的生日。它接收字典作为参数。第 97 行从用户处获取一个名字。第 100 行的 if 语句判断该名字是否在字典中。如果在，第 101 行将删除它。如果名字不在字典中，第 103 行将打印一条提示消息。

程序输出（用户输入的内容加粗显示）

```
朋友和他们的生日
--------------------------
1． 查询生日
2． 添加生日
3． 更改生日
4． 删除生日
5． 退出程序

输入你的选择：2 Enter
输入名字：张三丰 Enter
输入生日：10/12/1980 Enter

朋友和他们的生日
--------------------------
1． 查询生日
2． 添加生日
3． 更改生日
4． 删除生日
5． 退出程序

输入你的选择：2 Enter
输入名字：张无忌 Enter
输入生日：5/7/2024 Enter

朋友和他们的生日
--------------------------
1． 查询生日
2． 添加生日
3． 更改生日
4． 删除生日
5． 退出程序

输入你的选择：1 Enter
输入名字：张三丰 Enter
10/12/1980

朋友和他们的生日
--------------------------
1． 查询生日
2． 添加生日
3． 更改生日
4． 删除生日
5． 退出程序

输入你的选择：1 Enter
```

输入名字：张无忌 [Enter]
5/7/2024

朋友和他们的生日
----
1. 查询生日
2. 添加生日
3. 更改生日
4. 删除生日
5. 退出程序

输入你的选择：3 [Enter]
输入名字：张无忌 [Enter]
输入新的生日：5/7/2023 [Enter]

朋友和他们的生日
----
1. 查询生日
2. 添加生日
3. 更改生日
4. 删除生日
5. 退出程序

输入你的选择：1 [Enter]
输入名字：张无忌 [Enter]
5/7/2023

朋友和他们的生日
----
1. 查询生日
2. 添加生日
3. 更改生日
4. 删除生日
5. 退出程序

输入你的选择：4 [Enter]
输入名字：张三丰 [Enter]

朋友和他们的生日
----
1. 查询生日
2. 添加生日
3. 更改生日
4. 删除生日
5. 退出程序

```
输入你的选择：1 Enter
输入名字：张三丰 Enter
未找到。

朋友和他们的生日
----------------------------
1．查询生日
2．添加生日
3．更改生日
4．删除生日
5．退出程序

输入你的选择：5 Enter
```

9.1.11 字典合并和更新操作符

字典合并操作符（|）自 Python 3.9 引入，用于合并两个字典。该操作符将两个字典作为操作数，一个在操作符左侧，另一个在右侧。它创建的新字典是两个字典的组合。如果两个字典中存在相同的键，那么新字典将保留操作符右侧字典中的值。以下交互会话演示了如何使用该操作符：

```
1    >>> phonebook1 = {' 张三丰 ':'555-1111', Enter
2                       ' 张翠山 ':'555-2222', Enter
3                       ' 张无忌 ':'555-3333'} Enter
4
5    >>> phonebook2 = {' 赵敏 ':'555-4444', Enter
6                       ' 周芷若 ':'555-5555', Enter
7                       ' 张翠山 ':'555-6666'} Enter
8
9    >>> phonebook3 = phonebook1 | phonebook2 Enter
10   >>> for key, value in phonebook3.items(): Enter
11           print(key, value) Enter Enter
12
13
14    张三丰 555-1111
15    张翠山 555-6666
16    张无忌 555-3333
17    赵敏 555-4444
18    周芷若 555-5555
19   >>>
```

下面对这个会话中的语句进行总结。

- 第 1 行～第 3 行创建包含三个元素的一个字典，并将其赋给 phonebook1 变量。
- 第 5 行～第 7 行创建包含三个元素的一个字典，并将其赋给 phonebook2 变量。注意，phonebook1 和 phonebook2 字典都包含一个以 ' 张翠山 ' 为键的元素。

- 第 9 行使用字典合并操作符来合并 phonebook1 和 phonebook2，并将新字典赋给 phonebook3。
- 第 10 行和第 11 行的 for 循环调用 phonebook3.items() 方法，该方法返回由键值对元组构成的一个序列。循环为序列中的每个元组都迭代一次。每次迭代，元组的值都会赋给 key 变量和 value 变量。第 11 行依次打印 key 变量和 value 变量的值。第 14 行～第 18 行显示了循环的输出。

在合成的 phonebook3 字典中，注意，键名为 ' 张翠山 ' 的元素的值为 '555-6666'。这个值是从 phonebook2 字典中复制来的，该字典出现在第 9 行中的 | 操作符的右侧。

Python 3.9 还引入了一个字典更新操作符(|=)，它的工作方式与字典合并操作符相似，只是会将新字典赋给操作符左侧的字典变量。以下交互会话演示如何使用该操作符：

```
 1  >>> phonebook1 = {' 张三丰 ':'555-1111', Enter
 2                    ' 张翠山 ':'555-2222', Enter
 3                    ' 张无忌 ':'555-3333'} Enter
 4
 5  >>> phonebook2 = {' 赵敏 ':'555-4444', Enter
 6                    ' 周芷若 ':'555-5555', Enter
 7                    ' 张翠山 ':'555-6666'} Enter
 8
 9  >>> phonebook1 |= phonebook2 Enter
10  >>> for key, value in phonebook1.items(): Enter
11          print(key, value) Enter  Enter
12
13
14  张三丰 555-1111
15  张翠山 555-6666
16  张无忌 555-3333
17  赵敏 555-4444
18  周芷若 555-5555
19  >>>
```

这个交互会话与上一个会话一样，只不过没有创建 phonebook3。第 9 行使用 |= 操作符合并 phonebook1 和 phonebook2 字典，并将结果重新赋给 phonebook1。

9.1.12 字典推导式

字典推导式读取输入元素的序列，并使用这些输入元素来生成字典。字典推导式与第 7 章讨论的列表推导式类似。

以下面这个数字列表为例：

```
numbers = [1, 2, 3, 4]
```

假设现在要创建一个字典，其中包含作为键的 numbers 列表中的所有元素，以及作为值的这些键的平方。也就是说，我们想创建包含以下元素的一个字典：

```
{1:1, 2:4, 3:9, 4:16}
```

如果不会写推导式，那么可能会用下面这个笨办法来生成字典：

```
squares = {}
for item in numbers:
    squares[item] = item**2
```

但是，如果会写字典推导式，那么用一行代码即可搞定，如下所示：

```
squares = {item:item**2 for item in numbers}
```

字典推导式表达式位于操作符 = 右侧，并用
大括号（{}）括起来。如图 9.1 所示，字典推导式
以结果表达式开头，后跟一个迭代表达式。

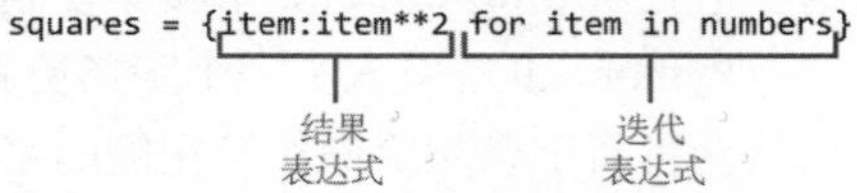

在本例中，结果表达式如下：

图 9.1 字典推导式的组成部分

```
item:item**2
```

迭代表达式如下：

```
for item in numbers
```

迭代表达式的工作方式类似于 for 循环，也会遍历 numbers 列表中的元素。每次迭代，
都会将列表中的一个元素赋给目标变量 item。每次迭代结束，都会用结果表达式来生成
一个字典元素，其中的键是 item，值是 item**2。以下交互会话对此进行了演示：

```
>>> numbers = [1, 2, 3, 4] Enter
>>> squares = {item:item**2 for item in numbers} Enter
>>> numbers Enter
[1, 2, 3, 4]
>>> squares Enter
{1: 1, 2: 4, 3: 9, 4: 16}
>>>
```

也可用现有字典作为推导式的输入。例如，假设有以下 phonebook 字典：

```
phonebook = {' 张三丰 ':'555-1111', ' 张翠山 ':'555-2222', ' 张无忌 ':'555-3333'}
```

以下语句使用字典推导式来生成 phonebook 字典的一个副本：

```
phonebook_copy = {k:v for k,v in phonebook.items()}
```

在这个例子中，结果表达式如下：

```
k:v
```

迭代表达式如下：

```
for k,v in phonebook.items()
```

请注意，迭代表达式调用了 phonebook 字典的 items 方法。items 方法采用以下元组序
列的形式返回字典中的所有元素：

```
[(' 张三丰 ', '555-1111'), (' 张翠山 ', '555-2222'), (' 张无忌 ', '555-3333')]
```

迭代表达式会遍历该元组序列。每次迭代，会将第一个元组元素（键）赋给 k 变量，将第二个元组元素（值）赋给 v 变量。每次迭代结束时，都用结果表达式来生成一个键为 k、值为 v 的字典元素。以下交互会话对此进行演示：

```
>>> phonebook = {' 张三丰 ':'555-1111', ' 张翠山 ':'555-2222', Enter
    ' 张无忌 ':'555-3333'} Enter
>>> phonebook_copy = {k:v for (k,v) in phonebook.items()} Enter
>>> phonebook Enter
{' 张三丰 ': '555-1111', ' 张翠山 ': '555-2222', ' 张无忌 ': '555-3333'}
>>> phonebook_copy Enter
{' 张三丰 ': '555-1111', ' 张翠山 ': '555-2222', ' 张无忌 ': '555-3333'}
>>>
```

9.1.13　在字典推导式中使用 if 子句

有的时候，在处理字典时只想选择特定的元素。例如，假设有以下 populations 字典：

```
populations = {      ' 东京 ': 37435191, ' 德里 ': 29399141,
                     ' 上海 ': 26317104, ' 圣保罗 ':21846507,
                     ' 墨西哥城 ':21671908, ' 开罗 ': 20484965 }
```

在该字典的每个元素中，键是一个城市的名称，值是该城市的人口。假设要创建第二个字典来作为 populations 字典的副本，但只包含人口超过 2500 万的城市的元素。以下代码用一个普通的 for 循环来实现：

```
largest = {}
for k, v in populations.items():
    if v > 25000000:
        largest[k] = v
```

在字典推导式中使用 if 子句，则可以更轻松地实现这种类型的操作。以下是常规格式：

```
{结果表达式　迭代表达式　if 子句}
```

if 子句在这里充当了筛选器的角色，允许从输入序列中选择特定的项。以下代码展示了如何使用带有 if 子句的字典推导式重写之前的代码：

```
largest = {k:v for k,v in populations.items() if v > 25000000}
```

在这个字典推导式中，迭代表达式如下：

```
for k,v in populations.items()
```

if 子句为：

```
if v > 25000000
```

结果表达式如下：

```
k:v
```

代码执行后，`largest` 字典将包含以下元素：

```
{' 东京 ': 37435191, ' 德里 ': 29399141, ' 上海 ': 26317104}
```

✅ 检查点

9.1 字典中的一个元素有两个部分，它们分别是什么？

9.2 字典元素的哪个部分必须是不可变的？

9.3 假设 `'start':1472` 是字典中的一个元素，键是什么？值是什么？

9.4 假设创建了一个名为 `employee` 的字典，以下语句会做什么？

```
employee['id'] = 54321
```

9.5 以下代码会显示什么结果？

```
stuff = {1 : 'aaa', 2 : 'bbb', 3 : 'ccc'}
print(stuff[3])
```

9.6 如何判断字典中是否存在一个特定的键值对？

9.7 假设存在一个名为 `inventory` 的字典。以下语句会做什么？

```
del inventory[654]
```

9.8 以下代码会显示什么结果？

```
stuff = {1 : 'aaa', 2 : 'bbb', 3 : 'ccc'}
print(len(stuff))
```

9.9 以下代码会显示什么结果？

```
stuff = {1 : 'aaa', 2 : 'bbb', 3 : 'ccc'}
for k in stuff:
    print(k)
```

9.10 字典方法 `pop` 和 `popitem` 有什么区别？

9.11 `items` 方法返回什么？

9.12 `keys` 方法返回什么？

9.13 `values` 方法返回什么？

9.14 假定存在以下列表：

```
names = ['Chris', 'Katie', 'Joanne', 'Kurt']
```

写一个语句，使用字典推导式来创建一个字典，其中每个元素都以 `names` 列表中的一个名字作为键，以这个名字的长度作为值。

9.15 假定存在以下字典：

```
phonebook = {   'Chris':'919-555-1111', 'Katie':'828-555-2222',
                'Joanne':'704-555-3333', 'Kurt':'919-555-3333'}
```

写一个语句，使用字典推导式创建第二个字典，其中包含 `phonebook` 中值以 `'919'` 开头的元素。

9.2 集合

概念：集合包含的都是唯一的值，其工作原理与数学中的集合相似。

▶ 视频讲解：Introduction to Sets

集合是存储了一系列数据的对象，下面是关于集合的一些要点。

- 集合中的所有元素都必须唯一。不能有两个元素具有相同的值。
- 集合是无序的，这意味着集合中的元素不按任何特定顺序存储。
- 存储在集合中的元素可以是不同的数据类型。

9.2.1 创建集合

要创建集合，必须调用内置的 set 函数。下例创建一个空数据集：

```
myset = set()
```

执行该语句后，myset 变量将引用一个空集合。还可以向 set 函数传递一个实参，该实参必须是包含可迭代元素的对象，例如列表、元组或字符串。作为实参传递的对象中的各个元素将成为集合的元素，如下例所示：

```
myset = set(['a', 'b', 'c'])
```

本例将一个列表作为实参传递给 set 函数。语句执行后，myset 变量将引用一个包含元素 'a'、'b' 和 'c' 的集合。

如果将字符串作为实参传递给 set 函数，字符串中的每个字符都会成为集合的成员，如下例所示：

```
myset = set('abc')
```

语句执行后，myset 变量同样将引用一个包含元素 'a'、'b' 和 'c' 的集合。

集合不能包含重复元素。如果向 set 函数传递一个包含重复元素的实参，那么重复元素只有一个实例会出现在集合中，如下例所示：

```
myset=set('aaabc')
```

字符 'a' 在字符串中有多个实例，但集合中只会保留一个实例。该语句执行后，myset 变量将引用一个包含元素 'a'、'b' 和 'c' 的集合。

如果要创建集合，其中每个元素都是包含多个字符的字符串，那么应该怎么办？例如，如何创建一个包含元素 'one'、'two' 和 'three' 的集合？以下代码无法完成任务，因为只能向 set 函数传递一个实参：

```
# 以下语句会出错，会引发 TypeError 异常！
myset = set('one', 'two', 'three')
```

以下语句也不能达到目的：

```
# 这没有达到我们的目的
```

```
myset = set('one two three')
```

执行该语句后，`myset` 变量将引用一个包含 'o'、'n'、'e'、' '、't'、'w'、'h' 和 'r' 元素的集合。为了创建我们想要的集合，必须将包含字符串 'one'、'two' 和 'three' 的列表作为实参传递给 `set` 函数，如下例所示：

```
# 好了，终于可以了
myset = set(['one', 'two', 'three'])
```

执行该语句后，`myset` 变量将引用一个包含元素 'one'、'two' 和 'three' 的集合。

9.2.2 获取集合中的元素数量

与列表、元组和字典一样，可以使用 `len` 函数来获取集合中的元素数量。以下交互会话对此进行了演示：

```
1 >>> myset = set([1, 2, 3, 4, 5]) Enter
2 >>> len(myset) Enter
3 5
4 >>>
```

9.2.3 添加和删除元素

集合是可变对象，因此可以随时向其中添加项或者从中删除项。可以使用 `add` 方法向集合添加元素。以下交互会话对此进行了演示：

```
1 >>> myset = set() Enter
2 >>> myset.add(1) Enter
3 >>> myset.add(2) Enter
4 >>> myset.add(3) Enter
5 >>> myset Enter
6 {1, 2, 3}
7 >>> myset.add(2) Enter
8 >>> myset Enter
9 {1, 2, 3}
```

第 1 行的语句创建一个空集合，并将其赋给 `myset` 变量。第 2 行～第 4 行的语句将数值 1，2 和 3 添加到集合。第 5 行显示集合内容，结果如第 6 行所示。

第 7 行的语句试图将值 2 添加到集合。但是，值 2 已经在集合中。如果尝试使用 `add` 方法向集合添加重复项，那么不会引发异常，它只是简单地忽略这个操作。

可以使用 `update` 方法一次性将一组元素添加到集合。调用 `update` 方法时，要将包含可迭代元素的一个对象（例如列表、元组、字符串或其他集合）作为实参传递。作为实参传递的对象中的单个元素将成为集合的元素。以下交互会话对此进行了演示：

```
1 >>> myset = set([1, 2, 3]) Enter
2 >>> myset.update([4, 5, 6]) Enter
3 >>> myset Enter
```

```
4 {1, 2, 3, 4, 5, 6}
5 >>>
```

第 1 行创建包含值 1，2 和 3 的集合。第 2 行在其中添加了值 4，5 和 6。以下会话展示了另一个例子：

```
1 >>> set1 = set([1, 2, 3]) Enter
2 >>> set2 = set([8, 9, 10]) Enter
3 >>> set1.update(set2) Enter
4 >>> set1 Enter
5 {1, 2, 3, 8, 9, 10}
6 >>> set2 Enter
7 {8, 9, 10}
8 >>>
```

第 1 行创建包含值 1，2 和 3 的集合并赋给 set1 变量。第 2 行创建包含值 8，9 和 10 的集合并赋给 set2 变量。第 3 行调用 set1.update 方法并将 set2 作为实参来传递。这使 set2 中的元素被添加到 set1 中。注意，此时 set2 保持不变。以下会话展示了另一个例子：

```
1 >>> myset = set([1, 2, 3]) Enter
2 >>> myset.update('abc') Enter
3 >>> myset Enter
4 {'a', 1, 2, 3, 'c', 'b'}
5 >>>
```

第 1 行创建包含值 1，2 和 3 的集合。第 2 行调用 myset.update 方法并将字符串 'abc' 作为实参传递。这样，字符串中的每个字符都会作为一个元素添加到 myset 中。

可以使用 remove 方法或 discard 方法从集合中删除一个项目。要删除的项作为实参传递给这些方法，这一项就会从集合中删除。这两个方法的唯一区别在于找不到项时的处理方式。remove 方法会引发 KeyError 异常，而 discard 方法不会引发异常。以下交互会话对此进行了演示：

```
1 >>> myset = set([1, 2, 3, 4, 5]) Enter
2 >>> myset Enter
3 {1, 2, 3, 4, 5}
4 >>> myset.remove(1) Enter
5 >>> myset Enter
6 {2, 3, 4, 5} Enter
7 >>> myset.discard(5) Enter
8 >>> myset Enter
9 {2, 3, 4}
10 >>> myset.discard(99) Enter
11 >>> myset.remove(99) Enter
12 Traceback (most recent call last):
13     File "<pyshell#12>", line 1, in <module>
```

```
14          myset.remove(99)
15 KeyError: 99
16 >>>
```

第 1 行创建包含值 1，2，3，4 和 5 的集合。第 2 行显示该集合的内容，结果如第 3 行所示。第 4 行调用 remove 方法从集合中删除值 1。从第 6 行的输出可以看出，值 1 已经不在集合中了。第 7 行调用 discard 方法从集合中删除值 5。从第 9 行的输出可以看出，值 5 已经不在集合中了。第 10 行调用 discard 方法从集合中删除值 99。虽然在集合中找不到该值，但 discard 方法没有引发异常。第 11 行调用 remove 方法从集合中删除值 99。由于值不在集合中，因此会引发 KeyError 异常，如第 12 行～第 15 行所示。

调用 clear 方法可以清除集合中的所有元素。以下交互会话对此进行了演示：

```
1 >>> myset = set([1, 2, 3, 4, 5]) Enter
2 >>> myset Enter
3 {1, 2, 3, 4, 5}
4 >>> myset.clear() Enter
5 >>> myset Enter
6 set()
7 >>>
```

第 4 行调用 clear 方法来清除集合。请注意第 6 行，解释器用 set() 来表示一个空集合。

9.2.4 使用 for 循环来遍历集合

可以按照以下常规格式使用 for 循环遍历集合中的所有元素：

```
for var in set:
    语句
    语句
    ...
```

其中，var 是变量名，set 是集合名。该循环为集合中的每个元素都迭代一次。每次迭代时，都会随机将一个集合元素赋给 var。以下交互会话对此进行了演示：

```
1 >>> myset = set(['a', 'b', 'c']) Enter
2 >>> for val in myset: Enter
3          print(val) Enter Enter
4
5 b
6 c
7 a
8 >>>
```

第 2 行和第 3 行包含一个 for 循环，该循环为 myset 集合中的每个元素迭代一次。每次迭代，都将集合中一个随机的元素赋给 val 变量。第 3 行打印 val 变量的值。第 5 行～第 7 行显示了循环的输出结果。

注意，在你的会话中，第 5 行~第 7 行可能以不同的顺序显示集合元素。原因之前已经说过，集合元素并不按任何特定的顺序存储。

9.2.5 使用操作符 in 和 not in 测试集合中的值

可以使用操作符 in 来判断集合中是否存在特定的值，以下交互会话对此进行了演示：

```
1 >>> myset = set([1, 2, 3]) Enter
2 >>> if 1 in myset: Enter
3       print(' 值 1 在集合中。') Enter Enter
4
5 值 1 在集合中。
6 >>>
```

第 2 行的 if 语句判断值 1 是否在 myset 集合中。如果在，第 3 行的语句将显示一条消息。

还可以使用操作符 not in 来判断一个值是否不在集合中，以下交互会话对此进行了演示：

```
1 >>> myset = set([1, 2, 3]) Enter
2 >>> if 99 not in myset: Enter
3     print(' 值 99 不在集合中。') Enter Enter
4
5 值 99 不在集合中。
6 >>>
```

9.2.6 并集

并集包含了两个集合中的所有元素。在 Python 中，可以调用 union 方法来获取两个集合的并集，以下是常规格式：

```
set1.union(set2)
```

其中，set1 和 set2 都是集合。该方法返回包含 set1 和 set2 的元素的一个集合。以下交互会话对此进行了演示：

```
1 >>> set1 = set([1, 2, 3, 4]) Enter
2 >>> set2 = set([3, 4, 5, 6]) Enter
3 >>> set3 = set1.union(set2) Enter
4 >>> set3 Enter
5 {1, 2, 3, 4, 5, 6}
6 >>>
```

第 3 行的语句调用 set1 对象的 union 方法，并将 set2 作为实参传递。该方法返回一个包含 set1 和 set2 的所有元素的集合（当然没有重复的元素）。生成的集合将赋给 set3 变量。

还可以使用 | 操作符来返回两个集合的并集，其常规格式如下所示：

```
set1 | set2
```

其中，*set1* 和 *set2* 都是集合。该表达式的求值结果是包含 *set1* 和 *set2* 的元素的一个集合。以下交互会话对此进行了演示：

```
1 >>> set1 = set([1, 2, 3, 4]) Enter
2 >>> set2 = set([3, 4, 5, 6]) Enter
3 >>> set3 = set1 | set2 Enter
4 >>> set3 Enter
5 {1, 2, 3, 4, 5, 6}
6 >>>
```

9.2.7 交集

交集只包含两个集合中都有的元素。在 Python 中，可以调用 intersection 方法来获取两个集合的交集，以下是常规格式：

> *set1*.intersection(*set2*)

其中，*set1* 和 *set2* 都是集合。该方法返回的集合只包含在 *set1* 和 *set2* 中都有的元素。以下交互会话对此进行了演示：

```
1 >>> set1 = set([1, 2, 3, 4]) Enter
2 >>> set2 = set([3, 4, 5, 6]) Enter
3 >>> set3 = set1.union(set2) Enter
4 >>> set3 Enter
5 {3, 4}
6 >>>
```

第 3 行的语句调用 set1 对象的 intersection 方法，并将 set2 作为实参传递。该方法返回一个新集合，其中只包含在 set1 和 set2 中都有的元素。生成的集合将赋给 set3 变量。

还可以使用 & 操作符来返回两个集合的交集，其常规格式如下所示：

> *set1* & *set2*

其中，*set1* 和 *set2* 都是集合。该表达式的求值结果是一个新集合，其中只包含在 *set1* 和 *set2* 中都有的元素。以下交互会话对此进行了演示：

```
1 >>> set1 = set([1, 2, 3, 4]) Enter
2 >>> set2 = set([3, 4, 5, 6]) Enter
3 >>> set3 = set1 & set2 Enter
4 >>> set3 Enter
5 {3, 4}
6 >>>
```

9.2.8 差集

在 set1 和 set2 的差集中，包含了在 set1 中有但在 set2 中没有的元素。在 Python 中，可以调用 difference 方法来获取两个集合的差集，以下是常规格式：

> *set1*.difference(*set2*)

其中，*set1* 和 *set2* 都是集合。该方法返回的集合包含在 *set1* 中有但在 *set2* 中没有的元素。以下交互会话对此进行了演示：

```
1 >>> set1 = set([1, 2, 3, 4]) Enter
2 >>> set2 = set([3, 4, 5, 6]) Enter
3 >>> set3 = set1.difference(set2) Enter
4 >>> set3 Enter
5 {1, 2}
6 >>>
```

还可以使用操作符 - 来返回两个集合的差集，其常规格式如下所示：

```
set1 - set2
```

其中，*set1* 和 *set2* 都是集合。该表达式的求值结果是一个新集合，其中包含在 *set1* 中有但在 *set2* 中没有的元素。以下交互会话对此进行了演示：

```
1 >>> set1 = set([1, 2, 3, 4]) Enter
2 >>> set2 = set([3, 4, 5, 6]) Enter
3 >>> set3 = set1 - set2 Enter
4 >>> set3 Enter
5 {1, 2}
6 >>>
```

9.2.9 对称差集

两个集合的对称差集包含了两个集合不共享的元素。换言之，对称差集中的元素会在其中一个集合中出现，但不会同时出现在两个集合中。在 Python 中，可以调用 **symmetric_difference** 方法来获取两个集合的对称差集，以下是常规格式：

```
set1.symmetric_difference(set2)
```

其中，*set1* 和 *set2* 都是集合。该方法返回的集合包含在 *set1* 或 *set2* 中出现，但没有同时在两个集合中出现的元素。以下交互会话对此进行了演示：

```
1 >>> set1 = set([1, 2, 3, 4]) Enter
2 >>> set2 = set([3, 4, 5, 6]) Enter
3 >>> set3 = set1.symmetric_difference(set2) Enter
4 >>> set3 Enter
5 {1, 2, 5, 6}
6 >>>
```

还可以使用操作符 ^ 来返回两个集合的对称差集，其常规格式如下所示。

```
set1 ^ set2
```

其中，*set1* 和 *set2* 都是集合。该表达式的求值结果是一个新集合，其中包含在 *set1* 或 *set2* 中出现，但没有同时出现在两个集合中的元素。以下交互会话对此进行了演示：

```
1 >>> set1 = set([1, 2, 3, 4]) Enter
2 >>> set2 = set([3, 4, 5, 6]) Enter
3 >>> set3 = set1 ^ set2 Enter
```

```
4 >>> set3 Enter
5 {1, 2, 5, 6}
6 >>>
```

9.2.10　子集和超集

假设有两个集合，其中一个集合包含另一个集合的所有元素，如下例所示：

```
set1 = set([1, 2, 3, 4])
set2 = set([2, 3])
```

在这个例子中，set1 包含 set2 的所有元素，这意味着 set2 是 set1 的**子集**。这也意味着 set1 是 set2 的**超集**。在 Python 中，可以调用 issubset 方法来判断一个集合是不是另一个集合的子集，以下是常规格式：

```
set2.issubset(set1)
```

其中，*set1* 和 *set2* 都是集合。如果 *set2* 是 *set1* 的子集，那么该方法返回 True，否则返回 False。还可以调用 issuperset 方法来判断一个集合是不是另一个集合的超集，以下是常规格式。

```
set2.issuperset(set1)
```

其中，*set1* 和 *set2* 都是集合。如果 *set2* 是 *set1* 的超集，那么该方法返回 True，否则返回 False。以下交互会话对这两个函数进行了演示：

```
1 >>> set1 = set([1, 2, 3, 4]) Enter
2 >>> set2 = set([2, 3]) Enter
3 >>> set2.issubset(set1) Enter
4 True
5 >>> set1.issuperset(set2) Enter
6 True
7 >>>
```

还可以使用操作符 <= 来判断一个集合是不是另一个集合的子集，使用 >= 操作符来判断一个集合是不是另一个集合的超集。以下是使用 <= 操作符时的常规格式：

```
set2 <= set1
```

其中，*set1* 和 *set2* 都是集合。如果 *set2* 是 *set1* 的子集，那么该表达式返回 True，否则返回 False。以下是使用 >= 操作符时的常规格式：

```
set2 >= set1
```

其中，*set1* 和 *set2* 都是集合。如果 *set2* 是 *set1* 的超集，那么该表达式返回 True，否则返回 False。以下交互会话对这两个操作符进行了演示：

```
1 >>> set1 = set([1, 2, 3, 4]) Enter
2 >>> set2 = set([2, 3]) Enter
3 >>> set2 <= set1 Enter
```

```
4 True
5 >>> set1 >= set2 Enter
6 True
7 >>> set1 <= set2 Enter
8 False
9 >>>
```

聚光灯：集合操作

　　程序 9.3 演示了各种集合操作。程序创建了两个集合：一个保存棒球队学生的名字，另一个保存篮球队学生的名字。然后，程序执行以下操作。

- 求两个集合的交集，显示同时参加了两个球队的学生。
- 求两个集合的并集，显示参加了任何一个球队的学生。
- 求棒球集合和篮球集合的差集，显示参加了棒球队但没有参加篮球队的学生。
- 求篮球集合和棒球集合的差集，显示参加了篮球队但没有参加棒球队的学生。
- 求棒球集合和篮球集合的对称差集，显示参加了其中任何一个球队，但没有两个都参加的学生。

程序 9.3 sets.py

```
1  # 这个程序演示了各种集合操作
2  baseball = set(['半藏', '堡垒', '雾子', '莱因哈特'])
3  basketball = set(['D.VA', '堡垒', '莱因哈特', '卢西奥'])
4
5  # 显示棒球队成员
6  print('下列学生参加了棒球队：')
7  for name in baseball:
8      print(name)
9
10 # 显示篮球队成员
11 print()
12 print('下列学生参加了篮球队：')
13 for name in basketball:
14     print(name)
15
16 # 演示交集
17 print()
18 print('下列学生同时参加了棒球队和篮球队：')
19 for name in baseball.intersection(basketball):
20     print(name)
21
22 # 演示并集
23 print()
24 print('下列学生参加了棒球队或篮球队：')
25 for name in baseball.union(basketball):
```

```
26        print(name)
27
28  # 演示差集：棒球队 - 篮球队
29  print()
30  print('下列学生参加了棒球队，但没有参加篮球队：')
31  for name in baseball.difference(basketball):
32        print(name)
33
34  # 演示差集：篮球队 - 棒球队
35  print()
36  print('下列学生参加了篮球队，但没有参加棒球队：')
37  for name in basketball.difference(baseball):
38        print(name)
39
40  # 演示对称差集
41  print()
42  print('下列学生参加了其中一个球队，但没有两个都参加：')
43  for name in baseball.symmetric_difference(basketball):
44        print(name)
```

程序输出

下列学生参加了棒球队：
雾子
半藏
堡垒
莱因哈特

下列学生参加了篮球队：
D.VA
堡垒
卢西奥
莱因哈特

下列学生同时参加了棒球队和篮球队：
堡垒
莱因哈特

下列学生参加了棒球队或篮球队：
雾子
半藏
莱因哈特
D.VA
堡垒
卢西奥

下列学生参加了棒球队，但没有参加篮球队：

雾子
半藏

下列学生参加了篮球队，但没有参加棒球队：
D.VA
卢西奥

下列学生参加了其中一个球队，但没有两个都参加：
雾子
半藏
D.VA
卢西奥

9.2.11　集合推导式

集合推导式读取输入元素的序列，并使用这些输入元素来生成集合。集合推导式的工作原理与第 7 章讨论的列表推导式相似。事实上，它的写法也和列表推导式一样，只不过集合推导式用大括号（{ }）括起来，而列表推导式用方括号（[ ]）括起来。

下面来看几个例子。假设有以下集合：

```
set1 = set([1, 2, 3, 4, 5])
```

以下语句使用集合推导式来生成集合的一个副本：

```
set2 = {item for item in set1}
```

再来看看另一个例子。以下代码创建一个数字集合，然后创建第二个集合，其中包含第一个集合中所有数字的平方：

```
set1 = set([1, 2, 3, 4, 5])
set2 = {item**2 for item in set1}
```

还可以将 if 子句与集合推导式一起使用。例如，假设一个集合包含整数，现在想创建第二个集合，其中只包含第一个集合中小于 10 的整数。以下代码展示了如何使用集合推导式来完成这个操作：

```
set1 = set([1, 20, 2, 40, 3, 50])
set2 = {item for item in set1 if item < 10}
```

上述代码执行后，set2 包含的值如下：

```
{1, 2, 3}
```

✔️ 检查点

9.16　集合中的元素是有序还是无序的？

9.17　集合允许存储重复的元素吗？

9.18　如何创建空集合？

9.19 执行以下语句后，myset 集合中存储的元素是什么？

```
myset = set('Jupiter')
```

9.20 执行以下语句后，myset 集合中存储的元素是什么？

```
myset = set(25)
```

9.21 执行以下语句后，myset 集合中存储的元素是什么？

```
myset = set('www xxx yyy zzz')
```

9.22 执行以下语句后，myset 集合中存储的元素是什么？

```
myset = set([1, 2, 2, 3, 4, 4, 4])
```

9.23 执行以下语句后，myset 集合中存储的元素是什么？

```
myset = set(['www', 'xxx', 'yyy', 'zzz'])
```

9.24 如何判断集合中元素的个数？

9.25 执行以下语句后，myset 集合中存储的元素是什么？

```
myset = set([10, 9, 8])
myset.update([1, 2, 3])
```

9.26 执行以下语句后，myset 集合中存储的元素是什么？

```
myset = set([10, 9, 8])
myset.update('abc')
```

9.27 remove 和 discard 方法有什么区别？

9.28 如何判断一个特定的元素是否存在于集合中？

9.29 执行以下代码后，哪些元素将成为 set3 的成员？

```
set1 = set([10, 20, 30])
set2 = set([100, 200, 300])
set3 = set1.union(set2)
```

9.30 执行以下代码后，哪些元素将成为 set3 的成员？

```
set1 = set([1, 2, 3, 4])
set2 = set([3, 4, 5, 6])
set3 = set1.intersection(set2)
```

9.31 执行以下代码后，哪些元素将成为 set3 的成员？

```
set1 = set([1, 2, 3, 4])
set2 = set([3, 4, 5, 6])
set3 = set1.difference(set2)
```

9.32 执行以下代码后，哪些元素将成为 set3 的成员？

```
set1 = set([1, 2, 3, 4])
set2 = set([3, 4, 5, 6])
set3 = set2.difference(set1)
```

9.33 执行以下代码后，哪些元素将成为 set3 的成员？

```
set1 = set(['a', 'b', 'c'])
set2 = set(['b', 'c', 'd'])
set3 = set1.symmetric_difference(set2)
```

9.34 对于以下两个集合，谁是谁的子集？谁是谁的超集？

```
set1 = set([1, 2, 3, 4])
set2 = set([2, 3])
```

9.3 对象序列化

概念：对象序列化是将对象转换为字节流的过程，字节流可以保存到文件中供以后恢复。在 Python 中，对象序列化的过程被称为"腌制"（pickling）。

第 6 章学习了如何在文本文件中存储数据。有的时候，需要将复杂对象（例如字典或集合）的内容存储到文件中。将对象保存到文件最简单的方法就是序列化对象。当对象被**序列化**时，它会转换为字节流，可以很容易地存储到文件中，以便将来恢复。

Python 将对象序列化的过程称为"**腌制**"[①]。Python 标准库提供了一个名为 `pickle` 的模块，该模块提供了各种用于序列化（或"腌制"）对象的函数。

导入 `pickle` 模块后，可以执行以下步骤来"腌制"对象：

- 打开一个文件供二进制写入；
- 调用 `pickle` 模块的 `dump` 函数腌制对象并将其写入指定文件；
- 腌制完想要保存到文件中的所有对象后，关闭文件。

下面更详细地讨论一下这些步骤。为了打开文件进行二进制写入，我们需要在调用 `open` 函数时使用 `'wb'` 模式。例如，以下语句打开一个名为 mydata.dat 的文件供二进制写入：

```
outputfile = open('mydata.dat', 'wb')
```

下面是一个如何使用 `with` 语句打开文件进行二进制写入的例子：

```
with open('mydata.dat', 'wb') as outputfile:
```

请尽可能使用 `with` 语句打开文件。当 `with` suite 内的语句执行完毕后，`with` 语句会自动关闭文件（参见 6.3.2 节）。

打开文件准备好进行二进制写入后，就可以调用 `pickle` 模块的 `dump` 函数。下面是 `dump` 函数的常规格式：

```
pickle.dump(object, file)
```

其中，*object* 变量引用了要腌制的对象；*file* 变量则引用了文件对象。执行该函数，*object* 引用的对象将被序列化并写入文件。我们可以腌制任何类型的对象，包括列表、

---

① 译注：Python 为什么把序列化的过程称为"腌制"呢？想象腌黄瓜的过程：1. 加点盐，把多余的水分挤掉；2. 紧凑地封装在罐子里。前者相当于对数据进行压缩，去掉冗余，后者相当于封装，将数据持久化。

元组、字典、集合、字符串、整数和浮点数。

可以在一个文件中保存任意数量的腌制对象。完成后，请确保已将文件关闭。如果没有使用 with 语句打开文件，请务必调用文件对象的 close 方法。以下交互会话简单演示了如何"腌制"一个字典：

```
1 >>> import pickle
2 >>> phonebook = { 'Chris' : '555-1111', Enter
3 ...                     'Katie' : '555-2222', Enter
4 ...                     'Joanne' : '555-3333' } Enter
5 >>> with open('phonebook.dat', 'wb') as output_file: Enter
6 ...      pickle.dump(phonebook, output_file) Enter Enter
7 ...
8 >>>
```

下面来仔细看看这个会话：
- 第 1 行导入 pickle 模块；
- 第 2 行~第 4 行创建一个包含名字（作为键）和电话号码（作为值）的字典；
- 第 5 行打开一个名为 phonebook.dat 的文件供二进制写入；
- 第 6 行调用 pickle 模块的 dump 函数将电话簿字典序列化并写入 phonebook.dat 文件。

在未来的某个时候，我们需要恢复腌制好的对象，这其实就是**反序列化**的过程。以下是需要执行的步骤：
- 打开一个文件供二进制读取。
- 调用 pickle 模块的 load 函数从文件中获取对象并恢复它（反序列化）。
- 恢复了文件中想要的所有对象后，关闭文件。

下面更详细地讨论这些步骤。为了打开文件进行二进制读取，我们需要在调用 open 函数时使用 'rb' 模式。例如，以下语句打开一个名为 mydata.dat 的文件供二进制读取：

```
inputfile = open('mydata.dat', 'rb')
```

下面是一个如何使用 with 语句打开文件进行二进制读取的例子：

```
with open('mydata.dat', 'rb') as inputfile:
```

打开文件准备好进行二进制读取后，就可以调用 pickle 模块的 load 函数。下面是 load 函数的常规格式：

```
object = pickle.load(file)
```

其中，*object* 是一个变量，*file* 是引用了文件对象的一个变量。执行该函数，*object* 对象将引用从文件中取回并恢复（反序列化）的对象。

可以根据需要从文件中恢复任意数量的对象。如果试图读取超过文件末尾的内容，load 函数会引发 EOFError 异常。完成后，请确保已将文件关闭。如果没有使用 with 语句打开文件，请务必调用文件对象的 close 方法。以下交互会话简单演示了如何恢复上

个会话腌制好的 phonebook 字典:

```
1 >>> import pickle
2 >>> with open('phonebook.dat', 'rb') as inputfile: Enter
3 ...                     pb = pickle.load(inputfile) Enter  Enter
4 ...
5 >>> pb Enter
6 {'Chris': '555-1111', 'Katie': '555-2222', 'Joanne': '555-3333'}
7 >>>
```

让我们仔细看看这个会话:
- 第 1 行导入 pickle 模块;
- 第 2 行打开一个名为 phonebook.dat 的文件供二进制读取;
- 第 3 行调用 pickle 模块的 load 函数,从 phonebook.dat 文件中获取并恢复一个对象,恢复好的对象会被赋给 pb 变量;
- 第 5 行显示 pb 变量引用的字典对象,结果如第 6 行所示。

　　程序 9.4 演示了对象腌制。程序提示用户输入地址信息(姓名、门牌号码和街道名称),输入的人数不限。每输入一个人的信息,这些信息就会被存储到一个字典中。然后,程序对字典进行腌制,并保存到一个名为 info.dat 的文件中。这个程序执行完毕后,info.dat 文件会为输入了信息的每个人都保存一个"腌制"好的字典对象。

程序 9.4 pickle_objects.py

```
1  # 这个程序演示了对象的腌制
2  import pickle
3
4  # main 函数
5  def main():
6      again = 'y'   # 用于控制循环
7
8      # 打开一个文件准备二进制写入
9      with open('info.dat', 'wb') as output_file:
10         # 获取数据, 直到用户表示停止
11         while again.lower() == 'y':
12             # 获取关于一个人的数据并保存它
13             save_data(output_file)
14
15             # 用户想输入更多数据吗?
16             again = input(' 继续输入吗? (y/n): ')
17
18 # save_data 函数获取一个人的地址数据,
19 # 把它存储到字典中, 然后将字典腌制到
20 # 指定文件中。
21 def save_data(file):
22     # 创建空白目录
23     person = {}
```

```
24
25        # 获取一个人的数据，并把它
26        # 存储到字典中。
27        person[' 名字 '] = input(' 名字：')
28        person[' 门牌 '] = int(input(' 门牌号码：'))
29        person[' 街道 '] = input(' 街道名称：')
30
31        # 腌制目录
32        pickle.dump(person, file)
33
34  # 调用 main 函数
35  if __name__ == '__main__':
36      main()
```

程序输出（用户输入的内容加粗显示）

```
名字：张三丰 [Enter]
门牌号码：43 [Enter]
街道名称：朝阳中路 [Enter]
继续输入吗？(y/n)：y [Enter]
名字：张无忌 [Enter]
门牌号码：16 [Enter]
街道名称：滨河东路 [Enter]
继续输入吗？(y/n)：n [Enter]
```

下面来仔细看看 main 函数。

- 第 6 行初始化 again 变量来控制循环迭代。
- 第 9 行打开 info.dat 文件供二进制写入。文件对象被赋给 output_file 变量。
- 只要 again 变量引用 'y' 或 'Y'，第 11 行开始的 while 循环就会重复。
- 在 while 循环内部，第 13 行调用 save_data 函数，并将 output_file 变量作为实参传递。save_data 函数的作用是获取一个人的数据，并以腌制好的字典对象的形式保存到文件中。
- 第 16 行提示用户输入 y 或 n，表示是否要输入更多数据。输入内容被赋给 again 变量。

再来看看 save_data 函数。

- 第 23 行让 person 变量引用一个空字典。
- 第 27 行提示用户输入人名，并将输入内容存储到 person 字典中。该语句执行后，字典将包含一个键值对，' 名字 ' 字符串为键，用户输入的内容为值。
- 第 28 行提示用户输入门牌号码，并将输入内容存储到 person 字典中。该语句执行后，字典将包含一个键值对，' 门牌 ' 字符串为键，用户输入的 int 为值。
- 第 29 行提示用户输入个人的街道名称，并将输入内容存储到 person 字典中。该语句执行后，字典将包含一个键值对，其中 ' 街道 ' 字符串为键，用户输入的字符串为值。
- 第 32 行腌制 person 字典并将其写入文件。

程序 9.5 演示了如何恢复（反序列化）之前腌制并保存到 info.dat 文件中的字典对象。

程序 9.5　unpickle_objects.py

```
1   # 这个程序演示了对象的恢复过程（即反序列化，或者说 unpickle）
2   import pickle
3
4   # main 函数
5   def main():
6       end_of_file = False  # 文件尾标志
7
8       # 打开一个文件准备二进制读取
9       with open('info.dat', 'rb') as input_file:
10          # 一直读取到文件尾
11          while not end_of_file:
12              try:
13                  # 恢复（反序列化）下一个对象
14                  person = pickle.load(input_file)
15
16                  # 显示对象
17                  display_data(person)
18              except EOFError:
19                  # 设置标志，指出已经
20                  # 到达文件尾
21                  end_of_file = True
22
23  # display_data 函数显示作为实参传递的
24  # 字典中的个人数据。
25  def display_data(person):
26      print(' 名字：', person[' 名字 '])
27      print(' 门牌号码：', person[' 门牌 '])
28      print(' 街道名称：', person[' 街道 '])
29      print()
30
31  # 调用 main 函数
32  if __name__ == '__main__':
33      main()
```

程序输出

```
名字：张三丰
门牌号码：43
街道名称：朝阳中路

名字：张无忌
门牌号码：16
街道名称：滨河东路
```

下面来仔细看看 main 函数。

- 第 6 行初始化的 end_of_file 变量用于标志程序何时到达 info.dat 文件尾。注意，该变量初始化为布尔值 False。

- 第 9 行打开 info.dat 文件供二进制读取，文件对象被赋给 input_file 变量。

- 只要 end_of_file 为 False，第 11 行开始的 while 循环就会一直重复。

- 在 while 循环内部，第 12 行 ~ 第 21 行是一个 try/except 结构。

- 在 try 语句中，第 14 行从文件中读取一个对象，恢复（反序列化）它并赋给 person 变量。如果此时已经到达文件尾，那么该语句将引发 EOFError 异常，程序将跳转到第 18 行的 except 子句。否则，第 17 行会调用 display_data 函数并传递 person 变量作为实参。

- 发生 EOFError 异常时，第 21 行将 end_of_file 变量设为 True，这会导致 while 循环停止迭代。

再来看看 display_data 函数。

- 调用该函数时，person 参数将引用作为实参传递的字典。

- 第 26 行打印与 person 字典中的 ' 名字 ' 键相关联的值。

- 第 27 行打印与 person 字典中的 ' 门牌 ' 键相关联的值。

- 第 28 行打印与 person 字典中的 ' 街道 ' 键相关联的值。

- 第 29 行打印一个空行。

✅ **检查点**

9.35 什么是对象序列化？

9.36 打开文件以便保存腌制对象时，应该使用什么文件访问模式？

9.37 打开文件以便从中恢复腌制对象时，应该使用什么文件访问模式？

9.38 为了腌制对象，需要导入哪个模块？

9.39 调用什么函数来腌制对象？

9.40 调用什么函数来取回并恢复腌制好的对象？

🧠 复习题

选择题

1. 使用操作符 ＿＿＿＿ 来判断字典中是否存在一个特定的键。

 a. & b. in c. ^ d. ?

2. 使用 ＿＿＿＿ 从字典中删除一个元素。

 a. remove 方法 b. erase 方法 c. delete 方法 d. del 语句

3. ＿＿＿＿ 函数返回字典中元素的个数：

 a. size() b. len() c. elements() d. count()

4. 使用 ＿＿＿＿ 创建一个空字典。

 a. {} b. () c. [] d. empty()

5. ＿＿＿＿ 方法从字典中返回最后添加的那个键值对。

 a. pop() b. random() c. popitem() d. rand_pop()

6. ＿＿＿＿ 方法返回与指定键关联的值，并从字典中删除该键值对。

 a. pop() b. random() c. popitem() d. rand_pop()

7. ＿＿＿＿ 方法返回字典中与指定键关联的值。若找不到键，则返回默认值。

 a. pop() b. key() c. value() d. get()

8. ＿＿＿＿ 方法以一个元组序列的形式返回字典的所有键及其关联的值。

 a. keys_values() b. values()

 c. items() d. get()

9. ＿＿＿＿ 函数返回集合中元素的数量。

 a. size() b. len() c. elements() d. count()

10. 使用 ＿＿＿＿ 方法向集合中添加一个元素。

 a. append b. add c. update d. merge

11. 使用 ＿＿＿＿ 方法将一组元素添加到集合中。

 a. append b. add c. update d. merge

12. 集合方法 ＿＿＿＿ 会删除一个元素，但找不到该元素时不会引发异常。

 a. remove b. discard c. delete d. erase

13. 集合方法 ＿＿＿＿ 会删除一个元素，找不到该元素时会引发异常。

 a. remove b. discard c. delete d. erase

14. ＿＿＿＿ 操作符求两个集合的并集。

 a. | b. & c. - d. ^

15. ＿＿＿＿ 操作符求两个集合的差集。

 a. | b. & c. - d. ^

16. ＿＿＿＿ 操作符求两个集合的交集。

 a. | b. & c. - d. ^

17. _____ 操作符求两个集合的对称差。

    a. | b. &   c. -   d. ˆ

判断题

1. 字典中的键必须是可变对象。

2. 字典不是序列。

3. 元组可以作为字典的键。

4. 列表可以作为字典的键。

5. 在空字典上调用 popitem 方法不会引发异常。

6. 以下语句创建了一个空字典：

```
mydct = {}
```

7. 以下语句创建了一个空集合：

```
myset = ()
```

8. 集合以无序的方式存储元素。

9. 可以在集合中存储重复的元素。

10. 如果在集合中找不到指定的元素，remove 方法会引发异常。

简答题

1. 以下代码会显示什么结果？

```
dct = {'Monday':1, 'Tuesday':2, 'Wednesday':3}
print(dct['Tuesday'])
```

2. 以下代码会显示什么结果？

```
dct = {'Monday':1, 'Tuesday':2, 'Wednesday':3}
print(dct.get('Monday', 'Not found'))
```

3. 以下代码会显示什么结果？

```
dct = {'Monday':1, 'Tuesday':2, 'Wednesday':3}
print(dct.get('Friday', 'Not found'))
```

4. 以下代码会显示什么结果？

```
stuff = {'aaa' : 111, 'bbb' : 222, 'ccc' : 333}
print(stuff['bbb'])
```

5. 如何从字典中删除一个元素？

6. 如何判断字典中存储的元素的数量？

7. 以下代码会显示什么？

```
dct = {1:[0, 1], 2:[2, 3], 3:[4, 5]}
print(dct[3])
```

8. 以下代码将显示哪些值？（显示顺序无关紧要）

```
dct = {1:[0, 1], 2:[2, 3], 3:[4, 5]}
for k in dct:
    print(k)
```

9. 执行以下语句后，myset 集合中将存储哪些元素？

```
myset = set('Saturn')
```

10. 执行以下语句后，myset 集合中将存储哪些元素？

```
myset = set(10)
```

11. 执行以下语句后，myset 集合中将存储哪些元素？

```
myset = set('a bb ccc dddd')
```

12. 执行以下语句后，myset 集合中将存储哪些元素？

```
myset = set([2, 4, 4, 6, 6, 6, 6])
```

13. 执行以下语句后，myset 集合中将存储哪些元素？

```
myset = set(['a', 'bb', 'ccc', 'dddd'])
```

14. 以下代码会显示什么结果？

```
myset = set('1 2 3')
print(len(myset))
```

15. 执行以下代码后，set3 集合将包含哪些元素？

```
set1 = set([10, 20, 30, 40])
set2 = set([40, 50, 60])
set3 = set1.union(set2)
```

16. 执行以下代码后，set3 集合将包含哪些元素？

```
set1 = set(['o', 'p', 's', 'v'])
set2 = set(['a', 'p', 'r', 's'])
set3 = set1.intersection(set2)
```

17. 执行以下代码后，set3 集合将包含哪些元素？

```
set1 = set(['d', 'e', 'f'])
set2 = set(['a', 'b', 'c', 'd', 'e'])
set3 = set1.difference(set2)
```

18. 执行以下代码后，set3 集合将包含哪些元素？

```
set1 = set(['d', 'e', 'f'])
set2 = set(['a', 'b', 'c', 'd', 'e'])
set3 = set2.difference(set1)
```

19. 执行以下代码后，set3 集合将包含哪些元素？

```
set1 = set([1, 2, 3])
```

```
set2 = set([2, 3, 4])
set3 = set1.symmetric_difference(set2)
```

20. 以下两个集合中，哪个是哪个的超集，哪个是哪个的超集？

```
set1 = set([100, 200, 300, 400, 500])
set2 = set([200, 400, 500])
```

算法工作台

1. 写语句来创建包含以下键值对的一个字典：

```
'a' : 1
'b' : 2
'c' : 3
```

2. 写语句来创建一个空字典。

3. 假设变量 dct 引用了一个字典。写 if 语句来判断字典中是否存在键 'James'。如果存在，则显示与该键关联的值。如果键不在字典中，则显示一条提示消息。

4. 假设变量 dct 引用了一个字典。写 if 语句来判断字典中是否存在键 'Jim'。如果存在，则删除 'Jim' 及其关联的值。

5. 写代码来创建一个包含整数 10，20，30 和 40 的集合。

6. 假设变量 set1 和 set2 分别引用一个集合。写代码来创建另一个集合，其中包含 set1 和 set2 的所有元素。将新集合赋给变量 set3。

7. 假设变量 set1 和 set2 分别引用一个集合。写代码来创建另一个集合，其中只包含在 set1 和 set2 中都有的元素。将新集合赋给变量 set3。

8. 假设变量 set1 和 set2 分别引用一个集合。写代码来创建另一个集合，其中包含在 set1 中有但在 set2 中没有的元素。将新集合赋给变量 set3。

9. 假设变量 set1 和 set2 分别引用一个集合。写代码来创建另一个集合，其中包含在 set2 中有但在 set1 中没有的元素。将新集合赋给变量 set3。

10. 假设变量 set1 和 set2 分别引用一个集合。写代码来创建另一个集合，其中包含在 set1 或 set2 中存在，但不会在两个集合中同时存在的元素。将新集合赋给变量 set3。

11. 假设存在以下列表：

```
numbers = [1, 2, 3, 4, 5]
```

编写一个语句，使用字典推导式来创建一个字典，其中每个元素都包含一个来自 numbers 列表的数字作为键，该数字和 10 的乘积作为值。也就是说，字典应包含以下元素：

```
{1: 10, 2: 20, 3: 30, 4: 40, 5: 50}
```

12. 假设存在以下字典：

```
test_averages = {'Janelle':98, 'Sam': 87, 'Jennifer':92,
    'Thomas':74, 'Sally':89, 'Zeb':84}
```

编写一个语句，使用字典推导式创建名为 high_scores 的新字典，其中应包含 test_averages 字典中值大于或等于 90 的所有元素。

13. 假设变量 dct 引用了一个字典。编写代码来腌制字典并保存到名为 mydata.dat 的文件中。

14. 编写代码来取回并恢复（反序列化）在算法工作台 13 中腌制（序列化 fff）的字典。

编程练习

1. 课程信息

写程序来创建包含课程编号和教室的一个字典。字典中应包含以下键值对。

课程编号（键）	教室（值）
CS101	3004
CS102	4501
CS103	6755
NT110	1244
CM241	1411

程序还应创建一个字典，其中包含课程编号和每门课的老师姓名。字典中应包含以下键值对。

课程编号（键）	老师（值）
CS101	Haynes
CS102	Alvarado
CS103	Rich
NT110	Burke
CM241	Lee

程序还应创建一个字典，其中包含课程编号和每门课的上课时间。字典中应包含以下键值对。

课程编号（键）	上课时间（值）
CS101	8:00 a.m.
CS102	9:00 a.m.
CS103	10:00 a.m.
NT110	11:00 a.m.
CM241	1:00 p.m.

程序应该允许用户输入课程编号，然后显示这门课的教室、老师和上课时间。

2. 美国各州首府

▶ 视频讲解：The Capital Quiz Problem

编写程序来创建以美国各州为键、以各州首府为值的字典（请自行在网上查找州和首府的表格）。然后，程序应随机对用户进行测验，显示一个州的名称，并要求用户输入该州的首府。程序应记录正确和错误回答的次数。这个程序的一个变体是使用国家名称及其首都。

3. 文件加密和解密

编写一个程序，使用字典对字母表中的每个字母进行"编码"。例如：

```
codes = { 'A' : '%', 'a' : '9', 'B' : '@', 'b' : '#', ...}
```

在这个例子中，为字母 'A' 分配了符号 '%'，为字母 'a' 分配了数字 '9'，为字母 'B' 分配了符号 '@'，以此类推。

程序应打开一个指定的文本文件，读取其内容，然后利用这个字典将文件内容的加密版本写入另一个文件。另一个文件中的每个字符都应包含第一个文件中相应字符的"编码"。

再编写一个程序，打开加密文件并在屏幕上显示解密后的内容。

4. 唯一的单词

写程序打开一个指定的文本文件，显示文件中所有唯一的单词。

提示：将每个单词都作为集合中的一个元素来存储。

5. 词频

编写一个程序来读取文本文件内容的。程序应创建一个字典，其中的键是在文件中找到的单词，值是每个单词出现的次数。例如，如果单词"the"出现了 128 次，那么字典中就会包含一个以 'the' 为键、以 128 为值的元素。程序应显示每个单词的出现频率，或创建第二个文件，在其中列出每个单词及其出现的频率。

6. 文件分析

编写一个程序来读取两个文本文件的内容，并完成以下分析。

- 列出两个文件中出现的所有单词（不要重复）。
- 列出两个文件中都有的单词。
- 列出第一个文件有但第二个文件没有的单词。
- 列出第二个文件有但第一个文件没有的单词。
- 列出在任何文件一个中出现，但不会在两个文件中都出现的单词。

提示：使用集合操作来执行这些分析。

7. 世界大赛冠军

本书配套资源的 Chapter 09 文件夹有一个名为 WorldSeriesWinners.txt 的文件。该文件按时间顺序列出了 1903 到 2009 这些年的世界大赛冠军球队[②]。文件的第一行是 1903 年获胜的球队名称，最后一行是 2009 年获胜的球队名称。注意，1904 年和 1994 年没有进行世界大赛。文件中和这两年对应的项有说明；例如，1904 年的说明是"World Series Not Played in 1904"。

编写一个程序来读取该文件并创建一个字典，其中的键是球队名称，每个键的相关值是该球队赢得世界大赛冠军的次数。程序还应创建一个字典，其中的键是年份，和每个键关联的值是该年获胜球队的名称。

程序应提示用户输入 1903 年到 2009 年的一个年份，并显示当年赢得世界大赛冠军的球队名称，以及该球队赢得世界大赛冠军的次数。

8. 姓名和电子邮件地址

编写一个程序，将姓名和电子邮件地址作为键值对保存在字典中。程序应显示一个菜单，让用户查询某个人的电子邮件地址、添加新的姓名和电子邮件地址、更改现有电子邮件地址以及删除现有的姓名和电子邮件地址。当用户退出程序时，程序应腌制这个字典，并将其保存到文件中。程序每次启动时，都应从文件中取回字典并进行恢复（反序列化）。

测试程序时，请使用虚构的名字和电子邮件地址。

9. 模拟 21 点游戏

本章展示了 card_dealer.py 程序，它用于模拟从一副牌中发牌。请改进该程序，模拟在两个虚拟玩家之间玩简化版的 21 点游戏。下面是牌的点数分配方案。

- 数字牌被分配其牌面上的点数。例如，黑桃 2 的点数是 2，方块 5 的点数是 5。
- J，Q 和 K 的点数是 10。
- A 的点数是 1 或 11，具体由玩家选择。

程序应向每位玩家发牌，直到其中一位玩家手上拿到的牌的点数超过 21 点。当出现这种情况时，另一名玩家就是赢家。也有可能两位玩家手上的牌同时超过 21 点，在这种情况下，两位玩家都不会获胜。程序应重复进行，直到发完所有牌。

如果玩家拿到一张 A，程序应根据以下规则决定这张牌的点数：A 的点数为 11 点，除非这会使玩家手上的牌超过 21 点；在这种情况下，A 的点数为 1 点。

10. 单词索引

编写一个程序来读取文本文件内容的。程序应创建一个字典，其中的键值对像下面这样配置。

- 键：键是文件中发现的单独的单词。
- 值：每个值都是一个列表，其中包含该单词（键）在文件中出现的所有行号。

例如，假设 'robot' 一词出现在第 7，18，94 和 138 行，那么字典将包含一个元素，其中的键是字符串 'robot'，值是包含数字 **7**，**18**，**94** 和 **138** 的一个列表。

创建好字典后，程序应创建另一个文本文件，即"单词索引"。在这个文件中列出字典的内容。

---

② 译注：世界大赛是美国职棒大联盟每年 10 月举行的总冠军赛，是美国以及加拿大职业棒球最高等级的赛事。自 1903 年起，世界大赛每年举行，由美国联盟和国家联盟的冠军进行 7 战 4 胜制的总冠军赛，获胜的一方获得世界大赛奖杯。

单词索引文件应包含按字母顺序排列的单词（键）列表，同时还包含这些单词在原始文件中出现的行号。图 9.2 展示了一个原始文本文件（Kennedy.txt）及其索引文件（index.txt）的例子。

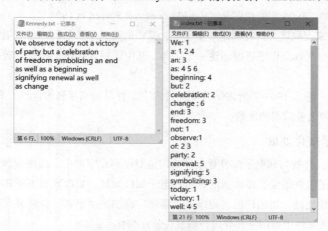

图 9.2 示例原始文件和索引文件

第 10 章
类和面向对象编程

10.1 过程式编程和面向对象编程

概念：过程式编程是一种编写软件的方法。它是一种以程序中发生的过程或行动为中心的编程实践。面向对象编程是以对象为中心。对象从封装了数据和函数的抽象数据类型创建。

目前使用的编程方法主要有两种：过程式和面向对象。最早的编程语言是过程式的，即一个程序由一个或多个过程组成。可将**过程**（procedure）简单地理解为执行特定任务的函数，例如收集用户输入、执行计算、读取或写入文件、显示输出等。本书到目前为止的程序都是过程式的。

通常，过程和它操作的数据项是分开的。在过程式程序中，数据项通常从一个过程传递到另一个过程。可以想象，过程式编程的重点在于创建对程序数据进行操作的过程。然而，随着程序变得越来越大、越来越复杂，数据和操作数据的代码之间的这种分离可能会造成一些问题。

例如，假设你所在的编程团队写了一个庞大的客户数据库程序。程序最初的设计是通过三个变量来引用客户的姓名、地址和电话号码。你的任务是设计几个函数，接收这三个变量作为实参，并对其执行操作。该软件已成功运行了一段时间，但团队被要求对其进行更新，增加一些新功能。在修订过程中，高级程序员告诉你，客户的姓名、地址和电话号码将不再存储在变量中。相反，它们将存储在一个列表中。这意味着你必须修改之前设计的所有函数，使它们能接收并处理列表（而不是三个变量）。进行这些大范围的修改不仅工作量大，还容易在代码中引入错误。

过程式编程以创建过程（函数）为中心，**面向对象编程**（object-oriented programming，OOP）则以创建对象为中心。**对象**是同时包含了数据和过程的软件实体。对象中包含的数据称为对象的**数据属性**（data attribute）。对象的数据属性其实就是一些引用了数据的变量。对象执行的过程称为**方法**。对象的方法其实就是对对象的数据属性执行操作的函数。从概念上讲，对象是一个独立的单元，由数据属性和对数据属性进行操作的方法构成。如图 10.1 所示。

OOP 通过封装和数据隐藏来解决代码和数据分离的问题。**封装**是指将数据和代码合并到一个对象中。**数据隐藏**是指一个对象对其外部代码隐藏其数据属性的能力。只有对象的方法才能直接访问和更改对象的数据属性。

对象通常会隐藏其数据，但允许外部代码访问其方法。如图 10.2 所示，对象的方法允许对象外部的编程语句间接访问对象的数据属性。

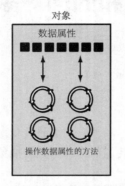

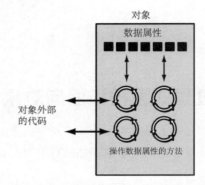

图 10.1 对象中包含数据属性和方法　　　**图 10.2 对象外部的代码与对象的方法交互**

当一个对象的数据属性对外部代码隐藏，而且只有对象的方法才能访问数据属性时，可以防范数据属性被意外破坏。另外，对象外部的代码无需了解对象数据的格式或内部结构。代码只需与对象的方法交互。当程序员需要更改对象内部数据属性的结构时，可以自行修改对象的方法，以便对数据进行正确的操作。但是，外部代码与方法交互的方式不会改变。

10.1.1 对象的可重用性

除了解决因为代码和数据分离而引发的问题，**对象可重用性**的趋势也促进了 OOP 的使用。对象不是一个独立的程序，而是由需要它提供的服务的程序所使用。例如，莎莎是一名程序员，她开发了一套用于渲染 3D 图形的对象。她是一名数学奇才，对计算机图形学非常了解，因此可以用她的对象进行编码，以执行所有必要的 3D 数学运算，同时还能处理计算机的视频硬件。汤姆为一家建筑公司写程序，他的程序需要显示建筑物的 3D 图像。由于时间紧迫，而且不具备大量的计算机图形学知识，因此他可以使用莎莎的对象来执行 3D 渲染，当然，需要支付少量费用。

10.1.2 日常生活中的对象

假定我们平时使用的闹钟是一个软件对象，它具有以下数据属性：
- current_second（范围为 0~59 的值）
- current_minute（范围为 0~59 的值）
- current_hour（范围为 1~12 的值）
- alarm_time（有效的小时和分钟值）
- alarm_is_set（True 或 False）

　　如你所见，数据属性其实就是定义了闹钟当前**状态**的一些值。闹钟对象的用户不能直接操作这些数据属性，因为它们是**私有**的。要更改数据属性的值，必须使用对象的某个方法。以下是闹钟对象提供的方法：

- set_time
- set_alarm_time
- set_alarm_on
- set_alarm_off

　　每个方法都能操作一个或多个数据属性。例如，set_time 方法允许设置闹钟当时的时间。按下闹钟顶部的按钮即可激活该方法。使用另一个按钮，则可以激活 set_alarm_time 方法来设置闹铃时间。

　　此外，还可以通过另一个按钮执行 set_alarm_on 和 set_alarm_off 方法，从而开启或关闭闹铃。注意，所有这些方法都可以由闹钟外部的你激活。对象外部实体可以访问的方法称为**公共方法**。

　　闹钟还可以有一些私有方法，这些方法是对象私有的、内部的工作机制。外部实体（例如你——闹钟的用户）无法直接访问闹钟的私有方法。闹钟对象会自动执行这些方法，并向你隐藏细节。以下是闹钟对象提供的一些私有方法：

- increment_current_second
- increment_current_minute
- increment_current_hour
- sound_alarm

　　每秒钟都会执行一次 increment_current_second 方法。这会造成 current_second 数据属性的值发生改变。该方法执行时，如果 current_second 数据属性的值正好是 59，那么该方法会将 current_second 重置为 0，并导致 increment_current_minute 方法的执行。类似地，除非 current_minute 数据属性的当前值是 59，否则 increment_current_minute 方法会使 current_minute 数据属性递增 1。如果当前值是 59，该方法会将 current_minute 重置为 0，并导致 increment_current_hour 方法的执行。increment_current_minute 方法将新时间与 alarm_time 进行比较。如果两个时间匹配，并且闹铃已开启，那么执行 sound_alarm 方法开始响铃。

🕐 检查点

　　10.1 什么是对象？

　　10.2 什么是封装？

　　10.3 为什么对象的内部数据通常对外部代码隐藏？

　　10.4 什么是公共方法？什么是私有方法？

10.2 类

概念：类为特定类型的对象规定了数据属性和方法。

▶ 视频讲解：Classes and Objects

现在，让我们讨论一下如何在软件中创建对象。在创建对象之前，程序员必须对其进行设计。程序员确定必要的数据属性和方法，然后创建一个类。**类**为特定类型的对象规定了数据属性和方法。可以把类想象成创建对象时使用的"蓝图"。它的作用类似于建房子时使用的蓝图。蓝图本身并不是房子，而是对房子的详细描述。当我们根据蓝图建造一座真正的房子时，可以说是在建造蓝图所描述的房子的一个**实例**。如果愿意，可以根据同一张蓝图建造几栋一模一样的房子。每栋房子都是蓝图所描述的房子的一个独立实例。图 10.3 展示了这一思路。

描述了房子的一张蓝图

根据草图来建造的房子的实例(对象)

图 10.3 蓝图和根据蓝图建造的房子

关于类和对象之间的区别，还有一种思考方式，那就是饼干模和饼干之间的区别。虽然饼干模本身不是饼干，但它可以描述饼干的样子。饼干模可以用来制作一块饼干，也可以制作多块饼干。把类想象成饼干模，把根据类来创建的对象想象成饼干。

总之，类描述了对象应具有的特征。程序运行时，可以根据需要使用类在内存中创建任意数量的对象。根据类来创建的每个对象都称为类的**实例**。

例如，杰西卡是一名昆虫学家，她也喜欢写计算机程序。她设计了一个程序对不同类型的昆虫进行编目。作为程序的一部分，她创建了一个名为 Insect 的类，该类指定了所有类型的昆虫的共同特征。Insect 类是一个可供创建对象的规范。接着，她写了一些编程语句，创建了一个名为 housefly 的对象，它是 Insect 类的一个实例。housefly 对象占用了计算机内存的一个区域，存储了关于家蝇数据。它具有 Insect 类规定的数据属性和方法。然后，她又写了一些编程语句，创建了一个名为 mosquito 的对象。mosquito 对象也是 Insect 类的一个实例。它也在内存中有自己的区域，并存储了关于蚊子的数据。虽然 housefly 对象和 mosquito 对象在计算机内存中是各自独立的实体，但它们都是根据 Insect 类来创建的。这意味着每个对象都具有 Insect 类所描述的数据属性和方法。如图 10.4 所示。

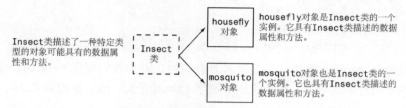

图 10.4 housefly 对象和 mosquito 对象均为 Insect 类的实例

10.2.1 类定义

我们通过写一个类定义来创建类。**类定义**是定义了类的方法和数据属性的一组语句。下面来看一个简单的例子。假设要写一个模拟抛硬币的程序。在这个程序中，需要反复抛硬币，每次都要判断硬币是正面朝上还是反面朝上。采用面向对象的开发方法，我们准备写一个名为 Coin 的类来模拟硬币及其行为。

程序 10.1 展示了类定义，我们稍后会对此进行解释。注意，它目前还不完整。以后的程序中会逐渐完善它。

程序 10.1 Coin.py – 只有 Coin 类，非完整的程序

```
1   import random
2
3   # Coin 类模拟一枚
4   # 可以翻转的硬币。
5
6   class Coin:
7
8       # __init__ 方法将 sideup 数据
9       # 属性初始化为 ' 正面 '.
10
11      def __init__(self):
12          self.sideup = ' 正面 '
13
14      # toss 方法随机生成 0 或 1,
15      # 如果生成 0, 那么 sideup
16      # 会被设为 ' 正面 '; 否则,
17      # sideup 会被设为 ' 反面 '.
18
19      def toss(self):
```

```
20            if random.randint(0, 1) == 0:
21                self.sideup = '正面'
22            else:
23                self.sideup = '反面'
24
25    # get_sideup 方法返回
26    # sideup 引用的值。
27
28    def get_sideup(self):
29        return self.sideup
```

第 1 行导入 random 模块。这是必须要有的的，因为我们要用 randint 函数来生成随机数。第 6 行开始类定义。类定义以关键字 class 开头，然后是类名 Coin，最后是一个冒号。

适用于变量名的规则同样适用于类名。不过，注意，本书的类名采用了首字母大写字母的形式，例如 Coin 类。这不是一项要求，但却是程序员广泛遵循的一项约定。这有助于在阅读代码时轻松区分类名和变量名。

Coin 类有以下三个方法：
- __init__ 方法在第 11 行和第 12 行定义
- toss 方法在第 19 行~第 23 行定义
- get_sideup 方法在第 28 行~第 29 行定义

除了它们出现在类中这一事实外，注意这些方法定义看起来与 Python 中的其他函数定义一样。它们都以一个 header（函数头、方法头）开始，后面是缩进的语句块。

仔细看看每个方法定义的 header（第 11 行、第 19 行和第 28 行），注意每个方法都有一个名为 self 的形参变量：

```
第 11 行：   def __init__(self):
第 19 行：   def toss(self):
第 28 行：   def get_sideup(self):
```

类的每个方法都需要有 self 参数。[1] 前面讨论面向对象编程时说过，方法操作的是一个特定对象的数据属性。方法执行时，它必须通过某种方式知道要操作哪个对象的数据属性。这就是 self 参数的作用。调用一个方法时，Python 会自动让 self 参数引用该方法要操作的特定对象。

下面来看看每个方法。第一个方法名为 __init__，它在第 11 行和第 12 行定义。

```
def __init__(self):
    self.sideup = '正面'
```

大多数 Python 类都有一个名为 __init__ 的特殊方法。一旦在内存中创建了类的一个实例，就会自动执行该方法。通常将 __init__ 方法称为**初始化方法**，因为它初始化了

---
[1]　译注：方法必须有这个参数。虽然不一定命名为 self，但强烈建议遵循这一标准实践。

对象的数据属性。方法名以两个下画线字符开头，后跟 init，最后又是两个下画线字符。

在内存中创建一个对象后，会立即执行它的 __init__ 方法，而且会自动将刚才创建的对象赋给 self 参数。在本例中，方法内部会执行第 12 行的语句：

```
self.sideup = '正面'
```

该语句将字符串'正面'赋给刚才创建的对象的 sideup 数据属性。由于这个 __init__ 方法的存在，所以从 Coin 类创建的每个对象最初都会有一个设为'正面'的 sideup 属性。

> 注意：__init__ 方法通常是类定义中的第一个方法。

第 19 行～第 23 行定义了 toss 方法。

```
def toss(self):
    if random.randint(0, 1) == 0:
        self.sideup = '正面'
    else:
        self.sideup = '反面'
```

该方法同样包含必须的 self 形参变量。调用 toss 方法时，self 会自动引用该方法要操作的对象。

toss 方法的作用是模拟抛硬币。执行该方法时，第 20 行的 if 语句会调用 random.randint 函数，得到一个 0 或 1 的随机整数。如果数字为 0，那么第 21 行的语句会将'正面'赋给 self.sideup。否则，第 23 行的语句会将'反面'赋给 self.sideup。

第 28 行和第 29 行定义了 get_sideup 方法。

```
def get_sideup(self):
    return self.sideup
```

该方法同样有必须的 self 形参变量。它的作用很简单，就是返回 self.sideup 的值。任何时候只要想知道硬币的哪一面朝上，就可以调用该方法。

为了演示 Coin 类的用法，我们需要写一个完整的程序来实际地创建一个对象。程序 10.2 展示了一个例子。Coin 类的定义出现在第 6 行～第 29 行。程序的 main 函数出现在第 32 行～第 44 行。

程序 10.2 coin_demo1.py

```
1   import random
2
3   # Coin 类模拟一枚
4   # 可以翻转的硬币。
5
6   class Coin:
7
8       # __init__ 方法将 sideup 数据
```

```
9          # 属性初始化为 ' 正面 '.
10
11     def __init__(self):
12         self.sideup = ' 正面 '
13
14         # toss 方法随机生成 0 或 1,
15         # 如果生成 0, 那么 sideup
16         # 会被设为 ' 正面 '; 否则,
17         # sideup 会被设为 ' 反面 '。
18
19     def toss(self):
20         if random.randint(0, 1) == 0:
21             self.sideup = ' 正面 '
22         else:
23             self.sideup = ' 反面 '
24
25         # get_sideup 方法返回
26         # sideup 引用的值。
27
28     def get_sideup(self):
29         return self.sideup
30
31 # main 函数
32 def main():
33     # 创建 Coin 类的一个对象
34     my_coin = Coin()
35
36     # 显示硬币朝上的一面
37     print(' 朝上的一面是: ', my_coin.get_sideup())
38
39     # 抛硬币
40     print(' 正在抛硬币 ...')
41     my_coin.toss()
42
43     # 显示硬币朝上的一面
44     print(' 朝上的一面是: ', my_coin.get_sideup())
45
46 # 调用 main 函数
47 if __name__ == '__main__':
48     main()
```

程序输出

```
朝上的一面是: 正面
正在抛硬币 ...
朝上的一面是: 反面
```

程序输出

> 朝上的一面是：　正面
> 正在抛硬币 ...
> 朝上的一面是：　正面

程序输出

> 朝上的一面是：　正面
> 正在抛硬币 ...
> 朝上的一面是：　反面

注意第 34 行的语句：

```
my_coin = Coin()
```

操作符 = 右侧的表达式 Coin() 会导致下面两件事情的发生。

1. 在内存中创建 Coin 类的一个对象。

2. 执行 Coin 类的 __init__ 方法，并自动将 self 参数设为刚才创建的对象。因此，该对象的 sideup 属性被赋值为字符串 ' 正面 '。

图 10.5 展示了这些步骤。

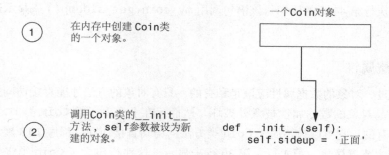

图 10.5 Coin() 表达式引发的行动

然后，操作符 = 将刚才创建的 Coin 对象赋给 my_coin 变量。如图 10.6 所示，在执行了第 12 行的语句后，my_coin 变量将引用一个 Coin 对象，该对象的 sideup 属性将被赋值为字符串 ' 正面 ' 。

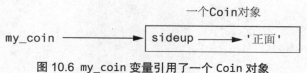

图 10.6 my_coin 变量引用了一个 Coin 对象

接着, `main` 函数中执行第 37 行的语句。

```
print(' 朝上的一面是: ', my_coin.get_sideup())
```

该语句将打印一条消息,显示硬币当前哪面朝上。注意,语句中使用了以下表达式:

```
my_coin.get_sideup()
```

该表达式在 `my_coin` 引用的对象上调用 `get_sideup` 方法。方法执行时, `self` 参数将自动引用 `my_coin` 对象。结果,方法返回字符串 ' 正面 '。

注意,虽然 `sideup` 方法有 `self` 形参变量,但我们不需要向它传递实参。调用方法时, Python 自动将“对调用对象(主调对象)的引用”传递给方法的第一个参数。因此, `self` 参数将自动引用方法要操作的对象。

接着执行第 40 行和第 41 行的语句:

```
print(' 正在抛硬币 ...')
my_coin.toss()
```

第 41 行在 `my_coin` 引用的对象上调用 `toss` 方法。方法执行时, `self` 参数将自动引用 `my_coin` 对象。该方法将随机生成一个数,然后使用这个数来更改对象的 `sideup` 属性的值。

接下来执行第 44 行的语句。该语句调用 `my_coin.get_sideup()` 来显示硬币当前朝上的一面。

10.2.2 隐藏属性

之前说过,对象的数据属性应该是私有的,只有对象的方法才能直接访问这些属性。这样可以防范对象的数据属性被意外破坏。然而,在上个例子的 Coin 类中, `sideup` 属性并不是私有的。它可以被不属于 Coin 类方法的语句直接访问。程序 10.3 展示了一个例子。注意,为节省篇幅,第 1 行 ~ 第 30 行未显示。这些行包含了 Coin 类定义,与程序 10.2 的第 1 行 ~ 第 30 行相同。

程序 10.3 coin_demo2.py

```
(这里省略了与程序 10.2 一样的第 1 行 ~ 第 30 行)
31  # main 函数
32  def main():
33      # 创建 Coin 类的一个对象
34      my_coin = Coin()
35
36      # 显示硬币朝上的一面
37      print(' 朝上的一面是: ', my_coin.get_sideup())
38
39      # 抛硬币
40      print(' 正在抛硬币 ...')
41      my_coin.toss()
42
43      # 现在开始作弊! 可以将对象
```

```
44        # 的 sideup 的属性的值直接
45        # 更改为 ' 正面 '。
46        my_coin.sideup = ' 正面 '
47
48        # 显示硬币朝上的一面
49        print(' 朝上的一面是: ', my_coin.get_sideup())
50
51  # 调用 main 函数
52  if __name__ == '__main__':
53        main()
```

程序输出

```
朝上的一面是：正面
正在抛硬币 ...
朝上的一面是：正面
```

程序输出

```
朝上的一面是：正面
正在抛硬币 ...
朝上的一面是：正面
```

程序输出

```
朝上的一面是：正面
正在抛硬币 ...
朝上的一面是：正面
```

第 34 行在内存中创建一个 Coin 对象，并将其赋给 my_coin 变量。第 37 行显示硬币哪面朝上，第 41 行调用对象的 toss 方法。但是，第 46 行直接将字符串 ' 正面 ' 赋给对象的 sideup 属性：

```
my_coin.sideup = ' 正面 '
```

无论 toss 方法的结果如何，该语句都会将 my_coin 对象的 sideup 属性更改为 ' 正面 '。从程序的三次示例运行可以看出，硬币总是正面朝上！

为了真正模拟抛硬币，我们不能让类外部的代码更改 toss 方法的结果。为此，需要将 sideup 属性设为私有。在 Python 中，以两个下画线作为属性名的开头，即可将该属性隐藏。如果将 sideup 属性的名称改为 __sideup，那么 Coin 类外部的代码就无法访问它。程序 10.4 是修改后的 Coin 类。

程序 10.4 coin_demo3.py

```
1   import random
2
3   # Coin 类模拟一枚
4   # 可以翻转的硬币。
5
6   class Coin:
7
```

```
8        # __init__ 方法将 __sideup
9        # 数据属性初始化为 ' 正面 '.
10
11       def __init__(self):
12           self.__sideup = ' 正面 '
13
14       # toss 方法随机生成 0 或 1,
15       # 如果生成 0, 那么 __sideup
16       # 会被设为 ' 正面 '; 否则,
17       # __sideup 会被设为 ' 反面 '。
18
19       def toss(self):
20           if random.randint(0, 1) == 0:
21               self.__sideup = ' 正面 '
22           else:
23               self.__sideup = ' 反面 '
24
25       # get_sideup 方法返回
26       # __sideup 引用的值。
27
28       def get_sideup(self):
29           return self.__sideup
30
31 # main 函数
32 def main():
33       # 创建 Coin 类的一个对象
34       my_coin = Coin()
35
36       # 显示硬币朝上的一面
37       print(' 朝上的一面是: ', my_coin.get_sideup())
38
39       # 抛硬币
40       print(' 模拟抛 10 次硬币: ')
41       for count in range(10):
42           my_coin.toss()
43           print(my_coin.get_sideup())
44
45 # 调用 main 函数
46 if __name__ == '__main__':
47       main()
```

程序输出

```
朝上的一面是:  正面
模拟抛 10 次硬币:
正面
正面
```

| 正面 |
| 反面 |
| 反面 |
| 正面 |
| 反面 |
| 正面 |
| 反面 |
| 正面 |

10.2.3 将类存储到模块中

在本章迄今为止的所有程序中，Coin 类定义与使用 Coin 类的编程语句都在同一文件中。这种方法适合只使用了一两个类的小程序。然而，随着程序使用的类越来越多，就越来越需要对这些类进行有序的组织。

程序员一般通过将类定义存储到模块中来组织它们。以后，任何程序想要使用模块中包含的类，直接导入该模块即可。例如，假设我们决定将 Coin 类保存到名为 coin 的模块中。程序 10.5 展示了 coin.py 文件的内容。以后需要在程序中使用 Coin 类时，就可以导入 coin 模块。程序 10.6 对此进行了演示。

程序 10.5 coin.py

```
1   import random
2
3   # Coin 类模拟一枚
4   # 可以翻转的硬币。
5
6   class Coin:
7
8       # __init__ 方法将 __sideup 数据
9       # 属性初始化为 ' 正面 '.
10
11      def __init__(self):
12          self.__sideup = ' 正面 '
13
14      # toss 方法随机生成 0 或 1,
15      # 如果生成 0, 那么 sideup
16      # 会被设为 ' 正面 '; 否则,
17      # sideup 会被设为 ' 反面 '.
18
19      def toss(self):
20          if random.randint(0, 1) == 0:
21              self.__sideup = ' 正面 '
22          else:
23              self.__sideup = ' 反面 '
24
25      # get_sideup 方法返回
```

```
26        # sideup 引用的值。
27
28    def get_sideup(self):
29        return self.__sideup
```

程序 10.6 coin_demo4.py

```
1  # 这个程序导入 coin 模块并
2  # 创建 Coin 类的一个实例
3
4  import coin
5
6  def main():
7      # 创建 Coind 类的一个对象
8      my_coin = coin.Coin()
9
10     # 显示硬币朝上的一面
11     print(' 朝上的一面是: ', my_coin.get_sideup())
12
13     # 抛硬币
14     print(' 模拟抛 10 次硬币: ')
15     for count in range(10):
16         my_coin.toss()
17         print(my_coin.get_sideup())
18
19 # 调用 main 函数
20 if __name__ == '__main__':
21     main()
```

程序输出

```
朝上的一面是:  正面
模拟抛 10 次硬币:
正面
正面
反面
正面
反面
正面
反面
正面
反面
正面
```

第 4 行导入 coin 模块。注意，为了创建 Coin 类的一个新实例，第 8 行的语句必须先写模块名称，后跟一个点，再像以前那样写 Coin 类名和一对圆括号:

```
my_coin = coin.Coin()
```

10.2.4 BankAccount 类

再来看看另一个例子。程序 10.7 展示了一个 BankAccount 类，它存储在名为 bankaccount 的一个模块中。从该类创建的对象将模拟银行账户，允许指定起始余额、进行存款操作、进行取款操作以及获取当前余额。

程序 10.7 bankaccount.py

```
1   # BankAccount 类模拟了银行账户
2
3   class BankAccount:
4
5       # __init__ 方法接收代表
6       # 账户余额的一个实参,
7       # 该值被赋给 __balance 属性。
8
9       def __init__(self, bal):
10          self.__balance = bal
11
12      # deposit 方法
13      # 向账户存款。
14
15      def deposit(self, amount):
16          self.__balance += amount
17
18      # withdraw 方法从账户
19      # 中取出指定金额。
20
21      def withdraw(self, amount):
22          if self.__balance >= amount:
23              self.__balance -= amount
24          else:
25              print(' 错误: 余额不足 ')
26
27      # get_balance 方法返回
28      # 当前账户余额。
29
30      def get_balance(self):
31          return self.__balance
```

注意，__init__ 方法有两个形参变量：self 和 bal。bal 参数接收账户的起始余额作为实参。第 10 行将 bal 参数所代表的金额赋给对象的 __balance 属性。

第 15 行和第 16 行是 deposit 方法。该方法有两个形参变量：self 和 amount。调用该方法时，要存入账户的金额会传给 amount 参数。然后，第 16 行将参数值加到 __balance 属性上。

第 21 行到第 25 行是 withdraw 方法。该方法有两个形参变量：self 和 amount。调用该方法时，要从账户中提取的金额会传给 amount 参数。从第 22 行开始的 if 语句判断账户余额是否足够完成取款。如果是，第 23 行就从 __balance 中减去金额。否则，第 25 行显示消息：错误：余额不足。

第 30 行和第 31 行是用于查询余额的 get_balance 方法，它直接返回 __balance 属性的值。

程序 10.8 演示了如何使用该类。

程序 10.8 account_test.py

```
1   # 这个程序演示了 BankAccount 类的用法
2
3   import bankaccount
4
5   def main():
6       # 获取起始余额。
7       start_bal = float(input('输入账户起始余额：'))
8
9       # 创建 BankAccount 对象
10      savings = bankaccount.BankAccount(start_bal)
11
12      # 存入工资
13      pay = float(input('你本周领了多少工资？'))
14      print('我会把这些钱存入你的账户。')
15      savings.deposit(pay)
16
17      # 显示当前余额
18      print(f'账户余额为 ${savings.get_balance():,.2f}。')
19
20      # 获取取款金额
21      cash = float(input('要取多少钱？'))
22      print('我会从你的账户取出这些钱。')
23      savings.withdraw(cash)
24
25      # 显示当前余额
26      print(f'账户余额为 ${savings.get_balance():,.2f}。')
27
28  # 调用 main 函数
29  if __name__ == '__main__':
30      main()
```

程序输出（用户输入的内容加粗显示）

```
输入账户起始余额：1000.00 [Enter]
你本周领了多少工资？ 500.00 [Enter]
我会把这些钱存入你的账户。
账户余额为 $1,500.00。
要取多少钱？ 1200.00 [Enter]
我会从你的账户取出这些钱。
```

账户余额为 $300.00。

程序输出（用户输入的内容加粗显示）

输入账户起始余额：**1000.00** [Enter]
你本周领了多少工资？ **500.00** [Enter]
我会把这些钱存入你的账户。
账户余额为 **$1,500.00**。
要取多少钱？ **2000.00** [Enter]
我会从你的账户取出这些钱。
错误：余额不足
账户余额为 **$1,500.00**。

第 7 行从用户处获取账户起始余额，并将其赋给 start_bal 变量。第 10 行创建 BankAccount 类的一个实例，并将其赋给 savings 变量。请仔细查看语句：

```
savings = bankaccount.BankAccount(start_bal)
```

注意，在括号中添加了 start_bal 变量。这会导致 start_bal 变量作为实参传递给 __init__ 方法。在 __init__ 方法中，它实际被传给 bal 参数。

第 13 行获取用户的周薪，并将其赋给 pay 变量。第 15 行调用 savings.deposit 方法，并将 pay 变量作为实参传递。在 deposit 方法中，它实际被传给 amount 参数。

第 18 行显示账户余额。注意，这里使用一个 f 字符串来调用 savings.get_balance 方法，将该方法返回的值格式化为美元金额。

第 21 行获取用户想要取出的金额，并将其赋给 cash 变量。第 23 行调用 savings.withdraw 方法，将 cash 变量作为实参传递。在 withdraw 方法中，它实际会传给 amount 参数。第 26 行的语句显示了期末账户余额。

10.2.5 __str__ 方法

我们经常需要显示一条消息来说明对象的状态。对象的**状态**简单地说就是该对象在任何给定时刻的属性值。例如，之前定义的 BankAccount 类有一个名为 __balance 的数据属性。在任何给定时刻，BankAccount 对象的 __balance 属性都会引用某个值。__balance 属性的值代表了对象当时的状态。以下示例代码显示了一个 BankAccount 对象的状态：

```
account = bankaccount.BankAccount(1500.0)
print(f' 余额为 ${account.get_balance():,.2f}')
```

第一个语句创建一个 BankAccount 对象，并将值 1500.0 传递给 __init__ 方法。语句执行后，account 变量将引用新建的 BankAccount 对象。第二行显示一个格式化好的字符串，显示该对象的 __balance 属性值。该语句的输出结果如下所示：

```
余额为 $1,500.00
```

显示对象的状态是一项相当常见的任务，因而许多程序员都在自己的类中配备了一个方法来返回包含对象状态的一个字符串。在 Python 中，这个方法被命名为 __str__。程序 10.9 是新增了 __str__ 方法的 BankAccount 类。__str__ 方法在第 36 行和第 37 行定义。它返回一个表示账户余额的字符串。

程序 10.9 bankaccount2.py

```
1   # BankAccount 类模拟了银行账户
2
3   class BankAccount:
4
5       # __init__ 方法接收代表
6       # 账户余额的一个实参,
7       # 该值被赋给 __balance 属性。
8
9       def __init__(self, bal):
10          self.__balance = bal
11
12      # deposit 方法
13      # 向账户存款。
14
15      def deposit(self, amount):
16          self.__balance += amount
17
18      # withdraw 方法从账户
19      # 中取出指定金额。
20
21      def withdraw(self, amount):
22          if self.__balance >= amount:
23              self.__balance -= amount
24          else:
25              print('错误: 余额不足')
26
27      # get_balance 方法返回
28      # 当前账户余额。
29
30      def get_balance(self):
31          return self.__balance
32
33      # __str__ 方法返回代表对象状态
34      # 的一个字符串
35
36      def __str__(self):
37          return f'账户余额为 ${self.__balance:,.2f}'
```

这里没有直接调用 __str__ 方法，而是在将对象作为实参传递给 print 函数时，自动调用该方法。程序 10.10 展示了一个例子。

程序 10.10 account_test2.py

```
1    # 这个程序演示了 BankAccount 类的用法,
2    # 该类已经添加了显示对象状态的 __str__ 方法。
3
4    import bankaccount2
5
6    def main():
7        # 获取起始余额。
8        start_bal = float(input(' 输入账户起始余额: '))
9
10       # 创建 BankAccount 对象
11       savings = bankaccount2.BankAccount(start_bal)
12
13       # 存入工资
14       pay = float(input(' 你本周领了多少工资? '))
15       print(' 我会把这些钱存入你的账户。')
16       savings.deposit(pay)
17
18       # 显示当前余额
19       print(f' 账户余额为 ${savings.get_balance():,.2f}。')
20
21       # 获取取款金额
22       cash = float(input(' 要取多少钱? '))
23       print(' 我会从你的账户取出这些钱。')
24       savings.withdraw(cash)
25
26       # 显示当前余额
27       print(savings)
28
29   # 调用 main 函数
30   if __name__ == '__main__':
31       main()
```

程序输出（用户输入的内容加粗显示）

```
输入账户起始余额: 1000.00 Enter
你本周领了多少工资? 500.00 Enter
我会把这些钱存入你的账户。
账户余额为 $1,500.00。
要取多少钱? 1200.00 Enter
我会从你的账户取出这些钱。
账户余额为 $300.00。
```

第 19 行以传统方式打印账户余额, 需要向 print 函数传递 f 字符串来格式化输出。第 27 行直接向 print 函数传递 savings 对象。这会导致调用 BankAccount 类的 __str__ 方法, 显示从 __str__ 方法返回的、格式化好的对象状态字符串。

将对象作为实参传递给内置的 str 函数时，也会自动调用 __str__ 方法，如下例所示:

```
account = bankaccount2.BankAccount(1500.0)
message = str(account)
print(message)
```

在第二个语句中，account 对象作为实参传递给 str 函数。这导致调用 BankAccount 类的 __str__ 方法。返回的字符串被赋给 message 变量，并由第三行的 print 函数显示。

检查点

10.5 有人说:"蓝图是房屋的设计图。工人可以使用蓝图来建房子。如果工人愿意，他们可以用同一张蓝图建造几座一模一样的房子。"把这想象为对类和对象的比喻。蓝图是代表一个类，还是代表一个对象?

10.6 本章用饼干模和用它制作的饼干来比喻类和对象。在这个比喻中，对象是饼干模还是饼干?

10.7 __init__ 方法的作用是什么? 何时执行?

10.8 方法中的 self 参数有什么用?

10.9 在 Python 类中，如何在类外部的代码面前隐藏属性?

10.10 __str__ 方法的作用是什么?

10.11 如何调用 __str__ 方法?

10.3 操作类的实例

概念: 类的每个实例都有自己的数据属性集。

类的一个方法使用 self 参数创建了一个属性后，该属性就从属于 self 所引用的那个特定对象。我们称这种属性为**实例属性**，因其属于类的一个特定实例。

可在一个程序中创建同一个类的多个实例。每个实例都有自己的属性集。例如，程序 10.11 创建了 Coin 类的三个实例。每个实例都有自己的 __sideup 属性。

程序 10.11 coin_demo5.py

```
1  # 这个程序导入 coin 模块并
2  # 创建了 Coin 类的三个实例。
3
4  import coin
5
6  def main():
7      # 创建 Coin 类的三个对象
8      coin1 = coin.Coin()
9      coin2 = coin.Coin()
10     coin3 = coin.Coin()
11
12     # 显示每一枚硬币朝上的一面
```

```
13        print(' 三枚硬币的这些面朝上：')
14        print(coin1.get_sideup())
15        print(coin2.get_sideup())
16        print(coin3.get_sideup())
17        print()
18
19        # 抛硬币
20        print(' 抛三枚硬币 ...')
21        print()
22        coin1.toss()
23        coin2.toss()
24        coin3.toss()
25
26        # 显示每一枚硬币朝上的一面
27        print(' 现在，三枚硬币的这些面朝上：')
28        print(coin1.get_sideup())
29        print(coin2.get_sideup())
30        print(coin3.get_sideup())
31        print()
32
33  # 调用 main 函数
34  if __name__ == '__main__':
35        main()
```

程序输出

```
三枚硬币的这些面朝上：
正面
正面
正面

抛三枚硬币 ...

现在，三枚硬币的这些面朝上：
反面
反面
正面
```

第 8 行～第 10 行的语句创建了三个对象，每个对象都是 Coin 类的一个实例：

```
coin1 = coin.Coin()
coin2 = coin.Coin()
coin3 = coin.Coin()
```

　　图 10.7 表明，在执行了这些语句后，coin1，coin2 和 coin3 变量会引用三个不同的对象。注意，每个对象都有自己的 __sideup 属性。第 14 行～第 16 行显示了每个对象的 get_sideup 方法返回的值。

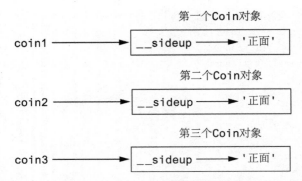

图 10.7 coin1, coin2 和 coin3 变量引用了三个 Coin 对象

然后，第 22 行 ~ 第 24 行的语句调用了每个对象的 toss 方法。

```
coin1.toss()
coin2.toss()
coin3.toss()
```

图 10.8 展示了在程序的一次示例运行中这些语句如何修改每个对象的 __sideup 属性。

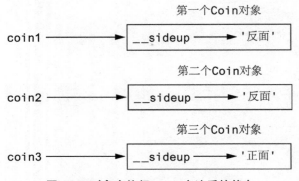

图 10.8 对象在执行 toss 方法后的状态

聚光灯：创建 CellPhone 类

Wireless Solutions 公司销售手机和无线上网服务。你是该公司 IT 部门的一名程序员。团队现在要设计一个程序来管理所有库存手机。你的任务是设计一个表示手机的类。下面列出类中需要用到的数据属性：

- __manufact 属性容纳了手机制造商的名称；
- __model 属性容纳了手机型号；
- __retail_price 属性容纳了手机的零售价。

该类还要定义以下方法：

- __init__ 方法，它接收制造商、型号和零售价参数；

- set_manufact 方法，接收制造商参数，一旦对象创建好，即可利用该方法更改 __manufact 属性的值；
- set_model 方法，接收一个型号参数，一旦对象创建好后，即可利用该方法更改 __model 属性的值；
- set_retail_price 方法，接收一个零售价参数，一旦对象创建好后，即可利用该方法更改 __retail_price 属性的值；
- get_manufact 方法，它返回手机的制造商；
- get_model 方法，它返回手机的型号；
- get_retail_price 方法，它返回手机的零售价格。

程序 10.12 展示了类的定义。该类存储在 cellphone 这个模块中。

程序 10.12 cellphone.py

```
1   # CellPhone 类保存关于手机的数据
2
3   class CellPhone:
4
5       # __init__ 方法对属性进行初始化
6
7       def __init__(self, manufact, model, price):
8           self.__manufact = manufact
9           self.__model = model
10          self.__retail_price = price
11
12      # set_manufact 方法接收一个
13      # 代表手机制造商的参数。
14
15      def set_manufact(self, manufact):
16          self.__manufact = manufact
17
18      # set_model 方法接收一个
19      # 代表手机型号的参数。
20
21      def set_model(self, model):
22          self.__model = model
23
24      # set_retail_price 方法接收一个
25      # 代表手机零售价的参数。
26
27      def set_retail_price(self, price):
28          self.__retail_price = price
29
30      # get_manufact 方法返回
31      # 手机制造商
32
```

```
33      def get_manufact(self):
34          return self.__manufact
35
36      # get_model 方法返回
37      # 手机型号。
38
39      def get_model(self):
40          return self.__model
41
42      # get_retail_price 方法返回
43      # 手机零售价。
44
45      def get_retail_price(self):
46          return self.__retail_price
```

团队开发的几个程序需要导入 CellPhone 类。为了测试该类，可以写像程序 10.13 那样的代码。这是一个简单的程序，它提示用户输入手机的制造商、型号和零售价。然后，创建 CellPhone 类的实例，并将输入的数据赋给它的各个属性。

程序 10.13　cell_phone_test.py

```
1   # 这个程序测试 CellPhone 类
2
3   import cellphone
4
5   def main():
6       # 获取手机数据
7       man = input('输入制造商: ')
8       mod = input('输入型号: ')
9       retail = float(input('输入零售价: '))
10
11      # 创建 CellPhone 类的一个实例
12      phone = cellphone.CellPhone(man, mod, retail)
13
14      # 显示输入的数据
15      print('以下是你输入的数据: ')
16      print(f'制造商: {phone.get_manufact()}')
17      print(f'型号: {phone.get_model()}')
18      print(f'零售价: ${phone.get_retail_price():,.2f}')
19
20  # 调用 main 函数
21  if __name__ == '__main__':
22      main()
```

程序输出（用户输入的内容加粗显示）

输入制造商: **华为** [Enter]
输入型号: **Nova 11i** [Enter]

输入零售价：**262** Enter
以下是你输入的数据：
制造商：华为
型号：Nova 11i
零售价：$262.00

10.3.1 取值和赋值方法

　　如前所述，一个常见的实践是将类的所有数据属性设为私有，并提供用于访问和更改这些属性的公共方法。这样可以确保拥有这些属性的对象能够控制所有对这些属性的更改。

　　从类的属性返回值但不更改属性的方法称为**取值方法**（accessor method）。取值方法提供了一种安全的方式让类外部的代码获取属性值，同时不会造成属性被方法外部的代码更改。在程序 10.12（上一个"聚光灯"小节）的 CellPhone 类中，get_manufact、get_model 和 get_retail_price 方法均为取值方法。

　　向数据属性存储值或以其他方式更改数据属性的方法称为**赋值方法**（mutator method）。赋值方法可以控制对类的数据属性进行修改的方式。当类外部的代码需要更改对象的数据属性值时，通常会调用赋值方法，并将新值作为实参传递。如有必要，赋值方法可以在将值赋给数据属性之前对其进行校验。在之前的程序 10.12 中，set_manufact、set_model 和 set_retail_price 方法均为赋值方法。

　　注意：在英语环境中，取值和赋值方法有多种说法，前者包括 accessor 和 getter；后者包括 mutator 和 setter。

聚光灯：在列表中存储对象

　　上一个"聚光灯"小节创建的 CellPhone 类将在多个程序中使用。许多程序会用列表来存储 CellPhone 对象。为了测试在列表中存储 CellPhone 对象的能力，你写了如程序 10.14 所示的代码。该程序从用户处获取 5 款手机的数据，创建 5 个包含这些数据的 CellPhone 对象，并将这些对象存储到一个列表中。然后，程序遍历这个列表，显示每个对象的属性。

　　程序 10.14 cell_phone_list.py

```
1  # 这个程序创建 5 个 CellPhone 对象,
2  # 并将它们存储到一个列表中
3
4  import cellphone
5
6  def main():
7      # 获取 CellPhone 对象的一个列表
8      phones = make_list()
9
```

```
10          # 显示列表中的数据
11          print(' 以下是你输入的数据：')
12          display_list(phones)
13
14  # make_list 函数从用户处获取
15  # 5 款手机的数据。函数返回一个
16  # 包含这些数据的 CellPhone 对象列表。
17
18  def make_list():
19          # 创建一个空列表
20          phone_list = []
21
22          # 向列表添加 5 个 CellPhone 对象
23          print(' 输入 5 款手机的数据。')
24          for count in range(1, 6):
25              # 获取手机数据
26              print(' 手机编号 ' + str(count) + ': ')
27              man = input(' 输入制造商：')
28              mod = input(' 输入型号：')
29              retail = float(input(' 输入零售价：'))
30              print
31
32              # 在内存中新建一个 CellPhone 对象，
33              # 并把它赋给 phone 变量。
34              phone = cellphone.CellPhone(man, mod, retail)
35
36              # 将对象添加到列表
37              phone_list.append(phone)
38
39          # 返回列表
40          return phone_list
41
42  # display_list 函数接受一个包含
43  # CellPhone 对象的列表作为参数，
44  # 并显示每个对象中存储的数据。
45
46  def display_list(phone_list):
47      for item in phone_list:
48          print(item.get_manufact())
49          print(item.get_model())
50          print(item.get_retail_price())
51          print()
52
53  # 调用 main 函数
54  if __name__ == '__main__':
55      main()
```

程序输出（用户输入的内容加粗）

```
输入 5 款手机的数据。
手机编号 1:
输入制造商: 华为 [Enter]
输入型号: Mate 10 Porsche Design Factory Unlocked 256GB [Enter]
输入零售价: 699.99 [Enter]
手机编号 2:
输入制造商: 华为 [Enter]
输入型号: P40 Pro 5G ELS-NX9 256GB [Enter]
输入零售价: 619.99 [Enter]
手机编号 3:
输入制造商: 苹果 [Enter]
输入型号: iPhone SE 2nd Generation [Enter]
输入零售价: 139.00 [Enter]
手机编号 4:
输入制造商: 苹果 [Enter]
输入型号: iPhone 13 Pro Max 256 GB [Enter]
输入零售价: 1199.00 [Enter]
手机编号 5:
输入制造商: 摩托罗拉 [Enter]
输入型号: Moto G Stylus 5G [Enter]
输入零售价: 149.00 [Enter]
以下是你输入的数据:
华为
Mate 10 Porsche Design Factory Unlocked 256GB
699.99

华为
P40 Pro 5G ELS-NX9 256GB
619.99

苹果
iPhone SE 2nd Generation
139.0

苹果
iPhone 13 Pro Max 256 GB
1199.0

摩托罗拉
Moto G Stylus 5G
149.0
```

第 18 行 ~ 第 40 行定义了 make_list 函数。第 20 行创建一个名为 phone_list 的空列表。从第 24 行开始的 for 循环总共迭代 5 次。每次迭代时，都会从用户处获取手机数据（第

27 行～第 29 行），创建一个 CellPhone 类实例并用数据来初始化（第 34 行），并将该对象追加到 phone_list 中（第 37 行）。整个循环结束后，第 40 行返回填充好的列表。

第 46 行～第 51 行的 display_list 函数接收 CellPhone 对象列表作为参数。第 47 行开始的 for 循环遍历列表中的对象，并显示每个对象的属性值。

10.3.2 将对象作为参数传递

在开发使用了对象的应用程序时，经常需要编写接收对象作为参数的函数和方法。例如，以下代码显示了一个名为 show_coin_status 的函数，它接受 Coin 对象作为参数：

```
def show_coin_status(coin_obj):
    print('硬币朝上的一面是: ', coin_obj.get_sideup())
```

以下示例代码展示了如何创建一个 Coin 对象，然后将其作为参数传递给 show_coin_status 函数：

```
my_coin = coin.Coin()
show_coin_status(my_coin)
```

将对象作为参数传递时，传给形参变量的是一个对象引用。因此，接收对象作为参数的函数或方法可以访问实际对象。以下面这个 flip 方法为例：

```
def flip(coin_obj):
    coin_obj.toss()
```

该方法接收 Coin 对象作为参数，并调用该对象的 toss 方法。程序 10.15 演示了如何使用该方法。

程序 10.15　coin_argument.py

```
1   # 这个程序将一个 Coin 对象
2   # 作为参数传递给函数。
3   import coin
4
5   # main 函数
6   def main():
7       # 创建一个 Coin 对象
8       my_coin = coin.Coin()
9
10      # 这会显示 '正面'
11      print(my_coin.get_sideup())
12
13      # 将对象传给 flip 函数
14      flip(my_coin)
15
16      # 这可能显示 '正面',
17      # 也可能显示 '反面'。
18      print(my_coin.get_sideup())
```

```
19
20  # flip 函数随机扔硬币；flip 和 toss 的意思一样
21  def flip(coin_obj):
22      coin_obj.toss()
23
24  # 调用 main 函数
25  if __name__ == '__main__':
26      main()
```

程序输出

| 正面 |
| 反面 |

程序输出

| 正面 |
| 正面 |

程序输出

| 正面 |
| 反面 |

第 8 行的语句创建了一个 Coin 对象，由变量 my_coin 引用。第 11 行显示 my_coin 对象的 __sideup 属性的值。由于对象的 __init__ 方法将 __sideup 属性初始化为 ' 正面 '，所以我们知道第 11 行会显示字符串 ' 正面 '。第 14 行调用 flip 函数，并将 my_coin 对象作为参数传递。flip 函数内部会调用 my_coin 对象的 toss 方法。然后，第 18 行再次显示 my_coin 对象的 __sideup 属性值。这一次，我们无法预测显示的是 ' 正面 ' 还是 ' 反面 '，因为已经调用了 my_coin 对象的 toss 方法，完成了一次"抛"硬币的动作。注意，这里的 flip 和 toss 是同一个意思，都是抛硬币或者扔硬币的意思。

聚光灯："腌制"自己的对象

第 9 章讲过，pickle 模块提供了用于序列化对象的函数。对象的序列化是指将对象转换成字节流，保存到文件中以便将来恢复。pickle 模块的 dump 函数序列化（"腌制"）对象并将其写入文件，而 load 函数从文件中取回对象并反序列化（恢复）它。

第 9 章已经展示了如何"腌制"和恢复字典对象的例子。还可以对自己类中的对象进行腌制和恢复。程序 10.16 举例说明了如何"腌制"三个 CellPhone 对象，并将它们保存到文件中。程序 10.17 则从文件中取出这些对象并恢复它们。

程序 10.16 pickle_cellphone.py

```
1  # 这个程序腌制 CellPhone 对象
2  import pickle
3  import cellphone
4
5  # 代表文件名的常量
6  FILENAME = 'cellphones.dat'
```

```
7
8  def main():
9      # 初始化循环控制变量
10     again = 'y'
11
12     # 打开一个文件以进行二进制写入
13     with open(FILENAME, 'wb') as output_file:
14         # 从用户处获取数据
15         while again.lower() == 'y':
16             # 获取手机数据
17             man = input('输入制造商: ')
18             mod = input('输入型号: ')
19             retail = float(input('输入零售价: '))
20
21             # 创建一个 CellPhone 对象
22             phone = cellphone.CellPhone(man, mod, retail)
23
24             # 腌制对象并把它写入文件
25             pickle.dump(phone, output_file)
26
27             # 输入更多手机数据吗?
28             again = input('输入更多手机数据吗?(y/n): ')
29
30     print(f'数据已写入 {FILENAME}。')
31
32 # 调用 main 函数
33 if __name__ == '__main__':
34     main()
```

程序输出(用户输入的内容加粗显示)

输入制造商: **华为** Enter
输入型号: **P40 Pro 5G ELS-NX9 256GB** Enter
输入零售价: **619.99** Enter
输入更多手机数据吗?(y/n): **y** Enter
输入制造商: **苹果** Enter
输入型号: **iPhone 13 Pro Max 256 GB** Enter
输入零售价: **1199.00** Enter
输入更多手机数据吗?(y/n): **n** Enter
数据已写入 cellphones.dat。

程序 10.17 unpickle_cellphone.py

```
1  # 这个程序从文件中恢复(反序列化)CellPhone 对象
2  import pickle
3  import cellphone
4
5  # 代表文件名的常量
```

```
6    FILENAME = 'cellphones.dat'
7
8  def main():
9      end_of_file = False    # 文件尾标志
10
11     # 打开文件
12     with open(FILENAME, 'rb') as input_file:
13         # 一直读到文件尾
14         while not end_of_file:
15             try:
16                 # 恢复 ( 反序列化 ) 下一个对象
17                 phone = pickle.load(input_file)
18
19                 # 显示手机数据
20                 display_data(phone)
21             except EOFError:
22                 # 设置标志,指出已经
23                 # 到达文件尾
24                 end_of_file = True
25
26 # display_data 函数显示作为实参传递的
27 # CellPhone 对象中的数据。
28 def display_data(phone):
29     print(f' 制造商: {phone.get_manufact()}')
30     print(f' 型号: {phone.get_model()}')
31     print(f' 零售价: ${phone.get_retail_price():,.2f}')
32     print()
33
34 # 调用 main 函数
35 if __name__ == '__main__':
36     main()
```

程序输出

```
制造商: 华为
型号: P40 Pro 5G ELS-NX9 256GB
零售价: $619.99


制造商: 苹果
型号: iPhone 13 Pro Max 256 GB
零售价: $1,199.00
```

聚光灯: 在字典中存储对象

　　第 9 章讲过,字典是将元素作为"键值对"存储的对象。字典中的每个元素都有一个键和一个值。通过指定键,即可从字典中检索与之关联的值。第 9 章展示了如何在字典中存储字符串、整数、浮点数、列表和元组等值。还可以在字典中存储类的对象。

下面来看一个例子。假设要创建用于保存联系人信息（例如姓名、电话号码和电子邮件地址）的一个程序。为此，可以先写一个类，例如程序 10.18 展示的 Contact 类。Contact 类的实例保存了以下数据：

- 联系人的姓名保存在 __name 属性中
- 联系的电话号码保存在 __phone 属性中
- 联系人的电子邮件地址保存在 __email 属性中

该类提供的方法如下：

- __init__ 方法，它接受联系人的姓名、电话号码和电子邮件地址参数
- set_name 方法，用于设置 __name 属性值
- set_phone 方法，用于设置 __phone 属性值
- set_email 方法，用于设置 __email 属性值
- get_name 方法，用于返回 __name 属性值
- get_phone 方法，用于返回 __phone 属性值
- get_email 方法，用于返回 __email 属性值
- __str__ 方法，用于以字符串形式返回对象状态

程序 10.18 contact.py

```
1    # Contact 类保存联系人信息
2
3    class Contact:
4        # __init__ 方法初始化各个属性
5        def __init__(self, name, phone, email):
6            self.__name = name
7            self.__phone = phone
8            self.__email = email
9
10       # set_name 方法设置 name 属性
11       def set_name(self, name):
12           self.__name = name
13
14       # set_phone 方法设置 phone 属性
15       def set_phone(self, phone):
16           self.__phone = phone
17
18       # set_email 方法设置 email 属性
19       def set_email(self, email):
20           self.__email = email
21
22       # get_name 方法返回 name 属性
23       def get_name(self):
24           return self.__name
25
```

```
26       # get_phone 方法返回 phone 属性
27       def get_phone(self):
28           return self.__phone
29
30       # get_email 方法返回 email 属性
31       def get_email(self):
32           return self.__email
33
34       # __str__ 方法将对象状态
35       # 作为一个字符串返回。
36       def __str__(self):
37           return f' 姓名: {self.__name}\n' + \
38                  f' 电话: {self.__phone}\n' + \
39                  f'Email: {self.__email}'
```

接着可以编写一个程序，将 Contact 对象保存到字典中。每次程序创建一个 Contact 对象来保存相关数据时，该对象就会作为一个值保存到字典中，并以该联系人的姓名作为键。以后需要检索特定联系人的数据时，可以使用姓名作为键，从字典中检索 Contact 对象。

程序 10.19 展示了一个例子，它会显示一个菜单，允许用户执行以下任何操作：

- 在字典中查找联系人
- 在字典中添加新联系人
- 更改字典中的现有联系人
- 从字典中删除联系人
- 退出程序

此外，当用户退出程序时，程序会自动腌制字典并保存到文件中。当程序启动时，它将自动从文件中取回并恢复字典。（第 10 章讲过，所谓“腌制”（pickle）对象是指把它序列化并保存到文件中，而“恢复”（unpickle）对象则是从文件中取回并反序列化对象。如果文件不存在，程序将新建一个空字典。

程序分解为 8 个函数：main，load_contacts，get_menu_choice，look_up，add，change，delete 和 save_contacts。这里不是一次性列出整个程序。相反，让我们先来看看开头的部分，其中包括 import 语句、全局常量定义和 main 函数。

程序 10.19 contact_manager.py 的 main 函数

```
1  # 这个程序用于管理联系人
2  import contact
3  import pickle
4
5  # 代表菜单选项的全局常量
6  LOOK_UP = 1
7  ADD = 2
8  CHANGE = 3
9  DELETE = 4
10 QUIT = 5
```

```
11
12  # 代表文件名的全局常量
13  FILENAME = 'contacts.dat'
14
15  # main 函数
16  def main():
17      # 加载现有联系人字典并将
18      # 其赋给 mycontacts 变量。
19      mycontacts = load_contacts()
20
21      # 初始化一个代表用户选择的变量
22      choice = 0
23
24      # 处理菜单选择, 直到用户表示
25      # 想退出程序。
26      while choice != QUIT:
27          # 获取用户的菜单选择
28          choice = get_menu_choice()
29
30          # 处理选择
31          if choice == LOOK_UP:
32              look_up(mycontacts)
33          elif choice == ADD:
34              add(mycontacts)
35          elif choice == CHANGE:
36              change(mycontacts)
37          elif choice == DELETE:
38              delete(mycontacts)
39
40      # 将 mycontacts 字典保存到文件
41      save_contacts(mycontacts)
42
```

第 2 行导入 contact 模块, 该模块包含之前开发的 Contact 类。第 3 行导入 pickle 模块。第 6 行~第 10 行初始化的全局常量用于测试用户的菜单选择。第 13 行初始化的 FILENAME 常量代表用于保存腌制的字典副本的文件名, 即 contacts.dat。

在 main 函数中, 第 19 行调用了 load_contacts 函数。记住, 如果程序之前运行过, 并在字典中添加了姓名, 那么这些姓名已经保存到 contacts.dat 文件中。load_contacts 函数将打开文件, 从中获取字典, 并返回对字典的引用。如果程序之前未运行过, 那么 contacts.dat 文件还不存在。在这种情况下, 函数 load_contacts 将创建一个空字典, 并返回对它的引用。因此, 执行第 19 行的语句后, mycontacts 变量将引用一个字典。如果程序之前运行过, mycontacts 将引用一个包含联系人对象的字典。程序第一次运行时, mycontacts 引用的是一个空字典。

第 22 行将 choice 变量初始化为 0。该变量将保存用户的菜单选择。

从第 26 行开始的 while 循环会一直重复，直到用户选择退出程序。在循环内部，第 28 行调用 get_menu_choice 函数来显示以下菜单：

1. 查找联系人

2. 新增联系人

3. 更改现有联系人

4. 删除联系人

5. 退出程序

get_menu_choice 函数会返回用户的选择，并将这个选择赋给 choice 变量。

第 31 行~第 38 行的 if-elif 语句处理用户的菜单选择。如果用户选择菜单 1，那么第 32 行调用 look_up 函数。如果选择菜单 2，那么第 34 行调用 add 函数。如果选择菜单 3，那么第 36 行调用 change 函数。如果选择菜单 4，那么第 38 行 delete 删除函数。

用户选择菜单 5 后，while 循环将停止重复，并执行第 41 行的语句。该语句调用 save_contacts 函数并将 mycontacts 作为参数传递。该函数将 mycontacts 字典保存到 contacts.dat 文件中。

接下来是 load_contacts 函数的代码。

程序 10.19 contact_manager.py：load_contacts 函数

```
43  def load_contacts():
44      try:
45          # 打开 contacts.dat 文件，准备进行二进制读取
46          with open(FILENAME, 'rb') as input_file:
47              # 从文件中恢复（unpickle）字典
48              contact_dct = pickle.load(input_file)
49
50      except FileNotFoundError:
51          # 没有找到文件，所以创建
52          # 一个空白字典。
53          contact_dct = {}
54
55      # 返回字典
56      return contact_dct
57
```

在 try suite 中，第 46 行尝试打开 contacts.dat 文件。如果文件成功打开，第 48 行将从中加载字典对象，恢复（unpickle），并将结果赋给 contact_dct 变量。

如果 contacts.dat 文件不存在（程序首次运行会出现这种情况），第 46 行的语句会引发 FileNotFoundError 异常。这将导致程序跳转到第 50 行的 except 子句。在这里，第 53 行会创建一个空字典，并将其赋给 contact_dct 变量。

第 56 行的语句返回 contact_dct 变量。

接下来是 get_menu_choice 函数的代码。

程序 10.19 contact_manager.py 的 get_menu_choice 函数

```python
58  # get_menu_choice 函数显示菜单,
59  # 并从用户处获取一个有效的选择。
60  def get_menu_choice():
61      print()
62      print(' 菜单 ')
63      print('---------------------------')
64      print('1. 查找联系人 ')
65      print('2. 新增联系人 ')
66      print('3. 更改现有联系人 ')
67      print('4. 删除联系人 ')
68      print('5. 退出程序 ')
69      print()
70
71      # 获取用户的选择
72      choice = int(input(' 输入你的选择: '))
73
74      # 校验用户的选择
75      while choice < LOOK_UP or choice > QUIT:
76          choice = int(input(' 请输入有效选择: '))
77
78      # 返回用户的选择
79      return choice
80
```

第 61 行~第 69 行的语句在屏幕上显示菜单。第 72 行提示用户输入一个菜单编号。用户的输入被转换为 int 并赋给 choice 变量。第 75 行和第 76 行的 while 循环校验用户的输入,必要时会提示用户重新输入。一旦输入了有效的选择,第 79 行从函数中返回该选择。

接下来是 look_up 函数的代码。

程序 10.19 contact_manager.py 的 look_up 函数

```python
81  # look_up 函数在指定
82  # 字典中查找一个姓名。
83  def look_up(mycontacts):
84      # 获取要查询的姓名
85      name = input(' 输入姓名: ')
86
87      # 在字典中查找它
88      print(mycontacts.get(name, ' 查无此人。'))
89
```

look_up 函数允许用户查找指定联系人。它接受 mycontacts 字典作为参数。第 85 行提示用户输入姓名,第 88 行将姓名作为参数传递给字典的 get 函数。第 88 行将执行以下操作之一。

- 如果在字典中找到和指定姓名匹配的键，那么 get 方法将返回与该姓名相关联的值。之前说过，该值是一个 Contact 对象引用。然后，该 Contact 对象作为参数传递给 print 函数。print 函数将显示从 Contact 对象的 __str__ 方法返回的字符串。
- 如果在字典中没有找到和指定姓名匹配的键，那么 get 方法将将返回字符串 ' 查无此人 '，print 函数将显示该字符串。

接下来是 add 函数的代码。

程序 10.19 contact_manager.py 的 add 函数

```
 90 # add 函数在指定字典中
 91 # 添加一个新条目
 92 def add(mycontacts):
 93     # 获取联系人信息
 94     name = input(' 姓名: ')
 95     phone = input(' 电话: ')
 96     email = input('Email: ')
 97
 98     # 创建名为 entry 的一个 Contact 对象
 99     entry = contact.Contact(name, phone, email)
100
101     # 如果字典中不存在该姓名，就将
102     # 该姓名作为键，将 entry 对象作为
103     # 关联的值添加到字典中。
104     if name not in mycontacts:
105         mycontacts[name] = entry
106         print(' 已添加新联系人。')
107     else:
108         print(' 这个人已经存在。')
109
```

add 函数允许用户向字典添加新联系人。它接受 mycontacts 字典作为参数。第 94 行～第 96 行提示用户输入联系人的姓名、电话号码和电子邮件地址。第 99 行新建一个 Contact 对象，并用输入的数据进行初始化。

第 104 行的 if 语句判断字典中是否已经存在该姓名。如果不存在，第 105 行会将新建的 Contact 对象添加到字典中，第 106 行会打印一条消息，说明联系人已添加。否则，第 108 行将打印一条消息，说明这个人已经存在。

接下来是 change 函数的代码。

程序 10.19 contact_manager.py 的 change 函数

```
110# change 函数更改指定字典中
111# 一个现有的条目。
112def change(mycontacts):
113     # 获取要查询的姓名
114     name = input(' 输入姓名: ')
```

```
115
116    if name in mycontacts:
117        # 获取新电话号码
118        phone = input('输入新电话号码：')
119
120        # 获取新 email 地址
121        email = input('输入新 Email 地址：')
122
123        # 创建名为 entry 的一个 Contact 对象
124        entry = contact.Contact(name, phone, email)
125
126        # 用新数据来更新该条目
127        mycontacts[name] = entry
128        print('信息已更新。')
129    else:
130        print('查无此人。')
131
```

change 函数允许用户更改字典中现有的联系人。它接受 mycontacts 字典作为参数。第 114 行从用户处获取一个姓名。第 116 行的 if 语句判断该姓名是否在字典中。如果在，那么第 118 行会获取新的电话号码，第 121 行会获取新的电子邮件地址。然后，第 124 行会新建一个 Contact 对象，并用现有的姓名、新的电话号码和新的电子邮件地址进行初始化。第 127 行使用现有的姓名为键，将新的 Contact 对象存储到字典中。这相当于为字典中现有的键更新了关联的值。

如果在字典中没有找到指定的姓名，那么第 130 行将打印一条提示消息。

接下来是 delete 函数的代码。

程序 10.19　contact_manager.py 的 delete 函数

```
132# delete 函数从指定字典中
133# 删除一个条目
134def delete(mycontacts):
135    # 获取要查询的姓名
136    name = input('输入姓名：')
137
138    # 如果找到这个联系人，就删除相应的条目
139    if name in mycontacts:
140        del mycontacts[name]
141        print('已删除联系人。')
142    else:
143        print('查无此人。')
144
```

delete 函数允许用户从字典中删除现有联系人。它接受 mycontacts 字典作为参数。第 136 行从用户处获取一个姓名。第 139 行的 if 语句判断该姓名是否在字典中。如果在，那么第 140 行会将其删除，并在第 141 行打印一条消息，说明已删除联系人。如果在字典

中没有找到指定的姓名，那么第 143 行将打印一条提示消息。

接下来是 save_contacts 函数的代码。

程序 10.19 contact_manager.py 的 save_contacts 函数

```
145# save_contacts 函数腌制指定对象,
146# 并把它保存到联系人文件
147def save_contacts(mycontacts):
148    # 打开文件以进行二进制写入
149    with open(FILENAME, 'wb') as output_file:
150        # 腌制字典并保存到文件
151        pickle.dump(mycontacts, output_file)
152
153# 调用 main 函数
154if __name__ == '__main__':
155    main()
```

程序停止运行前会调用 save_contacts 函数。它接收 mycontacts 字典作为参数。第 149 行打开 contacts.dat 文件供二进制写入。第 151 行腌制 mycontacts 字典并将其保存到文件中。

以下程序输出演示了该程序的两个会话。示例输出没有展示出程序的全部功能，但它确实演示了程序会在结束保存联系人，并在重新运行时加载联系人。

程序输出（用户输入的内容加粗显示）

```
菜单
----------------------------
1. 查找联系人
2. 新增联系人
3. 更改现有联系人
4. 删除联系人
5. 退出程序


输入你的选择: 2 Enter
姓名: 张三丰 Enter
电话: 617-555-1234 Enter
Email: zsf@afakecompany.com Enter
已添加新联系人。

菜单
----------------------------
1. 查找联系人
2. 新增联系人
3. 更改现有联系人
4. 删除联系人
5. 退出程序


输入你的选择: 2 Enter
```

姓名：**张无忌** [Enter]

电话：**919-555-1212** [Enter]

Email：**zwj@afakecompany.com** [Enter]

已添加新联系人。

菜单

1．查找联系人

2．新增联系人

3．更改现有联系人

4．删除联系人

5．退出程序

输入你的选择：**5** [Enter]

程序输出（用户输入的内容加粗显示）

菜单

1．查找联系人

2．新增联系人

3．更改现有联系人

4．删除联系人

5．退出程序

输入你的选择：**1** [Enter]

输入姓名：**张三丰** [Enter]

姓名：张三丰

电话：617-555-1234

Email：zsf@afakecompany.com

菜单

1．查找联系人

2．新增联系人

3．更改现有联系人

4．删除联系人

5．退出程序

输入你的选择：**1** [Enter]

输入姓名：**张无忌** [Enter]

姓名：张无忌

电话：919-555-1212

Email：zwj@afakecompany.com

菜单

----

　　1. 查找联系人
　　2. 新增联系人
　　3. 更改现有联系人
　　4. 删除联系人
　　5. 退出程序

输入你的选择：5 [Enter]

🗹 检查点

10.12　什么是实例属性？

10.13　一个程序了创建 Coin 类的 10 个实例。内存中存在多少个 __sideup 属性？

10.14　什么是取值方法（accessor）？什么是赋值方法（mutator）？

10.4 类的设计技术

类的设计，通常会用到统一建模语言（UML）并确定要创建什么类型的类。

10.4.1 统一建模语言 (UML)

我们经常利用 UML 图来辅助类的设计。
UML 的全称是 Unified Modeling Language（统一建模语言）。它提供了一套标准记号，能以图形方式描述面向对象的系统。图 10.9 展示了类的 UML 图的常规布局。注意，该图是一分为三的方框。顶部是类名。中间是类的数据属性列表，底部是类的方法列表。

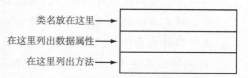

图 10.9 UML 类图的常规布局

按照这种布局，图 10.10 和图 10.11 显示了本章前面提到的 Coin 类和 CellPhone 类的 UML 图。注意，任何方法都没有显示 self 参数，因为我们知道 self 参数是必须要有的。

```
                CellPhone
  __manufact
  __model
  __retail_price
  __init__(manufact, model, price)
  set_manufact(manufact)
  set_model(model)
  set_retail_price(price)
  get_manufact()
  get_model()
  get_retail_price()
```

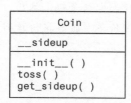

```
        Coin
  __sideup
  __init__( )
  toss( )
  get_sideup( )
```

图 10.10 Coin 类的 UML 图

图 10.11 CellPhone 类的 UML 图

10.4.2 确定解决问题所需的类

开发面向对象的程序时,首要任务之一是确定需要创建的类。通常,你的目标是确定问题中存在的各种类型的真实世界的对象,然后在应用程序中为这些对象类型创建类。

多年来,软件专业人员开发出了许多在给定问题中查找类的技术。一种简单而流行的技术包括以下步骤。

1. 获取问题域的一个书面描述。

2. 找出描述中的所有名词(包括代词和名词短语),每个名词都是一个潜在的类。

3. 完善这个列表,只包含与问题相关的类。

下面来仔细看看这些步骤中的每一步。

1. 撰写问题域描述

问题域(problem domain)是现实世界中与当前问题相关的对象、参与方以及主要事件的集合。如果充分理解了要解决的问题的性质,就可以自己撰写对问题域的一个描述。如果对问题的性质理解不够透彻,那么可以考虑请专家为你撰写描述。

例如,假设要写程序让 Joe's Automotive Shop 的经理为客户打印服务报价单。以下是专家(或许就是店主本人)可能会写的一个描述。

> Joe's Automotive Shop 提供进口车汽修服务,专修奔驰、保时捷和宝马品牌的汽车。客户把车开到店里,经理获取客户的姓名、地址和电话号码。然后,经理会确定汽车的品牌、型号和年份,[②] 并向客户提供服务报价单。服务报价单列出了预计的零件费、预计的工时费、销售税和预计的总费用。

在问题域描述中,应包括以下内容:

- 物理对象,例如车辆、机器或产品
- 由人扮演的任何角色,例如经理、员工、客户、教师、学生等。
- 业务事件的结果,例如客户订单,或本例中的服务报价单
- 一些记录项,例如客户历史和工资记录

2. 识别所有名词

下一步是识别所有名词和名词短语。如果描述中包含代词,也要将其包括在内。下面重新列出了刚才的描述,但名词和名词短语加粗显示。

> Joe's Automotive Shop 提供**进口车**汽修服务,专修**奔驰**、**保时捷**和**宝马品牌**的**汽车**。**客户**把**车**开到**店**里,**经理**获取**客户**的**姓名**、**地址**和**电话号码**。然后,**经理**会确定**汽车**的**品牌**、**型号**和**年份**,并向**客户**提供**服务报价单**。**服务报价单**列出了**预计零件费**、**预计工时费**、**销售税**和**预计总费用**。

---

② 译注:汽车的 Model 和 Year 合称为"车型年份"。注意,这里的"年份"并不是一台车子是在多少年生产的。例如,丰田汉兰达 2017 款完全可能是在 2016 年或 2018 年生产的。

注意，有些名词是重复的。下面列出了去掉重复项的所有名词。

```
Joe's Automotive Shop
宝马
保时捷
奔驰
地址
电话号码
门店
服务报价单
进口车
经理
客户
年份
品牌
车
汽车
销售税
型号
姓名
预计工时费
预计零件费
预计总费用
```

3. 完善名词列表

问题描述中出现的名词只是候选的类。也许没有必要为它们全部创建类。下一步是完善列表，只包含解决当前特定问题所需的类。让我们看看从潜在类的列表中删除一个名词的常见原因。

第一，有些名词的意思其实是一样的。

在本例中，以下几组名词指的是同一个东西。

- "车"和"进口车"都是指"汽车"这一常规概念。
- Joe's Automotive Shop 和店这两个名词都是指 Joe's Automotive Shop 公司。

相同意思的东西用一个类来代表即可。在本例中，我们选择从列表中删除"车"和"进口车"，而使用"汽车"一词。类似地，我们选择删除"Joe's Automotive Shop"，使用"门店"一词。更新后的潜在类的列表变成下面这样。

~~Joe's Automotive Shop~~ 宝马 保时捷 奔驰 地址 电话号码 门店 服务报价单 ~~进口车~~ 经理 客户 年份 品牌 ~~车~~ 汽车 销售税 型号 姓名 预计工时费 预计零件费 预计总费用	由于车、汽车和进口车在这个问题中是指同一样东西，所以我们删除了"车"和"进口车"。另外，由于 Joe's Automotive Shop 和 店是指同一样东西，所以我们删除了"Joe's Automotive Shop"。

第二，有些名词与当前问题的解决无关。

快速回顾一下问题描述，我们就知道这个应用程序要做的是什么事情：打印服务报价单。因此，本例可以从列表中删除两个不必要的类。

- 可以将"店"从列表中删除，因为应用程序只需关注单独的服务报价单。它不涉及任何与公司相关的信息。如果问题描述要求对所有服务报价单进行汇总，那么为"店"创建一个类是合理的。

- 不需要"经理"类，因为在问题描述中并不涉及任何关于经理的特殊信息。如果有多名经理，而且问题描述要求记录每个服务报价单是由哪个经理生成的，那么为"经理"创建一个类就很合理了。

现在，潜在类的最新列表变成下面这样。

~~Joe's Automotive Shop~~ 宝马 保时捷 奔驰 地址 电话号码 ~~门店~~ 服务报价单 ~~进口车~~ 经理 客户 年份 品牌 车 汽车 销售税 型号 姓名 预计工时费 预计零件费 预计总费用	我们的问题描述并不要求处理关于"门店"或"经理"的信息，所以可以把它们从列表中删除。

第三，有些名词代表的可能是对象，而不是类。

可以将奔驰、保时捷和宝马排除在类之外，因为在这个例子中，它们都是一种特定的汽车，是"汽车"类的实例。现在，潜在类的最新列表变成下面这样。

Joe's Automotive Shop	
宝马	
保时捷	
奔驰	
地址	
电话号码	
门店	
服务报价单	
进口车	
经理	
客户	奔驰、保时捷和宝马均为"汽车"类的实例,
年份	所以它们是对象，而不是类。
品牌	
车	
汽车	
销售税	
型号	
姓名	
预计工时费	
预计零件费	
预计总费用	

注意: 在英语环境中，面向对象程序的设计人员会注意名词是复数还是单数。有的时候，复数名词表示类，而单数名词表示对象。

第四，有些名词也许是可以赋给变量的值，不需要用类来表示。

记住，类包含数据属性和方法。其中，"数据属性"是在类的对象中存储的数据，定义了当前这个特定对象的状态。"方法"是类的对象可以执行的动作或者可能具有的行为。如果一个名词所代表的东西没有任何可识别的数据属性或方法，那么可以考虑从列表中删除它。为了帮助自己确定一个名词所代表的东西是否具有数据属性和方法，请提出以下问题。

- 会使用一组相关的值来表示它的状态吗？
- 它是否需要执行任何明显的行动？

如果对这两个问题的回答都是否定的，那么该名词很可能只是一个能用简单变量来存储的值。对列表中当前剩余的每个名词进行上述测试，可以得出以下结论：地址、预计工时费、预计零件费、品牌、型号、姓名、销售税、电话号码、预计总费用和年份都是可以存储在变量中的简单字符串或数值。更新后的潜在类的列表如下所示。

Joe's Automotive Shop	
宝马	
保时捷	
奔驰	
~~地址~~	
~~电话号码~~	
~~门店~~	
服务报价单	
~~进口车~~	
~~经理~~	
客户	
~~年份~~	我们排除了将地址、预计工时费、预计零件费、品牌、型号、姓名、销售税、电话号码、预计总费用和年份作为类来设计的选项，因为它们实际只是能用变量来存储的值。
~~品牌~~	
~~车~~	
汽车	
~~销售税~~	
~~型号~~	
~~姓名~~	
~~预计工时费~~	
~~预计零件费~~	
~~预计总费用~~	

从这个列表可以看出，除了汽车、客户和服务报价单外，我们已经删除了其他所有内容。这意味着，在我们的应用程序中，需要用三个类来表示汽车、客户和服务报价单。最终，我们将写一个 Car 类、一个 Customer 类和一个 ServiceQuote 类。

4. 确定类的职责

一旦确定了类，接下来的任务就是确定每个类的职责。类的职责如下：

- 类需要知道的事情
- 类需要执行的行动

一旦确定了类需要知道的事情，我们就确定了类的数据属性。类似地，一旦确定了类需要执行的行动，我们就确定了它的方法。

为了确定类的职责，可以问自己："针对当前问题，类必须知道什么？类必须做什么？"寻找答案的第一个地方就是问题域描述。其中会提到类必须知道和必须做的许多事情。但是，类的一些职责可能没有在问题域中直接提及。因此，往往需要做进一步的研究。下面，让我们把这种方法应用于之前从问题域中确定的类。

5. Customer 类

就我们的问题域来说，Customer 类的对象必须知道什么？问题描述中直接提到了下面这些项，它们都是 Customer 类的数据属性：

- 客户的姓名
- 客户的地址
- 客户的电话号码

这些都是能用字符串表示并作为数据属性来存储的值。当然，Customer 类还可以知道其他许多东西。但过犹不及，要避免让一个对象知道太多的事情。在某些应用程序中，Customer 类可能需要知道客户的电子邮件地址。但是，当前这个问题域并没有提到客户的电子邮件地址会被用于任何目的，因此不应把它列为类的一项职责。

接着来确定类的方法。在我们的问题域中，Customer 类必须做什么？唯一明显的行动如下：

- 初始化 Customer 类的对象
- 设置和获取客户的姓名
- 设置和获取客户的地址
- 设置和获取客户的电话号码

从这个列表可以看出，Customer 类会有一个 __init__ 方法，以及各种数据属性的取值和赋值方法。图 10.12 展示了 Customer 类的 UML 图。该类的 Python 代码如程序 10.20 所示。

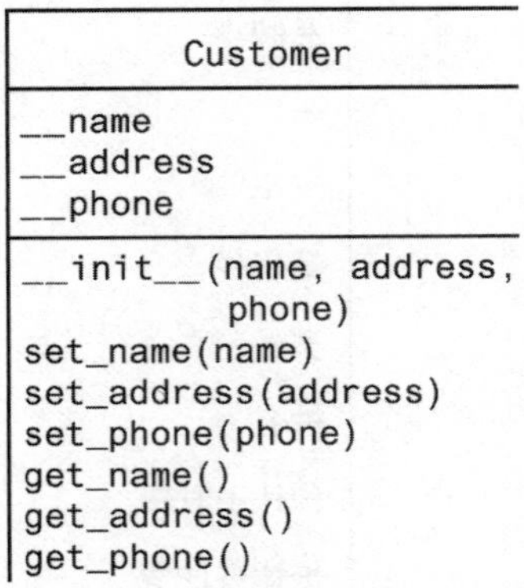

```
Customer
__name
__address
__phone
__init__(name, address,
         phone)
set_name(name)
set_address(address)
set_phone(phone)
get_name()
get_address()
get_phone()
```

图 10.12 Customer 类的 UML 图

程序 10.20 customer.py

```
1  # Customer 类
2  class Customer:
3      def __init__(self, name, address, phone):
4          self.__name = name
5          self.__address = address
```

```
6         self.__phone = phone
7
8     def set_name(self, name):
9         self.__name = name
10
11    def set_address(self, address):
12        self.__address = address
13
14    def set_phone(self, phone):
15        self.__phone = phone
16
17    def get_name(self):
18        return self.__name
19
20    def get_address(self):
21        return self.__address
22
23    def get_phone(self):
24        return self.__phone
```

6. Car 类

就我们的问题域来说，Car 类的对象必须知道什么？以下是问题域中提到的一辆汽车的数据属性：

- 汽车品牌（Make）
- 汽车的型号（Model）
- 出厂年份（Year）

接着确定类的方法。在我们的问题域中，Car 类必须要做什么呢？同样地，唯一明显的行动就是我们在大多数类中都能找到的一套标准方法：__init__ 方法以及各种取值和赋值方法。具体地说，这些行动如下：

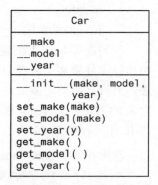

- 初始化 Car 类的对象
- 设置和获取汽车的品牌
- 设置和获取汽车的型号
- 设置和获取汽车的年份

图 10.13 展示了 Car 类目前的 UML 图。该类的 Python 代码如程序 10.21 所示。

图 10.13 Car 类的 UML 图

程序 10.21 car.py

```
1  # Car 类
2  class Car:
3      def __init__(self, make, model, year):
4          self.__make = make
```

```
5          self.__model = model
6          self.__year = year
7
8      def set_make(self, make):
9          self.__make = make
10
11     def set_model(self, model):
12         self.__model = model
13
14     def set_year(self, year):
15         self.__year = year
16
17     def get_make(self):
18         return self.__make
19
20     def get_model(self):
21         return self.__model
22
23     def get_year(self):
24         return self.__year
```

7. ServiceQuote 类

就我们的问题域来说，ServiceQuote 类的对象必须知道什么？在问题域描述中提到了下面这些数据：

- 预计零件费
- 预计工时费
- 销售税
- 预计的总费用

我们需要为该类创建一个 __init__ 方法，并为预计零件费和工时费数据属性创建取值和赋值方法。另外，该类还需要计算和返回销售税和预计总费用的方法。图 10.14 展示了 ServiceQuote 类的 UML 图。程序 10.22 展示了该类的 Python 代码。

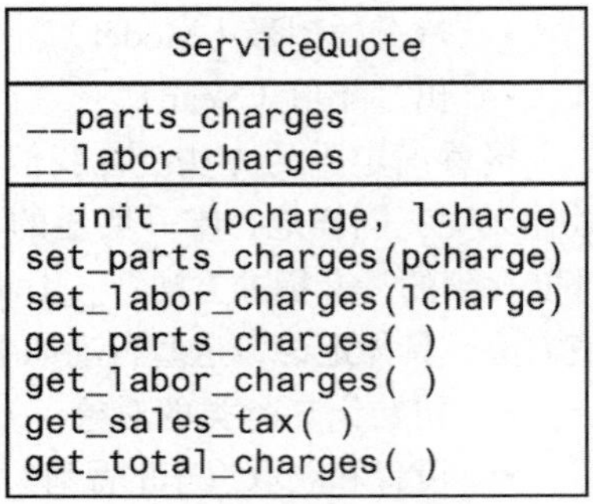

ServiceQuote
__parts_charges __labor_charges
__init__(pcharge, lcharge) set_parts_charges(pcharge) set_labor_charges(lcharge) get_parts_charges( ) get_labor_charges( ) get_sales_tax( ) get_total_charges( )

图 10.14 ServiceQuote 类的 UML 图

程序 10.22 servicequote.py

```
1   # 代表销售税率的常量
2   TAX_RATE = 0.05
3
4   # ServiceQuote 类
5   class ServiceQuote:
6       def __init__(self, pcharge, lcharge):
7           self.__parts_charges = pcharge
```

```
 8            self.__labor_charges = lcharge
 9
10       def set_parts_charges(self, pcharge):
11            self.__parts_charges = pcharge
12
13       def set_labor_charges(self, lcharge):
14            self.__labor_charges = lcharge
15
16       def get_parts_charges(self):
17            return self.__parts_charges
18
19       def get_labor_charges(self):
20            return self.__labor_charges
21
22       def get_sales_tax(self):
23            return self.__parts_charges * TAX_RATE
24
25       def get_total_charges(self):
26            return self.__parts_charges + self.__labor_charges + \
27                (self.__parts_charges * TAX_RATE)
```

10.4.3 这只是开始

　　本节讨论的过程只是一个起点。关键是要认识到，面向对象应用程序的设计是一个不断迭代的过程。可能需要多次尝试才能确定需要的所有类，并确定它们的所有职责。随着设计过程的展开，你会对问题有更深入的了解，从中发现改进设计的方法。

检查点

　　10.15 典型的 UML 类图有三个部分，它们分别容纳什么内容？

　　10.16 什么是问题域？

　　10.17 在设计面向对象应用程序时，谁负责编写问题域描述？

　　10.18 如何从问题域描述中识别潜在的类？

　　10.19 类的职责是什么？

　　10.20 为了确定一个类的职责，应该问哪两个问题？

　　10.21 在问题域描述中，是否肯定会明确提及类要执行的全部行动？

🧠 复习题

选择题

1. _____ 编程实践以创建与其处理的数据相分离的函数为中心。

    a. 模块化   b. 过程式   c. 函数式 d. 面向对象

2. _____ 编程实践以创建对象为中心。

    a. 以对象为中心   b. 以目标为导向

    c. 过程式   d. 面向对象

3. _____ 是类中引用了数据的组件。

    a. 方法   b. 实例   c. 数据属性   d. 模块

4. 对象是 _____。

    a. 蓝图   b. 饼干模   c. 变量   d. 实例

5. 通过 _____，可以向类外部的代码隐藏类的属性。

    a. 避免使用 self 参数创建属性

    b. 属性名称以两个下画线开头

    c. 在属性名称开头使用 private__

    d. 在属性名称开头使用 @ 符号

6. _____ 获取数据属性的值，但不会更改它。

    a. 检索器   b. 构造函数   c. 赋值方法   d. 取值方法

7. _____ 向数据属性存储值或以其他方式更改它的值。

    a. 修改器   b. 构造函数   c. 赋值方法   d. 取值方法

8. _____ 方法会在对象创建时自动调用。

    a. __init__   b. init   c. __str__   d. __object__

9. 如果类有一个名为 __str__ 的方法，可以通过以下哪种方式来调用它？ _____

    a. 像调用其他方法一样显式调用，即 object.__str__()。

    b. 将类的实例传递给内置的 str 函数。

    c. 会在对象创建时自动调用。

    d. 将类的实例传递给内置的 state 函数。

10. _____ 定义了一套标准的记号，能以图形方式描述面向对象的系统。

    a. 统一建模语言   b. 流程图

    c. 伪代码   d. 对象层次结构系统

11. 为了确定解决问题所需的类，一个办法是由程序员在问题域的描述中识别各种 _____。

    a. 动词   b. 形容词   c. 副词   d. 名词

12. 我们可以通过确定类的 _____ 来确定类的数据属性和方法。

    a. 职责   b. 名称   c. 同义词   d. 名词

判断题

1. 过程式编程是围绕对象的创建而进行的。

2. 人们对对象可重用性的需求促进了面向对象编程的使用。

3. 在面向对象编程中，一个常见的实践是使类的所有数据属性都能由类外部的语句访问。

4. 类的方法不一定要有 `self` 参数。

5. 以两个下画线开头的属性名可以使类外部的代码无法看到该属性。

6. `__str__` 方法不能直接调用。

7. 为了确定面向对象程序所需的类，一个办法是找出问题域描述中的所有动词。

简答题

1. 什么是封装？

2. 为什么要向类外部的代码隐藏对象的数据属性？

3. 类与类的实例有什么区别？

4. 以下语句在一个对象上调用了一个方法。该方法的名称是什么？引用了对象的变量名称是什么？

```
wallet.get_dollar()
```

5. 当 `__init__` 方法执行时，`self` 参数引用的是什么？

6. 在 Python 的类中，如何向类外部的代码隐藏一个属性？

7. 如何调用 `__str__` 方法？

算法工作台

1. 假设 `my_car` 是引用了一个对象的变量名，`go` 是方法名。请写一个语句，使用 `my_car` 变量来调用 `go` 方法（不必向 `go` 方法传递任何参数）。

2. 写 Book 类的定义。该类类应具有书名、作者姓名和出版商名称等数据属性。该类还应具有以下方法。

a. `__init__` 方法，它应接收每个数据属性作为参数。

b. 每个数据属性的取值方法和赋值方法。

c. `__str__` 方法，它返回代表对象状态的一个字符串。

3. 下面是一个问题域描述：银行向客户提供以下类型的账户：储蓄（Savings）账户、支票（Checking）账户和货币市场（Money Market）账户。客户可以将钱存入账户（从而增加账户余额），从账户中取款（从而减少账户余额），并从账户中赚取利息。每个账户都有一个不同的利率。

假设要写程序来计算一个银行账户的利息。

a. 确定该问题域中潜在的类。

b. 对潜在类的列表进行完善，只包含该问题所需的一个或多个类。

c. 确定这个或这些类的职责。

🎒 编程练习

1. 宠物类

▶ 视频讲解：The Pet Class

编写一个名为 Pet 的类，该类具有以下数据属性：

- __name（宠物的名字）
- __animal_type（这是什么宠物，例如狗、猫和鸟）
- __age（宠物的年龄）

Pet 类应该有一个 __init__ 方法来创建并初始化这些属性。它还应提供以下方法：

- set_name：向 __name 字段赋值
- set_animal_type：向 __animal_type 字段赋值
- set_age：向 __age 字段赋值
- get_name：返回 __name 字段的值
- get_animal_type：返回 __animal_type 字段的值
- get_age：返回 __age 字段的值

编写好类后，再编写一个程序，创建该类的一个对象，并提示用户输入宠物的名称、类型和年龄。这些数据应作为对象的属性来存储。使用对象的取值方法来检索宠物的名称、类型和年龄，并将数据显示在屏幕上。

2. 汽车类

编写一个名为 Car 的类，该类具有以下数据属性：

- __year_model（汽车的车型年份）
- __make（汽车的品牌）
- __speed（汽车的当前速度）

Car 类应该有一个 __init__ 方法，接收汽车的车型年份（例如，汉兰达 2017）和品牌（例如，丰田）作为参数。这些值应赋给对象的 __year_model 和 __make 数据属性。它还应将 __speed 数据属性初始化为 0。

该类还应具有以下方法：

- accelerate：每次调用 accelerate 方法时，应在 __speed 数据属性上加 5
- brake：每次调用 brake 方法时，应从 __speed 数据属性中减 5
- get_speed：返回当前速度

接着设计一个程序，创建一个 Car 对象，然后调用 accelerate 方法 5 次。每次调用 accelerate 方法后，都获取并显示车子的当前速度。然后调用 brake 方法 5 次。每次调用 brake 方法后，都获取并显示汽车的当前速度。

3. 个人信息类

设计一个类来保存以下个人信息：姓名、地址、年龄和电话号码。编写适当的取值和赋值方法。

再写一个程序，创建该类的三个实例。每个实例应保存一个人虚构的信息。为保护隐私，请勿在程序中存储真实的个人信息。

4. 员工类

编写一个类，命名为 Employe，在属性中保存员工的以下数据：姓名、员工 ID、部门和职位。写好类后，再写一个程序，创建三个 Employee 对象来保存以下数据。

姓名	员工 ID	部门	职位
Susan Meyers	47899	财务	副总
Mark Jones	39119	IT	程序员
Joy Rogers	81774	制造	工程师

程序应将这些数据存储到三个对象中，并在屏幕上显示每个员工的数据。

5. 零售商品类

编写一个类，命名为 RetailItem，该类保存零售店中一种商品的相关数据。该类应在属性中存储以下数据：商品描述、库存数量和价格。

写好类后，再写一个程序，创建三个 RetailItem 对象并在其中存储以下数据。

	描述	库存数量	价格
商品 #1	Jacket	12	59.95
商品 #2	Designer Jeans	40	34.95
商品 #3	Shirt	20	24.95

6. 病人收费

编写一个类来代表病人 Patient 类，该类具有以下数据属性：

- 名字、中间名和姓氏
- 地址、城市、州（省）和邮政编码
- 电话号码
- 紧急联系人姓名和电话号码

Patient 类的 __init__ 方法接收所有属性作为参数。Patient 类还应为每个属性创建取值和赋值方法。

接着编写一个类，命名为 Procedure，该类代表对病人实施的诊疗方案。Procedure 类应具有以下数据属性：

- 方案名称
- 方案日期
- 实施方案的医生姓名

- 方案收费

Procedure 类的 **__init__** 方法应接收每个属性作为参数。Procedure 类还应为每个属性创建取值和赋值方法。

最后编写一个程序来创建 Patient 类的一个实例，并用样本数据进行初始化。然后，创建 Procedure 类的三个实例，并用以下数据进行初始化。

诊疗方案 #1	诊疗方案 #2	诊疗方案 #3
方案名称：体检	方案名称：X 光	方案名称：查血
日期：今天的日期	日期：今天的日期	日期：今天的日期
医生：Dr. Irvine	医生：Dr. Jamison	医生：Dr. Smith
费用：250.00	费用：500.00	费用：200.00

程序应显示病人的信息、所有三个诊疗方案的信息以及三个方案的总费用。

7. 员工管理系统

本练习假定已在编程练习 4 中创建了 Employee 类。创建一个将 Employee 对象存储到字典中的程序。使用员工 ID 作为键。程序应显示一个菜单，让用户执行以下操作：

- 在字典中查找员工
- 在字典中添加新员工
- 更改字典中现有员工的姓名、部门和职位
- 从字典中删除一名员工

程序结束时，应将字典腌制到文件中。程序每次启动时，都应尝试从文件中恢复腌制的字典。如果文件不存在，程序将创建一个空字典。

8. 收银机

本练习假定已在编程练习 5 中创建了 RetailItem 类。创建一个可以与 RetailItem 类一起使用的 CashRegister（收银机）类。CashRegister 类应在内部保存 RetailItem 对象的一个列表。该类要有以下方法。

- 一个名为 purchase_item 的方法，它接收一个 RetailItem 对象作为参数。每次调用 purchase_item 方法时，都应将作为参数传递的 RetailItem 对象添加到列表中。
- 一个名为 get_total 的方法，它返回在 CashRegister 对象内部列表中存储的所有 RetailItem 对象的总价。
- 一个名为 show_items 的方法，用于显示在 CashRegister 对象内部列表中存储的零售商品的相关数据。
- 一个名为 clear 的方法，用于清除 CashRegister 对象的内部列表。

编写一个程序来演示 CashRegister 类，该程序允许用户选择购买几件商品。当用户准备结账时，程序应显示用户选择购买的所有商品的列表以及总价。

9. 琐事游戏

这个编程练习将创建一个简单的双人琐事（Trivia）游戏，下面描述了程序的运行方式。

- 从玩家 1 开始，每个玩家轮流回答 5 个琐事问题。显示一个问题时，会同时显示 4 个可能的答案。其中只有一个答案是正确的，如果玩家选择了正确答案，就得一分。
- 选好所有问题的答案后，程序显示每位玩家的得分，并宣布得分最高的玩家获胜。

为了创建这个程序，请编写一个 Question 类。我们用该类的对象来保存一个琐事问题的数据。该类要有以下数据属性：

- 一个琐事问题
- 可能的答案 1
- 可能的答案 2
- 可能的答案 3
- 可能的答案 4
- 正确答案的编号（1，2，3 或 4）

Question 类还应具有适当的 __init__ 方法、取值方法和赋值方法。

程序应该创建包含 10 个 Question 对象的一个列表或字典，每个对象都存储一个琐事问题。可以根据自己选择的主题来选择琐事问题。

第 11 章
继承

11.1 继承简介

> 概念：继承允许新类扩展现有的类。新类继承它所扩展的类的成员。

11.1.1 泛化和特化

在现实世界中，许多对象都是其他更一般的对象的特化版本。例如，"昆虫"一词描述了具有多种特征的一种常规生物类型。由于蚱蜢和大黄蜂都是昆虫，所以它们具有昆虫的所有常规特征。此外，它们还具有自己的特殊特征。例如，蚱蜢有弹跳能力，大黄蜂有刺。我们说蚱蜢和大黄蜂是昆虫的特化版本，如图 11.1 所示。[①]

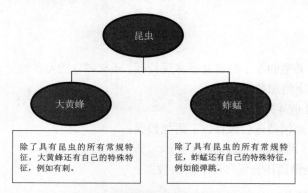

图 11.1 大黄蜂和蚱蜢是昆虫的特化版本

11.1.2 继承和"属于"关系

当一个对象是另一个对象的特化版本时，它们之间就存在一种"属于"（is a）关系。例如，蚱蜢属于一种昆虫。下面是其他一些"属于"关系的例子：

- 贵宾犬属于狗
- 汽车属于交通工具
- 花属于植物

---

① 译注：泛化、一般、常规通常指的是同一个意思。这里只是根据中文语境来选择不同的说法。在英语中，它们的词根都是 gener。

- 长方形属于形状
- 足球运动员属于运动员。

当对象之间存在"属于"关系时，意味着特化的对象具有常规对象的所有特征，还具有使其显得特殊的附加特征。在面向对象编程中，继承用于在类之间创建"属于"关系，这样就可以通过创建一个类的特化版本来扩展类的功能。

继承涉及一个超类和一个子类。超类是常规类，子类是特化类。可将子类看成是超类的扩展版本。子类继承了超类的属性和方法，无需重新写一遍。此外，子类还可以添加新的属性和方法，这正是子类成为超类的特化版本的原因。

📎 **注意**：超类也可以称为基类，子类也可以称为派生类。两种说法都是正确的。为保持一致，本文将使用超类和子类。

下面来看一个使用继承的例子。假设要开发一个程序，供汽车经销商管理其二手车库存。车行的库存包括三种类型的汽车：轿车、皮卡和 SUV。无论哪种类型，车行都会保存每辆车的以下数据：

- 品牌
- 车型年份[②]
- 里程
- 价格

库存中的每种类型的车子都有这些常规特征，还有各自的特殊特征。对于轿车（cars），经销商还会保存以下附加数据：

- 车门数（2 或 4）

对于皮卡车，经销商还会保存以下附加数据：

- 驱动方式（两轮驱动或四轮驱动）

对于 SUV，经销商还会保存以下附加数据：

- 乘员人数

为了设计这个程序，一个方法是单独写以下三个类：

- **Car** 类，其数据属性包括品牌、车型年份、里程、价格和车门数。
- **Truck** 类，其数据属性包括品牌、年份、里程、价格和驱动方式。
- **SUV** 类，其数据属性包括品牌、车型年份、里程、价格和乘员数。

不过，这种方法效率不高，因为这三个类都有大量共同的数据属性。因此，这些类将包含大量重复的代码。另外，如果以后需要添加更多共同的属性，那么必须修改所有三个类。

更好的方法是写一个 **Automobile** 超类来保存汽车的所有常规数据，然后为每种特定类型的汽车写一个子类。程序 11.1 展示了 **Automobile** 类的代码，它放在名为 vehicles（交

---

② 译注：汽车的 Model 和 Year 合称为"车型年份"。注意，这里的"年份"并不是一台车子是多少年生产的。例如，丰田汉兰达 2017 款完全可能是在 2016 或 2018 年生产的。

通工具）的模块中。

程序 11.1 vehicles.py 的第 1 行 ~ 第 44 行

```
1   # Automobile 类保存
2   # 库存车的常规数据。
3
4   class Automobile:
5       # __init__ 方法接收品牌、
6       # 型号、里程和价格等参数。
7       # 它用这些值初始化数据属性。
8
9       def __init__(self, make, model, mileage, price):
10          self.__make = make
11          self.__model = model
12          self.__mileage = mileage
13          self.__price = price
14
15      # 以下方法是类的数据属性
16      # 的赋值方法。
17
18      def set_make(self, make):
19          self.__make = make
20
21      def set_model(self, model):
22          self.__model = model
23
24      def set_mileage(self, mileage):
25          self.__mileage = mileage
26
27      def set_price(self, price):
28          self.__price = price
29
30      # 以下方法是类的数据属性
31      # 的取值方法。
32
33      def get_make(self):
34          return self.__make
35
36      def get_model(self):
37          return self.__model
38
39      def get_mileage(self):
40          return self.__mileage
41
42      def get_price(self):
43          return self.__price
44
```

Automobile 类的 __init__ 方法接收汽车的品牌、型号、里程和价格参数。它使用这些值初来始化以下数据属性:

- __make
- __model
- __mileage
- __price

第 10 章讲过,当数据属性的名称以两个下画线开头时,该属性将被隐藏。第 18 行~第 28 行的方法是每个数据属性的赋值方法,第 33 行~第 43 行的方法是取值方法。

Automobile 是一个完整的类,我们可以从中创建对象。如果愿意,可以写一个程序,导入 vehicles 模块并创建 Automobile 类的实例。但是,Automobile 类只包含汽车的一般数据。它不保存经销商想要保存的有关轿车、皮卡和 SUV 的任何特殊数据。为了保存这些特定类型的汽车的数据,我们将编写继承自 Automobile 类的子类。程序 11.2 展示了代表轿车的 Car 类的代码,该类也放在 vehicles 模块中。

程序 11.2 vehicles.py 的第 45 行~第 72 行

```
45  # Car 类代表轿车。它是
46  # Automobile 类的子类。
47
48  class Car(Automobile):
49      # __init__ 方法接收代表轿车品牌、
50      # 型号、里程、价格和门数的参数。
51
52      def __init__(self, make, model, mileage, price, doors):
53          # 调用超类的 __init__ 方法,并传递
54          # 所需的参数。注意,我们还必须传递
55          # self 作为一个实参。
56          Automobile.__init__(self, make, model, mileage, price)
57
58          # 初始化 __doors 属性
59          self.__doors = doors
60
61      # set_doors 方法是 __doors
62      # 属性的赋值方法。
63
64      def set_doors(self, doors):
65          self.__doors = doors
66
67      # get_doors 方法是 __doors
68      # 属性的取值方法。
69
70      def get_doors(self):
71          return self.__doors
72
```

仔细看类声明的第一行，即第 48 行：

```
class Car(Automobile):
```

这一行表明现在定义的是一个名为 Car 的类，它继承自 Automobile 类。在这里，Car 类是子类，Automobile 类是超类。如果要表达 Car 类和 Automobile 类之间的关系，我们可以说 Car "属于" Automobile（轿车属于一种汽车）。由于 Car 类扩展了 Automobile 类，所以它继承了 Automobile 类的所有方法和数据属性。

注意第 52 行的 __init__ 方法头：

```
def __init__(self, make, model, mileage, price, doors):
```

注意，除了必须要有的 self 参数，该方法还接收名为 make、model、mileage、price 和 doors 的参数。这是有道理的，因为 Car 对象具有品牌、型号、里程、价格和车门数等数据属性。然而，其中一些属性是由 Automobile 类创建的，所以我们需要调用 Automobile 类的 __init__ 方法，并将这些值传递给它。这是在第 56 行发生的：

```
Automobile.__init__(self, make, model, mileage, price)
```

该语句调用了 Automobile 类的 __init__ 方法。注意，语句传递了 self 变量以及 make、model、mileage 和 price 变量作为参数。该方法执行时，将初始化 __make、__model、__mileage 和 __price 数据属性。然后，第 59 行用传给 doors 参数的值初始化了 Car 类特有的 __doors 属性：

```
self.__doors = doors
```

第 64 行和第 65 行的 set_doors 方法是 __doors 属性的赋值方法，第 70 行和第 71 行的 get_doors 方法是 __doors 属性的取值方法。在进一步说明之前，让我们通过程序 11.3 来演示一下 Car 类。

程序 11.3　car_demo.py

```
1   # 这个程序演示了 Car 类
2
3   import vehicles
4
5   def main():
6       # 创建 Car 类的一个对象。这是一台 2007 年
7       # 的奥迪，行驶里程为 12500 英里，售价为
8       # 21500.00 美元，4 门。
9       used_car = vehicles.Car('奥迪', 2007, 12500, 21500.00, 4)
10
11      # 显示车子的数据
12      print('品牌: ', used_car.get_make())
13      print('型号: ', used_car.get_model())
14      print('里程: ', used_car.get_mileage())
15      print('价格: ', used_car.get_price())
16      print('车门数: ', used_car.get_doors())
17
```

```
18  # 调用 main 函数
19  if __name__ == '__main__':
20      main()
```

程序输出

```
品牌： 奥迪
型号： 2007
里程： 12500
价格： 21500.0
车门数： 4
```

第 3 行导入了 vehicles 模块，该模块包含 Automobile 和 Car 类的类定义。第 9 行创建了一个 Car 类的实例，将 ' 奥迪 ' 作为品牌，'2007' 作为型号，'12500' 作为里程，'21500.0' 作为价格，'4' 作为车门数。生成的对象赋给 used_car 变量。

第 12 行～第 15 行的语句调用了对象的 get_make、get_model、get_mileage 和 get_price 方法。这些方法不是 Car 类定义的，是它从 Automobile 类继承的。第 16 行调用了 Car 类自己定义的 get_doors 方法。

现在，让我们看看同样继承自 Automobile 类的 Truck 类。Truck 类也在 vehicles 模块中，其代码如程序 11.4 所示。

程序 11.4 vehicles.py 的第 73 行～第 100 行

```
73  # Car 类代表皮卡。它是
74  # Automobile 类的子类。
75
76  class Truck(Automobile):
77      # __init__ 方法接收代表皮卡品牌、
78      # 型号、里程、价格和驱动方式的参数
79
80      def __init__(self, make, model, mileage, price, drive_type):
81          # 调用超类的 __init__ 方法，并传递
82          # 所需的参数。注意，我们还必须传递
83          # self 作为一个实参。
84          Automobile.__init__(self, make, model, mileage, price)
85
86          # 初始化 __drive_type 属性
87          self.__drive_type = drive_type
88
89      # set_drive_type 方法是
90      # __drive_type 属性的赋值方法。
91
92      def set_drive_type(self, drive_type):
93          self.__drive_type = drive_type
94
95      # get_drive_type 方法是
96      # __drive_type 属性的取值方法。
```

```
97
98      def get_drive_type(self):
99          return self.__drive_type
100
```

Truck 类的 __init__ 方法从第 80 行开始。注意，它接收皮卡的品牌、型号、里程、价格和驱动类型参数。与 Car 类一样，Truck 类也调用了 Automobile 类的 __init__ 方法（第 84 行），并将品牌、型号、里程和价格作为参数传递。第 87 行创建了皮卡这种车特有的 __drive_type 属性，并将其初始化为 drive_type 参数的值。

第 92 行和第 93 行的 set_drive_type 方法是 __drive_type 属性的赋值方法，第 98 行和第 99 行的 get_drive_type 方法是该属性的取值方法。

再来看看 SUV 类，它同样继承自 Automobile 类。SUV 类也在 vehicles 模块中，其代码如程序 11.5 所示。

程序 11.5 vehicles.py 的第 101 行 ~ 第 128 行

```
101# SUV 类代表 SUV。它是
102# Automobile 类的子类。
103
104class SUV(Automobile):
105    # __init__ 方法接收代表
106    # SUV 品牌、型号、里程、
107    # 价格和乘员数的参数
108
109    def __init__(self, make, model, mileage, price, pass_cap):
110        # 调用超类的 __init__ 方法，并传递
111        # 所需的参数。注意，我们还必须传递
112        # self 作为一个实参。
113        Automobile.__init__(self, make, model, mileage, price)
114
115        # 初始化 __pass_cap 属性
116        self.__pass_cap = pass_cap
117
118    # set_pass_cap 方法是 __pass_cap
119    # 属性的赋值方法。
120
121    def set_pass_cap(self, pass_cap):
122        self.__pass_cap = pass_cap
123
124    # get_pass_cap 方法是 __pass_cap
125    # 属性的取值方法。
126
127    def get_pass_cap(self):
128        return self.__pass_cap
```

SUV 类的 __init__ 方法从第 109 行开始。它接收 SUV 的品牌、型号、里程、价

格和乘员数参数。类似于 Car 类和 Truck 类，SUV 类也调用了 Automobile 类的 __init__ 方法（第 113 行），并将品牌、型号、里程和价格作为参数传递。第 116 行创建了 SUV 类特有的 __pass_cap 属性，并将其初始化为 pass_cap 参数的值。

第 121 行和第 122 行的 set_pass_cap 方法是 __pass_cap 属性的赋值方法，第 127 行和第 128 行的 get_pass_cap 方法是该属性的取值方法。

程序 11.6 演示了我们迄今为止讨论过的每个类。它创建了一个 Car 对象、一个 Truck 对象和一个 SUV 对象。

程序 11.6 car_truck_suv_demo.py

```
1   # 这个程序创建一个 Car 对象、
2   # 一个 Truck 对象和一个 SUV 对象。
3
4   import vehicles
5
6   def main():
7       # 为一辆二手的 2001 年宝马车
8       # 创建一个 Car 对象，里程为
9       # 70000 英里，价格为 15000 美元， 4 门。
10      car = vehicles.Car('宝马 ', 2001, 70000, 15000.0, 4)
11
12      # 为一辆二手的 2002 年丰田皮卡
13      # 创建一个 Truck 对象，里程为
14      # 40000 英里，价格为 12000 美元，四驱。
15      truck = vehicles.Truck(' 丰田 ', 2002, 40000, 12000.0, '4WD')
16
17      # 为一辆二手的 2000 年沃尔沃汽车
18      # 创建一个 SUV 对象，里程为 30000 英里，
19      # 价格为 18500 美元，乘员数为 5。
20      suv = vehicles.SUV(' 沃尔沃 ', 2000, 30000, 18500.0, 5)
21
22      print(' 二手车库存 ')
23      print('==========')
24
25      # 显示轿车的数据
26      print(' 库存中有下面这台轿车。')
27      print(' 品牌: ', car.get_make())
28      print(' 型号: ', car.get_model())
29      print(' 里程: ', car.get_mileage())
30      print(' 价格: ', car.get_price())
31      print(' 车门数: ', car.get_doors())
32      print()
33
34      # 显示皮卡的数据
35      print(' 库存中有下面这台皮卡。')
36      print(' 品牌: ', truck.get_make())
```

```
37        print('型号: ', truck.get_model())
38        print('里程: ', truck.get_mileage())
39        print('价格: ', truck.get_price())
40        print('驱动方式: ', truck.get_drive_type())
41        print()
42
43        # 显示 SUV 的数据
44        print('库存中有下面这台 SUV。')
45        print('品牌: ', suv.get_make())
46        print('型号: ', suv.get_model())
47        print('里程: ', suv.get_mileage())
48        print('价格: ', suv.get_price())
49        print('乘员数: ', suv.get_pass_cap())
50
51  # 调用 main 函数
52  if __name__ == '__main__':
53      main()
```

程序输出

```
二手车库存
==========
库存中有下面这台轿车。
品牌:  宝马
型号:  2001
里程:  70000
价格:  15000.0
车门数:  4

库存中有下面这台皮卡。
品牌:  丰田
型号:  2002
里程:  40000
价格:  12000.0
驱动方式:  4WD

库存中有下面这台 SUV。
品牌:  沃尔沃
型号:  2000
里程:  30000
价格:  18500.0
乘员数:  5
```

11.1.3 在 UML 图中表示继承

在 UML 图中，从子类引一条开放箭头线到超类以表示继承（箭头指向超类）。图 11.2 展示了 Automobile，Car，Truck 和 SUV 类之间的关系。

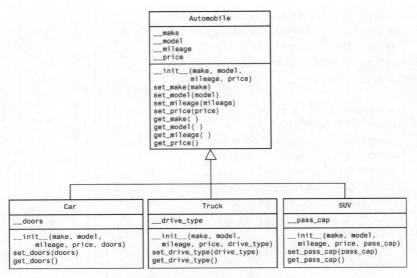

图 11.2 展示了继承关系的 UML 图

聚光灯：使用继承

　　Bank Financial Systems 公司为银行和信用社开发金融软件。公司当前正在开发一个新的面向对象系统，用于管理客户账户。你的一个任务是开发表示储蓄账户（savings account）的类。该类的对象必须容纳以下数据：

- 账号
- 利率
- 账户余额

　　还必须开发一个表示定期存款（Certificate of Deposit，CD）账户的类。该类对象必须容纳以下数据：

- 账号
- 利率
- 账户余额
- 账户到期日

　　分析这些需求，你意识到 CD 账户实际是储蓄账户的一个特化版本。定期存款账户将容纳与表示储蓄账户相同的所有数据，外加一个额外的到期日属性。因此，你决定设计一个 SavingsAccount 类来表示储蓄账户，再设计 SavingsAccount 的一个子类 CD 来表示定期存款账户。你将在名为 accounts 的模块中存储这两个类。程序 11.7 展示了 SavingsAccount 类的代码。

程序 11.7 accounts.py 的第 1 行 ~ 第 37 行

```
1  # SavingsAccount 类代表
2  # 一个储蓄账户。
```

```
3
4    class SavingsAccount:
5
6        # __init__ 方法接收账号、利率
7        # 和余额参数。
8
9        def __init__(self, account_num, int_rate, bal):
10           self.__account_num = account_num
11           self.__interest_rate = int_rate
12           self.__balance = bal
13
14       # 以下方法是数据属性
15       # 的赋值方法。
16
17       def set_account_num(self, account_num):
18           self.__account_num = account_num
19
20       def set_interest_rate(self, int_rate):
21           self.__interest_rate = int_rate
22
23       def set_balance(self, bal):
24           self.__balance = bal
25
26       # 以下方法是数据属性
27       # 的取值方法。
28
29       def get_account_num(self):
30           return self.__account_num
31
32       def get_interest_rate(self):
33           return self.__interest_rate
34
35       def get_balance(self):
36           return self.__balance
37
```

第 9 行～第 12 行是类的 __init__ 方法，它接收账号、利率和余额参数。这些参数的值分别用于初始化名为 __account_num，__interest_rate 和 __balance 的数据属性。

第 17 行～第 24 行的 set_account_num，set_interest_rate 和 set_balance 方法是数据属性的赋值方法。第 29 行～第 36 行的 get_account_num，get_interest_rate 和 get_balance 方法是取值方法。

程序 11.7 的下一部分展示了 CD 类的代码。

程序 11.7 accounts.py 的第 38 行～第 65 行

```
38   # CD 账户代表定期存款账户，
39   # 它是 SavingsAccount 类
```

```
40  # 的子类。
41
42  class CD(SavingsAccount):
43
44      # __init__ 方法接收账号、
45      # 利率、余额和到期日期
46      # 参数。
47
48      def __init__(self, account_num, int_rate, bal, mat_date):
49          # 调用超类的 __init__ 方法
50          SavingsAccount.__init__(self, account_num, int_rate, bal)
51
52          # 初始化 __maturity_date 属性
53          self.__maturity_date = mat_date
54
55      # set_maturity_date 是 __maturity_date
56      # 属性的赋值方法。
57
58      def set_maturity_date(self, mat_date):
59          self.__maturity_date = mat_date
60
61      # get_maturity_date 是 __maturity_date
62      # 属性的取值方法。
63
64      def get_maturity_date(self):
65          return self.__maturity_date
```

第 48 行~第 53 行是 CD 类的 __init__ 方法。它接收账号、利率、余额和到期日期参数。第 50 行调用了 SavingsAccount 类的 __init__ 方法，并传递了账号、利率和余额参数。在执行了 SavingsAccount 类的 __init__ 方法后，CD 类的 __account_num、__interest_rate 和 __balance 数据属性将完成创建和初始化。然后，第 53 行的语句将创建并初始化 CD 类特有的 __maturity_date 属性（代表到期日期）。

第 58 行和第 59 行的 set_maturity_date 方法是 __maturity_date 属性的赋值方法，第 64 行和第 65 行的 get_maturity_date 方法是取值方法。

程序 11.8 对这些类进行了测试。该程序创建 SavingsAccount 类的一个实例来表示储蓄账户，并创建了 CD 类的一个实例来表示定存账户。

程序 11.8 account_demo.py

```
1  # 这个程序创建了 SavingsAccount 类
2  # 的一个实例和 CD 类的一个实例。
3
4  import accounts
5
6  def main():
7      # 获取储蓄账户的账号、利率
```

```
8          # 和账户余额。
9          print(' 为储蓄账户输入以下数据。')
10         acct_num = input('账号：')
11         int_rate = float(input('利率：'))
12         balance = float(input('余额：'))
13
14         # 创建一个 SavingsAccount 对象
15         savings = accounts.SavingsAccount(acct_num, int_rate,
16                                           balance)
17
18         # 获取定存（CD）账户的账号、利率、
19         # 账户余额和到期日期。
20         print(' 为定存账户输入以下数据。')
21         acct_num = input('账号：')
22         int_rate = float(input('利率：'))
23         balance = float(input('余额：'))
24         maturity = input(' 到期日期：')
25
26         # 创建一个 CD 对象
27         cd = accounts.CD(acct_num, int_rate, balance, maturity)
28
29         # 显示输入的数据
30         print(' 以下是你输入的数据：')
31         print()
32         print(' 储蓄账户 ')
33         print('--------')
34         print(f' 账号：{savings.get_account_num()}')
35         print(f' 利率：{savings.get_interest_rate()}')
36         print(f' 余额：${savings.get_balance():,.2f}')
37         print()
38         print(' 定存账户 ')
39         print('--------')
40         print(f' 账号：{cd.get_account_num()}')
41         print(f' 利率：{cd.get_interest_rate()}')
42         print(f' 余额：${cd.get_balance():,.2f}')
43         print(f' 到期日期：{cd.get_maturity_date()}')
44
45 # 调用 main 函数
46 if __name__ == '__main__':
47     main()
```

程序输出（用户输入的内容加粗显示）

为储蓄账户输入以下数据。
账号：**1234SA** Enter
利率：**3.5** Enter
余额：**1000.00** Enter

```
为定存账户输入以下数据。
账号: 2345CD [Enter]
利率: 5.6 [Enter]
余额: 2500.00 [Enter]
到期日期: 12/12/2024
以下是你输入的数据:

储蓄账户
--------
账号: 1234SA
利率: 3.5
余额: $1,000.00

定存账户
--------
账号: 2345CD
利率: 5.6
余额: $2,500.00
到期日期: 12/12/2024
```

🕐 检查点

11.1 本节讨论了超类和子类。哪个是泛化类,哪个是特化类?

11.2 两个对象之间存在"属于"(is a)关系是什么意思?

11.3 子类从超类继承了什么?

11.4 以下代码是某个类定义的第一行。超类的名称是什么?子类的名称是什么?

```
class Canary(Bird):
```

11.2 多态性

概念:多态性允许子类中的方法与超类中的方法具有相同的名称。它使程序能根据调用对象的类型来调用正确的方法。

多态性(polymorphism)是指对象可以具有不同的形式。它是面向对象编程的一个强大特性。本节将探讨多态性的两个基本要素。

- 在超类中定义方法,然后在子类中定义同名方法。当子类方法与超类方法同名时,通常说子类方法重写或覆盖(override)超类方法。
- 根据是在什么类型的对象上调用,从而决定具体调用哪个版本的重写方法。如果使用子类对象来调用重写方法,那么执行的将是子类版本的方法。如果使用超类对象调用重写方法,那么执行的将是超类版本的方法。

事实上,我们之前已经体验了方法的重写。本章讨论过的每个子类都有一个名为 __init__ 的方法,它重写了超类的 __init__ 方法。当创建子类的实例时,会自动调用子

类的 __init__ 方法，而不会调用超类的同名方法。

方法重写也适用于类的其他方法。为了更好地体验多态性，也许最好的办法就是实际地演示它。下面来看一个简单的例子。程序 11.9 展示了一个名为 Mammal（哺乳动物）的类的代码，该类位于一个名为 animals 的模块中。

程序 11.9　animals.py 的第 1 行～第 22 行

```
1    # Mammal 类代表常规意义上的哺乳动物
2
3    class Mammal:
4
5        # __init__ 方法接收代表哺乳动物
6        # 具体物种的一个参数。
7
8        def __init__(self, species):
9            self.__species = species
10
11       # show_species 方法显示一条消息来
12       # 说明哺乳动物的具体物种。
13
14       def show_species(self):
15           print(' 我是 ', self.__species)
16
17       # make_sound 方法代表哺乳动物
18       # 一般性的发声方式。
19
20       def make_sound(self):
21           print('Grrrrr')
22
```

Mammal 类有三个方法：__init__、show_species 和 make_sound。以下示例代码创建该类的一个实例，并调用了这些方法：

```
import animals
mammal = animals.Mammal(' 一般意义上的哺乳动物 ')
mammal.show_species()
mammal.make_sound()
```

上述代码将显示以下内容：

```
我是一般意义上的哺乳动物
Grrrrr
```

程序 11.9 的下一部分显示了 Dog 类的代码。该类也在 animals 模块中，它是 Mammal 类的子类。

程序 11.9　animals.py 的第 23 行～第 38 行

```
23   # Dog 类是 Mammal 类的子类
24
```

```
25 class Dog(Mammal):
26
27     # __init__ 方法调用超类的 __init__
28     # 方法，传递 ' 狗 ' 作为物种名称。
29
30     def __init__(self):
31         Mammal.__init__(self, ' 狗 ')
32
33     # make_sound 方法重写了超类的
34     # make_sound 方法。
35
36     def make_sound(self):
37         print(' 汪！汪！')
38
```

尽管 Dog 类继承了 Mammal 类中的 __init__ 方法和 make_sound 方法，但这些方法并不适合 Dog 类。因此，Dog 类有自己的 __init__ 和 make_sound 方法，它们执行更适合狗的行动。我们说 Dog 类的 __init__ 和 make_sound 方法"重写"（override）了 Mammal 类的 __init__ 和 make_sound 方法。以下示例代码创建 Dog 类的一个实例，并调用了这些方法：

```
import animals
dog = animals.Dog()
dog.show_species()
dog.make_sound()
```

上述代码将显示以下内容：

```
我是 狗
汪！汪！
```

使用 Dog 对象调用 make_sound 方法时，会执行该方法在 Dog 类中的版本。接着来看看程序 11.10 展示的 Cat 类。该类也在 animals 模块中，是 Mammal 类的另一个子类。

程序 11.9 animals.py 的第 39 行～第 53 行

```
39 # Cat 类是 Mammal 类的子类
40
41 class Cat(Mammal):
42
43     # __init__ 方法调用超类的 __init__
44     # 方法，传递 ' 猫 ' 作为物种名称。
45
46     def __init__(self):
47         Mammal.__init__(self, ' 猫 ')
48
49     # make_sound 方法重写了超类的
50     # make_sound 方法。
```

```
51
52      def make_sound(self):
53          print('喵')
```

Cat 类也重写了 Mammal 类的 __init__ 和 make_sound 方法。以下示例代码创建 Cat 类的一个实例，并调用了这些方法：

```
import animals
cat = animals.Cat()
cat.show_species()
cat.make_sound()
```

上述代码将显示以下内容：

```
我是 猫
喵
```

使用 Cat 对象来调用 make_sound 方法时，执行的是该方法在 Cat 类中的版本。

isinstance 函数

多态性为设计程序提供了极大的灵活性。例如，我们来看看下面这个函数：

```
def show_mammal_info(creature):
    creature.show_species()
    creature.make_sound()
```

任何对象只要有 show_species 方法和 make_sound 方法，就可以将其作为参数传递给这个函数。函数内部会调用这些方法。实际上，可以将任何"属于"哺乳动物（即 Mammal 类的一个子类）的对象传递给该函数。程序 11.10 对此进行了演示。

程序 11.10   polymorphism_demo.py

```
1   # 这个程序演示了多态性
2
3   import animals
4
5   def main():
6       # 创建一个 Mammal 对象、一个 Dog 对象和
7       # 一个 Cat 对象。
8       mammal = animals.Mammal('一般意义上的哺乳动物')
9       dog = animals.Dog()
10      cat = animals.Cat()
11
12      # 显示每个对象的信息
13      print('下面是一些动物以及')
14      print('它们发出的声音。')
15      print('---------------------------')
16      show_mammal_info(mammal)
17      print()
18      show_mammal_info(dog)
```

```
19        print()
20        show_mammal_info(cat)
21
22 # show_mammal_info 函数接收一个对象
23 # 作为参数, 并调用它的 show_species
24 # 和 make_sound 方法。
25
26 def show_mammal_info(creature):
27      creature.show_species()
28      creature.make_sound()
29
30 # 调用 main 函数
31 if __name__ == '__main__':
32      main()
```

程序输出

```
下面是一些动物以及
它们发出的声音。
--------------------------
我是  一般意义上的哺乳动物
Grrrrr

我是  狗
汪！汪！

我是  猫
喵
```

但是, 如果传递给函数的对象不是一个 Mammal, 也不是 Mammal 的子类, 那么会发生什么情况? 例如, 程序 11.11 运行时会发生什么情况?

程序 11.11 wrong_type.py

```
1  def main():
2      # 向 show_mammal_info 传递一个字符串 ...
3      show_mammal_info(' 我是一个字符串 ')
4
5  # show_mammal_info 函数接收一个对象
6  # 作为参数, 并调用它的 show_species
7  # 方法和 make_sound 方法
8
9  def show_mammal_info(creature):
10          creature.show_species()
11          creature.make_sound()
12
13 # 调用 main 函数
14 if __name__ == '__main__':
15          main()
```

第 3 行调用 show_mammal_info 函数，并将一个字符串作为参数。然而，当解释器尝试执行第 10 行时，会发生 AttributeError 异常，因为字符串没有定义名为 show_species 的方法。

可以使用内置函数 isinstance 来防止该异常的发生。isinstance 函数判断一个对象是不是一个特定类（或其子类）的实例。常规的函数调用格式如下所示。

isinstance(object, *ClassName*)

其中，*object* 是一个对象引用，*ClassName* 是一个类的名称。如果 *object* 引用的对象是 *ClassName* 类或者它的一个子类的实例，那么函数将返回 True。否则，函数将返回 False。程序 11.12 展示了如何在 show_mammal_info 函数中使用该函数。

程序 11.12 polymorphism_demo2.py

```
1   # 这个程序演示了多态性
2
3   import animals
4
5   def main():
6       # 创建一个 Mammal 对象、一个 Dog 对象和
7       # 一个 Cat 对象。
8       mammal = animals.Mammal(' 一般意义上的哺乳动物 ')
9       dog = animals.Dog()
10      cat = animals.Cat()
11
12      # 显示每个对象的信息
13      print(' 下面是一些动物以及 ')
14      print(' 它们发出的声音。')
15      print('-------------------------')
16      show_mammal_info(mammal)
17      print()
18      show_mammal_info(dog)
19      print()
20      show_mammal_info(cat)
21      print()
22      show_mammal_info(' 我是一个字符串 ')
23
24  # show_mammal_info 函数接收一个对象
25  # 作为参数，并调用它的 show_species
26  # 和 make_sound 方法。
27
28  def show_mammal_info(creature):
29      if isinstance(creature, animals.Mammal):
30          creature.show_species()
31          creature.make_sound()
32      else:
33          print(' 这不是哺乳动物! ')
```

```
34
35 # 调用 main 函数
36 if __name__ == '__main__':
37     main()
```

程序输出

下面是一些动物以及
它们发出的声音。

我是 一般意义上的哺乳动物
Grrrrr

我是 狗
汪！汪！

我是 猫
喵

这不是哺乳动物!

第 16 行、第 18 行和第 20 行调用了 show_mammal_info 函数，并分别传递一个
Mammal 对象、一个 Dog 对象和一个 Cat 对象的引用。然而，在第 22 行中，我们在调用
该函数时传递了一个字符串作为参数。在 show_mammal_info 函数内部，第 29 行的 if
语句调用 isinstance 函数来判断参数是不是 Mammal（或其子类）的实例。如果不是，
就会显示错误消息。

🔍 检查点

11.5 给定以下类定义：

```
class Vegetable:
    def __init__(self, vegtype):
        self.__vegtype = vegtype
    def message(self):
        print("我是蔬菜。")
class Potato(Vegetable):
    def __init__(self):
        Vegetable.__init__(self, '土豆')
    def message(self):
        print("我是土豆。")
```

基于这个类定义，以下语句会显示什么结果？

```
v = Vegetable('veggie')
p = Potato()
v.message()
p.message()
```

🧠 复习题

选择题

1. 在继承关系中，_____ 是常规类。

    a. 子类　　　　　　b. 超类　　　　　c. 主类　　　　　　d. 派生类

2. 在继承关系中，_____ 是特化类。

    a. 超类　　　　　　b. 次级类　　　　　c. 子类　　　　　　d. 父类

3. 假设一个程序使用了两个类：Airplane（飞机）和 JumboJet（喷气式客机）。其中哪个最有可能是子类？_____

    a. Airplane　　　　b. Airplane　　　　c. 都是　　　　　　d. 都不是

4. 面向对象编程的 _____ 特性允许在使用子类的实例调用重写的方法时，自动调用该方法的正确版本。

    a. 多态性　　　　　b. 继承　　　　　　c. 泛化　　　　　　d. 特化

5. 可以用 _____ 来判断一个对象是不是一个类或其子类的实例。

    a. in 操作符　　　　　　　　　　　b. is_object_of 函数

    c. isinstance 函数　　　　　　　　d. 程序崩溃时显示的错误消息

判断题

1. 多态性允许在子类中写与超类中的方法同名的方法。

2. 不能从子类的 __init__ 方法中调用超类的 __init__ 方法。

3. 子类中的方法可与超类中的方法同名。

4. 只有 __init__ 方法才能重写（override）。

5. isinstance 函数不能判断一个对象是不是一个类的子类的实例。

简答题

1. 子类从超类继承了什么？

2. 对于以下类定义，超类的名称是什么？子类的名称是什么？

```
class Tiger(Felis):
```

3. 什么是重写的方法？

算法工作台

1. 写 Poodle（贵宾犬）类定义的第一行。该类应扩展 Dog 类。

2. 给定以下类定义：

```
class Plant:
    def __init__(self, plant_type):
        self.__plant_type = plant_type
    def message(self):
        print("我是一棵植物。")
class Tree(Plant):
    def __init__(self):
        Plant.__init__(self, '树')
    def message(self):
```

```
        print(" 我是一棵树。")
```

以下语句会显示什么结果?

```
    p = Plant(' 树苗 ')
    t = Tree()
    p.message()
    t.message()
```

3. 给定以下类定义:

```
    class Beverage:
        def __init__(self, bev_name):
            self.__bev_name = bev_name
```

为一个名为 Cola（可乐）的类写代码，该类是 Beverage（饮料）类的子类。该类的 __init__ 方法应调用 Beverage 类的 __init__ 方法，并将 ' 可乐 ' 作为参数传递。

🔒 编程练习

1. Employee 和 ProductionWorker 类

写一个 Employee 类，用数据属性来保存以下信息:

- 员工姓名
- 员工 ID

再写一个 ProductionWorker 类，后者是 Employee 类的子类。ProductionWorker 类用数据属性来保存以下信息:

- 轮班编号（一个整数值，例如 1、2 或 3）
- 时薪

工作日分为两班:白班和夜班。轮班编号属性是一个整数值，代表员工上的是哪一班。白班为 1 班，夜班为 2 班。为每个类都编写恰当的取值和赋值方法。

写好这两个类后，再写一个程序，创建 ProductionWorker 类的对象，并提示用户为对象的每个数据属性输入数据。将数据存储到对象中，然后使用对象的取值方法检索数据，并将其显示在屏幕上。

2. ShiftSupervisor 类

某工厂的轮班主管是一名受薪员工（所谓受薪员工，是相对于拿时薪的员工而言的。他们不管上班多少时间都拿固定工资），负责监督一个班次。除工资外，当一个班次达到生产目标时，轮班主管还能拿到年终奖。写一个 ShiftSupervisor 类，它是编程练习 1 创建的 Employee 类的子类。ShiftSupervisor 类应创建用于容纳年薪的一个数据属性以及一个用于容纳年终奖的数据属性。写一个使用了 ShiftSupervisor 对象的程序来演示该类。

3. Person 类和 Customer 类

▶视频讲解: Person and Customer Classes

写一个名为 Person 的类，该类包含一个人的姓名、地址和电话号码数据属性。接着，写一个名为 Customer 的类，它是 Person 类的子类。Customer 类应该有一个客户编号数据属性和一个布尔数据属性，表示客户是否希望加入邮件列表。写一个简单的程序来演示 Customer 类的实例。

第 12 章
递归

12.1 递归简介

概念：递归函数是调用自身的函数。

之前已经看到过函数调用其他函数的例子。在一个程序中，main 函数可能会调用函数 A，然后函数 A 可能会调用函数 B。除此之外，函数也可以自己调用自己。调用自身的函数称为**递归函数**。程序 12.1 的 message 函数就是一个递归函数例子。

程序 12.1 ndless_recursion.py

```
 1  # 这个程序定义了一个递归函数
 2
 3  def main():
 4      message()
 5
 6  def message():
 7      print(' 这是一个递归函数。')
 8      message()
 9
10  # 调用 main 函数
11  if __name__ == '__main__':
12      main()
```

程序输出

```
这是一个递归函数。
这是一个递归函数。
这是一个递归函数。
      ... 会一直重复这个输出！
```

message 函数显示字符串 "这是一个递归函数。" 然后调用自身。每调用一次，就重复一次。能看出这个函数有什么问题吗？我们没有办法停止递归调用。这个函数就像一个无限循环，因为没有代码可以阻止它重复。如果运行这个程序，必须按键盘上的 Ctrl+C 来中断它的执行，或者等达到系统预设的递归深度而发生异常。

和循环一样，递归函数也必须要有某种方法来控制它的重复次数。程序 12.2 的代码展示了 message 函数的修改版本。在这个程序中，message 函数接收一个指定了消息显示次数的参数。

程序 12.2 recursive.py

```
1   # 这个程序定义了一个递归函数
2
3   def main():
4       # 向 message 函数传递
5       # 实参 5，我们可以指定
6       # 它显示消息 5 次。
7       message(5)
8
9   def message(times):
10      if times > 0:
11          print(' 这是一个递归函数。')
12          message(times - 1)
13
14  # 调用 main 函数
15  if __name__ == '__main__':
16      main()
```

程序输出

```
这是一个递归函数。
这是一个递归函数。
这是一个递归函数。
这是一个递归函数。
这是一个递归函数。
```

该程序中的 message 函数在第 10 行包含一个 if 语句，用于控制重复。只要 times 参数大于零，就会显示"这是一个递归函数"消息。然后，函数会再次调用自身，但参数值会递减 1。

在第 7 行，main 函数调用 message 函数并传递实参 5。第一次调用该函数时，if 语句会显示消息，然后以 4 作为实参调用自身。图 12.1 对此进行了说明。

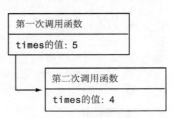

图 12.1 函数的前两次调用

图 12.1 展示了 message 函数的前两次调用。每次调用函数，都会在内存中创建 times 参数的一个新实例。第一次调用函数时，times 参数被设为 5。当函数调用自身时，又会创建 times 参数的一个新实例，并将值 4 传递给它。如此反复，直到最后将 0 作为参数传递给函数。如图 12.2 所示。

如图 12.2 所示，函数被调用了 6 次。第一次是从 main 函数中调用的，其余五次都是在调用自身（递归调用）。函数调用自身的次数称为**递归深度**。本例的递归深度为 5。当函数进行第六次调用时，times 参数被设为 0，造成 if 语句的条件表达式变成 False，因此函数返回。程序的控制将从函数的第 6 个实例返回到上一个实例的递归调用后的位置，如图 12.3 所示。

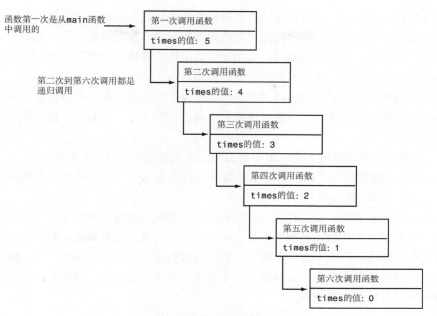

图 12.2 message 函数的 6 次调用

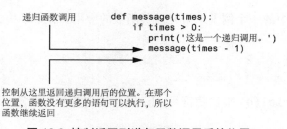

```
def message(times):
    if times > 0:
        print('这是一个递归调用。')
        message(times - 1)
```

控制从这里返回递归调用后的位置。在那个
位置，函数没有更多的语句可以执行，所以
函数继续返回

图 12.3 控制返回到递归函数调用后的位置

由于在递归函数调用后没有更多的语句需要执行，所以函数的第五个实例会将程序的控制权返回给第四个实例。如此反复，直到函数的所有实例都返回。

12.2 用递归解决问题

概念：如果一个问题能分解成多个较小的问题，而且这些较小的问题在结构上与总体问题完全相同，那么这个问题就可以用递归来解决。

在上一节的程序 12.2 中，我们已经演示了递归函数的机制。递归是解决重复性问题的一种强大的工具，通常在高年级计算机科学课程中学习。为了理解如何使用递归来解决问题，这里可以简单地解释一下。

首先要注意的是，并不存在只能用递归来解决的问题。任何能用递归解决的问题都能用循环来解决。事实上，递归算法的效率通常低于迭代算法。这是因为调用函数的过程需要计算机执行若干准备行动。这些行动包括为参数和局部变量分配内存，以及存储函数终止后的返回地址等。我们将这些行动和相关的资源称为**开销**，每递归调用一次函数，都需要付出这些开销。相反，循环不需要这些开销。

不过，与循环相比，递归更容易解决一些重复性的问题。循环的好处是减少开销，缩短执行时间。相反，程序员也许能更快地设计出递归算法。一般来说，递归函数是像下面这样工作的：

- 如果问题现在就能解决，不需要递归，那么函数就会解决它并返回；
- 如果问题现在无法解决，那么函数会将其简化为一个较小但类似的问题，并调用自身来解决较小的问题。

为了应用这种方法，我们首先至少要确定一种情况。在这种情况下，问题无需递归即可求解。这种情况称为**基本情况**（base case）。其次，我们需要确定一种在其他所有情况下使用递归来解决问题的方法。那些情况就是**递归情况**（recursive case）。在递归情况下，我们必须始终将问题减小为原始问题的一个更小的版本。通过每次递归调用将问题变小，最终将达到基本情况，递归停止。

12.2.1 使用递归来计算阶乘

让我们以数学中的一个例子来研究递归函数的应用。在数学中，符号 n! 表示数字 n 的阶乘：

```
如果 n = 0，那么 n! = 1
如果 n > 0，那么 n! = 1×2×3×...×n
```

下面用 factorial(n) 来代替符号 n!，这样看起来更像计算机代码，并像下面这样重写规则：

```
如果 n = 0，那么 factorial(n) = 1
如果 n > 0，那么 factorial(n) = 1×2×3×...×n
```

这些规则规定，当 n 为 0 时，它的阶乘是 1；当 n 大于 0 时，它的阶乘是从 1 到 n 的所有正整数的乘积。例如，factorial(6) = 1×2×3×4×5×6。

设计递归算法来计算一个数的阶乘时，我们首先要确定基本情况，即无需递归即可求解的计算部分。这就是 n 等于 0 的情况，如下所示：

```
如果 n = 0，那么 factorial(n) = 1
```

这告诉了我们如何解决 n 等于 0 时的问题，但当 n 大于 0 时，应该怎么办呢？这就是递归情况，即要用递归来解决问题。我们这样表达它：

```
如果 n > 0，那么 factorial(n) = n×factorial(n-1)
```

这就是说，如果 n 大于 0，那么 n 的阶乘就是 n 乘以 n-1 的阶乘。注意递归调用是如何在问题的缩小版 n-1 上起作用的。因此，我们计算一个数的阶乘的递归规则可能是下面这样的：

```
如果 n = 0，那么 factorial(n) = 1
如果 n > 0，那么 factorial(n) = n × factorial(n-1)
```

程序 12.3 的代码展示了如何在程序中设计阶乘函数。

程序 12.3 factorial.py

```
 1   # 这个程序使用递归来计算
 2   # 一个数的阶乘。
 3
 4   def main():
 5       # # 从用户处获取一个数
 6       number = int(input('输入一个非负的整数：'))
 7
 8       # 计算阶乘
 9       fact = factorial(number)
10
11       # 显示阶乘
12       print(f'{number} 的阶乘为 {fact}。')
13
14   # 阶乘函数使用递归来
15   # 计算其参数的阶乘，
16   # 假设参数为非负整数。
17   def factorial(num):
18       if num == 0:
19           return 1
20       else:
21           return num * factorial(num - 1)
22
23   # 调用 main 函数
24   if __name__ == '__main__':
25       main()
```

程序输出（用户输入的内容加粗显示）

```
输入一个非负的整数：4 Enter
4 的阶乘为 24。
```

在示例运行中，程序调用 factorial 函数并将 4 作为实参传给形参 num。由于 num 不等于 0，所以 if 语句的 else 子句执行了以下语句：

```
return num * factorial(num - 1)
```

虽然这是一个 return 语句，但它不会立即返回。在确定返回值之前，必须先确定 factorial(num - 1) 的值。在第 5 次调用之前，factorial 函数会一直递归调用，第 5 次调用时，num 参数变成零，递归结束。图 12.4 展示了每次调用函数时的 num 值和返回值。

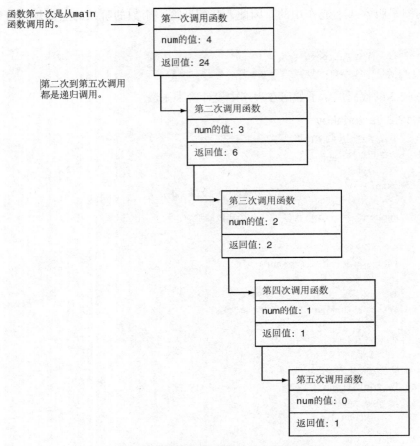

函数第一次是从main
函数调用的。

第一次调用函数

num的值：4

返回值：24

第二次到第五次调用
都是递归调用。

第二次调用函数

num的值：3

返回值：6

第三次调用函数

num的值：2

返回值：2

第四次调用函数

num的值：1

返回值：1

第五次调用函数

num的值：0

返回值：1

图 12.4 每次调用函数时的 num 值和返回值

图 12.4说明了为什么递归算法必须通过每次递归调用来缩小问题。递归最终必须停止，才能把问题解决。

如果每次递归调用都处理问题的一个较小的版本，那么递归调用就会一直朝着基本情况进行。基本情况不需要递归，因此递归调用链就可以停止了。

通常，每次递归调用都会使一个或多个参数的值变小，从而缩小问题。在我们的阶乘函数中，每次递归调用都会使参数 num 的值更接近 0。当参数值达到 0 时，函数将返回一个值，而无需再次进行递归调用。

直接递归和间接递归

我们到目前为止讨论的例子展示的都是递归函数，或者说直接调用自身的函数。这是所谓的**直接递归**。程序中还有可能产生**间接递归**。这种情况发生在函数 A 调用函数 B，而函数 B 反过来又调用函数 A 的时候。甚至可能出现多个函数涉及递归的情况。例如，函数 A 调用函数 B，函数 B 调用函数 C，而函数 C 又调用函数 A。

🎯 检查点

12.1 据说递归算法比迭代算法开销更大。这是什么意思？

12.2 什么是"基本情况"？

12.3 什么是"递归情况"？

12.4 什么会导致递归算法停止调用自身？

12.5 什么是直接递归？什么是间接递归？

12.3 递归算法示例

12.3.1 用递归对列表元素的一个范围进行求和

本例展示了一个名为 range_sum 的函数，它使用递归对列表中的一个范围内的数据项进行求和。该函数接收以下参数：包含要求和的元素范围的一个列表、指定了范围起始项索引的一个整数以及指定了范围终止项索引的一个整数。下例展示了如何使用该函数：

```
numbers = [1, 2, 3, 4, 5, 6, 7, 8, 9]
my_sum = range_sum(numbers, 3, 7)
print(my_sum)
```

第二个语句指定 range_sum 函数应返回 numbers 列表中索引 3~ 索引 7 所对应的数据项的总和。返回值（本例为 30）被赋给 my_sum 变量。下面是 range_sum 函数的定义：

```
def range_sum(num_list, start, end):
    if start > end:
        return 0
    else:
        return num_list[start] + range_sum(num_list, start + 1, end)
```

该函数的"基本情况"是 start 参数大于 end 参数。如果为真，函数将返回 0。否则，函数执行以下语句：

```
return num_list[start] + range_sum(num_list, start + 1, end)
```

该语句返回 num_list[start] 与递归调用的返回值之和。注意在递归调用中，范围中的起始项的索引是 start+1。从本质上说，该语句的意思是：返回范围内第一项的值与范围内其余项之和相加的结果。程序 12.4 演示了这个函数。

程序 12.4 range_sum.py

```
1  # 这个程序演示了 range_sum 函数
2
3  def main():
4      # 创建一个数字列表
5      numbers = [1, 2, 3, 4, 5, 6, 7, 8, 9]
6
7      # 获取索引 2~5 的
```

```
 8        # 项的总和。
 9        my_sum = range_sum(numbers, 2, 5)
10
11        # 显示结果
12        print(f' 索引 2~5 的项的总和为：{my_sum}')
13
14 # range_sum 函数返回 num_list 中指定
15 # 范围的所有数据项之和。start 参数
16 # 指定起始项的索引，end 参数指定
17 # 结束项的索引。
18 def range_sum(num_list, start, end):
19     if start > end:
20         return 0
21     else:
22         return num_list[start] + range_sum(num_list, start + 1, end)
23
24 # 调用 main 函数
25 if __name__ == '__main__':
26     main()
```

程序输出

索引 2~5 的项的总和为：18

12.3.2 斐波那契数列

一些数学问题可以用递归方式解决。一个著名的例子就是斐波那契数的计算。斐波那契数得名于意大利数学家莱昂纳多·斐波那契（大约生于 1170 年），其数列如下所示：

0, 1, 1, 2, 3, 5, 8, 13, 21, 34, 55, 89, 144, 233, . . .

注意，在第二个数之后，数列中的每个数都是前两个数之和。以下是斐波那契数列的定义：

如果 n = 0，那么 Fib(n) = 0
如果 n = 1，那么 Fib(n) = 1
如果 n > 1，那么 Fib(n) = Fib(n - 1) + Fib(n - 2)

计算斐波那契数列中第 n 个数的递归函数如下所示：

```
def fib(n):
    if n == 0:
        return 0
    elif n == 1:
        return 1
    else:
        return fib(n - 1) + fib(n - 2)
```

注意，这个函数实际上有两个基本情况：n 等于 0 的时候，以及 n 等于 1 的时候。程序 12.5 通过显示斐波那契数列中的前 10 个数来演示了这个函数。

程序 12.5 fibonacci.py

```
1   # 这个程序使用递归来打印
2   # 斐波那契数列中的数字。
3
4   def main():
5       print(' 斐波那契数列的 ')
6       print(' 前 10 个数是： ')
7
8       for number in range(1, 11):
9           print(fib(number))
10
11  # fib 函数返回斐波那契
12  # 数列的第 n 个数。
13  def fib(n):
14      if n == 0:
15          return 0
16      elif n == 1:
17          return 1
18      else:
19          return fib(n - 1) + fib(n - 2)
20
21  # 调用 main 函数
22  if __name__ == '__main__':
23      main()
```

程序输出

```
斐波那契数列的
前 10 个数是：
1
1
2
3
5
8
13
21
34
55
```

12.3.3 寻找最大公约数

下一个递归的例子是计算两个数的最大公约数（greatest common divisor，GCD）。两个正整数 x 和 y 的最大公约数按以下方法确定：

如果 x 能被 y 整除，那么 gcd(x, y) = y
否则，gcd(x, y) = gcd(y, x/y 的余数)

该定义指出，如果 x/y 余数为零，那么 x 和 y 的最大公约数为 y。这是基本情况。否则，答案就是 y 和 x/y 之余的最大公约数。程序 12.6 展示了计算最大公约数的递归方法。

程序 12.6 gcd.py

```
1   # 这个程序使用递归来计算
2   # 两个数的最大公约数。
3
4   def main():
5       # 获取两个数字
6       num1 = int(input(' 输入第一个整数: '))
7       num2 = int(input(' 输入第二个整数: '))
8
9       # Display the GCD.
10      print(f' 两个数的最大公约数 '
11            f' 为 {gcd(num1, num2)}。')
12
13  # gcd 函数返回两个数
14  # 的最大公约数
15  def gcd(x, y):
16      if x % y == 0:
17          return y
18      else:
19          return gcd(x, x % y)
20
21  # 调用 main 函数
22  if __name__ == '__main__':
23      main()
```

程序输出（用户输入的内容加粗显示）

```
输入第一个整数: 49 Enter
输入第二个整数: 28 Enter
两个数的最大公约数为 7。
```

12.3.4 汉诺塔

汉诺塔是一个数学游戏，在计算机科学中经常用来证明递归的强大。游戏要用到三个木杆和一组中心有孔的圆盘。如图 12.5 所示，圆盘堆叠在其中一个木杆上。

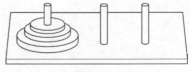

图 12.5 汉诺塔游戏中的木杆和圆盘

注意，在最开始的时候，圆盘按大小顺序叠放在最左边的杆上，最大的圆盘在最下方。这个游戏是根据一个传说改编的，传说寺庙里有一群和尚，他们有一组类似的木杆，上面有 64 个圆盘。僧侣们的任务是将圆盘从第一个木杆移动到第三个木杆。中间的木杆可以临时存放圆盘。另外，僧侣们在移动圆盘时，必须遵守以下规则：

- 每次只能移动一个圆盘
- 大盘不能叠在小盘上方
- 除非在移动过程中，否则所有圆盘都必须套在某个木杆上

根据传说，当僧侣们把所有圆盘从第一个杆移动到最后一个杆时，世界将会毁灭。[1]

要玩这个游戏，你必须按照与僧侣们相同的规则，将所有圆盘从第一个木杆移动到第三个木杆。现在来看看这个游戏在不同圆盘数量下的一些示例解法。如果只有一个盘，那么解法很简单：直接从 1 号杆移动到 3 号杆。如果有两个盘，那么需要走三步：

- 将 1 号盘移至 2 号杆
- 将 2 号盘移至 3 号杆
- 将 1 号盘移至 3 号杆

注意，这种方法将木杆 2 用作临时位置。随着圆盘数量的增加，移动的复杂性也在增加。移动三个圆盘需要图 12.6 所示的 7 次移动。

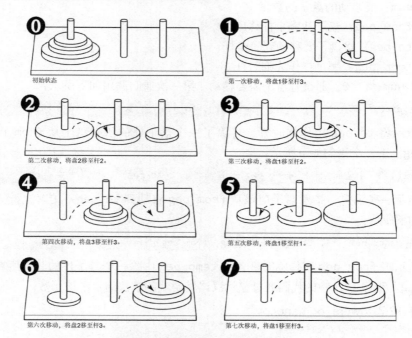

图 12.6 移动三个盘子的步骤

下面的语句描述了问题的整体解决方案：

> 使用 2 号杆作为临时杆，将 n 个盘从 1 号杆移动到 3 号杆。

下面简要描述一种模拟游戏解法的递归算法。注意在这个算法中，我们用变量 A、B 和 C 来表示三个木杆的编号：

---

[1] 译注：别慌！如果担心僧侣们很快完成任务而导致世界末日的来临，那你完全可以放心了。如果僧侣们每秒移动一个盘子，他们将需要大约 5 850 亿年才能移完全部 64 个盘子。

> *要将 n 个盘从杆 A 移至杆 C，并使用杆 B 作为临时杆，请执行以下步骤：*
> *如果 n > 0：*
> *使用杆 C 作为临时杆，将 n-1 个盘从杆 A 移至杆 B。*
> *将剩下的那个盘人从 A 移至杆 C*
> *使用杆 A 作为临时杆，将 n-1 个盘从杆 B 移至杆 C。*

当没有盘子可以移动时，就达到了算法的"基本情况"。以下函数实现了这个算法。注意，该函数并不真正移动任何东西，它只是指示每次要怎么移动一个盘子：

```
def move_discs(num, from_peg, to_peg, temp_peg):
    if num > 0:
        move_discs(num - 1, from_peg, temp_peg, to_peg)
        print('将一个盘子从杆 ', from_peg, ' 移至杆 ', to_peg)
        move_discs(num - 1, temp_peg, to_peg, from_peg)
```

该函数接收以下参数：

- num：要移动的盘子的数量
- from_peg：盘子从哪个杆移出
- to_peg：将盘子要移动到哪个杆
- temp_peg：哪个杆作为临时杆

如果 num 大于 0，那么有盘子需要移动。第一次递归调用如下所示：

```
move_discs(num - 1, from_peg, temp_peg, to_peg)
```

该语句指示将 to_peg 用作临时杆，将除了一个盘子外的所有盘子从 from_peg 移动到 temp_peg。下一个语句如下所示：

```
print('将一个盘子从杆 ', from_peg, ' 移动到杆 ', to_peg)
```

它只是显示一条消息，指示盘子应该从 from_peg 移动到 to_peg。接着执行另一个递归调用，如下所示：

```
move_discs(num - 1, temp_peg, to_peg, from_peg)
```

该语句指示将 from_peg 用作临时杆，将 temp_peg 中除一个盘子外的其他所有盘子移动到 to_peg。程序 12.7 中的代码通过显示汉诺塔游戏的解法演示了该函数。

程序 12.7 towers_of_hanoi.py

```
1   # 这个程序模拟了汉诺塔游戏
2
3   def main():
4       # 设置一些初始值
5       num_discs = 3
6       from_peg = 1
7       to_peg = 3
8       temp_peg =2
9
10      # 玩游戏
```

```
11       move_discs(num_discs, from_peg, to_peg, temp_peg)
12       print(' 所有盘子都已完成移动！')
13
14 # moveD_discs 函数显示如何在
15 # 汉诺塔游戏中移动一个盘子。
16 # 参数包括：
17 #   num:       需要移动的盘子的数量
18 #   from_peg: 盘子从哪个杆移出
19 #   to_peg:   将盘子要移动到哪个杆
20 #   temp_peg: 临时杆
21 def move_discs(num, from_peg, to_peg, temp_peg):
22     if num > 0:
23         move_discs(num - 1, from_peg, temp_peg, to_peg)
24         print(f' 将一个盘子从杆 {from_peg} 移动到杆 {to_peg}。')
25         move_discs(num - 1, temp_peg, to_peg, from_peg)
26
27 # 调用 main 函数
28 if __name__ == '__main__':
29     main()
```

程序输出

```
将一个盘子从杆 1 移动到杆 3。
将一个盘子从杆 1 移动到杆 2。
将一个盘子从杆 3 移动到杆 2。
将一个盘子从杆 1 移动到杆 3。
将一个盘子从杆 2 移动到杆 1。
将一个盘子从杆 2 移动到杆 3。
将一个盘子从杆 1 移动到杆 3。
所有盘子都已完成移动！
```

12.3.5 递归与循环

任何可以用递归编码的算法都可以用循环编码。这两种方法都能实现重复，但哪种方法最好用呢？

不使用递归有几个原因。递归函数调用的效率肯定比循环低。每次调用函数时，系统都要产生循环所不需要的开销。此外，在许多情况下，循环方案比递归方案更明显。事实上，大多数重复性编程任务都最好使用循环。

不过，有的问题用递归比用循环更容易解决。例如，最大公约数公式的数学定义就非常适合递归方法。如果一个特定问题的递归解决方案是显而易见的，而且递归算法不会使系统性能降低到令人无法忍受的程度，那么递归就是一个很好的设计选择。然而，如果一个问题用循环更容易解决，就应该采用循环方法。

复习题

选择题

1. 递归函数 _____。

    a. 调用不同的函数   b. 异常停止程序

    c. 调用自身   d. 只能调用一次

2. 一个函数由程序的 main 函数调用一次，然后它又调用自身四次。递归深度是 _____。

    a. 1   b. 4   c. 5   d. 9

3. 问题中不需要递归就能解决的部分是 _____ 情况。

    a. 基本   b. 迭代   c. 未知   d. 递归

4. 要用递归解决问题的部分是 _____ 情况。

    a. 基本   b. 迭代   c. 未知   d. 递归

5. 一个函数显式调用自身时，称为 _____ 递归。

    a. 显式   b. 模态   c. 直接   d. 间接

6. 当函数 A 调用函数 B，函数 B 再调用函数 A 时，称为 _____ 递归。

    a. 隐式   b. 模态   c. 直接   d. 间接

7. 任何可以用递归解决的问题也可以用 _____ 解决。

    a. 决策结构   b. 循环   c. 顺序结构   d. case 结构

8. 计算机在调用函数时所采取的一些准备行动和消耗的资源，例如为参数和局部变量分配内存，称为 _____。

    a. 开销   b. 设置   c. 清理   d. 同步

9. 递归算法在递归情况下必须 _____。

    a. 在不递归的情况下解决问题

    b. 将问题简化为原始问题的较小版本

    c. 确认发生错误并中止程序

    d. 将问题放大为原始问题的较大版本

10. 递归算法在基本情况下必须 _____。

    a. 在不递归的情况下解决问题

    b. 将问题简化为原始问题的较小版本

    c. 确认发生错误并中止程序

    d. 将问题放大为原始问题的较大版本

判断题

1. 使用循环的算法通常比相应的递归算法运行得更快。

2. 一些问题只能通过递归来解决。

3. 所有递归算法都不一定要有基本情况。

4. 在基本情况中，递归方法调用自身时，会调用原始问题的一个较小版本。

简答题

1. 在本章前面展示的程序 12.2 中，message 函数的基本情况是什么？

2. 本章提到，计算一个数的阶乘的规则如下：

```
如果 n = 0，那么 factorial(n) = 1
如果 n > 0，那么 factorial(n) = n × factorial(n-1)
```

如果根据这些规则来设计函数，基本情况是什么？递归情况又是什么？

3. 解决问题是否必须使用递归？还可以用什么方法来解决一个具有重复性质的问题？

4. 使用递归来解决问题时，为什么递归函数必须调用自身来解决原始问题的较小版本？

5. 递归函数通常是如何缩小问题的？

算法工作台

1. 以下程序会显示什么结果？

```python
def main():
    num = 0
    show_me(num)
def show_me(arg):
    if arg < 10:
        show_me(arg + 1)
    else:
        print(arg)
main()
```

2. 以下程序会显示什么结果？

```python
def main():
    num = 0
    show_me(num)
def show_me(arg):
    print(arg)
    if arg < 10:
        show_me(arg + 1)
main()
```

3. 以下函数使用了循环。把它改写为执行相同操作的递归函数。

```python
def traffic_sign(n):
    while n > 0:
        print(' 禁止停车 ')
        n = n > 1
```

🖶 编程练习

1. 递归打印

设计一个递归函数，接收整数参数 n，打印从 1 到 n 的所有整数。

2. 递归乘法

▶ 视频讲解：The Recursive Multiplication Problem

设计一个递归函数来接收两个参数 x 和 y。函数应返回 x 和 y 的乘积。记住，可以通过重复的加法运算来完成乘法运算，如下所示。

```
7×4 =  4 + 4 + 4 + 4 + 4 + 4 + 4
```

为了保持函数的简单，假设 x 和 y 始终为非零正整数。

3. 递归行

设计一个递归函数，接收一个整数参数 n。函数应在屏幕上显示 n 行星号，第一行显示 1 个星号，第二行显示 2 个星号，直到第 n 行显示 n 个星号。

4. 最大列表项

设计一个函数来接收列表作为参数，返回列表中的最大值。函数应使用递归来查找最大项。

5. 递归列表求和

设计一个函数来接收数字列表作为参数。函数应递归地计算列表中所有数字之和，并返回结果。

6. 数字之和

设计一个函数，接收一个整数参数，并返回从 1 到作为参数传递的数字的所有整数之和。例如，如果传递 50 作为参数，那么函数将返回 1，2，3，4，……50 之和。使用递归来计算这个和。

7. 递归求幂

设计递归函数来计算一个数的乘方。函数应接收两个参数：底数和指数。假设指数为非负整数。

8. 阿克曼函数

阿克曼函数是一种递归数学算法，可用于测试系统在递归性能上的优化程度。设计一个求解阿克曼函数的函数 ackermann(m，n)。在函数中使用以下逻辑：

```
如果 m = 0，那么返回 n + 1
如果 n = 0，那么返回 ackermann(m - 1, 1)
否则，返回 ackermann(m - 1, ackermann(m, n - 1 ))
```

设计好函数后，用小的 m 值和 n 值来调用该函数进行测试。

第 13 章
GUI 编程

13.1 图形用户界面

　　概念：图形用户界面允许用户使用图标、按钮和对话框等图形元素与操作系统和其他程序进行交互。

　　计算机的**用户界面**是用户与计算机进行交互的部分。用户界面的一部分由硬件设备组成，例如键盘和显示器。用户界面的另一部分是计算机操作系统从用户处接收命令的方式。曾有一段时间，用户与操作系统交互的唯一方式就是通过**命令行界面**，如图 13.1 所示。命令行界面通常会显示一个提示符，用户键入命令，然后执行用户键入的命令。

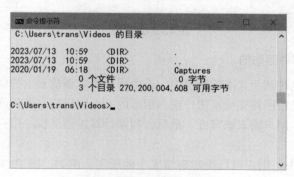

图 13.1 命令行界面

　　许多计算机用户（尤其初学者）会觉得命令行界面很难用。这是因为需要学很多命令，而且每个命令都有自己的语法，就像编程语句一样。如果命令输入不正确，就无法运行。

　　20 世纪 80 年代，一种称为**图形用户界面**（graphical user interface，GUI）的新型界面开始进入商业操作系统。GUI（发音同 "gooey"）允许用户通过屏幕上的图形元素与操作系统和其他程序进行交互。GUI 还推动鼠标成为一种流行的输入设备。GUI 不要求用户用键盘来键入命令，而是可以指向图形元素并单击鼠标按钮来操作它们。

　　与 GUI 的大部分交互都是通过对话框完成的，对话框是显示信息并允许用户执行操作的一种窗口。图 13.2 展示了 Microsoft Word 的 "选项" 对话框，该对话框允许用户更改 Word 的各种选项。用户无需按照规定的语法键入命令，而是与图标、按钮和滑块等图形元素进行交互。

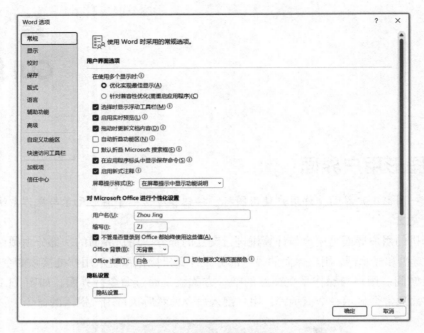

图 13.2 对话框

GUI 程序是由事件驱动的

在命令行界面这种基于文本的环境中,是由程序决定事情发生的顺序。以一个计算矩形面积的程序为例。程序首先提示用户输入矩形的长,用户输入该长度。随后,程序提示用户输入矩形的宽,用户输入该宽度。最后,程序计算矩形面积。用户别无选择,只能按照要求的顺序输入。

但在 GUI 环境中,用户可以决定事情发生的顺序。例如,图 13.3 展示了一个计算矩形面积的 GUI 程序(用 Python 编写)。用户可以按任意顺序输入长和宽。如果发现自己输错了,用户可以删除已输入的数据,然后重新输入。当用户准备计算面积时,单击"计算"按钮,程序就会执行计算。由于 GUI 程序必须对用户的操作做出响应,因此可以说它们是由事件驱动的。用户导致了事件的发生,例如单击按钮,而程序必须对事件做出响应。

图 13.3 GUI 程序

💋 **检查点**

13.1 什么是用户界面?

13.2 命令行界面如何工作?

13.3 当用户在基于文本的环境(如命令行界面)中运行程序时,事件发生的顺序有什么来决定?

13.4 什么是由事件驱动的程序?

13.2 使用 tkinter 模块

概念：在 Python 中，可以使用 tkinter 模块来创建简单的 GUI 程序。

Python 语言本身没有内置 GUI 编程功能。不过，它自带了一个名为 **tkinter** 的模块，可以用它来创建简单的 GUI 程序。tkinter 的全称是"Tk interface"（Tk 界面）。之所以这样命名，是因为它为 Python 程序员提供了使用名为 Tk 的一个 GUI 库的方法。还有其他许多编程语言也使用了 Tk 库。

> 注意：Python 有许多可用的 GUI 库。但是，由于 tkinter 模块是 Python 自带的，所以本章以它为例。

GUI 程序会显示一个窗口，窗口中可以包含各种图形**控件**，用户可与之交互或查看其内容。tkinter 模块提供了 15 个控件，如表 13.1 所示。本章不打算介绍所有 tkinter 控件，但会演示如何创建简单的 GUI 程序来收集输入和显示数据。

表 13.1　tkinter 控件

控件	描述
Button	按钮控件，单击时可以执行某个行动
Canvas	画布控件，可用于显示图形的一个矩形区域
Checkbutton	复选框控件，用于在程序中提供多项选择
Entry	输入控件，用户可用键盘在其中输入单行文本
Frame	框架控件，可以容纳其他控件的一种容器
Label	标签控件，是可以显示单行文本或图像的一个区域
Listbox	列表框控件，用户可以从它显示的列表中选择一项
Menu	菜单控件，提供一个菜单选项列表，当用户单击一个 Menubutton 控件时显示
Menubutton	菜单按钮，用户可以单击打开它
Message	消息框控件，可以显示多行文本
Radiobutton	单选钮控件，是处于选中或取消选中状态的一种控件。Radiobutton 通常成组出现，允许用户从多个选项中选择一个
Scale	允许用户通过移动滑块来选择一个值的控件
Scrollbar	滚动条控件，可与某些其他类型的控件一起使用，以提供滚动功能
Text	文本控件，允许用户输入多行文本
Toplevel	类似于 Frame 的一个容器，但在它自己的窗口中显示

最简单的 GUI 程序是显示一个空窗口的程序。程序 13.1 演示了如何使用 tkinter 模块实现这一功能。程序运行时会显示如图 13.4 所示的窗口。要退出程序，单击窗口右上角的标准 Windows 关闭按钮（×）即可。

程序 13.1 empty_window1.py

```
1   # 这个程序显示了一个空窗口
2
3   import tkinter
4
5   def main():
6       # 创建主窗口控件
7       main_window = tkinter.Tk()
8
9       # 进入 tkinter 主循环
10      tkinter.mainloop()
11
12  # 调用 main 函数
13  if __name__ == '__main__':
14      main()
```

📎 **注意**：*使用了 tkinter 模块的程序在 IDLE 下并不能总是能可靠地运行。这是因为 IDLE 本身就使用了* **tkinter**。*可以用 IDLE 的编辑器来编写 GUI 程序，但要获得最佳效果，请从操作系统的命令提示符下运行这些程序。或者干脆使用一个功能更齐全的编辑器，例如 Visual Studio Code。*

第 3 行导入 tkinter 模块。在 main 函数内部，第 7 行创建了 tkinter 模块的 Tk 类的一个实例，并将其赋给 main_window 变量。该对象是根控件（root widget），也就是程序中的主窗口。第 10 行调用 tkinter 模块的 mainloop 函数。该函数像无限循环一样运行，直到关闭主窗口。

在写 GUI 程序的时候，大多数程序员都喜欢采用面向对象的方法。不是写函数来创建程序的屏幕元素。相反，一般的做法是写一个类，在它的 __init__ 方法中构建 GUI。当类的实例创建完成后，GUI 就会出现在屏幕上。为了进行演示，程序 13.2 展示了程序的面向对象版本，它同样显示一个空窗口。程序运行时，还是会显示图 13.4 所示的窗口。

图 13.4 程序 13.1 显示的窗口

程序 13.2 empty_window2.py

```
1   # 这个程序显示了一个空窗口
2
```

```
3   import tkinter
4
5   class MyGUI:
6       def __init__(self):
7           # 创建主窗口控件
8           self.main_window = tkinter.Tk()
9
10          # 进入 tkinter 主循环
11          tkinter.mainloop()
12
13  # 创建 MyGUI 类的一个实例
14  if __name__ == '__main__':
15      my_gui = MyGUI()
```

第 5 行 ~ 第 11 行是 MyGUI 类的定义。类的 __init__ 方法从第 6 行开始。第 8 行创建了根控件，并将其赋给类属性 main_window。第 11 行执行 tkinter 模块的 mainloop 函数。第 15 行的语句创建 MyGUI 类的一个实例。这以导致执行类的 __init__ 方法，并在屏幕上显示空窗口。

可以调用窗口对象的 title 方法，在窗口的标题栏上显示文本。要显示的标题文本作为参数传递。程序 13.3 展示了一个例子。程序运行后将显示图 13.5 所示的窗口。可能需要调整窗口大小才能看到完整标题。

图 13.5　程序 13.3 显示的窗口

程序 13.3　window_with_title.py

```
1   # 这个程序显示了一个空窗口
2
3   import tkinter
4
5   class MyGUI:
6       def __init__(self):
7           # 创建主窗口控件
8           self.main_window = tkinter.Tk()
9
10          # 显示标题
11          self.main_window.title('我的第一个 GUI 程序')
12
13          # 进入 tkinter 主循环
14          tkinter.mainloop()
15
16  # 创建 MyGUI 类的一个实例
17  if __name__ == '__main__':
18      my_gui = MyGUI()
```

检查点

13.5 简要描述下列 tkinter 控件:

   a. Label   b. Entry c. Button   d. Frame

13.6 如何创建根控件?

13.7 tkinter 模块的 mainloop 函数是做什么的?

13.3 使用 Label 控件显示文本

概念: 使用 Label 控件在窗口中显示标签。

可以使用 Label 控件在窗口中显示一行文本来作为标签。要制作 Label 控件,需要创建 tkinter 模块的 Label 类的一个实例。程序 13.4 创建了一个包含 Label 控件的窗口,标签内显示了文本"你好,世界!"如图 13.6 所示。

图 13.6 程序 13.4 显示的窗口

▶ 视频讲解: Creating a Simple GUI application

程序 13.4 hello_world.py

```
1  # 这个程序显示了一个文本标签
2
3  import tkinter
4
5  class MyGUI:
6      def __init__(self):
7          # 创建主窗口控件
8          self.main_window = tkinter.Tk()
9
10         # 创建一个 Label 控件, 其中包含
11         # 文本 ' 你好, 世界! '
12         self.label = tkinter.Label(self.main_window,
13                                    text=' 你好, 世界! ')
14
15         # 调用 Label 控件的 pack 方法
16         self.label.pack()
17
18         # 进入 tkinter 主循环
19         tkinter.mainloop()
20
21 # 创建 MyGUI 类的一个实例
22 if __name__ == '__main__':
23     my_gui = MyGUI()
```

这个程序中的 MyGUI 类与之前在程序 13.2 中看到的类非常相似。当创建该类的实例时,它的 __init__ 方法会完成 GUI 的构建。第 8 行创建了一个根控件,并将其赋给 self.

main_window。以下语句出现在第 12 行和第 13 行：

```
self.label = tkinter.Label(self.main_window,
                           text=' 你好，世界！ ')
```

该语句创建一个 Label 控件并将其赋给 self.label。圆括号内的第一个参数是 self.main_window，它是对根控件的引用。这表明我们希望 Label 控件属于根控件。第二个参数是 text=' 你好，世界！ '。这指定了我们希望在标签中显示的文本。

第 16 行调用了 Label 控件的 pack 方法。pack 方法决定控件的位置，并在主窗口显示时使控件可见。可以为窗口上每个控件调用 pack 方法。第19 行调用了 tkinter 模块的 mainloop 方法，该方法将显示程序的主窗口，如图 13.6 所示。

再来看看另一个例子。程序 13.5 创建了包含两个 Label 控件的窗口，如图 13.7 所示。

图 13.7 程序 13.5 显示的窗口

程序 13.5 hello_world2.py

```
1   # 这个程序显示了两个文本标签
2
3   import tkinter
4
5   class MyGUI:
6       def __init__(self):
7           # 创建主窗口控件
8           self.main_window = tkinter.Tk()
9
10          # 创建两个 Label 控件
11          self.label1 = tkinter.Label(self.main_window,
12                                      text=' 世界，你好！ ')
13          self.label2 = tkinter.Label(self.main_window,
14                          text=' 这是我的 GUI 程序。')
15
16          # 调用两个 Label 控件的 pack 方法
17          self.label1.pack()
18          self.label2.pack()
19
20          # 进入 tkinter 主循环
21          tkinter.mainloop()
22
23  # 创建 MyGUI 类的一个实例
24  if __name__ == '__main__':
25      my_gui = MyGUI()
```

注意，显示的两个 Label 控件是上下挨在一起的。我们可以通过为 pack 方法指定一个参数来改变这种默认布局，如程序 13.6 所示。程序运行后将显示图 13.8 所示的窗口。

图 13.8 程序 13.6 显示的窗口

程序 13.6 hello_world3.py

```
1   # 这个程序使用 pack 方法的 side='left'
2   # 参数来改变控件的布局。
3
4   import tkinter
5
6   class MyGUI:
7       def __init__(self):
8           # 创建主窗口控件
9           self.main_window = tkinter.Tk()
10
11          # 创建两个 Label 控件
12          self.label1 = tkinter.Label(self.main_window,
13                                       text='世界，你好！')
14          self.label2 = tkinter.Label(self.main_window,
15                          text='这是我的 GUI 程序。')
16
17          # 调用两个 Label 控件的 pack 方法
18          self.label1.pack(side='left')
19          self.label2.pack(side='left')
20
21          # 进入 tkinter 主循环
22          tkinter.mainloop()
23
24  # 创建 MyGUI 类的一个实例
25  if __name__ == '__main__':
26      my_gui = MyGUI()
```

第 18 行和第 19 行调用每个 Label 控件的 pack 方法，并传递参数 side='left'。该参数指定控件在父控件中要尽可能靠左。由于 label1 控件是先添加到 main_window 中的，因此它最靠左边。label2 控件是随后添加的，所以它出现在 label1 控件的旁边。结果是两个标签并排显示。可以传递给 pack 方法的有效 side 参数包括：side='top'，side='bottom'，side='left' 和 side='right'。

13.3.1 为标签添加边框

创建 Label 控件时，可以选择在控件周围显示边框，如下例所示：

```
self.label = tkinter.Label(self.main_window,
                           text='世界，你好',
                           borderwidth=1,
                           relief='solid')
```

注意，我们传递了参数 borderwidth=1 和 relief='solid'。borderwidth 参数指定边框的粗细，单位为像素。在本例中，边框的粗细为 1 像素。relief 参数指定边框的样式。在本例中，边框将是一条实线。图 13.9 显示了这个标签的外观。

以下代码展示了如何创建 4 像素粗细的实线边框的同一个 Label 控件。

```
self.label = tkinter.Label(self.main_window,
                           text=' 世界，你好 ',
                           borderwidth=4,
                           relief='solid')
```

图 13.10 展示了这个标签的外观。

表 13.2 总结了可以作为 relief 参数传递的不同值。每个值都会使边框具有特定的样式。图 13.11 展示了每种样式的示例。

表 13.2 边框 relief 选项

relief 参数值	描述
relief='flat'	边框隐藏，没有 3D 效果
relief='raised'	控件本身具有凸起的 3D 外观
relief='sunken'	控件本身具有凹陷的 3D 外观
relief='ridge'	控件的边框具有凸起的 3D 外观
relief='solid'	实线边框，没有 3D 效果
relief='groove'	控件边框呈现为凹槽

图 13.9 显示 1 像素实线边框　　图 13.10 显示 4 像素实线边框　　图 13.11 不同边框样式的例子

13.3.2 填充

填充是出现在控件周围的空白空间。有两种填充类型：内部填充和外部填充。内部填充围绕着控件的内边缘，外部填充则围绕着控件的外边缘。图 13.12 展示了两种填充类型的区别。图中有两个 Label 控件，各有一个 1 像素的实线边框。左边的控件有 20 像素的内部填充，右边的控件有 20 像素的外部填充。如图 13.12 所示，内部填充增加了控件的大小，而外部填充增加了控件周围的空间。

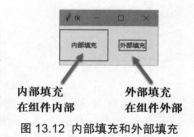

内部填充　　　　外部填充
在组件内部　　　在组件外部

图 13.12 内部填充和外部填充

添加内部填充

要为控件添加内部填充，需要向控件的 pack 方法传递以下参数：

- ipadx=*n*
- ipady=*n*

在这两个参数中，*n* 都是像素数。ipadx 参数指定内部水平填充的像素数，ipady 参数指定内部垂直填充的像素数。如图 13.13 所示。

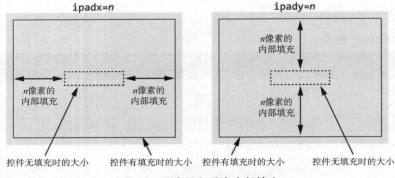

图 13.13 水平和垂直内部填充

程序 13.7 演示了内部填充。程序显示两个了标签控件，它们都有 20 像素的水平和垂直内部填充。程序显示的 GUI 如图 13.14 所示。

程序 13.7 internal_padding.py

```
1   # 这个程序演示了内部填充
2   import tkinter
3
4   class MyGUI:
5       def __init__(self):
6           # 创建主窗口控件
7           self.main_window = tkinter.Tk()
8
9           # 创建两个带有实线边框的 Label 控件
10          self.label1 = tkinter.Label(self.main_window,
11                                      text=' 世界，你好！ ',
12                                      borderwidth=1,
13                                      relief='solid')
14
15          self.label2 = tkinter.Label(self.main_window,
16                                      text=' 这是我的 GUI 程序。',
17                                      borderwidth=1,
18                                      relief='solid')
19
20          # 为标签显示 20 像素的
21          # 水平和垂直内部填充。
```

```
22          self.label1.pack(ipadx=20, ipady=20)
23          self.label2.pack(ipadx=20, ipady=20)
24
25          # 进入 tkinter 主循环
26          tkinter.mainloop()
27
28 # 创建 MyGUI 类的一个实例
29 if __name__ == '__main__':
30     my_gui = MyGUI()
```

图 13.14 程序 13.7 显示的窗口

第 10 行～第 13 行和第 15 行～第 18 行创建了两个 label1 控件——分别名为 label1 和 label2 的 Label。每个控件都有一个 1 像素的实心边框。第 22 行和第 23 行调用控件的 pack 方法，传递参数 ipadx=20 和 ipady=20 来指定水平和垂直内部填充。

添加外部填充

要为控件添加外部填充，需要向控件的 pack 方法传递以下参数：

• padx=*n*

• pady=*n*

在这两个参数中，*n* 都是像素数。padx 参数指定外部水平填充的像素数，pady 参数指定外部垂直填充的像素数。如图 13.15 所示。

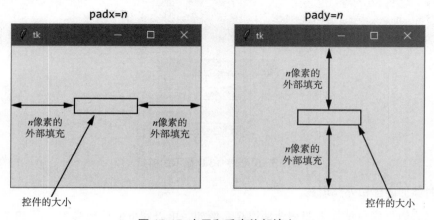

图 13.15 水平和垂直外部填充

程序 13.8 演示了外部填充。程序显示了两个标签控件，它们都有 20 像素的水平和垂直外部填充。程序显示的 GUI 如图 13.16 所示。

程序 13.8 external_padding.py

```
1   # 这个程序演示了外部填充
2   import tkinter
3
4   class MyGUI:
5       def __init__(self):
6           # 创建主窗口控件
7           self.main_window = tkinter.Tk()
8
9           # 创建两个带有实线边框的 Label 控件
10          self.label1 = tkinter.Label(self.main_window,
11                                        text=' 世界，你好！',
12                                        borderwidth=1,
13                                        relief='solid')
14
15          self.label2 = tkinter.Label(self.main_window,
16                                  text=' 这是我的 GUI 程序。',
17                                  borderwidth=1,
18                                  relief='solid')
19
20          # 为标签显示 20 像素的
21          # 水平和垂直外部填充。
22          self.label1.pack(padx=20, pady=20)
23          self.label2.pack(padx=20, pady=20)
24
25          # 进入 tkinter 主循环
26          tkinter.mainloop()
27
28  # 创建 MyGUI 类的一个实例
29  if __name__ == '__main__':
30      my_gui = MyGUI()
```

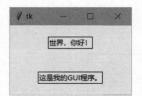

图 13.16 程序 13.8 显示的窗口

同时添加内部和外部填充

可以为组件同时添加内部和外部填充。例如，可以像下面这样修改程序 13.7 的第 22 行和第 23 行：

```
self.label1.pack(ipadx=20, ipady=20, padx=20, pady=20)
self.label2.pack(ipadx=20, ipady=20, padx=20, pady=20)
```

程序显示的 GUI 如图 13.17 所示。

图 13.17 同时具有内部和外部填充的 Label 控件

在每一侧添加不同的外部填充量

有的时候，我们需要在控件两侧添加不同的填充量。例如，可能需要在控件左侧添加 5 像素的填充，而在右侧添加 10 像素的填充。或者，可能需要在控件顶部填充 20 个像素，底部填充 8 个像素。在这种情况下，可以为 pack 方法的 padx 参数和 pady 参数使用以下常规格式：

```
padx=(left, right)
pady=(top, bottom)
```

如果为 padx 参数提供一个包含两个整数的元组，那么该元组的值将分别指定控件左右两侧的填充。同样，如果为 pady 参数提供一个包含两个整数的元组，那么该元组的值将分别指定控件顶部和底部的填充。例如，假设 label 引用了一个 Label 控件，以下代码会在控件的左侧添加 10 像素的外部填充，右侧添加 5 像素的外部填充，顶部添加 20 像素的外部填充，底部添加 10 像素的外部填充：

```
self.label1.pack(padx=(10, 5), pady=(20, 10))
```

⬦ **注意**：这个技术仅适用于外部填充。内部填充必须统一。

✓ 检查点

13.8 控件的 pack 方法有什么作用？

13.9 如果创建了两个 Label 控件，并调用它们不带参数的 pack 方法，那么这些 Label 控件在它们的父控件中如何排列？

13.10 如果要指定一个控件在其父控件中尽可能靠左，应该向控件的 pack 方法传递什么参数？

13.11 修改下面的语句，创建边框为 3 像素、本身具有凸起 3D 外观的一个标签：

```
self.label = tkinter.Label(self.main_window, text=' 你好，世界 ')
```

13.12 修改以下语句，为 `my_label` 控件添加 10 像素的水平内部填充和 20 像素的垂直内部填充：

```
self.my_label.pack()
```

13.13 修改以下语句，为 `my_label` 控件添加 10 像素的水平外部填充和 20 像素的垂直外部填充：

```
self.my_label.pack()
```

13.14 修改以下语句，为 `my_label` 控件添加 10 像素的水平内部和外部填充和 10 像素的垂直内部和外部填充：

```
self.my_label.pack()
```

13.4 使用 Frame 来组织控件

概念：Frame 是可以容纳其他控件的一种容器。可以使用 Frame 来组织窗口中的控件。

作为一种容器，Frame（框架）可以容纳其他控件。
Frame 特别适合用来在一个窗口中组织和安排控件组。例
如，可以在一个 Frame 中放一组控件，并以特定的方式排
列它们，然后在另一个 Frame 中放一组窗口控件，并以不
同的方式排列它们。程序 13.9 对此进行了演示，运行它将
显示如图 13.18 所示的窗口。

图 13.18 程序 13.9 显示的窗口

程序 13.9 frame_demo.py

```python
# 这个程序在两个不同的 Frame 中创建标签。

import tkinter

class MyGUI:
    def __init__(self):
        # 创建主窗口控件
        self.main_window = tkinter.Tk()

        # 创建两个框架，一个显示在窗口顶部,
        # 一个显示在底部。
        self.top_frame = tkinter.Frame(self.main_window)
        self.bottom_frame = tkinter.Frame(self.main_window)

        # 为顶部的框架创建
        # 三个 Label 控件
        self.label1 = tkinter.Label(self.top_frame,
                                    text=' 张三丰 ')
        self.label2 = tkinter.Label(self.top_frame,
                                    text=' 张翠山 ')
        self.label3 = tkinter.Label(self.top_frame,
                                    text=' 张无忌 ')
```

```
        # 对顶部框架中的标签进行 pack,
        # 使用 side='top' 参数, 使它们
        # 从上到下纵向排列。
        self.label1.pack(side='top')
        self.label2.pack(side='top')
        self.label3.pack(side='top')

        # 为底部的框架创建
        # 三个 Label 控件
        self.label4 = tkinter.Label(self.top_frame,
                                    text=' 张三丰 ')
        self.label5 = tkinter.Label(self.top_frame,
                                    text=' 张翠山 ')
        self.label6 = tkinter.Label(self.top_frame,
                                    text=' 张无忌 ')

        # 对底部框架中的标签进行 pack,
        # 使用 side='left' 参数, 使它们
        # 从左到右水平排列。
        self.label4.pack(side='left')
        self.label5.pack(side='left')
        self.label6.pack(side='left')

        # 是的, 框架也必须 pack
        self.top_frame.pack()
        self.bottom_frame.pack()

        # 进入 tkinter 主循环
        tkinter.mainloop()

# 创建 MyGUI 类的一个实例
if __name__ == '__main__':
    my_gui = MyGUI()
```

请仔细看看第 12 行和第 13 行:

```
self.top_frame = tkinter.Frame(self.main_window)
self.bottom_frame = tkinter.Frame(self.main_window)
```

它们创建了两个 Frame 对象。圆括号内的 self.main_window 参数将 Frame 添加到 main_window 控件中。

第 17 行~第 22 行创建了三个 Label 控件。注意, 这些控件都被添加到代表顶部框架的 self.top_frame 控件中。然后, 第 27 行~第 29 行调用每个 Label 控件的 pack 方法, 并将 side='top' 作为参数传递。如图 13.19 所示, 这会使三个标签控件上下挨在一起。

第 33 行~第 38 行创建了另外三个 Label 控件, 它们都添加到代表底部框架的

self.bottom_frame 控件中。然后，第 43 行~第 45 行调用了每个标签控件的 pack 方法，并将 side='left' 作为参数传递。如图 13.19 所示，这会使三个控件在 Frame 中水平排列。

第 48 行和第 49 行调用 Frame 控件的 pack 方法，从而使 Frame 控件可见。第 52 行执行 tkinter 模块的 mainloop 函数。

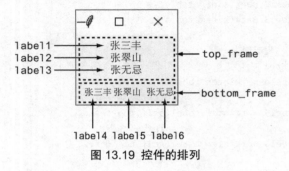

图 13.19 控件的排列

13.5 Button 控件和消息框

概念：可以使用 Button 控件在窗口中创建一个标准按钮。单击按钮时将调用指定的函数或方法。消息框是一个简单的窗口，它向用户显示一条消息，并有一个"确定"按钮供关闭对话框。可以使用 tkinter.messagebox 模块的 showinfo 函数来显示消息框。

▶ 视频讲解：Responding to Button Clicks

用户可以单击 Button 按钮控件来执行特定的操作。创建 Button 控件时，可以指定要显示在按钮表面的文本以及回调函数的名称。所谓**回调函数**，就是用户单击按钮时要执行的函数或方法。

◆ 注意：回调函数也称为"事件处理程序"，因为它处理的是用户单击按钮时发生的事件。

程序 13.10 展示了一个例子。该程序显示的窗口如图 13.20 所示。当用户单击按钮时，程序会显示一个单独的消息框，如图 13.21 所示。我们使用 tkinter.messagebox 模块中名为 showinfo 的函数来显示消息框。为了使用 showinfo 函数，需要导入 tkinter.messagebox 模块。下面是 showinfo 函数调用的常规格式：

```
tkinter.messagebox.showinfo(title, message)
```

其中，*title* 是在消息框标题栏中显示的字符串，*message* 是在消息框主要部分显示的消息字符串。

程序 13.10 button_demo.py

```
1   # 这个程序演示了 Button 控件。
2   # 当用户单击按钮时，会显示
```

```
 3   # 一个消息框。
 4
 5   import tkinter
 6   import tkinter.messagebox
 7
 8   class MyGUI:
 9       def __init__(self):
10           # 创建主窗口控件
11           self.main_window = tkinter.Tk()
12
13           # 创建一个 Button 控件。
14           # 按钮上应显示文本 ' 点我! '。
15           # 当用户单击按钮后,
16           # 应执行 do_something 方法。
17           self.my_button = tkinter.Button(self.main_window,
18                                           text=' 点我! ',
19                                           command=self.do_something)
20
21           # 对按钮进行 pack
22           self.my_button.pack()
23
24           # 进入 tkinter 主循环
25           tkinter.mainloop()
26
27       # do_something 方法是
28       # Button 控件的回调函数。
29
30       def do_something(self):
31           # 显示一个消息框
32           tkinter.messagebox.showinfo(' 响应 ',
33                                       ' 谢谢你单击按钮。')
34
35   # 创建 MyGUI 类的一个实例
36   if __name__ == '__main__':
37       my_gui = MyGUI()
```

图 13.20 程序 13.10 显示的主窗口　图 13.21 程序 13.10 显示的消息框

　　第 5 行导入 tkinter 模块,第 6 行导入 tkinter.messagebox 模块。第 11 行创建根控件并将其赋给 main_window 变量。

第 17 行 ~ 第 19 行创建了 Button 控件。圆括号内第一个参数是 self.main_window，它代表控件的父窗口控件。text=' 点我！' 参数指定应在按钮表面显示字符串 ' 点我！'。command='self.do_something' 参数将类的 do_something 方法设为回调函数。当用户单击按钮时，将执行 do_something 方法。

do_something 方法在第 31 行 ~ 第 33 行定义，它简单调用 tkinter.messagebox.showinfo 函数来显示如图 13.21 所示的消息框。要退出该消息框，用户可以单击"确定"按钮。

创建退出按钮

可以考虑为 GUI 程序提供一个"退出"按钮。单击它后将关闭程序。要在 Python 程序中创建一个退出按钮，只需创建一个 Button 控件，调用根控件的 destroy 方法来作为回调函数。程序 13.11 对此进行了演示。它是程序 13.10 的修改版，添加了第二个 Button 控件，如图 13.22 所示。

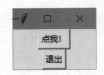

图 13.22 程序 13.11 显示的主窗口

程序 13.11 quit_button.py

```
1   # 这个程序设计了一个退出按钮，
2   # 单击后会调用 Tk 类的 destroy 方法。
3
4   import tkinter
5   import tkinter.messagebox
6
7   class MyGUI:
8       def __init__(self):
9           # 创建主窗口控件
10          self.main_window = tkinter.Tk()
11
12          # 创建一个 Button 控件。
13          # 按钮上应显示文本 ' 点我！'。
14          # 当用户单击按钮后，
15          # 应执行 do_something 方法。
16          self.my_button = tkinter.Button(self.main_window,
17                                          text=' 点我！',
18                                          command=self.do_something)
19
20          # 创建一个 Quit 按钮。单击这个按钮后，会调用
21          # 根控件的 destroy 方法。由于引用根控件的是
22          # main_window 变量，所以回调函数是
23          # self.main_window.destroy。
24          self.quit_button = tkinter.Button(self.main_window,
25                                          text=' 退出 ',
26                                          command=self.main_window.destroy)
27
```

```
28
29              # 对按钮进行 pack
30              self.my_button.pack()
31              self.quit_button.pack()
32
33              # 进入 tkinter 主循环
34              tkinter.mainloop()
35
36       # do_something 方法是
37       # Button 控件的回调函数。
38
39       def do_something(self):
40              # 显示一个消息框
41              tkinter.messagebox.showinfo(' 响应 ',
42                                          ' 谢谢你单击按钮。')
43
44   # 创建 MyGUI 类的一个实例
45   if __name__ == '__main__':
46       my_gui = MyGUI()
```

第 24 行～第 26 行的语句创建了退出按钮。注意，这里将 self.main_window.
destroy 方法用作回调函数。一旦有用户单击该按钮时，就调用该方法并结束程序。

13.6 用 Entry 控件获取输入

概念：Entry 控件是一个矩形区域，用户可在其中输入内容。可以使用 Entry 控件
的 get 方法来获取在控件中输入的数据。

Entry 控件是一个可供用户输入文本的矩形区域。Entry 控件用于在 GUI 程序中收
集输入。通常，程序窗口中会有一个或多个 Entry 控件，并配备了相应的按钮。用户单
击按钮来提交在 Entry 控件中输入的数据。按钮的回调函数会从窗口的 Entry 控件获取
数据并进行处理。

可以使用 Entry 控件的 get 方法来获取用户在控件中输入的数据。get 方法返回一
个字符串，因此如果用 Entry 控件来输入数字，那么必须将其转换为适当的数据类型。

下面用一个程序来进行演示，该程序允许用户在 Entry 控件中输入以公里为单位的
距离，然后单击一个按钮来查看该距离转换为英里的结果。公里和英里的换算公式如下：

```
英里 = 公里 × 0.6214
```

图 13.23 展示了程序显示的窗口。如图 13.24 所示，为了恰当地排列控件，我们用
两个 Frame 来组织它们。显示提示消息的标签和 Entry 控件放在代表顶部框架的 top_
frame 中，调用这些控件的 pack 方法时会传递 side='left' 参数，从而使它们在 Frame
中水平排列。"转换"按钮和"退出"按钮则放到代表底部框架的 bottom_frame 中，两
个按钮的 pack 方法在调用时也会传递 side='left' 参数。

图 13.23 kilo_converter 程序的主窗口　　图 13.24 用两个 Frame 来组织窗口中的控件

程序 13.12 展示了完整的代码。图 13.25 展示了当用户在 Entry 控件中输入 1000 并单击"转换"按钮后发生的事情。

程序 13.12 kilo_converter.py

```
1   # 这个程序将公里转换
2   # 为英里。结果用一个
3   # 消息框来显示。
4
5   import tkinter
6   import tkinter.messagebox
7
8   class KiloConverterGUI:
9       def __init__(self):
10
11          # 创建主窗口
12          self.main_window = tkinter.Tk()
13
14          # 创建两个框架对控件进行分组
15          self.top_frame = tkinter.Frame()
16          self.bottom_frame = tkinter.Frame()
17
18          # 创建要放在顶部框架中的控件
19          self.prompt_label = tkinter.Label(self.top_frame,
20                                            text=' 输入公里数: ')
21          self.kilo_entry = tkinter.Entry(self.top_frame,
22                                          width=10)
23
24          # 对顶部框架中的控件进行 pack
25          self.prompt_label.pack(side='left')
26          self.kilo_entry.pack(side='left')
27
28          # 创建要放在底部框架中的两个按钮控件
29          self.calc_button = tkinter.Button(self.bottom_frame,
30                                            text=' 转换 ',
31                                            command=self.convert)
32          self.quit_button = tkinter.Button(self.bottom_frame,
33                                            text=' 退出 ',
34                                            command=self.main_window.destroy)
35          # 对两个按钮进行 pack
36          self.calc_button.pack(side='left')
```

```
37            self.quit_button.pack(side='left')
38
39            # 对框架进行 pack
40            self.top_frame.pack()
41            self.bottom_frame.pack()
42
43            # 进入 tkinter 主循环
44            tkinter.mainloop()
45
46        # convert 方法是 Calculate
47        # 按钮的回调函数。
48
49        def convert(self):
50            # 获取用户在 kilo_entry
51            # 控件中输入的值。
52            kilo = float(self.kilo_entry.get())
53
54            # 将公里转换为英里
55            miles = kilo * 0.6214
56
57            # 在一个消息框中显示结果
58            tkinter.messagebox.showinfo(' 结果 ',
59                                        str(kilo) +
60                                        ' 公里相当于 ' +
61                                        str(miles) + ' 英里。')
62
63 # 创建 KiloConverterGUI 类的一个实例
64 if __name__ == '__main__':
65     lolicon = KiloConverterGUI()
```

第 49 行 ~ 第 60 行的 convert 方法是 "转换" 按钮的回调函数。第 52 行的语句调用 kilo_entry 控件的 get 方法来获取输入控件中的数据。输入的值会被转换为浮点数，然 后赋给 kilo 变量。第 55 行的计算执行转换，并将结果赋给 miles 变量。然后，第 58 行 ~ 第 61 行显示消息框，给出转换后的英里数。

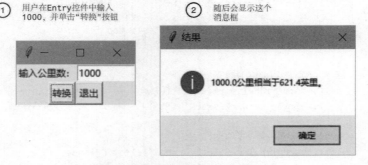

图 13.25 在消息框中显示结果

13.7 将标签用作输出字段

概念：当一个 StringVar 对象和一个 Label 控件关联后，Label 控件将显示存储在 StringVar 对象中的任何数据。

前面讨论了如何利用消息框来显示输出。如果不想为程序的输出显示单独的对话框，可以在程序主窗口中使用 Label 控件来动态显示输出。只需在主窗口中创建空的 Label 控件，然后写代码，单击按钮时在这些标签中显示所需的数据即可。

tkinter 模块提供了一个名为 StringVar 的类，可与 Label 控件一起用于显示数据。首先创建一个 StringVar 对象，然后创建一个 Label 控件并将其与 StringVar 对象关联。在此之后，存储在 StringVar 对象中的任何值都将自动显示在 Label 控件中。

程序 13.13 对此进行了演示。它是程序 13.12 的 kilo_converter 程序的修改版。这个版本的程序不再弹出消息框，而是在主窗口的标签中显示英里数。

程序 13.13 kilo_converter2.py

```
1   # 这个程序将公里转换
2   # 为英里。结果在主窗
3   # 口上的一个标签中显示。
4
5   import tkinter
6
7   class KiloConverterGUI:
8       def __init__(self):
9
10          # 创建主窗口
11          self.main_window = tkinter.Tk()
12
13          # 创建三个框架对控件进行分组
14          self.top_frame = tkinter.Frame()
15          self.mid_frame = tkinter.Frame()
16          self.bottom_frame = tkinter.Frame()
17
18          # 创建要放在顶部框架中的控件
19          self.prompt_label = tkinter.Label(self.top_frame,
20                                          text=' 输入公里数：')
21          self.kilo_entry = tkinter.Entry(self.top_frame,
22                                          width=10)
23
24          # 对顶部框架中的控件进行 pack
25          self.prompt_label.pack(side='left')
26          self.kilo_entry.pack(side='left')
27
28          # 创建要放在中部框架中的控件
29          self.descr_label = tkinter.Label(self.mid_frame,
30                                          text=' 转换为英里数：')
```

```
31
32          # 我们需要一个 StringVar 对象与
33          # 输出标签进行关联。以下语句初始化
34          # 一个空字符串。
35          self.value = tkinter.StringVar()
36
37          # 创建一个标签，并把它与
38          # StringVar 对象关联。
39          # 该 StringVar 对象中存储的
40          # 任何值都会自动显示在标签中。
41          self.miles_label = tkinter.Label(self.mid_frame,
42                                           textvariable=self.value)
43
44          # 对中部框架中的控件进行 pack
45          self.descr_label.pack(side='left')
46          self.miles_label.pack(side='left')
47
48          # 创建要放在底部框架中的两个按钮控件
49          self.calc_button = tkinter.Button(self.bottom_frame,
50                                            text=' 转换 ',
51                                            command=self.convert)
52          self.quit_button = tkinter.Button(self.bottom_frame,
53                                            text=' 退出 ',
54                                            command=self.main_window.destroy)
55
56          # 对两个按钮进行 pack
57          self.calc_button.pack(side='left')
58          self.quit_button.pack(side='left')
59
60          # 对三个框架进行 pack
61          self.top_frame.pack()
62          self.mid_frame.pack()
63          self.bottom_frame.pack()
64
65          # 进入 tkinter 主循环
66          tkinter.mainloop()
67
68     # convert 方法是 Calculate
69     # 按钮的回调函数。
70
71     def convert(self):
72          # 获取用户在 kilo_entry
73          # 控件中输入的值。
74          kilo = float(self.kilo_entry.get())
75
76          # 将公里转换为英里
77          miles = kilo * 0.6214
```

```
78
79              # 将 miles 数值转换为字符串，并把它
80              # 存储到 StringVar 对象中。这会自动
81              # 更新 miles_label 标签控件上的显示。
82              self.value.set(miles)
83
84 # 创建 KiloConverterGUI 类的一个实例
85 if __name__ == '__main__':
86      kilo_conv = KiloConverterGUI()
```

程序运行后会显示如图 13.26 所示的窗口。图 13.27 展示了当用户输入 1000 的公里数并单击"转换"按钮后发生的事情。注意，英里数在主窗口的标签中显示。

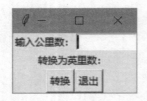

图 13.26　初始窗口

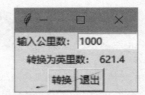

图 13.27　公里数已转换为英里数

下面来看看代码。第 14 行～第 16 行创建了三个 Frame：top_frame, mid_frame 和 bottom_frame。第 19 行～第 26 行创建顶部 Frame 要包含的控件，并调用它们的 pack 方法。

第 29 行和第 30 行创建了要放在中部 Frame 中的 Label 控件，上面显示文本"转换为英里数："，如图 13.26 的主窗口所示。然后，第 35 行创建一个 StringVar 对象，并将其赋给 value 变量。第 41 行创建了一个同样要放在中部 Frame 中的 Label 控件，名为 miles_label，我们将用它来显示转换后的英里数。注意，第 42 行传递了参数 textvariable=self.value。这就在 Label 控件和由 value 变量引用的 StringVar 对象之间建立了关联。我们存储在 StringVar 对象中的任何值都会自动在标签中显示。

第 45 行和第 46 行对中间框架内部的两个 Label 控件进行 pack。第 49 行～第 58 行创建并 pack Button 控件，这些按钮将放在底部 Frame 中。第 61 行～第 63 行对所有 Frame 对象进行 pack。图 13.28 展示了如何用三个 Frame 来组织窗口中的各种控件。

图 13.28　kilo_converter2 程序主窗口的布局

第 71 行～第 82 行定义的 convert 方法是"转换"按钮的回调函数。第 74 行的语句调用 kilo_entry 控件的 get 方法来获取输入控件中的数据。输入的值会被转换为 float 类型并赋给 kilo 变量。第 77 行的计算执行转换，并将结果赋给 miles 变量。然

后，第 82 行的语句调用 StringVar 对象的 set 方法并将 miles 作为参数传递。这会在 StringVar 对象中存储 miles 所引用的值，并使其显示在 miles_label 控件中。

聚光灯：创建 GUI 程序

凯瑟琳是科学课老师。我们已经在第 3 章逐步完成了一个程序的开发，她的学生可以用它计算三次考试的平均成绩。程序会提示学生输入每个成绩，然后显示平均成绩。她要求你设计一个 GUI 程序来执行同样的操作。她希望程序有三个 Entry 控件供输入考试分数。还有一个按钮，单击即可显示平均成绩。

在开始写代码之前，最好先画好程序的窗口草图，如图 13.29 所示。草图中还显示了每个控件的类型。草图中显示的编号有助于我们列出所有控件的一个清单。

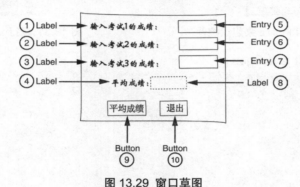

图 13.29 窗口草图

可以基于这个草图来列出所需控件的清单。在列清单时，最好对每个控件进行简要的说明，并为每个控件取一个名字，这样的话，在编程时就方便了。

图 13.29 中的编号	控件类型	描述	名称
1	Label	指示用户输入考试 1 的成绩	test1_label
2	Label	指示用户输入考试 2 的成绩	test2_label
3	Label	指示用户输入考试 3 的成绩	test3_label
4	Label	显示"平均成绩"标签，实际平均成绩将在它的旁边显示	result_label
5	Entry	用户将在此处输入考试 1 的成绩	test1_entry
6	Entry	用户将在此处输入考试 2 的成绩	test2_entry
7	Entry	用户将在此处输入考试 3 的成绩	test3_entry
8	Label	程序将在此标签中显示实际的平均考试成绩	avg_label
9	Button	单击此按钮后，程序将计算平均考试成绩，并在 avg_label 控件中显示	calc_button
10	Button	单击此按钮将结束程序	quit_button

从草图中可以看出，窗口共有五行控件。为了组织这些控件，我们还将创建 5 个 Frame 对象。图 13.30 展示了如何用这些 Frame 来组织控件。

程序 13.14 展示了完整的代码，图 13.31 展示了程序的一次示例运行结果。

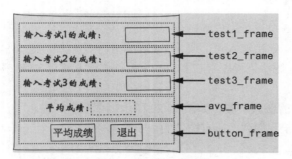

图 13.30 使用 Frame 来组织控件

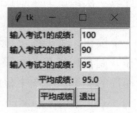

图 13.31 运行 test_averages 程序

程序 13.14 test_averages.py

```python
1   # 这个程序使用 GUI 获取三个
2   # 考试成绩，并显示平均成绩。
3
4   import tkinter
5
6   class TestAvg:
7       def __init__(self):
8           # 创建主窗口
9           self.main_window = tkinter.Tk()
10
11          # 创建 5 个框架
12          self.test1_frame = tkinter.Frame(self.main_window)
13          self.test2_frame = tkinter.Frame(self.main_window)
14          self.test3_frame = tkinter.Frame(self.main_window)
15          self.avg_frame = tkinter.Frame(self.main_window)
16          self.button_frame = tkinter.Frame(self.main_window)
17
18          # 创建并 pack 考试 1 的控件
19          self.test1_label = tkinter.Label(self.test1_frame,
20                                            text=' 输入考试 1 的成绩: ')
21          self.test1_entry = tkinter.Entry(self.test1_frame,
22                                            width=10)
23          self.test1_label.pack(side='left')
24          self.test1_entry.pack(side='left')
25
26          # 创建并 pack 考试 2 的控件
27          self.test2_label = tkinter.Label(self.test2_frame,
28                                            text=' 输入考试 2 的成绩: ')
29          self.test2_entry = tkinter.Entry(self.test2_frame,
```

```
30                                          width=10)
31              self.test2_label.pack(side='left')
32              self.test2_entry.pack(side='left')
33
34              # 创建并 pack 考试 3 的控件
35              self.test3_label = tkinter.Label(self.test3_frame,
36                                       text=' 输入考试 3 的成绩：')
37              self.test3_entry = tkinter.Entry(self.test3_frame,
38                                       width=10)
39              self.test3_label.pack(side='left')
40              self.test3_entry.pack(side='left')
41
42              # # 创建并 pack 平均成绩的控件
43              self.result_label = tkinter.Label(self.avg_frame,
44                                       text=' 平均成绩：')
45              self.avg = tkinter.StringVar() # 用于更新 avg_label 标签
46              self.avg_label = tkinter.Label(self.avg_frame,
47                                       textvariable=self.avg)
48              self.result_label.pack(side='left')
49              self.avg_label.pack(side='left')
50
51              # 创建并 pack 按钮控件
52              self.calc_button = tkinter.Button(self.button_frame,
53                                       text=' 平均成绩 ',
54                                       command=self.calc_avg)
55              self.quit_button = tkinter.Button(self.button_frame,
56                                       text=' 退出 ',
57                                       command=self.main_window.destroy)
58              self.calc_button.pack(side='left')
59              self.quit_button.pack(side='left')
60
61              # pack 所有框架
62              self.test1_frame.pack()
63              self.test2_frame.pack()
64              self.test3_frame.pack()
65              self.avg_frame.pack()
66              self.button_frame.pack()
67
68              # 开始主循环
69              tkinter.mainloop()
70
71      # calc_avg 是 calc_button
72      # 按钮的回调函数。
73
74      def calc_avg(self):
75          # 获取三个考试成绩，
```

```
76              # 并把它们存储到变量中。
77              self.test1 = float(self.test1_entry.get())
78              self.test2 = float(self.test2_entry.get())
79              self.test3 = float(self.test3_entry.get())
80
81              # 计算平均成绩
82              self.average = (self.test1 + self.test2 +
83                              self.test3) / 3.0
84
85              # 将 self.average 的值存储到由 avg 引用
86              # 的 StringVar 对象中，从而自动更新
87              # avg_label 标签中的文本。
88              self.avg.set(self.average)
89
90 # 创建 TestAvg 类的一个实例
91 if __name__ == '__main__':
92     test_avg = TestAvg()
```

✅ 检查点

13.15 如何从 Entry 控件获取数据？

13.16 从 Entry 控件获取的是什么类型的数据？

13.17 StringVar 类属于哪个模块？

13.18 通过将 StringVar 对象与 Label 控件关联，可以实现什么功能？

13.8 单选钮和复选框

概念：单选钮通常以两个或两个以上一组的形式出现，允许用户从几个可能的选项中选择一个。复选框可以单独使用，也可以成组使用，允许用户进行是 / 否或开 / 关选择。

13.8.1 单选钮

单选钮在需要从多个可能的选项中选择一个时非常有用。图 13.32 展示了包含一组单选钮的窗口。单选钮可以处于选中状态，或者处于取消选中状态。每个单选钮都显示成一个小圆圈，选择它会填充这个小圆圈。而当单选钮被取消选中时，小圆圈会显示为空。

可以使用 tkinter 模块的 Radiobutton 类来创建 Radiobutton 控件。在任何时候，一个容器（例如 Frame）中只能有一个 Radiobutton 控件可以被选中。单击一个 Radiobutton 会选中它，并自动取消选中同一个容器中的其他 Radiobutton。由于一个容器中在任何时候都只能选中一个 Radiobutton，所以说它们是互斥的。

图 13.32 一组单选钮

> **注意**：英语里为什么将单选钮称为"radio button"？原因是一些老式汽车收音机通过按这种按钮来选台。一次只能按下一个。按下一个，其他已经按下的就会弹起来。

tkinter 模块提供了一个名为 IntVar 的类，它可以和 Radiobutton 控件一起使用。创建一组 Radiobutton 时，可以将它们与同一个 IntVar 对象关联起来。同时，为每个 Radiobutton 控件分配一个唯一的整数值。当选中其中一个 Radiobutton 控件时，它会在 IntVar 对象中存储其唯一的整数值。

程序 13.15 演示了如何创建和使用 Radiobutton。图 13.33 展示了程序运行时的窗口。单击"确定"按钮将出现一个消息框，其中显示当前选中的是哪个 Radiobutton。

图 13.33　程序 13.15 显示的窗口

程序 13.15 radiobutton_demo.py

```
1    # 这个程序演示了一组 Radiobutton 控件
2    import tkinter
3    import tkinter.messagebox
4
5    class MyGUI:
6        def __init__(self):
7            # 创建主窗口
8            self.main_window = tkinter.Tk()
9
10           # 创建两个框架，一个放置单选钮，
11           # 另一个放置普通按钮。
12           self.top_frame = tkinter.Frame(self.main_window)
13           self.bottom_frame = tkinter.Frame(self.main_window)
14
15           # 创建随同单选钮使用
16           # 的一个 IntVar 对象
17           self.radio_var = tkinter.IntVar()
18
19           # 将 intVar 对象初始化为 1
20           self.radio_var.set(1)
21
22           # 在顶部框架 top_frame 中创建 Radiobutton 控件
23           self.rb1 = tkinter.Radiobutton(self.top_frame,
24                                          text=' 选项 1',
25                                          variable=self.radio_var,
26                                          value=1)
27           self.rb2 = tkinter.Radiobutton(self.top_frame,
28                                          text=' 选项 2',
29                                          variable=self.radio_var,
30                                          value=2)
```

```
31            self.rb3 = tkinter.Radiobutton(self.top_frame,
32                                          text=' 选项 3',
33                                          variable=self.radio_var,
34                                          value=3)
35
36          # 对单选钮进行 pack
37          self.rb1.pack()
38          self.rb2.pack()
39          self.rb3.pack()
40
41          # 创建一个 " 确定 " 按钮和一个 " 退出 " 按钮
42          self.ok_button = tkinter.Button(self.bottom_frame,
43                                          text=' 确定 ',
44                                          command=self.show_choice)
45          self.quit_button = tkinter.Button(self.bottom_frame,
46                                          text=' 退出 ',
47                                          command=self.main_window.destroy)
48
49          # 对按钮进行 pack
50          self.ok_button.pack(side='left')
51          self.quit_button.pack(side='left')
52
53          # 对两个框架进行 pack
54          self.top_frame.pack()
55          self.bottom_frame.pack()
56
57          # 开始主循环
58          tkinter.mainloop()
59
60      # show_choice 是 " 确定 " 按钮
61      # 的回调函数。
62      def show_choice(self):
63          tkinter.messagebox.showinfo(' 选择 ', ' 你选择了选项 ' +
64                                      str(self.radio_var.get()))
65
66  # 创建 MyGUI 类的一个实例
67  if __name__ == '__main__':
68      my_gui = MyGUI()
```

第 17 行创建了一个名为 radio_var 的 IntVar 对象。第 20 行调用 radio_var 对象的 set 方法，在对象中存储整数值 1（稍后就会知道这个操作的重要性）。

第 23 行～第 26 行创建第一个 Radiobutton 控件。传递的参数 variable=self.radio_var（第 25 行）将 Radiobutton 与 radio_var 对象关联。参数 value=1（第 26 行）将整数 1 赋给该 Radiobutton。因此，无论何时只要选中了该 Radiobutton，都会在 radio_var 对象中存储值 1。

第 27 行 ~ 第 30 行创建第二个 Radiobutton 控件。注意，这个 Radiobutton 也与 radio_var 对象关联。参数 value=2（第 30 行）将整数 2 赋给该 Radiobutton。因此，只要选中了这个 Radiobutton，就会在 radio_var 对象中存储值 2。

第 31 行 ~ 第 34 行创建第三个 Radiobutton 控件，同样与 radio_var 对象关联。参数 value=3（第 34 行）将整数 3 赋给该 Radiobutton。因此，只要选中了这个 Radiobutton，就会在 radio_var 对象中存储值 3。

第 62 行 ~ 第 64 行的 show_choice 方法是 "确定" 按钮的回调函数。该方法执行时，会调用 radio_var 对象的 get 方法，以获取存储在该对象中的值。该值将显示在消息框中，表明当前选中的是哪个单选钮。

注意到了吗？程序最开始运行时，选中的是第一个单选钮。这是因为我们在第 20 行将 radio_var 对象设为值 1。radio_var 对象不仅可以用来判断当前选中的是哪个单选钮，还可以用来明确选择一个特定的单选钮。只要在 radio_var 对象中存储了一个 Radiobutton 对象的值，该单选钮就会被选中。

13.8.2 为 Radiobutton 指定回调函数

程序 13.15 在判断当前选择的是哪个 Radiobutton 之前，会先等待用户单击 "确定" 按钮。如果愿意，也可以为 Radiobutton 控件指定一个回调函数，如下例所示：

```
self.rb1 = tkinter.Radiobutton(self.top_frame,
                               text=' 选项 1',
                               variable=self.radio_var,
                               value=1,
                               command=self.my_method)
```

上述代码使用参数 command=self.my_method 将 my_method 指定为该单选钮的回调函数。一旦选中该单选钮，就会立即执行 my_method。

复选框

复选框显示为一个小方框，旁边有一个标签。图 13.34 的窗口显示了三个复选框。

和单选钮一样，复选框可以选中或取消选中。选中复选框时，其方框内会出现一个勾号。虽然复选框经常成组显示，但它们并不是用来进行互斥选择的。相反，用户可以在一组复选框内进行多选。

可以使用 tkinter 模块的 Checkbutton 类来创建 Checkbutton 控件。和 Radiobutton 一样，可以将 IntVar 对象与 Checkbutton 控件一起使用。但和 Radiobutton 不同的是，每个 Checkbutton 都要关联一个不同的 IntVar 对象。一个复选框被选中时，其关联的 IntVar 对象将容纳值 1。而当复选框未被选中时，其关联的 IntVar 对象将容纳值 0。

程序 13.16 演示了如何创建和使用复选框。图 13.35 展示了程序运行时的窗口。单击 "确定" 按钮将出现一个消息框，其中显示了当前选中了哪个 / 哪些复选框。

图 13.34 一组复选框   图 13.35 程序 13.16 显示的窗口

程序 13.16 checkbutton_demo.py

```
1    # 这个程序演示了一组 Checkbutton 控件
2    import tkinter
3    import tkinter.messagebox
4
5    class MyGUI:
6        def __init__(self):
7            # 创建主窗口·
8            self.main_window = tkinter.Tk()
9
10           # 创建两个框架，一个放置复选框，
11           # 另一个放置普通按钮。
12           self.top_frame = tkinter.Frame(self.main_window)
13           self.bottom_frame = tkinter.Frame(self.main_window)
14
15           # 创建随同复选框使用
16           # 的三个 IntVar 对象
17           self.cb_var1 = tkinter.IntVar()
18           self.cb_var2 = tkinter.IntVar()
19           self.cb_var3 = tkinter.IntVar()
20
21           # 将 intVar 对象初始化为 0
22           self.cb_var1.set(0)
23           self.cb_var2.set(0)
24           self.cb_var3.set(0)
25
26           # 在顶部框架 top_frame 中创建 Checkbutton 控件
27           self.cb1 = tkinter.Checkbutton(self.top_frame,
28                                          text=' 选项 1',
29                                          variable=self.cb_var1)
30           self.cb2 = tkinter.Checkbutton(self.top_frame,
31                                          text=' 选项 2',
32                                          variable=self.cb_var2)
33           self.cb3 = tkinter.Checkbutton(self.top_frame,
34                                          text=' 选项 3',
35                                          variable=self.cb_var3)
36
```

```
37              # 对复选框进行 pack
38              self.cb1.pack()
39              self.cb2.pack()
40              self.cb3.pack()
41
42              # 创建一个"确定"按钮和一个"退出"按钮
43              self.ok_button = tkinter.Button(self.bottom_frame,
44                                              text='确定',
45                                              command=self.show_choice)
46              self.quit_button = tkinter.Button(self.bottom_frame,
47                                              text='退出',
48                                              command=self.main_window.destroy)
49
50              # 对按钮进行 pack
51              self.ok_button.pack(side='left')
52              self.quit_button.pack(side='left')
53
54              # 对框架进行 pack
55              self.top_frame.pack()
56              self.bottom_frame.pack()
57
58              # 开始主循环
59              tkinter.mainloop()
60
61      # show_choice 是"确定"按钮
62      # 的回调函数。
63
64      def show_choice(self):
65          # 创建消息字符串
66          self.message = '你选择了: \n'
67
68          # 判断选择了哪些复选框,
69          # 并相应地构建消息字符串。
70          if self.cb_var1.get() == 1:
71              self.message = self.message + '1\n'
72          if self.cb_var2.get() == 1:
73              self.message = self.message + '2\n'
74          if self.cb_var3.get() == 1:
75              self.message = self.message + '3\n'
76
77          # 在一个消息框中显示消息
78          tkinter.messagebox.showinfo('选择', self.message)
79
80  # 创建 MyGUI 类的一个实例
81  if __name__ == '__main__':
82      my_gui = MyGUI()
```

✔ 检查点

13.19 你希望用户只能从一组选项中选择一个选项。应该使用哪种控件，单选钮还是复选框?

13.20 你希望用户可从一组选项中选择任意数量的选项。应该用哪种控件,单选钮还是复选框?

13.21 如何使用 IntVar 对象判断一组单选钮中选中的是哪一个?

13.22 如何使用 IntVar 对象一个复选框是否被选中?

13.9 Listbox 控件

概念: Listbox 控件显示选项列表, 并允许用户从列表中选择。

Listbox (列表框) 控件显示一个选项列表, 并允许用户从列表中选择一项或多项。程序 13.17 展示了一个例子, 图 13.36 是程序运行时显示的窗口。

图 13.36 程序 13.17 显示的窗口

程序 13.17 listbox_example1.py

```
1    # 这个程序演示了一个简单的列表框
2    import tkinter
3
4    class ListboxExample:
5        def __init__(self):
6            # 创建主窗口
7            self.main_window = tkinter.Tk()
8
9            # 创建一个 Listbox 控件
10           self.listbox = tkinter.Listbox(self.main_window)
11           self.listbox.pack(padx=10, pady=10)
12
13           # 在 Listbox 中填充数据
14           self.listbox.insert(0, '周一')
15           self.listbox.insert(1, '周二')
16           self.listbox.insert(2, '周三')
17           self.listbox.insert(3, '周四')
18           self.listbox.insert(4, '周五')
19           self.listbox.insert(5, '周六')
20           self.listbox.insert(6, '周日')
21
22           # 开始主循环
23           tkinter.mainloop()
24
25    # 创建 ListboxExample 类的一个实例
26    if __name__ == '__main__':
27        listbox_example = ListboxExample()
```

下面来仔细看看这个程序。第 10 行创建了 Listbox 控件。圆括号内的参数是 self. main_window，代表列表框的父控件。第 11 行调用 Listbox 控件的 pack 方法，并传递参数来显示 10 像素的水平和垂直外部填充。

第 14 行～第 20 行调用控件的 insert 方法在 Listbox 中插入要显示的列表项。第 14 行的语句如下：

```
self.listbox.insert(0, '周一')
```

第一个参数是所插入的列表项的索引。这个数字标识了这一项在 Listbox 中的位置。第一项的索引值为 0，下一个项目的索引值为 1，以此类推。最后一个索引值是 n-1，其中 n 是列表项的数量。第二个参数是要添加的项。因此，第 14 行将字符串 ' 周一 ' 插入 Listbox 中索引为 0 的位置。第 15 行将字符串 ' 周二 ' 插入索引为 1 的位置，以此类推。

13.9.1　指定列表框大小

插入列表框的每一项都单独占一行。列表框默认高度为 10 行，默认宽度为 20 个字符。创建列表框时，可以指定不同的大小，如下所示：

```
self.listbox = tkinter.Listbox(self.main_window, height=7, width=12)
```

在这个例子中，height=7 参数将列表框的高度设为 7 行，width=12 参数将列表框的宽度设为 12 个字符。如果传递 height=0 参数，那么列表框的高度将刚好足以显示在 Listbox 对象中添加所有项。如果传递参数 width=0，那么列表框的宽度将刚好足以显示在 Listbox 对象中添加的最宽的一项。

13.9.2　使用循环来填充列表框

使用 insert 方法向 Listbox 插入一项时，可以传递常量 tkinter.END 作为索引，这会使列表项添加到 Listbox 现有项列表的末尾。使用一个循环来填充列表框时，这个技术特别有用。程序 13.18 展示了一个例子。其中，第 20 行和第 21 行的循环将 days 列表中的所有元素插入一个 Listbox。执行第 21 行的语句时，day 引用的项会被插入 Listbox 当前列表框列表的末尾。图 13.37 展示了程序运行时的窗口。

图 13.37　程序 13.18 显示的窗口

程序 13.18　listbox_example2.py

```
1    # 这个程序演示了一个简单的列表框
2    import tkinter
3
4    class ListboxExample:
5        def __init__(self):
6            # 创建主窗口
```

```
7            self.main_window = tkinter.Tk()
8
9            # 创建一个 Listbox 控件
10           self.listbox = tkinter.Listbox(
11               self.main_window, height=0, width=0)
12           self.listbox.pack(padx=10, pady=10)
13
14           # 创建一个列表来包含一周中的各天
15           days = ['周一', '周二', '周三',
16                   '周四', '周五', '周六',
17                   '周日']
18
19           # 在 Listbox 中填充数据
20           for day in days:
21               self.listbox.insert(tkinter.END, day)
22
23           # 开始主循环
24           tkinter.mainloop()
25
26  # 创建 ListboxExample 类的一个实例
27  if __name__ == '__main__':
28      listbox_example = ListboxExample()
```

13.9.3 在列表框中选择项

可以通过单击来选择列表框中的项。在选择一项后，该项会在列表框中突出显示。Listbox 控件支持 4 种不同的选择模式，如表 13.3 所示。其中一些模式只允许同时选择一项，其他模式则允许同时选择多项。

表 13.3 Listbox 的选择模式

选择模式	描述
tkinter.BROWSE	可以在列表框内单击来选择一项，而且同时只能选择一项。另外，如果在列表框内按住并拖动鼠标，那么会实时选择当前鼠标指针下的那一项
tkinter.EXTENDED	可以单击第一项并将鼠标拖动到最后一项，从而选择一组相邻的项
tkinter.MULTIPLE	支持多选，而且选择时不用按住 Ctrl 键。单击一个未选择的项，该项会变成已选择。单击一个已选择的项，该项会变成未选择
tkinter.SINGLE	可以在列表框内单击来选择一项，而且同时只能选择一项。不能按住鼠标来"浏览"选项，只能一个一点地单击

默认选择模式是 tkinter.BROWSE。可以在实例化 Listbox 类的对象时传递 selectmode = *selection_mode* 参数来选择一个不同的模式，如下例所示：

```
self.listbox = tkinter.Listbox(self.main_window, selectmode=tkinter.EXTENDED)
```

13.9.4 获取选中的一项或多项

Listbox 控件的 curselection 方法可以返回一个元组，其中包含列表框中当前选中项的索引。对于该方法返回的元组，需要注意以下几点：

- 如果列表框中没有选中任何项，那么元组将为空
- 如果某一项被选中，而且 Listbox 的选择模式是 tkinter.BROWSE 或 tkinter. SINGLE，那么元组将只包含一个元素，因为这些选择模式只允许单选
- 如果选中了一项或多项，而且列表框的选择模式是 tkinter.EXTENDED 或 tkinter.MULTIPLE，那么元组可以包含多个元素，因为这些选择模式允许多选

一旦获得 curselection 方法返回的元组，就可以使用 Listbox 控件的 get 方法来获取列表框中选中的一项或多项。get 方法接收一个整数索引作为参数，并返回列表框中位于该索引处的项。例如，在以下代码中，假设 self.listbox 引用了一个 Listbox：

```
indexes = self.listbox.curselection()
for i in indexes:
    tkinter.messagebox.showinfo(self.listbox.get(i))
```

上述代码调用了 curselection 方法，返回的元组被赋给 indexes 变量。然后，for 循环使用 i 作为目标变量来遍历元组中的元素。循环内部调用了 Listbox 控件的 get 方法，并传递参数 i。和该索引对应的列表项会在消息框中显示。

程序 13.19 演示了如何从列表框中获取当前选中的项。用户选择一项，然后单击"获取项"按钮。随后，所选项将从列表框中获取并在一个消息框中显示。图 13.38 展示了程序的主窗口，以及从列表框中选择一项并单击按钮后出现的对话框。

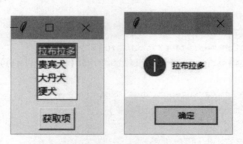

图 13.38 程序 13.19 显示的窗口

程序 13.19 dog_listbox.py

```
1   # 这个程序获取用户在一个列表框中的选择
2   import tkinter
3   import tkinter.messagebox
4
5   class ListBoxSelection:
```

```
 6      def __init__(self):
 7          # 创建主窗口
 8          self.main_window = tkinter.Tk()
 9
10          # 创建一个 Listbox 控件
11          self.dog_listbox = tkinter.Listbox(
12              self.main_window, width=0, height=0)
13          self.dog_listbox.pack(padx=10, pady=5)
14
15          # 创建包含狗狗品种的一个列表
16          dogs = [' 拉布拉多 ', ' 贵宾犬 ', ' 大丹犬 ', ' 猓犬 ']
17
18          # 用列表的内容填充 Listbox
19          for dog in dogs:
20              self.dog_listbox.insert(tkinter.END, dog)
21
22          # 创建一个按钮来显示当前所选的项
23          self.get_button = tkinter.Button(
24              self.main_window, text=' 获取项 ',
25              command=self.__retrieve_dog)
26          self.get_button.pack(padx=10, pady=5)
27
28          # 开始主循环
29          tkinter.mainloop()
30
31      def __retrieve_dog(self):
32          # 获取所选项的索引
33          indexes = self.dog_listbox.curselection()
34
35          # 如果选择了一项，就显示它
36          if (len(indexes) > 0):
37              tkinter.messagebox.showinfo(
38                  message=self.dog_listbox.get(indexes[0]))
39          else:
40              tkinter.messagebox.showinfo(
41                  message=' 当前未选择。')
42
43  # 创建 ListBoxSelection 类的一个实例
44  if __name__ == '__main__':
45      listbox_selection = ListBoxSelection()
```

下面来仔细看看这个程序。第 11 行和第 12 行创建了一个 Listbox。由于没有指定选择模式，所以将使用默认选择模式 tkinter.BROWSE。之前说过，这种选择模式只允许单选。

第 16 行创建一个包含犬种名称的列表，第 19 行和第 20 行的循环将列表中的元素插入 Listbox。第 23 行～第 25 行创建了一个 Button 控件，并将 self.__retrieve_dog

方法设为它的回调函数。

　　self.__retrieve_dog 方法在第 31 行 ~ 第 41 行定义。第 33 行调用 Listbox 的 curselection 方法，以获取包含用户所选项索引的元组。由于 Listbox 使用的是 tkinter.BROWSE 选择模式，所以知道该元组要么包含 0 个元素（如果用户没有选择任何项），要么包含一个元素。第 36 行的 if 语句调用 len 函数来判断索引元组是否包含 0 个以上的元素。如果是，第 37 行和第 38 行就从列表框中获取所选项，并将其显示在对话框中。如果 indexes 元组为空（表明列表框中未选中任何项），那么执行第 40 行和第 41 行的代码，显示消息 "当前未选择"。

13.9.5　从列表框中删除项

　　可以调用 Listbox 控件的 delete 方法从列表框中删除项。调用 delete 方法时，需要传递想要删除的那一项的索引。例如，以下语句假设 self.listbox 引用了一个 Listbox：

```
self.listbox.delete(0)
```

该语句执行后，Listbox 中的第一项（索引为 0）将被删除。在删除项之后的所有项都将向列表框顶部移动一个位置。

　　为了删除 Listbox 中当前选中的项，可以使用特殊值 tkinter.ACTIVE 作为索引，如下例所示：

```
self.listbox.delete(tkinter.ACTIVE)
```

该语句执行后，列表框当前选中的项会被删除。在删除项之后的所有项都将向列表框顶部移动一个位置。

　　还可以删除一个范围，即列表框中相邻项的一个分组。如果向 delete 方法传递两个整数参数，那么第一个参数代表范围内第一项的索引，第二个参数代表范围内最后一个项的索引，如下例所示：

```
self.listbox.delete(0, 4)
```

该语句执行后，列表框中索引为 0~4 的项会被删除。在删除项之后的所有项都将向列表框的顶部移动。

　　要删除 Listbox 中的所项，请调用 delete 方法，将 0 作为第一个参数，将 tkinter.END 作为第二个参数，如下例所示：

```
self.listbox.delete(0, tkinter.END)
```

13.9.6　当用户单击列表项时执行回调函数

　　要想让程序在用户选择 Listbox 中的一项时立即执行一个操作，可以编写一个回调函数，然后将回调函数绑定到 Listbox。这样一来，当用户选择列表框中一项时，就会执行回调函数。

为了将回调函数绑定到一个 Listbox，需要调用 Listbox 控件的 bind 函数，如以下常规格式所示：

```
listbox.bind('<<ListboxSelect>>', callback_function)
```

其中，*listbox* 是 Listbox 的名称，*callback_function* 是回调函数的名称。例如，假设程序中有一个名为 self.listbox 的 Listbox 控件，你希望将名为 self.do_something 的回调函数绑定到该 Listbox，以下语句演示了具体如何做：

```
self.listbox.bind('<<ListboxSelect>>', self.do_something)
```

一旦从这个列表框中选择一项，就会调用回调函数 self.do_something，并将一个事件对象作为实参传递给回调函数。**事件对象**是包含事件信息的一种对象。虽然本书不会就事件对象展开更深入的讨论，但在写回调函数的代码时，函数要求传递一个事件对象参数。

聚光灯：时区程序

本节将研究一个允许用户从列表框中选择城市的 GUI 程序。一旦单击按钮，程序应显示该城市的时区名称。图 13.39 是这个程序的 UI 草图，上面标注了控件名称。

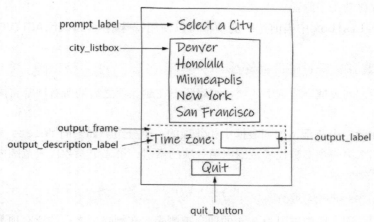

图 13.39 时区程序草图

程序代码如程序 13.20 所示。图 13.40 展示了程序的运行情况。在本例中，用户在列表框中选择的是纽约。

程序 13.20 time_zone.py

```
1   # 这个程序允许用户查看
2   # 所选城市的时区。
3   import tkinter
4
5   class TimeZone:
6       def __init__(self):
```

```
7              # 创建主窗口
8              self.main_window = tkinter.Tk()
9              self.main_window.title('Time Zones')
10
11             # 创建控件
12             self.__build_prompt_label()
13             self.__build_listbox()
14             self.__build_output_frame()
15             self.__build_quit_button()
16
17             # 开始主循环
18             tkinter.mainloop()
19
20      # 这个方法创建 prompt_label 控件
21      def __build_prompt_label(self):
22             self.prompt_label = tkinter.Label(
23                 self.main_window, text=' 选择城市 ')
24             self.prompt_label.pack(padx=5, pady=5)
25
26      # 这个方法创建并填充 city_listbox 控件
27      def __build_listbox(self):
28             # 创建一个城市名称列表
29             self.__cities = [' 丹佛 ', ' 檀香山 ', ' 明尼阿波里斯 ',
30                              ' 纽约 ', ' 旧金山 ']
31
32             # 创建并 pack 列表框
33             self.city_listbox = tkinter.Listbox(
34                 self.main_window, height=0, width=0)
35             self.city_listbox.pack(padx=5, pady=5)
36
37             # 为列表框绑定一个回调函数
38             self.city_listbox.bind(
39                 '<<ListboxSelect>>', self.__display_time_zone)
40
41             # 填充列表框
42             for city in self.__cities:
43                 self.city_listbox.insert(tkinter.END, city)
44
45      # 这个方法创建 output_frame 框架及其内容
46      def __build_output_frame(self):
47             # 创建框架
48             self.output_frame = tkinter.Frame(self.main_window)
49             self.output_frame.pack(padx=5)
50
51             # 创建 " 时区: " 标签
52             self.output_description_label = tkinter.Label(
```

```
53              self.output_frame, text=' 时区：')
54          self.output_description_label.pack(
55              side='left', padx=(5, 1), pady=5)
56
57          # 创建一个 StringVar 变量来容纳时区名称
58          self.__timezone = tkinter.StringVar()
59
60          # 创建一个用于显示时区名称的标签
61          self.output_label = tkinter.Label(
62              self.output_frame, borderwidth=1, relief='solid',
63              width=15, textvariable=self.__timezone)
64          self.output_label.pack(side='right', padx=(1, 5), pady=5)
65
66      # 这个方法创建 " 退出 " 按钮
67      def __build_quit_button(self):
68          self.quit_button = tkinter.Button(
69              self.main_window, text=' 退出 ',
70              command=self.main_window.destroy)
71          self.quit_button.pack(padx=5, pady=5)
72
73      # city_listbox 控件的回调函数
74      def __display_time_zone(self, event):
75          # 获取当前选择
76          index = self.city_listbox.curselection()
77
78          # 获取城市
79          city = self.city_listbox.get(index[0])
80
81          # 判断时区
82          if city == ' 丹佛 ':
83              self.__timezone.set(' 山地标准时 ')
84          elif city == ' 檀香山 ':
85              self.__timezone.set(' 夏威夷 – 阿留申标准时 ')
86          elif city == ' 明尼阿波里斯 ':
87              self.__timezone.set(' 中部标准时 ')
88          elif city == ' 纽约 ':
89              self.__timezone.set(' 东部标准时 ')
90          elif city == ' 旧金山 ':
91              self.__timezone.set(' 太平洋标准时 ')
92
93  # 创建 TimeZone 类的一个实例
94  if __name__ == '__main__':
95      time_zone = TimeZone()
```

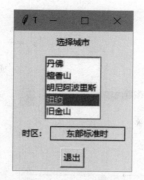

图 13.40　程序 13.20 显示的窗口

下面来仔细看看 `TimeZone` 类。

- 第 6 行～第 18 行定义了 `__init__` 方法。它创建主窗口，调用其他方法来创建主窗口中显示的控件，并启动主循环。
- 第 21 行～第 24 行定义了 `__build_prompt_label` 方法。它创建一个标签并显示"选择城市"。
- 第 27 行～第 43 行定义了 `__build_listbox` 方法。它创建一个显示了城市名称的列表框，将其与一个回调函数绑定，并用城市名称来填充列表框。
- 第 46 行～第 64 行定义了 `__build_output_frame` 方法。它创建一个框架来容纳两个标签。一个标签显示"时区："，另一个标签用于显示输出内容。输出标签（`output_label` 控件）关联了一个名为 `__timezone` 的 `StringVar` 变量。
- 第 67 行～第 71 行定义了 `__build_quit_button` 方法。它创建"退出"按钮（`quit_button` 控件），单击该按钮将关闭窗口并结束程序。
- 第 74 行～第 91 行定义了 `__display_time_zone` 方法。这是 `Listbox` 控件的回调函数。注意，该方法有一个名为 `event` 的参数。之所以需要这个参数，是因为在调用该方法时，需要向其传递一个事件对象。虽然当前程序用不到事件对象，但仍需提供一个参数来接收该对象。该方法获取当前在列表框中选择的城市，并使用 `if-elif` 语句确定相应的时区。`__timezone` 变量被设置为时区名称。这将导致时区名称在 `output_label` 控件中显示。

13.9.7　为列表框添加滚动条

`Listbox` 控件默认不显示滚动条。如果列表框的高度小于列表项的数量，那么部分列表项将无法显示。另外，如果列表框的宽度小于列表框中某一项的宽度，那么该项的部分内容将不会显示。在这种情况下，应该为列表框添加滚动条，以便用户可以滚动查看控件的内容。

可以在列表框中使用垂直滚动条和 / 或水平滚动条。垂直滚动条允许上下或垂直滚动列表框的内容。水平滚动条则允许左右或水平滚动列表框的内容。图 13.41 展示了一个例子。

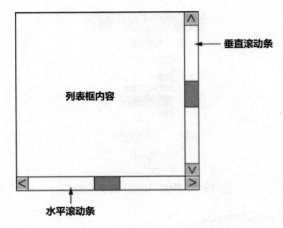

图 13.41 垂直和水平滚动条

13.9.7.1 添加垂直滚动条

为列表框添加滚动条需要几个步骤，下面总结添加垂直滚动条的过程。

1. 创建一个 Frame（框架）控件来容纳列表框和滚动条。建议专门为列表框及其滚动条创建一个框架。这样可以更方便地使用 pack 方法对它们进行正确的排列。

2. 对框架进行 pack 处理。为框架添加必要的填充。

3. 在框架内创建一个列表框。创建具有所需高度和宽度的列表框。确保将步骤 1 创建的框架指定为列表框的父控件。

4. 将列表框 pack 到框架的左侧。按照惯例，列表框的垂直滚动条应位于列表框的右侧（参见图 13.41）。因此，在调用 Listbox 控件的 pack 方法时，传递 side='left' 参数以便将控件 pack 处理到框架的左侧。

5. 在框架内创建垂直滚动条。要创建滚动条，需要创建 tkinter 模块的 Scrollbar 类的一个实例。向类的 __init__ 方法传递参数时，请务必将步骤 1 创建的 Frame 指定为父控件。此外，请务必传递参数 orient=tkinter.VERTICAL 来创建垂直滚动条。

6. 将滚动条 pack 到框架的右侧。如前所述，惯例是在列表框右侧显示垂直滚动条（参见图 13.41）。因此，在调用 Scrollbar 控件的 pack 方法时，请传递 side='right' 参数，从而将其 pack 到框架右侧。另外，还应传递 fill=tkinter.Y 参数，使滚动条占据从框架顶部到底部的全部空间。

7. 配置滚动条，以便在移动滚动条的滑块时调用 Listbox 控件的 yview 方法，该方法能使列表框的内容垂直滚动。为了进行这个配置，需要调用 Scrollbar 控件的 config 方法，并传递参数 command=listbox.yview，其中，listbox 是 Listbox 控件的名称。

8. 配置列表框，在更新列表框时调用滚动条的 set 方法。每次滚动列表框的内容时，列表框都必须与滚动条通信，以便实时更新滑块的位置。为此，Listbox 必须调用 Scrollbar 控件的 set 方法。为此，可以调用 Listbox 控件的 config 方法，并传递参数 *yscrollcommand*=scrollbar.set，其中，*scrollbar* 是滚动条控件的名称。

程序 13.21 展示了如何创建一个具有垂直滚动条的列表框。图 13.42 展示了程序运行时的样子。

图 13.42 程序 13.21 显示的窗口

程序 13.21 vertical_scrollbar.py

```python
1   # 这个程序演示了带有垂直滚动条的列表框
2   import tkinter
3
4   class VerticalScrollbarExample:
5       def __init__(self):
6           # 创建主窗口
7           self.main_window = tkinter.Tk()
8
9           # 为列表框和垂直滚动条创建一个 Frame
10          self.listbox_frame = tkinter.Frame(self.main_window)
11          self.listbox_frame.pack(padx=20, pady=20)
12
13          # 在 listbox_frame 中创建一个 Listbox 控件
14          self.listbox = tkinter.Listbox(
15              self.listbox_frame, height=6, width=0)
16          self.listbox.pack(side='left')
17
18          # 在 listbox_frame 中创建一个垂直滚动条
19          self.scrollbar = tkinter.Scrollbar(
20              self.listbox_frame, orient=tkinter.VERTICAL)
21          self.scrollbar.pack(side='right', fill=tkinter.Y)
22
23          # 配置滚动条和列表框以协同工作
24          self.scrollbar.config(command=self.listbox.yview)
25          self.listbox.config(yscrollcommand=self.scrollbar.set)
```

```
26
27          # 创建一个包含月份名称的列表
28          months = [' 一月 ', ' 二月 ', ' 三月 ', ' 四月 ',
29                      ' 五月 ', ' 六月 ', ' 七月 ', ' 八月 ', ' 九月 ',
30                      ' 十月 ', ' 十一月 ', ' 十二月 ']
31
32          # 向列表框填充数据
33          for month in months:
34              self.listbox.insert(tkinter.END, month)
35
36          # 开始主循环
37          tkinter.mainloop()
38
39  # 创建 VerticalScrollbarExample 类的一个实例
40  if __name__ == '__main__':
41      scrollbar_example = VerticalScrollbarExample()
```

13.9.7.2　仅添加水平滚动条

在没有垂直滚动条的情况下，为列表框添加水平滚动条的过程与添加垂直滚动条的过程非常相似。下面进行简要的总结。

1. 创建一个 Frame（框架）控件来容纳列表框和滚动条。建议专门为列表框及其滚动条创建一个框架。这样可以更方便地使用 pack 方法对它们进行正确的排列。
2. 对框架进行 pack。注意为框架添加必要的填充。
3. 在框架内创建一个列表框。创建具有所需高度和宽度的列表框。确保将步骤 1 中创建的框架指定为列表框的父控件。
4. 将列表框 pack 到框架的顶部。按照惯例，列表框的水平滚动条应位于列表框的底部（参见图 13.41）。因此，在调用 Listbox 控件的 pack 方法时，传递 side='top' 参数以便将列表框 pack 到框架的顶部。
5. 在框架内创建水平滚动条。为了创建滚动条，需要创建 tkinter 模块的 Scrollbar 类的一个实例。向类的 __init__ 方法传递参数时，请务必将步骤 1 创建的 Frame 指定为父控件。此外，请务必传递参数 orient=tkinter. HORIZONTAL 来创建水平滚动条。
6. 将滚动条 pack 到框架的底部。如前所述，惯例是在列表框底部显示水平滚动条（参见图 13.41）。因此，在调用 Scrollbar 控件的 pack 方法时，请传递 side='bottom' 参数，从而将其 pack 到框架底部。另外，还应传递 fill=tkinter.X 参数，使滚动条占据从框架左侧到右侧的全部空间。
7. 配置滚动条，以便在移动滚动条的滑块时调用 Listbox 控件的 xview 方法，该方法能使列表框的内容水平滚动。为了进行这个配置，需要调用 Scrollbar 控件的 config 方法，并传递参数 command=*listbox*.xview，其中，*listbox* 是 Listbox 控件的名称。

8. 配置列表框，在更新列表框时调用滚动条的 **set** 方法。每次滚动列表框的内容时，列表框都必须与滚动条通信，以便实时更新滑块的位置。为此，**Listbox** 必须调用 **Scrollbar** 控件的 **set** 方法。为此，可以调用 **Listbox** 控件的 **config** 方法，并传递参数 xscrollcommand=*scrollbar*.set，其中，*scrollbar* 是滚动条控件的名称。

程序 13.22 展示了如何创建一个具有水平滚动条的列表框。图 13.43 展示了程序运行时的样子。

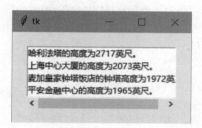

图 13.43 程序 13.22 显示的窗口

程序 13.22 horizontal_scrollbar.py

```
1   # 这个程序演示了带有水平滚动条的列表框
2   import tkinter
3
4   class HorizontalScrollbarExample:
5       def __init__(self):
6           # 创建主窗口
7           self.main_window = tkinter.Tk()
8
9           # 为列表框和水平滚动条创建一个 Frame
10          self.listbox_frame = tkinter.Frame(self.main_window)
11          self.listbox_frame.pack(padx=20, pady=20)
12
13          # 在 listbox_frame 中创建一个 Listbox 控件
14          self.listbox = tkinter.Listbox(
15              self.listbox_frame, height=0, width=30)
16          self.listbox.pack(side='top')
17
18          # 在 listbox_frame 中创建一个水平滚动条
19          self.scrollbar = tkinter.Scrollbar(
20              self.listbox_frame, orient=tkinter.HORIZONTAL)
21          self.scrollbar.pack(side='bottom', fill=tkinter.X)
22
23          # 配置滚动条和列表框以协同工作
24          self.scrollbar.config(command=self.listbox.xview)
25          self.listbox.config(xscrollcommand=self.scrollbar.set)
26
```

```
27              # 创建一个内容列表
28              data = [
29                      '哈利法塔的高度为 2717 英尺。',
30                      '上海中心大厦的高度为 2073 英尺。',
31                      '麦加皇家钟塔饭店的钟塔高度为 1972 英尺',
32                      '平安金融中心的高度为 1965 英尺。']
33
34              # 向列表框填充数据
35              for element in data:
36                      self.listbox.insert(tkinter.END, element)
37
38              # 开始主循环
39              tkinter.mainloop()
40
41 # 创建 HorizontalScrollbarExample 类的一个实例
42 if __name__ == '__main__':
43      scrollbar_example = HorizontalScrollbarExample()
```

13.9.7.3 同时添加垂直和水平滚动条

在列表框中同时添加垂直和水平滚动条时，建议使用两个嵌套 Frame。内 Frame 包含列表框和垂直滚动条，外 Frame 则包含内 Frame 和水平滚动条。下面总结了同时添加两种滚动条的过程。

1. 创建外 Frame，它用于容纳内 Frame 和水平滚动条。注意，外 Frame 仅容纳内 Frame 和水平滚动条，不容纳实际的列表框。
2. 对外 Frame 进行 pack，注意为其添加必要的填充。
3. 创建内 Frame，它用于容纳列表框和垂直滚动条。注意，内 Frame 仅容纳列表框及其垂直滚动条。请务必将步骤 1 创建的外 Frame 指定为内 Frame 的父控件。
4. 对内 Frame 进行 pack。该 Frame 将嵌套在外 Frame 内，因此在 pack 时无需添加填充。
5. 在内 Frame 中创建一个列表框。创建具有所需高度和宽度的列表框。确保将步骤 3 创建的内 Frame 指定为列表框的父控件。
6. 将列表框 pack 到框架的左侧。按照惯例，列表框的垂直滚动条应位于列表框的右侧（参见图 13.41）。因此，在调用 Listbox 控件的 pack 方法时，传递 side='left' 参数以便将控件 pack 到内 Frame 的左侧。
7. 在内 Frame 中创建垂直滚动条。创建 tkinter 模块的 Scrollbar 类的一个实例。向类的 __init__ 方法传递参数时，请务必将步骤 3 创建的内 Frame 指定为父控件。此外，请务必传递参数 orient=tkinter.VERTICAL 来创建垂直滚动条。
8. 将垂直滚动条 pack 到内 Frame 的右侧。如前所述，惯例是在列表框右侧显示垂直滚动条（参见图 13.41）。因此，在调用 Scrollbar 控件的 pack 方法时，请传递 side='right' 参数，从而将其 pack 到内 Frame 的右侧。另外，还应传递 fill=tkinter.Y 参数，使滚动条占据从框架顶部到底部的全部空间。

9. 在外 Frame 中创建水平滚动条。创建 tkinter 模块的 Scrollbar 类的一个实例。在向类的 __init__ 方法传递参数时，确保将步骤 1 创建的外 Frame 指定为父控件。另外，请务必传递参数 orient=tkinter.HORIZONTAL 来创建水平滚动条。

10. 将水平滚动条 pack 到外 Frame 的底部。如前所述，惯例是在列表框底部显示水平滚动条（参见图 13.41）。因此，在调用 Scrollbar 控件的 pack 方法时，请传递 side='bottom' 参数，从而将其 pack 到外 Frame 的底部。另外，还应传递 fill=tkinter.X 参数，使滚动条占据从框架左侧到右侧的全部空间。

11. 配置垂直滚动条，以便在移动滚动条的滑块时调用 Listbox 控件的 yview 方法，该方法能使列表框的内容垂直滚动。为了进行这个配置，需要调用 Scrollbar 控件的 config 方法，并传递参数 command=*listbox*.yview，其中，*listbox* 是 Listbox 控件的名称。

12. 配置水平滚动条，以便在移动滚动条的滑块时调用 Listbox 控件的 xview 方法，该方法能使列表框的内容水平滚动。为了进行这个配置，需要调用 Scrollbar 控件的 config 方法，并传递参数 command=*listbox*.xview，其中，*listbox* 是 Listbox 控件的名称。

13. 配置列表框，以便在更新列表框时调用两个滚动条的 set 方法。每次滚动列表框的内容时，列表框都必须和它的滚动条通信，以便实时更新滑块的位置。为此，Listbox 必须调用 Scrollbar 控件的 set 方法。为此，可以调用 Listbox 控件的 config 方法，并传递以下参数：

- yscrollcommand=*verticalscrollbar*.set，其中，*verticalscrollbar* 是垂直滚动条控件的名称）

- xscrollcommand=*horizontalscrollbar*.set，其中，*horizontalscrollbar* 是水平滚动条控件的名称。

程序 13.23 展示了如何创建一个同时具有垂直和水平滚动条的列表框。图 13.44 显示了结果。

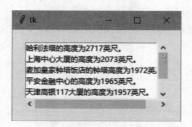

图 13.44 程序 13.23 显示的窗口

程序 13.23 scrollbar_frames.py

```
1   # 这个程序演示了一个同时具有垂直
2   # 和水平滚动条的列表框。
3   import tkinter
```

```
4
5    class ScrollbarExample:
6        def __init__(self):
7            # 创建主窗口
8            self.main_window = tkinter.Tk()
9
10           # 创建外 Frame 来容纳内 Frame
11           # 和水平滚动条 .
12           self.outer_frame = tkinter.Frame(self.main_window)
13           self.outer_frame.pack(padx=20, pady=20)
14
15           # 创建内 Frame 来容纳列表框和垂直滚动条。
16           self.inner_frame = tkinter.Frame(self.outer_frame)
17           self.inner_frame.pack()
18
19           # 在 inner_frame 中创建 Listbox 控件
20           self.listbox = tkinter.Listbox(
21               self.inner_frame, height=5, width=30)
22           self.listbox.pack(side='left')
23
24           # 在 inner_frame 中创建垂直滚动条
25           self.v_scrollbar = tkinter.Scrollbar(
26               self.inner_frame, orient=tkinter.VERTICAL)
27           self.v_scrollbar.pack(side='right', fill=tkinter.Y)
28
29           # 在 outer_frame 中创建水平滚动条
30           self.h_scrollbar = tkinter.Scrollbar(
31               self.outer_frame, orient=tkinter.HORIZONTAL)
32           self.h_scrollbar.pack(side='bottom', fill=tkinter.X)
33
34           # 配置滚动条和列表框以协同工作
35           self.v_scrollbar.config(command=self.listbox.yview)
36           self.h_scrollbar.config(command=self.listbox.xview)
37           self.listbox.config(yscrollcommand=self.v_scrollbar.set,
38                               xscrollcommand=self.h_scrollbar.set)
39
40           # 创建内容列表
41           data = [
42               '哈利法塔的高度为 2717 英尺。',
43               '上海中心大厦的高度为 2073 英尺。',
44               '麦加皇家钟塔饭店的钟塔高度为 1972 英尺 ',
45               '平安金融中心的高度为 1965 英尺。',
46               '天津高银 117 大厦的高度为 1957 英尺。',
47               '乐天世界塔的高度为 1819 英尺。',
48               '世界贸易中心一号大楼的高度为 1776 英尺。']
49
```

```
50              # 向列表框填充数据
51              for element in data:
52                  self.listbox.insert(tkinter.END, element)
53
54              # 开始主循环
55              tkinter.mainloop()
56
57  # 创建 ScrollbarExample 类的一个实例
58  if __name__ == '__main__':
59      scrollbar_example = ScrollbarExample()
```

检查点

13.23 假定程序中有以下语句：

```
self.listbox = tkinter.Listbox(self.main_window)
```

请写代码将以下列表项添加到该 Listbox 中：

- 将 '五月' 添加到索引 0 处
- 将 '二月' 添加到索引 1 处
- 将 '三月' 添加到索引 2 处

13.24 Listbox 控件的默认高度和宽度是多少？

13.25 修改以下语句，使 Listbox 高 20 行，宽 30 字符：

```
self.listbox = tkinter.Listbox(self.main_window)
```

13.26 对于以下代码：

```
self.listbox = tkinter.Listbox(self.main_window)
self.listbox.insert(tkinter.END, 'Peter')
self.listbox.insert(tkinter.END, 'Paul')
self.listbox.insert(tkinter.END, 'Mary')
```

列表项 'Peter'、'Paul' 和 'Mary' 存储在什么索引中？

13.27 Listbox 的 curselection 方法会返回什么？

13.28 如何删除 Listbox 中的项？

13.10 使用 Canvas 控件绘制图形

概念：Canvas 控件提供了绘制简单图形（例如直线、矩形、椭圆、多边形等）的方法。

Canvas（画布）控件是一个空白的矩形区域，可以在上面绘制简单的二维图形。本节将讨论 Canvas 用于绘制直线、矩形、椭圆、弧线、多边形和文本的方法。不过，在研究如何绘制这些图形之前，必须先讨论一下屏幕坐标系。可以使用 Canvas 控件的**屏幕坐标系**来指定图形的位置。

13.10.1 Canvas 控件的屏幕坐标系

计算机屏幕上显示的图像由称为像素的小点构成。屏幕坐标系用于确定应用程序窗口中每个像素的位置。每个像素都有一个 X 坐标和一个 Y 坐标。X 坐标确定像素的水平位置，Y 坐标确定像素的垂直位置。坐标通常写成 (X, Y) 的形式。

在 Canvas 控件的屏幕坐标系中，屏幕左上角像素的坐标为 (0，0)。这意味着其 X 坐标为 0，Y 坐标为 0。X 坐标从左到右递增，Y 坐标从上到下递增。在一个宽 640 像素、高 480 像素的窗口中，窗口右下角像素的坐标为 (639，479)。在同一窗口中，窗口中心像素的坐标为 (319, 239)。图 13.45 展示了窗口中这几个像素的坐标。

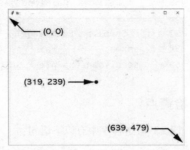

图 13.45 640x480 窗口中几个像素的位置

📎 **注意**：Canvas 控件使用的屏幕坐标系与海龟图形库使用的笛卡儿坐标系不同。以下是两者的区别。

- 在 Canvas 控件中，点 (0, 0) 位于窗口左上角。在海龟图形中，点 (0, 0) 位于窗口中心。
- 在 Canvas 控件中，Y 坐标越往下越大。在海龟图形中，Y 坐标越往下越小。

Canvas 控件提供了多种方法在控件表面绘图，我们讨论的方法如下：

- create_line
- create_rectangle
- create_oval
- create_arc
- create_polygon
- create_text

在讨论这些方法的细节之前，让我们先来看看程序 13.24。这是使用 Canvas 控件画线的一个简单程序。图 13.46 展示了程序运行时的样子。

程序 13.24 draw_line.py

```
1  # 这个程序演示了 Canvas 控件
2  import tkinter
3
4  class MyGUI:
5      def __init__(self):
6          # 创建主窗口
7          self.main_window = tkinter.Tk()
8
```

```
 9              # 创建 Canvas 控件
10              self.canvas = tkinter.Canvas(self.main_window, width=200, height=200)
11
12              # 画两条线
13              self.canvas.create_line(0, 0, 199, 199)
14              self.canvas.create_line(199, 0, 0, 199)
15
16              # pack 画布
17              self.canvas.pack()
18
19              # 开始主循环
20              tkinter.mainloop()
21
22 # 创建 MyGUI 类的一个实例
23 if __name__ == '__main__':
24     my_gui = MyGUI()
```

图 13.46　程序 13.24 显示的窗口

下面来仔细看看这个程序。第 10 行创建 Canvas 控件。圆括号内的第一个参数是对 self.main_window 的引用，代表 Canvas 控件的父容器。参数 width=200 和 height=200 指定了画布大小。

第 13 行调用 Canvas 控件的 create_line 方法来画线。第一个和第二个参数是线的起点 (X, Y) 坐标。第三个和第四个参数是线的终点 (X, Y) 坐标。因此，该语句在画布上从 $(0, 0)$ 到 $(199, 199)$ 画了一条线。

第 14 行同样调用 Canvas 控件的 create_line 方法，在画布上画了从 $(199, 0)$ 到 $(0, 199)$ 的第二条线。第 17 行调用 Canvas 控件的 pack 方法使该控件可见。第 20 行执行 tkinter 模块的 mainloop 函数。

13.10.2　画线：create_line 方法

create_line 方法在画布上的两个或多个点之间画一条线。以下是调用该方法在两点之间画一条线的常规格式：

```
canvas_name.create_line(x1, y1, x2, y2, 选项 ...)
```

其中，参数 *x1* 和 *y1* 是代表线起点的 (X, Y) 坐标。参数 *x2* 和 *y2* 是代表线终点的 (X, Y) 坐标。

"*选项...*" 是可以传递给该方法的几个可选的关键字参数，稍后的表 13.4 会讨论其中一些。

程序 13.24 演示了具体如何调用 create_line 方法，其中的第 13 行画了一条从 (0，0) 到 (199，199) 的线：

```
self.canvas.create_line(0, 0, 199, 199)
```

事实上，可以在参数中传递多组坐标，create_line 方法会用线把各个点连接起来。程序 13.25 展示了一个例子。第 13 行的语句用线连接 (10, 10)、(189, 10)、(100, 189) 和 (10, 10) 等多个点。图 13.47 展示了程序运行结果。

图 13.47　程序 13.25 显示的窗口

程序 13.25 draw_multi_lines.py

```
1    # 这个程序用线来连接多个点
2    import tkinter
3
4    class MyGUI:
5        def __init__(self):
6            # 创建主窗口
7            self.main_window = tkinter.Tk()
8
9            # 创建 Canvas 控件
10           self.canvas = tkinter.Canvas(self.main_window, width=200, height=200)
11
12           # 画线连接多个点
13           self.canvas.create_line(10, 10, 189, 10, 100, 189, 10, 10)
14
15           # pack 画布
16           self.canvas.pack()
17
18           # 开始主循环
19           tkinter.mainloop()
20
21   # 创建 MyGUI 类的一个实例
22   if __name__ == '__main__':
23       my_gui = MyGUI()
```

或者，也可以将包含坐标的列表或元组作为参数传递。例如，程序 13.25 可以用以下代码替换第 13 行，得到相同的结果：

```
points = [10, 10, 189, 10, 100, 189, 10, 10]
self.canvas.create_line(points)
```

可以向 `create_line` 方法传递可选的关键字参数，表 13.4 列出了其中一些常用的。

表 13.4 create_line 方法的一些可选参数

参数	描述
arrow=value	默认情况下，画的线是没有箭头的，但该参数可以在线的一端或两端画上箭头。指定 arrow=tk.FIRST 可以在线的开始处绘制箭头，指定 arrow=tk.LAST 可以在线的末端绘制箭头，指定 arrow=tk.BOTH 可以线的两端绘制箭头
dash=value	使用该参数来画虚线。*value* 是一个由整数构成的元组，用于指定虚线的模式。第一个整数指定虚线中要绘制的像素数，第二个整数指定要跳过的像素数，以此类推。例如，参数 dash=(5, 2) 指定在画虚线的时候，先绘制 5 个像素，跳过 2 个像素，再绘制 5 个像素，再跳过 2 个像素……直至到达线的末端
fill=value	指定线的颜色。参数值是一个英文颜色名称，以字符串形式表示。有许多预定义的颜色名称可供使用，附录 D 展示了完整列表。一些常见颜色包括 'red'、'green'、'blue'、'yellow' 和 'cyan' 等。如果省略 fill 参数，则颜色默认为黑色
smooth=value	默认情况下，smooth 参数设置为 False，该方法绘制连接指定点的直线。如果指定 smooth=True，线将以平滑曲线样式绘制。注意，这里的"曲线"是指 spline curve，即由三个点确定的二次函数曲线。因此，该参数仅在连接多个点时才会生效
width=value	指定线的宽度（粗细），以像素为单位。例如，参数 width=5 将线的宽度设为 5 像素。默认线宽为 1 像素

13.10.3 画矩形：create_rectangle 方法

`create_rectangle` 方法在画布上绘制矩形，下面是调用该方法时的常规格式：

canvas_name.create_rectangle(*x1, y1, x2, y2, 选项 ...*)

其中，参数 *x1* 和 *y1* 是矩形左上角的 (X, Y) 坐标。参数 *x2* 和 *y2* 是矩形右下角的 (X, Y) 坐标。"选项 ..." 是可以传递给该方法的几个可选的关键字参数，稍后的表 13.5 会讨论其中一些可选。

程序 13.26 的第 13 行演示了 `create_rectangle` 方法。矩形左上角位于 (20, 20)，右下角位于 (180, 180)。图 13.48 展示了程序运行结果。

程序 13.26 draw_squares.py

```
1  # 这个程序在画布上绘制一个矩形
2  import tkinter
3
4  class MyGUI:
5      def __init__(self):
```

```
6              # 创建主窗口
7              self.main_window = tkinter.Tk()
8
9              # 创建 Canvas 控件
10             self.canvas = tkinter.Canvas(self.main_window, width=200, height=200)
11
12             # 画一个矩形
13             self.canvas.create_rectangle(20, 20, 180, 180)
14
15             # pack 画布
16             self.canvas.pack()
17
18             # 开始主循环
19             tkinter.mainloop()
20
21 # 创建 MyGUI 类的一个实例
22 if __name__ == '__main__':
23     my_gui = MyGUI()
```

可以向 create_rectangle 方法传递几个可选的关键字参数，表 13.5 列出了一些常用的。

例如，如果对程序 13.26 的第 13 行进行如下修改，程序将绘制一个边框为 3 像素虚线的矩形。程序的输出如图 13.49 所示：

```
self.canvas.create_rectangle(20, 20, 180, 180, dash=(5, 2), width=3)
```

表 13.5 create_rectangle 方法的一些可选参数

参数	描述
dash=value	该参数使矩形的边框成为虚线。*value* 是一个由整数构成的元组，用于指定虚线的样式。第一个整数指定虚线中要绘制的像素数，第二个整数指定要跳过的像素数，以此类推。例如，参数 dash=(5, 2) 指定在画虚线的时候，先绘制 5 个像素，跳过 2 个像素，再绘制 5 个像素，再跳过 2 个像素……直至到达线的末端
fill=value	指定矩形的填充颜色。参数值是英文颜色名称，以字符串形式表示。有许多预定义的颜色名称可供使用，附录 D 展示了完整列表。一些常见颜色包括 'red'、'green'、'blue'、'yellow' 和 'cyan' 等。如果省略 fill 参数，矩形将不会被填充
outline=value	指定矩形边框的颜色。参数值是英文颜色名称，以字符串形式表示。有许多预定义的颜色名称可供使用，附录 D 展示了完整列表。一些常见颜色包括 'red'、'green'、'blue'、'yellow' 和 'cyan' 等。如果省略 outline 参数，矩形将默认显示黑色边框
width=value	指定矩形边框的宽度（粗细），以像素为单位。例如，参数 width=5 将边框的宽度设为 5 像素。默认边框宽度为 1 像素

图 13.48 程序 13.26 显示的窗口   图 13.49 3 像素的虚线边框

13.10.4 画椭圆：create_oval 方法

create_oval 方法用于绘制椭圆。下面是调用该方法时的常规格式：

```
canvas_name.create_oval(x1, y1, x2, y2, 选项 ...)
```

该方法绘制的椭圆正好位于由作为参数传递的坐标定义的边界矩形内。$(x1, y1)$ 是矩形左上角的坐标，$(x2, y2)$ 是矩形右下角的坐标，如图 13.50 所示。"选项..."是可以传递给该方法的几个可选的关键字参数，稍后的表 13.6 会讨论其中一些。

程序 13.27 的第 13 行和第 14 行演示了 create_oval 方法。第 13 行绘制第一个椭圆，其边界矩形的左上角位于 (20, 20)，右下角位于 (70, 70)。第 14 行绘制第二个椭圆，其边界矩形的左上角位于 (100, 100)、右下角位于 (180, 130)。图 13.51 展示了程序运行结果。

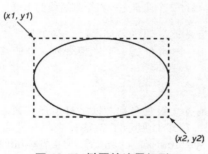 

图 13.50 椭圆的边界矩形   图 13.51 程序 13.27 显示的窗口

程序 13.27 draw_ovals.py

```
1    # 这个程序在画布上绘制两个椭圆
2    import tkinter
3
4    class MyGUI:
5        def __init__(self):
6            # 创建主窗口
7            self.main_window = tkinter.Tk()
```

```
8
9        # 创建 Canvas 控件
10       self.canvas = tkinter.Canvas(self.main_window, width=200, height=200)
11
12       # 画两个椭圆
13       self.canvas.create_oval(20, 20, 70, 70)
14       self.canvas.create_oval(100, 100, 180, 130)
15
16       # pack 画布
17       self.canvas.pack()
18
19       # 开始主循环
20       tkinter.mainloop()
21
22 # 创建 MyGUI 类的一个实例
23 if __name__ == '__main__':
24     my_gui = MyGUI()
```

可以向 create_oval 方法传递几个可选的关键字参数，表 13.6 列出了一些常用的。

表 13.6 create_oval 方法的一些可选参数

参数	描述
dash=value	该参数用虚线来画椭圆。*value* 是一个由整数构成的元组，用于指定虚线的样式。第一个整数指定虚线中要绘制的像素数，第二个整数指定要跳过的像素数，以此类推。例如，参数 dash=(5, 2) 指定在画虚线的时候，先绘制 5 个像素，跳过 2 个像素，再绘制 5 个像素，再跳过 2 个像素……直至到达线的末端
fill=value	指定椭圆的填充颜色。参数值是英文颜色名称，以字符串形式表示。有许多预定义的颜色名称可供使用，附录 D 展示了完整列表。一些常见颜色包括 'red'、'green'、'blue'、'yellow' 和 'cyan' 等。如果省略 fill 参数，椭圆将不会被填充
outline=value	指定椭圆线的颜色。参数值是英文颜色名称，以字符串形式表示。有许多预定义的颜色名称可供使用，附录 D 展示了完整列表。一些常见颜色包括 'red'、'green'、'blue'、'yellow' 和 'cyan' 等。如果省略 outline 参数，将用黑色的线来画椭圆
width=value	指定椭圆线的宽度（粗细），以像素为单位。例如，参数 width=5 将线的宽度设为 5 像素。默认线宽为 1 像素

提示：画圆也是调用 create_oval 方法，将边界矩形的所有边长设为一样即可。

13.10.5 画弧线：create_arc 弧形方法

create_arc 方法用于绘制弧线。下面是调用该方法时的常规格式：

```
canvas_name.create_arc(x1, y1, x2, y2, start=angle, extent=width, 选项 ...)
```

该方法绘制一条弧线，它是某个椭圆的一部分。该椭圆正好位于由作为参数传递的坐标定义的边界矩形内。(x1, y1) 是矩形左上角的坐标，(x2, y2) 是矩形右下角的坐标。start=angle 参数指定起始角度，extent=width 参数以角度为单位指定弧的逆时针延伸范围。例如，参数 start=90 指定弧线从 90 度开始，参数 extent=45 指定弧线逆时针延伸 45 度。如图 13.52 所示。"选项 ..." 是可以传递给该方法的几个可选的关键字参数，稍后的表 13.7 会讨论其中一些。

程序 13.28 演示了 create_arc 方法。第 13 行中绘制的弧线由一个边界矩形定义，该矩形的左上角位于 (10，10)，右下角位于 (190，190)。弧线从 45 度开始，延伸 30 度。图 13.53 展示了程序运行时的样子。

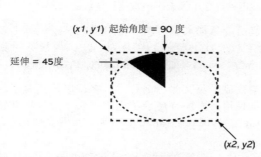

图 13.52 弧线的属性

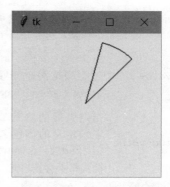

图 13.53 程序 13.28 显示的窗口

程序 13.28 draw_arc.py

```
1   # 这个程序在画布上绘制弧线
2   import tkinter
3
4   class MyGUI:
5       def __init__(self):
6           # 创建主窗口
7           self.main_window = tkinter.Tk()
8
9           # 创建 Canvas 控件
10          self.canvas = tkinter.Canvas(self.main_window, width=200, height=200)
11
12          # 画一条弧线
13          self.canvas.create_arc(10, 10, 190, 190, start=45, extent=30)
14
```

```
15          # pack 画布
16          self.canvas.pack()
17
18          # 开始主循环
19          tkinter.mainloop()
20
21 # 创建 MyGUI 类的一个实例
22 if __name__ == '__main__':
23     my_gui = MyGUI()
```

可以向 create_arc 方法传递几个可选的关键字参数，表 13.7 列出了一些常用的。

表 13.7 create_arc 方法的一些可选参数

参数	描述
dash=value	该参数用虚线来画弧线。value 是一个由整数构成的元组，用于指定虚线的样式。第一个整数指定虚线中要绘制的像素数，第二个整数指定要跳过的像素数，以此类推。例如，参数 dash=(5, 2) 指定在画虚线的时候，先绘制 5 个像素，跳过 2 个像素，再绘制 5 个像素，再跳过 2 个像素……直至到达线的末端
fill=value	指定弧线颜色。参数的值是颜色的名称，以字符串形式表示。有许多预定义的颜色名称可供使用，附录 D 中显示了完整列表。一些常见的颜色包括 'red', 'green', 'blue', 'yellow' 和 'cyan'。（如果省略 fill 参数，弧线将不会被填充。）
outline=value	指定弧线的填充颜色。参数值是英文颜色名称，以字符串形式表示。有许多预定义的颜色名称可供使用，附录 D 展示了完整列表。一些常见颜色包括 'red'、'green'、'blue'、'yellow' 和 'cyan' 等。如果省略 fill 参数，椭圆将不会被填充
style=value	指定弧线的样式。style 参数可以是以下值之一：tkinter.PIESLICE、tkinter.ARC 或 tkinter.CHORD。详情请参见表 13.8
width=value	指定弧线宽度（粗细），以像素为单位。例如，参数 width=5 将线的宽度设为 5 像素。默认线宽为 1 像素

利用 style=value 参数可以绘制三种样式的弧线，如表 13.8 所示。注意，默认类型是 tkinter.PIESLICE。图 13.54 给出了每种样式的弧线的例子。

表 13.8 弧线样式

style 参数值	描述
tkinter.PIESLICE	这是默认弧线类型。将从每个端点绘制到弧线中心点的一条线。因此，最后画出来的弧线类似于一个饼状切片
tkinter.ARC	端点之间不连线，画一条纯粹的弧线
tkinter.CHORD	从弧线的一个端点连一条线到另一个端点，最后画的是一个弦图

tkinter.PIESLICE   tkinter.ARC   tkinter.CHORD

图 13.54　三种弧线

程序 13.29 展示了使用弧线来绘制饼图的一个例子。程序输出如图 13.55 所示。

程序 13.29　draw_piechart.py

```
1    # 这个程序在画布上绘制饼图
2    import tkinter
3
4    class MyGUI:
5        def __init__(self):
6            self.__CANVAS_WIDTH = 320    # 画布宽度
7            self.__CANVAS_HEIGHT = 240   # 画布高度
8            self.__X1 = 60                # 边界矩形左上角 X 坐标
9            self.__Y1 = 20                # 边界矩形左上角 Y 坐标
10           self.__X2 = 260               # 边界矩形右下角 X 坐标
11           self.__Y2 = 220               # 边界矩形右下角 Y 坐标
12           self.__PIE1_START = 0         # 饼 1 起始角度
13           self.__PIE1_WIDTH = 45        # 饼 1 延伸
14           self.__PIE2_START = 45        # 饼 2 起始角度
15           self.__PIE2_WIDTH = 90        # 饼 2 延伸
16           self.__PIE3_START = 135       # 饼 3 起始角度
17           self.__PIE3_WIDTH = 120       # 饼 3 延伸
18           self.__PIE4_START = 255       # 饼 4 起始角度
19           self.__PIE4_WIDTH = 105       # 饼 4 延伸
20
21           # 创建主窗口
22           self.main_window = tkinter.Tk()
23
24           # 创建 Canvas 控件
25           self.canvas = tkinter.Canvas(self.main_window,
26                                        width=self.__CANVAS_WIDTH,
27                                        height=self.__CANVAS_HEIGHT)
28
29           # 绘制饼 1
30           self.canvas.create_arc(self.__X1, self.__Y1, self.__X2, self.__Y2,
31                                  start=self.__PIE1_START,
32                                  extent=self.__PIE1_WIDTH,
33                                  fill='red')
34
35           # 绘制饼 2
36           self.canvas.create_arc(self.__X1, self.__Y1, self.__X2, self.__Y2,
37                                  start=self.__PIE2_START,
```

```
38                              extent=self.__PIE2_WIDTH,
39                              fill='green')
40
41        # 绘制饼 3
42        self.canvas.create_arc(self.__X1, self.__Y1, self.__X2, self.__Y2,
43                              start=self.__PIE3_START,
44                              extent=self.__PIE3_WIDTH,
45                              fill='black')
46
47        # 绘制饼 4
48        self.canvas.create_arc(self.__X1, self.__Y1, self.__X2, self.__Y2,
49                              start=self.__PIE4_START,
50                              extent=self.__PIE4_WIDTH,
51                              fill='yellow')
52
53        # pack 画布
54        self.canvas.pack()
55
56        # 开始主循环
57        tkinter.mainloop()
58
59 # 创建 MyGUI 类的一个实例
60 if __name__ == '__main__':
61     my_gui = MyGUI()
```

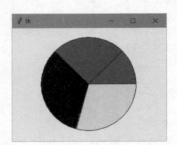

图 13.55 程序 13.29 显示的窗口

下面来仔细看看程序 13.29 中 MyGUI 类的 __init__ 方法。

- 第 6 行和第 7 行定义了 Canvas 控件的宽度和高度属性。
- 第 8 行～第 11 行定义了由所有弧线共享的边界矩形的左上角和右下角坐标属性。
- 第 12 行～第 19 行定义了每个饼的起始角度和延伸属性。
- 第 22 行创建主窗口，第 25 行～第 27 行创建 Canvas 控件。
- 第 30 行～第 33 行创建第一个饼，将填充颜色设为红色。
- 第 36 行～第 39 行创建第二个饼，将填充颜色设为绿色。
- 第 42 行～第 45 行创建第三个饼，将填充颜色设为黑色。

- 第 48 行 ~ 第 51 行创建第四个饼，将填充颜色设为黄色。
- 第 54 行对画布进行 pack，使其内容可见。
- 第 57 行启动 tkinter 模块的 `mainloop` 函数。

13.10.6　画多边形：create_polygon 方法

`create_polygon` 方法在画布上绘制一个封闭的多边形。多边形由相连的多条线构成。连接两条线的点称为**顶点**。以下是调用该方法绘制多边形的常规格式：

```
canvas_name.create_polygon (x1, y1, x2, y2, ..., 选项 ...)
```

其中，参数 *x1* 和 *y1* 是第一个顶点的 (X, Y) 坐标。参数 *x2* 和 *y2* 是第二个顶点的 (X, Y) 坐标，以此类推。该方法会从最后一个顶点到第一个顶点连一条线，从而自动关闭多边形。

"选项 ..." 是可以传递给该方法的几个可选的关键字参数，稍后的表 13.9 会讨论其中一些可选参数。

程序 13.30 演示了 `create_polygon` 方法。第 13 行和第 14 行的语句绘制了一个有 8 个顶点的多边形。第一个顶点位于 (60 , 20) 处，第二个顶点位于 (100 , 20) 处，以此类推，如图 13.56 所示。图 13.57 展示了程序运行时的样子。

程序 13.30　draw_polygon.py

```
1   # 这个程序在画布上绘制多边形
2   import tkinter
3
4   class MyGUI:
5       def __init__(self):
6           # 创建主窗口
7           self.main_window = tkinter.Tk()
8
9           # 创建 Canvas 控件
10          self.canvas = tkinter.Canvas(self.main_window, width=160, height=160)
11
12          # 画一个多边形
13          self.canvas.create_polygon(60, 20, 100, 20, 140, 60, 140, 100,
14                                      100, 140, 60, 140, 20, 100, 20, 60)
15
16          # pack 画布
17          self.canvas.pack()
18
19          # 开始主循环
20          tkinter.mainloop()
21
22  # 创建 MyGUI 类的一个实例
23  if __name__ == '__main__':
24      my_gui = MyGUI()
```

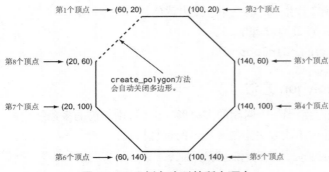

图 13.56　示例多边形的所有顶点

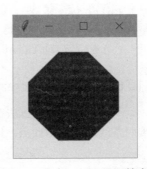

图 13.57　程序 13.30 显示的窗口

可以向 **create_polygon** 方法传递几个可选的关键字参数，表 13.9 列出了一些常用的可选参数。

表 13.9　create_polygon 方法的一些可选参数

参数	描述
dash=value	该参数导致多边形的边线成为虚线。*value* 是一个由整数构成的元组，用于指定虚线的模式。第一个整数指定虚线中要绘制的像素数，第二个整数指定要跳过的像素数，以此类推。例如，参数 dash=(5,2) 指定在画虚线的时候，先绘制 5 个像素，跳过 2 个像素，再绘制 5 个像素，再跳过 2 个像素……直至到达线的末端
fill=value	指定多边形的填充颜色。参数值是一个英文颜色名称，以字符串形式表示。有许多预定义的颜色名称可供使用，附录 D 展示了完整列表。一些常见颜色包括 'red'、'green'、'blue'、'yellow' 和 'cyan' 等。如果省略 fill 参数，那么默认会用黑色填充
outline=value	指定多边形边线的颜色。参数值是一个英文颜色名称，以字符串形式表示。有许多预定义的颜色名称可供使用，附录 D 展示了完整列表。一些常见颜色包括 'red'、'green'、'blue'、'yellow' 和 'cyan' 等。如果省略 outline 参数，那么默认绘制黑色边线
smooth=value	默认情况下，smooth 参数设置为 False，该方法绘制连接指定点的直线。如果指定 smooth=True，线将以平滑曲线样式绘制。
width=value	指定多边形边线的宽度（粗细），以像素为单位。例如，参数 width=5 将线的宽度设为 5 像素。默认线宽为 1 像素

13.10.7　绘制文本：create_text 方法

可以使用 **create_text** 方法在画布上绘制文本。以下是调用该方法时的常规格式：

```
canvas_name.create_text(x, y, text=text, 选项 ...)
```

其中，参数 *x* 和 *y* 是文本插入点的 (*X*, *Y*) 坐标，**text=**_text_ 参数指定要显示的文本。默认情况下，文本将围绕插入点水平和垂直居中。"*选项 ...*"是可以传递给该方法的几个可选的关键字参数，稍后的表 13.10 会讨论其中一些可选参数。

程序 13.31 演示了 **create_text** 方法。第 13 行的语句在窗口中心显示文本"你好，世界"，坐标为 (100,100)。图 13.58 展示程序运行结果。

图 13.58 程序 13.31 显示的窗口

程序 13.31 draw_text.py

```
1   # 这个程序在画布上绘制文本
2   import tkinter
3
4   class MyGUI:
5       def __init__(self):
6           # 创建主窗口
7           self.main_window = tkinter.Tk()
8
9           # 创建 Canvas 控件
10          self.canvas = tkinter.Canvas(self.main_window, width=200, height=200)
11
12          # 在窗口中心显示一条文本
13          self.canvas.create_text(100, 100, text=' 世界，你好 ')
14
15          # pack 画布
16          self.canvas.pack()
17
18          # 开始主循环
19          tkinter.mainloop()
20
21  # 创建 MyGUI 类的一个实例
22  if __name__ == '__main__':
23      my_gui = MyGUI()
```

可以向 **create_text** 方法传递几个可选的关键字参数，表 13.10 列出了一些常用的可选参数。

表 13.10 create_text 方法的一些可选参数

参数	描述
anchor=value	该参数指定文本相对于其插入点的定位方式。默认情况下，anchor 参数设置为 tkinter.CENTER，这使文本在插入点周围垂直和水平居中。可以指定表 13.11 列出的任何值
fill=value	指定文本颜色。参数值是英文颜色名称，以字符串形式表示。有许多预定义的颜色名称可供使用，附录 D 展示了完整列表。一些常见颜色包括 'red'、'green'、'blue'、'yellow' 和 'cyan' 等。如果省略 fill 参数，那么将显示黑色文本
font=value	要更改默认字体，请先创建一个 tkinter.font.Font 对象，并将其作为 font 参数的值。有关字体的讨论，请参见本节后面的内容
justify=value	如果显示了多行文本，可以用该参数指定文本行的对齐方式。值可以是 tk.LEFT、tk.CENTER 或 tk.RIGHT。默认为 tk.LEFT

文本相对于插入点有 9 种不同的定位方式。可以使用锚点值参数 anchor=*position* 来更改定位方式。表 13.11 总结了该参数的不同值。注意，默认值为 tkinter.CENTER。图 13.59 展示了不同锚点位置的效果。在图 13.59 中，每行文本都有一个代表插入点位置的点。

表 13.11 不同的锚点值

anchor 参数值	描述
anchor=tkinter.CENTER	文本在插入点周围垂直和水平居中。这是默认定位方式
anchor=tkinter.NW	定位后，插入点位于文本左上角（西北角，NW）
anchor=tkinter.N	定位后，插入点沿文本上边缘居中（北，N）
anchor=tkinter.NE	定位后，插入点位于文本右上角（东北角，NE）
anchor=tkinter.W	定位后，插入点沿文本左边缘居中（西，W）
anchor=tkinter.E	定位后，插入点沿文本右边缘居中（东，E）
anchor=tkinter.SW	定位后，插入点位于文本左下角（西南角，SW）
anchor=tkinter.S	定位后，插入点沿文本下边缘居中（南，S）
anchor=tkinter.SE	定位后，插入点位于文本右下角（东南角，SE）

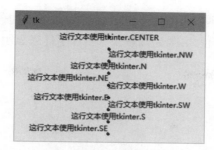

图 13.59 不同锚点值的效果

设置字体

可创建一个 Font 对象并将其作为 font= 参数传递，以设置 create_text 方法使用的字体。Font 类位于 tkinter.font 模块中，因此必须在程序中包含以下 import 语句：

```
import tkinter.font
```

下例创建一个代表"微软雅黑"18 磅字体的 Font 对象：

```
myfont = tkinter.font.Font(family=' 微软雅黑 ', size='18')
```

构建 Font 对象时，可以传递如表 13.12 所示的任何关键字参数：

表 13.12 Font 类的关键字参数

参数	描述
family=*value*	指定了字体家族名称的一个字符串参数，例如英文字体家族 'Arial'，'Courier'，'Helvetica' 和 'Times New Roman' 等，以及中文字体家族 ' 宋体 '、' 微软雅黑 '、' 幼圆 '、' 楷体 ' 等
size=*value*	指定了字号的一个整数参数（以磅为单位）
weight=*value*	该参数指定字体的浓淡。有效值为字符串 'bold' 和 'normal'
slant=*value*	该参数指定字体的倾斜样式。如果以斜体显示，则指定 'italic'。如果希望字体以正常样式显示，则指定 'roman'
underline=*value*	如果希望为文本添加下画线，则指定 1；否则指定 0
overstrike=*value*	如果希望为文本添加删除线，则指定 1；否则指定 0

不同系统有一套不同的字体家族。要查看已安装的字体家族清单，请在一个 Python shell 中输入以下命令：

```
>>> import tkinter.font [Enter]
>>> import tkinter [Enter]
>>> tkinter.Tk() [Enter]
<tkinter.Tk object .>
```

```
>>> tkinter.font.families() Enter
```

程序 13.32 展示了一个使用 18 磅加粗微软雅黑字体来显示文本的例子,显示结果如
图 13.60 所示。

程序 13.32 font_demo.py

```
1   # 这个程序在画布上绘制文本
2   import tkinter
3   import tkinter.font
4
5   class MyGUI:
6       def __init__(self):
7           # 创建主窗口
8           self.main_window = tkinter.Tk()
9
10          # 创建 Canvas 控件
11          self.canvas = tkinter.Canvas(self.main_window, width=200, height=200)
12
13          # 创建 Font 对象
14          myfont = tkinter.font.Font(family=' 微软雅黑 ', size=18, weight='bold')
15
16          # Display some text.
17          self.canvas.create_text(100, 100, text=' 你好, 世界!', font=myfont)
18
19          # pack 画布
20          self.canvas.pack()
21
22          # 开始主循环
23          tkinter.mainloop()
24
25  # 创建 MyGUI 类的一个实例
26  if __name__ == '__main__':
27      my_gui = MyGUI()
```

图 13.60 程序 13.32 显示的窗口

✅ **检查点**

13.29 在 Canvas 控件的屏幕坐标系中，窗口左上角像素的坐标是多少？

13.30 在宽 640 像素、高 480 像素的窗口中使用 Canvas 控件的屏幕坐标系，右下角像素的坐标是多少？

13.31 Canvas 控件的屏幕坐标系与海龟图形库使用的笛卡尔坐标系有何不同？

13.32 使用什么 Canvas 控件方法来绘制以下每种类型的图形？

    a. 圆   b. 正方形   c. 长方形   d. 封闭六边形   e. 椭圆   f. 弧线

复习题

选择题

1. _____ 是计算机中与用户交互的部分。

    a. 中央处理器   b. 用户界面   c. 控制系统   d. 交互系统

2. 在 GUI 开始流行之前，最常用的界面是 _____。

    a. 命令行   b. 远程终端   c. 感官   d. 事件驱动

3. _____ 是显示信息并允许用户执行操作的一种窗口。

    a. 菜单   b. 确认窗口   c. 启动屏幕   d. 对话框

4. _____ 类型的程序是由事件驱动的。

    a. 命令行   b. 基于文本   c. GUI   d. 过程式

5. 在程序的图形用户界面中显示的元素称为 _____。

    a. 小工具   b. 控件   c. 工具   d. 图标化对象

6. 在 Python 中可以使用 _____ 模块创建 GUI 程序。

    a. GUI   b. PythonGui   c. tkinter   d. tgui

7. _____ 控件是显示单行文本的区域。

    a. Label   b. Entry   c. TextLine   d. Canvas

8. _____ 控件允许用户用键盘输入单行文本。

    a. Label   b. Entry   c. TextLine   d. Input

9. _____ 控件是一个容器，可以容纳其他控件。

    a. Grouper   b. Composer   c. Fence d. Frame

10. _____ 方法将控件安排在适当的位置，并在显示主窗口时使控件可见。

    a. pack   b. arrange   c. position   d. show

11. _____ 是在特定事件发生时调用的函数或方法。

    a. 回调函数   b. 自动函数   c. 启动函数   d. 异常

12. showinfo 函数在 _____ 模块中。

    a. tkinter   b. tkinfo

    c. sys   d. tkinter.messagebox

13. 可以调用 _____ 方法来关闭 GUI 程序。

    a. 根控件的 destroy 方法   b. 任何控件的 cancel 方法

    c. sys.shutdown 函数   d. Tk.shutdown 方法

14. 可以调用 _____ 方法从 Entry 控件获取用户键入的数据。

    a. get_entry   b. data   c. get   d. retrieve

15. 可将一个 _____ 类型的对象与 Label 控件关联，其中存储的任何数据都会自动在标签中显示。

    a. StringVar   b. LabelVar   c. LabelValue   d. DisplayVar

16. 如果容器中有一组 _____ 控件，那么任何时候都只能从中选择一个。

　　a. Checkbutton　　　　　　　　b. Radiobutton

　　c. Mutualbutton　　　　　　　　d. Button

17. _____ 控件提供了绘制简单二维图形的方法。

　　a. Shape　　　　　b. Draw　　　　　c. Palette　　　　d. Canvas

判断题

1. Python 语言内建了用于创建 GUI 程序的关键字。

2. 每个控件都有一个 quit 方法，可以调用它来关闭程序。

3. 从 Entry 控件获取的数据总是 int 数据类型。

4. 同一容器中的所有 Radiobutton 控件之间会自动建立互斥关系。

5. 同一容器中的所有 Checkbutton 控件之间会自动建立互斥关系。

简答题

1. 当程序在基于文本的环境（如命令行界面）中运行时，是什么决定了事情发生的顺序？

2. 控件的 pack 方法有什么作用？

3. tkinter 模块的 mainloop 函数有什么作用？

4. 如果创建两个控件并调用它们不带参数的 pack 方法，这些控件在其父控件中将如何排列？

5. 如何指定一个控件在其父控件中尽可能靠左？

6. 如何从 Entry 控件中获取用户键入的数据？

7. 如何使用 StringVar 对象更新 Label 控件的内容？

8. 如何使用 IntVar 对象来判断一组单选钮中哪个被选中？

9. 如何使用 IntVar 对象来判断一个复选框是否被选中？

算法工作台

1. 编写语句来创建一个 Label 控件。它的父控件是 self.main_window，显示的文本是 'Programming is fun!'。

2. 假设 self.label1 和 self.label2 引用了两个 Label 控件。写代码对这两个控件进行 pack，使它们在父控件中尽量靠左。

3. 编写语句来创建一个 Frame 控件。其父控件是 self.main_window。

4. 编写语句来显示一个消息框，标题为"程序暂停"，并提示"单击确定以继续"。

5. 编写语句来创建一个 Button 控件。其父控件是 self.button_frame，按钮上的文本是"计算"，回调函数是 self.calculate 方法。

6. 编写语句来创建一个 Button 控件，单击它将关闭程序。它的父控件是 self.button_frame，上面显示的文本是"退出"。

7. 假设变量 data_entry 引用了一个 Entry 控件。编写语句从控件中获取数据，将其转换为 int，并将结果赋给名为 var 的变量。

8. 假设在一个程序中，以下语句创建了一个 Canvas 控件并将其赋给 self.canvas 变量。

```
self.canvas = tkinter.Canvas(self.main_window, width=200, height=200)
```

请编写执行以下操作的语句：

a. 从 Canvas 控件的左上角到右下角画一条蓝色的线。线宽为 3 像素。

b. 绘制一个边框为红色、内部用黑色填充的矩形。矩形的四角应出现在画布上的以下位置：

左上角：(50, 50)

右上角：(100, 50)

左下角：(50, 100)

右下角：(100, 100)

c. 绘制一个用绿色填充的圆。圆心在 (100，100)，半径为 50。

d. 绘制一条用蓝色来填充的弧线，该弧线由一个边界矩形定义，边界矩形的左上角位于 (20，20)，右下角位于 (180，180)。弧线从 0 度开始，延伸 90 度。

编程练习

1. 姓名和地址

▶ 视频讲解：Name and Address Problem

编写一个 GUI 程序，单击按钮时显示你的姓名和地址。程序的初始布局如图 13.61 左侧的草图所示。单击"显示信息"按钮后，程序应显示你的姓名和地址，如右侧的草图所示。

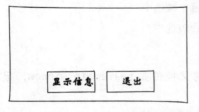

图 13.61 姓名和地址程序

2. 拉丁文翻译器

下表列出了几个拉丁语单词及其对应的英文。

拉丁文	英文
sinister	left
dexter	right
medium	center

编写一个 GUI 程序，将拉丁文单词翻译成英文。窗口应显示三个按钮，每个拉丁文单词一个。单击按钮后，程序将在相应的标签中显示英文翻译。

3. 油耗计算器

编写一个计算汽车油耗的 GUI 程序。窗口中应包含几个 Entry 控件,让用户输入汽车一箱油能多少(加仑),以及加满油后的能行驶多少英里。单击"计算 MPG"按钮后,程序将显示每加仑汽油可行驶的英里数。使用以下公式计算每加仑行驶的英里数:

$$MPG = \frac{英里}{加仑}$$

4. 摄氏温度转换为华氏温度

编写一个 GUI 程序,将摄氏温度转换为华氏温度。用户可以输入一个摄氏温度,单击按钮,然后看到对应的华氏温度。两种温度的换算公式如下:

$$F = \frac{9}{5}C + 32$$

其中,F 是华氏温度,C 是摄氏温度。

5. 房产税

某郡按房产评估值征收房产税(地税),评估值为房产实际价值的 60%。如果一英亩土地的价值为 10000 美元,那么它的评估价值为 6000 美元。房产税为评估价值的每 100 美元 0.75 美元。因此,评估价值为 6000 美元的一英亩土地的房产税为 45.00 美元。写一个 GUI 程序,要求用户输入房产实际价值,然后显示评估价值和房产税。

6. Joe's Automotive

Joe's Automotive 提供以下常规汽车保养服务(不含零件费用):

- 换机油 30.00 美元
- 换润滑油 20.00 美元
- 散热器清洗 40.00 美元
- 变速箱清洗 100.00 美元
- 全车检查 35.00 美元
- 更换消音器 200.00 美元
- 前后轮胎互换 20.00 美元

编写一个 GUI 程序,显示一系列复选框让用户选择其中任何或全部服务。单击按钮后应显示总费用。

7. 长途电话

某长途电话公司像下面这样收取电话费。

费率分类	每分钟费率
白天(上午 6:00~ 下午 5:59)	$0.07
晚上(下午 6:00~ 下午 11:59)	$0.12
低峰(午夜至上午 5:59)	$0.05

编写一个 GUI 应用程序，允许用户从一组单选钮中选择费率分类，并在一个 Entry 控件中输入通话分钟数。单击一个按钮后，应在一个消息框中显示通话费用。

8. 老房子

利用本章学到的关于 Canvas 控件的知识来画一栋房子。确保至少包含两扇窗户和一扇门。还可以随意绘制其他物体，例如天空、太阳甚至云朵。

9. 树龄

数树木的年轮是判断树龄的好办法。每个年轮代表一年。使用画布控件绘制一棵 5 年树龄的树木的年轮。然后，使用 create_text 方法，从中心开始为每个年轮编号，并以年为单位向外标出与该年轮对应的树龄。

10. 好莱坞明星

在好莱坞星光大道上制作自己的星星。写一个程序，显示与图 13.62 类似的一颗星星，并在星星上显示你的名字。

图 13.62　好莱坞明星

11. 车辆轮廓

利用本章学到的绘图知识，画出你选择的一种交通工具（汽车、卡车、飞机等）的轮廓。

12. 太阳系

使用 Canvas 控件来绘制太阳系中的每颗行星。首先绘制太阳，然后根据与太阳的距离绘制每颗行星（水星、金星、地球、火星、木星、土星、天王星、海王星和矮行星冥王星）。使用 create_text 方法为每颗行星贴上标签。

第 14 章
数据库编程

14.1 数据库管理系统

概念：数据库管理系统（DBMS）是管理大型数据集的软件。

如果应用程序只需存储少量数据，那么传统的文件就能很好地工作。但是，当必须存储和处理大量数据时，传统意义的"文件"就不太实用了。许多企业需要处理数百万个数据项。但是，若在传统文件中包含如此多的数据，搜索、插入和删除等简单的操作就会变得繁琐且低效。

在开发处理大量数据的应用程序时，大多数开发人员更愿意使用数据库管理系统而不是传统文件。"数据库管理系统"（database management system，DBMS）是一种特殊的软件，能以一种有组织的、高效的方式来存储、检索和处理大量数据。使用 Python 或其他语言开发的应用程序可以使用 DBMS 来管理数据。应用程序可以向 DBMS 发送指令，而不是直接检索或操作数据。DBMS 执行这些指令，并将结果发送回应用程序，如图 14.1 所示。

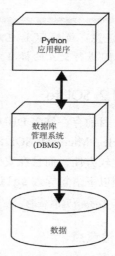

图 14.1 Python 应用程序与 DBMS 交互并处理数据

虽然图 14.1 画得非常简单，但它清楚说明了与 DBMS 协同工作的应用程序的层次化性质。最上层的软件（本例用 Python 编写）与用户交互。它还向下一层软件（即 DBMS）发送指令。DBMS 直接处理数据，并将处理结果发送回应用程序。

假设某公司将其所有产品记录都保存在数据库中。公司有一个 Python 应用程序，允许用户通过输入产品 ID 来查询关于产品的信息。Python 应用程序指示 DBMS 根据指定的产品 ID 来检索产品记录。DBMS 检索产品记录，并将数据发回 Python 应用程序。最后，Python 应用程序向用户显示数据。

这种层次化软件开发方法的优势在于，Python 程序员不必关心数据在磁盘上的存储方式以及数据的存储和检索算法。相反，程序员只需要知道如何与 DBMS 交互。DBMS 负责数据的实际读取、写入和搜索操作。

14.1.1 SQL

SQL 是 Structured Query Language（结构查询语言）的缩写，是一种与 DBMS 协同工作的标准语言。它最初由 IBM 在 20 世纪 70 年代开发，大多数数据库软件供应商都把它作为与其 DBMS 进行交互的首选语言（可能会进行少许修改，例如微软的 T-SQL）。

SQL 设计了几个关键字来构造查询语句。提交给 DBMS 的 SQL 语句是 DBMS 对其数据进行操作的指令。当 Python 应用程序与 DBMS 交互时，Python 应用程序必须将 SQL 语句构造成字符串，然后使用由库提供的一个方法将这些字符串传递给 DBMS。本章将学习如何构造简单的 SQL 语句，然后使用库的方法把它们传递给 DBMS。

📎 **注意**：虽然 SQL 也是一种"语言"，但并不能用来写实际的应用程序。它只是一种与 DBMS 进行交互的标准方式。普通用户仍需使用 Python 等通用编程语言来编写应用程序。

14.1.2 SQLite

目前存在许多 DBMS，Python 能与其中许多进行交互，其中比较流行的有 MySQL，Oracle，Microsoft SQL Server，PostgreSQL 和 SQLite。本书使用的是 SQLite，因为它用起来比较方便，而且在安装 Python 时会自动安装到系统中。要在 Python 中使用 SQLite，必须用以下语句导入 `sqlite3` 模块：

```
import sqlite3
```

🌀 检查点

14.1 什么是数据库管理系统（DBMS）？

14.2 为什么大多数企业使用 DBMS 来存储数据，而不是创建自己的文本文件来保存数据？

14.3 在开发 Python 应用程序，使用 DBMS 来存储和处理数据时，为什么程序员不需要知道关于数据物理结构的具体细节？

14.4 什么是 SQL？

14.5 Python 程序如何向 DBMS 发送 SQL 语句？

14.6 要在 Python 中使用 SQLite，需要什么 `import` 语句？

14.2 表、行和列

概念：存储在数据库中的数据被组织成表、行和列。

DBMS 在**数据库**中存储数据。数据库中存储的数据被组织成一个或多个表（或称数据库表）。每个**表**都包含一组相关的数据。表中存储的数据用行和列来组织。其中，**行**是关于单个数据项的一整套数据。行中存储的数据被分成列。每一**列**都包含当前项的其中一个数据。例如，假设要开发一个联系人应用程序，并希望在数据库中存储联系人姓名和电话号码的一个清单。我们最初存储了如下所示的一个联系人清单。

张三丰	555-1234	赵敏	555-7890
郭襄	555-5678	张无忌	555-1122
周芷若	555-9012	张翠山	555-3344
小昭	555-3456	殷离	555-5566

想一想，如果将这些数据以行和列的形式存储在电子表格中，它们会是什么样子。显然，我们会把姓名放在一列，把电话号码放在另一列。这样，每一行都包含一个人的数据。图 14.2 展示了第三行包含周芷若的姓名和电话号码的情况。

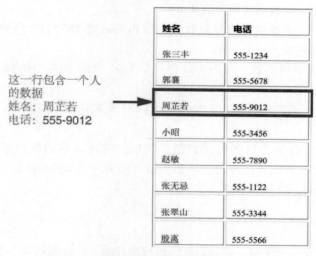

图 14.2 存储在表中的姓名和电话号码

创建一个数据库表来保存这些信息时，也需要以类似的方式来组织这些信息。首先要为整个表命名，例如 Contacts 表。在表中，要为姓名创建一列，为电话号码创建一列。表中的每一列都必须命名，例如 Name 列和 Phone 列。

14.2.1 列数据类型

创建数据库表时，必须为列指定数据类型。不过，可以选择的数据类型并不是 Python 数据类型。它们是 DBMS 支持的数据类型。本书使用的是 SQLite，所以要从该 DBMS 提供的数据类型中选择。表 14.1 列出了 SQLite 支持的数据类型，并显示了每种类型通常兼容的 Python 数据类型。

表 14.1 SQLite 数据类型

SQLite 数据类型	描述	对应的 Python 数据类型
NULL	未知值	None
INTEGER	整数	int
REAL	实数（浮点数）	float
TEXT	字符串	str
BLOB	二进制大对象 (Binary Large Object)	可以是任意对象

下面简要描述了每种 SQLite 数据类型。

- NULL：当值未知或缺失时，可以使用 NULL 数据类型。当 Python 将 NULL 列的值读入内存时，会自动转换为值 None。
- INTEGER：用于容纳有符号整数值。当 Python 将 INTEGER 列的值读入内存时，该值被自动转换为一个 int。
- REAL：用于容纳实数。当 Python 将一个 REAL 列的值读入内存时，该值被自动转换为 float。
- TEXT：用于容纳字符串。当 Python 将 TEXT 列的值读入内存时，该值将被转换为 str。
- BLOB：用于容纳任意类型的对象。例如，它可以容纳数组或图像。当 Python 将 BLOB 列的值读入内存时，该值会被转换为一个 byte 对象，这是一个不可变（immutable）的字节序列。

14.2.2 主键

数据库表通常有一个**主键**，它是对不同的行进行唯一性标识的列。指定为主键的列必须为每一行保留唯一的值。下面是一些例子。

- 某个表存储了员工数据，其中一列保存了员工 ID。由于每个员工的 ID 都是唯一的，所以这一列可以用作主键。
- 某个表存储了产品数据，其中一列保存了产品的序列号。由于每种产品的序列号都是唯一的，所以这一列可以用作主键。
- 某个表存储了发票数据，其中一列保存了发票号码。每张发票都有唯一的号码，所以这一列可用作主键。

可以创建一个没有主键的数据库表。不过，大多数开发人员都认为，除了极少数例外情况，数据库表始终都要有一个主键。本章后面会更详细地讨论主键，解释如何使用主键在多个表之间建立关系。

14.2.3 标识列

　　有的时候，表中存储的数据并不包含任何可用作主键的唯一项。例如，在之前描述的 Contacts 表中，姓名列和电话列都不包含唯一数据。两个人可能同名，因此一个名字可能在"Name"列中重复出现。类似地，多人可能共享同一个电话号码，因此一个电话号码可能在"Phone"列中重复出现。因此，不能将 Name 列或 Phone 列用作主键。

　　在这种情况下，有必要专门创建一个**标识列**来用作主键。标识列包含由 DBMS 生成的唯一的值，通常是自动递增的整数。这意味着每次向表中添加新行时，DBMS 都会自动为标识列分配一个比当前存储在标识列中的最大值大 1 的整数。最终，标识列将包含一系列连续的值，例如 1、2、3 等。

　　例如，在设计之前讨论的 Contacts 表时，可以创建一个名为 ContactID 的 INTEGER 列，并将该列指定为标识列。这样，DBMS 就会为每一行的 ContactID 列分配唯一的整数值。

　　然后，就可以将 ContactID 列指定为表的主键。图 14.3 展示了 Contacts 表添加了新列后的样子。

ContactID	Name	Phone
1	张三丰	555-1234
2	郭襄	555-5678
3	周芷若	555-9012
4	小昭	555-3456
5	赵敏	555-7890
6	张无忌	555-1122
7	张翠山	555-3344
8	殷离	555-5566

图 14.3 已输入数据的 Contacts 表

　　注意：使用 SQLite 添加具有标识列的行时，可以自行提供标识列的值，当然前提是它必须唯一。如果为标识列提供的值已在另一行中使用，DMBS 会抛出异常。如果不为标识列提供值，DBMS 将自动生成一个唯一值，并将其分配给标识列。

14.2.4 允许空值

　　如果一列不含数据，则称为空值(null)。有的时候，我们确实允许列为空值。但某些列(例如主键)必须包含一个值。在设计表时，可以应用一个**约束**（或称规则）来防止一列出现空值。如果不允许某一列出现空值，那么每次向表中添加数据行时，DBMS 都会要求为该列提供一个值，列为空值会导致错误。

✍ 检查点

14.7 解释以下术语:
      a. 数据库   b. 表   c. 行   d. 列

14.8 将 SQLite 数据类型与兼容的 Python 数据类型匹配起来。

1. NULL	a. float
2. INTEGER	b. 可为任意对象
3. REAL	c. None
4. TEXT	d. int
5. BLOB	e. str

14.9 主键的作用是什么?

14.10 什么是标识列?

14.3 使用 SQLite 打开和关闭数据库连接

概念: 使用数据库之前, 必须先连接数据库。完成数据库操作后, 必须关闭连接。

▶ 视频讲解: Opening and Closing a Database Connection

使用 SQLite 数据库的一个典型的过程可以用以下伪代码来概括:

连接数据库
获取数据库的游标
对数据库执行操作
向数据库提交更改
关闭与数据库的连接

下面来仔细看看伪代码中的每个步骤。

- 连接数据库: SQLite 数据库文件存储在系统磁盘上。这一步是在程序和特定数据库文件之间建立连接。如果指定的数据库文件不存在, 那么会创建它。
- 获取数据库的游标: 游标是一个能访问和操作数据库数据的对象。
- 对数据库执行操作: 一旦有了游标, 就可以根据需要访问和修改数据库中的数据。可以使用游标检索数据、插入新数据、更新现有数据和删除数据。
- 提交对数据库的更改: 在程序中对数据库进行修改时, 除非提交, 否则这些修改实际并没有保存到数据库中。在执行了任何修改表内容的操作后, 一定要将这些更改提交到数据库。
- 关闭与数据库的连接: 用完数据库后, 应关闭连接。

为了连接数据库, 我们需要调用 **sqlite3** 模块的 **connect** 函数, 以下交互会话对此进行了演示:

```
>>> import sqlite3 Enter
>>> conn = sqlite3.connect('contacts.db') Enter
```

第一个语句导入 sqlite3 模块。第二个语句调用该模块的 connect 函数，并将所需数据库文件 contacts.db 的名称作为参数传递。connect 函数将打开与数据库文件的连接。如果文件不存在，函数将创建该文件并建立连接。函数将返回一个 Connection 对象。由于稍后需要引用该对象，所以将其赋给变量 conn。

> 注意：connect 函数创建的会是一个空数据库文件，不包含任何表。

接下来，我们调用 Connection 对象的 cursor 方法来获取数据库的游标，如下所示：

```
>>> cur=conn.cursor()
```

cursor 方法返回一个可供访问和修改数据库的 Cursor 对象。这个例子将 Cursor 对象赋给变量 cur。我们将使用 Cursor 对象对数据库表执行操作，例如检索行、插入行、修改行和删除行。

完成数据库操作后，我们调用 Connection 对象的 commit 方法来保存对数据库所做的任何更改，如下所示：

```
>>> conn.commit()
```

最后一步是使用 Connection 对象的 close 方法关闭数据库连接，如下所示：

```
>>> conn.close()
```

程序 14.1 展示的 Python 程序执行了所有这些步骤。[①]

程序 14.1 sqlite_skeleton.py

```
1    import sqlite3
2
3    def main():
4        conn = sqlite3.connect('contacts.db')
5        cur = conn.cursor()
6
7        # 在这里执行对数据库的操作
8
9        conn.commit()
10       conn.close()
11
12   # 调用 main 函数
13   if __name__ == '__main__':
14       main()
```

[①] 译注：本章会大量操作配套提供的数据库文件。不小心弄乱了怎么办？不用担心，配套资源的 Chapter 14 文件夹下有一个 database backups 子文件夹，其中存储了这些数据库的原始备份。

14.3.1　指定数据库在磁盘上的位置

如果向 connect 函数传递的文件名不包含路径，那么 DBMS 会假定文件的位置与程序的位置相同。例如，假定程序位于 Windows 计算机上的以下文件夹中：

```
C:\Users\Zhou Jing\Documents\Python 中文版代码
```

如果程序运行并执行以下语句，那么会在同一文件夹中创建 contacts.db 文件：

```
sqlite3.connect('contacts.db')
```

要连接其他位置的数据库文件，可以在传递给 connect 函数的参数中指定完整路径和文件名。如果以字符串形式指定路径（尤其是在 Windows 计算机上），请务必在字符串前加上字母 r：

```
sqlite3.connect(r'C:\Users\Zhou Jing\temp\contacts.db')
```

第 6 章讲过，r 前缀表示字符串是所谓的"原始字符串"。这会使 Python 解释器将反斜杠字符视为字面意义的反斜杠。如果没有 r 前缀，解释器就会认为反斜杠字符是转义序列的一部分，从而引起错误。

14.3.2　向 DBMS 传递 SQL 语句

之前提到，在执行数据库操作时，需要将 SQL 语句构造为字符串，然后使用库提供的一个方法将这些字符串传递给 DBMS。如果使用的是 SQLite，那么我们调用 Cursor 对象的 execute 方法将 SQL 语句传递给数据库管理系统。以下是调用 execute 方法时的常规格式：

```
cur.execute(SQLstring)
```

其中，cur 是 Cursor 对象的名称，SQLstring 是包含 SQL 语句的字符串字面值或字符串变量。execute 方法将字符串发送给 SQLite DBMS，后者对数据库执行指定的操作。

✅ 检查点

14.11　什么是游标？

14.12　是在连接数据库之前还是之后获取数据库的游标？

14.13　为什么必须"提交"对数据库所做的任何更改？

14.14　调用什么函数来连接 SQLite 数据库？

14.15　连接到不存在的数据库（文件）时会发生什么？

14.16　使用什么类型的对象来访问和修改数据库中的数据？

14.17　调用什么方法来获取 SQLite 数据库的游标？

14.18　调用什么方法来提交对 SQLite 数据库的更改？

14.19　调用什么方法来关闭与 SQLite 数据库的连接？

14.20　调用什么方法向 SQLite DBMS 发送 SQL 语句？

14.4　创建和删除表

概念：在数据库中创建表的 SQL 语句是 CREATE TABLE。删除表的 SQL 语句是 DROP TABLE。

▶ 视频讲解：Creating a Table

14.4.1　创建表

使用 sqlite3 模块的 connect 函数创建新数据库后，必须向数据库中添加一个或多个表。要添加表，需要使用 SQL 语句 CREATE TABLE。下面是 CREATE TABLE 语句的一般格式：

```
CREATE TABLE TableName (ColumnName1 DataType1, ColumnName2 DataType2, ...)
```

其中，*TableName* 是要创建的表的名称；*columnName1* 是第一列的名称，*DataType1* 是第一列的 SQL 数据类型；*columnName2* 是第二列的名称，*DataType2* 是第二列的 SQL 数据类型。为表中的所有列都重复这个序列。以下 SQL 语句展示了一个例子：

```
CREATE TABLE Inventory (ItemName TEXT, Price REAL)
```

这个语句创建了一个名为 Inventory 的表。表中有两列：ItemName（商品名称）和 Price（价格）。ItemName 列的数据类型是 TEXT，Price 列的数据类型是 REAL。但是，这里还缺少了一样东西：主键。之前讲过，数据库表通常都有一个主键，它是一个特殊的列，在每一行上都包含唯一的值。主键提供了一种对表中每一行进行唯一标识的方法。可以通过在列的数据类型后面列出 PRIMARY KEY 约束将该列指定为主键。以下是常规格式：

```
CREATE TABLE TableName (ColumnName1 DataType1 PRIMARY KEY,
                        ColumnName2 DataType2,
                        ...)
```

指定主键时，最好同时使用 NOT NULL 约束。NOT NULL 约束指定该列不能为空。以下是常规格式：

```
CREATE TABLE TableName (ColumnName1 DataType1 PRIMARY KEY NOT NULL,
                        ColumnName2 DataType2,
                        ...)
```

将一列指定为主键时，需要确保表中没有两行具有相同的主键值。在我们的 Inventory 表中，两种商品可能具有相同的名称。例如，五金店可能有好几种名为"螺丝刀"的商品。另外，可能有多种商品具有相同的价格。因此，不能将 ItemName 列或 Price 列指定为主键。

由于 ItemName 列和 Price 列都不能作为主键，所以我们在表中新添加一列，专门将其用作主键。以下 SQL 语句添加 INTEGER 类型的一个名为 ItemID 的列：

```
CREATE TABLE Inventory (ItemID INTEGER PRIMARY KEY NOT NULL,
                        ItemName TEXT,
                        Price REAL)
```

在这个语句中，ItemID 列是一个 INTEGER，并被指定为主键。在 SQLite 中，任何同时被指定为 INTEGER 和 PRIMARY KEY 的列也将成为一个自动递增的标识列。这意味着向表中添加一行时，如果没有显式地为 ItemID 列提供一个值，那么 DBMS 会自动生成一个唯一的整数值。该值比当前标识列中的最大值大 1。

◈ **注意**：目前，在数据库表中拥有主键的重要性可能还不明显。稍后，当你开始在多个表之间创建关系时，就会体会到主键的重要性。

📢 **提示**：SQL 语句是自由格式的语言，这意味着关键字之间的制表符、换行符和空格会被忽略。例如，以下语句：

```
CREATE TABLE Inventory (ItemName TEXT, Price REAL)
```

等价于以下语句：

```
CREATE TABLE Inventory
(
    ItemName TEXT,
    Price REAL
)
```

此外，SQL 关键字和表名对大小写不敏感。上述语句也可以写成下面这样：

```
create table inventory (ItemName text, Price real)
```

本书遵循用大写字母写 SQL 关键字的惯例，因为这样可以在视觉上区分 SQL 语句和 Python 代码。

要在 Python 中执行我们的 SQL 语句，必须将语句作为字符串传递给 Cursor 对象的 execute 方法。一个办法是将字符串赋给一个变量，然后将该变量传给 execute 方法。下例假设 cur 是一个 Cursor 对象：

```
sql = '''CREATE TABLE Inventory (ItemID INTEGER PRIMARY KEY NOT NULL,
                                 ItemName TEXT,
                                 Price REAL)'''
cur.execute(sql)
```

另一个办法是直接将 SQL 语句作为字符串字面值传给 execute 方法，如下例所示：

```
cur.execute('''CREATE TABLE Inventory (ItemID INTEGER PRIMARY KEY NOT NULL,
                                       ItemName TEXT,
                                       Price REAL)''')
```

注意，在前面两个例子中，我们都用三引号括住了 SQL 语句，因为 SQL 语句太长，一行容纳不了。第 2 章讲过，三引号字符串可以跨越多行。在 Python 代码中，将长的 SQL 语句写成三引号字符串通常比写成多个拼接（concatenated）的字符串更容易。

程序 14.2 完整演示了如何连接到名为 inventory.db 的数据库，并创建 Inventory 表。该程序无屏幕输出。

程序 14.2 add_table.py

```
1  import sqlite3
2
3  def main():
4      # 连接数据库
5      conn = sqlite3.connect('inventory.db')
6
7      # 获取游标
8      cur = conn.cursor()
9
10     # 添加 Inventory 表
11     cur.execute('''CREATE TABLE Inventory (ItemID INTEGER NOT NULL PRIMARY KEY,
12                                            ItemName TEXT,
13                                            Price REAL)''')
14
15     # 提交更改
16     conn.commit()
17
18     # 关闭连接
19     conn.close()
20
21 # 调用 main 函数
22 if __name__ == '__main__':
23     main()
```

14.4.2 创建多个表

数据库通常包含多个表。例如，某公司的数据库可能用一个表保存客户数据，用另一个表保存员工数据。程序 14.3 展示了在数据库中创建两个表的例子。第 11 行～第 13 行创建一个名为 Customer 的表。该表有三列：CustomerID，Name 和 Email。第 16 行～第 18 行创建一个名为 Employee 的表。该表同样有三列：EmployeeID，Name 和 Position。注意，该程序无屏幕输出。

程序 14.3 multiple_tables.py

```
1  import sqlite3
2
3  def main():
4      # 连接数据库
5      conn = sqlite3.connect('company.db')
6
7      # 获取游标
8      cur = conn.cursor()
```

```
 9
10     # 添加 Customer 表
11     cur.execute('''CREATE TABLE Customer (CustomerID INTEGER PRIMARY KEY,
12                                           Name TEXT,
13                                           Email TEXT)''')
14
15     # 添加 Employee 表
16     cur.execute('''CREATE TABLE Employee (EmployeeID INTEGER PRIMARY KEY,
17                                           Name TEXT,
18                                           Position TEXT)''')
19
20     # 提交更改
21     conn.commit()
22
23     # 关闭连接
24     conn.close()
25
26 # 调用 main 函数
27 if __name__ == '__main__':
28     main()
```

14.4.3 仅在表不存在时创建表

尝试创建已存在的表会出错。为了避免出错，可以使用 **CREATE TABLE** 语句的这种格式：

```
CREATE TABLE IF NOT EXISTS TableName (ColumnName1 DataType1,
                                      ColumnName2 DataType2,
                                      ...)
```

使用带有 **IF NOT EXISTS** 子句的 **CREATE TABLE** 语句时，只有当指定的表不存在时才会创建该表。如果表已经存在，那么语句不会试图创建它，从而避免了错误。下面展示了一个例子：

```
CREATE TABLE IF NOT EXISTS Inventory (ItemID INTEGER PRIMARY KEY NOT NULL,
                                      ItemName TEXT,
                                      Price REAL)
```

14.4.4 删除表

可以使用 SQL 语句 **DROP TABLE** 来删除表，其常规格式如下：

```
DROP TABLE TableName
```

在一般格式中，*TableName* 是要删除的表的名称。执行该语句后，表及其包含的所有数据都会被删除。例如，假设 cur 是一个 Cursor 对象，以下交互会话展示了如何从数据库中删除名为 Temp 的表：

```
>>> cur.execute('DROP TABLE Temp') Enter
```

尝试删除已存在的表会出错。为了避免出错，可以使用 DROP TABLE 语句的这种格式：

```
DROP TABLE IF EXISTS TableName
```

使用带有 IF EXISTS 子句的 DROP TABLE 语句时，只有当指定的表存在时才会删除。如果表不存在，那么语句不会尝试删除它，从而避免了错误，如以下交互会话所示（假设 cur 是一个 Cursor 对象）：

```
>>> cur.execute('DROP TABLE IF EXISTS Temp') Enter
```

检查点

14.21 写 SQL 语句创建名为 Book 的表。Book 表中的列包括：出版商名称、作者姓名、页数和 13 位 ISBN。

14.22 写语句删除在上个"检查点"中创建的 Book 表。

14.5 向表中添加数据

概念：使用 SQL 的 INSERT 语句向表中插入新行。

▶ 视频讲解：Adding Data to a Table

创建好数据库文件，并在数据库中创建了一个或多个表后，就可以向表中添加行。在 SQL 中，INSERT 语句用于向数据库表中插入一行。以下是常规格式：

```
INSERT INTO TableName (ColumnName1, ColumnName2, ...)
VALUES (Value1, Value2, ...)
```

其中，ColumnName1、ColumnName2 等等是列名，Value1、Value2 等等是与该列对应的值。在插入的新行中，Value1 将出现在 ColumnName1 列中，Value2 将出现在 ColumnName2 列中，以此类推。

假设 cur 是 inventory.db 数据库的游标对象，下例向 Inventory 表插入一个新行（一条记录）：

```
cur.execute('''INSERT INTO Inventory (ItemID, ItemName, Price)
            VALUES (1, "Screwdriver", 4.99)''')
```

该语句将插入一个新行，其中包含以下值：

```
ItemID: 1
ItemName: Screwdriver
Price: 4.99
```

由于 ItemID 列既是 INTEGER，又是 PRIMARY KEY，因此如果不为其提供唯一的整数值，那么 DBMS 将自动生成一个。如果想使用自动生成的值，在 INSERT 语句中省略 ItemID 列即可，如下所示：

```
cur.execute('''INSERT INTO Inventory (ItemName, Price)
```

```
VALUES ("Screwdriver", 4.99)''')
```

在该语句插入的新行中，**ItemID** 列将分配一个自动生成的整数值，**ItemName** 列将分配字符串 **'Screwdriver'**，**Price** 列将分配数值 **4.99**。

值得注意的是，前面展示的 SQL 语句是一个字符串字面值，其中包含另一个字符串字面值 **"Screwdriver"**。如图 14.4 所示，整个 SQL 语句用三引号括起来，内部字符串则用双引号括起来。如果愿意，也可以使用三引号来包含 SQL 语句，使用单引号来包含内部字符串，如下例所示：

```
cur.execute('''INSERT INTO Inventory (ItemName, Price)
                VALUES ('Screwdriver', 4.99)''')
```

这里的重点在于，内部字符串使用的引号必须有别于外部字符串使用的引号。

图 14.4 不同的用不同的引号将外层字符串和内层字符串括起来

程序 14.4 演示了如何向 inventory.db 数据库的 **Inventory** 表添加行。假定 inventory.db 数据库已经创建，而且 **Inventory** 表已添加到数据库中。在运行程序 14.4 之前，请确保已经运行了程序 14.3 的 add_table.py。

程序 14.4　insert_rows.py

```
 1  import sqlite3
 2
 3  def main():
 4      # 连接数据库
 5      conn = sqlite3.connect('inventory.db')
 6
 7      # 获取游标
 8      cur = conn.cursor()
 9
10      # 在 Inventory 表中添加一行
11      cur.execute('''INSERT INTO Inventory (ItemName, Price)
12                  VALUES ("Screwdriver", 4.99)''')
13
14      # 在 Inventory 表中添加另一行
15      cur.execute('''INSERT INTO Inventory (ItemName, Price)
16                  VALUES ("Hammer", 12.99)''')
17
```

```
18        # 在 Inventory 表中添加另一行
19        cur.execute('''INSERT INTO Inventory (ItemName, Price)
20                       VALUES ("Vice Grips", 14.99)''')
21
22        # 提交更改
23        conn.commit()
24
25        # 关闭连接
26        conn.close()
27
28 # 调用 main 函数
29 if __name__ == '__main__':
30      main()
```

让我们仔细看看这个程序。第 5 行连接数据库，第 8 行获取一个 Cursor 对象。第 11 行和第 12 行在 Inventory 表中插入一个新行，具体数据如下：

```
ItemID: （自动生成的值）
ItemName: Screwdriver
Price: 4.99
```

第 15 行和第 16 行在 Inventory 表中插入另一行，具体数据如下：

```
ItemID: （自动生成的值）
ItemName: Hammer
Price: 12.99
```

第 19 行和第 20 行在 Inventory 表中再插入一行，具体数据如下：

```
ItemID: （自动生成的值）
ItemName: Vice Grips
Price: 14.99
```

第 23 行将更改提交到数据库，第 26 行关闭数据库连接。图 14.5 展示了程序运行后 Inventory 表的内容。注意，ItemID 列将包含自动生成的值 1，2 和 3。

ItemID	ItemName	Price
1	Screwdriver	4.99
2	Hammer	12.99
3	Vice Grips	14.99

图 14.5 Inventory 表的内容

14.5.1 用一个 INSERT 语句插入多行

程序 14.4 使用三个独立的 INSERT 语句在 Inventory 表中插入了三行。事实上，完全可以用一个 INSERT 语句向表中插入多行。下例演示了如何用一个语句向 Inventory 表插入三行：

```
cur.execute('''INSERT INTO Inventory (ItemName, Price)
               VALUES ("Screwdriver", 4.99),
                      ("Hammer", 12.99),
                      ("Vice Grips", 14.99)''')
```

在这个例子中，我们只需写一次关键字 VALUES，后跟以逗号分隔的多组值即可。

14.5.2 插入 NULL 数据

有的时候，当前可能没有准备好要插入表中某一行的所有数据。例如，假设要在 Inventory 表中添加一种新商品，但还没有拿到该商品的价格。在这种情况下，可以将价格列的值设为 NULL，但前提是以后会用正确的价格更新该行，如下例所示：

```
cur.execute('''INSERT INTO Inventory (ItemName, Price)
               VALUES ("Power Drill", NULL)''')
```

也可以隐式为列赋值 NULL，只需将该列排除在 INSERT 语句之外即可，如下例所示。

```
cur.execute('''INSERT INTO Inventory (ItemName)
               VALUES ("Power Drill")''')
```

NULL 值只能用作未知数据的占位符。如果尝试在计算等操作中使用 NULL，通常会导致异常或不正确的结果。因此，为列赋值 NULL 需要谨慎。

要想阻止为一列赋值 NULL，可以在创建表时使用 NOT NULL 约束，如下例所示：

```
CREATE TABLE Inventory (ItemID INTEGER PRIMARY KEY NOT NULL,
                        ItemName TEXT NOT NULL,
                        Price REAL NOT NULL)
```

在这个例子中，我们对表中的所有三列都应用了 NOT NULL 约束。第一列 ItemID 是一个 INTEGER PRIMARY KEY。如果将 NULL 赋给一个 INTEGER PRIMARY KEY，DBMS 将自动为该列生成一个值。但是，如果试图为 ItemName 或 Price 列赋值 NULL，DBMS 将抛出异常。

14.5.3 插入变量值

经常需要将变量值插入数据库表的列中。例如，可能需要写一个程序从用户处获取值，然后将这些值插入一行中。为此，SQLite 允许在 SQL 语句中以问号作为值的占位符。下面这个示例字符串包含了一个 INSERT 语句：

```
'''INSERT INTO Inventory (ItemName, Price) VALUES (?, ?)'''
```

注意，这里的 VALUES 子句包含的是问号，而不是实际的值。调用 execute 方法时，我们将这个字符串作为第一个参数传递，并将一个变量元组作为第二个参数传递。在将 SQL 语句传递给 DBMS 之前，变量的值会在问号的位置插入。这种类型的 SQL 语句称为**参数化查询**。以下是将参数化查询传递给 execute 方法时的常规格式：

```
cur.execute(带占位符的 SQL 字符串, (Variable1, Variable2, ...))
```

该语句执行时，*Variable1* 的值将插入第一个问号的位置，*Variable2* 的值将插入第二个问号的位置，以此类推。以下代码展示了如何利用这个技术在 inventory.db 数据库的 Inventory 表中添加行（假设 cur 是一个 Cursor 对象）：

```
1 item_name = "Wrench"
2 price = 16.99
3 cur.execute('''INSERT INTO Inventory (ItemName, Price)
4                VALUES (?, ?)''',
5                (item_name, price))
```

在上述代码中，第 1 行将 "Wrench" 赋给 item_name 变量，第 2 行将 16.99 赋给 price 变量。注意第 4 行 VALUES 子句中的问号。执行 execute 方法时，item_name 变量的值将取代第一个问号，而 price 变量的值将取代第二个问号。因此，最终会在表中插入下面这一行：

```
ItemID: (自动生成的值)
ItemName: Wrench
Price: 16.99
```

程序 14.5 展示了一个完整的程序，它从用户处获取商品名称和价格，并将输入内容保存到 Inventory 表中。

程序 14.5 insert_variables.py

```
 1   import sqlite3
 2
 3   def main():
 4       # 循环控制变量
 5       again = 'y'
 6
 7       # 连接数据库
 8       conn = sqlite3.connect('inventory.db')
 9
10       # 获取游标
11       cur = conn.cursor()
12
13       while again == 'y':
14           # 获取商品名称和价格
15           item_name = input(' 商品名称: ')
16           price = float(input(' 价格: '))
17
18           # Add the item to the Inventory table.
19           cur.execute('''INSERT INTO Inventory (ItemName, Price)
20                          VALUES (?, ?)''',
21                          (item_name, price))
22
23           # 再添加一件?
24           again = input(' 添加另一个商品吗? (y/n): ')
25
26       # 提交更改
27       conn.commit()
```

```
28
29      # 关闭连接
30      conn.close()
31
32  # 调用 main 函数
33  if __name__ == '__main__':
34      main()
```

程序输出（用户输入的内容加粗）

商品名称: **Saw** [Enter]
价格: **24.99** [Enter]
添加另一个商品吗？(y/n): **y** [Enter]
商品名称: **Drill** [Enter]
价格: **89.99** [Enter]
添加另一个商品吗？(y/n): **y** [Enter]
商品名称: **Tape Measure** [Enter]
价格: **8.99** [Enter]
添加另一个商品吗？(y/n): **n** [Enter]

Python 值 None 和 SQLite 值 NULL 是等价的。如果将变量设为 None，并将该变量的值插入一列，该列将被赋值为 NULL。因此，在 INSERT 语句中插入变量值时要小心，不要意外地将值 NULL 赋给一列。例如：

```
1  item_name = "Wrench"
2  price = None
3  cur.execute('''INSERT INTO Inventory (ItemName, Price)
4                 VALUES (?, ?)''',
5                 (item_name, price))
```

上述代码会在 Inventory 表中插入以下记录：

```
ItemID: （自动生成的值）
ItemName: Wrench
Price: NULL
```

14.5.4 警惕 SQL 注入攻击

出于安全考虑，切勿使用字符串连接（string concatenation）技术将用户输入的值直接插入 SQL 语句，如下例所示：

```
# 警告！切勿这样写代码!
name = input('Enter the item name: ')
price = float(input('Enter the price: '))
cur.execute('INSERT INTO Inventory (ItemName, Price) ' +
            'VALUES ("' + name + '", ' + str(price) + ')')
```

另外，切勿在 SQL 语句中使用 f 字符串占位符来插入用户的输入，如下例所示：

```
# 警告！切勿这样写代码!
```

```
name = input('Enter the item name: ')
price = float(input('Enter the price: '))
cur.execute(f'INSERT INTO Inventory (ItemName, Price) ' +
            f'VALUES ("{name}", {price})')
```

这些做法会使程序容易受到一种称为 **SQL 注入**的攻击。当应用程序提示用户输入时，攻击者不是输入预期的值，而是输入一段精心编写的 SQL 代码，就会发生 SQL 注入。当这段 SQL 代码被插入程序的 SQL 语句中时，就会改变语句的执行方式，并有可能对数据库执行恶意操作。

不要使用字符串连接或 f 字符串的占位符来构造 SQL 语句。相反，应该使用本章前面介绍的参数化查询。大多数 DBMS 执行参数化查询的方式都能避免 SQL 注入的可能性。

还有其他一些技术可以防止 SQL 注入。例如，在将用户的输入插入 SQL 语句之前，程序可以检查输入内容，确保其中不包含任何可能表明用户输入了 SQL 代码的操作符或其他字符。如果输入看起来可疑，就会被拒绝。

本章只是 Python 数据库编程的一个入门，因此不会详细介绍如何防止 SQL 注入攻击。但是，在生产环境中写代码时，你肯定希望确保自己的程序是安全的。SQL 注入是黑客入侵网站的最常见方式之一，因此请务必在以后更深入地学习这一主题。

✓ 检查点

14.23 写一个 SQL 语句，在 inventory.db 数据库的 `Inventory` 表中插入以下数据：

```
ItemID: 10
ItemName: "Table Saw"
Price: 199.99
```

14.24 写一个 SQL 语句，在 inventory.db 数据库的 `Inventory` 表中插入以下数据：

```
ItemID: (自动生成)
ItemName: "Chisel"
Price: 8.99
```

14.25 假设 cur 是一个 Cursor 对象，变量 `name_input` 引用了一个字符串，变量 `price_input` 引用了一个浮点数。写一个语句，使用参数化 SQL 语句在 inventory.db 数据库的 `Inventory` 表中添加一行，在 `ItemName` 列插入 `name_input` 变量的值，在 `Price` 列插入 `price_input` 变量的值。

14.6 使用 SQL SELECT 语句查询数据

> **概念**：在 SQL 中使用 SELECT 语句从数据库中检索数据。

14.6.1 示例数据库

本节使用 SELECT 语句从表中检索（获取）行。在所有程序中，都会使用本书配套源代码中包含的示例数据库。该数据库包含一家销售美味巧克力产品的虚构公司的数据。数据库名为 chocolate.db，其中包含一个 Products 表，该表有以下列：

- ProductID：INTEGER PRIMARY KEY NOT NULL
- Description：TEXT
- UnitCost：REAL
- RetailPrice：REAL
- UnitsOnHand：INTEGER

Products 表包含如表 14.2 所示的数据行。

表 14.2 chocolate.db 数据库中的 Products 表

ProductID	Description	UnitCost	RetailPrice	UnitsOnHand
1	Dark Chocolate Bar	2.99	5.99	197
2	Medium Dark Chocolate Bar	2.99	5.99	406
3	Milk Chocolate Bar	2.99	5.99	266
4	Chocolate Truffles	5.99	11.99	398
5	Chocolate Caramel Bar	3.99	6.99	272
6	Chocolate Raspberry Bar	3.99	6.99	363
7	Chocolate and Cashew Bar	4.99	9.99	325
8	Hot Chocolate Mix	5.99	12.99	222
9	Semisweet Chocolate Chips	1.99	3.99	163
10	White Chocolate Chips	1.99	3.99	293

14.6.2 SELECT 语句

▶ 视频讲解：The SELECT Statement

顾名思义，SELECT 语句允许"选择"表中的特定行。我们将从该语句的一个非常简单的形式开始，如下所示：

```
SELECT columns FROM table
```

其中，*columns* 是一个或多个列名，*table* 是表名。执行语句时，它会从指定表的每一行中检索指定的列。下例对 chocolate.db 数据库执行了一个 SELECT 语句：

```
SELECT Description FROM Products
```

该语句检索 Products 表中每一行的 Description 列。下面是另一个例子：

```
SELECT Description, RetailPrice FROM Products
```

该语句检索 Products 表中每一行的 Description 列和 RetailPrice 列。在 Python 中，使用 SQLite 的 SELECT 语句有两个步骤。

1. 执行 SELECT 语句：首先，将 SELECT 语句作为字符串传给 Cursor 对象的 execute 方法。DBMS 将检索 SELECT 语句的结果，但不会将这些结果返回给你的程序。

2. 获取结果：执行 SELECT 语句后，调用 fetchall 方法或 fetchone 方法获取结果。 fetchall 和 fetchone 都是 Cursor 对象的方法。

Cursor 对象的 fetchall 方法以元组列表的形式返回 SELECT 语句的结果。以下交互会话演示了它具体是如何工作的（为方便引用，我们添加了行号）。

注意，如果使用默认的 IDLE 交互环境，请先执行以下命令切换到 chocolate.db 所在的目录（将目录名替换成你自己的）：

```
>>> import os
>>> os.chdir(r'C:\Python\ 中文代码 \Chapter 14')
```

然后，再执行以下交互会话：

```
1  >>> import sqlite3 Enter
2  >>> conn = sqlite3.connect('chocolate.db') Enter
3  >>> cur = conn.cursor() Enter
4  >>> cur.execute('SELECT Description, RetailPrice FROM Products') Enter
5  <sqlite3.Cursor object at 0x0000024E5E0FFE30>
6  >>> cur.fetchall() Enter
7  [('Dark Chocolate Bar', 5.99), ('Medium Dark Chocolate Bar', 5.99), ('Milk
8  Chocolate Bar', 5.99), ('Chocolate Truffles', 11.99), ('Chocolate Caramel
9  Bar', 6.99), ('Chocolate Raspberry Bar', 6.99), ('Chocolate and Cashew
10 Bar', 9.99), ('Hot Chocolate Mix', 12.99), ('Semisweet Chocolate Chips',
11 3.99), ('White Chocolate Chips', 3.99)]
```

第 4 行的 SELECT 语句从 Products 表中的每一行检索 Description 和 RetailPrice 列。注意，第 6 行调用的 fetchall 方法会以元组列表的形式返回 SELECT 语句的所有结果。列表中的每个元素都是一个元组，而且每个元组都有两个元素：一个描述和一个零售价格。如果要在程序中检索这些数据，可以考虑遍历列表，并以更容易阅读的格式打印每个元组元素。程序 14.6 展示了一个例子。

程序 14.6 get_descriptions_prices.py

```
1  import sqlite3
2
3  def main():
4      # 连接数据库
5      conn = sqlite3.connect('chocolate.db')
6
7      # 获取游标
8      cur = conn.cursor()
```

```
9
10      # 从 Products 表选择描述和零售价格列
11      cur.execute('SELECT Description, RetailPrice FROM Products')
12
13      # 获取 SELECT 语句的结果
14      results = cur.fetchall()
15
16      # 显示结果
17      for row in results:
18          print(f'{row[0]:30} {row[1]:>5}')
19
20      # 关闭数据库连接
21      conn.close()
22
23 # 调用 main 函数
24 if __name__ == '__main__':
25      main()
```

程序输出

```
Dark Chocolate Bar              5.99
Medium Dark Chocolate Bar       5.99
Milk Chocolate Bar              5.99
Chocolate Truffles             11.99
Chocolate Caramel Bar           6.99
Chocolate Raspberry Bar         6.99
Chocolate and Cashew Bar        9.99
Hot Chocolate Mix              12.99
Semisweet Chocolate Chips       3.99
White Chocolate Chips           3.99
```

在这个程序中，第 11 行执行 SELECT 语句，第 14 行调用 fetchall 方法获取 SELECT 语句的结果。结果以列表形式返回，并赋给 results 变量。列表中的每个元素都是一个元组，包含表中某一行的 Description 和 RetailPrice 列的值。

第 17 行和第 18 行的 for 循环遍历 results 列表。每一次迭代，row 变量都将指向列表中的一个元组。第 18 行的 print 函数使用 f 字符串显示 row[0] 和 row[1] 这两个元组元素。其中，row[0] 的元素显示在 30 个字符宽的一个字段（域）中，row[1] 的元素显示在 5 个字符宽的字段（域）中并用 > 符号指定右对齐。

前面展示了如何用 fetchall 方法一次性返回 SELECT 语句生成的所有行。除此之外，还可以使用 fetchone 方法来每次只返回一行（一个元组）。使用 fetchone 方法可以遍历 SELECT 语句的结果，而不必一次性检索（取回）整个列表。执行 SELECT 语句后，第一次调用 fetchone 方法会返回结果中的第一行，第二次会返回结果中的第二行，以此类推。如果没有更多行可以返回，那么 fetchone 方法会返回 None。以下交互会话对此进行了演示，假定 cur 是 chocolate.db 数据库的 Cursor 对象：

```
>>> cur.execute('SELECT Description, RetailPrice FROM Products') [Enter]
<sqlite3.Cursor object at 0x0084FBA0>
>>> cur.fetchone() [Enter]
('Dark Chocolate Bar', 5.99)
```

在这个会话中，SELECT 语句检索表中所有行的 Description 和 RetailPrice 列。但是，fetchone 方法只返回结果的第一行。如果再次调用 fetchone 方法，它将返回第二行，以此类推。当没有更多行可以返回时，fetchone 方法将返回 None。程序 14.7 演示了这一过程。

程序 14.7 fetchone_demo.py

```
 1   import sqlite3
 2
 3   def main():
 4       # 连接数据库
 5       conn = sqlite3.connect('chocolate.db')
 6
 7       # 获取游标
 8       cur = conn.cursor()
 9
10       # 从 Products 表选择描述和零售价格列
11       cur.execute('SELECT Description, RetailPrice FROM Products')
12
13       # 获取结果的第一行
14       row = cur.fetchone()
15
16       while (row != None):
17           # 显示一行
18           print(f'{row[0]:30} {row[1]:5}')
19
20           # 获取下一行
21           row = cur.fetchone()
22
23       # 关闭数据库连接
24       conn.close()
25
26   # 调用 main 函数
27   if __name__ == '__main__':
28       main()
```

程序输出

```
Dark Chocolate Bar                   5.99
Medium Dark Chocolate Bar            5.99
Milk Chocolate Bar                   5.99
Chocolate Truffles                  11.99
Chocolate Caramel Bar                6.99
```

```
Chocolate Raspberry Bar         6.99
Chocolate and Cashew Bar        9.99
Hot Chocolate Mix              12.99
Semisweet Chocolate Chips       3.99
White Chocolate Chips           3.99
```

14.6.3 选择表中的所有列

如果想用 SELECT 语句检索表中的每一列, 则可以使用通配符 * 来代替列名, 如下所示:

```
SELECT * FROM Products
```

该语句将检索 Products 表中每一行的每一列。假设已经连接到 chocolate.db 数据库, 而且 cur 是一个 Cursor 对象, 以下交互会话演示了如何选择一个表中的所有列。

```
>>> cur.execute('SELECT * FROM Products') Enter
<sqlite3.Cursor object at 0x03AB4520>
>>> cur.fetchall() Enter
[(1, 'Dark Chocolate Bar', 2.99, 5.99, 197), (2, 'Medium Dark
Chocolate Bar', 2.99, 5.99, 406), (3, 'Milk Chocolate Bar', 2.99,
5.99, 266), (4, 'Chocolate Truffles', 5.99, 11.99, 398), (5,
'Chocolate Caramel Bar', 3.99, 6.99, 272), (6, 'Chocolate Raspberry
Bar', 3.99, 6.99, 363), (7, 'Chocolate and Cashew Bar', 4.99, 9.99,
325), (8, 'Hot Chocolate Mix', 5.99, 12.99, 222), (9, 'Semisweet
Chocolate Chips', 1.99, 3.99, 163), (10, 'White Chocolate Chips',
1.99, 3.99, 293)]
```

程序 14.8 演示了如何检索 Products 表中的所有列, 并以更容易阅读的格式打印 SELECT 语句的结果。

程序 14.8 get_all_columns.py

```
1   import sqlite3
2
3   def main():
4       # 连接数据库
5       conn = sqlite3.connect('chocolate.db')
6
7       # 获取游标
8       cur = conn.cursor()
9
10      # 从 Products 的所有行选择所有列
11      cur.execute('SELECT * FROM Products')
12
13      # 获取 SELECT 语句的结果
14      results = cur.fetchall()
15
16      # 显示结果
```

```
17        for row in results:
18            print(f'{row[0]:2} {row[1]:30} {row[2]:5} {row[3]:5} {row[4]:5}')
19
20        # 关闭数据库连接
21        conn.close()
22
23  # 调用 main 函数
24  if __name__ == '__main__':
25      main()
```

程序输出

```
 1 Dark Chocolate Bar              2.99  5.99   197
 2 Medium Dark Chocolate Bar       2.99  5.99   406
 3 Milk Chocolate Bar              2.99  5.99   266
 4 Chocolate Truffles              5.99 11.99   398
 5 Chocolate Caramel Bar           3.99  6.99   272
 6 Chocolate Raspberry Bar         3.99  6.99   363
 7 Chocolate and Cashew Bar        4.99  9.99   325
 8 Hot Chocolate Mix               5.99 12.99   222
 9 Semisweet Chocolate Chips       1.99  3.99   163
10 White Chocolate Chips           1.99  3.99   293
```

在这个程序中，第 11 行执行 SELECT 语句，第 14 行调用 fetchall 方法获取 SELECT 语句的结果。结果以列表形式返回，并赋给 results 变量。表中共有 5 列，所以列表中的每个元素都是一个 5 元素的元组。

第 17 行和第 18 行的 for 循环遍历结果列表。每一次迭代，row 变量都将指向列表中的一个元组。第 18 行的 print 函数使用 f 字符串显示所有元组元素。

14.6.4 使用 WHERE 子句指定搜索条件

我们有时确实需要检索表中的每一行。例如，如果想获得 Products 表中所有商品的列表，那么可以使用 SELECT * FROM Products 语句来满足要求。但许多时候，我们想要的只是表中的一些符合条件的行。这时就需要用到 WHERE 子句了，它和 SELECT 语句一起使用，用于指定搜索条件。使用 WHERE 子句时，结果集中只会返回符合搜索条件的行。带有 WHERE 子句的 SELECT 语句的常规格式如下所示：

```
SELECT Columns FROM Table WHERE Criteria
```

其中，Criteria 是一个条件表达式。下面是一个使用了 WHERE 子句的示例 SELECT 语句：

```
SELECT * FROM Products WHERE RetailPrice > 10.00
```

语句的第一部分 SELECT * FROM Products 指出我们想要检查表中的所有列，WHERE 子句则指出我们只想返回 RetailPrice 列的值大于 10.00 的行。

以下交互会话对此进行了演示。假设当前已经连接到 chocolate.db 数据库，而且 cur

是一个 Cursor 对象：

```
>>> cur.execute('SELECT * FROM Products WHERE RetailPrice > 10.00') [Enter]
<sqlite3.Cursor object at 0x03AB4520>
>>> cur.fetchall() [Enter]
[(4, 'Chocolate Truffles', 5.99, 11.99, 398), (8, 'Hot Chocolate
Mix', 5.99, 12.99, 222)]
```

以下交互会话演示了如何只检索 RetailPrice 大于 10.00 的所有产品的 Description 列：

```
>>> cur.execute('SELECT Description FROM Products WHERE RetailPrice >
10.00') [Enter]
<sqlite3.Cursor object at 0x03AB4520>
>>> cur.fetchall() [Enter]
[('Chocolate Truffles',), ('Hot Chocolate Mix',)]
```

SQLite 支持如表 14.3 所示的关系操作符。例如，以下语句选择 UnitsOnHand 列小于 100 的所有行：

```
SELECT * FROM Products WHERE UnitsOnHand < 100
```

以下语句选择 UnitCost 列等于 2.99 的所有行：

```
SELECT * FROM Products WHERE UnitCost == 2.99
```

以下语句选择 Description 列等于 "Hot Chocolate Mix" 的所有行：

```
SELECT * FROM Products WHERE Description == "Hot Chocolate Mix"
```

表 14.3 SQL 关系操作符

操作符	含义	操作符	含义
>	大于	==	等于
<	小于	=	等于
>=	大于或等于	!=	不等于
<=	小于或等于	<>	不等于

注意，表 14.3 表明 SQLite 提供了两个"等于"操作符和两个"不等于"操作符。建议使用 == 进行"等于"比较，使用 != 进行"不等于"比较，因为这些操作符与 Python 中使用的操作符相同。

程序 14.9 让用户输入一个最低价格，然后在 Products 表中搜索 RetailPrice 列大于或等于指定价格的行。

程序 14.9 product_min_price.py

```
1  import sqlite3
2
3  def main():
```

```
4        # 连接数据库
5        conn = sqlite3.connect('chocolate.db')
6
7        # 获取游标
8        cur = conn.cursor()
9
10       # 从用户处获取最低价格
11       min_price = float(input('输入最低价：'))
12
13       # 向 DBMS 发送 SELECT 语句
14       cur.execute('''SELECT Description, RetailPrice FROM Products
15                   WHERE RetailPrice >= ?''',
16                   (min_price,))
17
18       # 获取 SELECT 语句的结果
19       results = cur.fetchall()
20
21       if len(results) > 0:
22           # 显示结果
23           print('以下是符合条件的商品：')
24           print()
25           print('描述                                    价格')
26           print('-----------------------------------')
27           for row in results:
28               print(f'{row[0]:30} {row[1]:>5}')
29       else:
30           print('未找到符合条件的商品。')
31
32       # 关闭数据库连接
33       conn.close()
34
35 # 调用 main 函数
36 if __name__ == '__main__':
37     main()
```

程序输出（用户输入的内容加粗显示）

```
输入最低价：5.99 Enter
以下是符合条件的商品：

描述                              价格
-----------------------------------
Dark Chocolate Bar               5.99
Medium Dark Chocolate Bar        5.99
Milk Chocolate Bar               5.99
Chocolate Truffles              11.99
Chocolate Caramel Bar            6.99
```

```
Chocolate Raspberry Bar          6.99
Chocolate and Cashew Bar         9.99
Hot Chocolate Mix               12.99
```

14.6.5 SQL 逻辑操作符：AND，OR 和 NOT

可以使用逻辑操作符 AND 和 OR 在 WHERE 子句中指定多个搜索条件，如下例所示：

```
SELECT * FROM Products
WHERE UnitCost > 3.00 AND UnitsOnHand < 100
```

AND 操作符要求两个搜索条件都为真，一行才符合条件。对于上述语句，只有 UnitCost 列大于 3.00 而且 UnitsOnHand 列小于 100 的行才会返回。

下面是一个使用 OR 操作符的例子：

```
SELECT * FROM Products
WHERE RetailPrice > 10.00 OR UnitsOnHand < 50
```

如果使用了 OR 操作符，两个搜索条件中的任何一个为真，一行就符合条件。对于上述语句，RetailPrice 列大于 10.00 或 UnitsOnHand 列小于 50 的行都会返回。

NOT 操作符反转其操作数的真值。将其应用于求值结果为 True 表达式，该操作符将返回 False。应用于一个求值结果为 False 的表达式，该操作符将返回 True。下面是使用了 NOT 操作符的一个例子：

```
SELECT * FROM Products
WHERE NOT RetailPrice > 5.00
```

该语句搜索 RetailPrice 列不大于 5.00 的行。下面是另一个例子：

```
SELECT * FROM Products
WHERE NOT(RetailPrice > 5.00 AND RetailPrice < 10.00)
```

该语句搜索 RetailPrice 列的值不在 5.00 到 10.00 之间的行。换言之，所有零售价小于 5 元或者大于 10 元的商品记录都会返回。

14.6.6 SELECT 语句中的字符串比较

SQL 的字符串比较要区分大小写。如果在 chocolate.db 数据库中运行以下语句，那么不会得到任何结果：

```
SELECT * FROM Products
WHERE Description == "milk chocolate bar"
```

但是，可以使用 lower() 函数将字符串转换为小写，如下例所示：

```
SELECT * FROM Products
WHERE lower(Description) == "milk chocolate bar"
```

该语句将返回 Description 列的值为 "milk chocolate bar" 的行。SQLite 还提供了

upper() 函数，可以将参数转换为大写。

14.6.7 使用 LIKE 操作符

有的时候，精确搜索字符串并不能得到想要的结果。例如，假设想要获得 Products 表中所有巧克力棒的商品列表，即描述中包含 "Bar" 的商品。以下语句将不起作用，你知道为什么吗？

```
SELECT * FROM Products WHERE Description == "Bar"
```

该语句将搜索 Description 列完全等于字符串 "Bar" 的行。遗憾的是，它不会返回任何结果。回头看一下表 14.1，就会发现 Products 表中没有任何一行的 Description 列完全等于 "Bar"。不过，有几行的 Description 列中确实出现了 "Bar" 一词。例如，其中一行的商品描述是 "Dark Chocolate Bar"。还有一行是 "Milk Chocolate Bar"。还有一行是 "Chocolate Caramel Bar"。除了包含 "Bar" 一词，每个字符串都还包含了其他字符。

为了找出所有巧克力棒，我们需要搜索 Description 包含 "Bar" 子串的行。可以使用 LIKE 操作符来执行这种搜索，如下例所示：

```
SELECT * FROM Products WHERE Description LIKE "%Bar%"
```

LIKE 操作符后跟一个包含**字符模式**的字符串。本例指定的字符模式为 "%Bar%"。其中，% 是通配符，代表零个或多个字符的任意序列。在和模式 "%Bar%" 匹配的字符串中，除了包含 "Bar"，它的前后可以有任意字符。以下交互会话对此进行了演示：

```
>>> cur.execute('''SELECT * FROM Products [Enter]
                   WHERE Description LIKE "%Bar%"''') [Enter]
<sqlite3.Cursor object at 0x035D4520>
>>> cur.fetchall() [Enter]
[(1, 'Dark Chocolate Bar', 2.99, 5.99, 197), (2, 'Medium Dark
Chocolate Bar', 2.99, 5.99, 406), (3, 'Milk Chocolate Bar', 2.99,
5.99, 266), (5, 'Chocolate Caramel Bar', 3.99, 6.99, 272), (6,
'Chocolate Raspberry Bar', 3.99, 6.99, 363), (7, 'Chocolate and
Cashew Bar', 4.99, 9.99, 325)]
```

以下交互会话演示了另一个例子。在这个会话中，我们要搜索 Description 列中包含字符串 "Chips" 的所有行，SELECT 语句只返回匹配行的 Description 列：

```
>>> cur.execute('''SELECT Description FROM Products [Enter]
                   WHERE Description LIKE "%Chips%"''') [Enter]
<sqlite3.Cursor object at 0x035D4520>
>>> cur.fetchall() [Enter]
[('Semisweet Chocolate Chips',), ('White Chocolate Chips',)]
```

还可以使用 % 通配符查找以指定子串开始或结尾的字符串。例如，以下交互会话中的 SELECT 语句会搜索 Description 列以字符串 "Chocolate" 开头的行：

```
>>> cur.execute('''SELECT Description FROM Products [Enter]
                    WHERE Description LIKE "Chocolate%"''') [Enter]
<sqlite3.Cursor object at 0x035D4520>
>>> cur.fetchall() [Enter]
[('Chocolate Truffles',), ('Chocolate Caramel Bar',), ('Chocolate
Raspberry Bar',), ('Chocolate and Cashew Bar',)]
```

以下交互会话中的 SELECT 语句则会搜索 Description 列以字符串 "Mix" 结尾的行。

```
>>> cur.execute('''SELECT Description FROM Products [Enter]
                    WHERE Description LIKE "%Mix"''') [Enter]
<sqlite3.Cursor object at 0x035D4520>
>>> cur.fetchall() [Enter]
[('Hot Chocolate Mix',)]
```

可以结合使用 NOT 操作符和 LIKE 操作符来搜索与特定模式不匹配的字符串。例如，
为了获取所有不含 "Bar" 字样的产品描述，可以进行以下交互会话：

```
>>> cur.execute('''SELECT Description FROM Products [Enter]
                    WHERE Description NOT LIKE "%Bar%"''') [Enter]
<sqlite3.Cursor object at 0x035D4520>
>>> cur.fetchall() [Enter]
[('Chocolate Truffles',), ('Hot Chocolate Mix',), ('Semisweet
Chocolate Chips',), ('White Chocolate Chips',)]
```

14.6.8 对 SELECT 查询的结果排序

可以使用 ORDERBY 子句对 SELECT 查询的结果进行排序，如下所示：

```
SELECT * FROM Products ORDER BY RetailPrice
```

该语句将生成 Products 表中按 RetailPrice 列升序排序的所有行，即价格最低的
产品出现在最前面。程序 14.10 对此进行了演示。

程序 14.10 sorted_by_retailprice.py

```python
import sqlite3

def main():
    # 连接数据库
    conn = sqlite3.connect('chocolate.db')

    # 获取游标
    cur = conn.cursor()

    # 从 Products 表的所有行选择 Description 列
    # 和 RetailPrice 列，并按 RetailPrice 排序。
    cur.execute('''SELECT Description, RetailPrice FROM Products
                    ORDER BY RetailPrice''')
```

```
        # 获取 SELECT 语句的结果
        results = cur.fetchall()

        # 显示结果
        for row in results:
            print(f'{row[0]:30} {row[1]:5}')

        # 关闭数据库连接
        conn.close()

    # 调用 main 函数
    if __name__ == '__main__':
        main()
```

程序输出

```
Semisweet Chocolate Chips        3.99
White Chocolate Chips            3.99
Dark Chocolate Bar               5.99
Medium Dark Chocolate Bar        5.99
Milk Chocolate Bar               5.99
Chocolate Caramel Bar            6.99
Chocolate Raspberry Bar          6.99
Chocolate and Cashew Bar         9.99
Chocolate Truffles              11.99

Hot Chocolate Mix               12.99
```

以下 SELECT 语句同时使用了 WHERE 子句和 ORDERBY 子句：

```
SELECT * FROM Products
WHERE RetailPrice > 9.00
ORDER BY RetailPrice
```

该语句将生成 Products 表中 RetailPrice 列大于 9.00 的所有行，并按零售价升序排列。如果想要降序（从高到低）排序，那么可以使用 DESC 操作符，如下所示：

```
SELECT * FROM Products
WHERE RetailPrice > 9.00
ORDER BY RetailPrice DESC
```

14.6.9 聚合函数

在 SQL 中，**聚合函数**（aggregate function）对数据库表中的一组值进行计算，然后返回一个值。例如，AVG 函数计算一个数值列的平均值。下例展示了如何在 SELECT 语句中使用 AVG 函数：

```
SELECT AVG(RetailPrice) FROM Products
```

该语句只生成一个值，即 RetailPrice 列的所有值的平均值。由于没有使用 WHERE 子句，所以计算中用到了 Products 表中的所有行。下例计算所有描述中包含 "Bar" 的产品的平均零售价：

```
SELECT AVG(RetailPrice) FROM Products WHERE Description LIKE "%Bar%"
```

另一个聚合函数是 SUM，它计算一列中的数值之和。下例展示了如何计算 UnitsOnHand 列中的数值的总和：

```
SELECT SUM(UnitsOnHand) FROM Products
```

MIN 函数和 MAX 函数用于确定数值列中的最小值和最大值。以下语句告诉我们 RetailPrice 列中的最小值：

```
SELECT MIN(RetailPrice) FROM Products
```

以下语句告诉我们 RetailPrice 列中的最大值：

```
SELECT MAX(RetailPrice) FROM Products
```

如以下语句所示，可以用 COUNT 函数来确定表中的行数：

```
SELECT COUNT(*) FROM Products
```

* 表明要对所有行进行计数。下例则告诉我们零售价大于 9.95 元的商品有多少件：

```
SELECT COUNT(*) FROM Products WHERE RetailPrice > 9.95
```

在 Python 代码中，检索聚合函数返回值的最直接的方式是使用 Cursor 对象的 fetchone 方法，如以下交互会话所示：

```
>>> cur.execute('SELECT SUM(UnitsOnHand) FROM Products') Enter
<sqlite3.Cursor object at 0x0030FD20>
>>> cur.fetchone() Enter
(2905,)
```

若查询只返回一个值，fetchone 方法会返回仅一个元素的元组，该元素位于索引 0。如果要使用值而不是元组，就必须从元组中读取值。例如，在以下交互会话中，我们将 fetchone 方法返回的元组赋给 results 变量（第 4 行），然后将 results 元组中的元素 0 赋给 sum 变量（第 5 行）：

```
1 >>> cur.execute('SELECT SUM(UnitsOnHand) FROM Products') Enter
2 <sqlite3.Cursor object at 0x0030FD20>
3
4 >>> results = cur.fetchone() Enter
5 >>> sum = results[0] Enter
```

这个交互会话中使用代码过于"老实"，我们可以稍微"偷懒"一下。由于 fetchone 方法返回一个元组，所以可以在调用该方法的表达式中直接应用 [0] 操作符，如下所示：

```
1 >>> cur.execute('SELECT SUM(UnitsOnHand) FROM Products') Enter
2 <sqlite3.Cursor object at 0x0030FD20>
```

```
3
4 >>> sum = cur.fetchone()[0] [Enter]
```

第 4 行将 [0] 操作符应用于从 fetchone 方法返回的元组。因此，元组中元素 0 的值会直接赋给 sum 变量。程序 14.11 演示了如何使用 MIN，MAX 和 AVG 函数查找 Products 表中的最低零售价、最高零售价和平均零售价。

程序 14.11 products_math.py

```
1  import sqlite3
2
3  def main():
4      # 连接数据库
5      conn = sqlite3.connect('chocolate.db')
6
7      # 获取游标
8      cur = conn.cursor()
9
10     # 获取最低零售价
11     cur.execute('SELECT MIN(RetailPrice) FROM Products')
12     lowest = cur.fetchone()[0]
13
14     # 获取最高零售价
15     cur.execute('SELECT MAX(RetailPrice) FROM Products')
16     highest = cur.fetchone()[0]
17
18     # 获取平均零售价
19     cur.execute('SELECT AVG(RetailPrice) FROM Products')
20     average = cur.fetchone()[0]
21
22     # 显示结果
23     print(f' 最低售价: ${lowest:.2f}')
24     print(f' 最高售价: ${highest:.2f}')
25     print(f' 平均售价: ${average:.2f}')
26
27     # 关闭数据库连接
28     conn.close()
29
30 # 调用 main 函数
31 if __name__ == '__main__':
32     main()
```

程序输出

最低售价: $3.99
最高售价: $12.99
平均售价: $7.49

🔘 检查点

14.26 对于以下 SQL 语句:

```
SELECT Id FROM Account
```

　　a. 该语句从什么表检索数据?

　　b. 检索的是哪一列?

14.27 假设数据库中有一个名为 Inventory 的表,该表有以下列:

列名	类型
ProductName	TEXT
QtyOnHand	INTEGER
Cost	REAL

　　a. 写一个 SELECT 语句,从 Inventory 表的所有行返回所有列。

　　b. 写一个 SELECT 语句,从 Inventory 表的所有行返回 ProductName 列。

　　c. 写一个 SELECT 语句,从 Inventory 表的所有行返回 ProductName 列和 QtyOnHand 列。

　　d. 写一个 SELECT 语句,只从 Cost 小于 **17.00** 的行返回 ProductName 列。

　　e. 写一个 SELECT 语句,从 ProductName 以 **"ZZ"** 结尾的行返回所有列。

14.28 LIKE 操作符的作用是什么?

14.29 在 LIKE 操作符使用的字符模式中, % 符号有什么作用?

14.30 如何基于指定的一列对 SELECT 语句的结果进行排序?

14.31 Cursor 类的 fetchall 方法和 fetchone 方法有什么区别?

14.7　更新和删除现有行

　　概念: 使用 SQL 的 UPDATE 语句来更改现有行的值。使用 DELETE 语句从表中删除行。

14.7.1　更新行

　　▶ 视频讲解: Updating Rows

　　在 SQL 中, UPDATE 语句用于更改表中现有行的内容。以 chocolate.db 数据库为例, 假设松露巧克力(Chocolate Truffles)的零售价发生了变化。为了在数据库中更新,我们可以使用 UPDATE 语句更改 Products 表中该行的 RetailPrice 列。以下是 UPDATE 语句的常规格式:

```
UPDATE Table
SET Column = Value
WHERE Criteria
```

其中，*Table* 是表名，*Column* 是列名，*Value* 是要存储到列中的值，*Criteria* 是条件表达式。以下 UPDATE 语句将松露巧克力的零售价改为 13.99：

```
UPDATE Products
SET RetailPrice = 13.99
WHERE Description == "Chocolate Truffles"
```

下面是另一个例子：

```
UPDATE Products
SET Description = "Semisweet Chocolate Bar"
WHERE ProductID == 2
```

该语句定位 ProductID 为 2 的那一行，并将 Description 列设为 "Semisweet Chocolate Bar"（半甜巧克力棒）。

可以同时更新多行。例如，假定要把所有巧克力棒的价格都更改为 8.99，我们只需一个 UPDATE 语句，找出所有 Description 列以 "Bar" 结尾的行，并将这些行的 RetailPrice 列更改为 8.99，如下所示：

```
UPDATE Products
SET RetailPrice = 8.99
WHERE Description LIKE "%Bar"
```

⚠ **警告**：使用 UPDATE 语句时，注意不要遗漏 WHERE 子句和条件表达式，否则可能不慎更改表中所有行的内容！例如以下语句：

```
UPDATE Products
SET RetailPrice = 4.95
```

由于该语句没有 WHERE 子句，所以会将 Products 表中每一行的 RetailPrice 列都更改为 4.95！

执行了更改数据库内容的 SQL 语句后，请记得调用 Connection 对象的 commit 方法来提交更改。程序 14.12 演示了如何更新 Products 表中的某一行。用户输入一个现有的产品 ID，程序会显示该产品的描述和零售价。然后，用户为指定的产品输入新的零售价，程序则用新的零售价更新该行。

程序 14.12　product_price_updater.py

```
1  import sqlite3
2
3  def main():
4      # 连接数据库
5      conn = sqlite3.connect('chocolate.db')
6
7      # 获取游标
```

```
8        cur = conn.cursor()
9
10       # 从用户处获取一个 ProductID
11       pid = int(input(' 输入产品 ID: '))
12
13       # 获取该产品当前的售价
14       cur.execute('''SELECT Description, RetailPrice From Products
15                      WHERE ProductID == ?''', (pid,))
16       results = cur.fetchone()
17
18       # 如果未找到指定的产品 ID, 就说明情况
19       if results != None:
20           # 打印当前售价
21           print(f'{results[0]} 当前的售价 '
22                 f' 是 ${results[1]:.2f}')
23
24           # 获取新售价
25           new_price = float(input(' 输入新售价: '))
26
27           # 在 Products 表中更新售价
28           cur.execute('''UPDATE Products
29                          SET RetailPrice = ?
30                          WHERE ProductID == ?''',
31                          (new_price, pid))
32
33           # 提交更改
34           conn.commit()
35           print(' 已更改售价。')
36       else:
37           # 错误消息
38           print(f' 未找到产品 ID {pid}。')
39
40       # 关闭数据库连接
41       conn.close()
42
43   # 调用 main 函数
44   if __name__ == '__main__':
45       main()
```

程序输出（用户输入的内容加粗）

输入产品 ID: **2** `Enter`
Medium Dark Chocolate Bar 当前的售价是 $44.22
输入新售价: **7.99** `Enter`
已更改售价。

让我们仔细看看这个程序。在 main 函数中，第 5 行获取数据库连接，第 8 行获取

Cursor 对象。第 11 行提示用户输入产品 ID，并将用户的输入赋给 pid 变量。

第 14 行和第 15 行的语句执行 SQL 查询，搜索 ProductID 列等于 pid 变量的行。如果找到符合条件的行，就会检索它的 Description 和 RetailPrice 列。第 16 行调用 fetchone 方法，以元组形式获取查询结果，并将其赋给 results 变量。注意，如果 SQL 查询没有找到匹配的行，那么 fetchone 方法将返回 None。

如果 results 变量不等于 None，第 19 行的 if 语句将执行第 20 行~第 35 行的代码。第 21 行和第 22 行打印产品描述和当前售价。第 25 行提示用户输入新的零售价，并将用户的输入赋给 new_price 变量。第 28 行~第 31 行执行一个 SQL 语句，用 new_price 变量的值更新产品的 RetailPrice 列。第 34 行将更改提交到数据库，第 35 行打印一条确认售价已更改的消息。

如果在 Products 表中没有找到用户输入的产品 ID，那么会执行第 36 行的 else 子句。第 38 行会显示一条提示消息。

最后，第 41 行关闭与数据库的连接。

14.7.2 更新多列

要更新多个列的值，请使用以下 SQL UPDATE 语句的常规格式：

```
UPDATE Table
SET Column1 = Value,
    Column2 = Value,
    ...
WHERE Criteria
```

下面是一个例子：

```
UPDATE Products
SET RetailPrice = 8.99,
    UnitsOnHand = 100
WHERE Description LIKE "%Bar"
```

在 Description 列包含字符串 "Bar" 的每一行中，该语句都会将 RetailPrice 列更改为 8.99，将 UnitsOnHand 列更改为 100。

14.7.3 确定更新的行数

Cursor 对象有一个名为 rowcount 的公共数据属性，其中包含上一次执行的 SQL 语句所更改的行数。执行 UPDATE 语句后，可以读取 rowcount 属性的值来确定更新的行数。以下交互会话对此进行了演示。假设已经连接到 chocolate.db 数据库，cur 是一个 Cursor 对象：

```
1 >>> cur.execute('''UPDATE Products Enter
2 ...                SET UnitsOnHand = 0 Enter
3 ...                WHERE Description LIKE "%Bar%"''') Enter
4 <sqlite3.Cursor object at 0x035432A0>
```

```
5 >>> conn.commit() Enter
6 >>> print(cur.rowcount) Enter
7 6
8 >>>
```

在这个会话中，第 1 行～第 3 行的 UPDATE 语句将 Description 列包含字符串 "Bar" 的
每一行的 UnitsOnHand 列更改为 0。第 6 行打印 cur.rowcount 属性的值，显示共有 6
行被更新。

14.7.4 使用 DELETE 语句删除行

我们用 SQL 的 DELETE 语句从表中删除一行或多行。DELETE 语句的常规格式如下所示：

```
DELETE FROM Table WHERE Criteria
```

其中，Table 是表名，Criteria 是条件表达式。以下 DELETE 语句删除 ProductID 为
10 的行：

```
DELETE FROM Products WHERE ProductID == 10
```

该语句在 Products 表中定位 ProductID 列为 10 的行，并删除该行。

可以使用 DELETE 语句来删除多行，如下例所示：

```
DELETE FROM Products WHERE Description LIKE "%Bar"
```

该语句将删除 Products 表中 Description 列以 "Bar" 结尾的所有行。参考一下之前的
表 14.2，就知道总共会删除 6 行。

⚠ **警告**：使用 DELETE 语句时，注意不要遗漏 WHERE 子句和条件表达式，否则可能删除
表中的所有行！例如以下语句：

```
DELETE FROM Products
```

由于该语句没有 WHERE 子句，所以会删除 Products 表中的每一行！

程序 14.13 演示了如何删除 Products 表中的某一行。用户输入一个现有的产品 ID，
程序会显示该产品的描述。然后，程序询问用户是否想删除该行。如果回答 y 或 Y，程序
就会删除该行。

程序 14.13 product_deleter.py

```
1  import sqlite3
2
3  def main():
4      # 连接数据库
5      conn = sqlite3.connect('chocolate.db')
6
```

```
7        # 获取游标
8        cur = conn.cursor()
9
10       # 从用户处获取一个 ProductID
11       pid = int(input(' 输入要删除的产品的 ID: '))
12
13       # 获取该产品的描述
14       cur.execute('''SELECT Description From Products
15                   WHERE ProductID == ?''', (pid,))
16       results = cur.fetchone()
17
18       # 如果未找到指定的产品 ID，就说明情况
19       if results != None:
20           # 确认用户想要删除该产品
21           sure = input(f' 你确定要删除 '
22                       f'{results[0]} 吗？(y/n) ')
23
24           # 如果确认，就删除产品
25           if sure.lower() == 'y':
26               cur.execute('''DELETE FROM Products
27                           WHERE ProductID == ?''',
28                           (pid,))
29
30               # 提交更改
31               conn.commit()
32               print(' 产品已删除。')
33       else:
34           # 错误消息
35           print(f' 未找到产品 ID {pid}。')
36
37       # 关闭数据库连接
38       conn.close()
39
40  # 调用 main 函数
41  if __name__ == '__main__':
42      main()
```

程序输出（用户输入的内容加粗）

```
输入要删除的产品的 ID: 10 Enter
你确定要删除 White Chocolate Chips 吗？(y/n) y Enter
产品已删除。
```

让我们仔细看看这个程序。在 main 函数中，第 5 行获取数据库连接，第 8 行获取 Cursor 对象。第 11 行提示用户输入要删除的产品的 ID，并将用户的输入赋给 pid 变量。

第 14 行和第 15 行的语句执行 SQL 查询，搜索 ProductID 列等于 pid 变量的行。如果找到符合条件的行，就会检索它的 Description 列。第 16 行调用 fetchone 方法，以

元组形式获取查询结果，并将其赋给 results 变量。注意，如果 SQL 查询没有找到匹配的行，那么 fetchone 方法将返回 None。

如果 results 变量不等于 None，第 19 行的 if 语句将执行第 20 行~第 32 行的代码。第 21 行和第 22 行显示了一个包括产品描述的提示，要求用户确认是否要删除该行。如果是，第 26 行~第 28 行的语句将删除 Products 表中的这一行。第 31 行将更改提交到数据库，第 32 行打印一条确认产品已删除的消息。

如果在 Products 表中没有找到用户输入的产品 ID，那么会执行第 33 行的 else 子句。第 35 行会显示一条提示消息。

最后，第 38 行关闭与数据库的连接。

14.7.5 确定删除的行数

执行 DELETE 语句后，可以读取 rowcount 属性的值来确定删除的行数。以下交互会话对此进行了演示。假设已经连接到 chocolate.db 数据库，cur 是一个 Cursor 对象。

```
1 >>> cur.execute('''DELETE FROM Products Enter
2 ...                 WHERE Description LIKE "%Chips%"''') Enter
3 <sqlite3.Cursor object at 0x035432A0>
4 >>> conn.commit() Enter
5 >>> print(cur.rowcount) Enter
6 2
7 >>>
```

在这个会话中，第 1 行和第 2 行的 DELETE 语句删除了 Description 列中包含字符串 "Chips" 的所有行。第 5 行打印 cur.rowcount 属性的值，显示总共删除了 2 行。

🕐 检查点

14.32 写一个 SQL 语句，在 chocolate.db 数据库的 Products表 中将所有巧克力片产品（含 "chip" 字样）的价格更改为 4.99 美元。

14.33 写一个 SQL 语句，在 chocolate.db 数据库的 Products 表中删除 UnitCost 超过 4.00 美元的所有行。

14.8 深入主键

概念：主键唯一地标识表中的每一行。在 SQLite 中，每个表都有一个名为 RowID 的 INTEGER 标识列。在表中创建一个 INTEGER PRIMARY KEY 列，该列会成为 RowID 列的别名。复合键是通过组合两个或多个现有列创建的键。

在现实世界中，我们需要识别人和物的方法。例如，如果你是一名学生，那么学校可能会为你分配一个学生 ID。这个 ID 是独一无二的。学校里没有其他学生和你有相同的

ID。任何时候，学校需要存储有关你的数据，例如某门课的成绩、已完成的专业课时等，你的 ID 都会和这些数据一起存储。在现实世界中，还有许多其他例子说明了用于识别人和物的唯一号码。例如，驾驶员有驾照号码。员工有员工 ID，产品有序列号，等等。

在数据库表中，必须有一种方法来标识表中的每一行。这就是主键的作用。主键最简单的形式就是为表中每一行都保存唯一值的列。本章前面看到了使用 chocolate.db 数据库的一些例子。在该数据库中，Products 表有一个名为 ProductID 的 INTEGER 列用作主键。之前说过，ProductID 列是作为标识列来创建的。这意味着每当表中添加一个新行时，如果没有为 ProductID 列提供值，数据库管理系统会自动为该列生成一个值。

需要记住以下关于主键的规则。

- 主键必须有一个值，不能为 NULL。
- 每一行的主键值必须唯一。一个表中不能有两行具有相同的主键。
- 一个表只能有一个主键。不过，可以将多列组合起来创建一个复合键，详情稍后讨论。

14.8.1 SQLite 中的 RowID 列

在 SQLite 中创建表时，该表将自动拥有一个名为 RowID 的 INTEGER 列。SQLite DBMS 在其内部算法中使用 RowID 列来访问表中的数据。RowID 列是自动递增的。每次向表中添加新行，都会为 RowID 列分配一个比当前存储在 RowID 列中的最大值大 1 的整数值。

执行 SELECT 语句（例如 SELECT*FROM *TableName*）后，不会在结果中看到 RowID 列的内容。不过，可以使用 SELECT RowID FROM *TableName* 这样的语句显式搜索 RowID 列。例如，在以下交互会话中，假设我们已连接到 chocolate.db 数据库，并且 cur 是 Products 表的 Cursor 对象：

```
>>> cur.execute('SELECT RowID From Products') Enter
<sqlite3.Cursor object at 0x0030FD20>
>>> cur.fetchall() Enter
[(1,), (2,), (3,), (4,), (5,), (6,), (7,), (8,), (9,), (10,)]
```

使用 INSERT 语句向表中添加一行时，可以为 RowID 列显式提供一个值，只要该值是唯一的即可。如果为 RowID 列提供的值已在另一行中使用了，那么 DMBS 会抛出异常。

也可以使用 UPDATE 语句更改 RowID 列现有的值，只要新值是唯一的即要。如果试图将 RowID 列的值更改为已在另一行中使用的值，那么 DMBS 会抛出异常。

SQLite 会隐式地防止为 RowID 列赋值 NULL。如果试图为 RowID 列赋值 NULL，DBMS 会忽视你的请求，直接为该列赋值一个自动递增的整数。

14.8.2 SQLite 中的整数主键

在 SQLite 中将一列指定为 INTEGER PRIMARY KEY 后，该列将成为 RowID 列的别名。在操作表的 INTEGER PRIMARY KEY 列时，实际操作的是 RowID 列。例如，在以下交互会话中，假设我们已连接到 chocolate.db 数据库，并且 cur 是 Products 表的 Cursor 对象：

```
>>> cur.execute('SELECT ProductID From Products') [Enter]
<sqlite3.Cursor object at 0x0030FD20>
>>> cur.fetchall() [Enter]
[(1,), (2,), (3,), (4,), (5,), (6,), (7,), (8,), (9,), (10,)]
```

该会话将获取 ProductID 列的值，即 1，2，3……10。之前说过，ProductID 列是一个 INTEGER PRIMARY KEY。如果查询 RowID 列的值，会看到与以下交互会话中演示的相同的值：

```
>>> cur.execute('SELECT RowID From Products') [Enter]
<sqlite3.Cursor object at 0x0030FD20>
>>> cur.fetchall() [Enter]
[(1,), (2,), (3,), (4,), (5,), (6,), (7,), (8,), (9,), (10,)]
```

由于 INTEGER PRIMARY KEY 只是 RowID 列的别名，所以之前描述的 RowID 列的所有特征都适用于 INTEGER PRIMARY KEY。

14.8.3 非整数主键

到目前为止的例子使用的都是整数主键。但是，可以指定任何类型的列作为表的主键。例如，假设要创建一个保存员工数据的数据库，每个员工都有唯一的由字母和数字组成的员工 ID。由于每个员工 ID 都是唯一的，所以可以将其用作主键，如以下 SQL 语句所示：

```
CREATE TABLE Employees (EmployeeID TEXT PRIMARY KEY NOT NULL,
                        Name TEXT,
                        PayRate REAL)
```

在这个例子中，EmployeeID 列被声明为 TEXT 类型的主键。我们还向该列应用了 NOT NULL 约束，以防止分配空值。

使用非整数主键时，必须确保每次向表中添加行时都为主键列显式分配唯一的非空值，否则将出现错误。

📎 **注意**：对主键使用 NOT NULL 约束非常重要，因为如果不使用该约束，SQLite 将允许在主键中存储空值。唯一的例外是将列声明为 INTEGER PRIMARY KEY。如果为 INTEGER PRIMARY KEY 赋值 NULL，DBMS 将为该列赋值一个自动递增的整数。这是因为 INTEGER PRIMARY KEY 只是 RowID 列的别名。

14.8.4 复合键

主键在表中的每一行都要包含唯一的数据。但有的时候，表中没有任何一列的数据是唯一的。在这种情况下，现有的所有列都不能用作主键。例如，假设要设计一个数据库表，其中包含以下有关大学校园内教室的数据：

- 教室编号：每栋楼的教室都有编号，例如 101，102 等

- 楼宇名称：校园中的每栋建筑都有一个名称，例如 " 工程 " 、 " 生物 " 或 " 商业 "
- 座位数：每个教室都有最大座位数，例如 20，50 或 100

我们决定将数据库表命名为 Classrooms,，并包含以下列：

```
RoomNumber: INTEGER
Building: TEXT
Seats: INTEGER
```

在设计数据库表时，我们发现所有这些都不能用作主键。房间号不是唯一的，因为每栋楼都有编号为 101、102、103 等的房间。因此，会有多行的 RoomNumber 列具有相同的值。另外，由于每栋教学楼都有多个教室，多行的 Building 值都会相同，所以不能使用教学楼名称。座位数也不是唯一的，因为会有多个教室的座位数相同，会有多行的 Seats 列具有相同的值。

为了创建主键，我们此时有两个选择。第一个选择是添加一个标识列，例如 INTEGER PRIMARY KEY。第二个选择是创建**复合键**，即把两个或两个以上的列组合起来创建唯一值。在 Classrooms 表中，可以将 RoomNumber 列和 Building 列组合起来创建唯一值。虽然有几个房号都是 101，但只有一个生物 101 和一个工程 101。

在 SQL 中，我们使用 CREATE TABLE 语句的以下常规格式来创建复合键。

```
CREATE TABLE TableName (ColumnName1 DataType1,
                        ColumnName2 DataType2,
                        ...
                        PRIMARY KEY(ColumnName1, ColumnName1, ...)))
```

注意，在列声明列表之后是 PRIMARY KEY 表约束，后跟圆括号内的一个列名列表。圆括号内的这些列将组合起来创建主键。下例说明了如何创建 Classrooms 表，并将 RoomNumber 和 Building 列用作复合键：

```
CREATE TABLE Classrooms (RoomNumber INTEGER NOT NULL,
                         Building TEXT NOT NULL,
                         Seats INTEGER,
                         PRIMARY KEY(RoomNumber, Building))
```

注意，我们对 RoomNumber 和 Building 列都应用了 NOT NULL 约束。这一点很重要，因为构成主键的任何列都不能为 NULL。

检查点

14.34 主键可以设为 NULL 吗？

14.35 可以将表中两行或多行的主键设为同一个值吗？

14.36 RowID 列的数据类型是什么？

14.37 假设表的 RowID 列包含以下值：1，2，3，7 和 99。如果向表中添加新行，但未显式地为新行的 RowID 列赋值，那么 DBMS 会自动为该列赋什么值？

14.38 在 SQLite 中，`INTEGER PRIMARY KEY` 列和 `RowID` 列有什么关系？

14.39 什么是复合键？

14.9 处理数据库异常

概念：sqlite3 模块定义了自己的异常，会在发生数据库错误时抛出。

sqlite3 模块定义了一个名为 Error 的异常，会在发生数据库错误时抛出。为了得体地处理这些错误，应该在 try/except 语句中编写操作数据库的代码。下面是使用 try/except 语句来处理数据库错误时的常规格式：

```
 1   conn = None
 2   try:
 3       conn = sqlite3.connect(DatabaseName)
 4       cur = conn.Cursor()
 5
 6       # 在这里执行数据库操作
 7
 8   except sqlite3.Error:
 9
10       # 处理数据库异常
11
12   except Exception:
13
14       # 处理一般异常
15
16   finally:
17       if conn != None:
18           conn.close()
```

在这个会话中，我们首先在第 1 行为 conn 变量赋值 None。然后，在 try suite 中执行所有数据库操作（第 3 行～第 7 行）。如果 try suite 中的代码抛出了数据库异常，那么程序将跳转到第 8 行的 except 子句。如果 try suite 中的任何代码抛出了一般的非数据库异常，那么程序将跳转到第 12 行的 except 子句。

无论是否抛出异常，finally suite 中的代码始终都会执行，所以，我们在这里关闭数据库连接。第 17 行的 if 语句测试 conn 变量的值。如果 conn 变量的值不等于 None，我们就知道数据库连接已成功打开（在第 3 行），所以可以执行第 18 行的语句来关闭连接。但是，如果 conn 变量的值保持为 None，我们就知道数据库连接从未打开过，因此没有理由关闭它。程序 14.14 展示了一个完整的异常处理例子。

程序 14.14 exception_handling.py

```
 1   import sqlite3
 2
 3   def main():
```

```
4          # 循环控制变量
5          again = 'y'
6
7          while again == 'y':
8              # 获取商品 ID、名称和价格
9              item_id = int(input(' 商品ID: '))
10             item_name = input(' 商品名称: ')
11             price = float(input(' 价格: '))
12
13             # 将商品添加到数据库
14             add_item(item_id, item_name, price)
15
16             # 再添加一种商品吗?
17             again = input(' 继续添加商品吗? (y/n): ')
18
19 # add_item 函数向数据库添加一种商品
20 def add_item(item_id, name, price):
21     # 初始化一个数据库连接变量
22     conn = None
23
24     try:
25         # 连接数据库
26         conn = sqlite3.connect('inventory.db')
27
28         # 获取游标
29         cur = conn.cursor()
30
31         # 将商品添加到 Inventory 表
32         cur.execute('''INSERT INTO Inventory (ItemID, ItemName, Price)
33                      VALUES (?, ?, ?)''',
34                      (item_id, name, price))
35
36         # 提交更改
37         conn.commit()
38
39     except sqlite3.Error as err:
40         print(err)
41
42     finally:
43         # 关闭连接
44         if conn != None:
45             conn.close()
46
47 # 调用 main 函数
48 if __name__ == '__main__':
49     main()
```

程序输出（用户输入的内容加粗）

```
商品 ID: 1 Enter
商品名称: Jack Hammer Enter
价格: 299.99 Enter
UNIQUE constraint failed: Inventory.ItemID
继续添加商品吗? (y/n): n Enter
```

该程序允许用户向 inventory.db 数据库的 Inventory 表添加一种新商品。注意，ItemID 列是一个 INTEGER PRIMARY KEY。在示例运行中，用户试图添加的商品 ID 和表中现有的重复了，所以导致第 32 行～第 34 行的代码抛出异常。但是，我们没有让程序崩溃，而是用 try/except 语句处理了异常。

检查点

14.40 要想得体地处理 SQLite 数据库错误，我们应该捕捉什么异常？

14.10 CRUD 操作

概念：数据库应用程序的 4 个基本操作是创建、读取、更新和删除。

CRUD 是创建（Create）、读取（Read）、更新（Update）和删除（Delete）的首字母缩写。这是数据库应用程序执行的 4 种基本操作。下面对每种操作进行简要说明。

- 创建：在数据库中创建新的数据集的过程，通过 SQL INSERT 语句进行。
- 读取：从数据库中读取现有的数据集，通过 SQL SELECT 语句进行。
- 更新：更改（或者说更新）数据库中现有的数据集，通过 SQL UPDATE 语句进行。
- 删除：从数据库中删除一个数据集，通过 SQL DELETE 语句进行。

聚光灯：库存 CRUD 应用程序

下面来研究一个示例 CRUD 应用程序。程序 14.15 在本章之前介绍过的 inventory.db 数据库上执行 CRUD 操作。数据库中有一个名为 Inventory 的表，其中包含以下列和数据：

ItemID	ItemName	Price
1	Screwdriver	4.99
2	Hammer	12.99
3	Vice Grips	14.99
4	Saw	24.99
5	Drill	89.99
6	Tape Measure	8.99

其中，ItemID 列是 INTEGER PRIMARY KEY 类型，ItemName 列是 TEXT 类型，Price 列是 REAL 类型。

　　这是一个**由菜单驱动的程序**，这意味着它会显示一个供用户选择的选项清单。程序运行时会显示以下菜单：

```
---- 库存菜单 ----
1. 添加新商品
2. 查询商品
3. 更新商品
4. 删除商品
5. 退出程序
请输入你的选择：
```

　　用户可以输入 1~5 之间的整数来执行一个操作。输入 1 可以在数据库中添加一种新商品，如下例所示：

```
---- 库存菜单 ----
1. 添加新商品
2. 查询商品
3. 更新商品
4. 删除商品
5. 退出程序
请输入你的选择：1 [Enter]
添加新商品
商品名称：Jack Hammer [Enter]
价格：299.99 [Enter]
```

　　程序提示用户输入商品名称和价格。输入价格后，会在数据库中添加该商品，菜单会再次出现。输入 2 可以查询数据库中现有的商品，如下例所示：

```
---- 库存菜单 ----
1. 添加新商品
2. 查询商品
3. 更新商品
4. 删除商品
5. 退出程序
请输入你的选择：2 [Enter]
输入商品名称：jack hammer [Enter]
ID: 7    名称：Jack Hammer    价格：299.99
找到 1 行结果。
```

　　用户输入要查询的商品名称后，程序将执行一次不区分大小写的搜索，查找与该名称相匹配的商品。找到符合条件的商品后，会显示它的 ID、名称和价格。菜单会再次出现。输入 3 可以更新现有商品，如下例所示：

```
---- 库存菜单 ----
1. 添加新商品
2. 查询商品
3. 更新商品
4. 删除商品
```

```
5. 退出程序
请输入你的选择：3 [Enter]
输入商品名称：jack hammer [Enter]
ID: 7    名称：Jack Hammer      价格：299.99
找到 1 行结果。
输入一个商品 ID: 7 [Enter]
输入新的商品名称：Heavy Duty Jack Hammer [Enter]
输入新的价格：399.99 [Enter]
已更新 1 行。
```

用户输入商品名称后，程序将执行一次不区分大小写的搜索，查找与该名称相匹配的商品。找到符合条件的商品后，会显示它的 ID、名称和价格。注意，可能会找到不止一个匹配的商品，因此程序会提示用户输入要更新的商品的 ID。接着，程序提示用户输入新的商品名称和价格。然后，选定的商品会用新值进行更新，菜单也会再次出现。

输入 4 可以删除一种商品，如下例所示。

```
---- 库存菜单 ----
1. 添加新商品
2. 查询商品
3. 更新商品
4. 删除商品
5. 退出程序
请输入你的选择：4 [Enter]
输入商品名称：heavy duty jack hammer [Enter]
ID: 7    名称：Heavy Duty Jack Hammer 价格：399.99
找到 1 行结果。
输入要删除的商品 ID: 7 [Enter]
你确定要删除该商品吗？(y/n)：y [Enter]
已删除 1 行。
```

用户输入商品名称后，程序将执行一次不区分大小写的搜索，查找与该名称相匹配的商品。找到符合条件的商品后，会显示它的 ID、名称和价格。注意，可能会找到不止一个匹配的商品，因此程序会提示用户输入要删除的商品的 ID。接着，程序会要求用户确认是否删除该商品。用户需要回答 "y" 或 "Y" 才会从表中删除该商品。否则，商品不会删除，菜单将再次出现。

要退出程序，在菜单上输入 5 即可。

程序 14.15 inventory_crud.py

```
1   import sqlite3
2
3   MIN_CHOICE = 1
4   MAX_CHOICE = 5
5   CREATE = 1
6   READ = 2
7   UPDATE = 3
```

```
 8   DELETE = 4
 9   EXIT = 5
10
11  def main():
12      choice = 0
13      while choice != EXIT:
14          display_menu()
15          choice = get_menu_choice()
16
17          if choice == CREATE:
18              create()
19          elif choice == READ:
20              read()
21          elif choice == UPDATE:
22              update()
23          elif choice == DELETE:
24              delete()
25
26  # display_menu 函数显示主菜单
27  def display_menu():
28      print('\n---- 库存菜单 ----')
29      print('1. 添加新商品 ')
30      print('2. 查询商品 ')
31      print('3. 更新商品 ')
32      print('4. 删除商品 ')
33      print('5. 退出程序 ')
34
35  # get_menu_choice 函数获取用户的菜单选择
36  def get_menu_choice():
37      # 获取用户的选择
38      choice = int(input(' 请输入你的选择：'))
39
40      # 校验用户的输入
41      while choice < MIN_CHOICE or choice > MAX_CHOICE:
42          print(f' 有效选择是 {MIN_CHOICE} 到 {MAX_CHOICE}。')
43          choice = int(input(' 请输入你的选择：'))
44
45      return choice
46
47  # create 函数添加新商品
48  def create():
49      print(' 添加新商品 ')
50      name = input(' 商品名称：')
51      price = input(' 价格：')
52      insert_row(name, price)
53
```

```
54 # read 函数查询现有商品
55 def read():
56     name = input('输入商品名称：')
57     num_found = display_item(name)
58     print(f'找到 {num_found} 行结果。')
59
60 # update 函数更新现有商品的数据
61 def update():
62     # 首先要求用户输入商品名称
63     read()
64
65     # 获取要更新的商品的 ID
66     selected_id = int(input('输入一个商品 ID：'))
67
68     # 获取新的商品名称和价格
69     name = input('输入新的商品名称：')
70     price = input('输入新的价格：')
71
72     # 更新行
73     num_updated = update_row(selected_id, name, price)
74     print(f'已更新 {num_updated} 行。')
75
76 # delete 函数删除商品
77 def delete():
78     # 首先要求用户输入商品名称
79     read()
80
81     # 获取要删除的商品的 ID
82     selected_id = int(input('输入要删除的商品 ID：'))
83
84     # 确认删除
85     sure = input('你确定要删除该商品吗？ (y/n)：')
86     if sure.lower() == 'y':
87         num_deleted = delete_row(selected_id)
88         print(f'已删除 {num_deleted} 行。')
89
90 # insert_row 函数在 Inventory 表中插入一个新行
91 def insert_row(name, price):
92     conn = None
93     try:
94         conn = sqlite3.connect('inventory.db')
95         cur = conn.cursor()
96         cur.execute('''INSERT INTO Inventory (ItemName, Price)
97                        VALUES (?, ?)''',
98                     (name, price))
99         conn.commit()
```

```
100      except sqlite3.Error as err:
101          print(' 发生数据库错误 ', err)
102      finally:
103          if conn != None:
104              conn.close()
105
106 # display_item 函数显示具有
107 # 匹配 ItemName 的所有商品。
108 def display_item(name):
109     conn = None
110     results = []
111     try:
112         conn = sqlite3.connect('inventory.db')
113         cur = conn.cursor()
114         cur.execute('''SELECT * FROM Inventory
115                        WHERE lower(ItemName) == ?''',
116                     (name.lower(),))
117         results = cur.fetchall()
118
119         for row in results:
120             print(f'ID: {row[0]:<3} 名称 : {row[1]:<15} '
121                   f' 价格 : {row[2]:<6}')
122     except sqlite3.Error as err:
123         print(' 发生数据库错误 ', err)
124     finally:
125         if conn != None:
126             conn.close()
127     # 返回匹配行的数量
128     return len(results)
129
130 # update_row 函数用新的 ItemName 和 Price 来
131 # 更新现有的行。函数返回更新的行的数量。
132 def update_row(id, name, price):
133     conn = None
134     try:
135         conn = sqlite3.connect('inventory.db')
136         cur = conn.cursor()
137         cur.execute('''UPDATE Inventory
138                        SET ItemName = ?, Price = ?
139                        WHERE ItemID == ?''',
140                     (name, price, id))
141         conn.commit()
142         num_updated = cur.rowcount
143     except sqlite3.Error as err:
144         print(' 发生数据库错误 ', err)
145     finally:
```

```
146            if conn != None:
147                conn.close()
148
149        return num_updated
150
151    # delete_row 函数删除现有商品。
152    # 函数返回删除行的数量。
153    def delete_row(id):
154        conn = None
155        try:
156            conn = sqlite3.connect('inventory.db')
157            cur = conn.cursor()
158            cur.execute('''DELETE FROM Inventory
159                           WHERE ItemID == ?''',
160                        (id,))
161            conn.commit()
162            num_deleted = cur.rowcount
163        except sqlite3.Error as err:
164            print(' 发生数据库错误 ', err)
165        finally:
166            if conn != None:
167                conn.close()
168
169        return num_deleted
170
171    # 调用 main 函数
172    if __name__ == '__main__':
173        main()
```

下面来仔细看看代码。

- 全局常量：第 3 行~第 9 行定义了与菜单配合使用的全局常量。MIN_CHOICE 是用户选择菜单选项时可以输入的最小数字，MAX_CHOICE 是最大数字。常量 CREATE、READ、UPDATE、DELETE 和 EXIT 分别对应用户在选择一个操作时可以输入的菜单选项编号。

- main 函数：main 函数使用 while 循环重复显示菜单，并执行用户选择的操作。循环会一起重复，直到用户输入 5 退出程序。每次迭代时，循环都会先在第 14 行调用 display_menu 函数，然后在第 15 行调用 get_menu_choice 函数。第 17 行~第 24 行的 if/elif 语句调用相应的函数来执行用户选择的操作。

- display_menu 函数：该函数在第 27 行~第 33 行定义，用于显示菜单。它会由 main 函数调用。

- get_menu_choice 函数：该函数在第 36 行~第 45 行定义，用于获取用户的菜单选择。第 41 行~第 43 行的循环将校验用户的选择。一旦输入了有效的选择，函数就会返回。该函数会由 main 函数调用。

- create 函数：该函数在第 48 行～第 52 行定义。当用户选择菜单选项 1 时，main 函数将调用该函数。它从用户处获取商品名称和价格，然后将这些值传递给 insert_row 函数。

- read 函数：该函数在第 55 行～第 58 行定义。当用户选择菜单项 2 时，main 函数会调用该函数。注意，update 函数和 delete 函数也会调用该函数。read 函数从用户处获取商品名称，然后将该名称传递给 display_item 函数。display_item 函数将显示 Inventory 表中 ItemName 列与用户输入的名称相匹配的所有行。display_item 函数还会返回匹配行的数量。read 函数最后会显示这个数量。

- update 函数：该函数在第 61 行～第 74 行定义。当用户选择菜单项 3 时，main 函数会调用该函数。第 63 行调用了 read 函数，让用户输入要在 Inventory 表查找的商品名称。read 函数可能会显示多行结果，因此第 66 行提示用户输入具体要更新哪个商品的 ID。然后，第 69 行和第 70 行要求用户输入新的商品名称和价格。第 73 行将商品 ID 及其新名称和价格传递给 update_row 函数，该函数在数据库中更新该商品的数据。update_row 函数返回已更新的行数。update 函数最后会显示这个行。

- delete 函数：该函数在第 77 行～第 88 行定义。当用户选择菜单项 4 时，main 函数会调用该函数。第 79 行调用了 read 函数，让用户输入要在 Inventory 表中删除的商品的名称。read 函数可能会显示多行结果，因此第 82 行提示用户输入具体要删除哪个商品的 ID。然后，第 85 行要求用户确认是否删除该商品。如果用户输入 "y" 或 "Y"，那么商品 ID 会被传递给 delete_row 函数，后者将从数据库中删除该商品。delete_row 函数返回被删除的行数。delete 函数最后会显示该行数。

- insert_row 函数：该函数在第 91 行～第 104 行定义。它会由 create 函数调用，接收要添加的新商品的名称和价格作为参数。该函数打开与 inventory.db 数据库的连接，获取 Inventory 表的 Cursor 对象，并使用 SQL INSERT 语句将新商品插入表中。任何数据库错误都会通过 try/except 语句得到处理。数据库连接会在 finally suite 中关闭。

- display_item 函数：该函数在第 108 行～第 128 行定义。它会由 read 函数调用，接收要查询的商品名称作为参数。该函数打开与 inventory.db 数据库的连接，获取 Inventory 表的 Cursor 对象，并使用 SQL SELECT 语句获取 ItemName 列与作为参数传递的商品名称相匹配的所有行。结果行会显示出来。任何数据库错误都会通过 try/except 语句得到处理。数据库连接会在 finally suite 中关闭。函数返回符合条件的行数。

- update_row 函数：该函数在第 132 行～第 149 行定义。它会由 update 函数调用，接收商品的 ID、名称和价格作为参数。该函数打开与 inventory.db 数据库的连接，获取 Inventory 表的 Cursor 对象，并使用 SQL UPDATE 语句更新 ItemID 列与作为参数传递给函数的 ID 相匹配的行。匹配行的 `Name` 列和 `Price` 列也会使用作为参数传递的名称和价格进行更新。任何数据库错误都会通过 try/except 语句得到处理。数据库连接会在 finally suite 中关闭。函数返回更新的行数。

- `delete_row` 函数：该函数在第 153 行 ~ 第 169 行定义。它会由 delete 函数调用，并接收商品 ID 作为参数。该函数打开与 inventory.db 数据库的连接，获取 `Inventory` 表的 `Cursor` 对象，并使用 `SQL DELETE` 语句删除 `ItemID` 列与作为参数传递给函数的 ID 相匹配的行。任何数据库错误都会通过 try/except 语句得到处理。数据库连接会在 finally suite 中关闭。函数返回删除的行数。

14.11 关系数据库

概念：在关系数据库中，一个表中的列可与其他表中的列关联。这种关联在表之间建立了一种关系。

设计数据库时，应避免数据的重复。重复的数据不仅会浪费存储空间，还会导致数据库中存储的信息不一致和相互冲突。例如，假设要为一家在多个城市都设有办事处的公司设计一个数据库来保存员工数据。我们可能倾向于将员工的所有数据都放到一个表中，如图 14.6 所示。

员工 ID	姓名	职位	部门	城市
1	Arlene Meyers	Director	Research and Development	San Jose（圣何塞）
2	Janelle Grant	Engineer	Manufacturing	Austin（奥斯汀）
3	Jack Smith	Manager	Marketing	New York City（纽约）
4	Sonia Alvarado	Auditor	Accounting	Boston（波士顿）
5	Renee Kincaid	Designer	Marketing	New York City（纽约）
6	Curt Green	Supervisor	Manufacturing	Austin（奥斯汀）

图 14.6 员工数据

注意，在图 14.6 中，Jack Smith 和 Renee Kincaid 都在纽约办事处。假设公司关闭了纽约办事处，并将该办事处的所有员工搬迁到其他城市。为此，我们必须更新这个表。由于纽约这个地点出现在多行中，所以必须确保每一行都要改到。遗漏其中任何一行，表中的数据就会出错。

另外要注意，Janelle Grant 和 Curt Green 都在 Manufacturing 部门。假设管理层决定将 Manufacturing 部门更名为 Product Development。同样，我们将不得不再次更新这个表，而且必须确保更改其中包含 Manufacturing 部门名称的每一行。

为了避免数据重复可能导致的问题，我们应该用不同的表来分隔数据。检查图 14.6 的表，你会发现其中同时包含了员工数据、部门数据和地点数据。所以，不要将所有这些数据都存储到一个大表中。相反，应该将其分解为三个表：Departments, Locations 和 Employees。下面展示了每个表包含的列：

Departments 表：
- DepartmentID—INTEGER（主键）
- DepartmentName—TEXT

Locations 表：
- LocationID—INTEGER（主键）
- City—TEXT

Employees 表：
- EmployeeID—INTEGER（主键）
- Name—TEXT
- Position—TEXT
- DepartmentID—INTEGER
- LocationID—INTEGER

在 Departments 表 中，DepartmentID 列 是 一 个 INTEGER PRIMARY KEY，DepartmentName 列保存部门名称。在 Locations 表中，LocationID 列是一个 INTEGER PRIMARY KEY，City 列是一个城市的名称。

Employees 表包含下面这几列：
- EmployeeID：INTEGER PRIMARY KEY
- Name：员工的姓名
- Position：员工的职位
- DepartmentID：员工所在部门的 DepartmentID
- LocationID：员工所在地点的 LocationID

向 Employees 表中添加员工时，我们不是存储具体的部门名称，而是存储员工所在部门的 DepartmentID。部门名称已存储在 Departments 表中，因此无需在 Employees 表中重复存储。要知道某个员工属于哪个部门，只需从 Employees 表中与该员工对应的行获取 DepartmentID，然后使用该 ID 从 Departments 表中检索具体的部门名称。

员工的工作地点也是如此。我们不是存储城市名称，而是存储 LocationID。然后，就可以使用 LocationID 从 Locations 表中检索城市名称。要知道某个员工在哪个城市工作，只需从 Employees 表中与该员工对应的行获取 LocationID，然后使用该 ID 从 Locations 表中检索城市名称。

用单独的表来避免数据的重复，我们不仅减少了数据所需的存储量，还降低了数据发生变化时数据库中出现错误数据的几率。以员工数据库为例，下面来看看可能发生的一些情况。

- 某个城市的办事处搬到了另一个城市：假设某个城市的办事处搬到了另一个城市，这些办事处的所有员工也会随之搬迁。我们更新 Locations 表中的 City 列，但 LocationID 保持不变。随后，Employees 表中引用了旧城市的所有行现在都会引用新城市。
- 部门名称发生更改：如果更改了部门名称，Departments 表中的部门名称会被更新，但 DepartmentID 保持不变。Employees 表中引用了旧部门名称的所有行现在都会引用新部门名称。

14.11.1 外键

外键是指一个表中的列引用了另一个表中的主键。在 Employees 表中，DepartmentID 列和 LocationID 列都是外键。

- Employees 表的 DepartmentID 列引用了 Departments 表的 DepartmentID 列。前面说过，DepartmentID 是 Departments 表的主键。
- Employees 表的 LocationID 列引用了 Locations 表的 LocationID 列。前面说过，LocationID 是 Locations 表的主键。

向 Employees 表添加一行时，该行在 DepartmentID 列中存储的值必须与 Departments 表的 DepartmentID 列中一个现有的值匹配。这样就在 Employees 表和 Departments 表之间建立了一个关系。类似地，在 Employees 表的 LocationID 列中存储的值必须与 Locations 表的 LocationID 列中一个现有的值匹配。这样就在 Employees 表和 Locations 表之间建立了一个关系。

14.11.2 实体关系图 (ERD)

系统设计师经常使用**实体关系图**（entity relationship diagram，ERD）显示数据库表之间的关系。图 14.7 展示了在我们的例子中，Departments、Locations 和 Employees 这三个表的实体关系图。图中用 (PK) 表示主键（primary key），用 (FK) 表示外键（foreign key）。表之间的线展示了表之间的关系。这个图中存在两种类型的关系：

- 一对多关系：表 A 中的一行可能由表 B 中的多行引用
- 多对一关系：表 A 中的多行可能引用表 B 中的一行

图 14.7 实体关系图

注意，每条线的两端都显示了"1"或无穷大符号∞。可以把无穷大符号理解为"多"，把数字1理解为"一"。以连接 Departments 表和 Employees 表的那条线为例。"1"位于这条线靠近 Departments 表的那一端，而无穷大符号位于靠近 Employees 表的那一端。这意味着 Departments 表中的一行可以被 Employees 表中的多行引用。这是有道理的，因为一个部门可以有很多员工。

从另一个方向来看这种关系，就会发现 Employees 表中的多行都可能引用 Departments 表中的一行。下面总结了图 14.7 显示的所有关系。

- Departments 表和 Employees 表之间存在"一对多"关系。Departments 表中的一行可由 Employees 表中的多行引用。
- Employees 表和 Departments 表之间存在"多对一"关系。Employees 表中的多行可以引用 Departments 表中的一行。
- Locations 表和 Employees 表之间存在"一对多"关系。Locations 表中的一行可由 Employees 表中的多行引用。
- Employees 表和 Locations 表之间存在"多对一"关系。Employees 表中的多行可以引用 Locations 表中的一行。

14.11.3　用 SQL 创建外键

假设我们先使用以下 SQL 在数据库中创建了 Employees 表和 Locations 表：

```
CREATE TABLE Departments(DepartmentID INTEGER PRIMARY KEY NOT NULL,
                         DepartmentName TEXT)
CREATE TABLE Locations(LocationID INTEGER PRIMARY KEY NOT NULL,
                       City TEXT)
```

然后，在创建 Employees 表时，我们使用 FOREIGN KEY 表约束来指定外键，如下所示：

```
CREATE TABLE Employees(EmployeeID INTEGER PRIMARY KEY NOT NULL,
                       Name TEXT,
                       Position TEXT,
                       DepartmentID INTEGER,
                       LocationID INTEGER,
                       FOREIGN KEY(DepartmentID) REFERENCES
                           Departments(DepartmentID),
                       FOREIGN KEY(LocationID) REFERENCES
                           Locations(LocationID))
```

注意，这里使用了两个 FOREIGN KEY 表约束。第一个约束指定 DepartmentID 列引用 Departments 表的 DepartmentID 列。第二个约束指定 LocationID 列引用 Locations 表的 LocationID 列。下面是 FOREIGN KEY 表约束的常规格式。

```
FOREIGN KEY(ColumnName) REFERENCES TableName(ColumnName)
```

在 Employees 表中插入一行时，FOREIGN KEY 约束将导致 DBMS 执行检查。只有当 DepartmentID 列包含来自 Departments 表的 DepartmentID 列的一个有效值，而且 LocationID 列包含来自 Locations 表的 LocationID 列的一个有效值时，才允许插入行。否则将发生错误。这样可以确保两个表之间的**引用完整性**。

14.11.4 在 SQLite 中强制外键约束

默认情况下，SQLite 不强制外键的完整性。要在 SQLite 数据库中强制外键的完整性，必须显式启用该功能。假设 cur 是一个 Cursor 对象，以下语句将强制实施外键约束：

```
cur.execute('PRAGMA foreign_keys=ON')
```

下例展示了如何在 Employees 表中插入新行。假设已经创建了 employees.db 数据库，而且 Employees、Departments 和 Locations 表已经包含如图 14.8 所示的值。

Employees 表

EmployeeID	Name	Position	DepartmentID	LocationID
1	Arlene Meyers	Director	4	4
2	Janelle Grant	Engineer	2	1
3	Jack Smith	Manager	3	3
4	Sonia Alvarado	Auditor	1	2
5	Renee Kincaid	Designer	3	3
6	Curt Green	Supervisor	2	1

Departments 表

DepartmentID	DepartmentName
1	Accounting
2	Manufacturing
3	Marketing
4	Research and Development

Locations 表

LocationID	City
1	Austin
2	Boston
3	New York City
4	San Jose

图 14.8 添加新员工前 employees.db 数据库的内容

我们刚刚聘用了一位名叫 Angela Taylor 的新员工，她是位于圣何塞 Research and Development 部门的程序员。程序 14.16 演示了如何在 Employees 表中添加包含她的数据的一个新行。

程序 14.16 add_employee.py

```
1   import sqlite3
2
3   def main():
4       conn = None
5       try:
6           # 连接数据库并获取一个游标
7           conn = sqlite3.connect('employees.db')
8           cur = conn.cursor()
```

```
9
10          # 启用外键约束
11          cur.execute('PRAGMA foreign_keys=ON')
12
13          # 在 Employees 表中插入新行
14          cur.execute('''INSERT INTO Employees
15                          (Name, Position, DepartmentID, LocationID)
16                          VALUES
17                          ("Angela Taylor", "Programmer", 4, 4)''')
18          conn.commit()
19          print(' 员工已成功添加。')
20      except sqlite3.Error as err:
21          # 如果发生异常，打印错误消息
22          print(err)
23      finally:
24          # 如果连接已经打开，将其关闭
25          if conn:
26              conn.close()
27
28  # 调用 main 函数
29  if __name__ == '__main__':
30      main()
```

程序输出

员工已成功添加。

下面来仔细看看这个程序。第 4 行将 conn 变量初始化为 None。第 5 行开始一个 try/except 语句。在 try suite 中，第 7 行和第 8 行连接到数据库并获取一个 Cursor 对象。第 11 行启用了 SQLite 的外键约束功能。

第 14 行~第 17 行执行 INSERT 语句，将新员工数据添加到 Employees 表中。注意，我们向列中添加了以下数据：

- EmployeeID：我们不为该列提供值。由于它是 INTEGER PRIMARY KEY，所以 DBMS 会自动为其生成一个值
- Name："Angela Taylor"
- Position："Programmer"
- DepartmentID：4，这是 Research and Development 部门的 DepartmentID
- LocationID：4，这是圣何塞的 LocationID

第 18 行将更改提交到数据库。第 19 行打印一条消息，说明员工已成功添加。

如果因为数据库错误而发生异常，将跳转到第 20 行的 except 子句进行处理。第 22 行打印异常的默认错误信息。无论异常是否发生，第 23 行的 finally 子句都会执行。第 25 行的 if 语句判断数据库连接是否打开。如果是，第 26 行的语句会将其关闭。程序运行后，数据库将包含如图 14.9 所示的数据。

Employees表

EmployeeID	Name	Position	DepartmentID	LocationID
1	Arlene Meyers	Director	4	4
2	Janelle Grant	Engineer	2	1
3	Jack Smith	Manager	3	3
4	Sonia Alvarado	Auditor	1	2
5	Renee Kincaid	Designer	3	3
6	Curt Green	Supervisor	2	1
7	Angela Taylor	Programmer	4	4

Departments表

DepartmentID	DepartmentName
1	Accounting
2	Manufacturing
3	Marketing
4	Research and Development

Locations表

LocationID	City
1	Austin
2	Boston
3	New York City
4	San Jose

图 14.9 添加新员工后 employees.db 数据库的内容

向 Employees 表添加新行时，我们必须记住 DepartmentID 和 LocationID 列是外键。保存到 Employees 表的 DepartmentID 列的任何值必须已经存在于 Departments 表的 DepartmentID 列中。类似地，保存到 LocationID 列的任何值必须已经存在于 Locations 表的 LocationID 列中。程序 14.17 演示了试图添加违反上述某个规则的行会发生什么情况。

程序 14.17 add_bad_employee_data.py

```
1   import sqlite3
2
3   def main():
4       conn = None
5       try:
6           # 连接数据库并获取一个游标
7           conn = sqlite3.connect('employees.db')
8           cur = conn.cursor()
9
10          # 启用外键约束
11          cur.execute('PRAGMA foreign_keys=ON')
12
13          # 在 Employees 表中插入新行
14          cur.execute('''INSERT INTO Employees
15                          (Name, Position, DepartmentID, LocationID)
16                      VALUES
17                          ("Bill Swift", "Intern", 99, 1)''')
18          conn.commit()
19          print(' 员工已成功添加。')
20      except sqlite3.Error as err:
21          # 如果发生异常，打印错误消息
22          print(err)
```

```
23    finally:
24        # 如果连接已经打开，将其关闭
25        if conn:
26            conn.close()
27
28 # 调用 main 函数
29 if __name__ == '__main__':
30    main()
```

程序输出

```
FOREIGN KEY constraint failed
```

注意，第 17 行添加的行指定 99 作为 `DepartmentID` 列的值。由于 `Departments` 表中没有包含 99 作为 `DepartmentID` 的行，所以 DBMS 抛出一个异常。

14.11.5 更新关系数据

更新具有外键的行时，必须确保不要将外键更改为无效值。例如，以下交互会话假设已经连接到 employees.db 数据库，而且 `cur` 是一个 `Cursor` 对象：

```
>>> cur.execute('PRAGMA foreign_keys=ON') [Enter]
<sqlite3.Cursor object at 0x00B5FD20>
>>> cur.execute('''UPDATE Employees [Enter]
...                SET DepartmentID = 99 [Enter]
...                WHERE Name == "Jack Smith"''') [Enter]
Traceback (most recent call last):
File "<stdin>", line 3, in <module>
sqlite3.IntegrityError: FOREIGN KEY constraint failed
```

前面说过，在 employees.db 数据库的 `Employees` 表中，`DepartmentID` 列是一个外键，它引用 `Departments` 表的 `DepartmentID` 列。更改 `Employees` 表中的 `DepartmentID` 列的值时，必须将其更改为 `Departments` 表中的 `DepartmentID` 列现有的一个值。本例试图在 `Employees` 表中将 Jack Smith 的 `DepartmentID` 更改为 99。由于 `Departments` 表的 `DepartmentID` 列不存在 99 这个值，所以会发生错误。

14.11.6 删除关系数据

如果表 A 有一个外键，该外键引用了表 B 中的一列，那么不能删除表 B 中当前正在被表 A 中的行引用的任何行。如果允许这样做，表 A 中的列就会引用表 B 中不存在的行。

例如，我们知道在 employees.db 数据库的 `Employees` 表中，`LocationID` 列是一个外键，它引用了 `Locations` 表中的 `LocationID` 列。因此，不能删除 `Locations` 表中当前正在由 `Employees` 表中的行引用的任何行。以下交互会话假设已经连接到 employees.db 数据库，而且 `cur` 是一个 `Cursor` 对象：

```
>>> cur.execute('PRAGMA foreign_keys=ON') [Enter]
```

```
<sqlite3.Cursor object at 0x00B5FD20>
>>> cur.execute('DELETE FROM Locations WHERE LocationID == 1') Enter
Traceback (most recent call last):
File "<stdin>", line 1, in <module>
sqlite3.IntegrityError: FOREIGN KEY constraint failed
```

在这个会话中，我们试图在 Locations 表中删除 LocationID 列存储了值 1 的那一行。由于 Employees 表中当前还有一些行在引用该行，因此发生了错误。

14.11.7 在 SELECT 语句中从多个表检索列

将相关的数据存储到多个表中后（例如 employees.db 数据库的情况），我们经常需要在一个 SELECT 语句中从多个表检索数据。例如，假设要打印一个清单来显示每位员工的姓名、部门和工作地点。这同时涉及 Employees 表、Departments 表和 Locations 表中的列。在 SELECT 语句中，不仅需要指定要检索的列的名称，还需要指定这些列所属表的名称。为此，我们将使用**限定列名**。限定列名的常规格式如下所示：

表名 . 列名

例如，Employees.DepartmentID 指定 Employees 表中的 DepartmentID 列，Departments.DepartmentID 指定 Departments 表中的 DepartmentID 列。以下查询展示了一个例子：

```
SELECT
    Employees.Name,
    Departments.DepartmentName,
    Locations.City
FROM
    Employees, Departments, Locations
WHERE
    Employees.DepartmentID == Departments.DepartmentID AND
    Employees.LocationID == Locations.LocationID
```

查询的第一部分指定了要检索的列：

```
SELECT
    Employees.Name,
    Departments.DepartmentName,
    Locations.City
```

查询的第二部分使用 FROM 子句指定要从哪些表中检索数据：

```
FROM
    Employees, Departments, Locations
```

查询的第三部分使用 WHERE 子句指定数据的筛选条件：

```
WHERE
    Employees.DepartmentID == Departments.DepartmentID AND
    Employees.LocationID == Locations.LocationID
```

程序 14.18 演示了这一查询。该程序将列出所有员工的姓名、部门和工作地点。

程序 14.18 print_employee_dept_city.py

```
1   import sqlite3
2
3   def main():
4       conn = None
5       try:
6           # 连接数据库并获取一个游标
7           conn = sqlite3.connect('employees.db')
8           cur = conn.cursor()
9
10          # 启用外键约束
11          cur.execute('PRAGMA foreign_keys=ON')
12
13          # 检索员工姓名、部门和城市
14          cur.execute(
15              '''SELECT
16                     Employees.Name,
17                     Departments.DepartmentName,
18                     Locations.City
19                 FROM
20                     Employees, Departments, Locations
21                 WHERE
22                     Employees.DepartmentID == Departments.DepartmentID AND
23                     Employees.LocationID == Locations.LocationID''')
24      results = cur.fetchall()
25      for row in results:
26          print(f'{row[0]:15} {row[1]:25} {row[2]}')
27      except sqlite3.Error as err:
28          # 如果发生异常，打印错误消息
29          print(err)
30      finally:
31          # 如果连接已经打开，将其关闭
32          if conn:
33              conn.close()
34
35  # 调用 main 函数
36  if __name__ == '__main__':
37      main()
```

程序输出

```
Arlene Meyers    Research and Development  San Jose
Janelle Grant    Manufacturing             Austin
Jack Smith       Marketing                 New York City
Sonia Alvarado   Accounting                Boston
Renee Kincaid    Marketing                 New York City
Curt Green       Manufacturing             Austin
Angela Taylor    Research and Development  San Jose
```

> ⚠ **警告**：联结（join）多个表中的数据时，请务必使用 WHERE 子句来指定筛选条件，将相应的列链接起来。否则可能会生成大量不相关的数据。

🔊 **聚光灯：数据库查询 GUI 应用程序**

　　程序 14.19 是一个 GUI 应用程序，它访问了 employees.db 数据库。程序启动时，会在一个可滚动的 Listbox 控件中显示员工姓名列表，如图 14.10 所示。单击其中某个姓名后，会用一个对话框来显示该员工的信息，如图 14.11 所示。

图 14.10 employee_details 程序

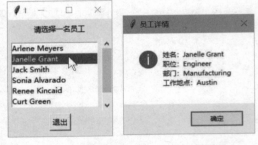

图 14.11 对话框中显示了员工的详情

程序 14.19 employee_details.py

```python
1   import tkinter
2   import tkinter.messagebox
3   import sqlite3
4
5   class EmployeeDetails:
6       def __init__(self):
7           # 创建主窗口
8           self.main_window = tkinter.Tk()
9
10          # 构建主窗口的内容
11          self.__build_main_window()
12
13          # 开始主循环
14          tkinter.mainloop()
15
16      # 构建主窗口
17      def __build_main_window(self):
18          # 创建一个提示标签
19          self.__create_prompt_label()
20
21          # 构建用于容纳列表框的框架
22          self.__build_listbox_frame()
23
```

```
24              # 创建 " 退出 " 按钮
25              self.__create_quit_button()
26
27          # 创建一个提示标签
28          def __create_prompt_label(self):
29              self.employee_prompt_label = tkinter.Label(
30                  self.main_window, text=' 请选择一名员工 ')
31              self.employee_prompt_label.pack(side='top', padx=5, pady=5)
32
33          # 构建一个框架来容纳列表框和滚动条
34          def __build_listbox_frame(self):
35              # 创建一个框架来容纳列表框和滚动条
36              self.listbox_frame = tkinter.Frame(self.main_window)
37
38              # 设置列表框
39              self.__setup_listbox()
40
41              # 创建一个滚动条来滚动显示列表框的内容
42              self.__create_scrollbar()
43
44              # 在列表框中填充员工姓名
45              self.__populate_listbox()
46
47              # 对列表框所在的框架进行 pack
48              self.listbox_frame.pack()
49
50          # 创建列表框来显示员工姓名
51          def __setup_listbox(self):
52              # 创建 Listbox 控件
53              self.employee_listbox = tkinter.Listbox(
54                  self.listbox_frame, selectmode=tkinter.SINGLE, height=6)
55
56              # 为 Listbox 绑定一个回调函数
57              self.employee_listbox.bind(
58                  '<<ListboxSelect>>', self.__get_details)
59
60              # 对列表框进行 pack
61              self.employee_listbox.pack(side='left',padx=5, pady=5)
62
63          # 为列表框创建一个垂直滚动条
64          def __create_scrollbar(self):
65              self.scrollbar = tkinter.Scrollbar(self.listbox_frame,
66                                                 orient=tkinter.VERTICAL)
67              self.scrollbar.config(command=self.employee_listbox.yview)
68              self.employee_listbox.config(yscrollcommand=self.scrollbar.set)
69              self.scrollbar.pack(side='right', fill=tkinter.Y)
```

```
70
71      # 在列表框中显示员工姓名
72      def __populate_listbox(self):
73          for employee in self.__get_employees():
74              self.employee_listbox.insert(tkinter.END, employee)
75
76      # 创建用于退出程序的按钮
77      def __create_quit_button(self):
78          self.quit_button = tkinter.Button(
79                              self.main_window,
80                              text=' 退出 ',
81                              command=self.main_window.destroy)
82          self.quit_button.pack(side='top', padx=10, pady=5)
83
84  # 从数据库创建员工姓名列表
85  def __get_employees(self):
86      employee_list = []
87      conn = None
88      try:
89              # 连接数据库并获取一个游标
90              conn = sqlite3.connect('employees.db')
91              cur = conn.cursor()
92
93              # 执行 SELECT 查询
94              cur.execute('SELECT Name FROM Employees')
95
96              # 查询结果作为一个列表来获取
97              employee_list = [n[0] for n in cur.fetchall()]
98      except sqlite3.Error as err:
99          tkinter.messagebox.showinfo(' 发生数据库错误 ', err)
100     finally:
101             # 如果数据库连接已经打开，就将其关闭
102             if conn != None:
103                 conn.close()
104
105     return employee_list
106
107 # 获取所选员工的详细信息
108 def __get_details(self, event):
109     # 从列表框获取当前选中的姓名
110     listbox_index = self.employee_listbox.curselection()[0]
111     selected_emp = self.employee_listbox.get(listbox_index)
112
113     # 在数据库中查询所选员工的详细信息
114     conn = None
115     try:
```

```
116            # 连接数据库并获取一个游标
117            conn = sqlite3.connect('employees.db')
118            cur = conn.cursor()
119
120            # 执行 SELECT 查询
121            cur.execute(
122                '''SELECT
123                    Employees.Name,
124                    Employees.Position,
125                    Departments.DepartmentName,
126                    Locations.City
127                FROM
128                    Employees, Departments, Locations
129                WHERE
130                    Employees.Name == ? AND
131                    Employees.DepartmentID == Departments.DepartmentID AND
132                    Employees.LocationID == Locations.LocationID''',
133                (selected_emp,))
134
135            # 获取查询结果
136            results = cur.fetchone()
137
138            # 显示员工的详细信息
139            self.__display_details(name=results[0], position=results[1],
140                            department=results[2], location=results[3])
141        except sqlite3.Error as err:
142            tkinter.messagebox.showinfo('发生数据库错误', err)
143        finally:
144            # 如果数据库连接已经打开，就将其关闭
145            if conn != None:
146                conn.close()
147
148    # 在消息框中显示员工详情
149    def __display_details(self, name, position, department, location):
150        tkinter.messagebox.showinfo('员工详情',
151                            '姓名：' + name +
152                            '\n 职位：' + position +
153                            '\n 部门：' + department +
154                            '\n 工作地点：' + location)
155
156 # 创建 EmployeeDetails 类的一个实例
157 if __name__ == '__main__':
158     employee_details = EmployeeDetails()
```

下面来仔细看看 EmployeeDetails 类。

第 6 行~第 14 行，__init__ 方法构建主窗口并启动 tkinter 模块的 mainloop 函数。

第 17 行~第 25 行，__build_main_window 方法调用其他三个方法：__create_

prompt_label，__build_listbox_frame 和 __create_quit_button。这三个方法创建要在主窗口中显示的组件。

第 28 行 ~ 第 31 行，__create_prompt_label 方法创建一个标签控件来显示"请选择一名员工"。该方法由 __build_main_window 方法调用。

第 34 行 ~ 第 48 行，__build_listbox_frame 方法创建一个框架（frame），并调用 __setup_listbox 和 __create_scrollbar 方法在框架内添加一个列表框和一个滚动条。然后调用 __populate_listbox 方法从 employees.db 数据库中读取所有员工姓名并显示在列表框中。该方法由 __build_main_window 方法调用。

第 51 行 ~ 第 61 行，__setup_listbox 方法创建一个 Listbox 控件，并将 __get_details 方法绑定为该列表框的回调函数。这样一来，每当用户单击列表框中的一个姓名，都会调用 __get_details 方法。该方法由 __build_listbox_frame 方法调用。

第 64 行 ~ 第 69 行，__create_scrollbar 方法：该方法创建一个垂直滚动条组件。第 67 行和第 68 行执行必要的配置，将滚动条连接到列表框。该方法由 __build_listbox_frame 方法调用。

第 72 行 ~ 第 74 行，__populate_listbox 方法调用 __get_employees 方法从数据库中获取所有员工姓名的列表。for 循环遍历该列表，将每个姓名添加到 Listbox 中。该方法由 __build_listbox_frame 方法调用。

第 77 行 ~ 第 82 行，__create_quit_button 方法创建一个 Button 组件，单击它将终止程序。该方法由 __build_main_window 方法调用。

第 85 行 ~ 第 105 行，__get_employees 方法打开与 employees.db 数据库的连接，并执行 SELECT 查询，从 Employees 表中获取所有员工姓名。该方法以列表形式返回员工姓名。该方法由 __populate_listbox 方法调用。

第 108 行 ~ 第 146 行，__get_details 方法获取 Listbox 中选中的姓名。然后打开与 employees.db 数据库的连接，执行 SELECT 语句查询，从数据库中获取所选员工的姓名、职位、部门和工作地点。这些数据将传递给 __display_details 方法进行显示。该方法是 Listbox 组件的回调函数，因此当用户从列表框中选择一个名字时，就会调用 __get_details。

第 149 行 ~ 第 154 行，__display_details 方法接收员工的姓名、职位、部门名称和地点作为参数，在一个对话框中显示这些值。

检查点

14.41 为什么要减少数据库中的重复数据？

14.42 什么是外键？

14.43 什么是一对多关系？

14.44 什么是多对一关系？

🧠 复习题

选择题

1. _____ 是一种 DBMS 的标准语言。

　　a. Python　　　　　b. COBOL　　　　c. SQL　　　　　　d. BASIC

2. 数据库表中的数据以 _____ 形式组织。

　　a. 行　　　　　　　b. 文件　　　　　c. 文件夹　　　　　d. 页

3. 行中存储的数据用 _____ 来划分。

　　a. 节　　　　　　　b. 字节　　　　　c. 列　　　　　　　d. 表

4. _____ 是每一行都存储了唯一值的列，用于标识不同的行。

　　a. ID 列　　　　　　b. 公钥　　　　　c. 代号列　　　　　d. 主键

5. Python 中的 None 值等同于 SQL 中的 _____ 值。

　　a. 0　　　　　　　　b. -1　　　　　　c. NULL　　　　　　d. 负无穷

6. _____ 包含由 DBMS 生成的唯一值。

　　a. 自定义列　　　　　b. 标识列　　　　c. 序号列　　　　　d. 哈希值列

7. 如果某列是 _____ 的，那么每次向表中添加新行时，DBMS 都会自动为该列分配一个比该列当前存储的最大值大 1 的整数。

　　a. 自动递增　　　　　b. 透视　　　　　c. 自举　　　　　　d. 自动附加

8. sqlite3.connect 函数返回 _____ 类型的对象。

　　a. Cursor　　　　　　b. Database　　　c. File　　　　　　d. Connection

9. 使用 Cursor 对象的 _____ 方法将 SQL 语句传递给 SQLite DBMS。

　　a. commit　　　　　　b. execute　　　c. pass　　　　　　d. run_sql

10. 使用 SQL 语句 _____ 创建表。

　　a. CREATE TABLE　　　　　　b. ADD TABLE

　　c. INSERT TABLE　　　　　　d. NEW TABLE

11. 使用 SQL 语句 _____ 删除表。

　　a. DELETE TABLE　　　　　　b. DROP TABLE

　　c. ERASE TABLE　　　　　　d. REMOVE TABLE

12. 使用 SQL 语句 _____ 向表中插入行。

　　a. INSERT　　　　　b. ADD　　　　　c. CREATE　　　　　d. UPDATE

13. 使用 SQL 语句 _____ 从表中删除行。

　　a. REMOVE　　　　　b. ERASE　c. PURGE　d. DELETE

14. 使用 SQL 语句 _____ 更改一行的内容。

　　a. EDIT　　　　　　b. UPDATE　　　　c. CHANGE　　　　　d. TRANSFORM

15. 使用 SQL 语句 _____ 从表中检索（获取）行。

　　a. RETRIEVE　　　　b. GET　　　　　c. SELECT　　　　　d. READ

16. 在 SELECT 语句中使用 _____ 子句来指定搜索（筛选）条件。

　　a. SEARCH　　　　　b. WHERE　　　　c. AS　　　　　　　d. CRITERIA

17. Cursor 的 _____ 方法以元组列表的形式返回之前执行的 SELECT 语句的全部结果。

    a. get_results   b. getall   c. fetchone   d. fetchall

18. Cursor 的 _____ 方法返回之前执行的 SELECT 语句的结果中的一行，即一个元组。

    a. get_results   b. getall   c. fetchone   d. fetchall

19. _____ 子句允许对 SELECT 语句的结果进行排序。

    a. SORT BY   b. ARRANGE   c. ORDER BY   d. DESCEND

20. SQL 函数 _____ 返回数值列的平均值。

    a. AVERAGE   b. MEAN   c. MEDIAN   d. AVG

21. SQL 函数 _____ 返回数值列的总和。

    a. SUM   b. TOTAL   c. ADD   d. ALL

22. SQL 函数 _____ 返回数值列中的最小值。

    a. LEAST   b. SMALLEST   c. MIN   d. MINIMUM

23. SQL 函数 _____ 返回数值列中的最大值。

    a. GREATEST   b. LARGEST   c. MAXIMUM   d. MAX

24. SQL 函数 _____ 返回表中的行数或符合搜索条件的行数。

    a. COUNT   b. NUM_ROWS   c. QUANTITY   d. TOTAL

25. Cursor 对象的公共属性 _____ 包含最近执行的 SQL 语句所更改的行数。

    a. rows   b. num_rows

    c. altered_rows   d. rowcount

26. 在 SQLite 中创建表时，表中会自动包含一个名为 _____ 的 INTEGER 列。

    a. RowNumber   b. RowID   c. ID   d. RowIndex

27. _____ 键是两列或多列组合起来形成的唯一值。

    a. 组合   b. 复合   c. 合成   d. 连接

28. sqlite3 模块定义了一个名为 _____ 的异常，该异常在数据库发生错误时抛出。

    a. DBException   b. DataError

    c. SQLException   d. Error

29. 一个表的 _____ 列引用了另一个表的主键。

    a. 次键   b. 假键   c. 外键   d. 重复键

判断题

1. 存储大量数据时，DBMS 比传统文件更合适。

2. 表中的所有标识列必须包含相同的值。

3. 一个表可以有多个主键。

4. 在 SQLite 中连接数据库时，如果数据库不存在，那么会抛出一个异常。

5. 对 SQLite 数据库进行更改时，在调用 Connection 对象的 commit 方法之前，这些更改不会真正保存到数据库中。

6. 对于 SQLite，可以使用 Cursor 对象的 execute 方法向 DBMS 传递 SQL 语句。

7. 一个数据库只能有一个表。

8. 可以使用 SQL UPDATE 语句更新多行。

9. 在 SQLite 中创建表时，不会自动创建 RowID 列。

10. 在 SQLite 中，当指定一列为 `INTEGER PRIMARY KEY` 时，该列将成为 RowID 列的别名。

简答题

1. 写应用程序为某个大型企业存储客户和库存记录时，为什么不应使用传统的文本或二进制文件？

2. 在说到数据库组织时，我们会提到表、行和列。请描述如何用这些概念性的单元来组织数据库中的数据。

3. 什么是主键？

4. 和以下 Python 类型对应的 SQL 数据类型是什么？
- int
- float
- str

5. SQL 中用于进行以下比较的关系操作符是什么？
- 大于
- 小于
- 大于等于
- 小于等于
- 等于
- 不等于

6. 给定以下 SQL 语句：

```
SELECT Name FROM Employee
```

该语句从什么表检索数据？检索的是哪一列？

7. 什么是参数化查询？

8. 在 SQLite 中，Cursor 对象的 `fetchall` 和 `fetchone` 方法有什么区别？

9. 什么是聚合函数？

10. 在 SQLite 中更新表时，如何确定更新了多少行？

11. 什么是复合键？

12. 在 SQLite 数据库中，假设一个表有三行，RowID 列包含值 1、2 和 3。你在表中新增了一行，但没有为其 RowID 列指定值。DBMS 会自动为新行的 RowID 列分配什么值？

13. 在 SQLite 数据库中，假设一个表有四行，RowID 列包含值 1、2、3 和 19 的值。你在表中新增了一行，但没有为其 RowID 列指定值。DBMS 会自动为新行的 RowID 列分配什么值？

14. 在 SQLite 表中创建 `INTEGER PRIMARY KEY` 列时，它会成为什么列的别名？

15. CRUD 是什么的缩写？

16. 什么是外键？

算法工作台

对于以下问题，我们假设 SQLite 数据库中有一个名为 Stock（股票）的表，该表包含以下列。

列名	类型
TradingSymbol（股票代码）	TEXT
CompanyName（公司名）	TEXT
NumShares（股份）	INTEGER
PurchasePrice（买入价）	REAL
SellingPrice（卖出价）	REAL

1. 写一个 SQL SELECT 语句，返回 Stock 表中每一行的所有列。

2. 写一个 SQL SELECT 语句，返回 Stock 表中每一行的 TradingSymbol 列。

3. 写一个 SQL SELECT 语句，返回 Stock 表中每一行的 TradingSymbol 列和 NumShares 列。

4. 写一个 SQL SELECT 语句，仅从 PurchasePrice 大于 25.00 的行中返回 TradingSymbol 列。

5. 写一个 SQL SELECT 语句，从 TradingSymbol 以 "SU" 开头的行中返回所有列。

6. 写一个 SQL SELECT 语句，仅从 SellingPrice（卖出价）大于 PurchasePrice（买入价）且 NumShares（股份）大于 100 的行中返回 TradingSymbol 列。

7. 写一个 SQL SELECT 语句，仅从 SellingPrice 大于 PurchasePrice 且 NumShares 大于 100 的行中返回 TradingSymbol 列和 NumShares 列。结果按 NumShares 列升序排序。

8. 写一个 SQL 语句，在 Stock 表中插入一条新行。该行具有下面这些值：

TradingSymbol：XYZ

CompanyName：XYZ Company

NumShares：150

PurchasePrice：12.55

SellingPrice：22.47

9. 写一个 SQL 语句来执行以下操作：对于 Stock 表中的每一行，如果 TradingSymbol 列为 "XYZ"，那么将其更改为 "ABC"。

10. 写一个 SQL 语句，删除 Stock 表中股份少于 10 的所有行。

11. 如果 Stock 表不存在，写一个 SQL 语句来创建该表。

12. 如果存在 Stock 表，写一个 SQL 语句来删除该表。

编程练习

1. 人口数据库

▶ 视频讲解：Getting Started with the Population Database Problem

本书配套代码的 Chapter 14 文件夹提供了一个名为 create_cities_db.py 的程序。[②] 运行该程序。程序将创建一个名为 cities.db 的数据库。cities.db 数据库有一个名为 Cities 的表，其中包含以下几列。

---

② 译注：该程序有中文版，文件名为 create_cities_db 中文版 .py。

列名	数据类型
CityID	INTEGER PRIMARY KEY
CityName	TEXT
Population	REAL

其中，`CityName` 列存储城市名称，`Population` 列存储城市人口。运行 create_cities_db.py 程序后，`Cities` 表将包含 20 行数据，其中存储了各个城市的名称及其人口。

写一个程序连接到 cities.db 数据库，允许用户选择执行以下任意操作。
- 显示按人口升序排序的城市列表。
- 显示按人口降序排序的城市列表。
- 显示按名称排序的城市列表。
- 显示所有城市的总人口。
- 显示所有城市的平均人口。
- 显示人口最多的城市。
- 显示人口最少的城市。

2. 电话簿数据库

写一个程序来创建名为 phonebook.db 的数据库。该数据库有一个名为 `Entries`, 的表，其中包含代表姓名和电话号码的列。然后，写一个 CRUD 应用程序，让用户可以在 `Entries` 表中添加行、查询某人的电话号码、更改某人的电话号码以及删除指定的行。

3. 关系数据库项目

这个练习将创建一个名为 student_info.db 的数据库，其中包含某大学学生的以下信息：
- 学生的姓名
- 学生的专业
- 学生所在的系

数据库应包含以下表：

Majors（专业）表

列名	类型
MajorID	INTEGER PRIMARY KEY
Name	TEXT

Departments（系）表

列名	类型
DeptID	INTEGER PRIMARY KEY
Name	TEXT

Students（学生）表

列名	类型
StudentID	INTEGER PRIMARY KEY
Name	TEXT
MajorID	INTEGER（这是引用了 Majors 表的 MajorID 列的外键）
DeptID	INTEGER（这是引用了 Departments 表的 DeptID 列的外键

图 14.12 展示了数据库的实体关系图。

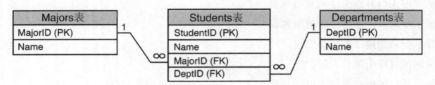

图 14.12 student_info.db 数据库的实体关系图

为此，完成以下功能：

- 写程序来创建数据库和表
- 写程序对 Majors 表执行 CRUD 操作。具体来说，程序应允许用户执行以下操作：

  添加新专业

  搜索现有专业

  更新现有专业

  删除现有专业

  显示所有专业的一个列表

- 写程序对 Departments 表执行 CRUD 操作。具体来说，程序应允许用户执行以下操作：

  添加新系

  搜索现有系

  更新现有系

  删除现有系

  显示所有系的一个列表

- 写程序对 Students 表执行 CRUD 操作。具体来说，程序应允许用户执行以下操作：

  添加新学生

  搜索现有学生

  更新现有学生

  删除现有学生

  显示所有学生的一个列表

在添加、更新和删除行时，一定要启用外键约束。在 Students 表中添加新学生时，只允许用户从 Majors 表中选择现有的专业，从 Departments 中选择现有的系。

附录 A
安装 Python

下载 Python

运行本书的程序需要安装 Python 3.11 或更高版本。可以从 www.python.org/downloads 下载最新版本的 Python，本附录介绍了如何为 Windows 安装 Python。也可以在 Mac、Linux 和其他一些平台上安装 Python。Python 下载页面提供了针对这些系统的 Python 下载链接：www.python.org/downloads。

📣 **提示**：有两个 Python "家族" 可供下载：Python 3.x 和 Python 2.x。本书要求下载 Python 3.x。

为 Windows 安装 Python 3.x

访问 Python 下载页面（ www.python.org/downloads ）来下载最新的 Python 3.x 版本。图 A–1 展示了本书写作时的下载页面内容。如图 A.1 所示，Python 3.11.4 是当时的最新版本。

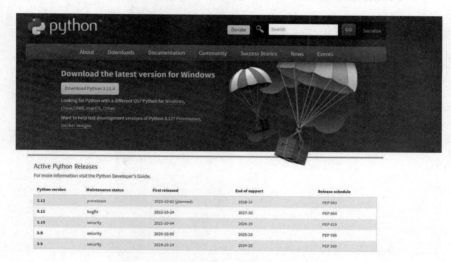

图 A.1 下载最新版本的 Python

执行下载回来的 Python 安装程序。图 A.2 展示了 Python 3.10.7 的安装程序界面。强烈建议勾选底部的两个选项：Install launcher for all users（为所有用户安装启动程序）和 Add Python 3.x to

PATH（将 Python 3.x 添加到 PATH 环境变量）。完成后，单击 Install Now（立即安装）。

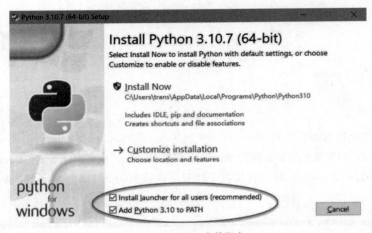

图 A.2　Python 安装程序

　　如果 Windows 提示"你要允许此应用对你的设备进行更改吗？"，请单击"是"继续。安装完成后，会看到消息"Setup was successful"（已成功安装）。单击 Close（关闭）退出安装程序。

▶ 视频讲解：Introduction to IDLE

IDLE 是一个集成开发环境，它将以下开发工具整合到一个程序中。

- 一个在交互模式下运行的 Python Shell（外壳程序）。可以在 Shell 的提示符下输入 Python 语句并立即执行。还可以运行完整的 Python 程序。
- 一个文本编辑器，支持 Python 关键字和程序其他部分的彩色编码。
- 一个 "check module"（检查模块）工具，能在不运行程序的前提下检查 Python 程序的语法错误。
- 允许在一个或多个文件中查找文本的搜索工具。
- 文本格式化工具，帮助你在 Python 程序中保持缩进的一致性。
- 调试器，允许单步执行 Python 程序，并观察变量值在每个语句执行时的变化。
- 其他一些供开发者使用的高级工具。

IDLE 软件是和 Python 捆绑的。安装 Python 解释器时，IDLE 也会自动安装。本附录提供了 IDLE 的快速上手指南，并描述了创建、保存和执行 Python 程序的基本步骤。

启动 IDLE 并使用 Python Shell

在系统上安装了 Python 之后，一个 Python 程序组会出现在"开始"菜单的程序列表中。单击其中的 IDLE (Python 3.x 64-bit) 来启动 IDLE，随后会出现如图 B.1 所示的 Python Shell 窗口。在这个窗口中，Python 解释器以交互模式运行，窗口顶部是一个菜单栏，可以通过它来访问 IDLE 的所有工具。

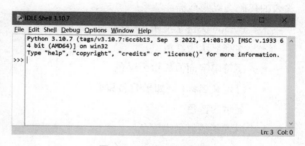

图 B.1 IDLE Shell 容器

提示符 >>> 表示解释器在等你输入一个 Python 语句。在提示符 >>> 下输入一个语句并按下 Enter 键后，该语句会立即执行。例如，图 B.2 展示了在输入并执行了三个语句之后的 Python Shell 窗口。

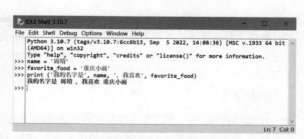

图 B.2 用 Python 解释器执行多个语句

如果输入一个多行语句（例如 if 语句或循环）的开头，随后每一行都会自动缩进。在空行上按 Enter 键表示多行语句结束，并使解释器执行它。图 B.3 展示了输入并执行一个 for 循环后的 Python Shell 窗口。

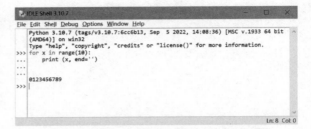

图 B.3　用 Python 解释器执行一个多行语句

在 IDLE 编辑器中写 Python 程序

为了在 IDLE 中写新的 Python 程序，需要打开一个新的编辑窗口。如图 B.4 所示，单击菜单栏上的 File（文件），然后单击下拉菜单中的 New File（新建文件）或者按快捷键 Ctrl+N。这将打开一个如图 B.5 所示的文本编辑窗口。

要打开现有的程序，单击菜单栏上的 File（文件），再单击 Open（打开）。找到目标文件后单击"打开"命令，即可在文本编辑器中打开它。

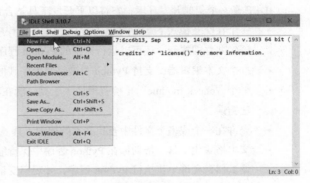

图 B.4　File 菜单

语法彩色标注

在编辑器窗口和 Python Shell 窗口中输入的代码会以彩色标注

- Python 关键字显示为橙色
- 注释显示为红色
- 字符串字面值显示为绿色
- 已定义名称（例如函数名和类名）显示为蓝色
- 内置函数显示为紫色

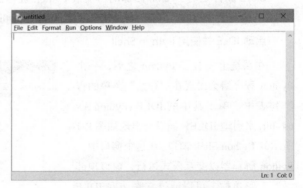

图 B.5　新建的文本编辑器窗口

📣 **提示**：可以单击菜单栏上的 Options，再单击 Configure IDLE 来更改 IDLE 的代码彩色标注。选择对话框顶部的 Highlights 标签，可以为 Python 程序的每个元素指定颜色。

自动缩进

IDLE 编辑器的一些特色可以帮助你在 Python 程序中保持一致的缩进。也许这些特色中最有用的就是自动缩进。输入一个以冒号结尾的行时，例如 if 子句、循环的第一行或者一个函数头，然后按 Enter 键，编辑器会自动缩进接下来的输入行。例如，假设正在输入图 B.6 的代码。在标有①的行末按下 Enter 键后，编辑器会自动缩进接下来的输入行。然后，在标有②的行末按下 Enter 键后，编辑器会再次缩进。在缩进行的开头按 Backspace 键可以取消一级缩进。

默认情况下，IDLE 每缩进一级就缩进 4 个空格。可以单击菜单栏上

图 B.6 造成自动缩进的代码行

的 Options，再单击 Configure IDLE 来更改空格数量。在对话框顶部单击 Windows 标签，然后利用 Indent spaces 控件指定你希望的缩进空格数。然而，4 个空格是标准的 Python 缩进宽度，建议保持默认设置不变。

保存程序

在编辑器窗口中，可从 File 菜单中选择以下选项来保存当前程序：

- Save（保存）
- Save As（另存为）
- Save Copy As（副本另存为）

Save 和 Save As 的作用和其他任何 Windows 应用程序中的操作一致。Save Copy As 的工作方式与 Save As 相似，只是编辑器窗口会保留原始程序。

运行程序

在编辑器输入一个程序后，可以按 F5 执行它，也可以像图 B.7 那样单击菜单栏上的 Run，再单击 Run Module。如果程序自上次修改后尚未存盘，会出现如图 B.8 所示的对话框。单击"确定"来保存程序。程序运行时，会在 IDLE 的 Python Shell 窗口中显示输出，如图 B.9 所示。

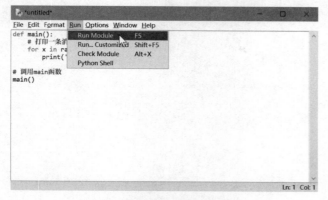

图 B.7 编辑器窗口的 Run 菜单

图 B.8 在这个对话框中确认保存

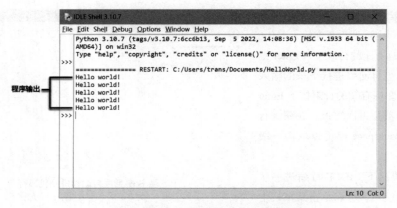

图 B.9 输出在 Python Shell 窗口中显示

如果程序含有语法错误，运行程序时会出现如图 B.10 所示的对话框。单击"确定"按钮后，编辑器会突出显示错误在代码中的位置。如果想在不运行程序的前提下检查程序的语法，可以单击菜单栏上的 Run，再单击 Check Module。随后会报告发现的任何语法错误。

图 B.10 在对话框中报告的语法错误

其他资源

本附录概述了如何使用 IDLE 创建、保存和执行程序。IDLE 还提供了其他许多更高级的功能，详情参见官方 IDLE 文档：www.python.org/idle。

附录 C
ASCII 字符集

下表列出了 ASCII（American Standard Code for Information Interchange，美国信息交换标准代码）字符集，它与前 127 个 Unicode 字符码完全一致（这组字符码也被称为 Unicode 的基本拉丁字母子集）。"代码"列显示了字符码，"字符"栏显示了相应的字符。例如，代码 65 代表字母 A。注意，前 31 个代码和代码 127 代表不可打印的控制字符。

代码	字符	代码	字符	代码	字符	代码	字符	代码	字符
0	NUL	26	SUB	52	4	78	N	104	h
1	SOH	27	Escape	53	5	79	O	105	i
2	STX	28	FS	54	6	80	P	106	j
3	EXT	29	GS	55	7	81	Q	107	k
4	EOT	30	RS	56	8	82	R	108	l
5	ENQ	31	US	57	9	83	S	109	m
6	ACK	32	(Space)	58	:	84	T	110	n
7	BEL	33	!	59	;	85	U	111	o
8	Backspaco	34	"	60	<	86	V	112	p
9	HTab	35	#	61	=	87	W	113	q
10	Line Feed	36	$	62	>	88	X	114	r
11	VTab	37	%	63	?	89	Y	115	s
12	Form Feed	38	&	64	@	90	Z	116	t
13	CR	39	'	65	A	91	[	117	u
14	SO	40	(	66	B	92	\	118	v
15	SI	41	)	67	C	93	]	119	w
16	DLE	42	*	68	D	94	^	120	x
17	DC1	43	+	69	E	95	—	121	y
18	DC2	44	'	70	F	96	`	122	z

（续表）

代码	字符	代码	字符	代码	字符	代码	字符	代码	字符
19	DC3	45	–	71	G	97	a	123	{
20	DC4	46	.	72	H	98	b	124	|
21	NAK	47	/	73	I	99	c	125	}
22	SYN	48	0	74	J	100	d	126	~
23	ETB	49	1	75	K	101	e	127	DEL
24	CAN	50	2	76	L	102	f		
25	EM	51	3	77	M	103	g		

下表展示预定义的颜色名称，用于海龟图形库、matplotlib 和 tkinter。

'snow'	'ghost white'	'white smoke'
'gainsboro'	'floral white'	'old lace'
'linen'	'antique white'	'papaya whip'
'blanched almond'	'bisque'	'peach puff'
'navajo white'	'lemon chiffon'	'mint cream'
'azure'	'alice blue'	'lavender'
'lavender blush'	'misty rose'	'dark slate gray'
'dim gray'	'slate gray'	'light slate gray'
'gray'	'light grey'	'midnight blue'
'navy'	'cornflower blue'	'dark slate blue'
'slate blue'	'medium slate blue'	'light slate blue'
'medium blue'	'royal blue'	'blue'
'dodger blue'	'deep sky blue'	'sky blue'
'light sky blue'	'steel blue'	'light steel blue'
'light blue'	'powder blue'	'pale turquoise'
'dark turquoise'	'medium turquoise'	'turquoise'
'cyan'	'light cyan'	'cadet blue'
'medium aquamarine'	'aquamarine'	'dark green'
'dark olive green'	'dark sea green'	'sea green'
'medium sea green'	'light sea green'	'pale green'
'spring green'	'lawn green'	'medium spring green'
'green yellow'	'lime green'	'yellow green'
'forest green'	'olive drab'	'dark khaki'

（续表）

'khaki'	'pale goldenrod'	'light goldenrod yellow'
'light yellow'	'yellow'	'gold'
'light goldenrod'	'goldenrod'	'dark goldenrod'
'rosy brown'	'indian red'	'saddle brown'
'sandy brown'	'dark salmon'	'salmon'
'light salmon'	'orange'	'dark orange'
'coral'	'light coral'	'tomato'
'orange red'	'red'	'hot pink'
'deep pink'	'pink'	'light pink'
'pale violet red'	'maroon'	'medium violet red'
'violet red'	'medium orchid'	'dark orchid'
'dark violet'	'blue violet'	'purple'
'medium purple'	'thistle'	'snow2'
'snow3'	'snow4'	'seashell2'
'seashell3'	'seashell4'	'AntiqueWhite1'
'AntiqueWhite2'	'AntiqueWhite3'	'AntiqueWhite4'
'bisque2'	'bisque3'	'bisque4'
'PeachPuff2'	'PeachPuff3'	'PeachPuff4'
'NavajoWhite2'	'NavajoWhite3'	'NavajoWhite4'
'LemonChiffon2'	'LemonChiffon3'	'LemonChiffon4'
'cornsilk2'	'cornsilk3'	'cornsilk4'
'ivory2'	'ivory3'	'ivory4'
'honeydew2'	'honeydew3'	'honeydew4'
'LavenderBlush2'	'LavenderBlush3'	'LavenderBlush4'
'MistyRose2'	'MistyRose3'	'MistyRose4'
'azure2'	'azure3'	'azure4'
'SlateBlue1'	'SlateBlue2'	'SlateBlue3'
'SlateBlue4'	'RoyalBlue1'	'RoyalBlue2'

（续表）

'RoyalBlue3'	'RoyalBlue4'	'blue2'
'blue4'	'DodgerBlue2'	'DodgerBlue3'
'DodgerBlue4'	'SteelBlue1'	'SteelBlue2'
'SteelBlue3'	'SteelBlue4'	'DeepSkyBlue2'
'DeepSkyBlue3'	'DeepSkyBlue4'	'SkyBlue1'
'SkyBlue2'	'SkyBlue3'	'SkyBlue4'
'LightSkyBlue1'	'LightSkyBlue2'	'LightSkyBlue3'
'LightSkyBlue4'	'SlateGray1'	'SlateGray2'
'SlateGray3'	'SlateGray4'	'LightSteelBlue1'
'LightSteelBlue2'	'LightSteelBlue3'	'LightSteelBlue4'
'LightBlue1'	'LightBlue2'	'LightBlue3'
'LightBlue4'	'LightCyan2'	'LightCyan3'
'LightCyan4'	'PaleTurquoise1'	'PaleTurquoise2'
'PaleTurquoise3'	'PaleTurquoise4'	'CadetBlue1'
'CadetBlue2'	'CadetBlue3'	'CadetBlue4'
'turquoise1'	'turquoise2'	'turquoise3'
'turquoise4'	'cyan2'	'cyan3'
'cyan4'	'DarkSlateGray1'	'DarkSlateGray2'
'DarkSlateGray3'	'DarkSlateGray4'	'aquamarine2'
'aquamarine4'	'DarkSeaGreen1'	'DarkSeaGreen2'
'DarkSeaGreen3'	'DarkSeaGreen4'	'SeaGreen1'
'SeaGreen2'	'SeaGreen3'	'PaleGreen1'
'PaleGreen2'	'PaleGreen3'	'PaleGreen4'
'SpringGreen2'	'SpringGreen3'	'SpringGreen4'
'green2'	'green3'	'green4'
'chartreuse2'	'chartreuse3'	'chartreuse4'
'OliveDrab1'	'OliveDrab2'	'OliveDrab4'
'DarkOliveGreen1'	'DarkOliveGreen2'	'DarkOliveGreen3'

（续表）

'DarkOliveGreen4'	'khaki1'	'khaki2'
'khaki3'	'khaki4'	'LightGoldenrod1'
'LightGoldenrod2'	'LightGoldenrod3'	'LightGoldenrod4'
'LightYellow2'	'LightYellow3'	'LightYellow4'
'yellow2'	'yellow3'	'yellow4'
'gold2'	'gold3'	'gold4'
'goldenrod1'	'goldenrod2'	'goldenrod3'
'goldenrod4'	'DarkGoldenrod1'	'DarkGoldenrod2'
'DarkGoldenrod3'	'DarkGoldenrod4'	'RosyBrown1'
'RosyBrown2'	'RosyBrown3'	'RosyBrown4'
'IndianRed1'	'IndianRed2'	'IndianRed3'
'IndianRed4'	'sienna1'	'sienna2'
'sienna3'	'sienna4'	'burlywood1'
'burlywood2'	'burlywood3'	'burlywood4'
'wheat1'	'wheat2'	'wheat3'
'wheat4'	'tan1'	'tan2'
'tan4'	'chocolate1'	'chocolate2'
'chocolate3'	'firebrick1'	'firebrick2'
'firebrick3'	'firebrick4'	'brown1'
'brown2'	'brown3'	'brown4'
'salmon1'	'salmon2'	'salmon3'
'salmon4'	'LightSalmon2'	'LightSalmon3'
'LightSalmon4'	'orange2'	'orange3'
'orange4'	'DarkOrange1'	'DarkOrange2'
'DarkOrange3'	'DarkOrange4'	'coral1'
'coral2'	'coral3'	'coral4'
'tomato2'	'tomato3'	'tomato4'
'OrangeRed2'	'OrangeRed3'	'OrangeRed4'

（续表）

'red2'	'red3'	'red4'
'DeepPink2'	'DeepPink3'	'DeepPink4'
'HotPink1'	'HotPink2'	'HotPink3'
'HotPink4'	'pink1'	'pink2'
'pink3'	'pink4'	'LightPink1'
'LightPink2'	'LightPink3'	'LightPink4'
'PaleVioletRed1'	'PaleVioletRed2'	'PaleVioletRed3'
'PaleVioletRed4'	'maroon1'	'maroon2'
'maroon3'	'maroon4'	'VioletRed1'
'VioletRed2'	'VioletRed3'	'VioletRed4'
'magenta2'	'magenta3'	'magenta4'
'orchid1'	'orchid2'	'orchid3'
'orchid4'	'plum1'	'plum2'
'plum3'	'plum4'	'MediumOrchid1'
'MediumOrchid2'	'MediumOrchid3'	'MediumOrchid4'
'DarkOrchid1'	'DarkOrchid2'	'DarkOrchid3'
'DarkOrchid4'	'purple1'	'purple2'
'purple3'	'purple4'	'MediumPurple1'
'MediumPurple2'	'MediumPurple3'	'MediumPurple4'
'thistle1'	'thistle2'	'thistle3'
'thistle4'	'gray1'	'gray2'
'gray3'	'gray4'	'gray5'
'gray6'	'gray7'	'gray8'
'gray9'	'gray10'	'gray11'
'gray12'	'gray13'	'gray14'
'gray15'	'gray16'	'gray17'
'gray18'	'gray19'	'gray20'
'gray21'	'gray22'	'gray23'

（续表）

'gray24'	'gray25'	'gray26'
'gray27'	'gray28'	'gray29'
'gray30'	'gray31'	'gray32'
'gray33'	'gray34'	'gray35'
'gray36'	'gray37'	'gray38'
'gray39'	'gray40'	'gray42'
'gray43'	'gray44'	'gray45'
'gray46'	'gray47'	'gray48'
'gray49'	'gray50'	'gray51'
'gray52'	'gray53'	'gray54'
'gray55'	'gray56'	'gray57'
'gray58'	'gray59'	'gray60'
'gray61'	'gray62'	'gray63'
'gray64'	'gray65'	'gray66'
'gray67'	'gray68'	'gray69'
'gray70'	'gray71'	'gray72'
'gray73'	'gray74'	'gray75'
'gray76'	'gray77'	'gray78'
'gray79'	'gray80'	'gray81'
'gray82'	'gray83'	'gray84'
'gray85'	'gray86'	'gray87'
'gray88'	'gray89'	'gray90'
'gray91'	'gray92'	'gray93'
'gray94'	'gray95'	'gray97'
'gray98'	'gray99'	

import 语句

模块（module）是包含函数和 / 或类的 Python 源代码文件。Python 标准库的许多函数都存储在模块中。例如，`math` 模块包含各种数学函数，而 `random` 模块包含处理随机数的函数。

为了使用存储在一个模块中的函数和 / 或类，你必须先导入该模块。为了导入模块，需要在程序顶部写一个 `import` 语句。以下 `import` 语句导入 math 模块：

```
import math
```

该语句指示 Python 解释器将 `math` 模块的内容加载到内存，使程序能使用存储在 **math** 模块中的函数和 / 或类。为了使用模块中的任何项，必须使用该项的*限定名称*。这意味着必须在该项的名称前加上模块名称，并后跟一个点号。例如，`math` 模块包含一个求平方根的 `sqrt` 函数，为了调用 `sqrt` 函数，需要使用 `math.sqrt` 这个限定名称。以下交互会话展示了一个例子：

```
>>> import math Enter
>>> x = math.sqrt(25) Enter
>>> print(x) Enter
5.0
>>>
```

1. 导入特定函数或类

之前的 `import` 语句将一个模块的全部内容加载到内存。有的时候，你只想从模块中导入一个特定的函数或类。在这种情况下，可以在使用 `import` 语句时添加 `from` 关键字，如下所示：

```
from math import sqrt
```

该语句只从 math 模块中导入 `sqrt` 函数。像这样写，还可以直接调用 `sqrt` 函数而不必在函数名称前附加模块名称前缀。以下交互会话展示了一个例子：

```
>>> from math import sqrt Enter
>>> x = sqrt(25) Enter
>>> print(x) Enter
5.0
>>>
```

使用这种形式的 `import` 语句，还可以指定多个要导入的项的名称，不同项以逗号分隔。例如，以下会话中的 `import` 语句只从 math 模块中导入 `sqrt` 函数和 `radians` 函数：

```
>>> from math import sqrt, radians Enter
>>> x = sqrt(25) Enter
>>> a = radians(180) Enter
```

```
>>> print(x) Enter
5.0
>>> print(a) Enter
3.141592653589793
>>>
```

2. 通配符导入

通配符 import 语句加载模块的全部内容，如下例所示：

```
from math import *
```

该语句和 import math 语句的区别在于，通配符 import 语句不要求使用模块名称来限定。例如，以下交互会话使用了一个通配符 import 语句：

```
>>> from math import* Enter
>>> x = sqrt(25) Enter
>>> a = radians(180) Enter
>>>
```

以下交互会话使用的则是普通的 import 语句：

```
>>> import math Enter
>>> x = math.sqrt(25) Enter
>>> a = math.radians(180) Enter
>>>
```

通常应避免使用通配符 import 语句，因为在导入多个模块时，它可能造成名称冲突。如果程序导入的两个模块包含同名的函数或类，就会发生名称冲突。但是，如果用模块名称来限定函数和/或类，就不会发生名称冲突。

3. 使用别名

可以使用 as 关键字为导入的模块使用别名，如下例所示：

```
import math as mt
```

该语句将 math 模块加载到内存，并为该模块分配别名 mt。要使用模块中的任何项，可以在该项的名称前加上别名，后跟一个点号。例如，为了调用 sqrt 函数，现在可以使用 mt.sqrt 这个名称，如下所示：

```
>>> import math as mt Enter
>>> x = mt.sqrt(25) Enter
>>> a = mt.radians(180) Enter
>>> print(x) Enter
5.0
>>> print(a) 3.141592653589793
>>>
```

也可以为导入的特定函数或类分配别名。以下语句从 math 模块中导入 sqrt 函数，并为该函数分配别名 square_root：

```
    from math import sqrt as square_root
```

使用这个 import 语句后，以后就可以用 square_root 这个名称来调用 sqrt 函数，如下例所示：

```
>>> from math import sqrt as square_root [Enter]
>>> x = square_root(25) [Enter]
>>> print(x) [Enter]
5.0
>>>
```

在以下交互会话中，我们从 math 模块导入两个函数，并分别分配了别名。sqrt 函数作为 square_root 导入，而 tan 函数作为 tangent 导入：

```
>>> from math import sqrt as square_root, tan as tangent [Enter]
>>> x = square_root(25) [Enter]
>>> y = tangent(45) [Enter]
>>> print(x) [Enter]
5.0
>>> print(y) [Enter]
1.6197751905438615
```

附录 F
用 format() 函数格式化输出

程序 F.1 no_formatting.py

```
1   # 这个程序演示了在不格式化的情况下，
2   # 一个浮点数是如何显示的。
3   amount_due = 5000.0
4   monthly_payment = amount_due / 12.0
5   print('每月付款金额为 ', monthly_payment)
```

程序输出

```
每月付款金额为  416.6666666666667
```

对于数字（特别是浮点数）的默认显示方式，你不一定会感到满意。print 函数在打印一个浮点数时，它最多可以有 17 位有效数字，如程序 F.1 的输出所示。

由于这个程序显示的是货币金额，所以最好四舍五入为两位小数。幸好，可以通过 Python 内置的 format 函数来达到这个目的，该函数甚至可以做更多的事情。

调用内置 format 函数时，要向函数传递两个实参：一个数值和一个格式说明符。**格式说明符**（format specifier）是包含特殊字符的一个字符串，它指定了如何对数值进行格式化，如下例所示：

```
format(12345.6789, '.2f')
```

第一个实参是浮点数 12345.6789，是我们想要格式化的数字。第二个实参是字符串 '.2f'，这就是格式说明符。下面解释了它的含义。

- .2 指定精度，表示要将数字四舍五入到小数点后两位。
- f 指定要格式化的数字的数据类型是浮点数。

format 函数返回包含格式化好的数字的一个字符串。以下交互会话展示了如何在 print 函数中使用 format 函数来显示一个格式化的数字：

```
>>> print(format(12345.6789, '.2f')) Enter
12345.68
>>>
```

注意，数字被四舍五入为两位小数。下例将同一个数字四舍五入为一位小数：

```
>>> print(format(12345.6789, '.1f')) Enter
```

```
12345.7
>>>
```

下面是另一个例子：

```
>>> print('The number is', format(1.234567, '.2f')) Enter
The number is 1.23
>>>
```

程序 F.2 展示了如何修改程序 F.1，用这个技术来格式化它的输出。

程序 F.2　formatting.py

```
1   # 这个程序演示了如何
2   # 对浮点数进行格式化。
3   amount_due = 5000.0
4   monthly_payment = amount_due / 12
5   print(' 每月付款金额为 ',
6           format(monthly_payment, '.2f'))
```

程序输出

每月付款金额为　416.67

1. 用科学计数法格式化

如果希望用科学记数法显示浮点数，可以用字母 e 或 E 代替 f，下面是一些例子：

```
>>> print(format(12345.6789, 'e')) Enter
1.234568e+04
>>> print(format(12345.6789, '.2e')) Enter
1.23e+04
>>>
```

第一个语句用科学记数法简单格式化数字。字母 e 之后的数字表示以 10 为底的指数。（如果在格式说明符中使用大写 E，结果也会用大写 E 来表示指数）。第二个语句额外指定了在小数点后保留两位精度。

2. 插入逗号分隔符

如果想用逗号(千位)分隔符对数字进行格式化，可以在格式说明符中插入一个逗号，如下所示：

```
>>> print(format(12345.6789, ',.2f')) Enter
12,345.68
>>>
```

下例格式化一个更大的数：

```
>>> print(format(123456789.456, ',.2f')) Enter
123,456,789.46
>>>
```

注意，在格式说明符中，逗号要放在精度指定符之前（在其左侧）。下例只指定了千位逗号分隔符，而不指定精度：

```
>>> print(format(12345.6789, ',f'))  Enter
12,345.678900
>>>
```

程序 F.3 演示了如何利用逗号分隔符和两位小数精度将一个较大的数字格式化为货币金额。

程序 F.3 dollar_display.py

```
1  # 这个程序演示了如何将浮点数
2  # 显示为货币金额。
3  monthly_pay = 5000.0
4  annual_pay = monthly_pay * 12
5  print(' 你的年度付款金额是 $',
6        format(annual_pay, ',.2f'),
7        sep='')
```

程序输出

你的年度付款金额是 $60,000.00

注意，第 7 行向 print 函数传递了实参 sep=''。它指定在显示的各项之间不添加空格。如果不传递这个实参，$ 符号后会默认打印一个空格。

3. 指定最小域宽

格式说明符还可以包含一个**最小域宽**（minimum field width）[1]，即显示一个值时应占用的最小空格数。下例在 12 个字符宽的域（字段）中打印一个数字：

```
>>> print('The number is', format(12345.6789, '12,.2f'))  Enter
The number is    12,345.68
>>>
```

格式说明符中的 12 表示应在一个至少 12 个字符宽的域中显示当前要打印的值。在本例中，要显示的值比它所在的域更短。数字 12,345.68 在屏幕上只占了 9 个字符的宽度，但它显示在一个 12 个字符宽的域中。在这种情况下，该数字在域中右对齐。如果一个值过大，超过了所在域的宽度，域会自动扩大以适应它。

请注意，在前面的例子中，域宽指示符要放在逗号分隔符之前（在其左侧）。下例指定了域宽和精度，但没有使用逗号（千位）分隔符：

```
>>> print('The number is', format(12345.6789, '12.2f'))  Enter
The number is      12345.68
>>>
```

通过指定域宽，我们可以打印在一列中对齐的数字。例如，在程序 F.4 中，每个变量的值都在 7 个字符宽度的域中显示。

程序 F.4 columns.py

```
1  # 这个程序在一列中打印
2  # 浮点数，其小数点在垂直
```

---

[1] 译注：也称为最小字段宽度。

```
 3    #  方向对齐。
 4    num1 = 127.899
 5    num2 = 3465.148
 6    num3 = 3.776
 7    num4 = 264.821
 8    num5 = 88.081
 9    num6 = 799.999
10
11  #  在 7 个字符宽的域内显示
12  #  每个数字，并保留 2 位小数。
13  print(format(num1, '7.2f'))
14  print(format(num2, '7.2f'))
15  print(format(num3, '7.2f'))
16  print(format(num4, '7.2f'))
17  print(format(num5, '7.2f'))
18  print(format(num6, '7.2f'))
```

程序输出

```
 127.90
3465.15
   3.78
 264.82
  88.08
 800.00
```

4. 将浮点数格式化为百分比

可以使用 % 将浮点数格式化为百分比，而不是使用 f 作为类型指示符。% 会使数字乘以 100，并在后面显示一个 % 符号，如下例所示：

```
>>> print(format(0.5, '%')) [Enter]
50.000000%
>>>
```

下例使输出的值不保留任何小数：

```
>>> print(format(0.5, '.0%')) [Enter]
50%
>>>
```

5. 格式化整数

之前所有的例子演示的都是如何对浮点数进行格式化。还可以使用 format 函数格式化整数。和浮点数相比，整数的格式说明符有两个不同之处需要注意：

- 使用 d 作为类型指示符
- 不可指定精度

下面展示交互式解释器中的一些例子。以下会话打印 123456，不进行任何特殊的格式化：

```
>>> print(format(123456, 'd')) Enter
123456
>>>
```

以下会话同样打印 123456，但添加了千位逗号分隔符：

```
>>> print(format(123456, ',d')) Enter
123,456
>>>
```

以下会话在 10 字符宽的域中打印 123456：

```
>>> print(format(123456, '10d')) Enter
    123456
>>>
```

以下会话在 10 字符宽的域中打印以逗号作为千位分隔符的 123456：

```
>>> print(format(123456, '10,d')) Enter
123,456
>>>
```

附录 G
用 pip 工具安装模块

Python 标准库提供了可供程序执行基本操作以及许多高级任务的类和函数。然而，有的操作是标准库无法执行的。需要做一些超出标准库范围的事情时，你有两个选择：自己写代码，或者使用别人已经写好的代码。

幸好，目前已经有成千上万的 Python 模块，它们由独立的程序员编写，提供了标准 Python 库不具备的功能。这些模块称为第三方模块。官方网站 pypi.org 列出了大量**第三方模块**，PyPI 是 Python Package Index 的简称。

在 PyPI 上提供的模块以"包"的形式组织。所谓"包"（package），其实就是一个或多个相关模块的组合。下载和安装一个包最简单的方法是使用 pip 工具。pip 工具是一个实用程序，是标准 Python 安装的一部分，自 Python 3.4 开始引入。要用 pip 工具在 Windows 系统上安装一个包，必须打开一个命令提示符窗口，然后按以下格式输入命令：

```
pip install package_name
```

package_name 是想要下载和安装的包的名称。如果使用的是 Mac 或 Linux 系统，那么要换成 pip3 命令而不是 pip 命令。另外，需要有超级用户权限才能在 Mac 或 Linux 系统上执行 pip3 命令，所以可能需要在命令前加上 sudo，如下所示：

```
sudo pip3 install package_name
```

一旦输入该命令，pip 工具将开始下载并安装包[②]。根据包的大小，可能需要几分钟的时间来完成安装过程。一旦这个过程完成，通常可以通过启动 IDLE 并输入以下命令来验证包是否被正确安装：

```
>>> import package_name
```

其中，*package_name* 是安装的包的名称。如果没有出现错误消息，就可以认为包已成功安装。

---

② 译注：要卸载一个已安装的包，将 install 换成 uninstall 即可。

附录 H
知识检查点答案

第 1 章

1.1 程序是一组指令，计算机遵循这些指令来执行任务。

1.2 硬件是构成一台计算机的所有物理设备（或称组件）。

1.3 中央处理器（CPU）、主存、辅助存储设备、输入设备和输出设备。

1.4 CPU

1.5 主存

1.6 辅助存储设备

1.7 输入设备

1.8 输出设备

1.9 操作系统

1.10 实用程序

1.11 应用软件

1.12 一个字节

1.13 一个二进制位（比特）

1.14 二进制数字系统

1.15 它是一种编码方案，使用一组 128 个数字代码来表示英文字母、各种标点符号和其他字符。这些数字代码被用来在计算机内存中存储字符。（ASCII 是美国信息交换标准代码的缩写）

1.16 Unicode

1.17 数字数据是以二进制存储的数据，而数字设备是任何处理二进制数据的设备。

1.18 机器语言

1.19 主存，或称 RAM

1.20 取回 – 解码 – 执行（fetch–decode–execute）周期

1.21 机器语言的替代品。汇编语言不是用二进制数字表示指令，而是使用称为"助记符"的短字。

1.22 高级语言

1.23 语法

1.24 编译器

1.25 解释器

1.26 语法错误

第 2 章

2.1　你为之写程序的任何人、团队或组织。

2.2　程序必须执行的一项任务。

2.3　一组明确定义的逻辑步骤，必须采取这些步骤来执行一项任务。

2.4　一种非正式语言，没有语法规则，目的也不是被编译或执行。相反，程序员使用伪代码来创建程序的模型。

2.5　描述程序步骤的一张示意图。

2.6　椭圆代表终端。平行四边形代表输入或输出。矩形代表处理（例如数学计算）。

2.7　`print('Jimmy Smith')`

2.8　`print("Python's the best!")`

2.9　`print('The cat said "meow"')`

2.10　变量是引用了计算机内存中的值的一个名称，或者说是一个指针。

2.11　`99bottles` 是非法的变量名，因为它以一个数字开头。`r&d` 也是非法的变量名，因为变量名不允许包含 `&`。

2.12　不是同一个变量，变量名要区分大小写。

2.13　该赋值语句无效，因为接收赋值的变量（`amount`）必须在赋值操作符 `=` 的左侧。

2.14　`The value is val`

2.15　`value1` 将引用一个 `int`，`value2` 将引用一个 `float`，`value3` 将引用一个 `float`，`value4` 将引用一个 `int`，而 `values` 将引用一个 `str`（字符串）。

2.16　0

2.17　`last_name = input("输入客户的姓氏：")`

2.18　`sales= float(input('输入本周销售额:'))`

2.19　填好的表格如所示：

表达式	数值
6 + 3 * 5	21
12 / 2 - 4	2
9 + 14 * 2 - 6	31
(6 + 2) * 3	24
14 / (11 - 4)	2
9 + 12 * (8 - 3)	69

2.20　4

2.21　1

2.22　字符串连接（拼接）是指将一个字符串附加到另一个字符串末尾。

2.23　`'12'`

2.24　`'hello'`

2.25　如果不希望 `print` 函数在打印完当前行的内容后自动换行，可以向函数传递特殊实参 `end = ''` 来取代默认的换行符。

2.26 可以向 print 函数传递实参 sep= 来指定你希望的分隔符。

2.27 一个换行符

2.28 Hello {name}

2.29 Hello Karlie

2.30 The value is 100

2.31 The value is 65.43

2.32 The value is 987,654.13

2.33 The value is 9,876,543,210

2.34 是域宽指示符，指定值在最小 10 个字符宽的域中显示。

2.35 是域宽指示符，指定值在最小 15 个字符宽的域中显示。

2.36 是域宽指示符，指定值在最小 8 字符宽的域中显示。

2.37 是对齐指示符，指定值左对齐。

2.38 是对齐指示符，指定值右对齐。

2.39 是对齐指示符，指定值居中对齐。

2.40 (1) 具名常量增强了程序的可读性；(2) 方便大面积修改程序；(3) 防范使用"魔法数字"时常见的打字错误。

2.41 DISCOUNT_PERCENTAGE = 0.1

2.42 0 度。

2.43 使用 turtle.forward 命令。

2.44 使用 turtle.right(45) 命令。

2.45 先用 turtle.penup() 命令将笔抬起。

2.46 turtle.heading()

2.47 turtle.circle(100)

2.48 turtle.pensize(8)

2.49 turtle.pencolor('blue')

2.50 turtle.bgcolor('black')

2.51 turtle.setup(500, 200)

2.52 turtle.goto(100, 50)

2.53 turtle.pos()

2.54 turtle.speed(10)

2.55 turtle.speed(0)

2.56 要在形状中填色，要在绘制形状前使用 turtle.begin_fill() 命令，形状绘制好之后使用 turtle.end_fill() 命令开始填充。执行 turtle.end_fill() 命令时，会用当前填充颜色来填充形状。

2.57 使用 turtle.write() 命令。

2.58 radius = turtle.numinput('输入一个数值', '圆的半径是多大？')

第 3 章

3.1 一种逻辑设计，用于控制一组语句的执行顺序。

3.2 一种程序结构，仅在满足特定条件时才执行一组语句。

3.3 一种判断结构，只提供一个分支执行路径。测试的条件为真，程序就会选择分支路径。

3.4 求值为真或假的一种表达式。

3.5 可以判断一个值是否大于、小于、大于等于、小于等于、等于或者不等于另一个值。

3.6 答案如下：

```
if y == 20:
    x = 0
```

3.7 答案如下：

```
if sales >= 10000:
    commissionRate = 0.2
```

3.8 双分支判断结构有两个可能的执行路径；一个在条件为真时执行，一个在条件为假时执行。

3.9 if-else

3.10 条件为假时。

3.11 z 不小于 a

3.12 答案如下：

```
Boston
New York
```

3.13 答案如下：

```
if number == 1:
    print('One')
elif number == 2:
    print('Two')
elif number == 3:
    print('Three')
else:
    print('Unknown')
```

3.14 由逻辑操作符连接两个布尔子表达式而成的一个表达式。

3.15 答案如下：

```
F
T
F
F
T
T
T
F
```

```
F
T
```

3.16 答案如下：

```
T
F
T
T
```

3.17 操作符 and：操作符左侧的表达式为 false，就立即"短路"，不求值右侧的表达式。or 操作符：操作符左侧的表达式为 true，就立即"短路"，不求值右侧的表达式。

3.18 答案如下：

```
if speed >= 0 and speed <= 200:
    print(' 数字有效 ')
```

3.19 答案如下

```
if speed < 0 or speed > 200:
    print(' 数字无效 ')
```

3.20 True 或 False

3.21 表明程序中是否存在某个条件的变量。

3.22 使用 turtle.xcor() 函数和 turtle.ycor() 函数。

3.23 将操作符 not 应用于 turtle.isdown() 函数，如下所示：

```
if turtle.isdown():
    语句
```

3.24 使用 turtle.heading() 函数。

3.25 使用 turtle.isvisible() 函数。

3.26 使用 turtle.pencolor() 函数判断画笔颜色。使用 turtle.fillcolor() 函数判断当前填充颜色。使用 turtle.bgcolor() 函数判断海龟图形窗口的当前背景颜色。

3.27 使用 turtle.pensize() 函数。

3.28 使用 turtle.speed() 函数。

第 4 章

4.1 导致重复执行一个或一组语句的结构。

4.2 使用真 / 假条件来控制重复次数的循环。

4.3 重复特定次数的循环。

4.4 执行一遍循环体内的语句，就称为一次"迭代"。

4.5 之前。

4.6 一次都不会。条件 count < 0 一开始就为假。

4.7 没有使循环条件变成假的机制，循环一直停不下来。会一直重复，程序只能强行中断。

4.8 答案如下：

```
for x in range(6):
    print(' 我爱编程! ')
```

4.9 答案如下：

```
0
1
2
3
4
5
```

4.10 答案如下：

```
2
3
4
5
```

4.11 答案如下：

```
0
100
200
300
400
500
```

4.12 答案如下：

```
10
9
8
7
6
```

4.13 对一系列数字进行累加的一个变量。

4.14 是的，它需要初始化为值 0。这是由于值通过循环将多个值加到一个累加器变量上。如果累加器一开始不为 0，那么在循环结束时，它包含的就不是正确的总和。

4.15 15

4.16 答案如下：

```
15
5
```

4.17 答案如下：

```
a. quantity += 1
b. days_left -= 5
```

```
     c. price *= 10
     d. price /= 2
```

4.18　哨兵是标志值序列结尾一个特殊值。

4.19　只有足够特殊的哨兵值才不会和列表中的常规值发生混淆。

4.20　这意味着如果将错误的数据（垃圾）作为程序的输入，那么程序也将产生错误的数据（垃圾）作为输出。

4.21　提供给程序的输入应在使用之前进行检查。如果输入无效，那么应将其丢弃并提示用户输入正确的数据。

4.22　首先读取输入，然后执行一个预测试循环。如果输入数据无效，那么执行循环体。循环体内显示错误消息，使用户知道输入无效，并重新读取输入。只要输入无效，循环就会一直迭代。

4.23　"预读"是指在输入校验循环之前进行的一次输入操作。预读的目的是获取第一个输入值。

4.24　一次都不会。

第 5 章

5.1　函数是程序中用于执行特定任务的一组语句。

5.2　将一个大型任务分解为几个容易执行的小任务。

5.3　如果一个特定的操作要在程序中的多个地方执行，那么可以写一个函数来执行该操作，并在需要时调用该函数。

5.4　将不同程序都需要的通用任务写成函数，并在需要的地方调用。

5.5　将程序分解为一系列函数，每个函数都执行一个单独的任务，并为不同的程序员分配写一个函数的任务。

5.6　函数定义的两部分是函数头和语句块（简称"块"或"代码块"）。函数头代表函数定义的开始。块是函数主体，是调用函数时会执行的一组语句。

5.7　调用函数意味着执行函数（中的代码）。

5.8　到达函数末尾时，计算机返回函数的调用位置，并从这里恢复程序的执行。

5.9　因为 Python 解释器根据缩进来判断一个块的起始和结束位置。

5.10　局部变量是在函数内部声明的变量。它属于声明它的函数，只有同一函数中的语句才能访问它。

5.11　可以访问变量的那一部分程序。

5.12　是的，允许。

5.13　实参。

5.14　形参。

5.15　形参变量的作用域是声明它的整个函数

5.16　不会。

5.17　答案如下：

　　a.传递关键字实参

b. 按位置传递

5.18 整个程序文件。

5.19 有三个理由：第一，全局变量使调试变得困难。程序文件中的任何语句都可以更改全局变量的值。如果发现全局变量中存储了错误的值，那么必须追踪每一个访问全局变量的语句，以确定错误值的来源。在有数千行代码的一个程序中，这会令人抓狂。第二，使用全局变量的函数通常会依赖于这些变量。如果想在不同的程序中使用这种函数，那么很可能必须重新设计，使其不依赖于全局变量。第三，全局变量使程序难以理解。程序中的任何语句都可以修改全局变量。为了理解程序中使用了全局变量的任何部分，都必须理解程序中访问了该全局变量的其他所有部分。

5.20 全局常量是程序中每个函数都可以访问的名称。和全局变量不同，全局常量适合在程序中使用。程序执行期间，它的值不会改变，所以不必担心会被修改。

5.21 区别在于，返回值函数会将一个值返回给调用它的程序部分。void 函数则不会返回值。

5.22 用于执行一些常见任务的由语言预定义的函数。

5.23 "黑盒"描述的是接受输入、使用输入来执行某些操作（不清楚细节）并生成输出的任何机制。库函数符合这一描述。

5.24 为变量 x 赋值 1~100 的随机整数。

5.25 打印 1~20 的随机整数。

5.26 打印 10~19 的随机整数。

5.27 打印 0.0~1.0（不含 1.0）的随机浮点数。

5.28 打印 0.1~0.5 的随机浮点数。

5.29 使用从计算机内部时钟获取的系统时间。

5.30 如果始终使用同一个种子值，那么随机数函数将始终生成相同的伪随机数序列。

5.31 将一个值返回给调用它的那个程序部分。

5.32 答案如下：

a. do_something

b. 返回实参值乘以 2 的结果。

c. 20

5.33 返回 True 或 False 的函数。

5.34 import math

5.35 square_root = math.sqrt(100)

5.36 angle = math.radians(45)

第 6 章

6.1 程序向其写入数据的文件。之所以称为输出文件，是因为程序向其发送输出。

6.2 程序从中读取数据的文件。之所以称为输入文件，是因为程序从中接收输入。

6.3 (1) 打开文件。 (2) 处理文件。 (3) 关闭文件。

6.4 文本文件和二进制文件。文本文件包含使用 ASCII 等方案编码为文本的数据。即使文件中包含数字，这些数字也以一系列字符的形式存储在文件中。因此，可以使用"记事本"等文本编辑器打开和查看文件。二进制文件则包含未转换为文本的数据。因此，无法使用文本编辑器查看二进制文件的内容，打开只会显示一些"乱码"。

6.5　顺序访问和直接访问。使用顺序访问文件时，必须从文件开头到文件末尾依次访问数据。而在使用直接访问文件时，可以直接跳转到文件中的任何数据，而不需要读取它之前的数据。

6.6　文件在磁盘上的名称和引用文件对象的变量的名称。

6.7　文件中现有的内容会被删除。

6.8　打开文件会创建文件与程序之间的连接。它还会创建文件与文件对象之间的关联。

6.9　关闭文件会断开程序与文件之间的连接。

6.10　文件的读取位置标记着将从文件的什么位置读取下一个数据项。打开输入文件时，其读取位置最初会被设为文件中第一个数据项开头的位置。

6.11　以追加模式（'a'）打开文件。在追加模式下写入数据时，数据会被写入文件现有内容的末尾。

6.12　答案如下：

```
outfile = open('numbers.txt', 'w')
for num in range(1, 11):
    outfile.write(str(num) + '\n')
outfile.close()
```

6.13　readline 方法如果返回空字符串（''），那么意味着它试图超出文件末尾进行读取。

6.14　答案如下：

```
infile = open(data.txt', 'r')
line = infile.readline()
while line != '':
    print(line)
    line = infile.readline()
infile.close()
```

6.15　答案如下：

```
infile = open('data.txt', 'r')
for line in infile:
    print(line)
infile.close()
```

6.16　记录是对一个数据项进行描述的完整数据集，字段则是记录内的单个数据项。

6.17　将所有原始文件的记录复制到临时文件，但在到达要修改的记录时，不要将它旧的内容写入临时文件。相反，将新的修改值写入临时文件。然后，继续将剩余记录从原始文件复制到临时文件。最后用临时文件取代原始文件，即删除原始文件并将临时文件重命名为原始文件的名称。

6.18　将原始文件中除了要删除的记录之外的其他所有记录复制到临时文件。然后，用临时文件取代原始文件，即删除原始文件并将临时文件重命名为原始文件的名称。

6.19 异常是程序运行时发生的错误。大多数时候，异常会导致程序突然停止。

6.20 程序停止。

6.21 `FileNotFoundError`

6.22 `ValueError`

第 7 章

7.1 `[1, 2, 99, 4, 5]`

7.2 `[0, 1, 2]`

7.3 `[10, 10, 10, 10, 10]`

7.4 答案如下：

```
1
3
5
7
9
```

7.5 4

7.6 使用语言内置的 `len` 函数。

7.7 答案如下：

```
[1, 2, 3]
[10, 20, 30]
[1, 2, 3, 10, 20, 30]
```

7.8 答案如下：

```
[1, 2, 3]
[10, 20, 30, 1, 2, 3]
```

7.9 [2, 3]

7.10 [2, 3]

7.11 [1]

7.12 [1, 2, 3, 4, 5]

7.13 [3, 4, 5]

7.14 答案如下：

```
Jasmine's family:
['Jim', 'Jill', 'John', 'Jasmine']
```

7.15 `remove` 方法用于搜索并移除包含特定值的元素。`del` 语句用于删除指定索引位置的元素，不管该元素的值是什么。

7.16 可以使用 Python 内置的 `min` 和 `max` 函数。

7.17 应该使用语句 b，即 `names.append('Wendy')`。由于此时元素 0 还不存在，所以使用语句 a 来访问索引位置 0 处的元素会导致出错。

7.18　答案如下：a) index 方法在列表中查找指定元素，并返回包含该元素的第一个元素的索引。b) insert 方法将一个新元素插入列表的指定索引位置。c) sort 方法将列表中的元素按升序排序。d) reverse 方法反转列表中所有元素的顺序。

7.19　结果表达式是：x。迭代表达式是：for x in my_list。

7.20　[2, 24, 4, 40, 6, 30, 8]

7.21　[12, 20, 15]

7.22　列表包含 4 行 2 列。

7.23　mylist = [[0, 0, 0, 0], [0, 0, 0, 0], [0, 0, 0, 0], [0, 0, 0, 0]]

7.24　答案如下：

```
for r in range(4):
    for c in range(2):
        print(numbers[r][c])
```

7.25　元组和列表的主要区别在于元组是不可变的。这意味着元组一旦创建就无法更改。

7.26　下面列举三个原因。第一，处理元组比处理列表快，因此当处理大量数据且该数据不会发生改变时，元组是一个不错的选择。第二，元组是安全的。由于不允许更改元组的内容，所以存储在其中的数据可以保证不会被程序中的任何代码（无论是意外还是其他方式）修改。第三，Python 中的一些操作要求使用元组。

7.27　my_tuple = tuple(my_list)

7.28　my_list = list(my_tuple)

7.29　必须传递两个列表：一个包含数据点的 *X* 坐标，另一个包含它们的 *Y* 坐标。

7.30　折线图

7.31　使用 xlabel 和 ylabel 函数。

7.32　调用 xlim 和 ylim 函数，传递 xmin，xmax，ymin 和 ymax 关键字参数。

7.33　调用 xticks 和 yticks 函数。向这些函数传递两个参数。第一个参数是刻度线位置的列表，第二个参数是在指定位置显示的标签列表。

7.34　两个列表：一个包含每个条柱的 *X* 坐标，另一个包含每个条柱在 *Y* 轴上的高度。

7.35　条柱分别为红色、蓝色、红色和蓝色。

7.36　向该函数传递一个值列表作为实参。pie 函数将计算列表中值的总和，然后将该总和作为整体值。然后，列表中的每个元素将成为饼图中的一个切片（扇区）。每个切片的大小表示该元素值占整体值的百分比。

第 8 章

8.1　答案如下：

```
for letter in name:
    print(letter)
```

8.2　0

8.3　9

8.4　如果尝试使用超出特定字符串范围的索引，将会引发 IndexError 异常。

8.5　使用内置的 len 函数。

8.6　第二个语句试图向字符串中的一个字符赋值。然而，字符串是不可变的，所以表达式 animal[0] 不能出现在赋值操作符的左侧。

8.9　abc

8.10　abcdefg

8.11　答案如下：

```
if 'd' in mystring:
    print('是的，其中有"d"。')
```

8.12　little = big.upper()

8.13　答案如下：

```
if ch.isdigit():
    print('Digit')
else:
    print('No digit')
```

8.14　a A

8.15　答案如下：

```
again = input('你想要重复 ' + '程序还是退出？ (R/Q)')
while again.upper() != 'R' and again.upper() != 'Q':
    again = input('你想要重复 ' + '程序还是退出？ (R/Q)')
```

8.16　$

8.17　答案如下：

```
for letter in mystring:
    if letter.isupper():
        count += 1
```

8.18　my_list = days.split()

8.19　my_list = values.split('$')

第 9 章

9.1　键和值。

9.2　键。

9.3　字符串 'start' 是键，整数 1472 是值。

9.4　它在 employee 字典中存储键值对 'id' : 54321。

9.5　显示 'ccc'。

9.6　可以使用 in 操作符来测试是否存在特定的键，进而判断是否存在特定的键值对。

9.7　删除键为 654 的那个元素（整个键值对）。

9.8 显示 3。

9.9 答案如下：

```
1
2
3
```

9.10 pop() 方法接收一个键作为参数，返回与该键关联的值，然后从字典中删除该键值对。popitem() 方法返回字典中最后添加的那个键值对（以元组形式），然后从字典中删除该键值对。

9.11 items() 方法以元组序列（字典视图）的形式返回字典的所有键及其关联的值。

9.12 keys() 方法以元组序列（字典视图）的形式返回字典的所有键。

9.13 values() 方法以元组序列（字典视图）的形式返回字典的所有值。

9.14 result = {item:len(item) for item in names}

9.15 phonebook_copy = {k:v for k,v in phonebook.items() if v.startswith('919')}

9.16 集合元素是无序的。

9.17 不允许。

9.18 可以调用内置的 set 函数。

9.19 集合中的元素将是 'J'、'u'、'p'、'i'、't'、'e' 和 'r'。注意，本题包括后续各题的集合元素均无固定顺序。

9.20 集合中的元素将是 25。

9.21 集合中的元素将是 'w'、' '、'x'、'y' 和 'z'。

9.22 集合中的元素将是 1、2、3 和 4。

9.23 集合中的元素将是 'www'、'xxx'、'yyy' 和 'zzz'。

9.24 将集合作为实参传递给 len 函数。

9.25 集合中的元素将是 10、9、8、1、2 和 3。

9.26 集合中的元素将是 10、9、8、'a'、'b' 和 'c'。

9.27 如果要删除的元素不在集合中，remove 方法会引发 KeyError 异常，discard 方法则不会。

9.28 可以使用 in 操作符来判断元素是否在集合中。

9.29 {10, 20, 30, 100, 200, 300}

9.30 {3, 4}

9.31 {1, 2}

9.32 {5, 6}

9.33 {'a', 'd'}

9.34 set2 是 set1 的子集，而 set1 是 set2 的超集。

9.35 对象序列化是指将对象转换为字节流，以便保存到文件中供将来取回并恢复。

9.36 使用 'wb' 以二进制写入模式打开。

9.37 使用 'rb' 以二进制读取模式打开。

9.38 pickle 模块。

9.39 `pickle.dump`

9.40 `pickle.load`

第 10 章

10.1 对象是同时包含数据和方法的一个软件实体。

10.2 封装是指将数据和代码合并到一个对象中。

10.3 当一个对象的数据属性对外部代码隐藏，而且只有对象的方法才能访问数据属性时，可以防范数据属性被意外破坏。此外，外部代码不需要知道对象数据的格式或内部结构。

10.4 公共方法可直接由对象外部的实体访问。私有方法则不能，它们被设计成在内部访问。

10.5 蓝图代表的是类。

10.6 饼干是对象。

10.7 它的作用是初始化对象的数据属性，会在对象创建后立即执行。

10.8 类的方法在执行时，必须知道它应该操作哪个对象的数据属性。这就是 `self` 参数的作用。在调用方法时，Python 会自动使 `self` 参数引用方法应该操作的那个特定的对象。

10.9 通过在属性名称前加两个下画线来私有化属性。

10.10 它返回对象（状态）的一个字符串表示。

10.11 将对象传递给内置的 str 方法即可自动调用。

10.12 实例属性是指从属于类的特定实例的属性。

10.13 10 个。

10.14 返回值的方法称为取值方法。存储值或以其他方式更改数据属性的方法称为赋值方法。

10.15 在这三个部分中，顶部写上类名，中间列出类的字段，底部则列出类的方法。

10.16 问题域是在现实世界中，与当前要解决的问题相关的对象、参与方以及主要事件的集合。

10.17 如果你充分理解了要解决的问题的性质，那么可以自己撰写问题域描述。如果对问题的性质不够理解，可以请专家为你撰写这个描述。

10.18 首先，识别问题域描述中出现的名词、代词和名词短语。然后，完善这个列表以消除重复项、和当前问题无关的项、本质上是对象而非类的项以及可以用变量来存储的简单的值。

10.19 类需要知道的事情和需要执行的行动。

10.20 就当前问题来说，类需要知道什么？类需要做什么？

10.21 不一定，取决于问题的复杂性。

第 11 章

11.1 超类是泛化类，子类是特化类。

11.2 当一个对象是另一个对象的特化版本时，它们之间就存在"属于"关系。特化类的对象是泛化类对象的一个特殊的版本。

11.3 子类了继承超类的所有属性和方法。

11.4 `Bird` 是超类，`Canary` 是子类。

11.5 答案如下：

> 我是蔬菜。
> 我是土豆。

第 12 章

12.1 递归算法需要执行多次方法 / 函数调用。每次调用都需要系统执行一些准备行动，包括为参数和局部变量分配内存，并存储每个函数调用的返回位置等。所有这些行动和相关的资源统称为开销。而在使用循环来实现的迭代算法中，这种开销是不需要的。

12.2 可以在不继续递归的情况下解决问题的情况。

12.3 需要递归来解决问题的情况。

12.4 当递归到达基本情况时。

12.5 在直接递归中，递归方法调用自身。而在间接递归中，方法 A 调用方法 B，方法 B 又调用方法 A。

第 13 章

13.1 计算机和操作系统中用户与之交互的部分。

13.2 命令行界面通常显示一个提示符，用户键入一个命令，然后执行该命令。

13.3 程序。

13.4 对所生的事件（例如用户单击按钮）进行响应的程序。

13.5 答案如下：

  a. Label – 标签控件，用于显示文本或图像标签。

  b. Entry – 允许用户从键盘输入一行文本的区域。

  c. Button – 单击时，可以执行某个行动的按钮。

  d. Frame – 可以容纳其他控件的容器。

13.6 创建 tkinter 模块的 Tk 类的一个实例。

13.7 该函数会像无限循环一样运行，直到关闭主窗口为止。

13.8 pack 方法将控件安排在适当的位置，并在显示主窗口时使控件可见。

13.9 两个控件上下挨在一起。

13.10 side='left'

13.11 答案如下：

```
self.label = tkinter.Label(self.main_window,
                           text=' 你好，世界 ',
                           borderwidth=3,
                           relief='raised')
```

13.12 self.label1.pack(ipadx=10, ipady=20)

13.13 self.label1.pack(padx=10, pady=20)

13.14 self.label1.pack(padx=10, pady=20, ipadx=10, ipady=10)

13.15 可以使用 Entry 控件的 get 方法来获取用户在控件中键入的数据。

13.16 字符串类型。

13.17 tkinter

13.18 任何存储在 StringVar 对象中的值都将自动显示在 Label 控件中。

13.19 使用单选钮。

13.20 使用复选框。

13.21 创建一组 Radiobutton 对象时，把它们与同一个 IntVar 对象关联。然后，为每个 Radiobutton 分配唯一的整数值。当选中一个 Radiobutton 控件时，它会将其唯一的整数值存储到 IntVar 对象中。

13.22 为每个 Checkbutton 都关联不同的 IntVar 对象。一个 Checkbutton 被选中时，它关联的 IntVar 对象将保存值 1。取消选中该 Checkbutton 时，它关联的 IntVar 对象将保存值 0。

13.23 答案如下：

```
self.listbox.insert(0, '一月')
self.listbox.insert(1, '二月')
self.listbox.insert(2, '三月')
```

13.24 默认高度为 10 行，默认宽度为 20 字符。

13.25 self.listbox = tkinter.Listbox(self.main_window, height=20, width=30)

13.26 'Peter' 存储在索引 0 处，'Paul' 存储在索引 1 处，'Mary' 存储在索引 2 处。

13.27 返回一个元组，其中包含 Listbox 中当前选中项的索引。

13.28 可以调用 Listbox 控件的 delete 方法，传递想要删除的列表项的索引，从而删除指定的项。

13.29 (0, 0)

13.30 (639, 479)

13.31 在 Canvas 控件中，点 (0, 0) 位于窗口的左上角。在海龟图形中，点 (0, 0) 位于窗口的中心。此外，在 Canvas 控件中，Y 坐标在向下移动时增加。在海龟图形中，Y 坐标在向下移动时减小。

13.32 答案如下：

```
a. create_oval
b. create_rectangle
c. create_rectangle
d. create_polygon
e. create_oval
f. create_arc
```

第 14 章

14.1 数据库管理系统（DBMS）是一种进行了专门设计，能以有组织且高效的方式存储、检索和处理大量数据的软件。

14.2　需要存储和处理大量数据时，传统文件（如文本文件）是不实用的。许多企业需要处理数百万个数据项。而如果用传统文件来包含如此多的数据，简单的操作（例如搜索、插入和删除）就会变得繁琐且低效。

14.3　开发者只需要知道如何与 DBMS 交互。DBMS 负责实际的数据读取、写入和搜索。

14.4　一种和数据库管理系统协同工作的标准语言。

14.5　Python 应用程序将 SQL 语句构造为字符串，然后用库的一个方法将这些字符串传给 DBMS。

14.6　`import sqlite3`

14.7　答案如下：

　　a. 数据库：数据库容纳了以表、行和列的形式来组织的数据。

　　b. 表：表容纳相关数据的集合。在表中存储的数据用行和列来组织。

　　c. 行：行容纳关于一个数据项的完整数据集。行中存储的数据划分为列。

　　d. 列：列包含一个数据项中的单个数据。

14.8　`1.c`　　　　`2.d`　　　`3.a`　　　`4.e`　　　`5.b`

14.9　主键用于对每一行进行唯一性的标识。

14.10　标识列包含由 DBMS 自动生成的唯一值，通常用作主键。

14.11　游标是一个对象，提供了访问和操作数据库中的数据的能力。

14.12　在连接数据库之后。

14.13　对数据库进行更改时，这些更改实际并未保存到数据库中，除非最终提交它们。

14.14　调用 SQLite 模块的 `connect` 函数。

14.15　会创建数据库文件。

14.16　使用一个 Cursor（游标）类型的对象。

14.17　调用 Connection 对象的 `cursor` 方法。

14.18　调用 Connection 对象的 `commit` 方法。

14.19　调用 Connection 对象的 `close` 方法。

14.20　调用 Cursor 对象的 `execute` 方法。

14.21　答案如下：

```
CREATE TABLE Book (Publisher TEXT, Author TEXT,
                   Pages INTEGER, Isbn TEXT)
```

14.22　`DROP TABLE Book`

14.23　答案如下：

```
INSERT INTO Inventory (ItemID, ItemName, Price)
VALUES (10, "Table Saw", 199.99)
```

14.24　答案如下：

```
INSERT INTO Inventory (ItemName, Price)
VALUES ("Chisel", 8.99)
```

14.25 答案如下：

```
cur.execute('''INSERT INTO Inventory (ItemName, Price)
               VALUES (?, ?)''',
               (name_input, price_input))
```

14.26 答案如下：

a. Account

b. Id

14.27 答案如下：

a. SELECT * FROM Inventory

b. SELECT ProductName FROM Inventory

c. SELECT ProductName, QtyOnHand FROM Inventory

d. SELECT ProductName FROM Inventory WHERE Cost < 17.0

e. SELECT * FROM Inventory WHERE ProductName LIKE "%ZZ"

14.28 用于判断一个列是否包含指定的字符模式。

14.29 % 符号是通配符，代表任意零个或多个字符的序列。

14.30 使用 ORDER BY 子句。

14.31 fetchall 方法将 SELECT 查询的结果作为元组的列表返回。如果查询只返回一个值，可以使用 fetchone 方法返回包含一个元素的元组，该元素位于索引 0 处。

14.32 答案如下：

```
UPDATE Products
SET RetailPrice = 4.99
WHERE Description LIKE "%Chips"
```

14.33 DELETE FROM Products WHERE UnitCost > 4.0

14.34 不可以。

14.35 不可以。

14.36 INTEGER

14.37 100

14.38 如果在表中创建一个列作为 INTEGER PRIMARY KEY，那么该列将成为 RowID 列的别名。

14.39 复合键是通过组合两个或更多现有的列来创建的键。

14.40 sqlite3.Error

14.41 因为重复的数据会浪费存储空间，并可能导致数据库中出现不一致和冲突的信息。

14.42 外键是一个表中引用了另一个表的主键的列。

14.43 一对多关系意味着一个表中的行可能由另一个表中的多行引用。

14.44 多对一关系意味着一个表中的多行可能引用了另一个表中的一行。

术语详解

1. "开始"终端符号（start terminal）：在流程图中标记程序起始点的符号，是一个椭圆。
2. ASCII：参见"美国信息交换标准码"。
3. cookie：存储了 Web 浏览会话信息的一种小文件。
4. CPU：参见"中央处理单元"。
5. CRUD：创建（Create）、读取（Read）、更新（Update）和删除（Delete）的首字母缩写。这是数据库应用程序执行的 4 种基本操作。
6. CSV：参见"以逗号分隔的值"。
7. else suite：作为 try 语句一部分的语句块，相当于 else 子句的主体。该语句块在 try 语句块执行后执行，但前提是 try 语句块没有引发异常。
8. Entry 组件：允许用户输入文本的一种 GUI 控件。
9. finally suite：作为 try 语句一部分的语句块，出现在 finally 子句之后。该语句块在 try 语句块执行完毕以及任何异常处理程序执行完毕后执行。
10. f 字符串（f-string）：包含特殊代码的一种字符串，可以插入变量值并对其进行格式化。
11. IPO 图（IPO chart）：对函数的输入、处理和输出进行描述的一种图。
12. Python shell：以交互模式运行的 Python 解释器。
13. Python 程序（Python program）：包含 Python 语句的文件，也称为"Python 脚本"。
14. Python 脚本（Python script）：参见"Python 程序"。
15. Python 解释器（Python interpreter）：能读取并执行 Python 语句的程序。
16. RAM：参见"随机存储器"。
17. SQL 注入（SQL injection）：一种安全攻击，用户将精心制作的 SQL 代码作为输入，导致该代码被插入（注入）程序的 SQL 代码中，从而对数据库执行恶意操作。
18. try suite：try 语句中可能引发异常的代码块。
19. Unicode：一套全面的字符编码方案，与 ASCII 兼容，可以表示世界上大多数语言的字符。
20. U 盘（USB drive）：便宜、可靠和小巧的一种辅助存储设备，通过 USB 端口与计算机连接。
21. void 函数（void function）：只执行其中包含的语句，不向程序中调用它的位置返回一个值的函数。
22. with suite：作为 with 语句的一部分并与资源一起工作的代码块。with suite 中的语句执行完毕后，资源将自动关闭。
23. 按钮（button）：用户可以单击以执行某个操作的 GUI 组件。
24. 保留字（reserved word）：参见术语"关键字"。
25. 编译器（compiler）：一种特殊的程序，能将高级语言程序转换成一个单独的机器语言程序。
26. 变量（variable）：计算机内存中的一个具名的存储位置。
27. 标记（token）：从字符串中提取的单独的数据项。
28. 标记化（tokenizing）：将字符串分解为多个标记（token）的过程。

29. 标签（label）：显示了一段文本描述的 GUI 组件。

30. 标识列（identity column）：包含数据库管理系统生成的唯一值的列。

31. 标志（flag）：一个布尔值或变量，当程序中存在某个条件时发出信号。

32. 标准库（standard library）：编程语言事先写好的函数的集合。

33. 不区分大小写的比较（case-insensitive comparison）：在比较字符串时，不考虑字符串中字母的大小写。

34. 布尔表达式（Boolean expression）：可以求值为真（True）或假（False）的表达式。

35. 布尔函数（Boolean function）：返回 True 或 False 的函数。

36. 步长值（step value）：在 for 循环中，计数器变量的增量。

37. 参数化查询（parameterized query）：使用占位符在查询中插入变量值的 SQL 查询。

38. 操作符（operator）：对数据执行特定操作的符号或单词。

39. 操作数（operand）：操作符所操作的值或数据。

40. 操作系统（operating system）：计算机最基本的一组程序的集合，是控制计算机硬件内部操作的基本程序，管理连接到计算机的所有设备，允许将数据保存到存储设备或从存储设备中取回数据，并允许其他程序在计算机上运行。

41. 层次结构图（hierarchy chart）：显示函数之间关系的一种图，也称为"结构图"。

42. 差集（difference）：两个集合之差，包含在一个集合中有但在另一个集合中没有的元素。

43. 超集（superset）：包含子集的集合。

44. 超类（superclass）：继承关系中较一般（常规）的类，也称为"基类"。

45. 程序（program）：计算机执行任务时遵循的一组指令。

46. 程序开发周期（program development cycle）：设计、编写、纠正、测试和调试软件的过程。

47. 程序员（programmer）：经过训练之后，掌握了设计、创建和测试计算机程序所需技能的人员。也称为"软件开发人员"。

48. 初始化方法（initializer method）：创建对象时自动调用的方法。它通常用一些值来初始化对象的各种属性。在 Python 中，通常是指 __init__ 方法。

49. 处理符号（processing symbol）：流程图的三种符号之一，该矩形符号代表程序对数据进行某种处理的步骤，例如数学计算。

50. 传值（pass by value）：若实参传值，会将实参的副本传给形参变量。

51. 错误处理程序（error handler）：对错误进行响应的代码。

52. 错误陷阱（error trap）：同"错误处理程序"。

53. 代码（code）：程序员用一种编程语言写的语句。

54. 代码重用（code reuse）：执行某个任务的代码只需写一次，以后每次需要时重复使用。

55. 单分支决策结构（single alternative decision structure）：只提供了一个分支执行路径的决策结构。

56. 单选钮（radio button）：可以处于选中或取消中状态的一种 GUI 组件。多个单选钮通常成组使用，让用户从中选择一个选项（而且只能选择一个）。

57. 低级语言（low-level language）：与机器语言性质接近的一种编程语言。

58. 递归函数（recursive function）：调用自身的函数。

59. 递归情况（recursive case）：在递归求解的问题中，问题必须通过递归来缩小的情况。

60. 递归深度（depth of recursion）：递归函数调用自身的次数。

61. 调试（debug）：发现并纠正程序中错误的过程。

62. 调用（call）：执行一个函数或方法，并可选择传递特定的参数值。

63. 调用函数（calling a function）：参见"调用"。

64. 迭代（iteration）：循环体的一次执行。

65. 顶点（vertex）：两条线相连的点。

66. 读取位置（read position）：标志了要从文件中读取的下一个数据项的位置。

67. 短路求值（short-circuit evaluation）：一旦可以确定复合布尔表达式的值，就停止对该表达式进行求值。

68. 对称差集（symmetric difference）：两个集合的对称差集包含不会在两个集合中同时出现的元素。

69. 对话框（dialog box）：一种 GUI 组件，用于显示信息或收集用户输入。

70. 对齐指示符（alignment designator）：在 f 字符串中表示域内的值如何对齐的一个符号。

71. 对象（object）：同时包含了数据和过程的一种软件实体。

72. 对象可重用性（object reusability）：出于多种目的而重复使用对象的一种能力。

73. 多对一关系（many-to-one relationship）：一个表中的多行可以引用另一个表中的一行。

74. 多态性（polymorphism）：对象具有不同形式的能力。

75. 多行字符串（multiline string）：在程序代码中跨越多行的字符串。

76. 多重赋值语句（multiple assignment statement）：为多个变量赋值的一个赋值语句。

77. 二的补码（two's complement）：一种将负数存储为二进制值的技术。

78. 二进制数字系统（binary numbering system）：一种数字系统，其中所有数值都写成 0 和 1 的序列。

79. 二进制位（binary digit）：二进制位（也称为 bit）是内存存储的基本单位，可以处于"开"或"关"状态，只能为值 0 或 1。

80. 二进制文件（binary file）：包含未转换为文本的数据的文件。通常是特殊的程序数据，在文本编辑器中会显示成"乱码"。

81. 二维列表（two-dimensional list）：包含其他列表作为其元素的一种列表。

82. 返回值的函数（value-returning function）：将值返回给程序中调用它的那一部分的函数。

83. 方法（method）：从属于一个对象并在该对象上执行操作的函数。注意，本书没有刻意区分方法和函数。

84. 分而治之（divide and conquer）：将一个大任务分解为几个容易执行的小任务的过程。

85. 分隔符（delimiter）：对字符串中的标记（token）进行分隔的字符。

86. 封装（encapsulation）：将数据和代码合并到一个对象中。

87. 浮点表示法（floating-point notation）：一种将实数存储为二进制值的技术。

88. 辅助存储（secondary storage）：一种即使在计算机断电的情况下也能长时间保存数据的存储设备。也称为"二级存储"。

89. 复合赋值操作符（augmented assignment operator）：与数学运算符相结合的一些赋值操作符。例如，+= 将先执行加法运算，再执行赋值操作。

90. 复合键（composite key）：由两列或多列组合而成的键。

91. 复选框（check box）：以小方框形式显示的 GUI 组件，可以选中或取消选中。

92. 赋值表达式（assignment expression）：为变量赋值并返回所赋值的表达式。

93. 赋值操作符（assignment operator）：赋值操作符（=）将其右侧的值赋给左侧的变量。

94. 赋值方法（mutator method）：在属性中存储值或以其他方式更改属性值的方法。

95. 赋值语句（assignment statement）：向变量赋值的语句。和其他语言不同，Python 允许用赋值语句来创建一个之前不存在的变量。

96. 高级语言（high-level language）：一种编程语言，使用了比低级语言指令更容易理解的单词，允许在不知道 CPU 具体如何工作的情况下创建程序。

97. 格式说明符（format specifier）：f 字符串中的特殊代码，指定以特定方式格式化数值。

98. 根据位置传递（passed by position）：第一个实参传给第一个形参，第二个实参传给第二个形参，以此类推。

99. 跟踪（traceback）：指出程序中发生错误的位置的消息。也称为"回溯"。

100. 公共方法（public method）：类的一种方法，可由类外部的代码访问。

101. 固态硬盘（solid-state drive）：不像传统硬盘那样有机械部件的新一代辅助存储设备，速度非常快。

102. 关键字（keyword）：在编程语言中具有特定含义的词，不能用于任何其他目的。也称为"保留字"。

103. 关键字参数（keyword argument）：一种函数调用语法，通过显式提供参数名称来指定要将实参传递给哪个形参。也称为"关键字实参"。

104. 关系操作符（relational operator）：比较两个值并确定它们之间是否存在特定关系的操作符。

105. 过程（procedure）：执行特定任务的函数。

106. 海龟图形（turtle graphics）：模拟机器"海龟"的一种 Python 图形系统，可在移动过程中绘制线和形状。

107. 函数（function）：程序中为重复执行特定任务而编写的一组语句。

108. 函数定义（function definition）：对函数进行定义的代码。

109. 函数头（function header）：函数定义的第一行，包含函数名和参数等。

110. 黑盒（black box）：任何接受输入、执行某些操作（在外部不清楚细节）并产生输出的机制。

111. 画布（Canvas）：一种显示为空白矩形区域的 GUI 组件。可以在画布上绘制各种二维图形。

112. 缓冲区（buffer）：内存中的一个小的"保留区"。

113. 幻数（magic number）：程序代码中出现的含义不明的数字。

114. 换行符（newline character）：标志一行文本结束的不可见字符。

115. 换行符转义序列（newline escape character）：标记文件中新行开始的一个转义序列，即 \n。

116. 回调函数（callback function）：发生特定事件时自动执行的函数。

117. 汇编器（assembler）：一种特殊的程序，用于将汇编语言程序转换为机器语言程序。

118. 汇编语言（assembly language）：一种低级编程语言，使用称为助记符的短字来代替二进制指令。

119. 混合类型的表达式（mixed-type expression）：使用了不同数据类型的操作数的表达式。

120. 机器语言（machine language）：计算机 CPU 可以理解并执行的指令。

121. 基本情况（base case）：在递归求解的问题中，无需继续递归即可求解的情况。

122. 基类（base case）：参见"超类"。

123. 集成开发环境（Integrated Development Environment, IDE）：集成了文本编辑器、编译器、解释器、调试器等编程工具的一种专用软件，例如 Visual Studio。在 Python 中特指它自带的 IDLE 程序。

124. 集合（set）：存储唯一的、无序的元素集合的对象。

125. 集合推导式（set comprehension）：读取一个集合的元素并创建另一个集合的简化表达式。

126. 计数控制循环（count-controlled loop）：重复特定次数的循环。

127. 计数器变量（counter variable）：对循环迭代次数进行计数的变量。

128. 记录（record）：对一个数据项进行描述的完整数据集。

129. 键（key）：一个字典元素中对该元素进行标识的那一部分，另一部分是"值"。

130. 键值对（key-value pairs）：由键和值两部分组成的数据元素。我们通过查找数据元素的键来检索相应的值。

131. 交互模式（interactive mode）：用键盘输入一个 Python 语句，就由 Python 解释器执行一个语句的模式。

132. 交集（intersection）：两个集合的交集只包含两个集合中都有的元素。

133. 脚本模式（script mode）：Python 解释器读取并执行包含 Python 语句的文件内容的一种模式。

134. 结构化查询语言（structured query language，SQL）：数据库管理系统使用的一种标准语言。

135. 结构图（structure chart）：显示函数之间关系的一种图。

136. 结束终端（end terminal）：结束终端

137. 截断（truncate）：截去数据的一部分，例如数字的小数部分。

138. 解释器（interpreter）：转换（翻译）并执行高级语言程序指令的程序。

139. 仅关键字参数（keyword-only parameter）：只接受关键字参数的参数。

140. 仅位置参数（positional-only parameter）：只接受位置实参（根据位置传递的参数）。

141. 精度指示符（precision designator）：f 字符串中的特殊代码，表示浮点数四舍五入后的小数位数。

142. 局部变量（local variable）：在函数内部创建的变量。当前函数外部的语句不能访问该变量。

143. 具名常量（named constant）：代表特殊值的一个名称，这种值在程序执行期间不会发生更改。

144. 聚合函数（aggregate function）：对数据库表中的一组值执行特定计算的 SQL 函数。

145. 决策结构（decision structure）：一种控制结构，只有符合特定条件才执行一组语句。

146. 开销（overhead）：为函数调用所做的准备操作，例如为参数和局部变量分配内存，以及存储返回地址。

147. 可变（mutable）：特指一样东西可以修改，而非固定不变（不可变）。

148. 可迭代对象（iterable）：包含一系列值的对象，可通过循环来遍历这些值。

149. 客户（customer）：要求你编写程序的个人、团体或组织。

150. 控件（widget）：在 GUI 程序中显示的图形元素，用户可与之交互或查看其内容。

151. 控制结构（control structure）：控制一组语句执行顺序的逻辑设计。

152. 库函数（library functions）：编程语言内置或由模块导入的一系列函数的集合。

153. 块（block）：参见"语句块"。

154. 框架（frame）：可以容纳其他 GUI 组件的一种容器。

155. 垃圾回收（garbage collection）：自动删除内存中不再被变量引用的数据的过程。

156. 类（class）：为特定类型的对象规定了属性和方法的代码，相当于这些对象的"蓝图"。

157. 类的职责（responsibilities）：类需要了解的事情和类需要执行的行动。

158. 类定义（class definition）：定义了类的方法和数据属性的一组语句。

159. 类型指示符（type designator）：f 字符串中的特殊代码，用于指示所显示的值的类型。

160. 累加和（running total）：累加器变量中不断增加的数字之和。

161. 累加器（accumulator）：在循环迭代过程中累加一系列值的变量。

162. 连接（concatenation）：将一个字符串附加（连接）到另一个字符串的末尾，也称为"拼接"。

163. 列（column）：一个数据项（数据表中的一行或者说一条记录）中包含的单个数据。

164. 列表（list）：可以包含多个数据项的一种对象。

165. 列表框（Listbox）：显示数据列表并允许用户从列表中选择一项或多项的 GUI 组件。

166. 列表推导式（list comprehension）：根据一个列表的内容生成另一个列表的表达式。

167. 流程图（flow chart）：以图形方式描述程序运行步骤的一种图。

168. 逻辑操作符（logical operator）：连接两个布尔表达式以创建复合布尔表达式的操作符。

169. 逻辑错误（logic error）：程序中的一种错误，虽然不会造成程序意外中止，但会导致错误的结果。

170. 美国信息交换标准代码（American Standard Code for Information Interchange，ASCII）：一组 128 个数值编码，用于表示英文字母、各种标点符号和其他字符。

171. 面向对象编程（object-oriented programming）：以创建对象为中心的一种编程范式，对象是同时包含数据和过程的软件实体。

172. 命令行界面（command line interface）：显示提示，并执行用户键入的命令的一种界面。

173. 模块（module）：可以导入其他 Python 程序的一种 Python 源代码文件。

174. 模块化（modularization）：在编写程序时，每项任务都由单独的函数执行。

175. 模块化程序（modularized program）：每个任务都由单独的函数来执行的程序。

176. 目标变量（target variable）：在 for 循环的每次迭代中作为赋值目标的变量。

177. 内部填充（internal padding）：围绕 GUI 组件内边缘的空白空间。

178. 内存条（memory sticks）：计算机的 RAM。

179. 派生类（derived class）：参见"子类"。

180. 屏幕坐标系（screen coordinate system）：用于指定屏幕上的特定像素位置的坐标系。

181. 嵌套列表（nested list）：列表元素是其他列表的一种列表。

182. 切片（slice）：序列中元素的一个 span。也称为"分片"。

183. 求余操作符（modulus operator）：返回除法运算的余数的操作符，也称为"取模操作符"。

184. 取值方法（accessor method）：从类的属性中获取值但不更改该值的方法。

185.取指－解码－执行（fetch-decode-execute cycle）：中央处理器执行程序中的每条指令的三步过程。

186.全局变量（global variable）：在程序中所有函数的外部定义的变量。全局变量的作用域是整个程序。全局变量的特点是可变。

187.全局常量（global constant）：程序中每个函数都可以使用的具名常量，特点是不可变。

188.软件（software）：计算机程序。

189.软件开发工具（software development tools）：程序员用来创建、修改和测试软件的程序。

190.软件开发人员（software developer）：参见"程序员"。

191.软件需求（software requirement）：为满足客户需求，程序必须执行的功能。

192.闪存（flash drive）：U盘等存储设备使用的一种特殊存储器。

193.哨兵（sentinel）：标志值序列结尾的一个特殊值。

194.实参（argument）：调用函数时向其实际传递的数据。

195.实例（instance）：基于类来创建的对象。

196.实例属性（instance attribute）：一个类的特定实例的属性。

197.实用程序（utility program）：执行专门任务的一种程序，用于增强计算机的操作或者保护数据。

198.事件处理程序（event handler）：在发生特定事件时执行的方法／函数。

199.事件对象（event object）：包含事件信息的对象。

200.输出（output）：计算机为人或其他设备／程序生成的数据。

201.输出符号（output symbol）：流程图的三种符号之一，用平行四边形代表程序生成输出的步骤。也作为输入符号使用。

202.输出设备（output device）：格式化和呈现输出的设备。

203.输出文件（output file）：程序向其中写入数据的一种文件。

204.输入（input）：计算机从人和其他设备处收集的任何数据。

205.输入符号（input symbol）：流程图的三种符号之一，用平行四边形代表程序获取输入的步骤。也作为输出符号使用。

206.输入设备（input device）：收集输入并将其发送给计算机的一种组件，例如键盘和鼠标。

207.输入文件（input file）：程序从中数据的一种文件。

208.输入校验（input validation）：确认输入有效性的过程。

209.数据库（database）：由表、行和列组成并由数据库管理系统维护的数据集合。

210.数据库管理系统（database management system，DBMS）：专门用于有组织地、高效地存储、检索和处理大量数据的软件。

211.数据类型（data type）：变量将引用的数据类型。

212.数据属性（data attribute）：存储在对象中的变量。

213.数据隐藏（data hiding）：一个对象对其外部代码隐藏数据的能力。

214.数学表达式（math expression）：执行数学计算并给出结果的代码。

215.数学操作符（math operator）：对操作数执行运算的符号，也称为"数学运算符"。

216.数值字面值（numeric literal）：直接在程序代码中写入的数字。

217. 数字（digital）：任何以二进制数字表示的数据。

218. 数字设备（digital device）：处理二进制数据的设备。

219. 数字数据（digital data）：以二进制格式存储的数据。

220. 双分支判断结构（dual alternative decision structure）：一种判断结构，有两种可能的执行路径，如果条件为真，则执行其中一个路径。如果条件为假，则执行另一个。

221. 顺序访问文件（sequential access file）：包含了数据的一种文件，必须从文件开始到文件结束按顺序访问。

222. 私有方法（private method）：只有类中的代码才能访问的类方法。

223. 私有数据属性（private data attribute）：只有类中的代码才能访问的类属性。

224. 算法（algorithm）：执行任务时必须采取的一组明确定义的逻辑步骤。

225. 随机访问存储器（random-access memory，RAM）：一种允许从任意位置快速检索数据的内存。

226. 随机访问文件（random access file）：允许程序直接跳转到文件中特定位置的文件。

227. 索引（index）：指定元素在列表中位置的一个整数。注意，Python 没有专门的"数组"概念。

228. 提示（prompt）：告诉（或要求）用户输入特定值的一条消息。

229. 填充（padding）：出现在组件周围的空白空间。

230. 条件表达式（conditional expression）：对 `if-else` 语句进行简化一种语法结构。

231. 条件控制循环（condition-controlled loop）：使用真 / 假条件控制重复次数的循环。

232. 条件执行（conditionally executed）：仅在特定条件为真时才执行一个或一组语句。

233. 通配符（wildcard character）：用于替换字符串中一个或多个字符的特殊字符。

234. 图像元素（picture element）：参见"像素"。

235. 图形用户界面（graphical user interface，GUI）：允许用户通过屏幕上的图形元素与操作系统和程序进行交互的界面。

236. 退出按钮（Quit button）：在 GUI 中设计的单击时关闭程序的一种按钮。

237. 外部填充（external padding）：在 GUI 组件外边缘留出的空白空间。

238. 外键（foreign key）：一个表中引用了另一个表的主键的列。

239. 微处理器（microprocessor）：一般是指计算机的 CPU 芯片。

240. 伪代码（pseudocode）：一种非正式语言，没有语法规则，不能直接编译或执行。

241. 伪随机数（pseudorandom number）：一组看似随机但实际上可以用同一个种子值来复现的"随机"数。

242. 位（bit）：参见"二进制位"。

243. 文本文件（text file）：文本文件包含使用 ASCII 或 Unicode 等方案编码为文本的数据。

244. 文件对象（file object）：内存中与特定文件关联的一个对象。程序使用文件对象来处理文件。

245. 文件扩展名（filename extension）：文件名末尾最后一个句点后的短字符序列，说明了文件的类型。

246. 问题域（problem domain）：现实世界中与当前问题相关的对象、参与方以及主要事件的集合。

247. 无限循环（infinite loop）：无法停止的循环。

248. 系统软件（system software）：控制和管理计算机基本操作的程序。

249. 限定列名（qualified column name）：同时标识了列以及列所属的表，格式是"表名.列表"。

250. 像素（pixel）："像素元素"的简称，代有图像中的一个彩色小点，是计算机图形的基本组成元素。

251. 消息框（message box）：一种 GUI 组件，显示提示消息，并提供一个"确定"按钮供关闭对话框。

252. 行（row）：存储在数据库表中的关于单个数据项的整套数据。

253. 行末注释（end-line comment）：出现在一行代码末尾的注释。

254. 形参变量（parameter variable）：在函数头中声明并接收传给函数的实参的一种特殊变量。本书若非必要，一般不区分形参和实参。所以说成"参数变量"也可以。

255. 形参列表（parameter list）：函数头中出现的两个或多个形参变量声明。本书若非必要，一般不区分形参和实参。所以说成"参数列表"也可以。

256. 序列（sequence）：一种容纳多个数据项的对象，这些数据项一个接一个地存储。

257. 序列化（serialize）：将对象转换为可保存到文件中的字节流。在 Python 中称为"腌制"。

258. 序列结构（sequence structure）：一组按出现顺序执行的语句。

259. 选择结构（selection structure）：一种控制结构，只有符合特定条件才执行一组语句。

260. 循环（loop）：根据需要多次重复一个或一组语句的控制结构。

261. 循环体（body of loop）：由一个循环重复执行的语句。

262. 腌制（pickle）：将对象序列化为可以保存到文件中的字节流。"腌制"是 Python 特有的说法，其实就是序列化的意思。反序列化在 Python 称为 unpickle。

263. 样本（sample）：一小段数字音频数据。

264. 一对多关系（one-to-many relationship）：表中的一行可能由另一个表中的多行引用。

265. 埃尼亚克计算机（ENIAC）：世界上第一台可编程电子计算机。

266. 以逗号分隔的值（Comma Separated Values，CSV）：各个数据项以逗号分隔的一种文件格式。

267. 异常（exception）：程序运行过程中出现的必须加以处理的错误。

268. 异常处理程序（exception handler）：响应异常并防止程序意外中止的代码。

269. 异常对象（exception object）：异常发生时在内存中创建的包含异常信息的对象。

270. 易失性存储器（volatile memory）：程序运行时用于临时存储代码和数据的一种存储器。

271. 应用软件（application software）：使计算机在日常工作中发挥作用的程序。

272. 映射（mapping）："键值对"的另一种说法。

273. 硬件（hardware）：计算机的物理设备。

274. 硬盘驱动器（hard disk drive）：一种通过磁性编码将数据存储在圆形碟片上的存储设备。

275. 用户（user）：使用程序并为其提供输入并接收输出的人。

276. 用户界面（user interface，UI）：用户与系统进行交互的那一部分。

277. 优先级（precedence）：当表达式中包含多个操作符时，根据操作符的优先级来分先后应用它们。

278. 由菜单驱动的程序（menu-driven program）：显示选项清单供用户选择的一种程序。

279. 由事件驱动的程序（event-driven program）：一种等待事件发生并对事件作出响应的程序。

280. 语法（syntax）：编写程序时必须严格遵守的一系列规则。

281. 语法错误（syntax error）：程序员所犯的一种错误，例如关键字拼写错误、标点符号缺失或者操作符使用不当。

282. 语句（statement）：由关键字、操作符、标点符号和其他允许的编程元素构成的代码单元，以适当的顺序排列以执行特定的操作。

283. 语句块（statement block）：多个相关语句的一个分组，简称为"块"。

284. 预测试循环（pretest loop）：在每次迭代之前都先测试其条件表达式的循环。

285. 预读（priming read）：获取将由校验循环测试的第一个输入值。如果该值无效，那么将由循环接手来执行后续的输入操作。除非提供有效的输入，否则循环不会终止。

286. 域宽说明符（field width designator）：f 字符串中说明字段最小宽度的一个指示符。

287. 元素（element）：列表或元组中的单个数据项。

288. 元组（tuple）：和列表非常相似的一种序列。元组和列表的区别在于元组不可变。

289. 原始字符串（raw string）：一种特殊格式的字符串，其中的反斜杠字符会作为字面意义的反斜杠字符读取，而不会解释成转义序列。

290. 源代码（source code）：程序员用编程语言编写的语句。

291. 约束（constraint）：数据库管理系统强制执行的一种规则，用于限制列中可以存储的数据类型。

292. 运行（running）：计算机执行程序指令的过程。

293. 执行（executing）：计算机根据提供给它的指令来执行任务的过程。

294. 直接递归（direct recursion）：递归函数直接调用自身的情况。

295. 直接访问文件（direct access file）：允许程序直接跳转到文件中特定位置的文件。

296. 值（value）：字典元素中保存数据并与键关联的那一部分。我们通过键来检索值。

297. 指令集（instruction set）：CPU 能执行的一整套指令的集合。

298. 中央处理单元（central processing unit）：计算机中实际执行程序的硬件设备，相当于计算机的"大脑"。

299. 终端符号（terminal symbols）：指定流程图开始和结束的椭圆形符号。

300. 种子值（seed value）：一个特殊的值，用于初始化计算伪随机数的公式。

301. 重复操作符（repetition operator）：重复操作符生成一个数据序列的多个副本，并将它们连接到一起。在 Python 中，它既可用于字符串，也可用于列表。

302. 循环结构（repetition structure）：一种控制结构，可根据需要多次重复一个或一组语句。

303. 重写（override）：子类方法与超类方法同名时，我们说子类方法"重写"或"覆盖"了超类方法。

304. 主存（main memory）：计算机内存，存储了正在运行的程序以及程序要处理的数据。

305. 主调函数（calling function）：一个函数内部调用了另一个函数时，前者称为主调函数。

306. 主键（primary key）：对数据库表中的每一行进行唯一标识的列。

307. 主线逻辑（mainline logic）：程序的整体逻辑。

308. 助记符（mnemonics）：汇编语言中表示机器语言指令的一些短字，例如 add。

309. 注释（comment）：程序代码中的文本解释，供阅读代码的人使用。

310. 转义序列（escape sequences）：出现在字符串字面值中的以反斜框 (\) 为前缀的特殊字符。转义序列被视为嵌入字符串中的特殊控制命令。

311. 状态（state）：对象属性在任何特定时刻的内容。

312. 追加模式（append mode）：一种文件打开模式，写入文件的所有数据将追加到文件当前内容的末尾。

313. 资源（resource）：程序使用的外部对象或数据源。

314. 资源泄漏（resource leak）：当程序未能关闭所有打开的资源时可能发生的情况。

315. 子串（substring）：从较大字符串中取出的字符串，即较大字符串的一个"切片"。

316. 子集（subset）：也属于另一个集合的一组值。

317. 子类（subclass）：继承关系中较具体（特化）的类，也称为"派生类"。

318. 自动递增（autoincremented）：由数据库管理系统自动生成并存储在标识列中的整数值。该值比当前存储在标识列中的最大值大 1。

319. 自上而下设计（top-down design）：将算法分解成多个函数的设计过程。

320. 字典（dictionary）：存储键值对集合的对象。

321. 字典推导式（dictionary comprehension）：读取输入元素的序列，并依据特定条件来生成一个字典的表达式。

322. 字段（field）：一条记录中的单个数据。

323. 字符串（string）：字符序列。

324. 字符串字面值（string literal）：直接出现在程序代码中的字符串，要用引号括起来。

325. 字节（byte）：内存单位，其大小足以容纳一个字母或者小的数字。

326. 组件（component）：作为计算机系统一部分的物理设备。

327. 最终用户（end user）：也称为"终端用户"。参见"用户"。

328. 作用域（scope）：程序中可以访问某个变量或常量的那一部分称为该变量或常量的"作用域"。